应用型本科规划教材

电磁场与微波

（第二版）

主　编　毕　岗

副主编　陈文鑫　杨俊秀　阮谢永

ZHEJIANG UNIVERSITY PRESS
浙江大学出版社

图书在版编目（CIP）数据

电磁场与微波 / 毕岗主编. —2 版. —杭州：浙江大学出版社，2014.7（2025.7 重印）
ISBN 978-7-308-13554-2

Ⅰ.①电… Ⅱ.①毕… Ⅲ.①电磁场—高等学校—教材②微波技术—高等学校—教材 Ⅳ.①O441.4②TN015

中国版本图书馆 CIP 数据核字（2014）第 158020 号

内容简介

本书从矢量分析与场论入手，着重讨论了静态电磁场基本理论、时变电磁场基本理论、微波技术工程基础及电磁波的应用。全书共分 9 章，具体包括矢量分析与场论、静态电场与恒定电场、恒定电流的磁场、时变电磁场与电磁波、均匀传输线理论、波导与谐振腔、微波网络基础、天线辐射与接收基本原理、电磁波的应用等。为了加强基础性教学，书中每节以电磁场和微波的基本概念和基本原理的阐述为主线，配以大量的例题，并对大篇幅的数学推导进行了删选。书中每节配备有思考题，每章附有习题和参考答案。

本书面向应用型本科教学。根据通信、信息以及电子等专业发展的要求，力求知识的基础性和体系的完整性，并注重理论和实际结合。

本书可供高等学校电子信息类各专业本科生用作教材，也可作为电子工程、通信工程以及相关专业的技术人员的参考书。

电磁场与微波（第二版）
毕 岗 主编

责任编辑 王 波
封面设计 俞亚彤
出版发行 浙江大学出版社
（杭州市天目山路 148 号 邮政编码 310007）
（网址：http://www.zjupress.com）
排 版 杭州青翊图文设计有限公司
印 刷 浙江新华数码印务有限公司
开 本 787mm×1092mm 1/16
印 张 19.25
字 数 468 千
版 印 次 2014 年 7 月第 2 版 2025 年 7 月第 9 次印刷
书 号 ISBN 978-7-308-13554-2
定 价 52.00 元

浙江大学出版社市场运营中心联系方式：0571－88925591；http://zjdxcbs.tmall.com

总　序

近年来我国高等教育事业得到了空前的发展，高等院校的招生规模有了很大的扩展，在全国范围内发展了一大批以独立学院为代表的应用型本科院校，这对我国高等教育的持续、健康发展具有重大的意义。

应用型本科院校以着重培养应用型人才为目标，目前，应用型本科院校开设的大多是一些针对性较强、应用特色明确的本科专业，但与此不相适应的是，当前，对于应用型本科院校来说作为知识传承载体的教材建设远远滞后于应用型人才培养的步伐。应用型本科院校所采用的教材大多是直接选用普通高校的那些适用研究型人才培养的教材。这些教材往往过分强调系统性和完整性，偏重基础理论知识，而对应用知识的传授却不足，难以充分体现应用类本科人才的培养特点，无法直接有效地满足应用型本科院校的实际教学需要。对于正在迅速发展的应用型本科院校来说，抓住教材建设这一重要环节，是实现其长期稳步发展的基本保证，也是体现其办学特色的基本措施。

浙江大学出版社认识到，高校教育层次化与多样化的发展趋势对出版社提出了更高的要求，即无论在选题策划，还是在出版模式上都要进一步细化，以满足不同层次的高校的教学需求。应用型本科院校是介于普通本科与高职之间的一个新兴办学群体，它有别于普通的本科教育，但又不能偏离本科生教学的基本要求，因此，教材编写必须围绕本科生所要掌握的基本知识与概念展开。但是，培养应用型与技术型人才又是应用型本科院校的教学宗旨，这就要求教材改革必须淡化学术研究成分，在章节的编排上先易后难，既要低起点，又要有坡度、上水平，更要进一步强化应用能力的培养。

为了满足当今社会对信息与电子技术类专业应用型人才的需要，许多应用型本科院校都设置了相关的专业。而这些专业的特点是课程内容较深、难点较多，学生不易掌握，同时，行业发展迅速，新的技术和应用层出不穷。针对这一情况，浙江大学出版社组织了十几所应用型本科院校信息与电子技术类专业的教师共同开展了“应用型本科信电专业教材建设”项目的研究，共同研究目前教材的不适应之处，并探讨如何编写能真正做到“因材施教”、适合应用型本科层次信电类专业人才培养的系列教材。在此基础上，组建了编委会，确定共同编写“应用型本科院校信电专业基础平台课规划教材系列”。

本专业基础平台课规划教材具有以下特色：

在编写的指导思想上，以“应用类本科”学生为主要授课对象，以培养应用型人才为基本目的，以“实用、适用、够用”为基本原则。“实用”是对本课程涉及的基本原理、基本性质、基本方法要讲全、讲透，概念准确清晰。“适用”是适用于授课对象，即应用型本科层次的学生。“够用”就是以就业为导向，以应用型人才为培养目的，达到理论够用，不追求理论深度和内容的广度。突出实用性、基础性、先进性，强调基本知识，结合实际应用，理论与实践相结合。

在教材的编写上重在基本概念、基本方法的表述。编写内容在保证教材结构体系完整的前提下，注重基本概念，追求过程简明、清晰和准确，重在原理，压缩繁琐的理论推导。做到重点突出、叙述简洁、易教易学。还注意掌握教材的体系和篇幅能符合各学院的计划要求。

在作者的遴选上强调作者应具有应用型本科教学的丰富经验，有较高的学术水平并具有教材编写经验。为了既实现“因材施教”的目的，又保证教材的编写质量，我们组织了两支队伍，一支是了解应用型本科层次的教学特点、就业方向的一线教师队伍，由他们通过研讨决定教材的整体框架、内容选取与案例设计，并完成编写；另一支是由本专业的资深教授组成的专家队伍，负责教材的审稿和把关，以确保教材质量。

相信这套精心策划、认真组织、精心编写和出版的系列教材会得到广大院校的认可，对于应用型本科院校信息与电子技术类专业的教学改革和教材建设起到积极的推动作用。

系列教材编委会主任
顾伟康
2006 年 7 月

第二版前言

本教材自2006年第一版面世，作为全国高等学校信息电子类应用型本科通用教材，已有十几所高校选用本书作为应用型本科“电磁场与微波”课程的教科书及参考书，获得了诸多的好评。

为了适应当前信息电子技术的发展和教学需求，《电磁场与微波（第二版）》在第一版的基础上，根据高校教师和读者的反馈意见进行了修订和完善。《电磁场与微波（第二版）》的修订着眼于以下几点：

(1)加强了基本概念、基本原理以及重点内容的阐述，使得教材更加适用于应用型本科教学，达到易教易学的目的。

(2)使得整个体系更加完整、统一，各章节之间更加融合和贯通。

(3)加强了理论与实际的联系以及应用背景的描述。

(4)修改了第一版中部分错误和图表，对部分繁杂的推导过程进行了修改，使得公式更加简洁明了。

教材的内容包括矢量分布和场论、静态电磁场基本理论、时变电磁场基本理论、微波技术工程基础及电磁波的应用实例。全书共分9章。第1章矢量分析与场论，内容包括三种常用的正交坐标系、矢量代数，标量场梯度、矢量场的散度和旋度、格林(Green)定理和亥姆霍兹(Helmholtz)定理。第2章和第3章静态电磁场理论，内容包括静态电场、恒定电场、恒定电流磁场。第4章时变电磁场与电磁波，内容包括麦克斯韦方程、时谐变电磁场、平面电磁波、电磁波的极化、色散与群速。第5章到第8章为微波技术基础，其中第5章均匀传输线理论，包括传输线方程以及传输线的等效、史密斯圆图、有耗传输线、双导线与同轴线、微带传输线、传输线的匹配等；第6章波导与谐振腔，包括导行波系统中的场分析和特性参量、矩形波导、圆波导、波导的激励与耦合、谐振腔等；第7章微波网络基础，包括等效传输线理论、微波网络传输特性及参量分析、散射矩阵与传输矩阵、多端口网络的散射矩阵等；第8章天线辐射与接收，介绍了天线的功能、类型以及天线的电参数、电磁辐射基本理论等。最后一章介绍了电磁波的应用，包括电磁波谱、微波在无线通信技术中的应用、微波通信技术和雷达系统。上述内容既有联系又相互独立，使用时可以根据不同的学习要求进行取舍。

教材的编写过程中力求做到以下几点：(1)在定位上，面向基础性的应用型本科教学，有针对性地进行由浅入深的知识传输，在此基础上培养读者对电磁场和微波的学习的兴趣，为深入学习和工程技术研究打基础；(2)在内容上，重点阐述基本概念、基本原理和分析方法，并把抽象的理论形象化，在教材的编排上增加图片量，以图片、举例的形式说明理论结果的物理意义，由此掌握原理性的知识；(3)编写方法上，改变以往的教材过多内容抽象的知识传输，尽量避开大篇幅的、繁杂的公式推导，增加例题、思考题和习题，尽力做到在教的过程中运用启发，使学的过程有自得、自悟；(4)尽力使知识体系完整性、连贯、统一，并注重理论和实际的结合。

对于应用型本科教学，本教材的基本教学时数为68学时/学期(17周)。对于教学时数较紧的教学计划以及具有相关的工程数学和物理基础的学生，根据实际需要，第1—3章的内容可以相对缩减，其基本教学时数可调整为51学时/学期。

自《电磁场与微波(第一版)》出版以来，广大读者和高校教师先后对教材提出了许多宝贵的意见和建议。对此致以衷心的感谢，并欢迎使用本书的同行和读者对书中的缺点和错误给予指正。敬请读者来信时注明真实的姓名、单位和联系方式，以方便交流和联系。

作者的联系方式：毕岗 big@zucc.edu.cn

作　者

2014年7月

目　　录

第1章 矢量分析与场论

在学习和研究电磁现象时，会涉及一些主要的物理量，如电场强度 $\boldsymbol{E}$、电位移 $\boldsymbol{D}$、磁场强度 $\boldsymbol{H}$、磁感应强度 $\boldsymbol{B}$，这些物理量都是矢量。这些具有一定的时间和空间分布的物理量，构成了电磁矢量场。因此，矢量的表示、矢量的基本运算、矢量场的分析知识是电磁场理论学习的必备基础知识。

1.1 标量、矢量和场

1.1.1 标量的概念

标量是只有数值没有方向的物理量，如长度(L)、质量(M)、时间(t)、温度(T)、角度(α，β，γ)、频率(ω)、能量(G) 等。标量可以是时间和空间坐标的函数。物理中的标量还需带有相应的量纲。

1.1.2 矢量的概念

1. 矢量的定义

矢量是既有大小又有方向的量，如位移($\boldsymbol{A}$)，电场强度($\boldsymbol{E}$)、电位移($\boldsymbol{D}$)、磁场强度($\boldsymbol{H}$)、磁感应强度($\boldsymbol{B}$) 等。表示为

$$\boldsymbol{A} = \hat{\boldsymbol{A}}A \tag{1-1-1}$$

其中，A 表示矢量大小，称为矢量的模($|\boldsymbol{A}|$) 或长度；$\hat{\boldsymbol{A}}$ 表示矢量的方向，是大小为1的无量纲的单位矢量。

2. 矢量相等

对矢量 $\boldsymbol{A}$ 与 $\boldsymbol{B}$，若两者大小相等，即 $|\boldsymbol{A}|=|\boldsymbol{B}|$，且方向相同，则称 $\boldsymbol{A}$ 与 $\boldsymbol{B}$ 相等，记为 $\boldsymbol{A}=\boldsymbol{B}$。

3. 矢量的负值

若矢量模的值与 $\boldsymbol{A}$ 相同，但方向相反，则称其为矢量 $\boldsymbol{A}$ 的负值，记为 $-\boldsymbol{A}$。

4. 单位矢量

若矢量 $\boldsymbol{A}$ 的长度为1，则称其为单位矢量，用 $\hat{\boldsymbol{A}}$ 表示。一般 $\hat{\boldsymbol{A}} = \boldsymbol{A}/|\boldsymbol{A}|$。

5. 零矢量

若矢量 $\boldsymbol{A}$ 的大小为零，则称其为零矢量。

1.1.3 场的概念

1. 场的定义

广义而言，场是指某种物理量在空间的分布，这种分布还可能随时间变化，即为时空坐标的函数。根据场所表示的物理量是否具有方向性可分为标量场（如地球表面的温度分布）和矢量场（如江河中水的流速分布，星球周围的引力分布等）；根据场所表示的物理量随时间变化的情况，可分为静态场和时变场。若场中各点对应的物理量不随时间变化，则该场称为静态场，否则被称为时变场。有时变化缓慢的时变场可称为准静态场或称似稳场。如在电学中，电场有静电场和时变电场之分，而变化缓慢的电场被称为准静电场。

2. 标量场

如果所研究的量是标量，则物理量的空间分布对应于标量场，即每一时刻、每一位置都对应一个标量值，如温度场、密度场、电位场等。若自变量是坐标(x,y,z)和时间t，则静态标量场记为$u=u(x,y,z)$，时变标量场记为$u=u(x,y,z,t)$。

3. 矢量场

如果所研究的量是矢量，则物理量的空间分布对应于矢量场，即每一个时刻、每一个位置都对应一个矢量值，如电场强度、磁场强度、风速，引力场。若自变量是坐标(x,y,z)和时间t，则静态矢量场记为$\boldsymbol{A}=\boldsymbol{A}(x,y,z)$；时变矢量场记为$\boldsymbol{A}=\boldsymbol{A}(x,y,z,t)$。

思考题

(1) 标量场和矢量场有什么区别？

(2) 矢量场和矢量之间有什么关系？

(3) 零矢量表示什么物理意义？

1.2 矢量的基本运算

1.2.1 矢量的数乘

1. 定义

数ξ乘以矢量$\boldsymbol{A}$称为矢量的数乘，其大小为ξ的绝对值与$|\boldsymbol{A}|$之积；当$\xi>0$时，其方向为$\boldsymbol{A}$的方向，当$\xi<0$时，其方向为$\boldsymbol{A}$的反方向。

2. 矢量数乘的运算规则

(1) 交换率：若ξ和ζ为两个常数，则$\zeta(\xi\boldsymbol{A})=\xi(\zeta\boldsymbol{A})$。

(2) 分配率：若ξ和ζ为两个常数，则$(\zeta+\xi)\boldsymbol{A}=\xi\boldsymbol{A}+\zeta\boldsymbol{A}$。

若ξ为常数，对于矢量$\boldsymbol{A}$和$\boldsymbol{B}$来说，$\zeta(\boldsymbol{A}+\boldsymbol{B})=\zeta\boldsymbol{A}+\zeta\boldsymbol{B}$。

1.2.2 矢量的加法和减法

1. 矢量的加法

矢量的加法定义为$\boldsymbol{A}+\boldsymbol{B}=\boldsymbol{C}$。它满足平行四边形法则，即矢量的加法等于以$\boldsymbol{A}$与$\boldsymbol{B}$为邻边所作的平行四边形（夹于$\boldsymbol{A}$与$\boldsymbol{B}$之间的）对角线，如图 1-2-1(a) 所示。

2. 矢量的减法

矢量的减法定义为 $\boldsymbol{A}-\boldsymbol{B}=\boldsymbol{D}$。矢量 $\boldsymbol{D}$ 为 $\boldsymbol{B}$ 的终端指向 $\boldsymbol{A}$ 的终端，如图 1-2-1(b) 所示。

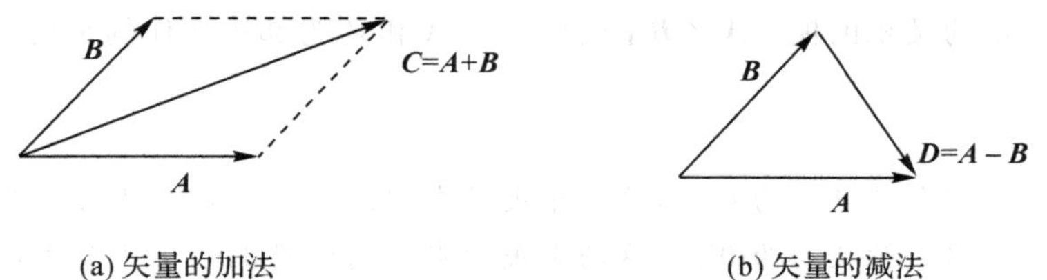

(a) 矢量的加法　　(b) 矢量的减法

图 1-2-1　矢量的加法与减法

3. 矢量加减的运算规则

(1) 交换律：$\boldsymbol{A}+\boldsymbol{B}=\boldsymbol{B}+\boldsymbol{A}$　　(1-2-1)

(2) 结合律：$\boldsymbol{A}\pm(\boldsymbol{B}\pm\boldsymbol{D})=(\boldsymbol{A}\pm\boldsymbol{B})\pm\boldsymbol{D}$　　(1-2-2)

1.2.3　标量积(点积)

1. 定义

两个矢量的点积是两个矢量的大小与它们之间夹角 θ 的余弦之积，表示为

$$\boldsymbol{A}\cdot\boldsymbol{B}=|\boldsymbol{A}|\cdot|\boldsymbol{B}|\cos\theta \tag{1-2-3}$$

这里 θ 是 $\boldsymbol{A}$ 和 $\boldsymbol{B}$ 的夹角。两个矢量的点积为一个标量，标量积的物理意义是矢量 $\boldsymbol{A}$ 的模乘以矢量 $\boldsymbol{B}$ 在矢量 $\boldsymbol{A}$ 上的投影。如图 1-2-2(a) 所示。

2. 矢量点积的运算规则

(1) 交换律：$\boldsymbol{A}\cdot\boldsymbol{B}=\boldsymbol{B}\cdot\boldsymbol{A}$　　(1-2-4)

(2) 分配率：$\boldsymbol{A}\cdot(\boldsymbol{B}+\boldsymbol{C})=\boldsymbol{A}\cdot\boldsymbol{B}+\boldsymbol{A}\cdot\boldsymbol{C}$　　(1-2-5)

(3) 如果两个非零矢量的点积 $\boldsymbol{A}\cdot\boldsymbol{B}=0$，则它们的夹角为 90°，可见两个矢量相互垂直。

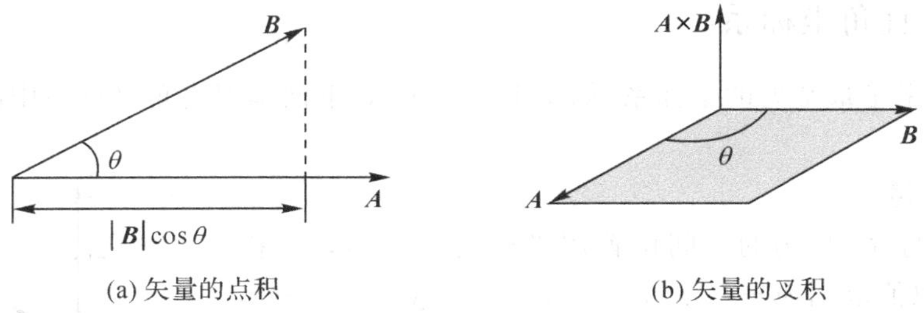

(a) 矢量的点积　　(b) 矢量的叉积

图 1-2-2　矢量的点积和叉积

1.2.4　矢量积(叉积)

1. 定义

两个矢量的叉积是一个矢量，其大小为两个矢量的大小与它们之间的夹角 θ 的正弦之积，它们的方向垂直于包含两个矢量的平面。表示为

$$\boldsymbol{A}\times\boldsymbol{B}=\boldsymbol{C} \tag{1-2-6}$$

矢量积的数值为 $|\boldsymbol{A}\times\boldsymbol{B}|=AB\sin\theta$；矢量积的方向满足右手定则，如图 1-2-2(b) 所示。

2. 矢量叉积的运算规则

(1) $\boldsymbol{A}\times\boldsymbol{B}=-\boldsymbol{B}\times\boldsymbol{A}$　　(1-2-7)

(2) $(\boldsymbol{A}+\boldsymbol{B})\times\boldsymbol{C}=\boldsymbol{A}\times\boldsymbol{C}+\boldsymbol{B}\times\boldsymbol{C}$ (1-2-8)

(3) 如果两个非零矢量的叉积 $\boldsymbol{A}\times\boldsymbol{B}=\boldsymbol{0}$，则说明这两个矢量平行。

(4) 两个矢量的叉积的模 $|\boldsymbol{A}\times\boldsymbol{B}|$ 的值为以 $\boldsymbol{A}$ 和 $\boldsymbol{B}$ 为邻边所作的平行四边形的面积。

思考题

(1) 当两个非零矢量点积为 0 时，这两个矢量在空间位置上处于什么关系？

(2) 当两个非零矢量叉积为 $\boldsymbol{0}$ 时，这两个矢量在空间位置上处于什么关系？

(3) 如果两个矢量点乘(积) 是负数，则这两个矢量之间的夹角有什么特征？

1.3 三种常用的正交坐标系

坐标系是描述某一物理量的空间分布和变化规律的基础，如某一空间的温度分布可用函数 $T(x,y,z)$ 表示，有了这一函数，我们就可以知道任何位置 (x,y,z) 的温度大小。这里 x,y,z 是直角坐标系，而根据研究物体的几何形状不同，人们往往采用不同的坐标系。在电磁场与微波理论中，常用直角坐标系、圆柱坐标系和球坐标系来描述物理量。

描述物理量在空间分布的坐标系要有三个独立的变量 u_1、u_2、u_3，这些变量称为坐标系的变量。一般情况下直角坐标系的变量用 x、y、z；柱坐标系的变量用 ρ、φ、z；球坐标系的变量用 r、θ、φ。当 u_1、u_2、u_3 均为常数时，就构成三组曲面，常称之为坐标面。例如在直角坐标系中，$x=1$ 的面是平面；在柱坐标系中，$\rho=1$ 的面是柱面；在球坐标系中，$r=1$ 的面则是球面。

若一坐标系中，三组坐标面在空间每一点正交，则坐标面的交线也在空间每点正交，这种坐标系叫做正交坐标系。如直角坐标系中 $x=1$、$y=2$、$z=0$ 这三个面相互正交。

1.3.1 直角坐标系

直角坐标系是最常见的坐标系，如图 1-3-1 所示。下面学习直角坐标系中的物理量的基本含义。

1. 坐标变量

在直角坐标系中，场的空间位置用坐标变量 (x,y,z) 来表示，它们的取值范围为 $-\infty<x<\infty$；$-\infty<y<\infty$；$-\infty<z<\infty$。例如点 M 的位置表示为 $x=x_1$，$y=y_1$，$z=z_1$。

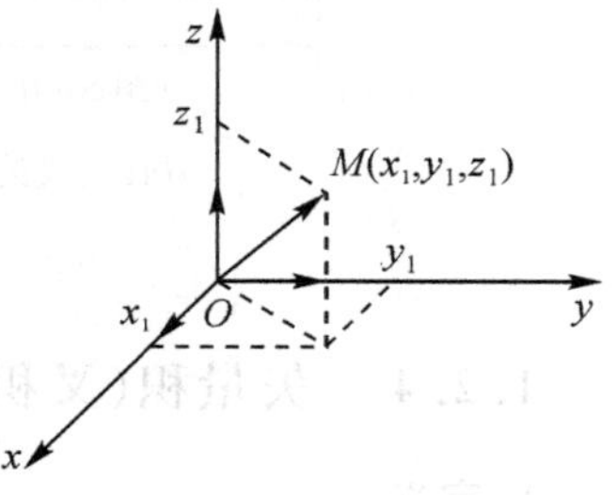

图 1-3-1 直角坐标系

2. 坐标的单位矢量

对于矢量的描述，必须引入三个单位矢量 $\hat{\boldsymbol{x}}$、$\hat{\boldsymbol{y}}$、$\hat{\boldsymbol{z}}$。其中 $\hat{\boldsymbol{x}}$ 的方向为 x 轴正方向，$\hat{\boldsymbol{y}}$ 的方向为 y 轴正方向，$\hat{\boldsymbol{z}}$ 的方向为 z 轴正方向，它们大小为 1。可见，直角坐标的单位矢量相互正交，而且遵循右手螺旋定则，即

$$\begin{aligned}\hat{\boldsymbol{x}}\times\hat{\boldsymbol{y}}=\hat{\boldsymbol{z}},\quad \hat{\boldsymbol{y}}\times\hat{\boldsymbol{x}}=-\hat{\boldsymbol{z}}\\ \hat{\boldsymbol{y}}\times\hat{\boldsymbol{z}}=\hat{\boldsymbol{x}},\quad \hat{\boldsymbol{z}}\times\hat{\boldsymbol{y}}=-\hat{\boldsymbol{x}}\\ \hat{\boldsymbol{z}}\times\hat{\boldsymbol{x}}=\hat{\boldsymbol{y}},\quad \hat{\boldsymbol{x}}\times\hat{\boldsymbol{z}}=-\hat{\boldsymbol{y}}\end{aligned} \tag{1-3-1}$$

在直角坐标系中，单位矢量 $\hat{\boldsymbol{x}}$、$\hat{\boldsymbol{y}}$、$\hat{\boldsymbol{z}}$ 的方向不会随测量点的位置改变而变化，这样的矢量

被称为常矢量。

3. 坐标系中任意一点的坐标和位置矢量

空间任意点的位置可以用坐标变量 x、y、z 来度量，如点 M 的坐标为 (x_1, y_1, z_1)。空间任意一点 M 的位置矢径为

$$\boldsymbol{OM} = x_1\hat{\boldsymbol{x}} + y_1\hat{\boldsymbol{y}} + z_1\hat{\boldsymbol{z}} \tag{1-3-2}$$

式中：x_1, y_1, z_1 表示矢量 $\boldsymbol{OM}$ 在坐标轴上的投影。

设 M 点的坐标为 (x_1, y_1, z_1)，则有以下关于坐标面的几何解释：

$x = x_1$（常数）—— 代表过 M 点平行于 yOz 坐标面的平面；

$y = y_1$（常数）—— 代表过 M 点平行于 zOx 坐标面的平面；

$z = z_1$（常数）—— 代表过 M 点平行于 xOy 坐标面的平面。

4. 空间微分元

(1) 线元：坐标点 M 沿坐标单位矢量方向的线元为

$$\begin{aligned} \mathrm{d}\boldsymbol{l}_x &= \hat{\boldsymbol{x}}\mathrm{d}l_x = \hat{\boldsymbol{x}}\mathrm{d}x \\ \mathrm{d}\boldsymbol{l}_y &= \hat{\boldsymbol{y}}\mathrm{d}l_y = \hat{\boldsymbol{y}}\mathrm{d}y \\ \mathrm{d}\boldsymbol{l}_z &= \hat{\boldsymbol{z}}\mathrm{d}l_z = \hat{\boldsymbol{z}}\mathrm{d}z \end{aligned} \tag{1-3-3}$$

任意方向线元矢量表示为

$$\mathrm{d}\boldsymbol{l} = \sum_{i=1}^{3}\mathrm{d}\boldsymbol{l}_i = \hat{\boldsymbol{x}}\mathrm{d}l_x + \hat{\boldsymbol{y}}\mathrm{d}l_y + \hat{\boldsymbol{z}}\mathrm{d}l_z \tag{1-3-4}$$

任意方向线元的长度表示为

$$|\mathrm{d}\boldsymbol{l}| = \sqrt{(\mathrm{d}l_x)^2 + (\mathrm{d}l_y)^2 + (\mathrm{d}l_z)^2} \tag{1-3-5}$$

(2) 面元：由 x、$x+\mathrm{d}x$、y、$y+\mathrm{d}y$、z、$z+\mathrm{d}z$ 这六个面构成一个直角六面体，它的各个面的面积元简称面元，表示为

$$\begin{aligned} \mathrm{d}S_x &= \mathrm{d}y\mathrm{d}z \\ \mathrm{d}S_y &= \mathrm{d}x\mathrm{d}z \\ \mathrm{d}S_z &= \mathrm{d}x\mathrm{d}y \end{aligned} \tag{1-3-6}$$

(3) 体元：图 1-3-2 中表示的六面体为空间体元，表示为

$$\mathrm{d}V = \mathrm{d}x\mathrm{d}y\mathrm{d}z \tag{1-3-7}$$

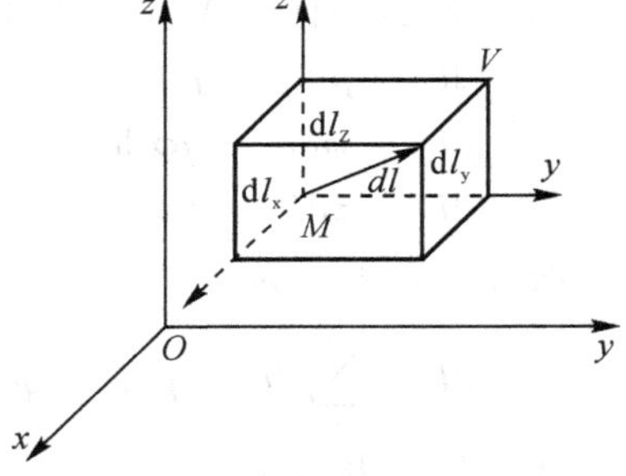

图 1-3-2　直角坐标系上的体元

1.3.2　圆柱坐标系

圆柱坐标系中的任意一点的位置和矢量是用三个坐标变量 (ρ, φ, z) 来表示，如图 1-3-3 所示。下面学习圆柱坐标中的物理量基本含义。

1. 坐标变量

圆柱坐标系的坐标变量为 ρ、φ、z，其取值范围为 $0 \leqslant \rho < \infty$；$0 \leqslant \varphi \leqslant 2\pi$；$-\infty < z < \infty$。

2. 坐标的单位矢量

圆柱坐标的单位矢量为 $\hat{\boldsymbol{\rho}}$、$\hat{\boldsymbol{\varphi}}$、$\hat{\boldsymbol{z}}$，其相互正交，也遵循右手螺旋定则：

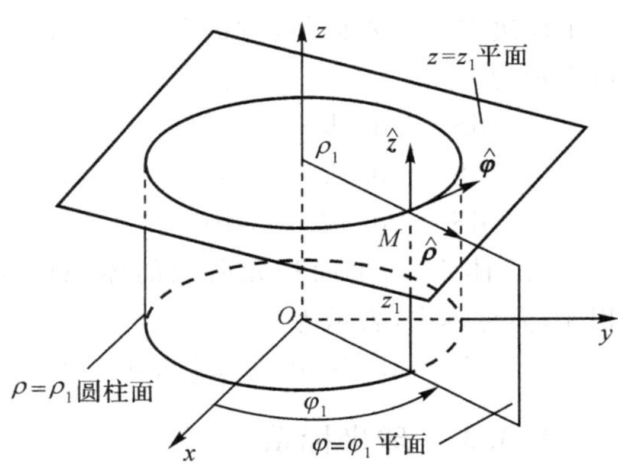

图 1-3-3　圆柱坐标系

$$\hat{\boldsymbol{\rho}}\times\hat{\boldsymbol{\varphi}}=\hat{z},\quad \hat{\boldsymbol{\varphi}}\times\hat{\boldsymbol{\rho}}=-\hat{z}$$
$$\hat{\boldsymbol{\varphi}}\times\hat{z}=\hat{\boldsymbol{\rho}},\quad \hat{z}\times\hat{\boldsymbol{\varphi}}=-\hat{\boldsymbol{\rho}} \tag{1-3-8}$$
$$\hat{z}\times\hat{\boldsymbol{\rho}}=\hat{\boldsymbol{\varphi}},\quad \hat{\boldsymbol{\rho}}\times\hat{z}=-\hat{\boldsymbol{\varphi}}$$

在圆柱坐标系中,单位矢量 $\hat{\boldsymbol{\rho}}$、$\hat{\boldsymbol{\varphi}}$、$\hat{z}$ 的模为常数,其方向随点 M 的位置改变而变化。

3. 坐标系中任意一点的坐标和位置矢量

(1) 坐标点:空间任意点的位置可以用坐标变量 ρ、φ、z 来度量,点 M 是三个坐标面 $\rho=\rho_1$、$\varphi=\varphi_1$、$z=z_1$ 的交点,因此 M 点的坐标为(ρ_1,φ_1,z_1)。

(2) 坐标面:过 M 点的坐标面的解析为

$\rho=\rho_1$(常数)—— 代表以 z 轴为轴线,以 ρ_1 为半径的圆柱面,ρ_1 是 M 点到 z 轴的垂直距离;

$\varphi=\varphi_1$(常数)—— 代表以 z 轴为界,垂直于 xOy 平面,与 x 轴夹角为 φ_1 半平面,坐标变量 φ 称为方位角;

$z=z_1$(常数)—— 代表与 z 轴垂直,距离 xOy 平面为 z_1 的平面。

(3) 位置矢量:位置矢量也称位置矢径,空间任意一点 M 的位置矢量(亦称为位置矢径)为

$$\boldsymbol{OM}=\rho_1\hat{\boldsymbol{\rho}}+z_1\hat{z} \tag{1-3-9}$$

式中:ρ_1、z_1 表示矢量 $\boldsymbol{OM}$ 在单位矢量 $\hat{\boldsymbol{\rho}}$、$\hat{z}$ 上的投影。式中未显示角度 $\boldsymbol{\varphi}_1$,但 $\boldsymbol{\varphi}_1$ 坐标将影响 $\hat{\boldsymbol{\rho}}$ 的方向。

4. 空间微分元

(1) 线元:坐标点 M 沿坐标单位矢量方向 $\hat{\boldsymbol{\rho}}$、$\hat{\boldsymbol{\varphi}}$、$\hat{z}$ 的线元为

$$\mathrm{d}\boldsymbol{l}_\rho=\hat{\boldsymbol{\rho}}\mathrm{d}l_\rho=\hat{\boldsymbol{\rho}}\mathrm{d}\rho$$
$$\mathrm{d}\boldsymbol{l}_\varphi=\hat{\boldsymbol{\varphi}}\mathrm{d}l_\varphi=\rho\hat{\boldsymbol{\varphi}}\mathrm{d}\varphi \tag{1-3-10}$$
$$\mathrm{d}\boldsymbol{l}_z=\hat{z}\mathrm{d}l_z=\hat{z}\mathrm{d}z$$

线元矢量表示为

$$\mathrm{d}\boldsymbol{l}=\sum_{i=1}^{3}\mathrm{d}\boldsymbol{l}_i=\hat{\boldsymbol{\rho}}\mathrm{d}l_\rho+\hat{\boldsymbol{\varphi}}\mathrm{d}l_\varphi+\hat{z}\mathrm{d}l_z=\hat{\boldsymbol{\rho}}\mathrm{d}\rho+\rho\hat{\boldsymbol{\varphi}}\mathrm{d}\varphi+\hat{z}\mathrm{d}z \tag{1-3-11}$$

线元长度表示为

$$|\mathrm{d}\boldsymbol{l}|=\sqrt{(\mathrm{d}l_\rho)^2+(\mathrm{d}l_\varphi)^2+(\mathrm{d}l_z)^2}=\sqrt{(\mathrm{d}\rho)^2+(\rho\mathrm{d}\varphi)^2+(\mathrm{d}z)^2} \tag{1-3-12}$$

(2) 面元:由 ρ、$\rho+\mathrm{d}\rho$、φ、$\varphi+\mathrm{d}\varphi$、$z$、$z+\mathrm{d}z$ 这六个面决定一个六面体,它的各个面的面积元可表示为

$$\mathrm{d}S_\rho=\mathrm{d}l_\varphi\mathrm{d}l_z=\rho\mathrm{d}\varphi\mathrm{d}z$$
$$\mathrm{d}S_\varphi=\mathrm{d}l_\rho\mathrm{d}l_z=\mathrm{d}\rho\mathrm{d}z \tag{1-3-13}$$
$$\mathrm{d}S_z=\mathrm{d}l_\rho\mathrm{d}l_\varphi=\rho\mathrm{d}\rho\mathrm{d}\varphi$$

(3) 体元:六个面积元所围的体积称为体积元,简称体元,表示为

$$\mathrm{d}V=\mathrm{d}l_\rho\mathrm{d}l_\varphi\mathrm{d}l_z=\rho\mathrm{d}\rho\mathrm{d}\varphi\mathrm{d}z \tag{1-3-14}$$

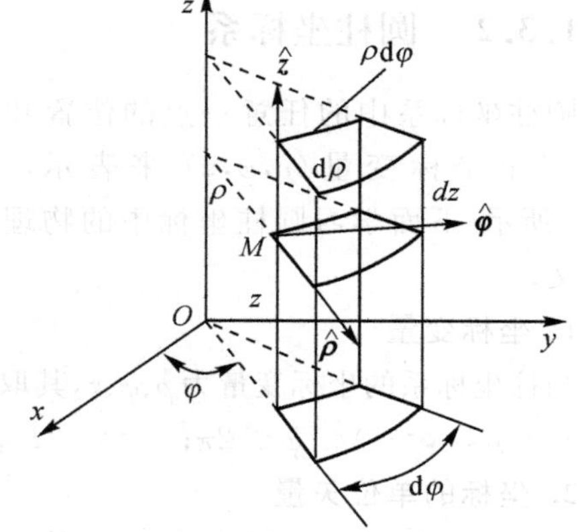

图 1-3-4 圆柱坐标系中的单位矢量和微分元

1.3.3 球坐标系

球坐标系中的任意一点的位置和矢量是用

三个坐标变量 r、θ、φ 来表示的，如图 1-3-5 所示。下面学习球坐标系中的物理量基本含义。

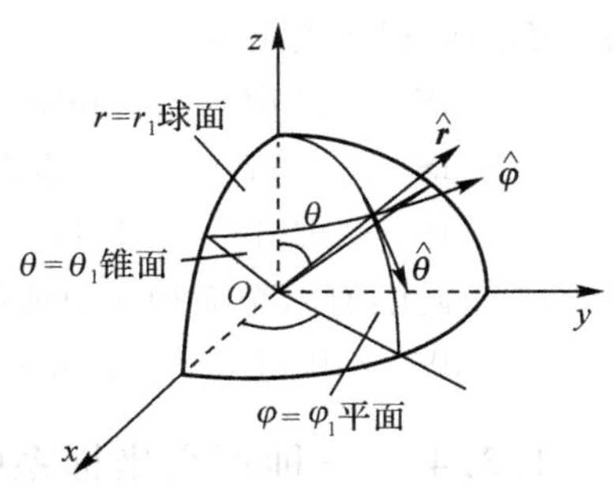

图 1-3-5　球面坐标系

1. 坐标变量

球坐标系的坐标变量为 r、θ、φ，其取值范围为 $0 \leqslant r < \infty$；$0 \leqslant \theta \leqslant \pi$；$0 \leqslant \varphi \leqslant 2\pi$。

2. 坐标的单位矢量

球坐标的单位矢量 $\hat{\boldsymbol{r}}$、$\hat{\boldsymbol{\theta}}$、$\hat{\boldsymbol{\varphi}}$ 相互正交，也遵循右手螺旋定则：

$$
\begin{aligned}
\hat{\boldsymbol{r}} \times \hat{\boldsymbol{\theta}} &= \hat{\boldsymbol{\varphi}} \\
\hat{\boldsymbol{\theta}} \times \hat{\boldsymbol{\varphi}} &= \hat{\boldsymbol{r}} \\
\hat{\boldsymbol{\varphi}} \times \hat{\boldsymbol{r}} &= \hat{\boldsymbol{\theta}}
\end{aligned}
\tag{1-3-15}
$$

在球坐标系中，单位矢量 $\hat{\boldsymbol{r}}$、$\hat{\boldsymbol{\theta}}$、$\hat{\boldsymbol{\varphi}}$ 的模为常数，其方向随点 M 的位置改变而变化。

3. M 点的坐标及位置矢径

(1) 坐标点：空间任意点的位置可以用坐标变量 r、θ、φ 来度量，点 M 是三个坐标面 $r = r_1$、$\theta = \theta_1$、$\varphi = \varphi_1$ 的交点，因此 M 点的坐标为 $(r_1, \theta_1, \varphi_1)$。

(2) 坐标面：过 M 点的坐标对三个坐标面的几何解释为

$r = r_1$（常数）—— 代表以 r_1 为半径的球面，r_1 是 M 点到坐标原点的距离；

$\theta = \theta_1$（常数）—— 代表以 $2\theta_1$ 为顶角的圆锥面（锥顶在坐标原点，z 轴为几何对称轴）。θ_1 是 z 轴向 OM 轴转过的角度。

$\varphi = \varphi_1$（常数）—— 代表一个半平面。φ_1 是 xOz 平面与通过 M 点的半平面之间的夹角，坐标变量 φ 称为方位角。

(3) 位置矢径：空间任意一点 M 的位置矢径为

$$
\boldsymbol{OM} = M_r\hat{\boldsymbol{r}} + M_\theta\hat{\boldsymbol{\theta}} + M_\varphi\hat{\boldsymbol{\varphi}} \tag{1-3-16}
$$

式中：M_r、M_θ、M_φ 表示矢量 $\boldsymbol{OM}$ 在单位矢量 $\hat{\boldsymbol{r}}$、$\hat{\boldsymbol{\theta}}$、$\hat{\boldsymbol{\varphi}}$ 上的投影。

4. 空间微分元

(1) 线元：坐标点 M 沿坐标单位矢量方向的线元表示为

$$
\begin{aligned}
\mathrm{d}\boldsymbol{l}_r &= \hat{\boldsymbol{r}}\mathrm{d}l_r = \hat{\boldsymbol{r}}\mathrm{d}r \\
\mathrm{d}\boldsymbol{l}_\theta &= \hat{\boldsymbol{\theta}}\mathrm{d}l_\theta = r\hat{\boldsymbol{\theta}}\mathrm{d}\theta \\
\mathrm{d}\boldsymbol{l}_\varphi &= \hat{\boldsymbol{\varphi}}\mathrm{d}l_\varphi = \hat{\boldsymbol{\varphi}}r\sin\theta\mathrm{d}\varphi
\end{aligned}
\tag{1-3-17}
$$

线元矢量表示为

$$
\begin{aligned}
\mathrm{d}\boldsymbol{l} &= \sum_{i=1}^{3}\mathrm{d}\boldsymbol{l}_i = \hat{\boldsymbol{r}}\mathrm{d}l_r + \hat{\boldsymbol{\theta}}\mathrm{d}l_\theta + \hat{\boldsymbol{\varphi}}\mathrm{d}l_\varphi \\
&= \hat{\boldsymbol{r}}\mathrm{d}r + r\hat{\boldsymbol{\theta}}\mathrm{d}\theta + \hat{\boldsymbol{\varphi}}r\sin\theta\mathrm{d}\varphi
\end{aligned}
\tag{1-3-18}
$$

线元长度表示为

$$
\begin{aligned}
|\mathrm{d}\boldsymbol{l}| &= \sqrt{(\mathrm{d}l_r)^2 + (\mathrm{d}l_\varphi)^2 + (\mathrm{d}l_z)^2} \\
&= \sqrt{(\mathrm{d}r)^2 + (r\mathrm{d}\theta)^2 + (r\sin\theta\mathrm{d}\varphi)^2}
\end{aligned}
\tag{1-3-19}
$$

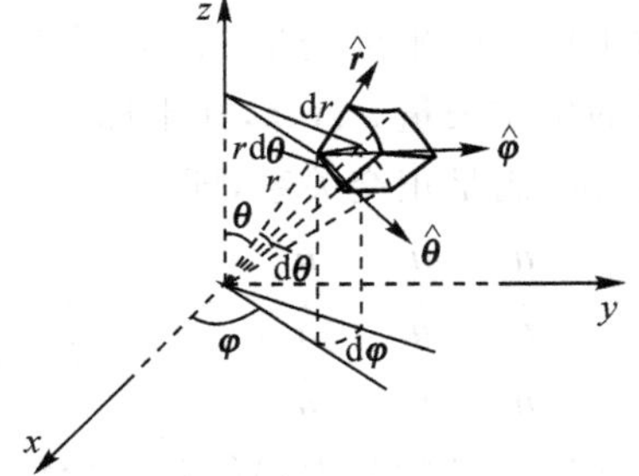

图 1-3-6　球坐标系中的单位元和微分元

(2) 面元：由 r、$r+\mathrm{d}r$、θ、$\theta+\mathrm{d}\theta$、φ、$\varphi+\mathrm{d}\varphi$ 这六个面决定了六面体上的面积元，简称面元。

各个面的面积元表示为

$$\begin{aligned} dS_r &= dl_\theta dl_\varphi = r^2 \sin\theta d\theta d\varphi \\ dS_\theta &= dl_r dl_\varphi = r\sin\theta dr d\varphi \\ dS_\varphi &= dl_r dl_\theta = r dr d\theta \end{aligned} \tag{1-3-20}$$

(3) 体元：有六个面积元组成的体积称为体积元，简称体元，表示为

$$dV = dl_r dl_\theta dl_\varphi = r^2 \sin\theta dr d\theta d\varphi \tag{1-3-21}$$

1.3.4 三种正交坐标系中的矢量基本运算

以上三种坐标系会经常用到，必须熟练掌握。有了这三种正交坐标系，就可以对矢量进行具体的数乘、加减、点积和叉积运算。

1. 在直角坐标系中

(1) 对于常数 ξ，数乘运算只要矢量 $\boldsymbol{A}$ 的各自分量乘以常数即可。表示为

$$\xi\boldsymbol{A} = \xi A_x \hat{\boldsymbol{x}} + \xi A_y \hat{\boldsymbol{y}} + \xi A_z \hat{\boldsymbol{z}} \tag{1-3-22}$$

(2) 两个矢量相加或相减，只要把两个矢量的相应分量相加或相减，就能得到它们的和或差，即

$$\begin{aligned} \boldsymbol{C} = \boldsymbol{A} \pm \boldsymbol{B} &= (A_x\hat{\boldsymbol{x}} + A_y\hat{\boldsymbol{y}} + A_z\hat{\boldsymbol{z}}) \pm (B_x\hat{\boldsymbol{x}} + B_y\hat{\boldsymbol{y}} + B_z\hat{\boldsymbol{z}}) \\ &= (A_x \pm B_x)\hat{\boldsymbol{x}} + (A_y \pm B_y)\hat{\boldsymbol{y}} + (A_z + B_z)\hat{\boldsymbol{z}} \end{aligned} \tag{1-3-23}$$

(3) 两个矢量 $\boldsymbol{A}$ 和 $\boldsymbol{B}$ 的标量积可用直角坐标分量表示为

$$\boldsymbol{A} \cdot \boldsymbol{B} = (A_x\hat{\boldsymbol{x}} + A_y\hat{\boldsymbol{y}} + A_z\hat{\boldsymbol{z}}) \cdot (B_x\hat{\boldsymbol{x}} + B_y\hat{\boldsymbol{y}} + B_z\hat{\boldsymbol{z}}) = A_xB_x + A_yB_y + A_zB_z \tag{1-3-24}$$

(4) 两个矢量 $\boldsymbol{A}$ 和 $\boldsymbol{B}$ 的矢量积可利用行列式进行计算，即

$$\begin{aligned} \boldsymbol{A} \times \boldsymbol{B} &= \begin{vmatrix} \hat{\boldsymbol{x}} & \hat{\boldsymbol{y}} & \hat{\boldsymbol{z}} \\ A_x & A_y & A_z \\ B_x & B_y & B_z \end{vmatrix} \\ &= (A_yB_z - A_zB_y)\hat{\boldsymbol{x}} + (A_zB_x - A_xB_z)\hat{\boldsymbol{y}} + (A_xB_y - A_yB_x)\hat{\boldsymbol{z}} \end{aligned} \tag{1-3-25}$$

2. 广义正交坐标系

为了讨论方便，常用统一的广义坐标系来描述上面三种正交坐标系。令广义正交坐标系的坐标变量为 u_1、u_2、u_3，分别表示直角坐标系的坐标变量 x、y、z，柱坐标系的坐标变量 ρ、φ、z，球坐标系的坐标变量 r、θ、φ。令广义正交坐标系的单位矢量为 $\hat{\boldsymbol{u}}_1$、$\hat{\boldsymbol{u}}_2$、$\hat{\boldsymbol{u}}_3$，分别表示直角坐标系的单位矢量 $\hat{\boldsymbol{x}}$、$\hat{\boldsymbol{y}}$、$\hat{\boldsymbol{z}}$，柱坐标系的单位矢量 $\hat{\boldsymbol{\rho}}$、$\hat{\boldsymbol{\varphi}}$、$\hat{z}$，球坐标系的单位矢量 $\hat{\boldsymbol{r}}$、$\hat{\boldsymbol{\theta}}$、$\hat{\boldsymbol{\varphi}}$。单位矢量 $\hat{\boldsymbol{u}}_1$、$\hat{\boldsymbol{u}}_2$、$\hat{\boldsymbol{u}}_3$ 满足正交关系，即

$$\begin{aligned} \hat{\boldsymbol{u}}_1 \times \hat{\boldsymbol{u}}_2 &= \hat{\boldsymbol{u}}_3 \\ \hat{\boldsymbol{u}}_2 \times \hat{\boldsymbol{u}}_3 &= \hat{\boldsymbol{u}}_1, \\ \hat{\boldsymbol{u}}_3 \times \hat{\boldsymbol{u}}_1 &= \hat{\boldsymbol{u}}_2 \end{aligned} \quad \text{且} \quad \begin{aligned} \hat{\boldsymbol{u}}_i \cdot \hat{\boldsymbol{u}}_j &= 1 \qquad \boldsymbol{i} = \boldsymbol{j} \\ \hat{\boldsymbol{u}}_i \cdot \hat{\boldsymbol{u}}_j &= 0 \qquad \boldsymbol{i} \neq \boldsymbol{j} \end{aligned} \tag{1-3-26}$$

在广义坐标系中，M 点的坐标可以表示为 $M(\hat{\boldsymbol{u}}_1, \hat{\boldsymbol{u}}_2, \hat{\boldsymbol{u}}_3)$，矢量 $\boldsymbol{A}$ 可以表示为

$$\boldsymbol{A} = A_{u_1}\hat{\boldsymbol{u}}_1 + A_{u_2}\hat{\boldsymbol{u}}_2 + A_{u_3}\hat{\boldsymbol{u}}_3 \tag{1-3-27}$$

其模为

$$A = (A_{u_1}^2 + A_{u_2}^2 + A_{u_3}^2)^{\frac{1}{2}} \tag{1-3-28}$$

广义坐标系中的矢量运算分别描述如下：

(1) 数乘运算，对于常数为 ξ，只要矢量的各自分量乘以常数即可。表示为

$$\xi \boldsymbol{A} = \xi A_{u_1}\hat{\boldsymbol{u}}_1 + \xi A_{u_2}\hat{\boldsymbol{u}}_2 + \xi A_{u_3}\hat{\boldsymbol{u}}_3 \tag{1-3-29}$$

(2) 两个矢量相加或相减，只要把两个矢量的相应分量相加或相减，就能得到它们的和或差，即

$$\begin{aligned}\boldsymbol{C} = \boldsymbol{A} \pm \boldsymbol{B} &= (A_{u_1}\hat{\boldsymbol{u}}_1 + A_{u_2}\hat{\boldsymbol{u}}_2 + A_{u_3}\hat{\boldsymbol{u}}_3) \pm (B_{u_1}\hat{\boldsymbol{u}}_1 + B_{u_2}\hat{\boldsymbol{u}}_2 + B_{u_3}\hat{\boldsymbol{u}}_3) \\ &= (A_{u_1} \pm B_{u_1})\hat{\boldsymbol{x}} + (A_{u_2} \pm B_{u_2})\hat{\boldsymbol{y}} + (A_{u_3} \pm B_{u_3})\hat{\boldsymbol{z}}\end{aligned} \tag{1-3-30}$$

(3) 两个矢量 $\boldsymbol{A}$ 和 $\boldsymbol{B}$ 的标量积可用广义坐标分量表示为

$$\begin{aligned}\boldsymbol{A} \cdot \boldsymbol{B} &= (A_{u_1}\hat{\boldsymbol{u}}_1 + A_{u_2}\hat{\boldsymbol{u}}_2 + A_{u_3}\hat{\boldsymbol{u}}_3) \cdot (B_{u_1}\hat{\boldsymbol{u}}_1 + B_{u_2}\hat{\boldsymbol{u}}_2 + B_{u_3}\hat{\boldsymbol{u}}_3) \\ &= A_{u_1}B_{u_1} + A_{u_2}B_{u_2} + A_{u_3}B_{u_3}\end{aligned} \tag{1-3-31}$$

(4) 两个矢量 $\boldsymbol{A}$ 和 $\boldsymbol{B}$ 的矢量积可利用行列式进行计算，即

$$\begin{aligned}\boldsymbol{A} \times \boldsymbol{B} &= \begin{vmatrix} \hat{\boldsymbol{u}}_1 & \hat{\boldsymbol{u}}_2 & \hat{\boldsymbol{u}}_3 \\ A_{u_1} & A_{u_2} & A_{u_3} \\ B_{u_1} & B_{u_2} & B_{u_3} \end{vmatrix} \\ &= (A_{u_2}B_{u_3} - A_{u_3}B_{u_2})\hat{\boldsymbol{u}}_1 + (A_{u_3}B_{u_1} - A_{u_1}B_{u_3})\hat{\boldsymbol{u}}_2 + (A_{u_1}B_{u_2} - A_{u_2}B_{u_1})\hat{\boldsymbol{u}}_3\end{aligned} \tag{1-3-32}$$

例 1-3-1　求矢量 $\boldsymbol{A} = 2\hat{\boldsymbol{x}} + 3\hat{\boldsymbol{y}} - \hat{\boldsymbol{z}}$ 与 $\boldsymbol{B} = -\hat{\boldsymbol{x}} + 2\hat{\boldsymbol{y}} + 4\hat{\boldsymbol{z}}$ 之间的夹角。

解　根据公式(1-3-24)可得

$$\cos\theta = \frac{\boldsymbol{A} \cdot \boldsymbol{B}}{|A| \cdot |B|} = \frac{A_xB_x + A_yB_y + A_zB_z}{|A| \cdot |B|} = 0$$

由上式可得

$$\theta = 90^\circ$$

1.3.5　三种坐标系之间的关系

1. 坐标变量之间的转换关系

(1) 直角坐标系的坐标变量与柱坐标系的坐标变量之间关系

在同一空间位置点的直角坐标(x,y,z)与柱坐标(ρ,φ,z)的关系为

$$\begin{cases} x = \rho\cos\varphi \\ y = \rho\sin\varphi \\ z = z \end{cases} \tag{1-3-33}$$

$$\begin{cases} \rho = \sqrt{x^2 + y^2} \\ \varphi = \arctan\dfrac{y}{x} = \arcsin\dfrac{y}{\sqrt{x^2 + y^2}} = \arccos\dfrac{x}{\sqrt{x^2 + y^2}} \end{cases} \tag{1-3-34}$$

(2) 直角坐标系的坐标变量与球坐标系的坐标变量之间关系

同一空间位置点的直角坐标(x,y,z)与球坐标(r,θ,φ)之间的关系为

$$\begin{cases} x = r\sin\theta\cos\varphi \\ y = r\sin\theta\sin\varphi \\ z = r\cos\theta \end{cases} \tag{1-3-35}$$

$$\begin{cases} r = \sqrt{x^2 + y^2 + z^2} \\ \theta = \arccos \dfrac{z}{\sqrt{x^2 + y^2 + z^2}} = \arcsin \dfrac{\sqrt{x^2 + y^2}}{\sqrt{x^2 + y^2 + z^2}} \\ \varphi = \arctan \dfrac{y}{x} = \arcsin \dfrac{y}{\sqrt{x^2 + y^2}} = \arccos \dfrac{x}{\sqrt{x^2 + y^2}} \end{cases} \tag{1-3-36}$$

(3) 柱坐标系的坐标变量与球坐标系的坐标变量之间关系

同一空间位置点的柱坐标(ρ,φ,z)与球坐标(r,θ,φ)之间的关系为

$$\begin{cases} \rho = r\sin\theta \\ \varphi = \varphi \\ z = r\cos\theta \end{cases} \tag{1-3-37}$$

$$\begin{cases} r = \sqrt{\rho^2 + z^2} \\ \theta = \arccos \dfrac{z}{\sqrt{\rho^2 + z^2}} = \arcsin \dfrac{\rho}{\sqrt{\rho^2 + z^2}} \\ \varphi = \varphi \end{cases} \tag{1-3-38}$$

2. 单位矢量之间的转换关系

表 1-3-1 给出了空间同一点上，直角坐标系中的单位矢量与柱坐标系单位矢量之间的转换关系。表 1-3-2 给出了空间同一点上，直角坐标系中的单位矢量与球坐标系单位矢量之间的转换关系。表 1-3-3 给出了空间同一点上，柱坐标系单位矢量与球坐标系单位矢量之间的转换关系。

表 1-3-1　直角坐标与柱坐标系单位矢量之间的转换关系

	$\hat{x}$	$\hat{y}$	$\hat{z}$
$\hat{\boldsymbol{\rho}}$	$\cos\varphi$	$\sin\varphi$	0
$\hat{\boldsymbol{\varphi}}$	$-\sin\varphi$	$\cos\varphi$	0
$\hat{z}$	0	0	1

表 1-3-2　直角坐标与球坐标系单位矢量之间的转换关系

	$\hat{x}$	$\hat{y}$	$\hat{z}$
$\hat{r}$	$\cos\varphi\ \sin\theta$	$\sin\varphi\ \sin\theta$	$\cos\theta$
$\hat{\boldsymbol{\theta}}$	$\cos\varphi\ \cos\theta$	$\cos\theta\ \sin\varphi$	$-\sin\theta$
$\hat{\boldsymbol{\varphi}}$	$-\sin\varphi$	$\cos\varphi$	0

表 1-3-3　柱坐标系与球坐标系单位矢量之间的转换关系

	$\hat{\boldsymbol{\rho}}$	$\hat{\boldsymbol{\varphi}}$	$\hat{z}$
$\hat{r}$	$\sin\theta$	0	$\cos\theta$
$\hat{\boldsymbol{\theta}}$	$\cos\theta$	0	$-\sin\theta$
$\hat{\boldsymbol{\varphi}}$	0	1	0

例 1-3-2　将 $\mathbf{A}=x\hat{\mathbf{x}}+y\hat{\mathbf{y}}$ 和 $\mathbf{B}=x\hat{\mathbf{y}}-y\hat{\mathbf{x}}$ 用圆柱坐标系分量表示。

解　将公式(1-3-33)和表 1-3-1 代入 $\mathbf{A}=x\hat{\mathbf{x}}+y\hat{\mathbf{y}}$ 和 $\mathbf{B}=x\hat{\mathbf{y}}-y\hat{\mathbf{x}}$ 可得

$$\mathbf{A}=x\hat{\mathbf{x}}+y\hat{\mathbf{y}}=\rho\cos\varphi(\hat{\boldsymbol{\rho}}\cos\varphi-\hat{\boldsymbol{\varphi}}\sin\varphi)+\rho\sin\varphi(\hat{\boldsymbol{\rho}}\sin\varphi+\hat{\boldsymbol{\varphi}}\cos\varphi)=\rho\hat{\boldsymbol{\rho}}$$

$$\mathbf{B}=x\hat{\mathbf{y}}-y\hat{\mathbf{x}}=\rho\cos\varphi(\hat{\boldsymbol{\rho}}\sin\varphi+\hat{\boldsymbol{\varphi}}\cos\varphi)+\rho\sin\varphi(\hat{\boldsymbol{\rho}}\cos\varphi-\hat{\boldsymbol{\varphi}}\sin\varphi)=\rho\hat{\boldsymbol{\varphi}}$$

上例说明，矢量场 **A**,**B** 用圆柱坐标系表示比用直角坐标系表示更简洁，而且更能说明场强的空间分布情况。

例 1-3-3　将矢量场 $\mathbf{A}=\dfrac{x}{x^2+y^2+z^2}\hat{\mathbf{x}}+\dfrac{y}{x^2+y^2+z^2}\hat{\mathbf{y}}+\dfrac{z}{x^2+y^2+z^2}\hat{\mathbf{z}}$ 用球坐标分量表示。

解　根据公式 $\mathbf{r}=x\hat{\mathbf{x}}+y\hat{\mathbf{y}}+z\hat{\mathbf{z}}$ 可得，矢量场可以表示为

$$\mathbf{A}=\frac{x}{x^2+y^2+z^2}\hat{\mathbf{x}}+\frac{y}{x^2+y^2+z^2}\hat{\mathbf{y}}+\frac{z}{x^2+y^2+z^2}\hat{\mathbf{z}}=\frac{\mathbf{r}}{r^2}=\frac{\hat{\mathbf{r}}}{r}$$

上例说明了，矢量场 A 用球坐标系表示比用直角坐标系表示更简洁，而且更能说明场强的空间分布情况。

思考题

(1) 从坐标变量和坐标系单位矢量这两个方面说明三个坐标系的特点？

(2) 圆柱坐标系与球坐标系各分别适用于什么类型的矢量场？

(3) 在球坐标系中，点(r_A,θ_A,φ_A)的矢量为 $\mathbf{A}=r_A\hat{\mathbf{r}}+\theta_A\hat{\boldsymbol{\theta}}+\varphi_A\hat{\boldsymbol{\varphi}}$，点$(r_B,\theta_B,\varphi_B)$的矢量为 $\mathbf{B}=r_B\hat{\mathbf{r}}+\theta_B\hat{\boldsymbol{\theta}}+\varphi_B\hat{\boldsymbol{\varphi}}$，那么这两个矢量之和为 $\mathbf{A}+\mathbf{B}=(r_A+r_B)\hat{\mathbf{r}}+(\theta_A+\theta_B)\hat{\boldsymbol{\theta}}+(\varphi_A+\varphi_B)\hat{\boldsymbol{\varphi}}$；这两个矢量的点积为 $\mathbf{A}\cdot\mathbf{B}=r_A\cdot r_B+\theta_A\cdot\theta_B+\varphi_A\cdot\varphi_B$。这样计算对吗？为什么？

(4) 什么是空间微分元？线元、面元、体元有什么区别和联系？

(5) 阐述三种正交坐标系中单位矢量之间的相互关系。哪一种坐标系的单位矢量是常矢量？

(6) 对于空间某一点 M，写出三种正交坐标系中的坐标变量表示形式。

1.4　标量场的梯度

这一节主要讨论标量场在空间的分布和变化规律，并引入等值面、方向导数和梯度的概念。

1.4.1　标量场的等值面

一个标量场可以用一个标量函数来表示：

$$u=u(x,y,z,t) \tag{1-4-1}$$

这里 $u=u(x,y,z,t)$ 是坐标变量的连续可微函数。

对于任意一个常数 C，若

$$u(x,y,z,t)=C\quad\text{(等值面方程)} \tag{1-4-2}$$

随着 C 的不同，得到一组曲面，在一个曲面上的各点，虽然坐标值 x,y,z 不同，但函数值均为 C，这样的曲面叫做等值面，如等温面、等位面。

对于二维的情况，则这种场被称为平面标量场，方程 $u(x,y,t)=C$ 叫做等值线方程，在几何上一般表示等值曲线。场中的等值线互不相交，如等高线、等温线和等压线。如图 1-4-1 所示为某一区域的温度分布及等温曲线。

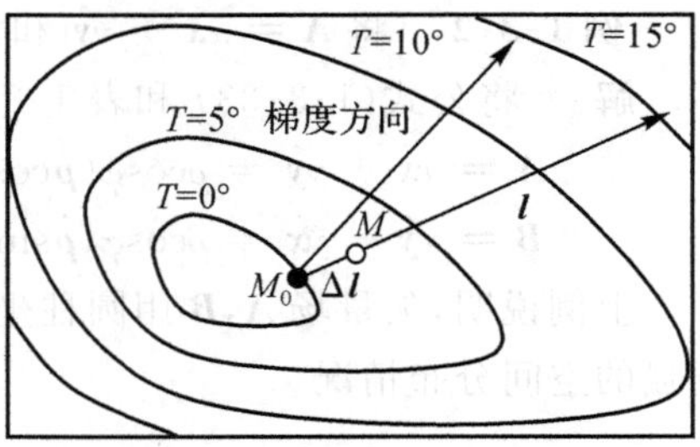

图 1-4-1　等温线

1.4.2　方向导数

方向导数是反映标量场在空间各个方向变化的一个重要概念。

1. 定义

设 M_0 为标量场中的一点，从 M 出发引入一条射线 $\boldsymbol{l}$，如图 1-4-1 所示，在 $\boldsymbol{l}$ 上临近 M_0 点取一动点 M，记 $\overline{MM_0}=\Delta l$，则

$$\left.\frac{\partial u}{\partial l}\right|_{M_0}=\lim_{\Delta l\to 0}\frac{u(M)-u(M_0)}{\Delta l} \tag{1-4-3}$$

称为函数 $u(M)$ 在点 M_0 处沿 $\boldsymbol{l}$ 的方向导数。

当 $\left.\frac{\partial u}{\partial l}\right|_{M_0}>0$，则函数 $u(M)$ 在点 M_0 处沿 $\boldsymbol{l}$ 方向的值增加，当 $\left.\frac{\partial u}{\partial l}\right|_{M_0}<0$，则函数 $u(M)$ 在点 M_0 处沿 $\boldsymbol{l}$ 方向的值减小，当 $\left.\frac{\partial u}{\partial l}\right|_{M_0}=0$，则函数 $u(M)$ 在点 M_0 处沿 $\boldsymbol{l}$ 方向的值是不变的。在直角坐标系中，$\frac{\partial u}{\partial x}$、$\frac{\partial u}{\partial y}$、$\frac{\partial u}{\partial z}$ 分别表示函数 $u(M)$ 沿三个坐标方向的方向导数。

2. 计算公式

在直角坐标系中，设 $u=u(x,y,z)$ 在点 $M_0(x,y,z)$ 处可微，在射线 $\boldsymbol{l}$ 上 M_0 点附近取一动点 $M(x+\Delta x,\ y+\Delta y,\ z+\Delta z)$，函数 u 从 M_0 点到 M 点的增量 Δu 为

$$u(M)-u(M_0)=\Delta u=\frac{\partial u}{\partial x}\Delta x+\frac{\partial u}{\partial y}\Delta y+\frac{\partial u}{\partial z}\Delta z \tag{1-4-4}$$

M_0 点至 M 点的距离矢量 $\Delta\boldsymbol{l}$ 为

$$\Delta\boldsymbol{l}=\hat{\boldsymbol{x}}\Delta x+\hat{\boldsymbol{y}}\Delta y+\hat{\boldsymbol{z}}\Delta z$$

若 $\Delta\boldsymbol{l}$ 与 x、y、z 轴之间的夹角分别为 α、β、γ，则

$$\Delta x=\hat{\boldsymbol{x}}\cdot\Delta\boldsymbol{l}=\Delta l\cos\alpha$$

$$\Delta y=\hat{\boldsymbol{y}}\cdot\Delta\boldsymbol{l}=\Delta l\cos\beta$$

$$\Delta z=\hat{\boldsymbol{z}}\cdot\Delta\boldsymbol{l}=\Delta l\cos\gamma$$

式中：$\cos\alpha$、$\cos\beta$、$\cos\gamma$ 也称为 $\boldsymbol{l}$ 的方向余弦。

利用上述分析可得方向导数的计算公式为

$$\frac{\partial u}{\partial l}=\lim_{\Delta l\to 0}\frac{\Delta u}{\Delta l}=\lim_{\Delta l\to 0}\frac{\frac{\partial u}{\partial x}\Delta x+\frac{\partial u}{\partial y}\Delta y+\frac{\partial u}{\partial z}\Delta z}{\Delta l}=\frac{\partial u}{\partial x}\cos\alpha+\frac{\partial u}{\partial y}\cos\beta+\frac{\partial u}{\partial z}\cos\gamma \tag{1-4-5}$$

例 1-4-1　求函数 $u=xyz$ 在点 $M(1,2,1)$ 处沿 $\boldsymbol{l}=\hat{\boldsymbol{x}}+2\hat{\boldsymbol{y}}+2\hat{\boldsymbol{z}}$ 方向的方向导数。

解　$\frac{\partial u}{\partial x}=yz$，$\frac{\partial u}{\partial y}=xz$，$\frac{\partial u}{\partial z}=xy$，在 M 点的值为 $\frac{\partial u}{\partial x}=2$，$\frac{\partial u}{\partial y}=1$，$\frac{\partial u}{\partial z}=2$，直线 $\boldsymbol{l}$ 的方

向余弦是

$$\cos\alpha = \frac{1}{\sqrt{1^2+2^2+2^2}} = \frac{1}{3},\quad \cos\beta = \frac{2}{\sqrt{1^2+2^2+2^2}} = \frac{2}{3}$$

$$\cos\gamma = \frac{2}{\sqrt{1^2+2^2+2^2}} = \frac{2}{3}$$

由公式(1-4-5)得

$$\left.\frac{\partial u}{\partial l}\right|_M = 2\times\frac{1}{3} + 1\times\frac{2}{3} + 2\times\frac{2}{3} = \frac{8}{3}$$

1.4.3　梯度

1. 梯度的定义

标量场的梯度表示为某一点处标量场的最大变化率的矢量，即最大的方向导数就是该点的梯度大小。由此可见标量场的梯度是一个矢量场。

梯度方向为指向标量增加率最大的方向，也就是等值面的法线方向，如图 1-4-1 所示；梯度大小为该方向上标量的增加率。下面我们从方向导数引出梯度的计算公式。

根据计算公式(1-4-5)可知，方向导数可以写成两个矢量的点积，即

$$\frac{\partial u}{\partial l} = \left(\frac{\partial u}{\partial x}\hat{\boldsymbol{x}} + \frac{\partial u}{\partial y}\hat{\boldsymbol{y}} + \frac{\partial u}{\partial z}\hat{\boldsymbol{z}}\right)\cdot(\hat{\boldsymbol{x}}\cos\alpha + \hat{\boldsymbol{y}}\cos\beta + \hat{\boldsymbol{z}}\cos\gamma) \tag{1-4-6}$$

这里 $\hat{\boldsymbol{l}} = \cos\alpha\hat{\boldsymbol{x}} + \cos\beta\hat{\boldsymbol{y}} + \cos\gamma\hat{\boldsymbol{z}}$ 是沿 $\boldsymbol{l}$ 方向的单位矢量。令

$$\boldsymbol{G} = \frac{\partial u}{\partial x}\hat{\boldsymbol{x}} + \frac{\partial u}{\partial y}\hat{\boldsymbol{y}} + \frac{\partial u}{\partial z}\hat{\boldsymbol{z}} \tag{1-4-7}$$

如果 $\hat{\boldsymbol{l}}$ 与 $\boldsymbol{G}$ 的夹角为 θ，则

$$\frac{\partial u}{\partial l} = \boldsymbol{G}\cdot\hat{\boldsymbol{l}} = |\boldsymbol{G}|\cos\theta \tag{1-4-8}$$

当 $\hat{\boldsymbol{l}}$ 与 $\boldsymbol{G}$ 的夹角为 $\theta = 0$ 时，方向导数 $\frac{\partial u}{\partial l}$ 取最大值 $|\boldsymbol{G}|$，函数 u 沿 $\boldsymbol{G}$ 方向变化最快。

由此可见，矢量 $\boldsymbol{G}$ 的方向就是 $u(x,y,z)$ 变化率最大的方向，其模也正好是这个方向的最大变化率。由此称矢量 $\boldsymbol{G}$ 为函数 $u(x,y,z)$ 在定点 (x,y,z) 处的梯度(gradient)，记作

$$\boldsymbol{G} = \mathrm{grad}u = \hat{\boldsymbol{x}}\frac{\partial u}{\partial x} + \hat{\boldsymbol{y}}\frac{\partial u}{\partial y} + \hat{\boldsymbol{z}}\frac{\partial u}{\partial z}$$

引入矢量微分算符

$$\nabla = \hat{\boldsymbol{x}}\frac{\partial}{\partial x} + \hat{\boldsymbol{y}}\frac{\partial}{\partial y} + \hat{\boldsymbol{z}}\frac{\partial}{\partial z} \tag{1-4-9}$$

称为那勃勒(nabla)算子，“∇”具有微分运算功能，同时又具有矢量运算功能。由此，梯度公式可表示为

$$\boldsymbol{G} = \mathrm{grad}u = \nabla u = \hat{\boldsymbol{x}}\frac{\partial u}{\partial x} + \hat{\boldsymbol{y}}\frac{\partial u}{\partial y} + \hat{\boldsymbol{z}}\frac{\partial u}{\partial z} \tag{1-4-10}$$

标量场的梯度与所选的坐标系无关，但不同的坐标系其梯度的计算公式是不同的，对于圆柱坐标系，标量场 $u(\rho,\varphi,z)$ 的梯度公式为

$$\boldsymbol{G} = \mathrm{grad}u = \nabla u = \hat{\boldsymbol{\rho}}\frac{\partial u}{\partial \rho} + \hat{\boldsymbol{\varphi}}\frac{1}{\rho}\frac{\partial u}{\partial \varphi} + \hat{\boldsymbol{z}}\frac{\partial u}{\partial z} \tag{1-4-11}$$

在圆柱坐标系中算子 ∇ 的形式为

$$\nabla = \hat{\boldsymbol{\rho}}\frac{\partial}{\partial\rho} + \hat{\boldsymbol{\varphi}}\frac{1}{\rho}\frac{\partial}{\partial\varphi} + \hat{\boldsymbol{z}}\frac{\partial}{\partial z} \tag{1-4-12}$$

对于球坐标系，标量场 $u(r,\theta,\varphi)$ 的梯度公式为

$$\boldsymbol{G} = \mathrm{grad}u = \nabla u = \hat{\boldsymbol{r}}\frac{\partial u}{\partial r} + \hat{\boldsymbol{\theta}}\frac{1}{r}\frac{\partial u}{\partial\theta} + \hat{\boldsymbol{\varphi}}\frac{1}{r\sin\theta}\frac{\partial u}{\partial\varphi} \tag{1-4-13}$$

球坐标系算子 ∇ 的形式为

$$\nabla = \hat{\boldsymbol{r}}\frac{\partial}{\partial r} + \hat{\boldsymbol{\theta}}\frac{1}{r}\frac{\partial}{\partial\theta} + \hat{\boldsymbol{\varphi}}\frac{1}{r\sin\theta}\frac{\partial}{\partial\varphi} \tag{1-4-14}$$

2. 梯度的性质

从梯度的定义可以归纳出标量场在定点处的梯度基本性质：

(1) 标量场的梯度是一个矢量函数，其方向是函数 u 变化率最大的方向，其模等于函数 u 在该点的最大变化率的数值。

(2) 标量场 u 在给定点沿 $\boldsymbol{l}$ 方向的方向导数等于梯度 $\mathrm{grad}u$ 与该方向单位矢量 $\hat{\boldsymbol{l}}$ 的点积，即在 l 方向上的投影有

$$\frac{\partial u}{\partial l} = \mathrm{grad}u \cdot \hat{\boldsymbol{l}} \tag{1-4-15}$$

(3) 标量场中任一点 M 处的梯度垂直于过该点的等值面，且指向函数 $u(M)$ 增大的方向。

例 1-4-2 已知标量场 $u = (x^2 + y^2 + z^2)^{\frac{1}{2}}$，求空间一点 $M(1,1,1)$ 的梯度和沿矢量 $\boldsymbol{l} = 2\hat{\boldsymbol{x}} + 2\hat{\boldsymbol{y}} + \hat{\boldsymbol{z}}$ 方向的方向导数。

解 首先求

$$\left.\frac{\partial u}{\partial x}\right|_M = \left.\frac{x}{(x^2+y^2+z^2)^{1/2}}\right|_M = \frac{1}{\sqrt{3}}$$

$$\left.\frac{\partial u}{\partial y}\right|_M = \left.\frac{y}{(x^2+y^2+z^2)^{1/2}}\right|_M = \frac{1}{\sqrt{3}}$$

$$\left.\frac{\partial u}{\partial z}\right|_M = \left.\frac{z}{(x^2+y^2+z^2)^{1/2}}\right|_M = \frac{1}{\sqrt{3}}$$

则根据公式 (1-4-10)，标量场 u 在点 $M(1,1,1)$ 的梯度为

$$\nabla u\,|_M = \left.\left(\hat{\boldsymbol{x}}\frac{\partial u}{\partial x} + \hat{\boldsymbol{y}}\frac{\partial u}{\partial y} + \hat{\boldsymbol{z}}\frac{\partial u}{\partial z}\right)\right|_M = \frac{1}{\sqrt{3}}(\hat{\boldsymbol{x}} + \hat{\boldsymbol{y}} + \hat{\boldsymbol{z}})$$

$\boldsymbol{l}$ 的单位矢量为

$$\hat{\boldsymbol{l}} = \frac{\boldsymbol{l}}{|\boldsymbol{l}|} = \frac{2\hat{\boldsymbol{x}} + 2\hat{\boldsymbol{y}} + \hat{\boldsymbol{z}}}{\sqrt{2^2+2^2+1^2}} = \frac{1}{3}(2\hat{\boldsymbol{x}} + 2\hat{\boldsymbol{y}} + \hat{\boldsymbol{z}})$$

根据公式 (1-4-15)，沿 l 方向的方向导数为

$$\frac{\partial u}{\partial l} = \nabla u \cdot \hat{\boldsymbol{l}} = \frac{1}{\sqrt{3}}(\hat{\boldsymbol{x}} + \hat{\boldsymbol{y}} + \hat{\boldsymbol{z}}) \cdot \frac{1}{3}(2\hat{\boldsymbol{x}} + 2\hat{\boldsymbol{y}} + \hat{\boldsymbol{z}}) = \frac{5}{3\sqrt{3}}$$

例 1-4-3 设 $R = \sqrt{(x-x')^2 + (y-y')^2 + (z-z')^2}$，证明 $\nabla\left(\frac{1}{R}\right) = -\nabla'\left(\frac{1}{R}\right)$。这里 R 表示源点 (x,y,z) 和场点 (x',y',z') 之间的距离(见图 1-4-2)。符号 ∇' 表示对场点

(x',y',z') 的梯度，即

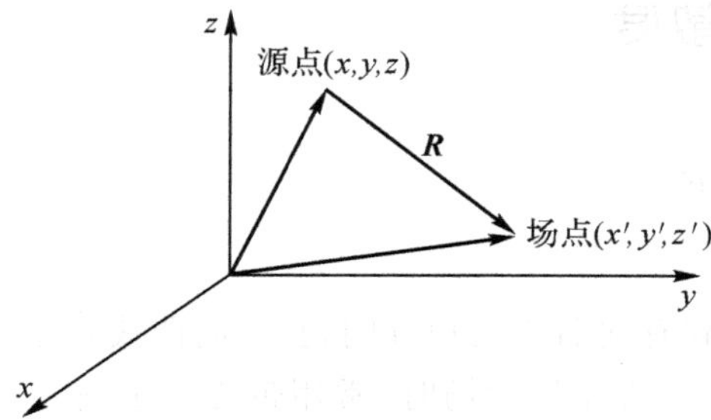

图 1-4-2　场点与源点

$$\nabla' = \hat{\boldsymbol{x}}\frac{\partial}{\partial x'} + \hat{\boldsymbol{y}}\frac{\partial}{\partial y'} + \hat{\boldsymbol{z}}\frac{\partial}{\partial z'}$$

解

$$\begin{aligned}\nabla\left(\frac{1}{R}\right) &= \nabla[(x-x')^2+(y-y')^2+(z-z')^2]^{-1/2} \\ &= \hat{\boldsymbol{x}}\frac{\partial}{\partial x}[(x-x')^2+(y-y')^2+(z-z')^2]^{-1/2} \\ &\quad + \hat{\boldsymbol{y}}\frac{\partial}{\partial y}[(x-x')^2+(y-y')^2+(z-z')^2]^{-1/2} \\ &\quad + \hat{\boldsymbol{z}}\frac{\partial}{\partial z}[(x-x')^2+(y-y')^2+(z-z')^2]^{-1/2} \\ &= -\frac{\hat{\boldsymbol{x}}(x-x')+\hat{\boldsymbol{y}}(y-y')+\hat{\boldsymbol{z}}(z-z')}{[(x-x')^2+(y-y')^2+(z-z')^2]^{3/2}} = -\frac{\boldsymbol{R}}{R^3}\end{aligned}$$

同理求

$$\begin{aligned}\nabla'\left(\frac{1}{R}\right) &= \nabla'[(x-x')^2+(y-y')^2+(z-z')^2]^{-1/2} \\ &= \hat{\boldsymbol{x}}\frac{\partial}{\partial x'}[(x-x')^2+(y-y')^2+(z-z')^2]^{-1/2} \\ &\quad + \hat{\boldsymbol{y}}\frac{\partial}{\partial y'}[(x-x')^2+(y-y')^2+(z-z')^2]^{-1/2} \\ &\quad + \hat{\boldsymbol{z}}\frac{\partial}{\partial z'}[(x-x')^2+(y-y')^2+(z-z')^2]^{-1/2} \\ &= \frac{\hat{\boldsymbol{x}}(x-x')+\hat{\boldsymbol{y}}(y-y')+\hat{\boldsymbol{z}}(z-z')}{[(x-x')^2+(x-x')^2+(x-x')^2]^{3/2}} = \frac{\boldsymbol{R}}{R^3}\end{aligned}$$

由上面的结果可见

$$\nabla\left(\frac{1}{R}\right) = -\nabla'\left(\frac{1}{R}\right) \tag{1-4-16}$$

思考题

(1) 标量场的梯度和方向导数各表示什么物理意义?两者之间又有何关系?

(2) 在什么情况下标量场的梯度不存在?请举例说明。

(3) 海拔的等高线与海拔的梯度有什么关系?

(4) 什么是位置矢量?写出位置矢量在三种坐标系中的坐标分量表示。

1.5 矢量场的散度

1.5.1 矢量的通量

1. 矢量场的矢量线

在电磁场中经常会遇到有向曲线的积分问题。有向曲线是指曲线(或称路径)任意一端到另一端具有方向的曲线。在研究矢量场时,常用带方向的场线(即有向曲线)来表示在空间矢量场的分布情况,这样的场线被称为矢量线或流线,线上每一点的切线方向都代表该点的矢量场的方向,空间线的密度表示该点矢量场的大小,如图 1-5-1(a) 所示。在电磁场中以矢量场为形式的物理量很多,例如电场中的电力线、磁场中的磁力线。

在直角坐标系中,矢量场可表示为

$$\boldsymbol{A} = A_x\hat{\boldsymbol{x}} + A_y\hat{\boldsymbol{y}} + A_z\hat{\boldsymbol{z}} \tag{1-5-1}$$

矢量线方程由描述矢量场的矢量函数决定。曲线上任意一点 $M(x,y,z)$ 的矢径为 $\boldsymbol{l} = x\hat{\boldsymbol{x}} + y\hat{\boldsymbol{y}} + z\hat{\boldsymbol{z}}$,矢量线在 M 点的微分形式为 $\mathrm{d}\boldsymbol{l} = \hat{\boldsymbol{x}}\mathrm{d}x + \hat{\boldsymbol{y}}\mathrm{d}y + \hat{\boldsymbol{z}}\mathrm{d}z$。按照矢量线的定义,矢量线上任意点处的 $\mathrm{d}\boldsymbol{l}$ 应与场量 $\boldsymbol{A}$ 共线,故必有 $\mathrm{d}\boldsymbol{l} \times \boldsymbol{A} = 0$。由此可得矢量线满足微分方程

$$\frac{\mathrm{d}x}{A_x} = \frac{\mathrm{d}y}{A_y} = \frac{\mathrm{d}z}{A_z} \tag{1-5-2}$$

求解该微分方程就可得到空间中的矢量线簇。矢量线充满了整个矢量场,且互不相交。如果矢量线有起点和终点,则矢量场称为有源场。发出矢量线的点叫矢量场的正源,像点光源,它不断地发出光线。吸收矢量线的点叫矢量场的负源,像宇宙中的黑洞,它不断地吸收物质和光线。

图 1-5-1 矢量线与矢量的通量

2. 矢量的通量

矢量的通量在很多场合中都有用到。如在水流场中,如果已知水流的速度 $\boldsymbol{v}(\boldsymbol{r})$,要计算水在单位时间内流过某一截面 $\boldsymbol{S}$ 的流量,可以在曲面上取微面元 $\mathrm{d}\boldsymbol{S}$,微面元足够小以至于水流过该面元的速度 $\boldsymbol{v}(\boldsymbol{r})$ 都相等。设面元的法线方向 $\boldsymbol{n}$(其方向与面元 $\mathrm{d}\boldsymbol{S}$ 垂直) 与水流速方向夹角为 θ,则水在单位时间流过此面元的流量为

$$\mathrm{d}\Psi = v\mathrm{d}S\cos\theta = \boldsymbol{v} \cdot \mathrm{d}\boldsymbol{S} \tag{1-5-3}$$

水在单位时间流过曲面 $\boldsymbol{S}$ 的流量就是对该曲面的面积分,即

$$\Psi = \iint_S v\mathrm{d}S\cos\theta = \iint_S \boldsymbol{v} \cdot \mathrm{d}\boldsymbol{S} \tag{1-5-4}$$

此面积分称为矢量场$\boldsymbol{v}(\boldsymbol{r})$对曲面$\boldsymbol{S}$的通量，也就是矢量场通过(穿过)曲面$\boldsymbol{S}$的量。推而广之，对于任何矢量场，矢量的通量都可以用公式(1-5-3)表示之。对于任意矢量场，穿过曲面$\boldsymbol{S}$的通量都可以写成

$$\Phi = \iint_S A\mathrm{d}S\cos\theta = \iint_S \boldsymbol{A} \cdot \mathrm{d}\boldsymbol{S} \tag{1-5-5}$$

式中：θ为矢量$\boldsymbol{A}$与$\mathrm{d}\boldsymbol{S}$的夹角。这里Φ称为矢量场$\boldsymbol{A}$穿过$\mathrm{d}\boldsymbol{S}$的通量。利用矢量线的概念，通量也可以认为是穿过曲面S的矢量线总和，故矢量线也叫做通量线。通量是一个代数量(即标量)，它的正、负与面元法线方向的选取有关。

在矢量场中，围绕某一点M作一闭合曲面$\boldsymbol{S}$，法线方向向外，则穿过闭合面的总通量可表示为

$$\Phi = \oint\!\!\!\oint_S A \cdot \mathrm{d}S\cos\theta = \oint\!\!\!\oint_S \boldsymbol{A} \cdot \mathrm{d}\boldsymbol{S} \tag{1-5-6}$$

这里Φ是矢量场$\boldsymbol{A}$穿过闭合曲面$\boldsymbol{S}$的通量或发散量。

若$\Phi > 0$，则流出$\boldsymbol{S}$面的通量大于流入的通量，即通量由$\boldsymbol{S}$面内向外扩散，说明$\boldsymbol{S}$面内有正源；

若$\Phi < 0$，则流入$\boldsymbol{S}$面的通量大于流出的通量，即通量向$\boldsymbol{S}$面内汇集，说明$\boldsymbol{S}$面内有负源；

若$\Phi = 0$，则流入$\boldsymbol{S}$面的通量等于流出的通量，说明$\boldsymbol{S}$面内无源或正源与负源量相等。

1.5.2　散度

事实上，只用矢量场的通量来描述场源是不够的，因为矢量场的通量是对一定面积$\boldsymbol{S}$而定的，它不能描述闭合曲面$\boldsymbol{S}$内每一点的性质。而对场的分析要求了解在空间每一点场源的分布，只有点的关系才能反映出场沿空间坐标的变化规律。为此需要引入矢量场散度的概念。

1. 散度的定义

下面我们用场源的空间密度分布函数来定量描述矢量场的散度。假设空间矢量场$\boldsymbol{A}$中有一点M，围绕点M处作闭合曲面$\boldsymbol{S}$，限定的体积为ΔV，那么穿过闭合曲面的矢量场的通量除以体积ΔV为

$$\Phi_{\Delta V} = \frac{\oint\!\!\!\oint_S \boldsymbol{A} \cdot \mathrm{d}\boldsymbol{S}}{\Delta V} \tag{1-5-7}$$

$\Phi_{\Delta V}$为ΔV内的平均发散量。令$\Delta V \to 0$，就得到矢量场$\boldsymbol{A}$在M点的发散量或散度，记作$\mathrm{div}\boldsymbol{A}$或$\nabla \cdot \boldsymbol{A}$，即

$$\nabla \cdot \boldsymbol{A} = \lim_{\Delta V \to 0} \frac{\oint\!\!\!\oint_S \boldsymbol{A} \cdot \mathrm{d}\boldsymbol{S}}{\Delta V} \tag{1-5-8}$$

$\mathrm{div}\boldsymbol{A}$表示在场中任意一点处，通量对体积的变化率，也就是该点处在一个单位体积内所穿过的通量，所以$\mathrm{div}\boldsymbol{A}$可称为“通量源密度”。

在M点处，若$\mathrm{div}\boldsymbol{A} > 0$，表明该点是发出通量线的正源；若$\mathrm{div}\boldsymbol{A} < 0$，表明该点是吸收通量线的负源；若$\mathrm{div}\boldsymbol{A} = 0$，表明该点无源。

2. 散度在直角坐标系中的表示

散度的定义与所选取的坐标系无关，但对于不同的坐标系，计算公式各不相同。在直角坐标系中，矢量场的散度等于各坐标分量对各自的坐标变量的偏导数之和，即

$$\mathrm{div}\boldsymbol{A}=\nabla\cdot\boldsymbol{A}=\frac{\partial A_x}{\partial x}+\frac{\partial A_y}{\partial y}+\frac{\partial A_z}{\partial z} \tag{1-5-9}$$

可以看出，矢量场的散度是一个标量场。

在柱坐标系中，矢量场的散度表示为

$$\nabla\cdot\boldsymbol{A}=\frac{1}{\rho}\frac{\partial}{\partial\rho}(\rho A_\rho)+\frac{1}{\rho}\frac{\partial A_\varphi}{\partial\varphi}+\frac{\partial A_z}{\partial z} \tag{1-5-10}$$

在球坐标系中，矢量场的散度表示为

$$\nabla\cdot\boldsymbol{A}=\frac{1}{r^2}\frac{\partial}{\partial r}(r^2A_r)+\frac{1}{r\sin\theta}\frac{\partial(\sin\theta A_\theta)}{\partial\theta}+\frac{1}{r\sin\theta}\frac{\partial A_\varphi}{\partial\varphi} \tag{1-5-11}$$

3. 高斯散度定理

矢量场 $\boldsymbol{A}$ 通过任一闭合曲面 S 的通量等于它所包围的体积 V 内散度的积分，即

$$\iiint_V\nabla\cdot\boldsymbol{A}\mathrm{d}V=\oiint_S\boldsymbol{A}\cdot\mathrm{d}\boldsymbol{S} \tag{1-5-12}$$

在矢量分析和场论中，高斯散度定理是一个重要的定理。它的意义在于体积 V 内所有的场源之和（公式 1-5-12 左边）等于所有场源发出的矢量场 $\boldsymbol{A}$ 对包围体积 V 的闭合曲面 $\boldsymbol{S}$ 的通量（公式 1-5-12 右边）。如在电磁场理论中，体积 V 内有 m 个点电荷，则 m 个点电荷的总和与所有电力线对包围体积 V 的闭合曲面 S 的电通量成正比。

4. 散度运算的基本公式

$$\nabla\cdot\boldsymbol{C}=0\qquad(\boldsymbol{C}\text{ 为常矢量}) \tag{1-5-13}$$

$$\nabla\cdot(c\boldsymbol{A})=c\nabla\cdot\boldsymbol{A}\qquad(c\text{ 为常数}) \tag{1-5-14}$$

$$\nabla\cdot(\boldsymbol{A}\pm\boldsymbol{B})=\nabla\cdot\boldsymbol{A}\pm\nabla\cdot\boldsymbol{B} \tag{1-5-15}$$

$$\nabla\cdot(u\boldsymbol{A})=\nabla u\cdot\boldsymbol{A}+u\nabla\cdot\boldsymbol{A}\qquad(u\text{ 为标量函数}) \tag{1-5-16}$$

$$\nabla\cdot(\nabla u)=\frac{\partial^2u}{\partial x^2}+\frac{\partial^2u}{\partial y^2}+\frac{\partial^2u}{\partial z^2} \tag{1-5-17}$$

引入拉普拉斯算子：

$$\nabla^2=\frac{\partial^2}{\partial x^2}+\frac{\partial^2}{\partial y^2}+\frac{\partial^2}{\partial z^2} \tag{1-5-18}$$

则公式(1-5-17) 可以写成为

$$\nabla^2u=\frac{\partial^2u}{\partial x^2}+\frac{\partial^2u}{\partial y^2}+\frac{\partial^2u}{\partial z^2} \tag{1-5-19}$$

思考题

(1) 矢量场的通量和散度各有什么意义？两者之间有什么联系？

(2) 若一个闭合曲面的矢量场的通量为 0，则矢量场在该区域中的散度处处为 0 吗？为什么？

(3) 高斯散度定理有什么意义？请举例说明高斯散度定理的一个应用。

(4) 什么样的矢量线有散度？什么样的矢量线没有散度？

1.6　矢量场的旋度

矢量场不仅具有通量源，而且还具有旋涡源。例如我们经常在江湖中看到的水的旋涡，这种打转的水流场就是旋涡场。通量源可以用散度来描述，而旋涡源则可以用旋度描述。图 1-6-1(a) 表示具有通量源的场，(b) 表示具有旋涡源的场。对于旋涡场的描述，必须引入环量的概念。

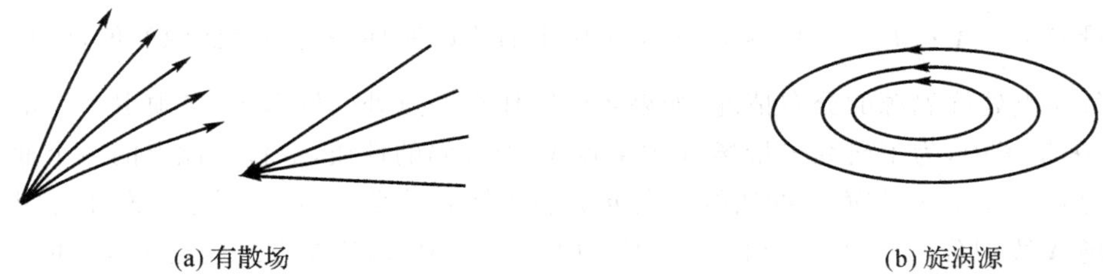

图 1-6-1　矢量线形态

1.6.1　矢量的环量

在矢量场中，矢量 $\boldsymbol{A}$ 沿某一闭合路径的线积分，定义为该矢量沿闭合路径的环量，如图 1-6-2 所示。记为

$$\Gamma = \oint_C \boldsymbol{A} \cdot \mathrm{d}\boldsymbol{l} = \oint_C A\cos\theta \mathrm{d}l \tag{1-6-1}$$

式中：$\boldsymbol{A}$ 表示闭合积分路径上任意一点的矢量；$\mathrm{d}\boldsymbol{l}$ 是该点路径上的切向长度元矢量，它的方向取决于闭合曲线 C 的环绕方向；θ 是该点 $\boldsymbol{A}$ 与 $\mathrm{d}\boldsymbol{l}$ 的夹角。

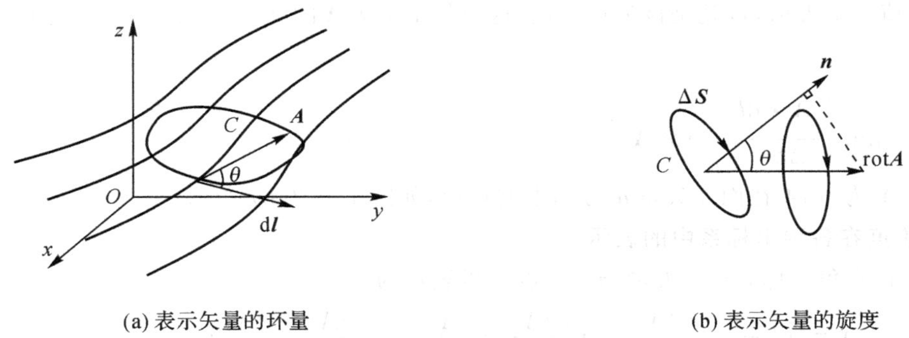

图 1-6-2　矢量的环量和旋度

对环量的分析如下：

(1) 由环量的公式(1-6-1) 可见，环量是一个代数量(标量)，它的大小和正负不仅与矢量场 $\boldsymbol{A}$ 的分布有关，而且与所取的积分环绕方向有关。

(2) 环量的物理意义是随矢量所代表的场而定的，如果 $\boldsymbol{A}$ 是作用在物体上的重力场，则物体在重力场中环绕某一闭合环路 C 移动一圈后所作的功就是引力场的环量，其值就是重力场对环路 C 所作的积分，将来我们会学到电场强度的环量是围绕闭合路径的电动势。

(3) 如果物理量对环线 C 的积分等于零，比如，一个物体从海平面 A 处移到海平面上方

10 米 B 处，再从海平面上方 10 米 B 处移到海平面 A 处，那么根据力学做功原理，在这个过程中重力场没有对物体做功，也就是重力场对从 A 到 B 再回到 A 这个环路的积分所得环量为零，我们称环量为零的场叫无旋场或保守场，这种场不可能有旋涡源，如重力场，我们以后将会知道静电场也是无旋场。若环量不等于零，如有旋涡的水流场，则称这种场为有旋场。

1.6.2　旋度

1. 旋度的定义

环量 $\Gamma=\oint_C \boldsymbol{A}\cdot \mathrm{d}\boldsymbol{l}=\oint_C A\cos\theta \mathrm{d}l$ 大小正比于曲线 C 所环绕的净旋涡源的值，但它不能体现场中每一点处旋涡源的分布情况。如果要研究任意一点处的旋涡源，必须引入环量密度的概念。在矢量场中，为了研究矢量场 $\boldsymbol{A}$ 中某点 M 处旋涡的性质，取包含此点的一个面元 $\Delta \boldsymbol{S}$，其周界为 C，其正向取与面元的法线方向 $\boldsymbol{n}$ 成右手螺旋关系。沿着包围这个面元的闭合路径对矢量场 $\boldsymbol{A}$ 线积分，并且保持 $\boldsymbol{n}$ 的方向不变而使面元 $\Delta \boldsymbol{S}$ 以任意方式趋近于零，即

$$\lim_{\Delta S\to 0}\frac{\oint_C \boldsymbol{A}\cdot \mathrm{d}\boldsymbol{l}}{\Delta S} \tag{1-6-2}$$

则称其为矢量场 $\boldsymbol{A}$ 在点 M 处沿 $\boldsymbol{n}$ 方向的环量面密度。显然此极限与 C 所围成的面元方向有关。

例如：在流体力学中，某点附近的流体沿着一个面呈现旋涡状流体时，以 $\boldsymbol{A}$ 表示流速。

如果 C 围成的面元与旋涡面方向重合，则上述的极限有最大值；

如果 C 围成的面元与旋涡面之间有一夹角，得到的极限总是小于最大值；

如果 C 围成的面元与旋涡面之间垂直，得到的极限等于 0。

这些结果表明，此极限仍是某一矢量在面元上的投影。当面元矢量与此矢量方向相同时，极限值为最大值，也就是该矢量的模。这个矢量称为 $\boldsymbol{A}$ 的旋度（rotation），记为 $\mathrm{rot}\boldsymbol{A}$。因此有

$$\lim_{\Delta S\to 0}\frac{\oint_C \boldsymbol{A}\cdot \mathrm{d}\boldsymbol{l}}{\Delta S}=\mathrm{rot}_n\boldsymbol{A} \tag{1-6-3}$$

式中 $\mathrm{rot}_n\boldsymbol{A}$ 为 $\mathrm{rot}\boldsymbol{A}$ 在面元矢量 $\boldsymbol{n}$ 方向上的投影，如图 1-6-2(b) 所示。

2. 旋度在各种坐标系中的表示

(1) 在直角坐标系中，矢量场的旋度可以表示为

$$\mathrm{rot}\boldsymbol{A}=\hat{\boldsymbol{x}}\left(\frac{\partial A_z}{\partial y}-\frac{\partial A_y}{\partial z}\right)+\hat{\boldsymbol{y}}\left(\frac{\partial A_x}{\partial z}-\frac{\partial A_z}{\partial x}\right)+\hat{\boldsymbol{z}}\left(\frac{\partial A_y}{\partial x}-\frac{\partial A_x}{\partial y}\right)$$

上式可写成行列式形式

$$\nabla\times\boldsymbol{A}=\begin{vmatrix}\hat{\boldsymbol{x}} & \hat{\boldsymbol{y}} & \hat{\boldsymbol{z}}\\ \dfrac{\partial}{\partial x} & \dfrac{\partial}{\partial y} & \dfrac{\partial}{\partial z}\\ A_x & A_y & A_z\end{vmatrix}=\left(\hat{\boldsymbol{x}}\frac{\partial}{\partial x}+\hat{\boldsymbol{y}}\frac{\partial}{\partial y}+\hat{\boldsymbol{z}}\frac{\partial}{\partial z}\right)\times(\hat{\boldsymbol{x}}A_x+\hat{\boldsymbol{y}}A_y+\hat{\boldsymbol{z}}A_z) \tag{1-6-4}$$

(2) 在圆柱坐标系中

$$\mathrm{rot}\boldsymbol{A}=\hat{\boldsymbol{\rho}}\left(\frac{1}{\rho}\frac{\partial A_z}{\partial\varphi}-\frac{\partial A_\varphi}{\partial z}\right)+\hat{\boldsymbol{\varphi}}\left(\frac{\partial A_\rho}{\partial z}-\frac{\partial A_z}{\partial\rho}\right)+\hat{\boldsymbol{z}}\,\frac{1}{\rho}\left[\frac{\partial(\rho A_\varphi)}{\partial\rho}-\frac{\partial A_\rho}{\partial\varphi}\right] \tag{1-6-5}$$

上式可写成行列式形式：

$$\nabla\times\boldsymbol{A}=\begin{vmatrix}\dfrac{\hat{\boldsymbol{\rho}}}{\rho} & \hat{\boldsymbol{\varphi}} & \dfrac{\hat{\boldsymbol{z}}}{\rho}\\ \dfrac{\partial}{\partial\rho} & \dfrac{\partial}{\partial\varphi} & \dfrac{\partial}{\partial z}\\ A_\rho & \rho A_\varphi & A_z\end{vmatrix} \tag{1-6-6}$$

(3) 在球坐标系中

$$\mathrm{rot}\boldsymbol{A}=\hat{\boldsymbol{r}}\,\frac{1}{r\sin\theta}\left[\frac{\partial(A_\varphi\sin\theta)}{\partial\theta}-\frac{\partial A_\theta}{\partial\varphi}\right]+\hat{\boldsymbol{\theta}}\,\frac{1}{r}\left[\frac{1}{\sin\theta}\frac{\partial A_r}{\partial\varphi}-\frac{\partial(rA_\varphi)}{\partial r}\right]$$
$$+\hat{\boldsymbol{\varphi}}\,\frac{1}{r}\left[\frac{\partial(rA_\theta)}{\partial r}-\frac{\partial A_r}{\partial\theta}\right] \tag{1-6-7}$$

上式可写成行列式形式：

$$\nabla\times\boldsymbol{A}=\begin{vmatrix}\dfrac{\hat{\boldsymbol{r}}}{r^2\sin\theta} & \dfrac{\hat{\boldsymbol{\theta}}}{r\sin\theta} & \dfrac{\hat{\boldsymbol{\varphi}}}{r}\\ \dfrac{\partial}{\partial r} & \dfrac{\partial}{\partial\theta} & \dfrac{\partial}{\partial\varphi}\\ A_r & rA_\theta & r\sin\theta A_\varphi\end{vmatrix} \tag{1-6-8}$$

可见各种坐标系下的旋度公式不尽相同。上述几个旋度公式的推导过程可以参看矢量分析的有关书籍。

3. 旋度性质

(1) 旋度的散度恒等于 0，即

$$\nabla\cdot(\nabla\times\boldsymbol{A})=0 \tag{1-6-9}$$

现在直角坐标系中加以证明。

证明　在直角坐标系中，有

$$\nabla\cdot(\nabla\times\boldsymbol{A})=\left(\hat{\boldsymbol{x}}\,\frac{\partial}{\partial x}+\hat{\boldsymbol{y}}\,\frac{\partial}{\partial y}+\hat{\boldsymbol{z}}\,\frac{\partial}{\partial z}\right)\cdot$$
$$\left[\hat{\boldsymbol{x}}\left(\frac{\partial A_z}{\partial y}-\frac{\partial A_y}{\partial z}\right)+\hat{\boldsymbol{y}}\left(\frac{\partial A_x}{\partial z}-\frac{\partial A_z}{\partial x}\right)+\hat{\boldsymbol{z}}\left(\frac{\partial A_y}{\partial x}-\frac{\partial A_x}{\partial y}\right)\right]$$
$$=\frac{\partial}{\partial x}\left(\frac{\partial A_z}{\partial y}-\frac{\partial A_y}{\partial z}\right)+\frac{\partial}{\partial y}\left(\frac{\partial A_x}{\partial z}-\frac{\partial A_z}{\partial x}\right)+\frac{\partial}{\partial z}\left(\frac{\partial A_y}{\partial x}-\frac{\partial A_x}{\partial y}\right)=0$$

结论　对于一个散度为 0 的矢量场，可以将其表示为一个矢量的旋度：

$$\nabla\cdot\boldsymbol{B}=0\text{，则 }\boldsymbol{B}=\nabla\times\boldsymbol{A} \tag{1-6-10}$$

(2) 标量的梯度的旋度恒为 **0**，即

$$\nabla\times(\nabla u)=\boldsymbol{0} \tag{1-6-11}$$

证明　在直角坐标系中，有

$$\nabla\times(\nabla u)=\nabla\times\nabla u$$
$$=\left(\hat{\boldsymbol{x}}\,\frac{\partial}{\partial x}+\hat{\boldsymbol{y}}\,\frac{\partial}{\partial y}+\hat{\boldsymbol{z}}\,\frac{\partial}{\partial z}\right)\times\left(\hat{\boldsymbol{x}}\,\frac{\partial u}{\partial x}+\hat{\boldsymbol{y}}\,\frac{\partial u}{\partial y}+\hat{\boldsymbol{z}}\,\frac{\partial u}{\partial z}\right)$$
$$=\hat{\boldsymbol{x}}\left(\frac{\partial}{\partial y}\frac{\partial u}{\partial z}-\frac{\partial}{\partial z}\frac{\partial u}{\partial y}\right)+\hat{\boldsymbol{y}}\left(\frac{\partial}{\partial z}\frac{\partial u}{\partial x}-\frac{\partial}{\partial x}\frac{\partial u}{\partial z}\right)+\hat{\boldsymbol{z}}\left(\frac{\partial}{\partial x}\frac{\partial u}{\partial y}-\frac{\partial}{\partial y}\frac{\partial u}{\partial x}\right)=\boldsymbol{0}$$

结论　对于一个旋度为 0 的矢量场，可以将其表示为某一标量的梯度。

例 1-6-2 求矢量场$\boldsymbol{A}=x^2\hat{\boldsymbol{x}}+y^2\hat{\boldsymbol{y}}+z^2\hat{\boldsymbol{z}}$沿着在$xOy$平面的一个闭合路径$C$的线积分。此闭合路径由(0,0)和(1,1)之间的一段抛物线$y=x^2$和两段平行于坐标轴的直线段组成，如图 1-6-3 所示。再计算$\boldsymbol{A}$的旋度。

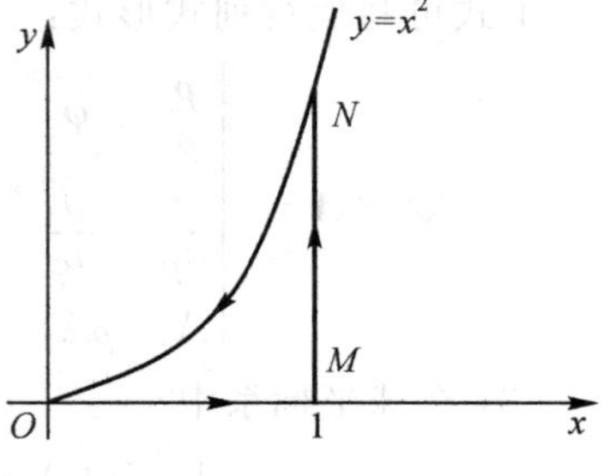

图 1-6-3 计算 OMN 闭合路径积分

解 (1) 计算线积分

由于回路在xOy平面上，故$\mathrm{d}z=0$

$$\begin{aligned}\boldsymbol{A}\cdot\mathrm{d}\boldsymbol{l}&=(x^2\hat{\boldsymbol{x}}+y^2\hat{\boldsymbol{y}}+z^2\hat{\boldsymbol{z}})\cdot(\mathrm{d}x\hat{\boldsymbol{x}}+\mathrm{d}y\hat{\boldsymbol{y}})\\&=x^2\mathrm{d}x+y^2\mathrm{d}y\end{aligned}$$

路径$O\to M\to N\to O$可以写成为

$$\begin{aligned}\oint_C\boldsymbol{A}\cdot\mathrm{d}\boldsymbol{l}&=\int_O^M\boldsymbol{A}\cdot\mathrm{d}\boldsymbol{l}+\int_M^N\boldsymbol{A}\cdot\mathrm{d}\boldsymbol{l}+\int_N^O\boldsymbol{A}\cdot\mathrm{d}\boldsymbol{l}\\&=\int_O^M(x^2\mathrm{d}x+y^2\mathrm{d}y)+\int_M^N(x^2\mathrm{d}x+y^2\mathrm{d}y)+\int_N^O(x^2\mathrm{d}x+y^2\mathrm{d}y)\\&=\int_O^Mx^2\mathrm{d}x+\int_O^My^2\mathrm{d}y+\int_M^Nx^2\mathrm{d}x+\int_M^Ny^2\mathrm{d}y+\int_N^Ox^2\mathrm{d}x+\int_N^Oy^2\mathrm{d}y\end{aligned}$$

在路径$O\to M$上，有$y=0,\mathrm{d}y=0$；x由$0\to1$；在路径$M\to N$上，有$x=1,\mathrm{d}x=0$；y由$0\to1$；在抛物线路径为$N\to O$上，有x由$1\to0$，y由$1\to0$；则上式可以写成

$$\begin{aligned}\oint_C\boldsymbol{A}\cdot\mathrm{d}\boldsymbol{l}&=\int_0^1x^2\mathrm{d}x+\int_0^1y^2\mathrm{d}y+\int_1^0x^2\mathrm{d}x+\int_1^0y^2\mathrm{d}y\\&=\frac{x^3}{3}\bigg|_0^1+\frac{y^3}{3}\bigg|_0^1+\frac{x^3}{3}\bigg|_1^0+\frac{y^3}{3}\bigg|_1^0=0\end{aligned}$$

(2) 计算$\boldsymbol{A}$的旋度

根据公式(1-6-4)可得

$$\begin{aligned}\nabla\times\boldsymbol{A}&=\begin{vmatrix}\hat{\boldsymbol{x}}&\hat{\boldsymbol{y}}&\hat{\boldsymbol{z}}\\\dfrac{\partial}{\partial x}&\dfrac{\partial}{\partial y}&\dfrac{\partial}{\partial z}\\A_x&A_y&A_z\end{vmatrix}=\hat{\boldsymbol{x}}\left(\frac{\partial A_z}{\partial y}-\frac{\partial A_y}{\partial z}\right)+\hat{\boldsymbol{y}}\left(\frac{\partial A_x}{\partial z}-\frac{\partial A_z}{\partial x}\right)+\hat{\boldsymbol{z}}\left(\frac{\partial A_y}{\partial x}-\frac{\partial A_x}{\partial y}\right)\\&=\hat{\boldsymbol{x}}\left[\frac{\partial(z^2)}{\partial y}-\frac{\partial(y^2)}{\partial z}\right]+\hat{\boldsymbol{y}}\left[\frac{\partial(x^2)}{\partial z}-\frac{\partial(z^2)}{\partial x}\right]+\hat{\boldsymbol{z}}\left[\frac{\partial(y^2)}{\partial x}-\frac{\partial(x^2)}{\partial y}\right]\\&=\boldsymbol{0}\end{aligned}$$

4. 矢量场的旋度和散度区别与联系

(1) 矢量场的旋度是一个矢量函数，矢量场的散度是一个标量函数。

(2) 旋度表示场中各点的场与旋涡源的关系，若场的旋度处处为零，则这种场称为无旋场或保守场。以重力场为例，由于场中不存在旋涡，因此重力场环绕一周做功为零，因此重力场是保守场或无旋场。

散度表示场中各点的场与通量源的关系。若场中各点场的散度处处为 0，则这种场称之为管形场或无源场，或无散场。

(3) 矢量场是由场源产生的。在研究一个矢量场与其源的关系时可从它的散度、旋度与源的关系来研究，我们将会知道，在电磁场中麦克斯韦微分方程式是从电磁场的散度和旋度两个方面来总结出来的。麦克斯韦积分形式是从矢量对闭合曲面的通量和对闭合曲线的环量总结出来的。

5. 斯托克斯定理

与散度分析中的高斯定理一样，矢量分析中的另一个重要的定理就是斯托克斯定理：

$$\oint_C \boldsymbol{A} \cdot \mathrm{d}\boldsymbol{l} = \iint_S (\nabla \times \boldsymbol{A}) \cdot \mathrm{d}\boldsymbol{S} \tag{1-6-12}$$

其中 S 是回路 C 所界定的面积。矢量场 $\boldsymbol{A}$ 沿任意闭合回路 C 上的环量等于以 C 为边界的曲面 S 上矢量场 $\boldsymbol{A}$ 旋度的通量。这个定理可以严格证明，从数学上看，旋度定理实现了线积分和面积分的相互转换。其物理意义为矢量场 $\boldsymbol{A}$ 对闭合曲线 C 的环量就等于矢量场 $\boldsymbol{A}$ 对包含在闭合曲线 C 中的每个微面元边界的环量之和，而每个微元边界的环量又等于该微元上的旋度通过该微面元的通量，即该面元的环量强度乘以微面元的面积。

6. 旋度运算的基本公式

① $\nabla \times \boldsymbol{C} = \boldsymbol{0}$（$\boldsymbol{C}$ 为常矢量）　(1-6-13)

② $\nabla \times (c\boldsymbol{A}) = c\nabla \times \boldsymbol{A}$（$c$ 为常数）　(1-6-14)

③ $\nabla \times (\boldsymbol{A} \pm \boldsymbol{B}) = \nabla \times \boldsymbol{A} \pm \nabla \times \boldsymbol{B}$　(1-6-15)

④ $\nabla \times (u\boldsymbol{A}) = \nabla u \times \boldsymbol{A} + u\nabla \times \boldsymbol{A}$（$u$ 为标量函数）　(1-6-16)

⑤ $\nabla \cdot (\boldsymbol{A} \times \boldsymbol{B}) = \boldsymbol{B} \cdot (\nabla \times \boldsymbol{A}) - \boldsymbol{A} \cdot (\nabla \times \boldsymbol{B})$　(1-6-17)

⑥ $\nabla \times (\nabla u) \equiv \boldsymbol{0}$（$u$ 为标量函数）　(1-6-18)

⑦ $\nabla \times (\boldsymbol{A} \times \boldsymbol{B}) = (\boldsymbol{B} \cdot \nabla)\boldsymbol{A} - (\boldsymbol{A} \cdot \nabla)\boldsymbol{B} - \boldsymbol{B}(\nabla \cdot \boldsymbol{A}) + \boldsymbol{A}(\boldsymbol{B} \cdot \nabla)$　(1-6-19)

⑧ $\nabla(\nabla \cdot \boldsymbol{A}) - \nabla \times \nabla \times \boldsymbol{A} = \nabla^2 \boldsymbol{A} = \nabla^2 A_x \hat{\boldsymbol{x}} + \nabla^2 A_y \hat{\boldsymbol{y}} + \nabla^2 A_z \hat{\boldsymbol{z}}$（直角坐标系）

(1-6-20)

⑨ $\nabla \cdot (\nabla \times \boldsymbol{A}) \equiv 0$　(1-6-21)

例 1-6-2　求矢量场 $\boldsymbol{A} = \hat{\boldsymbol{x}}x + \hat{\boldsymbol{y}}x^2 - \hat{\boldsymbol{z}}y^2 z$ 沿着在 xOy 平面的一个边长为 2 的正方形的线积分。此正方形的两个边分别与 x 轴和 y 轴相重合，如图 1-6-4 所示。再求 $\nabla \times \boldsymbol{A}$ 对此闭合回路所包围的面积的积分，验证斯托克斯定理。

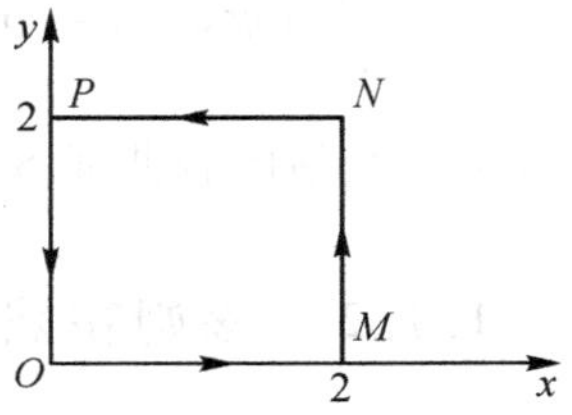

图 1-6-4　矢量的环量计算

解　首先计算闭合曲线 $O \to M \to N \to P \to O$ 的线积分：

$$\oint_C \boldsymbol{A} \cdot \mathrm{d}\boldsymbol{l} = \int_0^M (x\mathrm{d}x + x^2\mathrm{d}y) + \int_M^N (x\mathrm{d}x + x^2\mathrm{d}y) + \int_N^P (x\mathrm{d}x + x^2\mathrm{d}y) + \int_P^O (x\mathrm{d}x + x^2\mathrm{d}y)$$

$$= \int_0^M x\mathrm{d}x + \int_M^N x^2\mathrm{d}y + \int_N^P x\mathrm{d}x + \int_P^O 0\mathrm{d}y = \frac{x^2}{2}\Big|_0^2 + 4y\,\Big|_0^2 + \frac{x^2}{2}\Big|_2^0 = 8$$

求矢量场 $\boldsymbol{A}$ 的旋度：

$$\nabla \times \boldsymbol{A} = \begin{vmatrix} \hat{\boldsymbol{x}} & \hat{\boldsymbol{y}} & \hat{\boldsymbol{z}} \\ \dfrac{\partial}{\partial x} & \dfrac{\partial}{\partial y} & \dfrac{\partial}{\partial z} \\ A_x & A_y & A_z \end{vmatrix} = \hat{\boldsymbol{x}}\left(\frac{\partial A_z}{\partial y} - \frac{\partial A_y}{\partial z}\right) + \hat{\boldsymbol{y}}\left(\frac{\partial A_x}{\partial z} - \frac{\partial A_z}{\partial x}\right) + \hat{\boldsymbol{z}}\left(\frac{\partial A_y}{\partial x} - \frac{\partial A_x}{\partial y}\right)$$

$$= \hat{\boldsymbol{x}}\left(\frac{\partial(-y^2 z)}{\partial y} - \frac{\partial(x^2)}{\partial z}\right) + \hat{\boldsymbol{y}}\left(\frac{\partial(x)}{\partial z} - \frac{\partial(-y^2 z)}{\partial x}\right) + \hat{\boldsymbol{z}}\left(\frac{\partial(x^2)}{\partial x} - \frac{\partial(x)}{\partial y}\right)$$

$$= \hat{\boldsymbol{x}}(-2yz) + \hat{\boldsymbol{z}}(2x)$$

则由闭合曲线所包围的面积分为

$$\iint_S (\nabla \times \boldsymbol{A}) \cdot \mathrm{d}\boldsymbol{S} = \int_0^2\int_0^2 (\hat{\boldsymbol{x}}(-2yz) + \hat{\boldsymbol{z}}(2x)) \cdot \hat{\boldsymbol{z}}\mathrm{d}x\mathrm{d}y = \int_0^2\int_0^2 2x\mathrm{d}x\mathrm{d}y = 8$$

可见$\oint_C \boldsymbol{A} \times \mathrm{d}\boldsymbol{l} = \iint_S (\nabla \times \boldsymbol{A}) \cdot \mathrm{d}\boldsymbol{S} = 8$，验证了斯托克斯定理。

思考题

(1) 什么是旋涡场？什么是散度场？什么是无旋场？什么是无散场？它们的矢量线有什么特点？

(2) 矢量场的环量、环量强度以及旋度各表示什么意义？

(3) 环量与环量强度以及环量强度与旋度之间有什么关系？

(4) 简述斯托克斯定理的物理意义。若闭合曲线积分给定，则积分面唯一吗？为什么？

1.7 格林(Green)定理和亥姆霍兹(Helmholtz)定理

1.7.1 格林定理

设V是闭曲面S所围的体积，Φ、Ψ是V中的标量函数，Φ、Ψ以及它们的一阶、二阶导数在V内及其边界S上连续，则有

$$\iiint_V (\nabla\Psi \cdot \nabla\Phi + \Psi\nabla^2\Phi)\mathrm{d}V = \oiint_S \Psi \frac{\partial\Phi}{\partial n}\mathrm{d}S \quad \text{格林第一恒等式} \tag{1-7-1}$$

$$\iiint_V (\Psi\nabla^2\Phi - \Phi\nabla^2\Psi)\mathrm{d}V = \oiint_S \left(\Psi\frac{\partial\Phi}{\partial n} - \Phi\frac{\partial\Psi}{\partial n}\right)\mathrm{d}S \quad \text{格林第二恒等式} \tag{1-7-2}$$

式中：$\frac{\partial}{\partial n}$是沿闭合曲面$S$外法线方向的方向导数。

1.7.2 亥姆霍兹定理

对于边界面为S的有限区域V内任何一个单值、导数连续有界的矢量场，若给定其散度和旋度，则该矢量场就被确定，最多只差一个常矢量。若同时还给定该矢量场的边界条件，即该矢量在边界S上切向分量(或法向分量)，则这个矢量就被唯一地确定了。并且该矢量场可以表示成一个无散场$\boldsymbol{F}_1$和一个无旋场$\boldsymbol{F}_2$的和，即任何矢量场可以写成

$$\boldsymbol{F} = \boldsymbol{F}_1 + \boldsymbol{F}_2 \tag{1-7-3}$$

式中：$\nabla \cdot \boldsymbol{F}_1 \equiv 0$，根据旋度场的散度恒等于0，$\boldsymbol{F}_1$可以由一个矢量的旋度来表示，即

$$\boldsymbol{F}_1 = \nabla \times \boldsymbol{A} \tag{1-7-4}$$

$\nabla \times \boldsymbol{F}_2 \equiv \boldsymbol{0}$，根据标量场的梯度的旋度等于$\boldsymbol{0}$，$\boldsymbol{F}_2$可以由一个标量场的梯度来表示，即

$$\boldsymbol{F}_2 = -\nabla\Phi \tag{1-7-5}$$

由公式(1-7-4)和式(1-7-5)可得，如果已知$\boldsymbol{A}$和Φ，就可求得

$$\boldsymbol{F} = \nabla \times \boldsymbol{A} - \nabla\Phi \tag{1-7-6}$$

公式(1-7-6)给出了亥姆霍兹定理的表示形式，从该公式可知，当$\boldsymbol{A}$和Φ给定时，矢量场$\boldsymbol{F}$也就确定了。最多相差一个积分常数，而利用给定的边界条件，其积分常数也可以确定。

亥姆霍兹定理的前一半又称为矢量场的唯一性定理。根据亥姆霍兹定理，研究任何矢量

场都必须研究它的散度、旋度和边界条件。散度、旋度都是偏微分运算，边界条件相当于已知条件，因此散度、旋度和边界条件三者实质上是求解偏微分方程的定解问题。

任意矢量场都可以表示为两个矢量场之和，其一是由散度源确定，其二是由旋度源确定。

思考题

(1) 什么是保守场？

(2) 任何一个矢量场都可以分解为无旋场部分和无散场部分之和，也就是说，任何一矢量场都可以表示为一标量场的梯度和另一个矢量场的旋度之和，这句话对吗？为什么？

(3) 简述格林定理的意义，简述亥姆霍兹定理的意义。

(4) 两个标量场满足格林公式的条件是什么？

本章小结

1. 三个常用坐标系：直角坐标系、圆柱坐标系、球坐标系

坐标变量：直角坐标系为(x,y,z)、圆柱坐标系为(ρ,φ,z)、球坐标系为(r,θ,φ)。

单位矢量：直角坐标系为$(\hat{\boldsymbol{x}},\hat{\boldsymbol{y}},\hat{z})$、圆柱坐标系为$(\hat{\boldsymbol{\rho}},\hat{\boldsymbol{\varphi}},\hat{z})$、球坐标系为$(\hat{\boldsymbol{r}},\hat{\boldsymbol{\theta}},\hat{\boldsymbol{\varphi}})$

矢量的形式：

直角坐标系为 $\boldsymbol{A}=\hat{\boldsymbol{x}}A_x+\hat{\boldsymbol{y}}A_y+\hat{\boldsymbol{z}}A_z$；

圆柱坐标系为 $\boldsymbol{A}=\hat{\boldsymbol{\rho}}A_\rho+\hat{\boldsymbol{\varphi}}A_\varphi+\hat{\boldsymbol{z}}A_z$；

球坐标系为 $\boldsymbol{A}=\hat{\boldsymbol{r}}A_r+\hat{\boldsymbol{\theta}}A_\theta+\hat{\boldsymbol{\varphi}}A_\varphi$。

矢量场是既有大小又有方向的空间分布的函数，标量场只有大小没有方向的空间分布函数。

2. 矢量的分析

矢量的加减满足交换律、分配律。

标量积：$\boldsymbol{A}\cdot\boldsymbol{B}=|A|\cdot|B|\cos\theta=A_xB_x+A_yB_y+A_zB_z$，服从交换律、分配律。

矢量积：

$$\boldsymbol{A}\times\boldsymbol{B}=\begin{vmatrix}\hat{\boldsymbol{x}} & \hat{\boldsymbol{y}} & \hat{\boldsymbol{z}}\\ A_x & A_y & A_z\\ B_x & B_y & B_z\end{vmatrix}=(A_yB_z-A_zB_y)\hat{\boldsymbol{x}}+(A_zB_x-A_xB_z)\hat{\boldsymbol{y}}+(A_xB_y-A_yB_x)\hat{\boldsymbol{z}}$$

矢量积的大小为 $|\boldsymbol{A}\times\boldsymbol{B}|=AB\sin\theta$；矢量积的方向满足右手定则。

矢量积服从分配律，但不服从交换律。

3. 标量场 $u(x,y,z)$ 中，相同 $u(x,y,z)$ 值的点构成等值面。

标量场的方向导数为

$$\frac{\partial u}{\partial l}=\frac{\partial u}{\partial x}\cos\alpha+\frac{\partial u}{\partial y}\cos\beta+\frac{\partial u}{\partial z}\cos\gamma$$

矢量场的梯度为

$$\boldsymbol{G}=\mathrm{grad}u=\nabla u=\hat{\boldsymbol{x}}\frac{\partial u}{\partial x}+\hat{\boldsymbol{y}}\frac{\partial u}{\partial y}+\hat{\boldsymbol{z}}\frac{\partial u}{\partial z}$$

标量场的梯度方向为等值面的法线方向，即 u 变化最快的方向。

算符 ∇ 是一个矢量微分算符。

直角坐标系：$\nabla = \hat{\boldsymbol{x}}\dfrac{\partial}{\partial x} + \hat{\boldsymbol{y}}\dfrac{\partial}{\partial y} + \hat{\boldsymbol{z}}\dfrac{\partial}{\partial z}$

圆柱坐标系：$\nabla = \hat{\boldsymbol{\gamma}}\dfrac{\partial}{\partial \rho} + \hat{\boldsymbol{\varphi}}\dfrac{1}{\rho}\dfrac{\partial}{\partial \varphi} + \hat{\boldsymbol{z}}\dfrac{\partial}{\partial z}$

球坐标系：$\nabla = \hat{\boldsymbol{r}}\dfrac{\partial}{\partial r} + \hat{\boldsymbol{\theta}}\dfrac{1}{r}\dfrac{\partial}{\partial \theta} + \hat{\boldsymbol{\varphi}}\dfrac{1}{r\sin\theta}\dfrac{\partial}{\partial \varphi}$

∇u 可以看成是 ∇ 和 u 相乘。

4. 矢量 $\boldsymbol{A}(x,y,z)$ 沿闭合面的通量定义为 $\Phi = \oint_S \boldsymbol{A} \cdot \mathrm{d}\boldsymbol{S}$

散度定义为

$$\nabla \cdot \boldsymbol{A} = \lim_{\Delta V \to 0} \frac{\oiint_S \boldsymbol{A} \cdot \mathrm{d}\boldsymbol{S}}{\Delta V}$$

散度表示为

$$\mathrm{div}\boldsymbol{A} = \nabla \cdot \boldsymbol{A} = \frac{\partial A_x}{\partial x} + \frac{\partial A_y}{\partial y} + \frac{\partial A_z}{\partial z}$$

散度高斯定理：

$$\iiint_V \nabla \cdot \boldsymbol{A}\mathrm{d}V = \oiint_S \boldsymbol{A} \cdot \mathrm{d}\boldsymbol{S}$$

$\nabla \cdot \boldsymbol{A}$ 可以看成是 ∇ 和 $\boldsymbol{A}$ 的标量积，是一个标量。

5. 矢量 $\boldsymbol{A}(x,y,z)$ 沿闭合路径的线积分 $\oint_C \boldsymbol{A} \cdot \mathrm{d}\boldsymbol{l}$ 称为 $\boldsymbol{A}$ 的环量。$\boldsymbol{A}$ 旋度是一个矢量，它在该点的一个面元上的投影为

$$\lim_{\Delta S \to 0} \frac{\oint_C \boldsymbol{A} \cdot \mathrm{d}\boldsymbol{l}}{\Delta S} = \mathrm{rot}_n \boldsymbol{A}$$

在直角坐标系中：

$$\mathrm{rot}\boldsymbol{A} = \hat{\boldsymbol{x}}\left(\frac{\partial A_z}{\partial y} - \frac{\partial A_y}{\partial z}\right) + \hat{\boldsymbol{y}}\left(\frac{\partial A_x}{\partial z} - \frac{\partial A_z}{\partial x}\right) + \hat{\boldsymbol{z}}\left(\frac{\partial A_y}{\partial x} - \frac{\partial A_x}{\partial y}\right)$$

斯托克斯定理：

$$\oint_C \boldsymbol{A} \cdot \mathrm{d}\boldsymbol{l} = \iint_S (\nabla \times \boldsymbol{A}) \cdot \mathrm{d}\boldsymbol{S}$$

$\nabla \times \boldsymbol{A}$ 可以看成是 ∇ 和 $\boldsymbol{A}$ 的矢量积，是一个矢量。

6. 格林定理

若任意两个标量场 Φ、Ψ 是在有界区域 V 中具有二阶导数的标量函数，在包围区域 V 内的边界 S 上具有连续一阶偏导数，则 Φ，Ψ 满足下列等式：

$$\iiint_V (\nabla \Psi \cdot \nabla \Phi + \Psi \nabla^2 \Phi)\mathrm{d}V = \oiint_S \Psi \frac{\partial \Phi}{\partial n}\mathrm{d}S \qquad \text{格林第一恒等式}$$

$$\iiint_V (\Psi \nabla^2 \Phi - \Phi \nabla^2 \Psi)\mathrm{d}V = \oiint_S \left(\Psi \frac{\partial \Phi}{\partial n} - \Phi \frac{\partial \Psi}{\partial n}\right)\mathrm{d}S \qquad \text{格林第二恒等式}$$

式中：$\dfrac{\partial}{\partial n}$ 是沿闭合曲面 S 外法线方向的方向导数。

7. 亥姆霍兹定理

若矢量场 $\boldsymbol{F}$ 在无限空间中处处单值，且其导数连续有界，源分布在有限区域中，则当矢量场的散度及旋度给定后，该矢量场可以表示为

$$\boldsymbol{F} = \boldsymbol{F}_1 + \boldsymbol{F}_2 = \nabla \times \boldsymbol{A} - \nabla \Phi$$

任意矢量场都可以表示为两个矢量场之和，其一是由散度源确定，其二是由旋度源确定。

习　题

1-1　已知矢量 $\boldsymbol{A} = 2\hat{x} + 3\hat{y} + \hat{z}$，$\boldsymbol{B} = \hat{x} - 2\hat{y} - 4\hat{z}$，$\boldsymbol{C} = 3\hat{x} - 2\hat{y} - \hat{z}$，求

(1)$\boldsymbol{A}+\boldsymbol{B}$；(2) $\boldsymbol{A}-\boldsymbol{B}$；(3)$\boldsymbol{A}\cdot\boldsymbol{B}$；(4)$\boldsymbol{A}\times\boldsymbol{B}$；(5)$\boldsymbol{A}\times\boldsymbol{B}\cdot\boldsymbol{C}$；(6)$\boldsymbol{A}\cdot(\boldsymbol{B}\times\boldsymbol{C})$。

1-2　已知矢量 $\boldsymbol{A} = \hat{x} + 2\hat{y} + 3\hat{z}$，$\boldsymbol{B} = 3\hat{x} - 2\hat{y} - \hat{z}$，求

(1) $\boldsymbol{A}$ 和 $\boldsymbol{B}$ 大小；(2) $\boldsymbol{A}$ 和 $\boldsymbol{B}$ 的单位矢量；(3)$\boldsymbol{A}$ 和 $\boldsymbol{B}$ 之间的夹角；(4)$\boldsymbol{A}$ 在 $\boldsymbol{B}$ 上的投影。

1-3　证明：若 $\boldsymbol{A}\cdot\boldsymbol{B} = \boldsymbol{A}\cdot\boldsymbol{C}$ 和 $\boldsymbol{A}\times\boldsymbol{B} = \boldsymbol{A}\times\boldsymbol{C}$，则 $\boldsymbol{B} = \boldsymbol{C}$。

1-4　证明：如果 $\boldsymbol{A}$，$\boldsymbol{B}$ 和 $\boldsymbol{C}$ 在同一平面上，则 $\boldsymbol{A}\cdot(\boldsymbol{B}\times\boldsymbol{C}) = 0$。

1-5　求点 $A(2,3,1)$ 指向 $B(1,3,1)$ 的单位矢量和两点间的距离。

1-6　求矢量场 $\boldsymbol{A}(x,y,z) = 2yz\hat{\boldsymbol{x}} + 3xz\hat{\boldsymbol{y}} + xy\hat{\boldsymbol{z}}$ 在点(1,1,1)的大小和方向。理解矢量场和矢量之间有什么联系。

1-7　求标量场 $u = xyz$ 在(1,1,1)点上的值。理解矢量场和标量场之间有何区别。

1-8　求函数 $u(x,y,z) = \arcsin \dfrac{z}{\sqrt{x^2+y^2}}$ 的等值面方程。

1-9　求与矢量 $\boldsymbol{A} = \hat{x} + 2\hat{y} + 3\hat{z}$，$\boldsymbol{B} = 3\hat{x} - 2\hat{y} - \hat{z}$ 都正交的单位矢量。

1-10　将直角坐标系中的矢量场 $\boldsymbol{A}(x,y,z) = x\hat{\boldsymbol{x}} + y\hat{\boldsymbol{y}} + z\hat{\boldsymbol{z}}$ 分别用圆柱坐标系和球坐标系表示。

1-11　将圆柱坐标系中的矢量场 $\boldsymbol{A}(\rho,\varphi,z) = \rho\hat{\boldsymbol{\rho}} + \varphi\hat{\boldsymbol{\varphi}}$ 分别用直角坐标系和球坐标系表示。

1-12　将球坐标系中的矢量场 $\boldsymbol{A}(r,\theta,\varphi) = r\hat{\boldsymbol{r}}$ 分别用直角坐标系和圆柱坐标系表示。

1-13　求标量场 $u(x,y,z) = x^2y^2z^2$ 的梯度及在点 $M(2,3,1)$ 沿方向为 $\hat{\boldsymbol{l}} = \dfrac{4}{\sqrt{50}}\hat{\boldsymbol{x}} + \dfrac{5}{\sqrt{50}}\hat{\boldsymbol{y}} + \dfrac{3}{\sqrt{50}}\hat{\boldsymbol{z}}$ 的方向导数。

1-14　求 $u(\rho,\varphi,z) = \rho\cos\varphi$ 的梯度。

1-15　求 $u(r,\theta,\varphi) = r^2\sin\theta\cos\varphi$ 的梯度。

1-16　在球坐标系中，已知 $\varphi(r,\theta,\varphi) = \dfrac{p\cos\varphi}{4\pi\varepsilon_0 r^2}$，$p$ 和 ε_0 为常数，求矢量场 $\boldsymbol{E} = -\nabla\varphi$。

1-17　在圆柱坐标系中，矢量场 $\boldsymbol{E}(\boldsymbol{r}) = \dfrac{k}{r^2}\hat{\boldsymbol{r}}$，其中 k 为常数，证明矢量场 $\boldsymbol{E}(\boldsymbol{r})$ 对任意闭合曲线 l 的环量积分为 0，即 $\oint_l \boldsymbol{E}\cdot \mathrm{d}\boldsymbol{l} = 0$。

1-18　计算下面矢量场的散度：

(1) 直角坐标系 $\boldsymbol{A}(x,y,z) = yz\hat{\boldsymbol{x}} + xz\hat{\boldsymbol{y}} + xy\hat{\boldsymbol{z}}$，并求其在(1,0,－1)处的值；

(2) 圆柱坐标系 $\boldsymbol{A}(\rho,\varphi,z)=\hat{\boldsymbol{\rho}}+\rho\hat{\boldsymbol{\varphi}}$；

(3) 球坐标系 $\boldsymbol{A}(r,\theta,\varphi)=\dfrac{k}{r^2}\hat{\boldsymbol{r}}$，$k$ 为常数。

1-19 在由 $\rho=5$，$z=0$，$z=4$ 围成的圆柱形区域中，求矢量 $\boldsymbol{A}(\rho,\varphi,z)=\rho^2\hat{\boldsymbol{\rho}}+2z\hat{\boldsymbol{z}}$ 的散度，并验证高斯散度定理。

1-20 已知矢量 $\boldsymbol{A}(x,y,z)=y^2z^2\hat{\boldsymbol{x}}+x^2z^2\hat{\boldsymbol{y}}+x^2y^2\hat{\boldsymbol{z}}$，1) 求 $\nabla\cdot\boldsymbol{A}$；2) 求 $\nabla\cdot\boldsymbol{A}$ 对中心立方体的积分；3) 求 $\boldsymbol{A}$ 对立方体表面的通量，并验证散度定理。

1-21 求下列函数的 ∇^2u：

(1) 直角坐标系 $u(x,y,z)=x^2y^2z$；

(2) 圆柱坐标系 $u(\rho,\varphi,z)=\rho$；

(3) 球坐标系 $u(r,\theta,\varphi)=\dfrac{k}{r}$，$k$ 为常数。

1-22 求下列矢量场的旋度：

(1) 直角坐标系 $\boldsymbol{A}(x,y,z)=x\hat{\boldsymbol{x}}+x^2\hat{\boldsymbol{y}}+y^2z\hat{\boldsymbol{z}}$；

(2) 圆柱坐标系 $\boldsymbol{A}(\rho,\varphi,z)=\rho\cos^2\varphi\hat{\boldsymbol{\rho}}+\rho\sin\varphi\hat{\boldsymbol{\varphi}}$；

(3) 球坐标系 $\boldsymbol{A}(r,\theta,\varphi)=\dfrac{2\cos\theta}{r^3}\hat{\boldsymbol{r}}+\dfrac{\sin\theta}{r^3}\hat{\boldsymbol{\varphi}}$，$k$ 为常数。

1-23 求矢量场 $\boldsymbol{A}(x,y,z)=x^2\hat{\boldsymbol{x}}+xy^2\hat{\boldsymbol{y}}$ 沿圆周 $x^2+y^2=a^2$ 的线积分。再求 $\nabla\times\boldsymbol{A}$ 对此圆周所围面积的面积分，并验证斯托克斯定理。

1-24 已知矢量场 $\boldsymbol{A}(x,y,z)=y\hat{\boldsymbol{x}}-x\hat{\boldsymbol{y}}$，计算 $\boldsymbol{A}\cdot(\nabla\times\boldsymbol{A})$。

1-25 证明矢量场 $\boldsymbol{A}(x,y,z)=yz\hat{\boldsymbol{x}}+xz\hat{\boldsymbol{y}}+xy\hat{\boldsymbol{z}}$ 既是无散场又是无旋场。

1-26 证明 $\nabla\times(\Phi\boldsymbol{A})=\Phi(\nabla\times\boldsymbol{A})+\nabla\Phi\times\boldsymbol{A}$。

1-27 已知矢量 $\boldsymbol{A}$、$\boldsymbol{B}$ 分别为 $\boldsymbol{A}=z^2\sin\varphi\hat{\boldsymbol{\rho}}+z^2\cos\varphi\hat{\boldsymbol{\varphi}}+2z\rho\sin\varphi\hat{\boldsymbol{z}}$ 和 $\boldsymbol{B}=(3y^2-2x)\hat{\boldsymbol{x}}+x^2\hat{\boldsymbol{y}}+2z\hat{\boldsymbol{z}}$，求

(1) 哪个矢量可以由一个标量的梯度表示；

(2) 哪个矢量可以由一个矢量的旋度表示；

(3) 它们的源分布。

第2章　静态电场与恒定电场

综观电磁科学的发展历史，电和磁现象的最初发现可以追溯到很古老的历史，但是直到18世纪末，经过大量的科学实践，才总结出一系列重要的规律，如库仑定律、安培定律、毕奥—萨伐尔定律、法拉第电磁感应定律。19世纪是电磁场发展的重要时期，其标志性的成就是麦克斯韦系统地总结了前人的成果，奠定经典电磁理论，获得了揭示电磁相互作用的麦克斯韦(Maxwell)方程。可以看出人们对电磁规律的认识是从静态到动态、简单到复杂的发展过程。因此，我们将首先学习静态电磁场的基本定律和基本规律。

静态电磁场的基本特性是电场与磁场的空间分布不随时间变化。它是研究电磁科学的基础。其主要内容包括静电场、恒定电场和恒定磁场。本章将学习静电场的基本规律。静电场是由相对静止的、不随时间变化的电荷产生的电场。

本章以基本实验定律——库仑定律为基础，阐述电场强度的概念和标量电位的概念；并讨论导体和电介质在静电场中的电学性质；通过分析介质中的静电场特性，将导出高斯通量定理，该定理与静电场的无旋性构成了静电场的基本方程；通过应用基本方程得出积分形式，将导出不同介质界面的边界条件；应用微分形式，将得出泊松方程和拉普拉斯方程。

2.1　电场强度

2.1.1　库仑定律

自然界中存在两种电荷，一种叫正电荷(positive charge)、一种叫负电荷(negative charge)。电荷是离散的、量子化的，任何带电体的电荷都是电子电荷 e 的整数倍，$e = 1.60217733\times10^{-19}$C，C是电量单位，称为库仑。

1785年法国科学家库仑通过“扭秤实验”总结出库仑定律，该定律表明：① 真空中两静止的点电荷之间相互作用力 $\boldsymbol{F}$ 的大小与它们的电量 q_1 和 q_2 的乘积成正比；② 与他们之间的距离 R 的平方成反比；③ 作用力的方向为两电荷的连线方向；④ 两点电荷同号时为斥力，异号时为吸力。

在真空中，库仑定律的数学表示式为

$$\boldsymbol{F}_{12} = \frac{1}{4\pi\varepsilon_0}\frac{q_1 q_2}{R^2}\hat{\boldsymbol{R}} = \frac{1}{4\pi\varepsilon_0}\frac{q_1 q_2}{R^3}\boldsymbol{R} \tag{2-1-1}$$

式中：$\hat{\boldsymbol{R}} = \dfrac{\boldsymbol{R}}{R}$ 是 q_1 指向 q_2 的距离矢量 $\boldsymbol{R}$ 上的单位矢量；ε_0 为真空中的介电常数，其值为 $\varepsilon_0 =$

$\frac{1}{36\pi} \times 10^{-9} = 8.854 \times 10^{-12}$ (F/m)。

2.1.2 电场强度和分布电荷之间关系

1. 点电荷产生的电场

实验表明，点电荷间的作用力是一个点电荷产生的电场对另一个点电荷的作用力，电场作为一种物质充满带电体周围的空间。那么点电荷产生的电场怎样表示呢？

由库仑定律可知，在真空中，当一个点电荷 q 的周围引入一个足够小的试验电荷 q_0 时，q_0 受到的作用力为

$$\boldsymbol{F} = \frac{1}{4\pi\varepsilon_0} \frac{qq_0}{R^2} \hat{\boldsymbol{R}} = \frac{1}{4\pi\varepsilon_0} \frac{qq_0}{R^3} \boldsymbol{R} \tag{2-1-2}$$

式中：$\hat{\boldsymbol{R}}$ 是从 q 指向 q_0 的单位矢量。这里试验电荷的体积足够小，以至于可看成点电荷，其电量也足够小，以至于不影响周围电场的分布。

把公式(2-1-2)两边同除以试验电荷 q_0，可见等式右边只与产生电场的电荷 q 和观察点的位置 $\boldsymbol{R}$ 有关，由此我们定义电场强度 $\boldsymbol{E}$ 为单位试验电荷在其所在处受到的力，即

$$\boldsymbol{E} = \frac{\boldsymbol{F}}{q_0} = \frac{1}{4\pi\varepsilon_0} \frac{q}{R^2} \hat{\boldsymbol{R}} = \frac{1}{4\pi\varepsilon_0} \frac{q}{R^3} \boldsymbol{R} \tag{2-1-3}$$

由上式可见，电场强度 $\boldsymbol{E}$ 是由点电荷 q 产生的矢量场，其大小与电荷 q 成正比，与观察点和电荷所在点的距离平方成反比。通常，把观察点称为“场点”，把电荷所在点称为“源点”。场点位置用不带撇号的坐标 (x,y,z) 或位置矢量 $\boldsymbol{r}$ 表示；源点的位置用带撇的坐标 (x',y',z') 或位置矢量 $\boldsymbol{r}'$ 表示，如图 2-1-1 所示，则源点到场点的距离矢量为

$$\boldsymbol{R} = \boldsymbol{r} - \boldsymbol{r}'$$

$$R = |\boldsymbol{r} - \boldsymbol{r}'| = \sqrt{(x-x')^2 + (y-y')^2 + (z-z')^2}$$

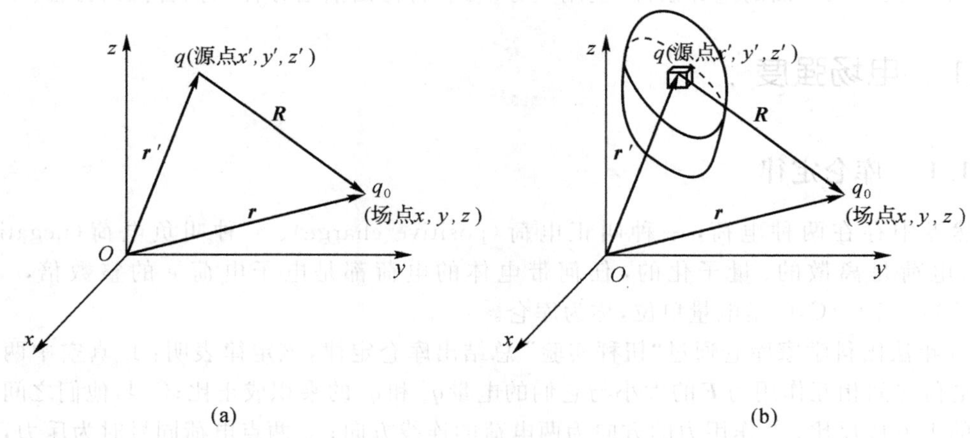

图 2-1-1 场点和源点

故式(2-1-3)可以写为

$$\boldsymbol{E} = \frac{q(\boldsymbol{r} - \boldsymbol{r}')}{4\pi\varepsilon_0 |\boldsymbol{r} - \boldsymbol{r}'|^3} \tag{2-1-4}$$

根据矢量叠加原理，若空间分布有 n 个点电荷，则场点 (x,y,z) 处的电场可以写为

$$\boldsymbol{E}=\boldsymbol{E}_1+\boldsymbol{E}_2+\cdots+\boldsymbol{E}_n=\frac{1}{4\pi\varepsilon_0}\sum_{i=1}^{n}\frac{q_i}{R_i^2}\hat{\boldsymbol{R}}_i=\frac{1}{4\pi\varepsilon_0}\sum_{i=1}^{n}\frac{q_i(\boldsymbol{r}-\boldsymbol{r}_i')}{|\boldsymbol{r}-\boldsymbol{r}_i'|^3} \tag{2-1-5}$$

即场点处的电场等于各点电荷分别在该点产生的电场强度的矢量和，可见电场属于矢量场，满足叠加性原理。

2. 电荷分布及其电场

对于真空中连续分布电荷的电场，也可用叠加原理进行计算。下面分别以体分布、面分布、和线分布进行描述。

(1) 体电荷密度与电场强度的关系

假设在体积 V' 中，分布有密度为 $\rho_V(x',y',z')=\lim\limits_{\Delta V'\to 0}\dfrac{\Delta q}{\Delta V'}$ 的电荷，求空间中一场点的电场 $\boldsymbol{E}(x,y,z)$。在电荷区域中某一点 $\boldsymbol{r}'$（源点）取体积元 $\mathrm{d}V'$，该体积元中的电量为 $\rho_V\mathrm{d}V'$，可看作一个点电荷，该点电荷在 $\boldsymbol{r}$（场点）处的电场可由公式(2-1-3)进行计算。连续分布的电荷可细分为许多这样的点电荷。根据电场的叠加原理，区域 V' 中电荷密度为 $\rho_V(x',y',z')$ 的电荷分布在场点的电场强度可以写为

$$\boldsymbol{E}=\frac{1}{4\pi\varepsilon_0}\iiint_{V'}\frac{\rho_V(x',y',z')}{R^2}\hat{\boldsymbol{R}}\mathrm{d}V'=-\frac{1}{4\pi\varepsilon_0}\iiint_{V'}\rho_V(x',y',z')\nabla\left(\frac{1}{R}\right)\mathrm{d}V' \tag{2-1-6}$$

对于电荷面分布和线分布的情况，同理可得到计算电场强度的表达式。

(2) 电荷分布于面积 S' 中

其面电荷密度为 $\rho_S(x',y',z')=\lim\limits_{\Delta S'\to 0}\dfrac{\Delta q}{\Delta S'}$，有

$$\boldsymbol{E}=\frac{1}{4\pi\varepsilon_0}\iint_{S'}\frac{\rho_S(x',y',z')}{R^2}\hat{\boldsymbol{R}}\mathrm{d}S'=-\frac{1}{4\pi\varepsilon_0}\iint_{S'}\rho_S(x',y',z')\nabla\left(\frac{1}{R}\right)\mathrm{d}S' \tag{2-1-7}$$

(3) 电荷分布在一条线 l' 中

其线电荷密度为 $\rho_l(x',y',z')=\lim\limits_{\Delta l'\to 0}\dfrac{\Delta q}{\Delta l'}$，有

$$\boldsymbol{E}=\frac{1}{4\pi\varepsilon_0}\int_{l'}\frac{\rho_l(x',y',z')}{R^2}\hat{\boldsymbol{R}}\mathrm{d}l'=-\frac{1}{4\pi\varepsilon_0}\int_{l'}\rho_l(x',y',z')\nabla\left(\frac{1}{R}\right)\mathrm{d}l' \tag{2-1-8}$$

电场的分布可以用矢量线形象地描述，电场强度 $\boldsymbol{E}$ 的矢量线称为电力线。电力线上每点的切线方向就是该点的电场 $\boldsymbol{E}$ 的方向，其分布疏密正比于 $\boldsymbol{E}$ 的大小。

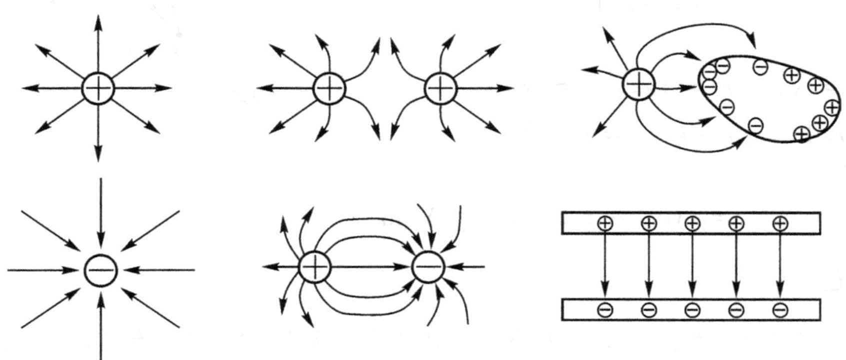

图 2-1-2　几种不同电荷分布的电力线

电力线是一簇从正电荷出发终止于负电荷的非闭合曲线，在没有电荷的空间里电力线互不相交。

例题 2-1-1 计算半径为 a、电荷线密度 ρ_l 为常数的均匀带电圆环在轴线上的电场强度。

解 选取坐标系，使线电荷位于 xOy 平面上，圆环轴线与 z 轴重合，如图 2-1-3 所示。用圆柱坐标系，在圆环上的源点坐标为 $(a,\varphi',0)$ 处取 $\mathrm{d}l' = a\mathrm{d}\varphi'$，在 z 轴上取场点坐标为 $(z,0,0)$，利用公式 (2-1-8) 进行计算：

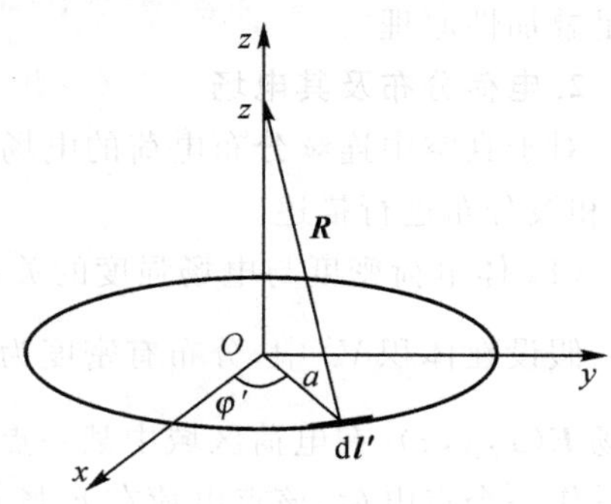

图 2-1-3 均匀带电圆环在轴线上的电场

$$\boldsymbol{E}(\boldsymbol{r}) = \frac{1}{4\pi\varepsilon_0}\int_{l'} \frac{\rho_l(\boldsymbol{r}')\hat{\boldsymbol{R}}}{R^2}\mathrm{d}l'$$

其中

$$R = \sqrt{z^2 + a^2}$$

$$\hat{\boldsymbol{R}} = \frac{\boldsymbol{R}}{R} = \frac{z}{R}\hat{z} - \frac{a}{R}\hat{\boldsymbol{\rho}}$$

从图 2-1-3 中可以看出，电荷分布是关于 z 轴对称的，因此电场也是关于 z 轴对称的，在对称轴上，电场仅有 z 方向，即

$$\boldsymbol{E}(\boldsymbol{r}) = \hat{z}\frac{\rho_l}{4\pi\varepsilon_0(z^2 + a^2)^{3/2}}\int_{l'}\mathrm{d}l'$$

$$= \hat{z}\frac{\rho_l z a}{2\varepsilon_0(z^2 + a^2)^{3/2}}$$

例 2-1-2 在直角坐标系中，点(0,0,4)有点电荷 $q_1 = 4\mathrm{C}$。在点(0,4,0)处有另一点电荷 $q_2 = -4\mathrm{C}$。试求 P 点(4,0,0)的电场强度。

解 如图 2-1-4 选取坐标系，P 点的电场强度为两点电荷 q_1 和 q_2 产生的电场强度的矢量和，即

$$\boldsymbol{E}(\boldsymbol{r}) = \boldsymbol{E}_1 + \boldsymbol{E}_2$$

$$= \frac{q_1}{4\pi\varepsilon_0}\frac{\boldsymbol{r} - \boldsymbol{r}_1'}{|\boldsymbol{r} - \boldsymbol{r}_1'|^3} + \frac{q_2}{4\pi\varepsilon_0}\frac{\boldsymbol{r} - \boldsymbol{r}_2'}{|\boldsymbol{r} - \boldsymbol{r}_2'|^3}$$

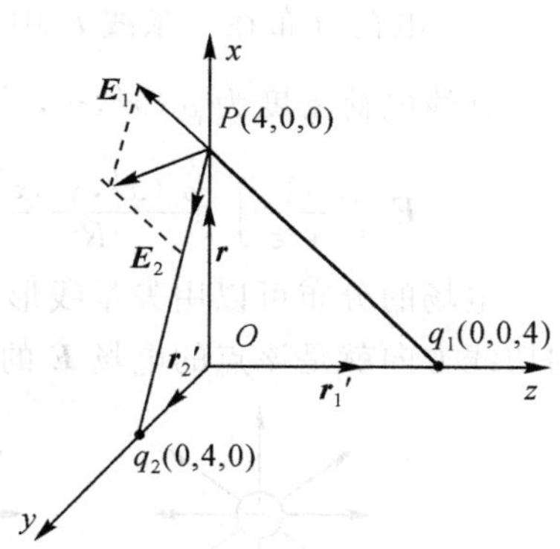

图 2-1-4 两个电荷产生的电场

其中

$$\boldsymbol{r} = \hat{x}4,\quad \boldsymbol{r}_1' = \hat{z}4,\quad \boldsymbol{r}_2' = \hat{y}4$$

$$|\boldsymbol{r} - \boldsymbol{r}_1'|^3 = |\boldsymbol{r} - \boldsymbol{r}_2'|^3 = (\sqrt{32})^3$$

代入后可得

$$\boldsymbol{E}(4,0,0) = (\hat{y}0.8 - \hat{z}0.8) \times 10^9\,(\mathrm{V/m})$$

思考题

(1) 电荷体密度、面密度、线密度各表示什么物理意义？相互之间有什么关系？

(2) 电场强度的物理意义是什么？电力线与电场强度之间有什么关系？

(3) 点电荷的电场强度有什么特征？在点电荷所在点处的电场强度是多少？

2.2　真空中的静电场基本方程

亥姆霍兹定理指出：对于一个矢量场的研究，若从积分的角度就是研究其通量和环量，若从微分的角度就是研究其散度和旋度，得到的则是其基本的积分方程和微分方程。对于静电场的分析，也可以从这两个方面来描述。

2.2.1　静电场的通量

在真空中，位于源点的点电荷 q 产生的电场为

$$\boldsymbol{E}=\frac{1}{4\pi\varepsilon_0}\frac{q}{r^2}\hat{\boldsymbol{r}} \tag{2-2-1}$$

这里 $\boldsymbol{r}$ 为点电荷到测试点的距离矢量，$\hat{\boldsymbol{r}}$ 为 $\boldsymbol{r}$ 的单位矢量。若把一个试验电荷 q_t 放入上式所描述的电场中，让它自由移动，作用在此电荷上的静电力将使它按一定的路线移动，这个路线我们称之为电力线或通量线。通量线实际上不存在，但它们可以直观、形象地描述电场的分布。通量线的密度大小表示了电场的大小，如图 2-2-1 所示。

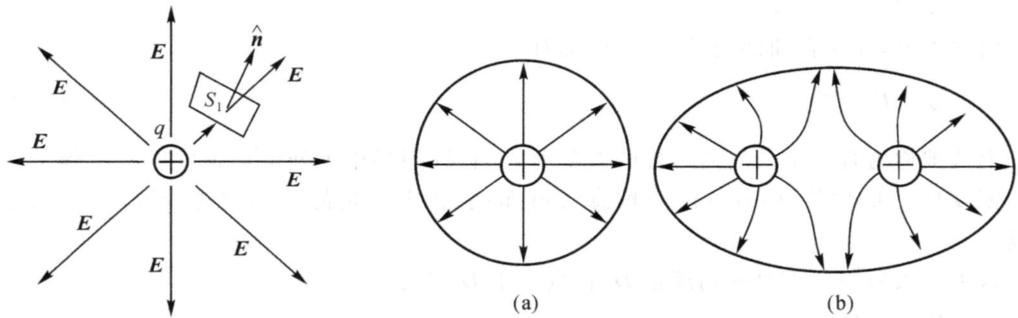

图 2-2-1　电力线、电通量、微面元和法向方向

图 2-2-2　闭合曲面的电通量

在正电荷产生的电场中放置一个面积为 S_1 的曲面，则穿过 S_1 曲面的电力线的多少称为电场的通量。那么，怎样来定量计算电场的通量呢？根据电场的通量的含义，我们可以用下式来计算，即

$$\Phi_E=\iint_S \boldsymbol{E}\cdot \mathrm{d}\boldsymbol{S}_1 \tag{2-2-2}$$

这里 $\mathrm{d}\boldsymbol{S}_1$ 为微面元，可以表示为 $\mathrm{d}\boldsymbol{S}_1=\hat{\boldsymbol{n}}\mathrm{d}S_1$，$\hat{\boldsymbol{n}}$ 为与微面元垂直的单位矢量，称为微面元的法向方向，$\mathrm{d}S_1$ 为 $\mathrm{d}\boldsymbol{S}_1$ 的大小，即微面元的面积，如图 2-2-1 所示。

下面我们讨论电场强度矢量沿闭合面的积分。若在无限大真空中有一点电荷，以该点电荷所处位置为球心作半径为 r 的球面，如图 2-2-2(a) 所示，其电场强度通量为

$$\oiint_S \boldsymbol{E}\cdot \mathrm{d}\boldsymbol{S}=\oiint_S \frac{q}{4\pi\varepsilon_0 r^2}\hat{\boldsymbol{r}}\cdot \mathrm{d}\boldsymbol{S}=\frac{q}{4\pi\varepsilon_0 r^2}\oiint_S \mathrm{d}S=\frac{q}{\varepsilon_0} \tag{2-2-3}$$

如果包含点电荷的曲面是任意形状的闭合面，则可证明穿过闭合曲面电场强度 $\boldsymbol{E}$ 的通量仍然为 q/ε_0，也就是说电荷所发出的电力线多少与闭合曲面的形状无关。如果闭合曲面 S 内有 n 个点电荷 $q_1,\cdots,q_n$，它们各自产生的电场强度为 $\boldsymbol{E}_1,\cdots,\boldsymbol{E}_n$，叠加起来的总电场强度 $\boldsymbol{E}$

$= \boldsymbol{E}_1 + \cdots + \boldsymbol{E}_n$。根据叠加原理，有

$$\oint\!\!\!\oint_S \boldsymbol{E} \cdot \mathrm{d}\boldsymbol{S} = \oint\!\!\!\oint_S (\boldsymbol{E}_1 + \boldsymbol{E}_2 + \cdots + \boldsymbol{E}_n) \cdot \mathrm{d}\boldsymbol{S} = (q_1 + q_2 + \cdots + q_n)/\varepsilon_0 = \sum_{i=1}^{n} \frac{q_i}{\varepsilon_0} \tag{2-2-4}$$

可见，$\boldsymbol{E}$ 对任意闭合面的通量只与面内包含电荷的多少有关，而与闭合面的形状无关。显然，对于闭合面内的电荷是连续分布的情况，且电荷密度为 ρ_V，有

$$\oint\!\!\!\oint_S \boldsymbol{E} \cdot \mathrm{d}\boldsymbol{S} = \frac{1}{\varepsilon_0} \iiint_V \rho_V \mathrm{d}V = \frac{Q}{\varepsilon_0} \tag{2-2-5}$$

上式是高斯定理的积分形式。可见，在真空电场中，穿过任意闭合面的电场 $\boldsymbol{E}$ 的通量 $\boldsymbol{\Phi}_E$ 应等于该闭合面所包含的电荷的代数和与真空电容率 ε_0 的比值。

依据散度定理的积分形式可得

$$\oint\!\!\!\oint_S \boldsymbol{E} \cdot \mathrm{d}\boldsymbol{S} = \iiint_V \nabla \cdot \boldsymbol{E} \mathrm{d}V = \frac{1}{\varepsilon_0} \iiint_V \rho_V \mathrm{d}V \tag{2-2-6}$$

整理得

$$\iiint_V \left(\nabla \cdot \boldsymbol{E} - \frac{\rho_V}{\varepsilon_0} \right) \mathrm{d}V = 0 \tag{2-2-7}$$

由此可见，在闭合曲面内任意一点，都有

$$\nabla \cdot \boldsymbol{E} = \frac{\rho_V}{\varepsilon_0} \tag{2-2-8}$$

上式被称为真空中的高斯定理的微分形式。它说明场中 $\boldsymbol{r}$ 处电场强度的散度等于该点电荷密度与 ε_0 的比值。由散度的物理意义可知：静止电荷是静电场的通量源，静电场是有散场。

这里引入另一个重要的物理量 $\boldsymbol{D}$，在真空中 $\boldsymbol{D}$ 定义为

$$\boldsymbol{D} = \varepsilon_0 \boldsymbol{E} \tag{2-2-9}$$

真空中高斯定理的积分形式可以写为

$$\oint\!\!\!\oint_S \boldsymbol{D} \cdot \mathrm{d}\boldsymbol{S} = Q \tag{2-2-10}$$

此式表明，$\boldsymbol{D}$ 对穿过封闭曲面的通量等于封闭曲面内所包围的电荷量，因此将 $\boldsymbol{D}$ 的通量称为电通量，记为 Ψ，即穿过 S 的电通量定义为

$$\Psi = \iint_S \boldsymbol{D} \cdot \mathrm{d}\boldsymbol{S} \tag{2-2-11}$$

而 $\boldsymbol{D}$ 为垂直穿过单位面积的电通量，因此称为电通量密度（矢量），也称为电位移矢量，单位为 $\mathrm{C/m^2}$。

真空中高斯定理的微分形式可以写为

$$\nabla \cdot \boldsymbol{D} = \rho_V \tag{2-2-12}$$

2.2.2 静电场的环量

下面我们来分析试探电荷 q_t 在电场中的运动过程中，电场对其所做功。如图 2-2-3 所示为一个电量为 q_t 的电荷，计算在电场中从 P 点沿路径 C 移动至 Q 时所做的功。电荷 q_t 位移 $\mathrm{d}l$ 时，电场力所作的功为

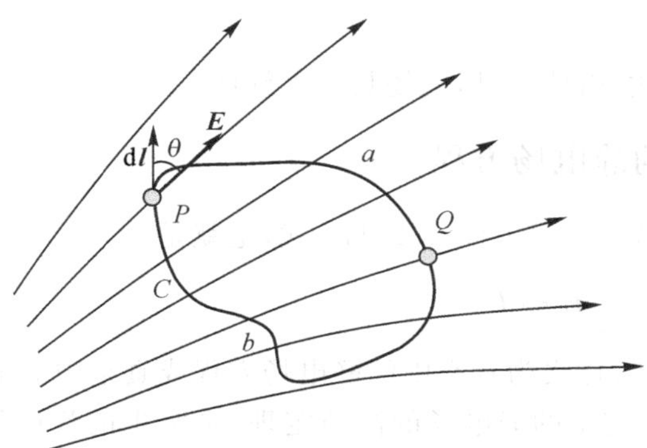

图 2-2-3　静电场强度的积分路径

$$dA = \boldsymbol{F} \cdot d\boldsymbol{l} = q_t \boldsymbol{E} \cdot d\boldsymbol{l} \tag{2-2-13}$$

将 q_t 从 P 点移到 Q 点，电场力所作的总功为

$$A = \int_P^Q \boldsymbol{F} \cdot d\boldsymbol{l} = \int_P^Q q_t \boldsymbol{E} \cdot d\boldsymbol{l} \tag{2-2-14}$$

定义单位正电荷从一点移到另一点时电场力所做的功为两点间的电压，即

$$U_{PQ} = \frac{A}{q_t} = \int_P^Q \boldsymbol{E} \cdot d\boldsymbol{l} \tag{2-2-15}$$

电压单位为 V(伏)。

对于点电荷 q_0 发出的电场强度，试探电荷 q_t 所作的功从 P 沿路径 C 移动到 Q 点时电场力所作的功可以将公式(2-2-1) 代入式(2-2-14) 求得，即

$$\boldsymbol{A} = \int_P^Q \boldsymbol{F} \cdot d\boldsymbol{l} = \int_P^Q q_t \boldsymbol{E} \cdot d\boldsymbol{l} = \frac{q_0 q_t}{4\pi\varepsilon_0}\int_P^Q \frac{\hat{\boldsymbol{r}} \cdot d\boldsymbol{l}}{r^2} = \frac{q_0 q_t}{4\pi\varepsilon_0}\int_P^Q \frac{dr}{r^2} = \frac{q_0 q_t}{4\pi\varepsilon_0}\left(\frac{1}{r_P} - \frac{1}{r_Q}\right) \tag{2-2-16}$$

由上式的结果可以看出，点电荷电场的线积分仅与积分的两端点的位置有关，而与积分路径无关，因此可以断定，点电荷电场的闭合回路线积分为 0，即

$$\oint \boldsymbol{E} \cdot d\boldsymbol{l} = 0 \tag{2-2-17}$$

根据电场的叠加原理，多个点电荷或连续分布的电荷的电场都满足上式，也就是说，电荷产生的静电场回路积分为 0。

在静电场中，如图 2-2-3 所示，电场具有以下三个性质：

(1) 两点间的电压 U_{PQ} 只与 P 和 Q 点的位置有关，而与所取的路径无关。

(2) 当取电场 $\boldsymbol{E}$ 沿闭合路径的线积分时，有

$$\oint_{PaQbP} \boldsymbol{E} \cdot d\boldsymbol{l} = \int_{PaQ} \boldsymbol{E} \cdot d\boldsymbol{l} + \int_{QbP} \boldsymbol{E} \cdot d\boldsymbol{l} = \int_{PaQ} \boldsymbol{E} \cdot d\boldsymbol{l} - \int_{PbQ} \boldsymbol{E} \cdot d\boldsymbol{l} = 0$$

即

$$\oint \boldsymbol{E} \cdot d\boldsymbol{l} = 0 \tag{2-2-18}$$

沿任一闭合路径绕一周移动的单位正电荷，电场力做功为 0。这意味着静电场是保守场。

(3) 对式(2-2-17) 采用斯托克斯定理，则有

$$\nabla \times \boldsymbol{E} = \boldsymbol{0} \tag{2-2-19}$$

此即为静电场的微分形式，由此可见，电场具有无旋性。

2.2.3 真空中的静电场方程

前面得到的积分等式(2-2-5)和(2-2-17)式，也就是

$$\oint_S \boldsymbol{E} \cdot \mathrm{d}\boldsymbol{S} = \frac{Q}{\varepsilon_0}, \quad \oint \boldsymbol{E} \cdot \mathrm{d}\boldsymbol{l} = 0$$

是静电场性质的数学表述，称之为真空中的静电场方程或真空中静电场方程的积分形式，其中公式(2-2-5)又称为真空中的静电场的高斯定理。真空中的静电场方程的物理意义归纳如下：

(1) 静电场对封闭曲面的电通量正比于该面所包围的电荷量。那么，根据矢量场通量的意义，电荷是静电场的通量源，正电荷是正源，负电荷是负源。电场的电力线从正电荷出发终止于负电荷。

(2) 电荷产生的静电场的闭合回路线积分为0，说明静电场积分与积分路径无关，即电荷受静电场作用力产生位移所作的功与路径无关，仅取决于始点和终点，因此静电场与重力场一样，也是保守场。

前面得到的微分形式(2-2-8)和(2-2-19)，也就是

$$\nabla \cdot \boldsymbol{E} = \frac{\rho_V}{\varepsilon_0}, \nabla \times \boldsymbol{E} = \boldsymbol{0}$$

为真空中静电场的微分形式，真空中静电场方程的微分形式给出了空间每一点上的静电场和源的关系，也表明了真空中的静电场是有散无旋场。

对于电荷分布具有某种对称性的情况，利用真空中的静电场高斯定理计算电场很容易。下面通过举例说明此方法的应用。

例 2-2-1 两个无限长的半径分别为 a，$b(b>a)$ 的同轴圆柱，面电荷密度分别为 η_{S1} 和 η_{S2}。试求：(1) 电场强度 $\boldsymbol{E}$。(2) 欲使 $r>b$ 处 $\boldsymbol{E}=0$，则 η_{S1} 和 η_{S2} 应具有什么关系？

解 (1) 根据题意这是一个轴对称的问题，可以利用高斯定律 $\oiint_S \boldsymbol{E} \cdot \mathrm{d}\boldsymbol{S} = \frac{Q}{\varepsilon_0}$ 求解电场强度，即

对于 $r<a$， $\boldsymbol{E}_1 = \boldsymbol{0}$；

对于 $a<r<b$， $E_2 2\pi\rho l = \frac{\eta_{S1} 2\pi a l}{\varepsilon_0}$； 由此可得 $\boldsymbol{E}_2 = \frac{\eta_{S1} a}{\rho\varepsilon_0}\hat{\boldsymbol{\rho}}$。

对于 $r>b$， $E_3 2\pi\rho l = \frac{\eta_{S1} 2\pi a l + \eta_{S2} 2\pi b l}{\varepsilon_0}$； 由此可得 $\boldsymbol{E}_2 = \frac{\eta_{S1} a + \eta_{S2} b}{\rho\varepsilon_0}\hat{\boldsymbol{\rho}}$。

(2) 令 $E_3 = \frac{\eta_{S1} a + \eta_{S2} b}{\rho\varepsilon_0} = 0$， 得 $\frac{\eta_{S1}}{\eta_{S2}} = -\frac{b}{a}$。

例 2-2-2 已知内外半径分别为 a 和 b 的同心导体球壳，其间电压为 U，求此两球壳间的电场强度。

解 这是一个球心对称的问题，选用球坐标系，利用高斯定理求电场十分方便。设内球带电荷 q，利用高斯定理可得在球壳间任一点的电场为

$$E_r = \frac{q}{4\pi\varepsilon_0 r^2}$$

球壳间电压为

$$U=\int_a^b E_r \mathrm{d}r=\frac{q}{4\pi\varepsilon_0}\left(\frac{1}{a}-\frac{1}{b}\right)=\frac{(b-a)q}{4\pi\varepsilon_0 ab}$$

整理上式可得 $q=\dfrac{4\pi\varepsilon_0 ab}{b-a}U$，由此可得 $E_r=\dfrac{abU}{(b-a)r^2}$。

思考题

(1) 电位移矢量的物理意义是什么？

(2) 静电场有什么性质，静电场方程的物理意义是什么？

(3) 某封闭面的电通量为 0，则封闭面内一定没有电荷吗？

(4) 若封闭面内没有电荷，则封闭面上电场一定为 0 吗？

2.3　电　位

2.3.1　电位的概念

从静电场的无旋性可以定义另一个表征静电场特性的场量 —— 电位。电位一般用字母 φ 来表示。电位是一个标量，在空间构成一个标量场 $\varphi(x,y,z)$，同一般标量场研究的方法一样，电位场也具有等位面、电位梯度，也满足泊松方程。

如果取 Q 点作为电位参考点，则 P 点电位定义为

$$\varphi_P=\varphi_P-\varphi_Q=\int_P^Q \boldsymbol{E}\cdot\mathrm{d}\boldsymbol{l} \tag{2-3-1}$$

电位的单位与电压的单位相同，也用 V(伏) 表示。

一般情况下，参考点 Q 的电位取为 0，对于确定的静态电场，参考点一旦确定，空间中其他各点的电位就唯一确定了，通常把电位 0 的参考点称为参考 0 点。

在计算电位时，参考 0 点的选取是任意的。参考点不同，计算出的各点电位都相差一个常数。为了计算方便，在实际工作中，常常把大地作为电位参考点。在理论上，常选取无穷远处作为电位参考点。

若取参考点在无穷远处，则任意点 P 的电位为

$$\varphi_P=\int_P^\infty \boldsymbol{E}\cdot\mathrm{d}\boldsymbol{l} \tag{2-3-2}$$

静电场中两点间的电位差称为电压，即

$$U_{AB}=\int_A^B \boldsymbol{E}\cdot\mathrm{d}\boldsymbol{l}=\int_A^Q \boldsymbol{E}\cdot\mathrm{d}\boldsymbol{l}-\int_B^Q \boldsymbol{E}\cdot\mathrm{d}\boldsymbol{l}=\varphi_A-\varphi_B \tag{2-3-3}$$

从式(2-3-3) 可见，静电场中两点间的电压就是两点间的电位差，与参考点的选择无关。

2.3.2　电场强度与电位的关系

电场强度和电位都表征了电场特性的物理量，他们之间具有内在必然的联系。在参考点确定的情况下，某一点的电位是电场在该点到参考点的积分，即

$$\varphi_P = \int_P^{\infty} \boldsymbol{E} \cdot \mathrm{d}\boldsymbol{l} \tag{2-3-4}$$

而电场为电位梯度的负值，即

$$\boldsymbol{E}(r) = -\nabla\varphi(r) \text{ 或 } \boldsymbol{E}(r) = -\nabla[\varphi(r) + C] \tag{2-3-5}$$

当 C 为常量时，$\nabla C = 0$。可见电位加上一常量以改变参考点时，并不影响电场强度。这说明两点：

(1) 静电场是保守场，电场强度可以用一个标量场(电位场)的负梯度来表示。或者说一个旋度恒为零的矢量场是可以用一个标量的梯度场来描述的。

(2) 由于电位场是标量场，通常，可先求得电位函数，然后通过梯度运算求得 $\boldsymbol{E}$，这样做简单有效。

2.3.3 电荷与电位的关系

1. 点电荷产生的电位

利用公式(2-2-1)和公式(2-3-4)可得，位于原点的点电荷 q 在离它 R 处的电位可以写为

$$\varphi(r) = \int_R^{\infty} \frac{q}{4\pi\varepsilon_0 r^2} \cdot \mathrm{d}r = \frac{q}{4\pi\varepsilon_0 R} \tag{2-3-6}$$

这里，参考点设在无穷远处。若场源中有 N 个电荷(分布在有限区域内)，则某一场点($\boldsymbol{r}$)上的电位可根据上式应用叠加原理而得到，即

$$\varphi(r) = \frac{1}{4\pi\varepsilon_0} \sum_{i=1}^{N} \frac{q_i}{R_i} \tag{2-3-7}$$

2. 区域分布的电荷产生的电位

体电荷产生的电位为

$$\varphi(r) = \iiint_{V'} \frac{\rho_V}{4\pi\varepsilon_0 R} \mathrm{d}V' \tag{2-3-8}$$

这里 ρ_V 为体积 V' 上的体电荷密度。

面电荷产生的电位为

$$\varphi(r) = \iint_{S'} \frac{\rho_S}{4\pi\varepsilon_0 R} \mathrm{d}S' \tag{2-3-9}$$

这里 ρ_S 为面积 S' 上的面电荷密度。

线电荷产生的电位为

$$\varphi(r) = \int_{l'} \frac{\rho_l}{4\pi\varepsilon_0 R} \mathrm{d}l' \tag{2-3-10}$$

这里 ρ_l 为线段 l' 上的线电荷密度。

例 2-3-1 有限长直线上均匀分布着线密度为 η_l 的线电荷(如图 2-3-1 所示)，求线外任一点的电位和电场强度。

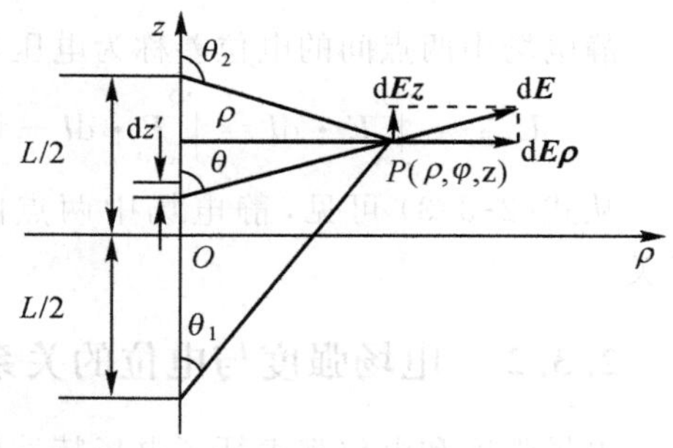

图 2-3-1 有限长直导线的电位和电场

解 由于电荷分布具有轴对称性，电位与电场强度也具有轴对称性。为了计算方便，选用圆柱坐标系，并取带电电线在 z 轴，中点在原点。在源点

$(0,0,z')$ 处取线元 $\mathrm{d}l'=\mathrm{d}z'$，取场点坐标为 (ρ,φ,z)，因此源点到场点的距离为

$$R=\sqrt{\rho^2+(z-z')^2}$$

代入公式(2-3-10)，得

$$\varphi(r)=\frac{\eta_l}{4\pi\varepsilon_0}\int_{-L/2}^{L/2}\frac{\mathrm{d}z'}{\sqrt{\rho^2+(z-z')^2}}$$

对导线进行积分可求得空间某一点的电位为

$$\varphi(r)=\frac{\eta_l}{4\pi\varepsilon_0}\ln\frac{z+\dfrac{L}{2}+\sqrt{\rho^2+\left(z+\dfrac{L}{2}\right)^2}}{z-\dfrac{L}{2}+\sqrt{\rho^2+\left(z-\dfrac{L}{2}\right)^2}} \tag{2-3-11}$$

利用公式(2-3-5)可得电场强度为

$$\begin{aligned}\boldsymbol{E}(r)&=-\nabla\varphi=-\left(\hat{\boldsymbol{\rho}}\frac{\partial\varphi}{\partial\rho}+\hat{\boldsymbol{\varphi}}\frac{1}{\rho}\frac{\partial\varphi}{\partial\varphi}+\hat{\boldsymbol{z}}\frac{\partial\varphi}{\partial z}\right)\\&=-\frac{\eta_l}{4\pi\varepsilon_0}\left\{\hat{\boldsymbol{\rho}}\rho\left[\frac{1}{\left(z+\dfrac{L}{2}+\sqrt{\rho^2+\left(z+\dfrac{L}{2}\right)^2}\right)\sqrt{\rho^2+\left(z+\dfrac{L}{2}\right)^2}}\right.\right.\\&\quad\left.-\frac{1}{\left(z-\dfrac{L}{2}+\sqrt{\rho^2+\left(z-\dfrac{L}{2}\right)^2}\right)\sqrt{\rho^2+\left(z-\dfrac{L}{2}\right)^2}}\right]\\&\quad\left.+\hat{\boldsymbol{z}}\left[\frac{1}{\sqrt{\rho^2+\left(z+\dfrac{L}{2}\right)^2}}-\frac{1}{\sqrt{\rho^2+\left(z-\dfrac{L}{2}\right)^2}}\right]\right\}\end{aligned} \tag{2-3-12}$$

例 2-3-2　求例 2-1-1 电场中的电位。

解　取线元 $\mathrm{d}l$，其上所带电量为 $\mathrm{d}q=\rho_l\mathrm{d}l$，源点到场点 P 的距离为

$$R=\sqrt{a^2+z^2}$$

应用圆柱坐标系，并根据公式(2-3-10)，P 点的电位为

$$\varphi(P)=\frac{\rho_l}{4\pi\varepsilon_0}\int_0^{2\pi a}\frac{\mathrm{d}l}{\sqrt{a^2+z^2}}=\frac{a\rho_l}{2\varepsilon_0\sqrt{a^2+z^2}} \tag{2-3-13}$$

由于电荷分布的对称性，该处的电场强度仅为 z 方向的分量，利用公式(2-3-5)可得电场强度为

$$\begin{aligned}\boldsymbol{E}(r)&=-\nabla\varphi=-\left(\hat{\boldsymbol{z}}\frac{\partial\varphi}{\partial z}\right)\\&=\hat{\boldsymbol{z}}\frac{a\rho_l z}{2\varepsilon_0(z^2+a^2)^{3/2}}\end{aligned}$$

例 2-3-3　电偶极子是指相距很近的两个等值异号的电荷，求电量为 q、相距为 l 的电偶极子的电场？

解　电偶极子的大小与方向用电偶极矩 $\boldsymbol{p}$ 表示，电偶极矩 $\boldsymbol{p}$ 定义为

$$\boldsymbol{p}=q\boldsymbol{l} \tag{2-3-14}$$

$\boldsymbol{l}$ 为从负电荷指向正电荷的距离矢量。由于电荷分布具有轴对称性，电位与电场强度也就具有轴对称性。为此，选用球坐标系，并取轴线在 z 轴，中点在原点，如图 2-3-2 所示。设正

电荷到场点的距离为 r_1，负电荷到场点的距离为 r_2，则场点的电位为

$$\varphi(P)=\frac{q}{4\pi\varepsilon_0 r_1}-\frac{q}{4\pi\varepsilon_0 r_2}=\frac{q}{4\pi\varepsilon_0}\frac{r_2-r_1}{r_1 r_2} \tag{2-3-15}$$

根据电偶极子的定义，$r\gg l$，r，r_1 和 r_2 可近似地看成平行，于是可作如下近似：

$$r_1\approx r-\frac{l}{2}\cos\theta,\quad r_2\approx r+\frac{l}{2}\cos\theta \tag{2-3-16}$$

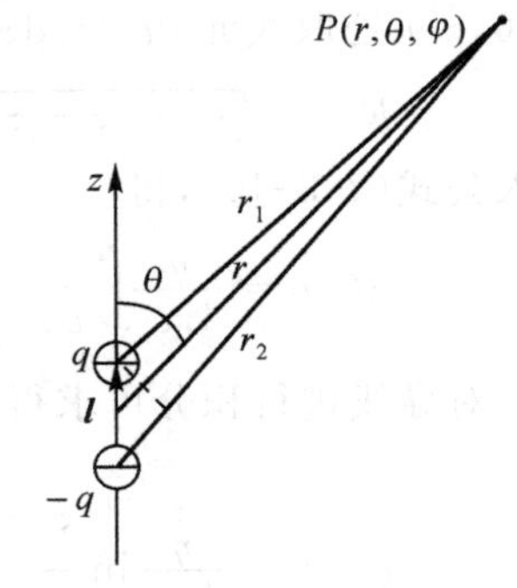

图 2-3-2　电偶极子产生的电场

则

$$r_1-r_2\approx -l\cos\theta,\quad \frac{1}{r_1\cdot r_2}\approx\frac{1}{r^2} \tag{2-3-17}$$

把式(2-3-17) 代入到式(2-3-15) 后得到电偶极子的电位为

$$\varphi(r)=\frac{ql\cos\theta}{4\pi\varepsilon_0 r^2}=\frac{\boldsymbol{p}\cdot\hat{\boldsymbol{r}}}{4\pi\varepsilon_0 r^2} \tag{2-3-18}$$

对电位求负梯度，可得电场强度为

$$\begin{aligned}\boldsymbol{E}&=-\nabla\varphi(r)=-\left(\hat{\boldsymbol{r}}\frac{\partial\varphi}{\partial r}+\hat{\boldsymbol{\theta}}\frac{1}{r}\frac{\partial\varphi}{\partial\theta}+\hat{\boldsymbol{\varphi}}\frac{1}{r\sin\theta}\frac{\partial\varphi}{\partial\varphi}\right)\\&=\hat{\boldsymbol{r}}\frac{p\cos\theta}{2\pi\varepsilon_0 r^3}+\hat{\boldsymbol{\theta}}\frac{p\sin\theta}{4\pi\varepsilon_0 r^3}\end{aligned} \tag{2-3-19}$$

可见，电偶极子的电位与距离的平方成反比，电场强度与距离的三次方成反比。此外电偶极子的电位和电场强度还与方位角有关，在介质极化中，电偶极子往往被看作是非极性分子的微观表征。

思考题

(1) 如果把一个山峰的高度比拟为电位，则相应的什么物理量与电场强度相比拟？

(2) 电荷的电位有什么特征？电力线与等位面又有什么特点？

(3) 为什么说静态电场是保守场？保守场有什么特性？

(4) 电位的物理意义是什么？电位与电场强度的关系又是如何？

(5) 计算电位的时候，参考点是如何选取的？选取不同的电位参考点分别对电位和电场强度有什么影响？

(6) 等位面和电力线有什么关系？

2.4　静电场中的导体与介质

在静电场的研究中，电荷所在处的物质特性对电场和电位有着极其重要的影响。不同的物质所表现出的电场特性各不相同。根据电场在物质中的表现，物质可分为导电媒质（也简称导体）和电介质（也简称介质）。导电媒质是指其物质内部存在大量的自由电荷，在电场的作用下，自由电荷会产生自由运动的电流，所以往往称导电媒质为导电体。电介质是指物质体内没有自由运动的电荷，或者自由电荷非常少，以至于可以忽略不计。介质中的电子被束

缚在原子核周围，只能在原子核周围有很小的位移，称为束缚电荷，因此介质不导电。

2.4.1　静电场中的导体

当导体置于电场中时，导体中的自由电荷就会在电场的作用下移动，正电荷沿电场方向移动，而负电荷沿电场反方向移动，使正负电荷分别聚集到导体的表面附近。大量的电荷集聚在导体表面产生了与外加电场 $\boldsymbol{E}$ 方向相反的附加电场 $\boldsymbol{E}'$，这样的集聚不断进行，直至附加电场 $\boldsymbol{E}'$ 在导体内处处与外加电场 $\boldsymbol{E}$ 抵消，最后导致总电场为 0。达到平衡后，自由电子不再作宏观运动，导体进入静电平衡状态。归纳静电场中的导体的性质，主要有以下几个方面：

(1) 导体内的电场强度应为 0，否则导体内的电荷将作宏观运动；

(2) 既然导体内的电场 $\boldsymbol{E}$ 处处为零，则导体是一个等位体，它的表面是等位面；

(3) 由于导体表面是一个等位面，则在导体表面外任一临近面的点的电场强度方向一定与导体表面垂直。

(4) 如果导体带净电，电荷只能分布于表面。

2.4.2　静电场中的电介质

1. 介质的极化

电介质与导体不同，电介质内部几乎没有自由电荷，其中的带电粒子是被原子的内在力、分子的内在力或分子间的力紧紧地束缚着。按组成介质的分子中的正负电荷中心是否重合，介质分子可分成两大类：一类是非极性分子，其分子内的所有正负电荷中心重合，分子中的正负电荷产生的电场相互抵消。显然由这种分子组成的介质呈现电中心，分子表现为无极性。另一类是极性分子，其分子内的正负电荷作用中心不相重合而形成电偶极子。在热运动的作用下，每个分子电偶极矩的取向是随机的，排列是杂乱无章的。从宏观上看，无论是极性分子还是非极性分子，它们所有分子的总电矩为 $\boldsymbol{0}$。

但是当将介质放入到电场中后，电介质表现出电极性。对于由非极性分子组成的介质而言，表现为电介质中的非极性分子的正负电荷中心发生相对位移，介质中平均每个分子都有沿电场方向的电偶极矩分量，使组成介质的大量分子的电偶极矩统计平均值不为 0，于是对外产生电场，这种现象叫位移极化。而对于由极性分子组成的介质而言，受电场力作用，分子中的电偶极子的极矩方向朝电场的方向发生偏转，也产生了电偶极矩统计平均值不为 0，这种极化叫取向极化。当介质发生极化时，对外产生电场，使介质呈电性，这时介质内的总电矩就不为 0，这种情况称为电介质极化。图 2-4-1 为介质分子极化的示意图。

2. 极化强度

在介绍电介质时，常用极化强度来表示介质极化的强弱。介质中某一点电极化强度 $\boldsymbol{P}$ 定义为极化时介质中以该点为中心的邻域内每单位体积内的大量分子电偶极矩的统计平均值，即

$$\boldsymbol{P} = \lim_{\Delta V \to 0} \frac{\sum \boldsymbol{p}}{\Delta V} \tag{2-4-1}$$

极化强度的国际单位为 $\mathrm{C/m^2}$（库 / 每平方米），若 $\boldsymbol{p}$ 是 ΔV 内每个分子的平均偶极矩，N 是每单位体积内分子数，则极化强度也可以表示为

$$\boldsymbol{P} = N\boldsymbol{p} \tag{2-4-2}$$

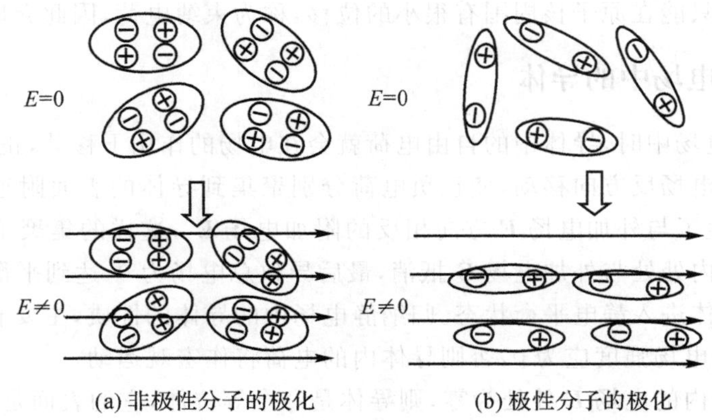

(a) 非极性分子的极化　(b) 极性分子的极化

图 2-4-1　介质分子的极化

实验结果表明，对大多数的电介质，不论在哪个方向施加电场，其 $\boldsymbol{P}$ 与电介质中的总场 $\boldsymbol{E}$（包括外加电场和介质本身极化而引起的偶极子产生的附加电场）的方向一致，且比值相等，这种电介质叫做各向同性的电介质。各向同性的电介质中的极化强度 $\boldsymbol{P}$ 与电场强度 $\boldsymbol{E}$ 的关系可由下式表示：

$$\boldsymbol{P} = \chi_e \varepsilon_0 \boldsymbol{E} \tag{2-4-3}$$

式中：χ_e 称为介质的极化率，是无量纲的正数。

χ_e 一般由介质的组织结构决定，不同介质有不同的 χ_e。若 χ_e 的值不随 $\boldsymbol{E}$ 的变化而变化，则这种物质称为线性介质（如水、空气等），否则这种物质称为非线性介质（如酒石酸钾钠、钛酸钡等）；若 χ_e 值与电场 $\boldsymbol{E}$ 的方向无关，这种电介质叫做各向同性的电介质，否则这种物质称为各向异性介质（如岩盐、石英）；若 χ_e 的值不是空间坐标(x,y,z)的函数，则这种介质被称为均匀介质，否则这种介质被称为不均匀介质。

若外加电场太大，可能使介质分子中的电子脱离分子束缚，成为自由电荷，介质变成导电材料，这种现象称为介质的击穿。介质击穿强度是指介质可承受的最大电场强度。超过此极限，则介质中的束缚电荷会挣脱分子等内在力的作用而成为自由电荷。工程中，一般情况下，作用在介质上的电场强度应当小于其击穿强度。

处于介质极化稳定后的束缚电荷，如图 2-4-2 所示，在介质体内束缚电荷宏观上具有一

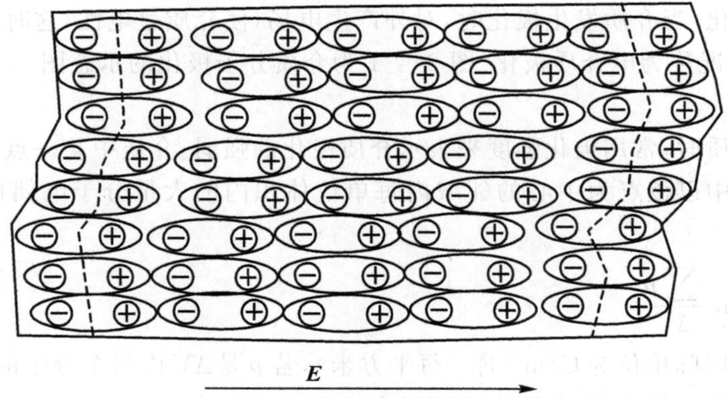

图 2-4-2　介质中的束缚电荷

定的方向性。体积内部会出现正负的束缚电荷，在介质的表面(即真空与介质的分界面)或两种不同介质的分界面上也会产生束缚电荷。束缚电荷的体密度、面密度与极化程度有着密切的关系，因此束缚面电荷密度 ρ_{Sp} 和束缚体电荷密度 ρ_p 必与极化强度 P 有关。束缚电荷的体密度与极化强度的关系

$$\rho_p = -\nabla \cdot \boldsymbol{P} \tag{2-4-4}$$

可见，在介质内部，束缚电荷的体密度取决于极化强度的散度。极化强度 $\boldsymbol{P}$ 矢量线是由负的束缚电荷发出并终止在正的束缚电荷，这是因为电矩 $\boldsymbol{p}$ 的方向是由负电荷指向正电荷的缘故。

束缚电荷面密度为

$$\boldsymbol{\rho}_{Sp} = \boldsymbol{P} \cdot \boldsymbol{n} \tag{2-4-5}$$

式中：$\boldsymbol{n}$ 是介质表面的外法线单位矢量。

思考题

(1) 什么是自由电荷？什么是束缚电荷？

(2) 介质和导体之间在电特性方面有什么区别？

(3) 导体放在静电场中，达到静电平衡后电场和电荷分布有什么特点？

(4) 什么是介质极化？介质极化后产生的电场如何计算？

(5) 极化强度的物理意义是什么？极化强度与束缚电荷有什么关系？

(6) 什么是介质电场击穿？电工工具绝缘材料的耐压与该材料的击穿场强有什么联系？

(7) 为什么说导体壳有静电屏蔽作用？如果在导体壳内放置有电荷，对外有没有静电屏蔽作用？

2.5　介质中的静态电场基本方程

2.5.1　介质中的高斯定理

1. 介质中的高斯通量定理

在电场的作用下，介质产生极化，在介质内部产生束缚电荷，束缚电荷也像真空中的自由电荷一样产生电场，介质中的电场可以看成是自由电荷和极化电荷共同在真空中引起的。据此，在介质中，由任意闭合面 S 穿出的电场 $\boldsymbol{E}$ 的通量应为

$$\Phi_e = \oiint_S \boldsymbol{E} \cdot \mathrm{d}\boldsymbol{S} = \frac{\sum q + \sum q_p}{\varepsilon_0} \tag{2-5-1}$$

用 $\sum q_p = \oiint_S (-\boldsymbol{P}) \cdot \mathrm{d}\boldsymbol{S}$ 代入上式，得

$$\Phi_e = \oiint_S \boldsymbol{E} \cdot \mathrm{d}\boldsymbol{S} = \frac{\sum q - \oiint_S \boldsymbol{P} \cdot \mathrm{d}\boldsymbol{S}}{\varepsilon_0} \tag{2-5-2}$$

整理得

$$\Phi_D = \oiint_S (\varepsilon_0 \boldsymbol{E} + \boldsymbol{P}) \cdot \mathrm{d}\boldsymbol{S} = \sum q \tag{2-5-3}$$

令

$$\boldsymbol{D} = \varepsilon_0 \boldsymbol{E} + \boldsymbol{P} \tag{2-5-4}$$

可得

$$\Phi_D = \oiint_S \boldsymbol{D} \cdot \mathrm{d}\boldsymbol{S} = \sum q \tag{2-5-5}$$

上式称为介质中高斯通量定理的积分形式。由散度定理，上式可写成

$$\oiint_S \boldsymbol{D} \cdot \mathrm{d}\boldsymbol{S} = \iiint_V \nabla \cdot \boldsymbol{D} \mathrm{d}V = \iiint_V \rho \mathrm{d}V \tag{2-5-6}$$

因闭合面 S 是任意的，由此得到高斯定理的微分形式为

$$\nabla \cdot \boldsymbol{D} = \rho_V \tag{2-5-7}$$

式中：$\boldsymbol{D}$ 称为电位移矢量(电通量密度)，单位为 $\mathrm{C/m^2}$。

高斯通量定理表明，由任意闭合面穿过的 $\boldsymbol{D}$ 通量等于该面内的自由电荷代数和，而与极化电荷无关。

进一步有关系

$$\boldsymbol{D} = \varepsilon_0 \boldsymbol{E} + \boldsymbol{P} = \varepsilon_0 \boldsymbol{E} + \chi_e \varepsilon_0 \boldsymbol{E} = \varepsilon_r \varepsilon_0 \boldsymbol{E} = \varepsilon \boldsymbol{E} \tag{2-5-8}$$

式中：ε 为介质的介电常数，单位为 F/m(法每米)。ε 与 ε_0 之比为

$$\frac{\varepsilon}{\varepsilon_0} = 1 + \chi_e = \varepsilon_r \tag{2-5-9}$$

这里 ε_r 称为相对介电常数。

公式(2-5-8) 反映了 $\boldsymbol{D}$ 和 $\boldsymbol{E}$ 的关系，被称为介质的本构关系。

2. 用高斯通量定理计算静电场

高斯定理的积分形式可以用来计算某些对称分布电荷产生的电场。若能找到一个包围对称分布电荷的闭合曲面 S，使得 S 面上电场强度处处平行于 S 面的法向 — 或者 S 面中一部分区域满足上述条件，其余部分的法向处处与电场垂直，那么静电场的高斯积分定理可以写成

$$\oiint_S \boldsymbol{D} \cdot \mathrm{d}\boldsymbol{S} = |\boldsymbol{D}| S_0 = \sum q \tag{2-5-10}$$

求解静电场的过程，实质上是要利用对称性，利用公式(2-5-10) 求出 D 后，再根据公式(2-5-8) 求出电场强度。

2.5.2 静电场的基本方程

现在我们已经学习了静态场在各向同性、均匀、线性的媒质中的基本性质，有必要对静态电场基本形式作一归纳。

积分形式：

$$\begin{cases} \oint_C \boldsymbol{E} \cdot \mathrm{d}\boldsymbol{l} = 0 \\ \oiint_S \boldsymbol{D} \cdot \mathrm{d}\boldsymbol{S} = \sum q \end{cases} \tag{2-5-11}$$

微分形式：

$$\begin{cases} \nabla \times \boldsymbol{E} = 0 \\ \nabla \cdot \boldsymbol{D} = \rho_V \end{cases} \tag{2-5-12}$$

本构关系：

$$\boldsymbol{D} = \varepsilon \boldsymbol{E} \tag{2-5-13}$$

静电场是一个有通量源而没有旋涡源的矢量场。

根据矢量场理论，要确定一个矢量场，必须同时给定它的散度和旋度。所以静电场的基本方程包含一个旋度方程和一个散度方程。

场量的散度与该场的标量源密度有关，场量的旋度与该场的矢量源密度有关。

根据静电场基本方程的微分形式，可推导出电位函数 φ 与产生电场的源之间满足的泊松公式和拉普拉斯方程。

1. 泊松方程

在均匀、线性、各向同性的电介质中，ε 是常数，则根据 $\nabla \cdot \boldsymbol{D} = \rho_V$，以及 $\boldsymbol{E} = -\nabla\varphi$ 和 $\boldsymbol{D} = \varepsilon \boldsymbol{E}$，可得

$$\nabla^2\varphi = -\nabla \cdot (-\nabla\varphi) = -\nabla \cdot \boldsymbol{E} = -\nabla \cdot (\boldsymbol{D}/\varepsilon) = -\frac{1}{\varepsilon}\nabla \cdot \boldsymbol{D} = -\frac{\rho_V}{\varepsilon} \tag{2-5-14}$$

即

$$\nabla^2\varphi = -\frac{\rho_V}{\varepsilon} \tag{2-5-15}$$

这就是电位函数 φ 与产生电场的源之间满足的泊松公式。

2. 拉普拉斯方程

在场中没有电荷分布的区域（即 $\rho_V = 0$）内，式(2-5-15)可写为

$$\nabla^2\varphi = 0 \tag{2-5-16}$$

这就是电位 φ 的拉普拉斯方程。

∇^2 是一个二阶微分算符。它在直角坐标中的计算公式为

$$\nabla^2\varphi = \nabla \cdot (\nabla\varphi) = \frac{\partial^2\varphi}{\partial x^2} + \frac{\partial^2\varphi}{\partial y^2} + \frac{\partial^2\varphi}{\partial z^2} \tag{2-5-17}$$

∇^2 称为拉普拉斯算符。

2.5.3　电荷在导电媒质中的积累

1. 均匀媒质的情况

对于均匀媒质，ε，σ 处处为常数，则 $\rho_V = 0$，媒质中没有体积电荷的堆积。不过，在没有达到稳恒状态之前，当电流刚进入导体中时，即便是均匀导体，其体积电荷也是不为 0 的。根据电流连续性方程，有

$$-\frac{\partial\rho_V}{\partial t} = \nabla \cdot \boldsymbol{J} = \nabla \cdot (\sigma\boldsymbol{E}) = \nabla \cdot \left(\frac{\sigma}{\varepsilon}\boldsymbol{D}\right) = \frac{\sigma}{\varepsilon}\nabla \cdot \boldsymbol{D} + \boldsymbol{D} \cdot \nabla\left(\frac{\sigma}{\varepsilon}\right) \tag{2-5-18}$$

由于媒质是均匀的，因此 $\nabla\left(\frac{\sigma}{\varepsilon}\right) = 0$，再代入 $\nabla \cdot \boldsymbol{D} = \rho_V$，则

$$\frac{\partial\rho_V}{\partial t} = -\nabla \cdot \boldsymbol{J} = -\nabla \cdot (\sigma\boldsymbol{E}) = -\nabla \cdot \left(\frac{\sigma}{\varepsilon}\boldsymbol{D}\right) = -\frac{\sigma}{\varepsilon}\rho_V \tag{2-5-19}$$

积分有

$$\rho_V = \rho_0 \mathrm{e}^{-\frac{\sigma}{\varepsilon}t} = \rho_0 \mathrm{e}^{-\frac{t}{\tau}} \tag{2-5-20}$$

上式表明体积内的 ρ 将随时间按指数规律衰减，其时间常数为

$$\tau = \frac{\varepsilon}{\sigma} \tag{2-5-21}$$

2. 不均匀媒质的情况

恒定电场中不均匀的导电媒质内有可能积累体积电荷，其密度 ρ_V 可表示为

$$\rho_V = \nabla \cdot \boldsymbol{D} = \nabla \cdot (\varepsilon \boldsymbol{E}) = \nabla \cdot \left(\frac{\varepsilon \boldsymbol{J}}{\sigma}\right) = \frac{\varepsilon}{\sigma} \nabla \cdot \boldsymbol{J} + \nabla \frac{\varepsilon}{\sigma} \cdot \boldsymbol{J} \tag{2-5-22}$$

因为是恒定电场，即

$$\nabla \cdot \boldsymbol{J} = 0 \tag{2-5-23}$$

所以

$$\rho_V = \boldsymbol{J} \cdot \nabla \frac{\varepsilon}{\sigma} \tag{2-5-24}$$

上式中：ε 为导电媒质的介电常数；σ 为其电导率。可见，在不均匀媒质中，由于 ε、σ 是坐标变量的函数，体积电荷一般不为 0。这些体积电荷是在媒质中的电流进入稳恒之前积累的。

例 2-5-1 半径为 a 的导体球带电量为 Q，球体外包一层厚度为 b、介电常数为 ε_1 的介质，如图 2-5-1 所示，求球体内外的电位。

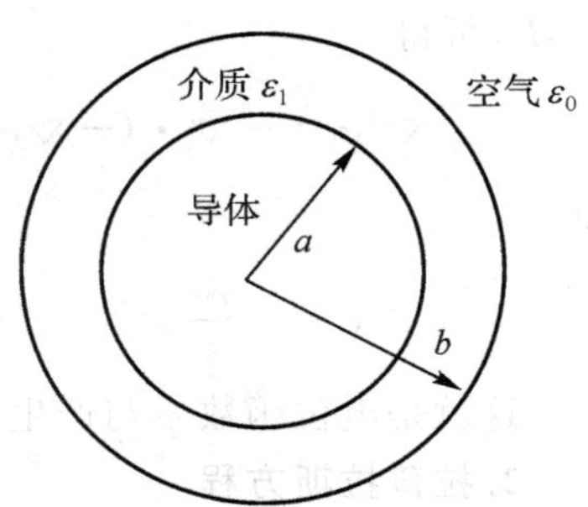

图 2-5-1 求导体球表面的电位

解 采用球坐标系，导体应是一个等位体，电荷应均匀地分布在导体表面。因此在导体球表面上的电位移矢量大小相等，方向为球面的法向。根据高斯积分定理有，在导体表面，即 $r = a$ 处有

$$\oint\!\!\!\oint_S \boldsymbol{D} \cdot \mathrm{d}\boldsymbol{S} = |\boldsymbol{D}(r)| S_0 = Q$$

由此可得

$$\boldsymbol{D} = \frac{Q}{4\pi r^2} \hat{\boldsymbol{r}}$$

当 $a < r < a + b$ 时，有

$$\boldsymbol{E} = \frac{Q}{4\pi\varepsilon_1 r^2} \hat{\boldsymbol{r}}$$

当 $r > a + b$ 时，有

$$\boldsymbol{E} = \frac{Q}{4\pi\varepsilon_0 r^2} \hat{\boldsymbol{r}}$$

根据式(2-3-2)，导体球的电位为

$$\varphi(a) = \int_a^\infty \boldsymbol{E} \cdot \mathrm{d}\boldsymbol{l} = \int_a^{a+b} \frac{Q}{4\pi\varepsilon_1 r^2} \mathrm{d}r + \int_{a+b}^\infty \frac{Q}{4\pi\varepsilon_0 r^2} \mathrm{d}r = \frac{Q}{4\pi\varepsilon_1}\left(\frac{1}{a} + \frac{\varepsilon_r - 1}{a + b}\right)$$

例 2-5-2 一圆柱形电容器，内导体的半径为 $r_1 = 1$ mm，外导体的内半径为 $r_3 = 4$ mm，内部充满两种介质，其分界面半径为 $r_2 = 2$ mm。当 $r_1 < r < r_2$ 时，相对介电常数为 $\varepsilon_{ra} = 1$，当 $r_2 < r < r_3$ 时，相对介电常数为 $\varepsilon_{rb} = 3$。求两种情况下的击穿电压，并求出电场强度与半径的关系式。空气的击穿电场强度 $E_{\max空}$ 为 30 kV/cm，介质的击穿电场强度 $E_{\max介}$ 为 60 kV/cm。

解 由于整个结构是圆柱对称的，因此采用圆柱坐标系，设内导体外柱面及外导体内

柱面上轴向单位长度上带的电荷分别为 ρ_l 和 $-\rho_l$；在电容器内取半径为 r、长度为 L 的圆柱面及上下底圆面为闭合面 $\boldsymbol{S}$，在此面上应用高斯通量定理。由于上下底面上 $\boldsymbol{D}$ 和 $\mathrm{d}\boldsymbol{S}$ 垂直，当 $r_1 < r < r_2$ 时，可根据式(2-5-7) 得

$$\oiint_S \boldsymbol{D} \cdot \mathrm{d}\boldsymbol{S} = \boldsymbol{D}(\boldsymbol{r})2\pi rL = \rho_l L$$

$$\boldsymbol{D}(\boldsymbol{r}) = \frac{\rho_l L}{2\pi rL} = \frac{\rho_l}{2\pi r}$$

由此可得，电场强度为

$$\boldsymbol{E}_a(\boldsymbol{r}) = \frac{\rho_l}{2\pi\varepsilon_{ra}\varepsilon_0 r}$$

同理可得，当 $r_2 < r < r_3$ 时，电场强度为

$$\boldsymbol{E}_b(\boldsymbol{r}) = \frac{\rho_l}{2\pi\varepsilon_{rb}\varepsilon_0 r}$$

内外导体间的电压为

$$U = \int_{r_1}^{r_3} \boldsymbol{E} \cdot \mathrm{d}\boldsymbol{l} = \int_{r_1}^{r_2} \frac{\rho_l}{2\pi\varepsilon_{ra}\varepsilon_0 r} \cdot \mathrm{d}l + \int_{r_2}^{r_3} \frac{\rho_l}{2\pi\varepsilon_{rb}\varepsilon_0 r} \cdot \mathrm{d}l = \frac{\rho_l}{2\pi\varepsilon_0}\left(\frac{1}{\varepsilon_{ra}}\ln\frac{r_2}{r_1} + \frac{1}{\varepsilon_{rb}}\ln\frac{r_3}{r_2}\right)$$

当 $r = r_1$ 时，$E_a(r_1) \leqslant E_{\max空}$，得

$$\boldsymbol{E}_a(\boldsymbol{r}) = \frac{\rho_l}{2\pi\varepsilon_0 \times 0.1} \leqslant 30 \times 10^3,\quad 即\quad \rho_l \leqslant 6\pi\varepsilon_0 \times 10^3$$

当 $r = r_2$ 时，$\boldsymbol{E}_a(r_2) \leqslant \boldsymbol{E}_{\max介}$，得

$$\boldsymbol{E}_b(\boldsymbol{r}) = \frac{\rho_l}{2\pi\varepsilon_0 \times 3 \times 0.3} \leqslant 60 \times 10^3，即\ \rho_l \leqslant 72\pi\varepsilon_0 \times 10^3$$

显然要使电容器两层介质都不击穿，应取 $\rho_l \leqslant 6\pi\varepsilon_0 \times 10^3$，由此可计算出最大承受电压为

$$u_1 \leqslant \frac{6\pi\varepsilon_0 \times 10^3}{2\pi\varepsilon_0}\left(\frac{1}{\varepsilon_{ra}}\ln 2 + \frac{1}{\varepsilon_{rb}}\ln 2\right) = 2.72\ (\mathrm{kV})$$

思考题

(1) 阐述电场和电位移矢量的区别与联系？

(2) 高斯定理的物理意义是什么？

(3) 用高斯定理计算电场需要什么样的条件？

(4) 分别阐述泊松方程和拉普拉斯方程的物理意义。

2.6　恒定电流和恒定电场

在电场作用下，电荷会作有规则的定向运动，这就形成电流，恒定电流是指电荷流动不随时间变化，而维持恒定电流的电场称为恒定电场。恒定电场与静电场的区别在于：静电场是指均匀、无源的、电场强度不随时间变化的电场形式；恒定电场是指有电流运动且电流运动不随时间变化的电场形式，在恒定电场中更多地要学习电流与电场之间的关系问题。

2.6.1　电流及其空间分布

运动电荷形成电流，可移动的电荷有自由电子(在金属中) 和正负离子(在导电的液体

中)。带电粒子在中性媒质中定向运动形成的电流称为传导电流(在电路中),带电媒质自身运动形成的电流称为运流电流(如电子束流、带电气体的流动)。

一般情况下,电流大小的物理量用电流强度来描述,电流强度定义为单位时间(Δt)内通过某一横截面的电量(Δq),记为

$$I(t)=\lim_{\Delta t\to 0}\frac{\Delta q}{\Delta t}=\frac{\mathrm{d}q}{\mathrm{d}t} \tag{2-6-1}$$

其单位为安培(A,A = C/s),是国际单位制中的一个基本单位。电流强度是一个标量,只有正负之分。从场的观点来看,电流是一个具有通量概念的量,它并没有说明电流在导体截面上每一点的分布情况。为了研究导体中不同点的电荷运动情况,需要定义以下几个电流密度矢量。

(1) 在空间某一点上,如果正电荷运动的方向(即电流方向)为 $\boldsymbol{n}$,垂直于 $\boldsymbol{n}$ 的面元 ΔS 在该点上通过电流 ΔI,如图 2-6-1(a) 所示,则定义矢量

$$\boldsymbol{J}=\lim_{\Delta S\to 0}\frac{\Delta I}{\Delta S}\boldsymbol{n}=\frac{\mathrm{d}I}{\mathrm{d}S}\boldsymbol{n} \tag{2-6-2}$$

称该点上的 $\boldsymbol{J}$ 为电流体密度矢量,其单位为 $\mathrm{A/m^2}$(安培每平方米)。$\boldsymbol{J}$ 的大小为垂直于 $\boldsymbol{J}$ 的单位面积上穿过的电流,方向为正电荷在该点的运动方向。在恒定电场中,$\boldsymbol{J}$ 不是时间 t 的函数,但它是空间坐标的矢量函数,即 $\boldsymbol{J}=\boldsymbol{J}(x,y,z)$。体电流密度分布反映了电流场的空间分布。和静电场中用电力线来形象地描绘场的分布一样,恒定电场中也可以用 $\boldsymbol{J}$ 矢量线(即电流线)来描绘电流场。如果知道电流体密度 $\boldsymbol{J}$ 的分布,欲求通过某一面积为 S 的电流 I,只要求 $\boldsymbol{J}$ 在该面上的通量,即

$$I=\iint_S \boldsymbol{J}\cdot\mathrm{d}\boldsymbol{S} \tag{2-6-3}$$

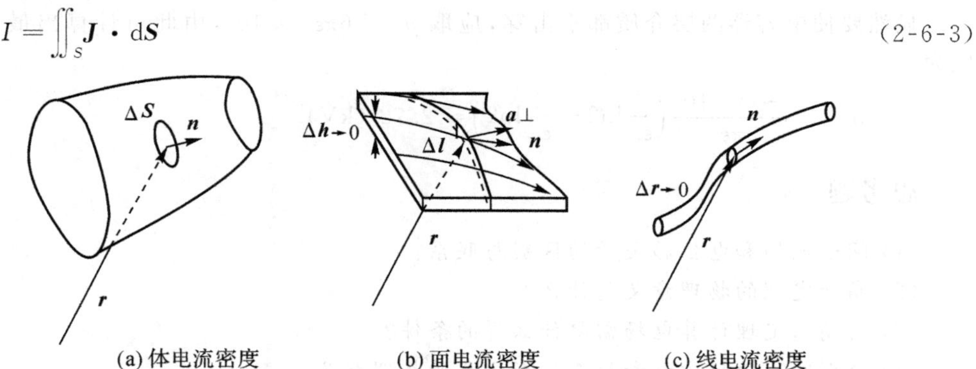

图 2-6-1　电流密度

有时用运动电荷的体密度 ρ_V 及运动速度 v 来表示电流的密度矢量。如果在电流区域某点取垂直于电流方向的一面元 $\mathrm{d}\boldsymbol{S}$,则在 $\mathrm{d}t$ 时间内,穿过 $\mathrm{d}\boldsymbol{S}$ 的电荷为

$$\mathrm{d}q=\rho_V v\,\mathrm{d}t\,\mathrm{d}S \tag{2-6-4}$$

$$J=\frac{\mathrm{d}I}{\mathrm{d}S}=\frac{\mathrm{d}q/\mathrm{d}t}{\mathrm{d}S}=\rho_V v \tag{2-6-5}$$

或者

$$J=\rho_V v \tag{2-6-6}$$

如果电流由多种带电粒子运动形成,则

$$J = \sum_i \rho_{Vi} v_i \tag{2-6-7}$$

式中：ρ_V 为第 i 种运动电荷的体密度（代数值）；v_i 为其运动速度。

在导体中，可以发生分布电荷体密度 $\rho = 0$ 而 J 不为 0 的情况。例如，均匀导体内部带电的电子通过固定的带正电的原子背向运动，但仍保持静电荷体密度 $\rho = 0$，而 J 不为 0。正电荷（质子）除热运动外实际上是没有定向迁移速度的，虽然 $\rho = \rho_+ + \rho_- = 0$，但是，$J = \rho_+ v_+ + \rho v_- \approx \rho v_- \neq 0$。

（2）对于在一厚度为 0 的曲面上流动的电流，我们用面电流密度矢量 $\boldsymbol{J}_S$ 来描述，其大小为垂直于电流方向的单位长度上流过的电流，即若电流流过方向为 $\boldsymbol{n}$，沿 $\boldsymbol{n}$ 方向流过 $\Delta \boldsymbol{l}$ 电流为 $\Delta \boldsymbol{I}$，如图 2-6-1(b)，则面电流密度矢量 $\boldsymbol{J}_S$ 可以写为

$$\boldsymbol{J}_S = \lim_{\Delta l \to 0} \frac{\Delta I}{\Delta l} \boldsymbol{n} = \frac{\mathrm{d}I}{\mathrm{d}l} \boldsymbol{n} \tag{2-6-8}$$

在面电流密度为 $\boldsymbol{J}_S$ 的曲面上，流过任意曲线 $\boldsymbol{l}$ 的电流为

$$I = \int \boldsymbol{J}_S \cdot \boldsymbol{a}_\perp \, \mathrm{d}l = \int J_S \cos\theta \mathrm{d}l \tag{2-6-9}$$

这里 $\boldsymbol{a}_\perp$ 为线元 $\mathrm{d}l$ 的法线，是一个单位矢量。上式也可以用运动电荷面密度 ρ_{Vs} 及其速度 $\boldsymbol{v}$ 表示，则

$$\boldsymbol{J}_S = \rho_{Vs} \boldsymbol{v} \tag{2-6-10}$$

（3）若导体的截面很小，可认为电流全部集中在导线的中轴线上，可将电流看作沿细导线或空间一线形区域流动，如图 2-6-1(c) 所示，线电流密度矢量 $\boldsymbol{J}_l$ 表示为

$$\boldsymbol{J}_l = \rho_{vl} \boldsymbol{v} \tag{2-6-11}$$

式中：ρ_{vl} 为沿几何线运动的电荷线密度；$\boldsymbol{v}$ 为其速度。

2.6.2　欧姆定律和焦耳定理

1. 欧姆定律

在导体内部，要维持电荷作定向运动就必须要有恒定电场的作用，这是因为形成电流的带电粒子在作定向移动的时候，将不断地与晶格点阵上的金属离子碰撞而失去动能。实验表明，电荷定向运动形成的电流密度 $\boldsymbol{J}$ 与导体中的电场 $\boldsymbol{E}$ 有关，它们之间的关系取决于导体的组成结构。对于绝大多数导电材料，导电材料中的电流密度与电场强度之间的关系为

$$\boldsymbol{J} = \sigma \boldsymbol{E} \tag{2-6-12}$$

其中：σ 称为导电媒质的电导率，单位是 S/m（西（门子）每米），其倒数为电阻率。上式是欧姆定律的微分形式，它对于恒定电流、时变电流都成立。对于导电媒质，若电导率不随空间位置的变化而变化，这样的媒质称为均匀媒质，否则称为非均匀媒质；若电导率不随电场的大小而变化，这样的媒质称为线性媒质，否则称为非线性媒质；若电导率与方向没有关系，这样的媒质称为各向同性媒质，否则称为各向异性媒质。由此可见，对于线性、均匀、各向同性媒质，其 σ 是一个常数。导体的导电率 σ 与其电阻率 ρ 互为倒数，即 $\sigma = 1/\rho$，将公式(2-6-12) 两边在导体的横截面 S 上作面积分，再利用电阻公式 $R = l/(\sigma S)$，可以推出

$$I = \iint_S \boldsymbol{J} \cdot \mathrm{d}\boldsymbol{S} = \iint_S \sigma \boldsymbol{E} \cdot \mathrm{d}\boldsymbol{S} = \iint_S \frac{l}{RS} \boldsymbol{E} \cdot \mathrm{d}\boldsymbol{S} = \frac{1}{RS} \int_l \boldsymbol{E} \cdot s\mathrm{d}\boldsymbol{l} = \frac{1}{R} \int_l \boldsymbol{E} \cdot \mathrm{d}\boldsymbol{l} = \frac{U}{R}$$

即

$$I = U/R \tag{2-6-13}$$

这就是电路理论中常见的欧姆定律积分形式。

欧姆定律的积分形式只适用于稳恒情况，而欧姆定律的微分形式不仅对稳恒情况，而且对非稳恒情况也适用。

在含有电源的导体回路中，由于有源电动势的影响，电荷不仅受到静电力的作用，而且受到非静电力的作用。这种非静电力（如机械作用力、化学作用力等）使正电荷由负极向正极运动，不断补充电极上的电荷。如图 2-6-2 中所示，在电源的外部只有恒定电场对电荷的作用，而在电源内部除了恒定电场 $\boldsymbol{E}$，还有非静电力引起的非库仑力场 $\boldsymbol{E}_1$。恒定电场 $\boldsymbol{E}$ 和非库仑力场 $\boldsymbol{E}_1$ 方向相反，因此电流是静电力和非静电力共同作用的结果。于是普遍的欧姆定律的微分形式是

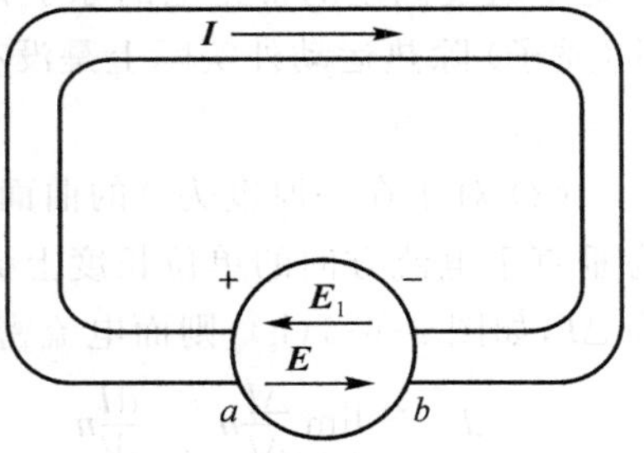

图 2-6-2 含有电源的导体回路

$$\boldsymbol{J} = \sigma(\boldsymbol{E} + \boldsymbol{E}_1)$$

此式被称为含有电源的欧姆定律的微分形式，σ 是电源内部导电物质的电导率。对上式沿整个导体回路积分得

$$\oint_C (\boldsymbol{E} + \boldsymbol{E}_1) \cdot \mathrm{d}\boldsymbol{l} = \oint_C \frac{\boldsymbol{J}}{\sigma} \cdot \mathrm{d}\boldsymbol{l} \tag{2-6-14}$$

考察式(2-6-14) 的左边，有

$$\oint_C (\boldsymbol{E} + \boldsymbol{E}_1) \cdot \mathrm{d}\boldsymbol{l} = \oint_C \boldsymbol{E} \cdot \mathrm{d}\boldsymbol{l} + \oint_C \boldsymbol{E}_1 \mathrm{d}\boldsymbol{l}$$

上式第一项$\oint_C \boldsymbol{E} \cdot \mathrm{d}\boldsymbol{l} = 0$，因为导电媒质中库仑场 $\boldsymbol{E}$ 是由分布电荷产生的，它与静电场一样，也是无旋的。上式第二项$\oint_C \boldsymbol{E}_1 \cdot \mathrm{d}\boldsymbol{l} = \mathscr{E}$ 为电源的电动势。

考察式(2-6-14) 的右边，有

$$\oint_C \frac{\boldsymbol{J}}{\sigma} \cdot \mathrm{d}\boldsymbol{l} = \oint_C \frac{1}{\sigma}\boldsymbol{J} \cdot \mathrm{d}\boldsymbol{l} = \oint_C \frac{I}{\sigma S}\boldsymbol{n} \cdot \mathrm{d}\boldsymbol{l} = I\oint_C \frac{1}{\sigma S}\boldsymbol{n} \cdot \mathrm{d}\boldsymbol{l} = IR$$

综上所述，电路理论中有源的欧姆定律为

$$IR = \mathscr{E} \tag{2-6-15}$$

2. 焦耳定律

带电粒子在导体中定向运动，并且不断地与其他粒子发生碰撞，并把电场的能量传递给了晶格的振动热能，使导体的温度升高，这就是电流热效应。这种由电场转化来的能量被称为焦耳热。通过理论推导，可以得到在电场强度为 $\boldsymbol{E}$、电流密度为 $\boldsymbol{J}$ 的导体中，电场在导电媒质单位体积中消耗的功率，表示为

$$p = \boldsymbol{E} \cdot \boldsymbol{J} \tag{2-6-16}$$

上式被称为焦耳定律的微分形式。其物理意义是从微观上描述了导体内部所消耗的功率空间分布。

对于整个体积 V，其消耗的功率为

$$P = \iiint_V p\,\mathrm{d}V = \iiint_V \boldsymbol{E} \cdot \boldsymbol{J}\,\mathrm{d}V \tag{2-6-17}$$

对于一段长为 l、横截面为 S 的导线，由上式可得其中消耗的焦耳功率为

$$P=\iiint_V p\,\mathrm{d}V=\iiint_V \boldsymbol{E}\cdot\boldsymbol{J}\,\mathrm{d}V=\int_l \boldsymbol{E}\cdot\mathrm{d}\boldsymbol{l}\iint_S \boldsymbol{J}\cdot\mathrm{d}\boldsymbol{S}=UI \tag{2-6-18}$$

上式就是电路理论中的焦耳定律，称为积分形式的焦耳定律，其物理意义是从宏观上描述了整个导体的电场的消耗功率。

2.6.3　电流连续性方程

物质是守恒的，因此电荷也满足守恒原理，它不能产生，也不能被消灭，它们只能从一个物体转移到另一个物体，或从物体的一部分转移到另一部分。在一个闭合系统中的任何电磁过程，正负电荷的电量代数和不变，这就是电荷守恒定律。

从任一闭合面 S 流出的电流应等于由 S 所包围的体积中单位时间内电荷减小的数量，即

$$\oint\!\!\!\oint_S \boldsymbol{J}\cdot\mathrm{d}\boldsymbol{S}=-\frac{\partial}{\partial t}\iiint_V \rho\,\mathrm{d}V \tag{2-6-19}$$

这就是电流连续性方程的积分形式。应用散度定理，上式可写为

$$\iiint_V\left(\nabla\cdot\boldsymbol{J}+\frac{\partial\rho}{\partial t}\right)\mathrm{d}V=0 \tag{2-6-20}$$

要使这个积分对任意体积都成立，只要被积函数为 0，即

$$\nabla\cdot\boldsymbol{J}+\frac{\partial\rho}{\partial t}=0 \tag{2-6-21}$$

这是电流连续性方程的微分形式。电流连续性方程是由电荷守恒原理导出的，因此它是非常重要的方程。

在恒定电场中，电场和电荷的空间分布是不随时间改变的，即$\frac{\partial\rho}{\partial t}=0$，因而有

$$\oint\!\!\!\oint_S \boldsymbol{J}\cdot\mathrm{d}\boldsymbol{S}=0 \tag{2-6-22}$$

其微分形式为

$$\nabla\cdot\boldsymbol{J}=0 \tag{2-6-23}$$

恒定电流必定是连续的，其电流线总是闭合曲线。

在直流电路理论中，电流连续性方程与基尔霍夫第一方程等价，对于几根导线的汇合点，取一包围该点的闭合曲面，如图 2-6-3 所示，在恒定电流的情况下，可得

$$I_1+I_2+I_3=I_4+I_5$$

这说明流入节点的总电流等于流出节点的总电流，这就是直流电路理论中的节点电流方程，也称基尔霍夫第一方程。

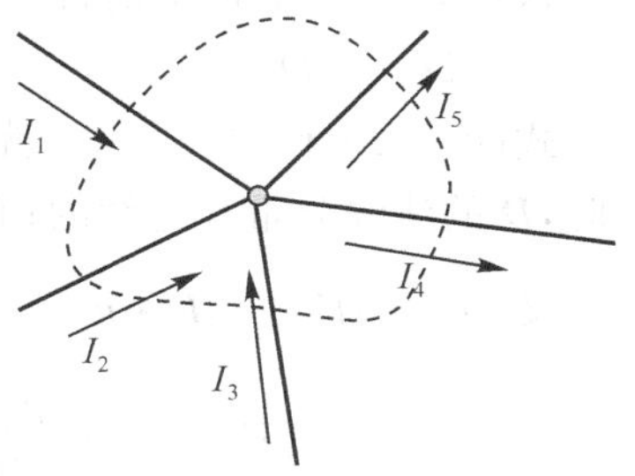

图 2-6-3　基尔霍夫第一方程

思考题

(1) 三种电流密度之间有什么区别和联系？

(2) 什么是传导电流？什么是运流电流？两者之间有什么区别？

(3) 如果在均匀良导体制作的导体中有恒定电流，那么该导线中自由电荷的体密度是

否为 0?为什么?

(4) 在什么情况下,传导电流是连续恒定的?

(5) 为什么公式(2-6-16)叫焦耳定理的微分形式?该式有何特点?

(6) 当导线中电流分布不均匀时,导线的电阻怎么计算?

(7) 什么是电动势?

(8) 导电率越大,导体内单位体积的功率损耗越大吗?为什么?

2.7　边界条件,唯一性定理与镜像法

2.7.1　静电场边界条件

电场或电位移矢量在两种介质的分界面上会产生大小和方向的突变。物理量 $\boldsymbol{D}$、$\boldsymbol{E}$ 在分界面上的这种突变各自满足一定的关系,这种关系称为边界条件。本节通过场的基本方程的积分形式导出物理量 $\boldsymbol{D}$、$\boldsymbol{E}$ 的边界条件。

1. 静电场电位移 $\boldsymbol{D}$ 的边界条件

在介质 1 和介质 2 的分界面上作一个小的柱形闭合面(如图 2-7-1 所示),其上下两底面分别平行于分界面,并在分界面的两侧,高 Δh 为无限小量,上下底面的面积为 ΔS,分界面的法线方向单位矢量 $\boldsymbol{n}$ 由介质 1 指向介质 2,根据高斯定理积分定理,该闭合面的积分为

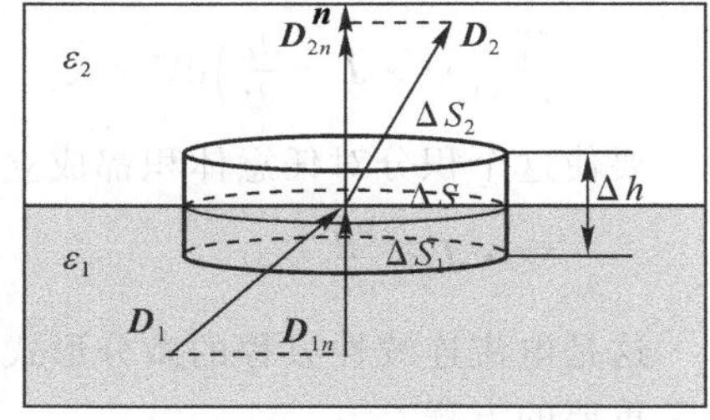

图 2-7-1　边界面上的圆柱体

$$\oint_S \boldsymbol{D}\cdot \mathrm{d}\boldsymbol{S} = \boldsymbol{D}_2\cdot \boldsymbol{n}\Delta S - \boldsymbol{D}_1\cdot \boldsymbol{n}\Delta S = \rho_S\Delta S \tag{2-7-1}$$

即

$$(\boldsymbol{D}_2 - \boldsymbol{D}_1)\cdot \boldsymbol{n} = \rho_S \text{ 或 } D_{2n} - D_{1n} = \rho_S \tag{2-7-2}$$

这里 ρ_S 是分界面上的自由电荷密度。当分界面上没有自由电荷时,则有

$$D_{1n} = D_{2n} \tag{2-7-3}$$

式(2-7-2)和式(2-7-3)就是分界面上 D 的边界条件。可见,在分界面上没有自由面电荷时,$\boldsymbol{D}$ 的法线分量是连续的;有自由电荷时,$\boldsymbol{D}$ 的法线分量不连续。

又 $D_n = \boldsymbol{\varepsilon} E_n = \varepsilon \boldsymbol{E}\cdot \boldsymbol{n} = \varepsilon(-\nabla\varphi)\cdot \boldsymbol{n} = -\varepsilon\dfrac{\partial\varphi}{\partial n}$,则

$$D_{1n} = \boldsymbol{\varepsilon}_1 E_{1n} = -\varepsilon_1\frac{\partial\varphi_1}{\partial n},\quad D_{2n} = \boldsymbol{\varepsilon}_2 E_{2n} = -\varepsilon_2\frac{\partial\varphi_2}{\partial n} \tag{2-7-4}$$

于是,在边界面上有

$$\varepsilon_1\frac{\partial\varphi_1}{\partial n} - \varepsilon_2\frac{\partial\varphi_2}{\partial n} = \rho_S \tag{2-7-5}$$

当 $\rho_S = 0$ 时,有

$$\varepsilon_1\frac{\partial\varphi_1}{\partial n} = \varepsilon_2\frac{\partial\varphi_2}{\partial n} \tag{2-7-6}$$

上式就是用电位表示的分界面上的边界条件。在导体与介质分界面上，常常应用这个边界条件来决定导体表面的电荷面密度 ρ_S。

2. 静电场电场强度 $\boldsymbol{E}$ 的边界条件

在介质 1 和介质 2 的分界面上取一矩形小闭合路径，闭合路径与分界面平行的两条边 Δl 分别在界面两侧，且 Δl 足够小，使在 ε_1 测作 $\boldsymbol{E}\cdot \mathrm{d}\boldsymbol{l}$ 时近似为 $\boldsymbol{E}_1\cdot \mathrm{d}\boldsymbol{l}$，而在 ε_2 测作 $\boldsymbol{E}\cdot \mathrm{d}\boldsymbol{l}$ 时近似为 $\boldsymbol{E}_2\cdot \mathrm{d}\boldsymbol{l}$，如图 2-7-2 所示。

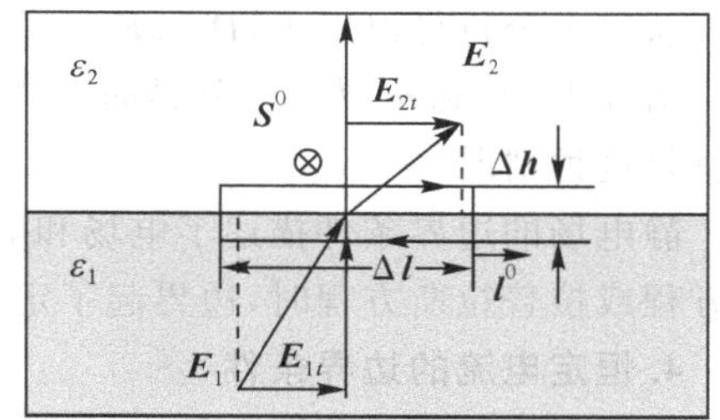

图 2-7-2　边界面上的矩形回路：$\boldsymbol{E}$ 边界条件

假设高 Δh 为无限小量，沿闭合路径作 $\boldsymbol{E}$ 的线积分：

$$\oint_C \boldsymbol{E}\cdot \mathrm{d}\boldsymbol{l} = \boldsymbol{E}_2\cdot \boldsymbol{l}^0\Delta l - \boldsymbol{E}_1\cdot \boldsymbol{l}^0\Delta l = 0 \tag{2-7-7}$$

式中：l^0 是所取的矩形回路边线构成的单位矢量，其方向与介质 2 中回路的绕行方向一致。取包围的矩形面积的法线方向的单位矢量为 $\boldsymbol{S}^0$，则

$$\boldsymbol{l}^0 = \boldsymbol{S}^0\times \boldsymbol{n} \tag{2-7-8}$$

应用矢量恒等式

$$\boldsymbol{A}\cdot(\boldsymbol{B}\times\boldsymbol{C}) = \boldsymbol{B}\cdot(\boldsymbol{A}\times\boldsymbol{C}) \tag{2-7-9}$$

因此有

$$\boldsymbol{S}^0\cdot(\boldsymbol{n}\times\boldsymbol{E}_1) = \boldsymbol{S}^0\cdot(\boldsymbol{n}\times\boldsymbol{E}_2) \tag{2-7-10}$$

对于任意 $\boldsymbol{S}^0$ 都成立，因此

$$\boldsymbol{n}\times\boldsymbol{E}_1 = \boldsymbol{n}\times\boldsymbol{E}_2 \quad 或 \quad E_{1t} = E_{2t} \tag{2-7-11}$$

在不同的介质分界面上，电场强度的切向分量总是连续的。用电位表示如下：

$$\varphi_1 = \varphi_2 \tag{2-7-12}$$

式(2-7-12)表示分界面上的电位是连续的，这和电场切向分量连续是等价的，若在紧靠分界面处取两点，其电位差

$$U_{ab} = \varphi_a - \varphi_b = \int_a^b \boldsymbol{E}\cdot \mathrm{d}\boldsymbol{l} \tag{2-7-13}$$

由于 $\boldsymbol{E}$ 的线性积分与路径无关，故 $\boldsymbol{E}$ 对起于 a 止于 b 的任意路径的积分，均可看成路径 $aecdfb$ 的积分，其中 c，d 是路径穿越界面时紧靠分界面两侧的点，路径 aec 和 dfb 为平行于界面的路径，因为 $E_{1t} = E_{2t}$，故必有

$$\int_a^b \boldsymbol{E}\cdot \mathrm{d}\boldsymbol{l} = \int_{aec} \boldsymbol{E}\cdot \mathrm{d}\boldsymbol{l} - \int_{bfd} \boldsymbol{E}\cdot \mathrm{d}\boldsymbol{l} = 0 \tag{2-7-14}$$

亦即 $\varphi_a = \varphi_b$ 分界面上的电位是连续的。

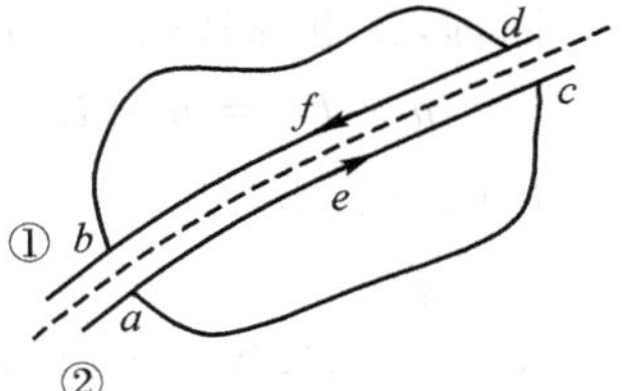

图 2-7-3　边界面上电位连续

3. 介质分界面上电场方向的关系

理想介质面上没有自由电荷。设分界面两侧的电场与法线 $\boldsymbol{n}$ 的夹角为 θ_1 和 θ_2，则

$$\begin{aligned} \varepsilon_1 E_1\cos\theta_1 &= \varepsilon_2 E_2\cos\theta_2 \\ E_1\sin\theta_1 &= E_2\sin\theta_2 \end{aligned} \tag{2-7-15}$$

由此可得

$$\tan\theta_1/\tan\theta_2 = \varepsilon_1/\varepsilon_2 \tag{2-7-16}$$

从以上分析可以看出，$\boldsymbol{D}$ 和 $\boldsymbol{E}$ 矢量在两种介质分界面上一般要改变方向，只有在垂直入射的情况下（θ_1 和 θ_2 为 0），分界面上的电场方向才不改变。平行板、同轴线和同心球中的电场就是这种情况。

静电场的边界条件描述了电场和电位移矢量在媒质的分界面上的行为规则。在求解泊松方程或拉普拉斯方程时，边界起了定解的作用。

4. 恒定电流的边界条件

当恒定电场通过不同电导率 σ_1 和 σ_2 的两种导电媒质的分界面时，在分界面上 $\boldsymbol{J}$ 和 $\boldsymbol{E}$ 各自满足的关系称为恒定电场的边界条件。边界条件由基本方程的积分形式导出，分析的方法与静电场分析相同，有

$$\oint_S \boldsymbol{J}\cdot \mathrm{d}\boldsymbol{S} = \boldsymbol{J}_2\cdot\boldsymbol{n}\Delta S - \boldsymbol{J}_1\cdot\boldsymbol{n}\Delta S = 0 \tag{2-7-17}$$

即

$$\boldsymbol{J}_1\cdot\boldsymbol{n} = \boldsymbol{J}_2\cdot\boldsymbol{n},\quad J_{1\mathrm{n}} = J_{2\mathrm{n}} \tag{2-7-18}$$

表明在分界面上电流密度的法向分量是连续的，用电位表示为

$$\sigma_1\frac{\partial\phi_1}{\partial n} = \sigma_2\frac{\partial\phi_2}{\partial n} \tag{2-7-19}$$

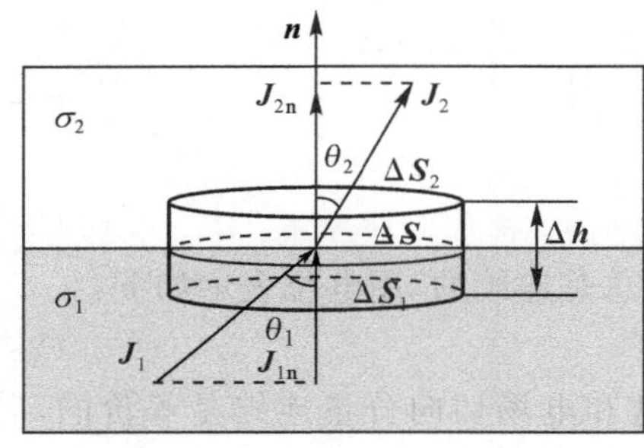

(a) 边界面两侧的电流密度法向分量

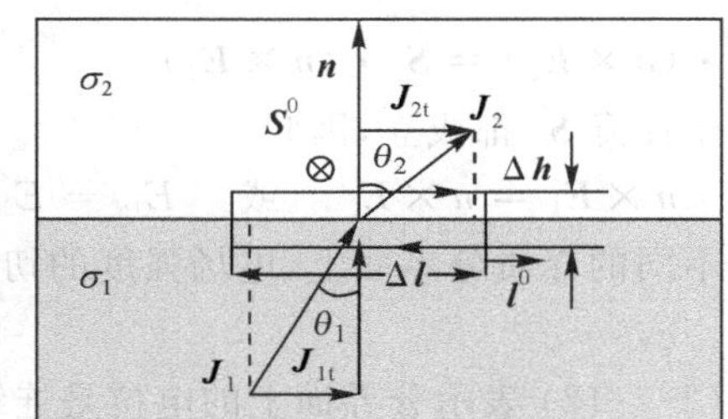

(b) 边界面两侧的电流密度切向分量

图 2-7-4 恒定电流边界条件

同理，在电源外的恒定电场与静电场有相同的电场切向边界条件，如图 2-7-4 所示，有

$$\boldsymbol{n}\times\boldsymbol{E}_1 = \boldsymbol{n}\times\boldsymbol{E}_2,\qquad E_{1t} = E_{2t} \tag{2-7-20}$$

用电位表示为

$$\phi_1 = \phi_2 \tag{2-7-21}$$

又 $J = \sigma E$，我们可以写出分界面上 J 的切向分量方程为

$$n\times\left[\frac{J_1}{\sigma_1} - \frac{J_2}{\sigma_2}\right] = 0 \tag{2-7-22}$$

即

$$n\times\frac{J_1}{\sigma_1} = n\times\frac{J_2}{\sigma_2}$$

那么界面上切向分量之间的关系为

$$\frac{J_{1\mathrm{t}}}{\sigma_1} = \frac{J_{2\mathrm{t}}}{\sigma_2} \tag{2-7-23}$$

根据图 2-7-4，由法向分量和切向分量之间的关系，可得

$$J_{1n}\cos\theta_1 = J_{2n}\cos\theta_2, \quad \frac{J_{1t}\sin\theta_1}{\sigma_1} = \frac{J_{2t}\sin\theta_2}{\sigma_2}$$

由此可得分界面上电流线的折射关系为

$$\frac{\tan\theta_1}{\tan\theta_2} = \frac{\sigma_1}{\sigma_2} \tag{2-7-24}$$

下面讨论两种情况

(1)$\sigma_1 >> \sigma_2$，即第一媒质为良导体，第二媒质为不良导体

例如同轴线的内外导体是 σ 很大(10^7 数量级)的铜和铝，而填充在内外导体之间的材料 σ 很小(聚乙烯的 σ 为 10^{-10} 数量级)。由式(2-7-24)得，除 $\theta_1 = 90°$ 外，其他情况下 θ_2 都很小，即电流从良导体进入不良导体时，在不良导体里的电流线近似地与良导体表面垂直，良导体表面近似地为等位面，这与静电场相似。这一结论是很有用的。在计算接地器的接地电阻时，土壤是不良导体，而接地器是由良导体制成的，则土壤中的接地器可近似看作是等位面。

(2) 两种不同导电媒质的分界面上一般有自由电荷分布

如在第一媒质(σ_1,ε_1)和第二媒质(σ_2,ε_2)的分界面上，自由面电荷密度 ρ_S 为

$$\rho_S = D_{2n} - D_{1n} = \varepsilon_2 E_{2n} - \varepsilon_1 E_{1n}$$

由于 $\sigma_1 E_{1n} = \sigma_2 E_{2n}$，所以

$$\rho_S = \left(\varepsilon_2 - \varepsilon_1 \frac{\sigma_2}{\sigma_1}\right) E_{2n}$$

也就是说，只有$\dfrac{\sigma_2}{\sigma_1} = \dfrac{\varepsilon_2}{\varepsilon_1}$ 时，ρ_S 才为 0。故分界面上一般有自由电荷存在。

如果两种导电媒质是金属导体，则 $\varepsilon_1 = \varepsilon_2 = \varepsilon_0$，$\rho_S = \left(1 - \dfrac{\sigma_2}{\sigma_1}\right)\varepsilon_0 E_{2n}$。由于 $\sigma_2 \neq \sigma_1$，即 $\rho_S \neq 0$，故恒定电场中不同导电媒质的分界面上是有自由电荷存在的，这些电荷是在电场、电流进入稳恒之前的过渡过程中积累的，这和前一节讨论的结果是相吻合的。

2.7.2　唯一性定理

在求解宏观电磁场问题时，必须在理论上确定静电场问题在什么情况下其解是唯一的。或者说在已知什么条件下，电磁场的解是唯一正确的，这就是唯一性定理要回答的问题。事实上电磁场的问题是在给定区域内电荷分布和区域边界的电位或电位导函数求解泊松方程或拉普拉斯方程的问题。对于静电场问题的求解过程，区域边界的电位或电位导函数归纳为满足三类边界问题。分别为(1) 已知边界上的电位函数，被称为狄里赫利边值问题；(2) 已知边界上电位函数的法向导函数，被称为纽曼边值问题；(3) 已知一部分边界上的电位函数和其余部分的电位函数的法向导函数，被称为混合边值问题。

可以证明，在静电场问题中，只要满足上述三类给定的边值条件之一，在区域内电场和电位移的解是唯一的，这就是唯一性定理。

2.7.3　镜像法

镜像法也称镜像原理，是唯一性定理的应用性延伸，其实质是用等效源来替代边界条件对场的影响。

例如，在无限大的导电平面上方 h 处有一点电荷，如图 2-7-5(a) 所示，求导电板上方空

间的电位分布。

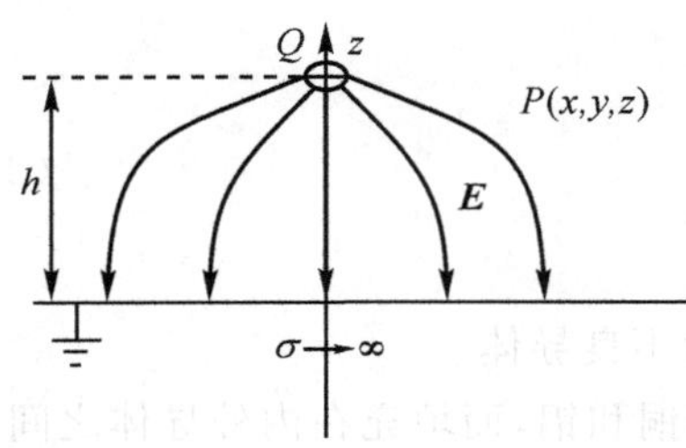

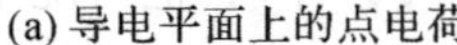
(a) 导电平面上的点电荷

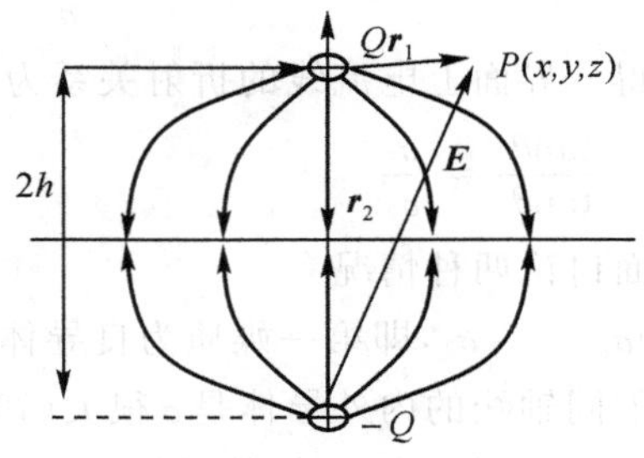

(b) 点电荷的镜像电荷

图 2-7-5 求导电平面上方点电荷的电场

建立直角坐标系，取导电平面为 xy 平面，点电荷 Q 在 $(0,0,h)$ 处。此电场问题的待求场区为 $z>0$ 区，场区有源，源是电量为 Q 的位于 $(0,0,h)$ 点的点电荷，边界为 xy 面。导电面延伸至无限远，导体面接地。

边界条件为 $z=0(xy)$ 面上电位为0，在无穷远处电位也为0；我们在 $z<0$ 区与点电荷 Q 的对称位置放置一个 $-Q$ 的负电荷，如图 2-7-5(b) 所示，并撤去大导体。则利用对称性原理，在 $z=0(xy)$ 面上的电位为0，而此时在无穷远处的电位也为0，可见放负电荷前后两种情况的边界条件相同。根据唯一性定理，后一种情况的解也是前一种情况的解，显然后一种方法简单、方便，求得 $z>0$ 区域内任意一点的电位为

$$\varphi(P)=\frac{Q}{4\pi\varepsilon_0 r_1}-\frac{Q}{4\pi\varepsilon_0 r_2}=\frac{Q}{4\pi\varepsilon_0}\frac{r_2-r_1}{r_1 r_2}$$

$$r_1=\sqrt{x^2+y^2+(z-h)^2},\quad r_2=\sqrt{x^2+y^2+(z+h)^2} \tag{2-7-25}$$

事实上，导电平板上方场区的电位是由点电荷和导电平面上的感应电荷产生的，但感应电荷是未知的，直接利用感应电荷计算电位相当复杂。

思考题

(1) 如果在两个媒质的分界面两侧有电荷密度为 ρ 的体电荷分布，这种电荷分布对分界面电场的边界条件有没有影响，为什么？

(2) 引起分界面两侧电位移矢量和电场强度法线分量不连续的原因是什么？

(3) 导体是等位体，导体表面是等位面，电位处处相同，如果导体带有电荷，那么电荷面密度是不是处处相等，为什么？

(4) 恒定电场中，电位的边界条件是什么？

(5) 恒定电场中，在两种媒质的分界面上，电场强度的法向分量连续吗？为什么？

(6) 在理想介质和导电媒质的分界面上有没有自由电荷？

2.8 导体系统的电容与静电场的能量

2.8.1 电容

电容是电路中常见的元器件，下面我们给出电容的基本定理和计算方法。

(1) 孤立导体电容

对于孤立导体，电荷的聚集量与电容表面的电位大小成正比，其比值就是电容量。孤立导体的电容计算公式为

$$C=\frac{q}{\varphi} \tag{2-8-1}$$

电容的单位为F(法)。这里 q 为电容器上聚集的电荷量，φ 是电容表面的电位，一般其比值与电容的结构和材料有很大关系。例如孤立球体的电容为

$$C=\frac{q}{\varphi}=\frac{q}{q/4\pi\varepsilon_0 a}=4\pi\varepsilon_0 a \tag{2-8-2}$$

(2) 两个导体组成的电容

若两导体上的电量分别为 q 和 $-q$，两导体间所加电压为 U 时，两导体的电容定义为

$$C=\frac{q}{U} \tag{2-8-3}$$

它是与两导体的形状、位置以及周围的介质有关的常数，单位为F(法)。

系统的电容的计算步骤如下：

① 设带电体的电荷量为 q；② 求解电场 $\boldsymbol{E}$；③ 计算电压 U；④ 求 q/U 比值而得 C。

例 2-8-1　求如图 2-8-1 所示的无限长同轴线的单位长度的电容，其中内导线的外半径为 a，外导体的内半径为 b，内外导体之间充满介电常数为 ε 的介质。

解　设内外导体表面上分别带有 $+\eta_0$ 和 $-\eta_0$ 的电荷，由于电荷具有轴对称的分布，因此电场也具有轴对称分布，由此取圆柱坐标系。在电介质内部($a<\rho<b$)作高斯面，由高斯定理可得

$$\boldsymbol{E}=\hat{\boldsymbol{\rho}}E_\rho=\frac{\eta_0}{2\pi\varepsilon\rho}\hat{\boldsymbol{\rho}}$$

则内外导体之间的电位差为

$$U_{ab}=\int\boldsymbol{E}\cdot\mathrm{d}\boldsymbol{l}=\int_a^b\frac{\eta_0}{2\pi\varepsilon\rho}\mathrm{d}\rho=\frac{\eta_0}{2\pi\varepsilon}\ln\frac{b}{a}$$

无限长同轴线的单位长度的电容为

$$C=\left.\frac{\eta_0 l}{U_{ab}}\right|_{l=1}=\frac{2\pi\varepsilon}{\ln\dfrac{b}{a}}$$

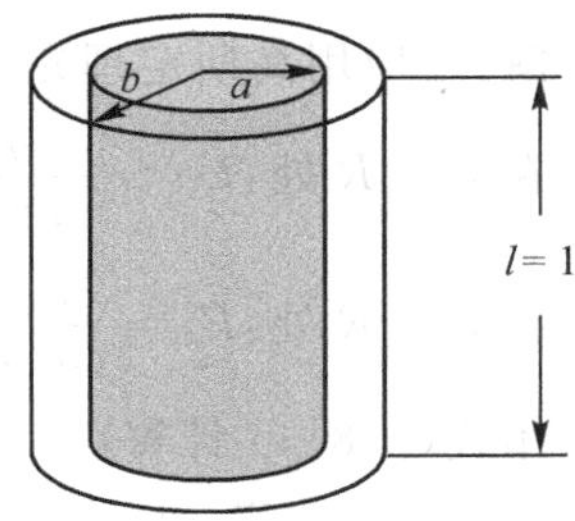

图 2-8-1　无线长同轴线

2.8.2　静电场的能量

带电的电容能对外放电做功，说明电容所建立的电场储存有能量。电场能量来源于建立系统的电荷分布过程中外界所做的功。在静电场中，电场强度的线积分 $\int_C\boldsymbol{E}\cdot\mathrm{d}\boldsymbol{l}$ 与路径无关，所以静电场的能量是静电势场，它只与系统电荷分布有关，而与形成这种分布的过程无关。所以静电场的能量是静电势能。

可以证明在体电荷密度为 $\rho(r)$ 组成的静电系统中，静电能量为

$$W_e=\iiint_V\frac{1}{2}\varphi\rho\,\mathrm{d}V \tag{2-8-4}$$

如果电荷是分布在表面的，其面密度为 ρ_S，则静电能量为

$$W_e = \iint_S \frac{1}{2}\varphi\rho_S \mathrm{d}S \tag{2-8-5}$$

如果带电体是由 N 个导体组成，则在第 i 号导体上，φ_i 为常数，而$\iint_S \rho_S \mathrm{d}S = q_i$ 是第 i 号导体上带的电荷，上式又可表示为

$$W_e = \frac{1}{2}\sum_{i=1}^{N}\varphi_i q_i \tag{2-8-6}$$

式(2-8-6)还可用来表示 N 点电荷系统的能量。

静电场的能量不仅可以用电荷和电位的形式表示，还可以用电场和电位移的矢量形式来表示。从场的观点看，处在任何位置的带电体都受到电场力的作用，电场力都可以使它移动而做功，这就说明电场中储存静电能量。应用高斯定理对公式(2-8-4)作进一步推导，可将其写成

$$W_e = \frac{1}{2}\iiint_V \boldsymbol{D}\cdot\boldsymbol{E}\mathrm{d}V = \frac{1}{2}\iiint_V \varepsilon E^2\mathrm{d}V \tag{2-8-7}$$

上式表明凡是电场分布不为 0 的区域对积分都有贡献，即有电场分布的空间都有能量储存，而且是以 $w_e = \frac{1}{2}\boldsymbol{D}\cdot\boldsymbol{E} = \frac{1}{2}\varepsilon E^2$ 的密度储存在空间。即能量体密度为

$$w_e = \frac{1}{2}\boldsymbol{D}\cdot\boldsymbol{E} = \frac{1}{2}\varepsilon E^2 \tag{2-8-8}$$

静态电场的能量密度的单位为焦耳 / 米^3($\mathrm{J/m^3}$)。

例 2-8-2 在真空中一半径为R的圆球内，均匀分布有电荷密度为ρ_0的电荷，求静电能量。

解 应用高斯定理先求出球内外的场强 $\boldsymbol{E}$ 和电位 φ。

在 $r > R$ 处：$E_r = \dfrac{q}{4\pi\varepsilon_0 r^2} = \dfrac{4}{3}\dfrac{\pi R^3\rho_0}{4\pi\varepsilon_0 r^2} = \dfrac{R^3\rho_0}{3\varepsilon_0 r^2}$， $\varphi = \dfrac{R^3\rho_0}{3\varepsilon_0 r}$

在 $r < R$ 处：$E_r = \dfrac{4}{3}\dfrac{\pi r^3\rho_0}{4\pi\varepsilon_0 r^2} = \dfrac{r\rho_0}{3\varepsilon_0}$， $\varphi = \displaystyle\int_r^R \frac{r\rho_0}{3\varepsilon_0}\mathrm{d}r + \frac{R^2\rho_0}{3\varepsilon_0} = \frac{R^2\rho_0}{2\varepsilon_0} - \frac{r^2\rho_0}{6\varepsilon_0}$

用式(2-8-4)计算：

$$W_e = \iiint_V \frac{1}{2}\varphi\rho\mathrm{d}V = \frac{1}{2}\int_0^R \rho_0\left(\frac{R^2\rho_0}{2\varepsilon_0} - \frac{r^2\rho_0}{6\varepsilon_0}\right)4\pi r^2\mathrm{d}r = \frac{4\pi\rho_0^2 R^5}{15\varepsilon_0}$$

读者也可以用式(2-8-8)计算，结果是相同的。

思考题

(1) 什么是孤立导体电容？它与平行板导体的电容有什么区别？

(2) 电场能量密度的物理意义是什么？与电场强度之间有何关系？

(3) 当两个带电体相互靠近时，这个带电系统的电场能量是增加还是减小？

(4) 导体之间的介质对电容有什么影响？

2.9 恒定电场与静电场的比较

从恒定电场与静电场的分析中可以看出，电源以外的导电媒质中的恒定电场与没有电

荷分布的电介质中的静电场在很多方面有相似之处。为了便于比较，表 2-9-1 归纳了静电场与恒定电场之间的关系。

表 2-9-1　恒定电场与静电场的比较

关系形式	恒定电场(电源外)	静电场(无源区域)
场的积分方程	$\oint_S \boldsymbol{J}\cdot \mathrm{d}\boldsymbol{S}=0$ $\oint_l \boldsymbol{E}\cdot \mathrm{d}\boldsymbol{l}=0$	$\oint_S \boldsymbol{D}\cdot \mathrm{d}\boldsymbol{S}=0$ $\oint_l \boldsymbol{E}\cdot \mathrm{d}\boldsymbol{l}=0$
场的微分方程	$\nabla\cdot\boldsymbol{J}=0,\quad \nabla\times\boldsymbol{E}=\boldsymbol{0}$	$\nabla\cdot\boldsymbol{D}=0,\quad \nabla\times\boldsymbol{E}=\boldsymbol{0}$
本构关系	$\boldsymbol{J}=\sigma\boldsymbol{E}$	$\boldsymbol{D}=\varepsilon\boldsymbol{E}$
位函数关系式	$\boldsymbol{E}=-\nabla\varphi,\quad \nabla^2\varphi=0$	$\boldsymbol{E}=-\nabla\varphi,\quad \nabla^2\varphi=0$
边界条件	$J_{1n}=J_{2n}\quad E_{1t}=E_{2t}$ $\varphi_1=\varphi_2,\sigma_1\dfrac{\partial\varphi_1}{\partial n}=\sigma_2\dfrac{\partial\varphi_2}{\partial n}$	$D_{1n}=D_{2n}\quad E_{1t}=E_{2t}$ $\varphi_1=\varphi_2,\varepsilon_1\dfrac{\partial\varphi_1}{\partial n}=\varepsilon_2\dfrac{\partial\varphi_2}{\partial n}$
面积分形式	$\boldsymbol{I}=\iint_S \boldsymbol{J}\cdot\mathrm{d}\boldsymbol{S}$	$\Phi_D=\iint_S \boldsymbol{D}\cdot\mathrm{d}\boldsymbol{S}$
线积分形式	$\varphi=\int_l \boldsymbol{E}\cdot\mathrm{d}\boldsymbol{l}$	$\varphi=\int_l \boldsymbol{E}\cdot\mathrm{d}\boldsymbol{l}$

(1) 从表 2-9-1 中可见，两个场的场量之间有一一对应关系，即 $\boldsymbol{E}\leftrightarrow\boldsymbol{E}$、$\boldsymbol{J}\leftrightarrow\boldsymbol{D}$、$\varphi\leftrightarrow\varphi$、$I\leftrightarrow q$、$\sigma\leftrightarrow\varepsilon$ 有一一对应关系。若两种场的边界形状相同，且不同媒质界面处的媒质参数满足 $\sigma_1/\sigma_2=\varepsilon_1/\varepsilon_2$，则两种场就具有等效的边界条件。因为两种场的电位函数有相同的定义，而且满足拉普拉斯方程，则根据唯一性定理，这两个场的电位函数必有相同的解，即两种场的等位面分布相同，且 $\boldsymbol{J}$ 线和 $\boldsymbol{D}$ 线分布相同。

(2) 在一定条件下，可以把一种场的计算和实验所得的结果，推广应用于另一个场，通常将这种方法称为静电比拟法。

(3) 静电问题中的一个重要问题是计算电极间的电容，而在恒定电场中，重要内容之一是计算电极间的电导。根据静电比拟法，当两电极间的电容已知时，把 ε 换成 σ，便得到两极间的电导。

例如，一个球形电容器，内球的半径为 a，外球的半径为 b，内球和外球之间充满介电常数为 ε 的介质，可求得其电容值为

$$C=\frac{q}{U}=\frac{\varepsilon\oint_S \boldsymbol{E}\cdot\mathrm{d}\boldsymbol{S}}{\int_1^2 \boldsymbol{E}\cdot\mathrm{d}\boldsymbol{l}}=\frac{4\pi\varepsilon ab}{b-a}$$

其中的 $\boldsymbol{S}$ 为内球的表面，如果内外球之间充满导电媒质 σ，则它的电导为

$$G=\frac{I}{U}=\frac{\sigma\oint_S \boldsymbol{E}\cdot\mathrm{d}\boldsymbol{S}}{\int_1^2 \boldsymbol{E}\cdot\mathrm{d}\boldsymbol{l}}=\frac{4\pi\sigma ab}{b-a}$$

由此可见静电场中的电容与恒定电场中的电导除了介电常数和电导率不同外具有相同

的形式。

思考题

(1) 在什么情况下恒定电流场与静电场可以比拟?

(2) 在恒定电流场与静电场可以比拟的情况下,静电场的导体边界对应于恒定电流场的什么边界?

本章小结

1. 库仑定律

$$\boldsymbol{F}=\frac{q_1q_2}{4\pi\varepsilon R^3}\boldsymbol{R}$$

2. 电场强度与电位

	电场强度	电　　位
点电荷	$\boldsymbol{E}=\frac{q}{4\pi\varepsilon R^2}\hat{\boldsymbol{R}}$	$\varphi=\frac{q}{4\pi\varepsilon R}$
体电荷	$\boldsymbol{E}=\frac{1}{4\pi\varepsilon}\int_{V'}\frac{\rho_{V'}}{R^2}\hat{\boldsymbol{R}}\mathrm{d}V'$	$\varphi=\frac{1}{4\pi\varepsilon}\int_{V'}\frac{\rho_{V'}}{R}\mathrm{d}V'$
面电荷	$\boldsymbol{E}=\frac{1}{4\pi\varepsilon}\int_{S'}\frac{\rho_{S'}}{R^2}\hat{\boldsymbol{R}}\mathrm{d}S'$	$\varphi=\frac{1}{4\pi\varepsilon}\int_{S'}\frac{\rho_{S'}}{R}\mathrm{d}S'$
线电荷	$\boldsymbol{E}=\frac{1}{4\pi\varepsilon}\int_{l'}\frac{\rho_{l'}}{R^2}\hat{\boldsymbol{R}}\mathrm{d}l'$	$\varphi=\frac{1}{4\pi\varepsilon}\int_{l'}\frac{\rho_{l'}}{R}\mathrm{d}l'$

3. 恒定电流是空间各点的电流密度不随时间改变的电流。电流密度定义为穿过与电荷运动方向相垂直的单位面积的电流,方向为正电荷运动的方向。电流密度矢量还可以用运动电荷体密度、面密度、线密度以及运动速度 v 表示

体密度 $\boldsymbol{J}=\rho_V\boldsymbol{v}$,面密度 $\boldsymbol{J}_S=\rho_S\boldsymbol{v}$,线密度 $\boldsymbol{I}=\rho_l\boldsymbol{v}$

穿过任意曲面 $\boldsymbol{S}$ 的电流是电流密度 $\boldsymbol{J}$ 穿过 $\boldsymbol{S}$ 的通量,即

$$I=\iint_S\boldsymbol{J}\cdot\mathrm{d}\boldsymbol{S}$$

4. 恒定电场的基本方程

电流连续性方程的积分形式 $\oint_S\boldsymbol{J}\cdot\mathrm{d}\boldsymbol{S}=-\frac{\partial}{\partial t}\iiint_V\rho\mathrm{d}V$;微分形式:$\nabla\cdot\boldsymbol{J}+\frac{\partial\rho}{\partial t}=0$

5. 传导电流的基本方程

欧姆定律微分形式:$\boldsymbol{J}=\sigma\boldsymbol{E}$;欧姆定律积分形式:$I=U/R$;有源欧姆定律:$IR=\mathscr{E}$。

焦耳定律微分形式:$p=\boldsymbol{E}\cdot\boldsymbol{J}$;焦耳定律积分形式:$P=UI$。

6. 静电场的守恒性(无旋性)

$$\oint_C\boldsymbol{E}\cdot\mathrm{d}\boldsymbol{l}=0,\quad \nabla\times\boldsymbol{E}=0$$

7. 介质极化程度可用极化强度 $\boldsymbol{P}$ 表示,在线性、均匀、各向同性介质中,它与电场的关系为

$$\boldsymbol{P}=\chi_e\varepsilon_0\boldsymbol{E}$$

体极化电荷的体密度为 $\rho_p = -\nabla \cdot \boldsymbol{P}$；面密度分别为 $\rho_{Sp} = \boldsymbol{P} \cdot \boldsymbol{n}$。

8. 高斯通量定理在真空中的形式为

$$\text{积分形式：}\begin{cases}\oint_C \boldsymbol{E} \cdot \mathrm{d}\boldsymbol{l} = 0 \\ \oiint_S \boldsymbol{D} \cdot \mathrm{d}\boldsymbol{S} = \sum q\end{cases}$$

$$\text{微分形式：}\begin{cases}\nabla \times \boldsymbol{E} = 0 \\ \nabla \cdot \boldsymbol{D} = \rho\end{cases}$$

本构关系：$\boldsymbol{D} = \varepsilon \boldsymbol{E}$

静电场是一个有通量源而没有旋涡源的矢量场。

(1) 根据矢量场理论，要确定一个矢量场，必须同时给定它的散度和旋度。所以静电场的基本方程包含一个旋度方程和一个散度方程。

(2) 场量的散度与该场的标量源密度有关，场量的旋度与该场的矢量源密度有关。

9. 静电场的电位微分方程

泊松方程：$\nabla^2 \varphi = -\dfrac{\rho}{\varepsilon}$，该方程描述了求解区域中有源的情况下电位满足的方程式。

拉普拉斯方程：$\nabla^2 \varphi = 0$，该方程描述了求解区域中无源的情况下电位满足的方程式。

10. 在不同介质中分界面上的边界条件

电位移 $\boldsymbol{D}$ 边界条件：$(\boldsymbol{D}_2 - \boldsymbol{D}_1) \cdot \boldsymbol{n} = \rho_S$ 或 $D_{2n} - D_{1n} = \rho_S$

电场强度 $\boldsymbol{E}$ 的边界条件：$\boldsymbol{n} \times \boldsymbol{E}_1 = \boldsymbol{n} \times \boldsymbol{E}_2$ 或 $E_{1t} = E_{2t}$

电位的边界条件：$\varepsilon_1 \dfrac{\partial \varphi_1}{\partial n} = \varepsilon_2 \dfrac{\partial \varphi_2}{\partial n}$，　$\varphi_1 = \varphi_2$

恒定电流的边界条件：$J_{1n} = J_{2n}$，　$\sigma_1 \dfrac{\partial \varphi_1}{\partial n} = \sigma_2 \dfrac{\partial \varphi_2}{\partial n}$；　$E_{1t} = E_{2t}$，　$\varphi_1 = \varphi_2$

11. 应用镜像法求边值问题时，关键是如何确定镜像电荷的位置、大小和个数，其依据是唯一性定理，亦即是保证原问题的方程和边界条件不变。

12. 在线性介质中，电容器电容量为

$$C = \frac{q}{u}$$

13. 静电场能量的计算可以用下式表示

体电荷分布的静电能量：$W_e = \iiint_V \dfrac{1}{2}\varphi\rho \,\mathrm{d}V$

面电荷分布的静电能量：$W_e = \iint_S \dfrac{1}{2}\varphi\rho_S \,\mathrm{d}S$

不同带电量的导体组静电能量：$W_e = \dfrac{1}{2}\sum_{i=1}^{N} \varphi_i q_i$

空间静电场的静电能量：$W_e = \dfrac{1}{2}\iiint_V \boldsymbol{D} \cdot \boldsymbol{E} \,\mathrm{d}V = \dfrac{1}{2}\iiint_V \varepsilon E^2 \,\mathrm{d}V$

空间静电能量密度：$w_e = \dfrac{1}{2}\boldsymbol{D} \cdot \boldsymbol{E} = \dfrac{1}{2}\varepsilon E^2$

习　题

2-1　半径为 a 的无限薄带电圆盘上面电荷密度为 $\rho = r^2$，r 为圆盘上任意点到圆心的距离，求圆盘上的总电量。

2-2　半径为 a 的球体内有均匀分布的电荷，其总电量为 Q，若该球以角速度 ω 绕其自身的任意中轴旋转，求球体内的体电流密度。

2-3　无限薄的导电面放置于 $z = 0$ 平面内的 $0 < x < 0.05$ m 的区域中，流向 y 方向的5 A电流按正弦规律分布于该面内，在 $x = 0$ 和 $x = 0.05$ m 处线电流密度为0，在 $x = 0.025$ m 处线电流密度为最大，求 $\boldsymbol{J}_S$ 的表达式。

2-4　三根长度为 l、电荷均匀分布、线密度分别为 ρ_{l1}、ρ_{l2} 和 ρ_{l3} 的线电荷构成的等边三角形，设 $\rho_{l1} = 2\rho_{l2} = 2\rho_{l3}$，计算三角形中心处的电场。

2-5　两无限长的同轴圆柱壳面，半径为 a 和 b，内外导体上均匀分布电荷，密度分别为 ρ_{S1}，ρ_{S2}，求 $r < a$、$a < r < b$、$r > b$ 时各点的电场及两导体间的电压。

2-6　半径为 a 的球中充满密度为 $\rho(r)$ 的电荷，已知电场为

$$E_r = \begin{cases} r^3 + Ar^2, & r \leqslant a \\ (a^5 + Aa^4)\big/r^2 & r > a \end{cases}$$

求电荷密度 $\rho(r)$。

2-7　半径为 a 和 $b(a < b)$ 的两个同心导体球面，球面上电荷分布均匀，密度分别 ρ_{S1}、ρ_{S2}，应用高斯定理求任意 r 点的电场及两导体间的电压。

2-8　一个半径为 b 的球体内充满密度为 $\rho = b^2 - r^2$ 的电荷。计算球内和球外任一点的电场强度和电位。

2-9　一个半径为 a 的薄球体球壳内表面涂覆了一层薄的绝缘膜，球内充满总电量为 Q 的电荷，球壳上又充了电量为 Q 的电荷。已知内部的电场为 $\boldsymbol{E} = \left(\frac{r}{a}\right)^4 \hat{\boldsymbol{r}}$，计算：(1) 球内电荷分布；(2) 球的外表面电荷分布；(3) 球壳的电位；(4) 球心的电位。

2-10　电场中有一个半径为 a 的圆柱体，已知圆柱体内、外的电位为

$$\varphi = 0,\ r \leqslant a;\quad \varphi = A\left(r - \frac{a^2}{r}\right)\cos\varphi,\ r \geqslant a$$

(1) 求圆柱内外的电场强度；(2) 这个圆柱是什么材料制成的？表面有电荷吗？试求之。

2-11　设一点电荷 q 放在无限大、均匀、线性、各向异性电介质中，介质相对介电常数为 ε_r。求电介质中的 $\boldsymbol{D}$、$\boldsymbol{E}$、$\boldsymbol{P}$。又问 $\boldsymbol{D}$、$\boldsymbol{E}$、$\boldsymbol{P}$ 是否均匀？其极化电荷体密度 ρ_P 如何？

2-12　证明在均匀、线性、各向同性电介质的任何一点上，若自由电荷 $\rho = 0$，则束缚电荷 $\rho_P = 0$。

2-13　半径分别为 a 和 $b(a < b)$ 的同心导体球壳之间分布着密度为 $\rho = d/r^2$（d 为常数）的自由电荷，求电场和电位分布。如果外导体球壳接地，问电位电场有无变化？

2-14　电场中有一半径为 a 的介质(ε) 球，已知

$$\varphi_1 = -E_0 r\cos\theta + \frac{\varepsilon - \varepsilon_0}{\varepsilon + 2\varepsilon_0} a^3 E_0 \frac{\cos\theta}{r^2},\ r \geqslant a,\quad \varphi_2 = -\frac{3\varepsilon_0}{\varepsilon + 2\varepsilon_0} E_0 r\cos\theta,\ r \leqslant a$$

验证球表面的边界条件，并计算球表面的极化电荷密度。

2-15　设 $y = 0$ 平面是两种介质分界面，在 $y > 0$ 的区域内，$\varepsilon_1 = 5\varepsilon_0$，而在 $y < 0$ 的区域内，$\varepsilon_2 = 3\varepsilon_0$。如果已知 $\boldsymbol{E}_2 = 10\hat{\boldsymbol{x}} + 20\hat{\boldsymbol{y}}$，求 $\boldsymbol{D}_1$、$\boldsymbol{D}_2$ 和 $\boldsymbol{E}_1$。

2-16　平行板电容器的长和宽分别为 a 和 b，板间距离为 d。电容器的一半厚度($0 \sim d/2$)用电介质 ε 填充。板外加电压 U，求板上的自由电荷面密度、极化电荷密度和电容器的电容量。

2-17　一点电荷 q 放在成 60° 导体角内的 $x = 1, y = 1$ 点，(1) 求出所有镜像电荷的位置和大小；(2) 求 $x = 2, y = 1$ 点的电位。

2-18　两靠近地面的带等量异号电荷的导体小球，球心在垂直地面的一直线上，两球心相距 h，下面球的球心与地面相距 H，两球半径分别为 r_1 和 r_2，设 r_1、r_2 比 h，H 小得多，即带电小球在产生场时近似看成点电荷，求两小球的电容。

2-19　接地导体球，半径为 a，其外 P 点处有一点电荷 q，P 点与球心距离为 h。试求 P 点可见的那部分球面上的感应电荷与剩余部分球面上的感应电荷之比。

2-20　两个偏心球面，半径分别为 a 和 b，球心分别为 O 和 O'，其偏心距 $OO' = d(d + b < a)$，两球面之间分布着均匀的体密度为 ρ 的自由电荷。求小球面内(即 $r' < b$) 的场分布。若 ρ 换成非均匀的 $\rho(r) = a/r$(r 为从 O 出发的球半径)，问 $r' < b$ 内的场还能借助高斯通量定理求解吗？

2-21　一带电量为 q，质量为 m 的小带电体，放置在无限大导体平面下，与平面相距为 h，应用镜像法理论求电荷 q 的值，使带电体上受到的静电力恰好与重力相平衡。设 $m = 2 \times 10^{-3}$ kg，$h = 0.02$ m。

2-22　一点电荷 q 放置在一个半径为 b 的导体球附近，与球心相距为 R，球未接地，原先也未充电。证明球对点电荷的吸引力为

$$\boldsymbol{F} = -\frac{q^2 b^3}{4\pi\varepsilon_0 R^3}\frac{2R^2 - b^2}{(R^2 - b^2)^2}$$

2-23　两点电荷 $+Q$ 和 $-Q$ 位于一个半径为 a 的接地导体球的直径的延长线上，分别距离球心为 D 和 $-D$。证明：镜像电荷构成一偶极子，位于球心，且偶极距为 $2a^3Q/D^2$。

2-24　圆柱形电容器外导体内半径为 b，当外加电压固定时，求使电容器中的电场强度取最小的内导体半径 a 的值和这时电容器中电场强度的最小值。

2-25　同轴电容器内导体半径为 a，外导体内半径为 b，$a < r < b'(b' < b)$ 部分填充电容率为 ε 的电介质，求单位长度的电容。

2-26　平行板电容器板间距离为 d，面积为 S，在它的极板间放进一块面积为 S、厚度为 $t < d$ 的介质板(相对电容率为 ε_r)，求电容量。

2-27　有一半径为 a、带电量为 q 的导体球，其球心位于两种介质的分界面上，此两种介质常数分别为 ε_1 和 ε_2，分界面可视为无限大平面。求：(1) 球的电容；(2) 总静电能。

2-28　证明单位长度同轴线所储存的电场能量有一半是在 $r = \sqrt{ab}$ 的介质区域内。其中 a，b 分别为同轴电缆内外导体的半径。

2-29　半径为 a 和 b 的同心球，内球的电位 $\varphi = U$，外球的电位 $\varphi = 0$，两球之间媒质的电导

率为 σ，试求这个球形电阻器的电阻。

2-30　一个密度为 $2.32\times10^{-7}\ C/m^3$ 的质子束，通过10000 V电压而被加速，试计算：(1) 质子束被加速后的电流密度；如果质子束在直径为 2 mm 内是均匀的，在束外为 0，电流是多少？(2) 质子束内部和外部的径向电场强度。

2-31　有一宽度为 2 m 的电流薄层，其总电流为 6 A，位于 $z=0$ 平面上，方向从原点指向点 (2,3,0) 的方向上。求 $\boldsymbol{J}_S$ 的表达式。

2-32　在一块厚为 d 的导体板上，由两个半径分别为 r_1 和 r_2 的圆弧和两个夹角为 α 沿半径割出的一块扇形，求两圆弧面间的电阻，电导率为 σ。

2-33　有两层介质的同轴电缆，介质分界面为同轴的圆柱面，内导体半径为 a，分界面半径为 b，外导体内半径为 c。两层介质的电容率为 ε_1 和 ε_2，电导率为 σ_1 和 σ_2，当外加电压为 U_0 时，求介质中的电场和分界面上的自由电荷密度 ρ_S。

2-34　球形电容器内半径 $R_1=5\text{cm}$，外半径 $R_2=10\text{cm}$，其中的非理想介质的电导率 $\sigma=10^{-9}\text{S/m}$，若两极之间电压 $U_0=1000\text{V}$，求：(1) 球间各点的 φ、$\boldsymbol{E}$ 和 $\boldsymbol{J}$；(2) 漏电导。

2-35　球形电容器内、外导体球面之间充有两种损耗介质，其参数分别为电容率 ε_1 和 ε_2，电导率为 σ_1 和 σ_2。设内外导体球面半径分别为 a、c，介质分界面亦为同心球面，半径为 b。若给内外球面加电压 U，求介质中的场分布、介质面上的自由面电荷密度 ρ_S 和介质中的损耗功率。

2-36　同轴电缆内、外导体的内外半径分别为 a、c。其中填充两层电导率不同的绝缘介质（介质有损），其介质分界面是半径为 b 的同轴圆柱面。若把内外层绝缘介质互换，同时重新选择一合适的分界面半径，使得在同一电压下其电缆的漏电阻相等，此分界面半径为多少？再求第一、第二种情况下分界面上的自由电荷密度比例。

2-37　一个半径为 0.4m 的导体球当作接地电极深埋地下，设土壤的电导率为 0.6S/m，略去地面的影响，求电极与地之间电阻。

2-38　为了得到良好的接地，一半径为 0.15m 的半球形导体埋在地中，其底面与地面相合，设地的电阻率为 $2.0\times10^{-5}\Omega\cdot\text{m}$，求接地电阻。

2-39　半球形电极位置靠近一直深的陡壁，如题 2-39 图所示。若 $R=0.3\text{m}$，$h=10\text{m}$，土壤的电导率 $\sigma=10^{-2}\text{S/m}$，求接地电阻。

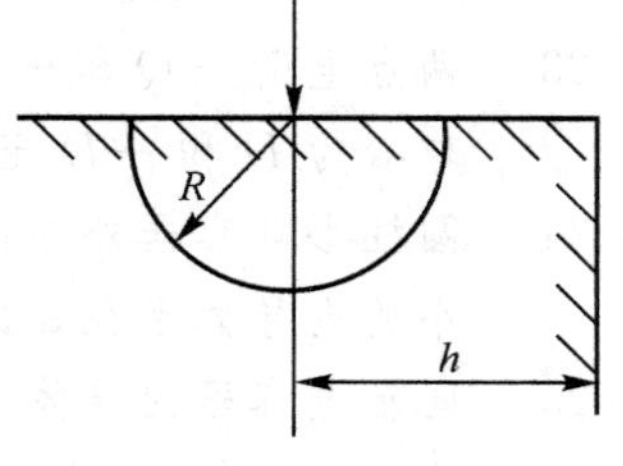

题 2-39 图

2-40　求半径为 R_1 和 R_2（$R_1<R_2$）的两个同心球面之间的电阻，假设它们之间的空间填充电导率为 $\sigma=\sigma_0(1+k/R)$ 的材料（k 为一常数）。

2-41　在电导率为 σ 的均匀漏电介质里有两个导体小球，半径为 R_1 和 R_2，两小球间距离 d（$d\gg R_1$，$d\gg R_2$），求两小球间的电阻。

第 3 章　恒定电流的磁场

第 2 章讨论了静止电荷产生的静电场以及维持电荷恒定运动的恒定电场。本章将引入另一种不同于电场的场——磁场。电荷在运动时不但能产生电场，而且还能产生磁场。在电磁场和微波中，电场和磁场是两个重要的场。本章将重点讨论恒定磁场。恒定磁场是指恒定电流产生的磁场。对于分布不随时间变化的电流，即恒定电流，那么它周围产生的磁场也是不随时间变化的，称为恒定磁场。恒定磁场由于不随时间变化，因此又叫静态磁场。

本章从恒定磁场的基本实验定律：毕奥—萨伐尔定律和安培力定律出发，得到恒定磁场的最基本的物理量——磁感应强度 $\boldsymbol{B}$，并给出洛仑磁力的基本形式；根据磁感应强度的散度得到矢量磁位 $\boldsymbol{A}$ 以及矢量磁位的泊松方程；再介绍媒质的磁化并由此引出磁场强度 $\boldsymbol{H}$；总结恒定磁场的基本方程，研究磁场在分界面上的边界条件；最后将介绍导体回路的自感与互感和磁场能量等方面的内容。

3.1　磁感应强度

3.1.1　毕奥—萨伐尔定律与安培力定律

我们知道两条闭合载流线圈会产生相互作用力，这种作用力是通过磁场进行传递的。为了简明地阐述磁场传递作用力的过程，选择两条相隔一定距离 D 相互平行的载有恒定电流的直导线，如图 3-1-1 所示。取载流导线 L_2 中一个线元 $\mathrm{d}l_2$，该线元所受的力 $\mathrm{d}\boldsymbol{F}_{12}$ 是由载流导线 L_1 在 $\mathrm{d}l_2$ 所在处产生的磁感应强度 $\boldsymbol{B}_1$ 的作用引起的。在这样一个物理现象中，有两个关键的问题：首先磁感应强度 $\boldsymbol{B}_1$ 与载流导线 L_1 有什么关系？其次线元所受的力 $\mathrm{d}\boldsymbol{F}_{12}$ 与磁感应强度 $\boldsymbol{B}_1$ 有什么关系？这两个问题已经在 19 世纪由毕奥—萨伐尔、安培等科学家通过实验做出了解析。

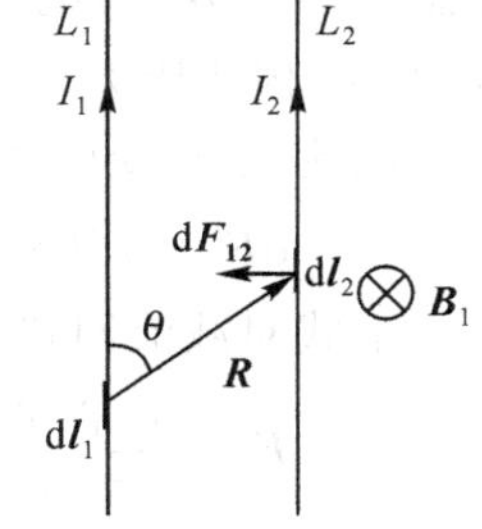

图 3-1-1　两条平行载流直导线的相互作用

实验表明，通有电流的导线会在其周围产生磁感应场。在图 3-1-1 中，我们取载流导线 L_1 和一个线元 $\mathrm{d}l_1$，线元 $\mathrm{d}l_1$ 到线元 $\mathrm{d}l_2$ 的距离矢量为 $\boldsymbol{R}$。实验表明：① 线元 $\mathrm{d}l_1$ 在线元 $\mathrm{d}l_2$ 处产生的磁感应强度 $\mathrm{d}\boldsymbol{B}_1$ 与导线 L_1 上的电流元 $I_1\,\mathrm{d}\boldsymbol{l}_1$ 以及矢径 $\boldsymbol{R}$ 与导线 L_1 的夹角的正弦 $\sin\theta$ 成正比；② 磁感应强度 $\mathrm{d}\boldsymbol{B}_1$ 与距离 R 的平方成反比；③ 磁感应强度 $\mathrm{d}\boldsymbol{B}_1$ 方向垂直纸面向里。根据这些描述，可以用数学公式表示如下：

$$\mathrm{d}\boldsymbol{B}_1 = \frac{\mu_0}{4\pi}\frac{I_1\mathrm{d}\boldsymbol{l}_1 \times \hat{\boldsymbol{R}}}{R^2} \tag{3-1-1}$$

式中：$\mathrm{d}\boldsymbol{B}_1$ 为磁感应强度微元，也称磁通密度元，单位为特斯拉(T，Tesla)，一个特斯拉等于每平方米韦伯(Weber)(Wb/m^2)；$\hat{\boldsymbol{R}}$ 为矢径 $\boldsymbol{R}$ 的单位矢量；μ_0 为自由空间(真空)的磁导率，$\mu_0 = 4\pi \times 10^{-7}$ H/m(亨利每米)。

对公式(3-1-1)积分，可得载流导线 L_1 在 $\mathrm{d}l_2$ 上产生的磁感应强度 $\boldsymbol{B}_1$ 为

$$\boldsymbol{B}_1 = \frac{\mu_0}{4\pi}\int_{L_1}\frac{I_1\mathrm{d}\boldsymbol{l}_1 \times \hat{\boldsymbol{R}}}{R^2} \tag{3-1-2}$$

下面我们来讨论在磁感应强度 $\boldsymbol{B}_1$ 的作用下，$\mathrm{d}l_2$ 受到的作用力。实验表明，$\mathrm{d}l_2$ 受到的作用力为

$$\mathrm{d}\boldsymbol{F}_{12} = I_2\mathrm{d}\boldsymbol{l}_2 \times \boldsymbol{B}_1$$

上式表明作用力 $\mathrm{d}\boldsymbol{F}_{12}$ 与磁感应强度 $\boldsymbol{B}_1$ 和电流 I_2 成正比，方向是 $\mathrm{d}\boldsymbol{l}_2$ 与 $\boldsymbol{B}_1$ 的矢积方向。上式对 L_2 积分，可得载流导线受到的力的大小，即

$$\boldsymbol{F}_{12} = \int_{L_2} I_2\mathrm{d}\boldsymbol{l}_2 \times \boldsymbol{B}_1 \tag{3-1-3}$$

将公式(3-1-2)代入上式，可得

$$\boldsymbol{F}_{12} = \frac{\mu_0}{4\pi}\int_{L_2}\int_{L_1}\frac{I_2\mathrm{d}\boldsymbol{l}_2 \times (I_1\mathrm{d}\boldsymbol{l}_1 \times \hat{\boldsymbol{R}})}{R^2} \tag{3-1-4}$$

实际上，上述公式可以推广到两个任意闭合载流导线的相互作用，19世纪物理学家安培和毕奥—萨伐尔已经从实验中得到了总结，阐述如下：

对于如图3-1-2所示的两个载流导线回路，载流回路 l' 在电流元 $\mathrm{d}l$ 处产生的磁感应强度为

$$\boldsymbol{B}' = \frac{\mu_0}{4\pi}\int_{C'}\frac{I'\mathrm{d}\boldsymbol{l}' \times \hat{\boldsymbol{R}}}{R^2} \tag{3-1-5}$$

上式中 $\boldsymbol{R} = \boldsymbol{r} - \boldsymbol{r}'$，被积函数包含6个变量：$x, y, z; x', y', z'$。没有加撇的 x、y、z 表示测量磁感应强度 $\boldsymbol{B}'$ 的点，叫场点；加撇的 x'、y'、z' 表示产生磁感应强度 $\boldsymbol{B}'$ 的电流源的位置，称为源点。公式(3-1-5)称作毕奥—萨伐尔定律。

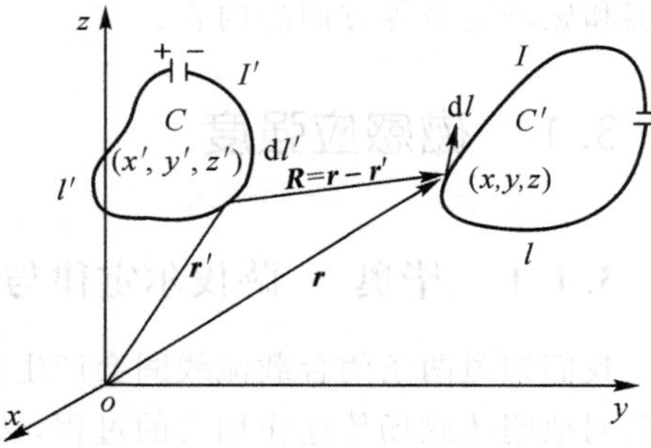

图 3-1-2　两载流回路间的相互作用力

电流元 $\mathrm{d}l$ 受磁感应强度作用产生的力为

$$\mathrm{d}\boldsymbol{F} = I\mathrm{d}\boldsymbol{l} \times \boldsymbol{B}' \tag{3-1-6}$$

上式对载流回路 l 积分可得，在真空中，电流回路 C' 对电流回路 C 的作用力 $\boldsymbol{F}$ 可表示为

$$\boldsymbol{F} = \frac{\mu_0}{4\pi}\oint_{C'}\oint_{C}\frac{I\mathrm{d}\boldsymbol{l} \times (I'\mathrm{d}\boldsymbol{l}' \times \hat{\boldsymbol{R}})}{R^2} \tag{3-1-7}$$

式中：$I\mathrm{d}\boldsymbol{l}$ 和 $I'\mathrm{d}\boldsymbol{l}'$ 分别表示两回路 C 和 C' 的电流元；$R = |\boldsymbol{r} - \boldsymbol{r}'|$ 为线元 $I'\mathrm{d}\boldsymbol{l}'$ 和 $I\mathrm{d}\boldsymbol{l}$ 的距离，$\boldsymbol{R}$ 矢量的方向由 $I'\mathrm{d}\boldsymbol{l}'$ 指向 $I\mathrm{d}\boldsymbol{l}$；$\hat{\boldsymbol{R}}$ 为 $\boldsymbol{R}$ 的单位矢量。公式(3-1-7)称作安培力定律。也可以证明，电流回路 C 对电流回路 C' 的作用力 $\boldsymbol{F}'$ 与 $\boldsymbol{F}$ 大小相等，方向相反，即 $\boldsymbol{F}' = -\boldsymbol{F}$。

安培力公式(3-1-7)有较复杂的方向关系，这种复杂性来源于电流元的矢量性，当方向关系不变时，两个电流元之间的作用力与它们的距离平方成反比。

根据电流分布的不同，计算磁感应强度的公式具有不同的形式。类似于静电场中的电荷

元，这里引入电流元的概念。设单位电荷 q 以速度 v 运动，则称 qv 为电流元。与之相对应的，体电流、面电流和线电流的电流元分别为 $\boldsymbol{J}\mathrm{d}V'$、$\boldsymbol{J}_S\mathrm{d}S'$ 和 $I\mathrm{d}\boldsymbol{l}'$。

若电流分布在某一体积内，且体电流密度为 $\boldsymbol{J}$，则磁感应强度为

$$\boldsymbol{B}=\frac{\mu_0}{4\pi}\iiint_{V'}\frac{\boldsymbol{J}(x',y',z')\times\hat{\boldsymbol{R}}}{R^2}\mathrm{d}V' \tag{3-1-8}$$

若电流分布在某一曲面上，且面电流密度为 $\boldsymbol{J}_S$，则磁感应强度为

$$\boldsymbol{B}=\frac{\mu_0}{4\pi}\iint_{S'}\frac{\boldsymbol{J}(x',y',z')\times\hat{\boldsymbol{R}}}{R^2}\mathrm{d}S' \tag{3-1-9}$$

若单位电荷 q 以速度 $\boldsymbol{v}$ 运动，则磁感应强度为

$$\boldsymbol{B}=\frac{\mu_0}{4\pi}\left(\frac{qv\times\boldsymbol{R}}{R^3}\right) \tag{3-1-10}$$

3.1.2　洛仑兹力

由公式(3-1-6)可知，当电流元 $I\mathrm{d}\boldsymbol{l}$ 在外磁场 $\boldsymbol{B}$ 作用下，电流元所受的磁力为

$$\boldsymbol{f}=I\mathrm{d}\boldsymbol{l}\times\boldsymbol{B} \tag{3-1-11}$$

设导线电流元 $I\mathrm{d}\boldsymbol{l}$ 的截面为 S，体积为 $\mathrm{d}V=S\mathrm{d}l$，电流密度为 $\boldsymbol{J}$，电流元密度还可以写成

$$I\mathrm{d}\boldsymbol{l}=\boldsymbol{J}\mathrm{d}V \tag{3-1-12}$$

对于在磁场中以速度 $\boldsymbol{v}$ 运动的电荷量 q 的情况，电流密度为 $\boldsymbol{J}=q\boldsymbol{v}$，电荷量 $q=\rho_V\mathrm{d}V$，代入上式得

$$I\mathrm{d}\boldsymbol{l}=q\boldsymbol{v}$$

对于在磁场中以速度 $\boldsymbol{v}$ 运动的电荷量 q，其电流元为 qv，这时，该电流元所受的磁力为

$$\boldsymbol{f}=q(\boldsymbol{v}\times\boldsymbol{B}) \tag{3-1-13}$$

这里的 $\boldsymbol{f}$ 称为洛仑兹力，表示电量为 q，以速度为 $\boldsymbol{v}$ 运动的电荷在磁场中所受的力。

例 3-1-1　计算长为 $2l$，载有电流 I 的细直导线在导线外任一点处的磁感应强度。

解　选用圆柱坐标系，将导线放在 z 轴上，呈上下对称分布，如图 3-1-3 所示。直接利用毕奥—萨伐尔定律，得到场外一点 $(\rho,0,z)$ 的磁感应强度为

$$\boldsymbol{B}=\frac{\mu_0}{4\pi}\int_C\frac{I\mathrm{d}\boldsymbol{l}'\times\hat{\boldsymbol{R}}}{R^2}$$

式中：$\mathrm{d}\boldsymbol{l}'=\mathrm{d}\boldsymbol{z}'$，　$z'=z-\rho\cot\theta$

$$\mathrm{d}z'=\mathrm{d}(z-\rho\cot\theta)=\rho\csc^2\theta\mathrm{d}\theta$$

$$\mathrm{d}\boldsymbol{z}'\times\hat{\boldsymbol{R}}=\mathrm{d}z'\sin\theta\hat{\boldsymbol{\varphi}},\quad R=\rho\csc\theta$$

所以

$$B_\varphi=\frac{\mu_0}{4\pi}I\int_{\theta_1}^{\theta_2}\frac{\rho\csc^2\theta\mathrm{d}\theta\sin\theta}{\rho^2\csc^2\theta}=\frac{\mu_0 I}{4\pi\rho}\int_{\theta_1}^{\theta_2}\sin\theta\mathrm{d}\theta$$

$$=\frac{\mu_0 I}{4\pi\rho}(\cos\theta_1-\cos\theta_2) \tag{3-1-14}$$

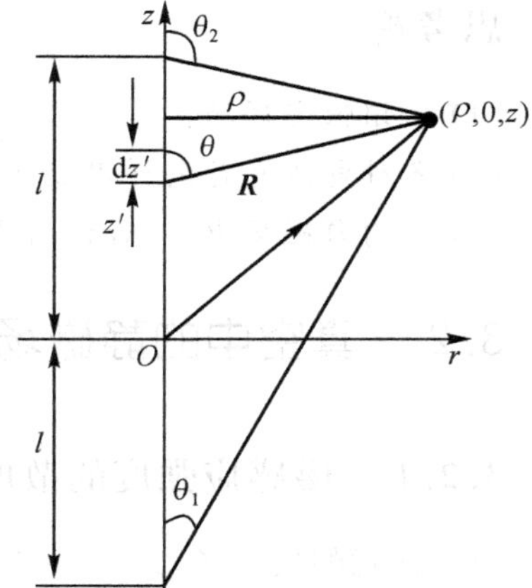

图 3-1-3　直线电流的磁感应强度计算

当 $l\to\infty$ 时，$\theta_1\to 0$，$\theta_2\to\pi$，则 $\cos\theta_1-\cos\theta_2\to 2$，所以无限长载流直导线外 ρ 远处的磁感应强度为

$$\boldsymbol{B} = \frac{\mu_0 I}{2\pi\rho}\hat{\boldsymbol{\varphi}} \tag{3-1-15}$$

其方向为$\hat{\boldsymbol{\varphi}}$方向。另外，利用毕奥—萨伐尔定律计算半径为$a$的环形电流中心点处的磁感应强度的表达式为

$$\boldsymbol{B} = \frac{\mu_0 I}{2a}\hat{z} \tag{3-1-16}$$

公式(3-1-15)和公式(3-1-16)常常使用在求解直线或环形电流的磁场的情况中。无限长载流直导线外ρ远处的磁感应强度的计算采用公式(3-1-15)，圆环中心的磁感应强度的计算采用公式(3-1-16)。

例 3-1-2 线电流形状如图 3-1-4 所示，求线电流I在O点产生的磁感应强度(真空)的表达式。

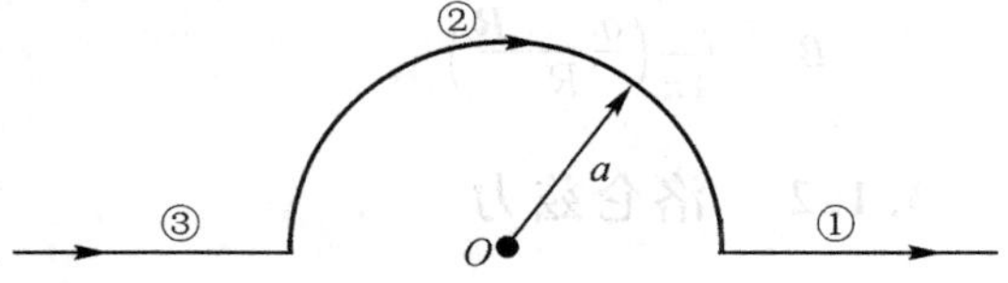

图 3-1-4 特殊形状线电流磁感应强度的计算

解 线段①和线段③部分，$\mathrm{d}\boldsymbol{l}$与$\hat{\boldsymbol{R}}$方向平行，根据磁感应强度计算公式

$$\boldsymbol{B} = \frac{\mu_0}{4\pi}\int_C \frac{I\mathrm{d}\boldsymbol{l}\times\hat{\boldsymbol{R}}}{R^2} = \frac{\mu_0}{4\pi}\int_C \frac{I\mathrm{d}\boldsymbol{l}\times\boldsymbol{R}}{R^3}$$

可见，线段①和线段③部分的磁感应强度大小为零，即$\boldsymbol{B}_1 = \boldsymbol{B}_3 = 0$。现只需要考虑线段②的部分，根据圆环中心的磁感应强度的计算公式(3-1-13)，由于线段②为半圆，设z方向为垂直于纸面向里的方向，则线段②在O点处产生的磁感应强度为

$$\boldsymbol{B}_2 = \frac{\mu_0 I}{4a}\hat{z} \tag{3-1-17}$$

所以$\boldsymbol{B} = \boldsymbol{B}_1 + \boldsymbol{B}_2 + \boldsymbol{B}_3 = \frac{\mu_0 I}{4a}\hat{z}$

思考题

(1) 何谓恒定磁场？

(2) 各种电流元是怎样用数学表达式表示的？

(3) 在均匀磁场中，能否证明通有电流I的闭合线圈所受合力为零？

3.2 真空中的静磁场基本方程

3.2.1 磁感应强度的散度与磁通连续性原理

对于任意的矢量场，只要确定其散度、旋度和边界条件，则该矢量场便唯一确定。下面讨论磁感应强度$\boldsymbol{B}$的散度的基本特征。实验表明，磁感应强度的散度满足

$$\nabla\cdot\boldsymbol{B} = 0 \tag{3-2-1}$$

该式说明磁感应强度没有散度，磁场是一个无散场，它是没有标量的“磁荷”源，也说明磁力线是无头无尾的闭合线。

根据通量的概念，将穿过某一曲面的磁感应强度$\boldsymbol{B}$的通量称为穿过该曲面的磁通量，如图 3-2-1 所示，记为Φ_m，其数学表达式为

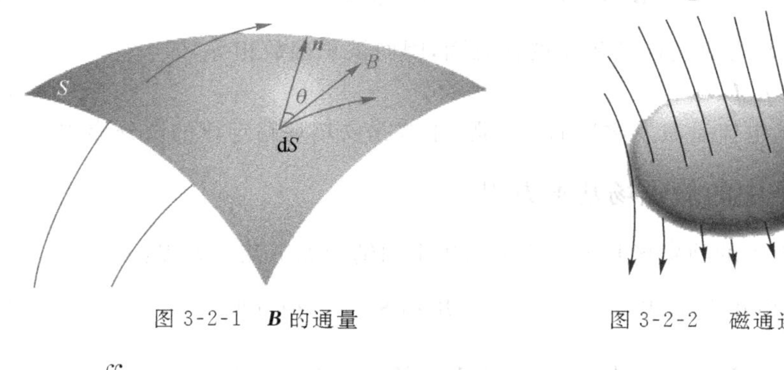

图 3-2-1　**B** 的通量　　图 3-2-2　磁通连续性原理

$$\Phi_m = \iint_S \boldsymbol{B} \cdot \mathrm{d}\boldsymbol{S} \tag{3-2-2}$$

如果 S 为空间闭合曲面，如图 3-2-2 所示，则穿过此曲面的磁通量为$\oint\!\!\oint_S \boldsymbol{B} \cdot \mathrm{d}\boldsymbol{S}$，由于磁感应强度的散度为 0，利用散度定理可以得到磁感应强度穿过此闭合面的通量，即

$$\oint\!\!\oint_S \boldsymbol{B} \cdot \mathrm{d}\boldsymbol{S} = \iiint_V \nabla \cdot \boldsymbol{B} \mathrm{d}V = 0 \tag{3-2-3}$$

从上式可以看出，穿过任意闭合曲面 S 的磁通量恒为零，磁感应强度穿进该闭合曲面的通量和穿出该曲面的通量总是相等的，也就是说，磁通是连续的，所以称之为磁通连续性原理。它说明磁场矢量线是没有起点也没有终点的闭合曲线。

3.2.2　真空中的安培环路定律

安培环路定律涉及磁感应强度沿闭合曲线的积分。在例 3-1-1 中，真空中载流为 I 的无限长直导线若位于 z 轴，则离导线 r 远处的磁感应强度为

$$\boldsymbol{B} = \frac{\mu_0 I}{2\pi r}\hat{\boldsymbol{\varphi}}$$

若在该磁场中，取一条以导线为轴线，半径为 r 的圆环为积分回路 C，则磁感应强度沿该曲线的环量为

$$\oint_C \boldsymbol{B} \cdot \mathrm{d}\boldsymbol{l} = \int_0^{2\pi} \frac{\mu_0 I}{2\pi r}\hat{\boldsymbol{\varphi}} \cdot \hat{\boldsymbol{\varphi}} r \mathrm{d}\varphi = \frac{\mu_0 I}{2\pi} 2\pi = \mu_0 I$$

若积分路径为包含该导线的任意曲线回路，则上式仍然成立。实验表明：在真空中，恒定磁场的磁感应强度 $\boldsymbol{B}$ 沿任一闭合曲线的线积分值等于曲线包围的电流与真空磁导率 μ_0 的乘积，即

$$\oint_C \boldsymbol{B} \cdot \mathrm{d}\boldsymbol{l} = \mu_0 I \tag{3-2-4}$$

这就是真空当中的安培环路定律，其中，I 为积分路径 C 所包围的真实电流（包括传导电流和运流电流）的总和，也称自由电流。当 I 的方向与积分路径 C 的方向符合右手螺旋法则时为正；否则为负。

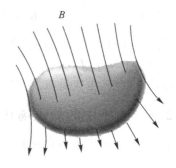

利用斯托克斯定理以及 $I = \iint_S \boldsymbol{J} \cdot \mathrm{d}\boldsymbol{S}$，这里 $\boldsymbol{J}$ 为电流密度，真空中的安培环路定律可写成如下形式：

$$\oint_C \boldsymbol{B} \cdot \mathrm{d}\boldsymbol{l} = \iint_S (\nabla \times \boldsymbol{B}) \cdot \mathrm{d}\boldsymbol{S} = \mu_0 I = \mu_0 \iint_S \boldsymbol{J} \cdot \mathrm{d}\boldsymbol{S} \tag{3-2-5}$$

面积分项的积分面 S 为曲线 C 所界定的任意面，因而被积函数相等，即

$$\nabla \times \boldsymbol{B} = \mu_0 \boldsymbol{J} \tag{3-2-6}$$

可见磁场是有旋场，电流是激发磁场的旋涡源。上式是安培环路定律的微分形式。

3.2.3 真空中的静磁场基本方程

综上所述，真空中的静磁场基本方程可以集中归纳为如下几个方程：

$$\nabla \cdot \boldsymbol{B} = 0\text{（微分形式）}, \qquad \oint\!\!\oint_S \boldsymbol{B} \cdot \mathrm{d}\boldsymbol{S} = 0\text{（积分形式）} \tag{3-2-7}$$

$$\nabla \times \boldsymbol{B} = \mu_0 \boldsymbol{J}\text{（微分形式）}, \qquad \oint_C \boldsymbol{B} \cdot \mathrm{d}\boldsymbol{l} = \mu_0 I\text{（积分形式）} \tag{3-2-8}$$

这组方程决定了磁场无散有旋的性质。恒定磁场方程的积分形式表示任一空间区域中的磁场和电流的关系，而微分形式表示在空间上磁场的变化和该点上电流密度的关系。这一关系说明：恒定磁场在空间只可能有旋涡状的变化，没有发散状的变化；引起磁场在空间旋涡状变化的原因是电流。如果知道电流密度分布，则磁场的分布也就确定了；反之亦然。

例 3-2-1 空心长直铜管的内半径为 R_0，管壁厚度为 d，铜管中有电流 I 均匀通过，如图 3-2-3 所示，试求在 $0 \leqslant r < \infty$ 范围内的 $\boldsymbol{B}$。

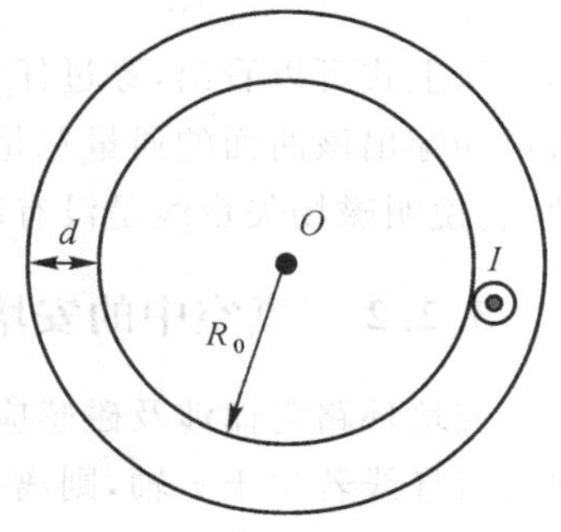

图 3-2-3 空心长直铜管

分析 这是一个轴对称的问题，所以用安培环路定律求解最方便。

解 用安培环路定律求解。设电流 I 垂直流出纸面。

① 当 $r < R_0$ 时，$\boldsymbol{B}_1 = 0$。

② 当 $R_0 \leqslant r < R_0 + d$ 时，半径为 r 的圆内的电流 $I(r)$ 为

$$I(r) = \frac{I(\pi r^2 - \pi R_0^2)}{[\pi(R_0 + \mathrm{d})^2 - \pi R_0^2]}。$$

则运用安培环路定律，可得

$$\boldsymbol{B}_2 = \frac{\mu_0 I(\pi r^2 - \pi R_0^2)}{2\pi r[(R_0 + \mathrm{d})^2 - \pi R_0^2]}\hat{\boldsymbol{\varphi}},$$

③ 当 $\boldsymbol{r} \geqslant \boldsymbol{R}_0 + \boldsymbol{d}$ 时，$\boldsymbol{B}_3 = \frac{\mu_0 I}{2\pi r}\hat{\boldsymbol{\varphi}}$

思考题

(1) 分别阐述安培环路定律及磁通量连续性原理的物理意义？

(2) 电通量、磁通量各表示什么物理意义？它们分别满足什么定理？

(3) 恒定磁场有哪些基本性质？

(4) 为什么磁力线是无头无尾的？

(5) 在什么情况下可以用安培环路定律计算磁场？

3.3　磁位

3.3.1　矢量磁位

对于恒定磁场，磁感应强度的散度为 0，即 $\nabla \cdot \boldsymbol{B} = 0$。根据第 1 章所学的知识，一个矢量的旋度的散度恒为 0，因此，磁感应强度可以表示为另一个矢量的旋度，由此可令

$$\boldsymbol{B} = \nabla \times \boldsymbol{A} \tag{3-3-1}$$

这个从数学关系中引入的辅助矢量 $\boldsymbol{A}$ 称为矢量磁位，其单位为 Wb/m（韦伯 / 米）。对于电流分布在某一体积内，且体电流密度为 $\boldsymbol{J}$，重写磁感应强度计算公式：

$$\boldsymbol{B} = \frac{\mu_0}{4\pi}\iiint_{V'} \frac{\boldsymbol{J}(x',y',z') \times \hat{\boldsymbol{R}}}{R^2}\mathrm{d}V' \tag{3-3-2}$$

经过数学理论推导可知上式还可以写成以下形式：

$$\boldsymbol{B} = \nabla \times \frac{\mu_0}{4\pi}\iiint_{V'} \frac{\boldsymbol{J}(x',y',z')}{R}\mathrm{d}V' \tag{3-3-3}$$

比较公式(3-3-2) 和(3-3-3) 可知，体电流分布在场点产生的矢量磁位为

$$\boldsymbol{A} = \frac{\mu_0}{4\pi}\iiint_{V'} \frac{\boldsymbol{J}(x',y',z')\mathrm{d}V'}{R} \tag{3-3-4}$$

同理可得，面电流分布在场点产生的矢量磁位为

$$\boldsymbol{A} = \frac{\mu_0}{4\pi}\iint_{S'} \frac{\boldsymbol{J}_S(x',y',z')\mathrm{d}S'}{R} \tag{3-3-5}$$

线电流矢量磁位 $\boldsymbol{A}$ 与电流之间的关系为

$$\boldsymbol{A} = \frac{\mu_0}{4\pi}\int_{l'} \frac{\boldsymbol{I}\mathrm{d}l'}{R} \tag{3-3-6}$$

从式(3-3-4)、式(3-3-5) 和式(3-3-6) 中可以看出，矢量磁位 $\boldsymbol{A}$ 的方向与电流元的方向相同，大小与电流元到场点的距离成反比。矢量磁位 $\boldsymbol{A}$ 的引入为求解磁感应强度 $\boldsymbol{B}$ 提供了一种方法。利用此方法可以由电流源 $\boldsymbol{J}$、$\boldsymbol{J}_S$ 和 $\boldsymbol{I}$ 先计算出矢量磁位 $\boldsymbol{A}$，再由公式 $\boldsymbol{B} = \nabla \times \boldsymbol{A}$ 计算出磁感应强度 $\boldsymbol{B}$。在多数情况下，矢量磁位 $\boldsymbol{A}$ 的计算比直接利用比奥－萨伐尔定律计算磁感应强度 $\boldsymbol{B}$ 要容易一些。

值得注意的是，由 $\boldsymbol{B} = \nabla \times \boldsymbol{A}$ 不能唯一地确定矢量磁位 $\boldsymbol{A}$ 的值。因为只要令 $\boldsymbol{A}' = \boldsymbol{A} + \nabla\varphi$，同样可以使 $\nabla \times \boldsymbol{A}' = \nabla \times \boldsymbol{A} = \boldsymbol{B}$，也同样可以使 $\boldsymbol{B} = \nabla \times \boldsymbol{A}'$ 满足，而且 $\nabla \cdot (\nabla \times \boldsymbol{A}') = \nabla \cdot \boldsymbol{B} = 0$ 也成立。

观察 $\nabla \cdot \boldsymbol{A}' = \nabla \cdot \boldsymbol{A} + \nabla^2\varphi$，可以发现 $\boldsymbol{A}$ 与 $\boldsymbol{A}'$ 的差异主要体现在散度上，为了能明确地得到 $\boldsymbol{A}$ 的值，在恒定磁场中，规定

$$\nabla \cdot \boldsymbol{A} = 0 \tag{3-3-7}$$

上式叫库仑规范，在后面介绍的 $\boldsymbol{A}$ 满足的方程中可以看到，这种规定使矢量位 $\boldsymbol{A}$ 的方程得到简化。

和静电场中电位满足泊松方程一样，矢量磁位也有泊松方程形式，下面将具体讨论。静电场是一个位场，因而可以用一个标量函数 φ（标量电位）的梯度来表示它，将标量电位代入高斯通量定理后，得到了标量电位的泊松方程。同样，恒定磁场是有旋场，前面已经引入了矢

量磁位 $\boldsymbol{A}$，矢量磁位也存在泊松方程：

$$\nabla^2 \boldsymbol{A} = -\mu_0 \boldsymbol{J} \tag{3-3-8}$$

式中：∇^2 是拉普拉斯算子，在直角坐标系、圆柱坐标系和球坐标系中有不同的展开公式。以直角坐标系为例，式(3-1-8) 可分解为三个标量的泊松方程，即

$$\begin{cases} \nabla^2 A_x = -\mu_0 J_x \\ \nabla^2 A_y = -\mu_0 J_y \\ \nabla^2 A_z = -\mu_0 J_z \end{cases} \tag{3-3-9}$$

前面已经讲述了方程 $\boldsymbol{A} = \frac{\mu_0}{4\pi}\iiint_{V'} \frac{\boldsymbol{J}}{R} \mathrm{d}V'$，此式就是矢量泊松方程(3-3-8) 的解，式中矢量磁位 $\boldsymbol{A}$ 和电流密度 $\boldsymbol{J}$ 是同方向的。

在没有电流的区域，$\boldsymbol{J} = 0$，式(3-3-8) 变为拉普拉斯方程：

$$\nabla^2 \boldsymbol{A} = 0 \tag{3-3-10}$$

可见，若已知体电流密度 $\boldsymbol{J}$ 的分布，可以利用矢量泊松方程求解矢量磁位 $\boldsymbol{A}$，再由式 $\boldsymbol{B} = \nabla \times \boldsymbol{A}$ 求解磁感应强度 $\boldsymbol{B}$，这又为求解磁感应强度提供了一种较常用的方法。

例 3-3-1 试利用矢量磁位 $\boldsymbol{A}$ 计算无限长载有电流 $\boldsymbol{I}$ 的细直导线在导线外任一点处的磁感应强度。

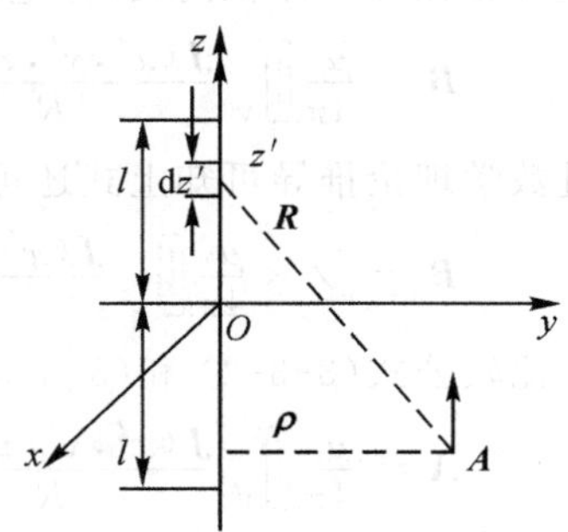

图 3-3-1 直线电流磁感应强度计算

解 选用圆柱坐标系，设导线长为 $2l$，将导线放在 z 轴上，呈上下对称分布，如图 3-3-1 所示。可见，电流 $\boldsymbol{I}$ 只有 z 方向的分量，所以有

$$\boldsymbol{A} = A\hat{z}$$

利用式(3-3-6)$\boldsymbol{A} = \frac{\mu_0}{4\pi}\int_{C'} \frac{I \mathrm{d}\boldsymbol{l}'}{R}$，所以有

$$\boldsymbol{A} = \frac{\mu_0}{4\pi}\int_{-l}^{l} \frac{I \mathrm{d}z'}{\sqrt{z'^2 + \rho^2}}\hat{z}$$

$$= \frac{\mu_0 I}{4\pi}[\ln(l + \sqrt{l^2 + \rho^2}) - \ln(-l + \sqrt{l^2 + \rho^2})]\hat{z}$$

由于导线无限长，则 $l \gg \rho$，所以

$$l + \sqrt{l^2 + \rho^2} \approx l + l = 2l$$

$$-l + \sqrt{l^2 + \rho^2} = -l + l\sqrt{1 + \left(\frac{\rho}{l}\right)^2} \approx -l + l\left[1 + \frac{1}{2}\left(\frac{\rho}{l}\right)^2\right] = \frac{\rho^2}{2l}$$

将上式代入 $\boldsymbol{A}$ 的计算式，得

$$\boldsymbol{A} = \frac{\mu_0 I}{4\pi}\left(\ln 2l - \ln\frac{\rho^2}{2l}\right)\hat{z} = \frac{\mu_0 I}{4\pi}\ln\frac{(2l)^2}{\rho^2}\hat{z} = \frac{\mu_0 I}{2\pi}\ln\frac{2l}{\rho}\hat{z}$$

所以 $$\boldsymbol{B} = \nabla \times A = -\frac{\partial A_z}{\partial \rho}\hat{\boldsymbol{\varphi}} = \frac{\mu_0 I}{2\pi\rho}\hat{\boldsymbol{\varphi}}$$

以上结果与例(3-1-1) 比较可知结果相同，但求解过程较简单。

3.3.2 标量磁位

在静电场中，由于处处有 $\nabla \times \boldsymbol{E} = \boldsymbol{0}$，因此可以定义标量电位 φ 使得 $\boldsymbol{E} = -\nabla\varphi$。在恒定

磁场中的有源区有 $\nabla \times \boldsymbol{B} = \mu_0 \boldsymbol{J}$，因此有源区的磁感应强度不能表示为标量场的梯度。但对于无源区域（$\boldsymbol{J} = 0$），磁感应强度的旋度为 0，即

$$\nabla \times \boldsymbol{B} = 0 \tag{3-3-11}$$

根据标量的梯度的旋度恒为 $\mathbf{0}$，$\boldsymbol{B}$ 可以表示为一个标量场的梯度，即

$$\boldsymbol{B} = -\mu_0 \nabla \varphi_m \tag{3-3-12}$$

这里 φ_m 称为磁标位，其单位为安培(A)。若 φ_{ma} 与 φ_{mb} 为 a 点与 b 点的磁标位差，则 a 点相对于 b 点的磁位差为

$$\varphi_{mab} = \varphi_{ma} - \varphi_{mb} = -\frac{1}{\mu_0}\int_a^b \boldsymbol{B} \cdot \mathrm{d}\boldsymbol{l} \tag{3-3-13}$$

通常用磁动势表达两点间的磁位差。根据无源区域（$\boldsymbol{J} = 0$）的 $\nabla \cdot \boldsymbol{B} = 0$，在真空中的磁动势满足拉普拉斯方程，即

$$\nabla^2 \varphi_m = 0 \tag{3-3-14}$$

思考题

(1) 标量磁位和矢量磁位各表示什么物理意义？

(2) 矢量磁位是什么类型的矢量场？

(3) 在什么条件下，磁感应强度可以用标量磁位来表示？

3.4　媒质的磁化和磁场强度

3.4.1　媒质的磁化

媒质的磁化和介质的极化一样，也是和物质的结构紧密相关的。根据原子的简单模型，物质的每个原子中都有原子核和电子，电子围绕原子核运动，并产生电流，就是分子电流。同样，电子的自旋和原子核的自旋也会产生微观的圆电流，每个圆电流就相当于一个磁偶极子，具有一定的磁矩。

电子绕原子核的旋转和电子的自旋以及原子核的自旋产生的三个磁矩的总和，称为原子(或分子)磁矩。物质的磁性质可以用其分子的等效磁矩来表示。因为原子核的质量比电子大得多，原子核的自旋角速度也比较小，所以一般原子核的自旋磁矩可忽略不计。

一个分子(或原子)磁矩，在磁学上可等效为一个电流为 I，面积为 $\boldsymbol{S}$ 的小圆环电流产生的如图 3-4-1 所示的磁矩，或称这种磁矩为磁偶极子磁矩，用 $\boldsymbol{m}$ 来表示，它的定义式为

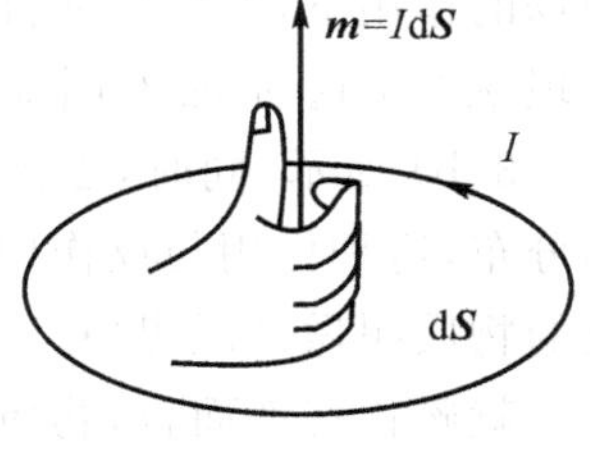

图 3-4-1　磁偶极子

$$\boldsymbol{m} = I\boldsymbol{S} \tag{3-4-1}$$

这里 $\boldsymbol{S}$ 的方向和电流的方向成右手定则。

为了能形象地说明原子(或分子)磁矩，下面举例说明

例 3-4-1　如图 3-4-2 所示，一个位于 xOy 平面，载有电流 I 的圆环，其半径为 a。求在 $+z$ 轴上任一点的磁感应强度的近似表示式，并计算当 $z = 0$ 以及 $z \gg a$ 时的磁感应强度表达式。

解　采用圆柱坐标系，将圆形回路导线置于 xOy 平面，使轴线与 z 轴重合，直接利用毕奥

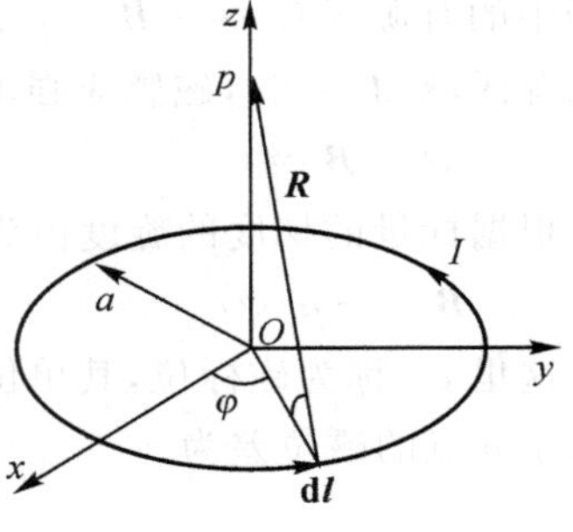

图 3-4-2 圆环电流的磁感应强度计算

—萨伐尔定律,有

$$\boldsymbol{B}=\frac{\mu_0}{4\pi}\oint_C\frac{I\mathrm{d}\boldsymbol{l}\times\hat{\boldsymbol{R}}}{R^2}=\frac{\mu_0}{4\pi}\oint_C\frac{I\mathrm{d}\boldsymbol{l}\times\boldsymbol{R}}{R^3}$$

可求得轴上一点$(0,0,z)$的磁感应强度,上式各分量的值为

$$\mathrm{d}\boldsymbol{l}'=a\mathrm{d}\varphi\hat{\boldsymbol{\varphi}},\quad \boldsymbol{R}=z\hat{\boldsymbol{z}}-a\hat{\boldsymbol{\rho}}$$

$$\mathrm{d}\boldsymbol{l}'\times\boldsymbol{R}=a\mathrm{d}\varphi\hat{\boldsymbol{\varphi}}\times(z\hat{\boldsymbol{z}}-a\hat{\boldsymbol{\rho}})=(a^2\hat{\boldsymbol{z}}+az\hat{\boldsymbol{\rho}})\mathrm{d}\varphi,$$

$$R^3=(a^2+z^2)^{3/2}$$

所以有

$$\boldsymbol{B}=\frac{\mu_0}{4\pi}\oint_C\frac{I\mathrm{d}\boldsymbol{l}\times\boldsymbol{R}}{R^3}=\frac{\mu_0 Ia^2}{4\pi}\int_0^{2\pi}\frac{\hat{\boldsymbol{z}}\mathrm{d}\varphi}{(a^2+z^2)^{3/2}}+\frac{\mu_0 Iaz}{4\pi}\int_0^{2\pi}\frac{\hat{\boldsymbol{\rho}}\mathrm{d}\varphi}{(a^2+z^2)^{3/2}}$$

$$=\frac{\mu_0 Ia^2}{2(a^2+z^2)^{3/2}}\hat{\boldsymbol{z}}$$

令$z=0$,则在圆环中心的磁感应强度为

$$\boldsymbol{B}=\frac{\mu_0 I}{2a}\hat{\boldsymbol{z}}$$

当观察点离圆环很远时,即$z\gg a$,此时有$(a^2+z^2)^{3/2}\approx z^3$,所以

$$\boldsymbol{B}=\frac{\mu_0 Ia^2}{2z^3}\hat{\boldsymbol{z}}$$

上例中,载有电流I的圆环在观察点离圆环很远时可近似看成是一个磁偶极子。将公式(3-4-1)代入上式,则磁偶极子产生的磁感应强度为

$$\boldsymbol{B}=\frac{\mu_0\boldsymbol{m}}{2\pi z^3}\tag{3-4-2}$$

由于介质中电子和原子核都是束缚电荷,它们进行的轨道运动和自旋运动都是微观运动,所以将这些由束缚电荷的微观运动产生的电流称为束缚电流。通常,绝大部分材料由于热运动,物质内的这些无限多个小磁体都是随机排列的,产生的磁场相互抵消,介质中不会有净的磁场,其总体上不显示磁效应,如图 3-4-3(a)。但是,当外加磁场$\boldsymbol{B}$的时候,磁矩在外加场的作用下,发生取向排列,此时无限多小磁体产生的磁场彼此不会完全抵消,而使物质呈现磁性,这种现象叫做介质的磁化。外加磁场$\boldsymbol{B}$越强,磁矩排列也会越整齐,如图 3-4-3(b)所示。同时,磁化了的磁介质的分子磁矩产生的宏观磁场又会影响原来外加磁场的分布,这种作用与反作用一直进行到合成磁场稳定为止。在电磁学中,这种能引起磁化现象的物质叫做导磁媒质。

就磁化特性而言,物质大体可以分为三类:

(1) 抗磁性物质,如金、银、铜等。这类物质在没有外磁场作用时,等效分子磁矩为零;在外磁场作用下,分子中出现与外磁场方向相反的净分子磁矩,削弱了外磁场。

(2) 顺磁性物质,如氮气等。这类物质在没有外磁场作用时,等效分子磁矩并不为零,但由于分子热运动,其磁偶极子排列相当混乱,宏观上不显磁性;在外磁场作用下,分子中出现与外磁场方向相同的分子磁矩。

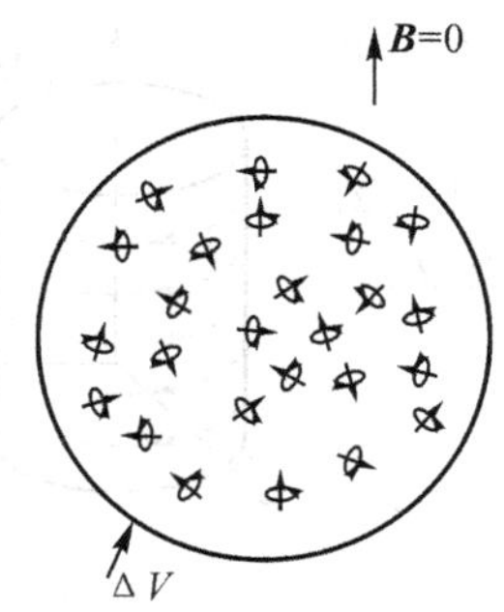

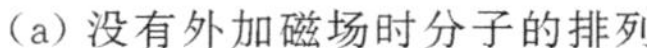

(a) 没有外加磁场时分子的排列

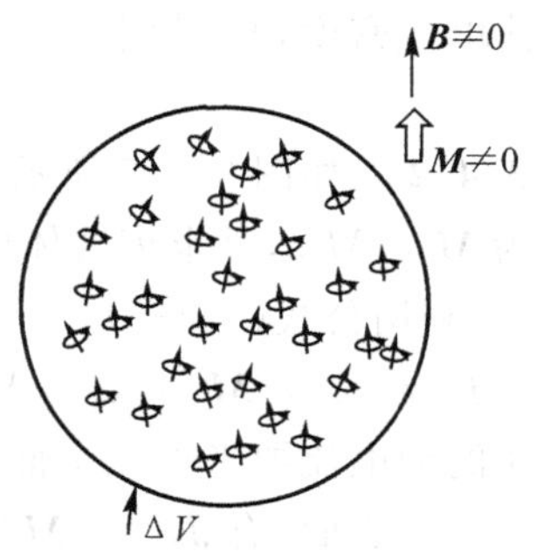

(b) 外加磁场时分子的排列

图 3-4-3　分子在物质内的排列

(3) 铁磁性物质，如铁、镍等。这类物质在没有外磁场作用时，具有许多天然的磁化区(被称之为磁畴)；在外磁场作用下，会产生强烈的磁化效应，这类铁磁性物质的磁化与外加磁场的大小有关，是非线性的，磁化过程有磁滞和饱和现象。综上所述，无论其微观过程如何，从宏观上看，物质的磁化就是在外磁场作用下，物质内部产生了等效的净磁矩，对外产生了宏观的磁场效应。下面将讨论导磁媒质的磁化过程。

为了定量地描述介质磁化程度的强弱，引入宏观物理磁化强度的概念，记为 $\boldsymbol{M}$。媒质中任一点的磁化强度 $\boldsymbol{M}$ 定义为测量点领域内单位体积中分子磁偶极矩的统计平均，即

$$\boldsymbol{M} = \lim_{\Delta V \to 0} \frac{\sum_{k=1}^{N} \boldsymbol{m}_k}{\Delta V} \tag{3-4-3}$$

式中：N 是体积 ΔV 内所有分子磁偶极子的数量；$\boldsymbol{m}_k$ 为其中第 k 个磁偶极子的磁偶极矩。可见，磁化强度表示在磁化媒质中每一点单位体积的净磁矩。磁化强度 $\boldsymbol{M}$ 的单位为 A/m(安培每米)。上式中，$\sum \boldsymbol{m}$ 是体积元ΔV 中分子磁矩的矢量总和，求和是对体积内的所有分子进行的。

若在磁化介质中的体积元 ΔV 内，每一个分子磁矩的大小和方向完全相同(都为 $\boldsymbol{m}$)，单位体积内的分子数是 N，则磁化强度为

$$\boldsymbol{M} = \frac{N\Delta V \boldsymbol{m}}{\Delta V} = N\boldsymbol{m} \tag{3-4-4}$$

磁介质被外磁场磁化后，就可以看作是真空中的一系列磁偶极子。磁化介质产生的附加磁场实际上就是这些磁偶极子在真空中产生的磁场。

磁化介质中由于分子磁矩的有序排列，在介质内部要产生某一方向的净电流，在介质表面也要产生宏观面电流，即众多的排列好的磁偶极子的电流环等效于沿物质表面的电流，如图 3-4-4 所示。

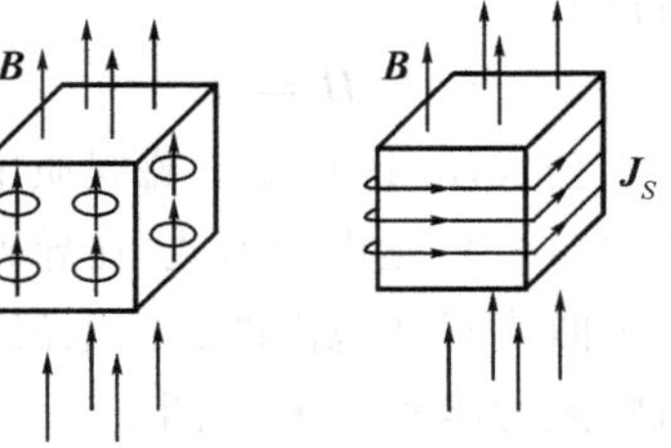

图 3-4-4　表面宏观面电流

磁化以后的媒质，产生的磁效应相当于 ΔV 体积内产生体电流或在其表面产生面电流。等效的体电流和面电流分别为

$$\boldsymbol{J}_m = \nabla \times \boldsymbol{M} \tag{3-4-5}$$

$$\boldsymbol{J}_{Sm} = \boldsymbol{M} \times \boldsymbol{n} \tag{3-4-6}$$

这个等效电流就叫做磁化电流(或束缚电流)。其中 $\boldsymbol{J}_m$

为束缚体电流密度，$\boldsymbol{J}_{Sm}$ 为束缚面电流密度，$\boldsymbol{n}$ 为导磁媒质的外法向单位矢量。

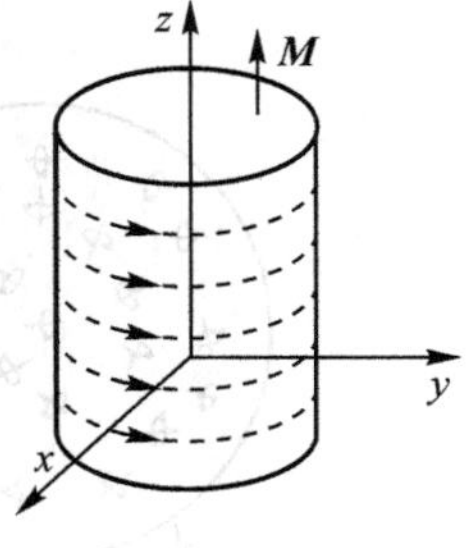

图 3-4-5

例 3-4-2 如图 3-4-5 所示，半径为 a、高为 L 的磁化介质柱，磁化强度为 $\boldsymbol{M}=M_0\hat{z}$，试求束缚体电流密度 $\boldsymbol{J}_m$ 和束缚面电流密度 $\boldsymbol{J}_{Sm}$。

解 利用公式(3-4-5)

$$\boldsymbol{J}_m=\nabla\times\boldsymbol{M}=\nabla\times M_0\hat{z}=0$$

计算磁化的面电流要考虑三个面。

在 $z=0$ 表面，有 $\boldsymbol{J}_{Sm}=\boldsymbol{M}\times\boldsymbol{n}=M_0\hat{z}\times(-\hat{z})=\boldsymbol{0}$；

在 $z=L$ 表面，有 $\boldsymbol{J}_{Sm}=\boldsymbol{M}\times\boldsymbol{n}=M_0\hat{z}\times\hat{z}=\boldsymbol{0}$；

在 $\rho=a$ 表面，有 $\boldsymbol{J}_{Sm}=\boldsymbol{M}\times\boldsymbol{n}=M_0\hat{z}\times\hat{\boldsymbol{\rho}}=M_0\hat{\boldsymbol{\varphi}}$。

在外加磁场的作用下，磁介质内部有磁化电流 $\boldsymbol{J}_m$，它和外加的电流 $\boldsymbol{J}$ 共同产生磁感应场，此时安培环路定律(即公式(3-2-4))中的电流应包括自由电流 I 和等效的磁化电流，该磁化电流用 I_m 表示，则

$$\oint_c\boldsymbol{B}\cdot\mathrm{d}\boldsymbol{l}=\mu_0(I+I_m)=\mu_0\iint_S(\boldsymbol{J}+\boldsymbol{J}_m)\cdot\mathrm{d}\boldsymbol{S}=\mu_0 I+\mu_0\oint_C\boldsymbol{M}\cdot\mathrm{d}\boldsymbol{l}$$

整理上式为

$$\oint_C\left(\frac{\boldsymbol{B}}{\mu_0}-\boldsymbol{M}\right)\cdot\mathrm{d}\boldsymbol{l}=I \tag{3-4-7}$$

引入一个重要的物理量 $\boldsymbol{H}$

$$\boldsymbol{H}=\frac{\boldsymbol{B}}{\mu_0}-\boldsymbol{M} \tag{3-4-8}$$

$\boldsymbol{H}$ 称为磁场强度，单位为 A/m(安[培]每米)，于是有

$$\oint_C\boldsymbol{H}\cdot\mathrm{d}\boldsymbol{l}=I \tag{3-4-9}$$

上式被称为媒质中的安培环路定律。说明：(1) $\boldsymbol{H}$ 的环量仅与环路交链的自由电流有关。(2) 环路上任一点的 $\boldsymbol{H}$ 是由系统全部载流体产生的。(3) 电流的正、负仅取决于环路与电流的交链是否满足右手螺旋关系，是为正，否为负。

利用斯托克斯公式，式(3-4-9)可写为

$$\oint_C\boldsymbol{H}\cdot\mathrm{d}\boldsymbol{l}=\iint_S(\nabla\times\boldsymbol{H})\cdot\mathrm{d}\boldsymbol{S}$$

而

$$\oint_C\boldsymbol{H}\cdot\mathrm{d}\boldsymbol{l}=\iint_S\boldsymbol{J}\cdot\mathrm{d}\boldsymbol{S}$$

所以有

$$\nabla\times\boldsymbol{H}=\boldsymbol{J} \tag{3-4-10}$$

公式(3-4-9)是导磁媒质中的安培环路定律积分形式，公式(3-4-10)是微分形式。在导磁媒质当中，$\boldsymbol{H}$ 的环路线积分值等于曲线 C 所包围的自由电流的总和，而 $\boldsymbol{H}$ 的旋度源就是自由电流的体密度 $\boldsymbol{J}$。如图 3-4-6 所示，安培环路定律可写为

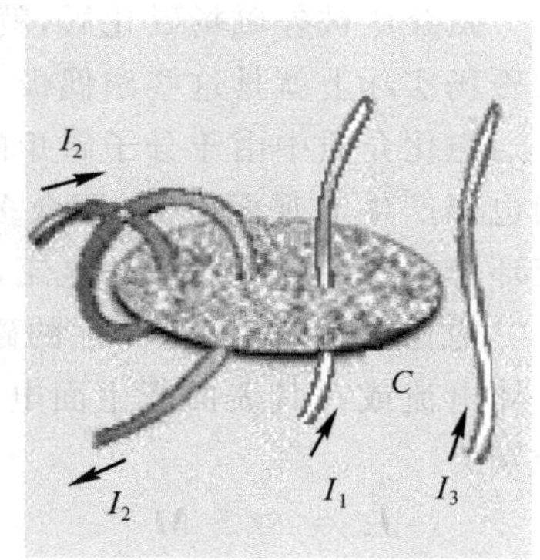

图 3-4-6 $\boldsymbol{H}$ 与 I 成右螺旋关系

$$\oint_C\boldsymbol{H}\cdot\mathrm{d}\boldsymbol{l}=\boldsymbol{I}_1-2\boldsymbol{I}_2$$

大量试验表明，媒质的磁化强度 $\boldsymbol{M}$ 与磁场强度 $\boldsymbol{H}$ 之间有如下关系：

$$\boldsymbol{M} = \chi_m \boldsymbol{H} \tag{3-4-11}$$

式中：χ_m 为媒质的磁化率，χ_m 是无量纲的常数。将式(3-4-11)代入式(3-4-8)得

$$\boldsymbol{B} = \mu_0(\boldsymbol{H} + \boldsymbol{M}) = \mu_0(1 + \chi_m)\boldsymbol{H} = \mu_r\mu_0\boldsymbol{H} = \mu\boldsymbol{H} \tag{3-4-12}$$

式中：μ 就是媒质的磁导率，单位为 H/m(亨[利]每米)；μ_r 叫做媒质的相对磁导率，是一个无量纲的常数。根据上式可得 μ、μ_r、χ_m 之间的关系为

$$\mu_r = 1 + \chi_m, \quad \mu_r\mu_0 = \mu \tag{3-4-13}$$

磁性媒质也有均匀和不均匀、线性和非线性、各向同性和各向异性之分。若媒质的磁导率 μ 与空间坐标无关，则称之为均匀媒质，反之则称为不均匀媒质；若媒质的磁导率 μ 与磁场强度 $\boldsymbol{H}$ 无关，则称之为线性媒质，反之则称为非线性媒质；若媒质的磁导率 μ 与空间方向无关，则称之为各向同性媒质，反之则称为各向异性媒质。

在真空中，$\mu_r = 1$；对于反磁媒质，$\chi_m < 0$，数值大约为 10^{-5} 数量级，故一般取 $\mu_r = 1$；顺磁媒质的 $\chi_m > 0$，数值大约在 $10^{-6} \sim 10^{-3}$ 数量级，故一般也取 $\mu_r = 1$；只有对于铁磁媒质，其 χ_m 远大于 1，所以相对磁导率 μ_r 也远大于 1，不是常数，此时磁感应强度 $\boldsymbol{B}$ 和磁场强度 $\boldsymbol{H}$ 的关系不再是线性的，并且 $\boldsymbol{B}$ 不是 $\boldsymbol{H}$ 的单值函数，会出现磁滞现象。

3.4.2　媒质中的恒定磁场基本方程

对恒定磁场而言，磁感应强度 $\boldsymbol{B}$ 和磁场强度 $\boldsymbol{H}$ 是两个最基本的场量，磁场强度是考虑媒质磁化时引入的辅助计算参量，根据前两节介绍的内容，现概括恒定磁场的基本方程如下：

$$\oint_S \boldsymbol{B} \cdot d\boldsymbol{S} = 0\text{(积分形式)} \qquad \nabla \cdot \boldsymbol{B} = 0\text{(微分形式)} \tag{3-4-14}$$

$$\oint_C \boldsymbol{H} \cdot d\boldsymbol{l} = I\text{(积分形式)} \qquad \nabla \times \boldsymbol{H} = \boldsymbol{J}\text{(微分形式)} \tag{3-4-15}$$

式(3-3-14)为磁通连续性原理，表示磁场没有标量源，说明磁力线(也即 $\boldsymbol{B}$ 矢量线)总是自行闭合，是没有起点也没有终点的闭合线；式(3-3-15)为安培环路定律，说明磁感应强度是没有散度的，磁场是一个无散场，但是自由电流 $\boldsymbol{J}$ 是磁场强度 $\boldsymbol{H}$ 的矢量源，恒定磁场是有旋的。

此外，媒质中有磁感应强度和磁场强度的关系为

$$\boldsymbol{B} = \mu\boldsymbol{H} \tag{3-4-16}$$

此方程与静电场和恒定电场中以下方程类似

$$\boldsymbol{D} = \varepsilon\boldsymbol{E} \tag{3-4-17}$$

$$\boldsymbol{J} = \sigma\boldsymbol{E} \tag{3-4-18}$$

方程(3-4-16)，(3-4-17)和(3-4-18)叫做媒质的本构方程或辅助方程。

例 3-4-3　现有一无限长同轴线，横截面各半径结构尺寸大小如图 3-4-7 所示，设内外导体流过反向的电流 I，两导体间介质磁导率为 μ，求区域的磁场强度 $\boldsymbol{H}$，磁感应强度 $\boldsymbol{B}$ 和磁化强度 $\boldsymbol{M}$。

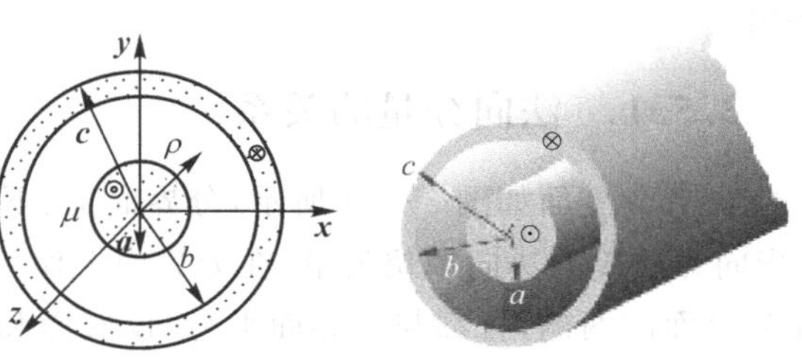

图 3-4-7　无限长同轴线横截面

解 因同轴线无限长，则磁场沿轴线无变化，该磁场只有 $\hat{\boldsymbol{\varphi}}$ 方向分量，且其大小只是半径 ρ 的函数。可用安培环路定律，先求出各区域的磁场强度 $\boldsymbol{H}$，然后由 $\boldsymbol{H}$ 求出 $\boldsymbol{B}$ 和 $\boldsymbol{M}$。

(1) 设当 $\rho < a$ 时，电流 I 在导体内均匀分布，且流向正 z 方向，导体中的磁导率为 μ_0。由安培环路定律得 $\oint_C \boldsymbol{H} \cdot \mathrm{d}\boldsymbol{l} = \oiint_S \boldsymbol{J} \cdot \mathrm{d}\boldsymbol{S} = I$，则 $H \cdot 2\pi\rho = \dfrac{I}{\pi a^2}\pi\rho^2$，所以 $\boldsymbol{H} = \dfrac{I\rho}{2\pi a^2}\hat{\boldsymbol{\varphi}}$，于是有 $\boldsymbol{B} = \mu_0 \boldsymbol{H} = \dfrac{\mu_0 I\rho}{2\pi a^2}\hat{\boldsymbol{\varphi}}$，将此式代入式(3-4-8)，可得 $\boldsymbol{M} = \dfrac{\boldsymbol{B}}{\mu_0} - \boldsymbol{H} = \left(\dfrac{\mu_0}{\mu_0} - 1\right)\boldsymbol{H} = \boldsymbol{0}$。

(2) 在 $a \leqslant \rho \leqslant b$ 区域，与积分回路交链的电流为 I，该区磁导率为 μ，由安培环路定律得 $\oint_C \boldsymbol{H} \cdot \mathrm{d}\boldsymbol{l} = \oiint_S \boldsymbol{J} \cdot \mathrm{d}\boldsymbol{S} = I$，则 $H \cdot 2\pi\rho = \dfrac{I}{\pi a^2}\pi a^2$，所以 $\boldsymbol{H} = \dfrac{I}{2\pi\rho}\hat{\boldsymbol{\varphi}}$，于是有 $\boldsymbol{B} = \dfrac{\mu I}{2\pi\rho}\hat{\boldsymbol{\varphi}}$，将此式代入式(3-4-8)，可得 $\boldsymbol{M} = \dfrac{\boldsymbol{B}}{\mu_0} - \boldsymbol{H} = \left(\dfrac{\mu}{\mu_0} - 1\right)\dfrac{I}{2\pi\rho}\hat{\boldsymbol{\varphi}}$。

(3) 在 $b < r \leqslant c$ 区域，考虑到外导体电流均匀分布，可得出与积分回路交链的电流为 $I' = I - \dfrac{\rho^2 - b^2}{c^2 - b^2}I$，由安培环路定律得 $\oint_C \boldsymbol{H} \cdot \mathrm{d}\boldsymbol{l} = \oiint_S \boldsymbol{J} \cdot \mathrm{d}\boldsymbol{S} = I$，则 $\boldsymbol{H} = \dfrac{I}{2\pi\rho}\dfrac{c^2 - \rho^2}{c^2 - b^2}\hat{\boldsymbol{\varphi}}$，于是有 $\boldsymbol{B} = \dfrac{\mu_0 I}{2\pi\rho}\dfrac{c^2 - \rho^2}{c^2 - b^2}\hat{\boldsymbol{\varphi}}$，将此式代入式(3-4-8)，可得 $\boldsymbol{M} = \boldsymbol{0}$。

(4) 在 $r > c$ 区域，$\boldsymbol{B}, \boldsymbol{H}, \boldsymbol{M}$ 为 $\boldsymbol{0}$。

思考题

(1) 何谓媒质的磁化？表征磁化程度的物理量是什么？它是如何定义的？

(2) 何谓束缚电流？

(3) 束缚体电流密度和束缚面电流密度与磁化强度有什么关系？

(4) 真空中的安培环路定律与导磁媒质中的安培环路定律有什么区别？

(5) 磁场强度与磁感应强度之间有什么关系？

3.5 恒定磁场的边界条件

在实际的电磁系统和器件中，往往有不同类型的磁性材料，这就必须知道媒质不连续分界面两侧 $\boldsymbol{B}$ 和 $\boldsymbol{H}$ 的边界条件。

电磁场的边界条件通常包括界面上场量的法向分量间的关系和切向分量间的关系。法向分量的关系由闭合曲面的面积分方程导出，切向分量的关系由闭合回路的线积分方程导出。

3.5.1 法向分量的关系

设有分界面如图 3-5-1 所示，分界面上、下磁导率分别为 μ_1 和 μ_2，单位矢量 $\hat{\boldsymbol{n}}$ 是由介质 2 指向介质 1 的法向单位矢量。在分界面上作一个圆柱状小闭合面，圆柱的顶面和底面分别在分界面的两侧，且都与分界面平行。设底面和顶面的面积均为 ΔS，并且 ΔS 很小，取高 Δh 尽量地小，趋向于零，对于闭合曲面的积分 $\oiint_S \boldsymbol{B} \cdot \mathrm{d}\boldsymbol{S}$，其侧面的通量忽略不计，因此只要计算

上、下两表面的通量。于是有

$$\oiint_S \boldsymbol{B} \cdot \mathrm{d}\boldsymbol{S} = \oiint_{\Delta S} \boldsymbol{B}_1 \cdot \mathrm{d}\boldsymbol{S} + \oiint_{\Delta S} \boldsymbol{B}_2 \cdot \mathrm{d}\boldsymbol{S}$$
$$= \boldsymbol{B}_1 \cdot \hat{\boldsymbol{n}}\Delta S - \boldsymbol{B}_2 \cdot \hat{\boldsymbol{n}}\Delta S = 0$$

由上式可得

$$\hat{\boldsymbol{n}} \cdot (\boldsymbol{B}_1 - \boldsymbol{B}_2) = 0 \tag{3-5-1}$$

或

$$B_{1\mathrm{n}} = B_{2\mathrm{n}} \tag{3-5-2}$$

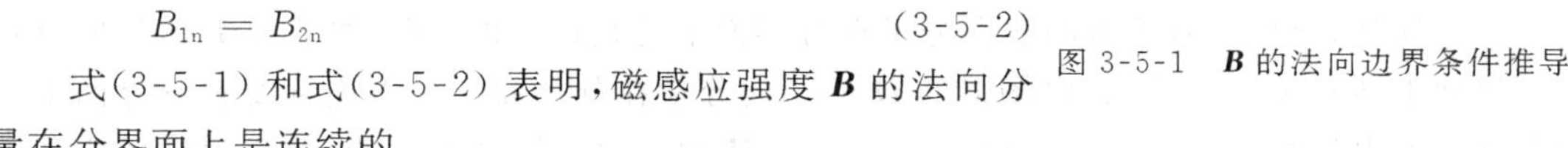

图 3-5-1　$\boldsymbol{B}$ 的法向边界条件推导

式(3-5-1)和式(3-5-2)表明，磁感应强度 $\boldsymbol{B}$ 的法向分量在分界面上是连续的。

又由本构方程可得 $B_{1\mathrm{n}} = \boldsymbol{\mu}_1 H_{1\mathrm{n}}$，　$B_{2\mathrm{n}} = \boldsymbol{\mu}_2 H_{2\mathrm{n}}$

即

$$\boldsymbol{\mu}_1 H_{1\mathrm{n}} = \boldsymbol{\mu}_2 H_{2\mathrm{n}} \tag{3-5-3}$$

可见，磁场强度 $\boldsymbol{H}$ 的法向分量在分界面上通常是不连续的。

3.5.2　切向分量的关系

设有分界面如图 3-5-2，分界面上、下磁导率分别为 μ_1 和 μ_2，单位矢量 $\hat{\boldsymbol{n}}$ 是由介质 2 指向介质 1 的法向单位矢量。在分界面上作一个小狭长矩形回路，回路的上、下两边分别位于分界面的两侧，且都与分界面平行。取回路的高度 Δh 尽量地小，趋向于零，上边和下边的长度均为 Δl，并且 Δl 很小，足以使 $\oint_C \boldsymbol{H} \cdot \mathrm{d}\boldsymbol{l}$ 在介质 1 中近似等于 $\boldsymbol{H}_1 \cdot \Delta \boldsymbol{l}$，在介质 2 中近似为 $\boldsymbol{H}_2 \cdot \Delta \boldsymbol{l}$。$\boldsymbol{l}^0$ 表示介质 1 界面中点的切向单位矢量。$\boldsymbol{S}^0$ 表示由路径所围面积的面元单位矢量。三个单位矢量满足关系

$$\boldsymbol{l}^0 = \boldsymbol{S}^0 \times \hat{\boldsymbol{n}}$$

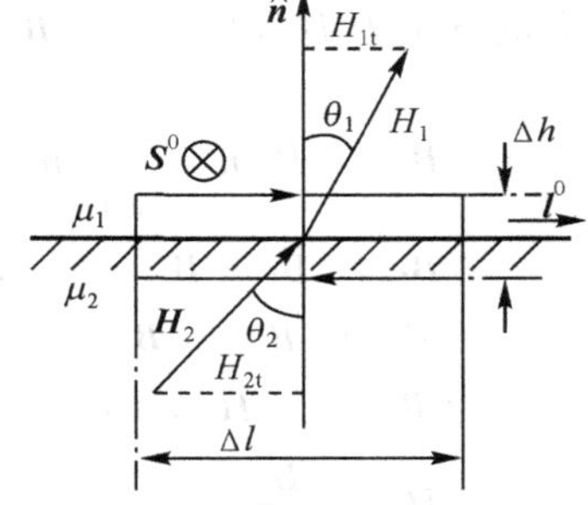

图 3-5-2　$\boldsymbol{H}$ 的切向边界条件推导

利用安培环路定律以及矢量恒等式

$$(\boldsymbol{A} \times \boldsymbol{B}) \cdot \boldsymbol{C} = (\boldsymbol{B} \times \boldsymbol{C}) \cdot \boldsymbol{A}$$

可以得到边界条件：

$$\hat{\boldsymbol{n}} \times (\boldsymbol{H}_1 - \boldsymbol{H}_2) = J_S \tag{3-5-4}$$

这就是两种磁介质边界面上磁场强度 $\boldsymbol{H}$ 的边界条件，它表明磁场强度的切向分量在界面两侧是不连续的。如果界面上无面电流，这一边界条件变为

$$\hat{\boldsymbol{n}} \times (\boldsymbol{H}_1 - \boldsymbol{H}_2) = \boldsymbol{0} \tag{3-5-5}$$

或

$$H_{1\mathrm{t}} = H_{2\mathrm{t}} \tag{3-5-6}$$

综上所述，关于磁感应强度 $\boldsymbol{B}$ 和磁场强度 $\boldsymbol{H}$ 的分界面边界条件为

$$\begin{cases} \hat{\boldsymbol{n}} \cdot (\boldsymbol{B}_1 - \boldsymbol{B}_2) = 0 \\ \hat{\boldsymbol{n}} \times (\boldsymbol{H}_1 - \boldsymbol{H}_2) = \boldsymbol{J}_S \end{cases} \tag{3-5-7}$$

在 $\boldsymbol{J}_S = \boldsymbol{0}$ 的情况下，假定磁场 $\boldsymbol{B}_1$ 与法向 $\hat{\boldsymbol{n}}$ 的夹角为 θ_1，$\boldsymbol{B}_2$ 与法向 $\hat{\boldsymbol{n}}$ 的夹角为 θ_2，则上

式可写成

$$H_1\sin\theta_1 = H_2\sin\theta_2$$

$$B_1\cos\theta_1 = B_2\cos\theta_2$$

两式相除，得

$$\frac{\tan\theta_1}{\tan\theta_2} = \frac{\mu_1}{\mu_2} \tag{3-5-8}$$

这表明，磁力线在分界面上通常要改变方向。

综上所述，磁感应强度**B**的法向分量在分界面上总是连续的，而磁场强度**H**的法向分量在分界面上通常是不连续的。磁场强度**H**的切向分量在分界面上是否连续要看分界面上是否有自由面电流存在，如果没有自由面电流，则**H**的切向分量是连续的，并且由磁感应强度**B**和磁场强度**H**的本构关系可以看出**H**的法向分量在分界面上一般是不连续的。

例 3-5-1 介质1和自由空间的边界面方程为 $3x+2y+z=12$，在界面的原点一侧相对磁导率为 $\mu_{r1}=3$，在介质1中，磁感应强度 $\boldsymbol{B}_1=2\hat{\boldsymbol{x}}+5\hat{\boldsymbol{z}}$(A/m)，求磁感应强度 $\boldsymbol{B}_2$。

解 如图 3-5-3 所示，自由空间一方的单位法向矢量为

$$\hat{\boldsymbol{n}} = \frac{3\hat{\boldsymbol{x}}+2\hat{\boldsymbol{y}}+\hat{\boldsymbol{z}}}{\sqrt{14}}$$

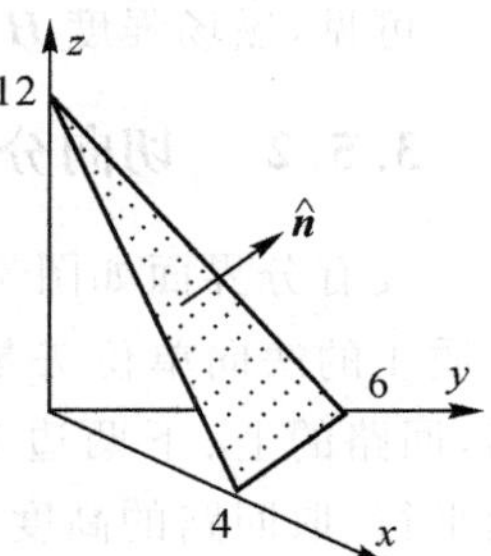

图 3-5-3 介质和自由空间的边界条件

设磁感应强度 $\boldsymbol{B}_1$ 在 $\hat{\boldsymbol{n}}$ 方向的投影为 B_{1n}，磁感应强度 $\boldsymbol{B}_1$ 在切向方向的分量为 B_{1t}，则 $B_{1n}=\boldsymbol{B}_1\cdot\hat{\boldsymbol{n}}=\frac{11}{\sqrt{14}}$，于是有

$$\boldsymbol{B}_{1n} = B_{1n}\hat{\boldsymbol{n}} = \frac{11}{\sqrt{14}}\hat{\boldsymbol{n}} = 2.36\hat{\boldsymbol{x}}+1.57\hat{\boldsymbol{y}}+0.79\hat{\boldsymbol{z}}$$

$$\boldsymbol{B}_{1t} = \boldsymbol{B}_1-\boldsymbol{B}_{1n} = -0.36\hat{\boldsymbol{x}}-1.57\hat{\boldsymbol{y}}+4.21\hat{\boldsymbol{z}}$$

由 $B_{1n}=B_{2n}$ 得 $\boldsymbol{B}_{2n}=\boldsymbol{B}_{1n}=2.36\hat{\boldsymbol{x}}+1.57\hat{\boldsymbol{y}}+0.79\hat{\boldsymbol{z}}$

因为 $\boldsymbol{B}_{1t}=\mu_1\boldsymbol{H}_{1t}$，所以

$$\boldsymbol{H}_{1t} = \frac{\boldsymbol{B}_{1t}}{\mu_1} = \frac{1}{3\mu_0}(-0.36\hat{\boldsymbol{x}}-1.57\hat{\boldsymbol{y}}+4.21\hat{\boldsymbol{z}}) = \frac{1}{\mu_0}(-0.12\hat{\boldsymbol{x}}-0.52\hat{\boldsymbol{y}}+1.40\hat{\boldsymbol{z}})$$

若表面没有自由面电流，则 $H_{1t}=H_{2t}$，所以

$$\boldsymbol{H}_{2t} = \boldsymbol{H}_{1t} = \frac{1}{\mu_0}(-0.12\hat{\boldsymbol{x}}-0.52\hat{\boldsymbol{y}}+1.40\hat{\boldsymbol{z}}),$$

$$\boldsymbol{B}_{2t} = \mu_2\boldsymbol{H}_{2t} = \mu_0\boldsymbol{H}_{2t} = -0.12\hat{\boldsymbol{x}}-0.52\hat{\boldsymbol{y}}+1.40\hat{\boldsymbol{z}}$$

最后得 $B=B_{2t}+\boldsymbol{B}_{2n}=2.24\hat{\boldsymbol{x}}+1.05\hat{\boldsymbol{y}}+2.19\hat{\boldsymbol{z}}$。

思考题

(1) 边界面上磁感应强度的法向分量是否是连续的？为什么？

(2) 边界面上磁场强度的切向分量是否是连续的？为什么？

(3) 边界面两侧磁场强度与界面上的法向单位矢量之间的夹角满足什么公式？

(4) 磁场强度切向分量的边界面公式。

3.6　自感、互感以及静磁能量

3.6.1　电感、自感和互感

在恒定磁场当中，电感是一个很重要的电路参数，包括自感 L 和互感 M。在线性磁介质中，任一回路在空间产生的磁场与回路电流成正比，因而穿过任意的固定回路的磁通量 Φ_m 也与电流成正比。如果回路由细导线绕成 N 匝，则总磁通量是各匝的磁通之和，称总磁通为磁链，用 Φ_L 来表示。对于密绕线圈，可以近似认为各匝的磁通相等，从而有 $\Phi_L = N\Phi_m$。

一个回路的电感的定义：回路的磁链和回路电流之比，用 L 表示，即

$$L = \frac{\Phi_L}{I} \tag{3-6-1}$$

L 的单位为 H（亨利）。工程上，通常使用 mH（毫亨）或 μH（微亨）作为度量单位。电感的大小不仅取决于线圈的几何形状和尺寸，而且还取决于磁介质中的磁导率，但与回路的电流无关。

如果空间存在两个载流线圈回路 C_1 和 C_2，如图 3-6-1 所示。线圈回路 2 中电流 I_2 产生的磁场 $\boldsymbol{B}_2$，穿过线圈回路 C_1 的磁通为 Φ_{12}，另外，电流 I_1 本身产生的磁通为 Φ_{11}，那么与 I_1 相交链的磁链 Φ_1 就包含有上述两个部分，即

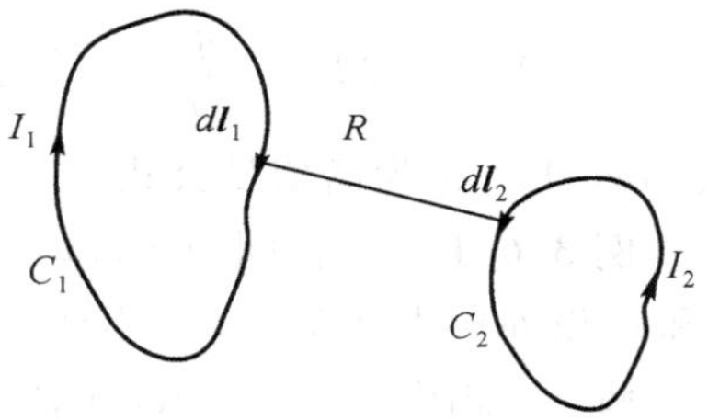

$$\Phi_1 = \Phi_{11} + \Phi_{12} \tag{3-6-2}$$

同理，有

$$\Phi_2 = \Phi_{22} + \Phi_{21} \tag{3-6-3}$$

图 3-6-1　两个线圈的自感和互感

定义 C_1 和 C_2 回路的自感分别为

$$L_1 = \frac{\Phi_{11}}{I_1} \text{ 和 } L_2 = \frac{\Phi_{22}}{I_2} \tag{3-6-4}$$

定义 C_1 和 C_2 回路间的互感分别为

$$M_{12} = \frac{\Phi_{12}}{I_2} \text{ 和 } M_{21} = \frac{\Phi_{21}}{I_1} \tag{3-6-5}$$

不难证明，线圈回路的互感是互易的，即

$$M_{12} = M_{21} \tag{3-6-6}$$

在导体回路中，电流回路 $\boldsymbol{I}$ 产生的磁通，有的在导体外闭合，与全部电流交链，有的在导体内部闭合，仅与部分电流交链，由于这两部分磁通所形成的磁链的不同，自感又分为内自感和外自感。

导体内部仅与部分电流交链的磁通 Φ_i 与回路电流 I 之比，称为内自感，用 L_i 表示，导体外部闭合的磁链 Φ_e 与回路电流 I 之比称为外自感，用 L_e 表示。

通常计算自感的过程是先计算电流 I，然后计算磁场强度 $\boldsymbol{H}$，由本构关系得到磁感应强度 $\boldsymbol{B}$，再计算磁通，从而得到磁链的大小，最后根据定义计算自感。

3.6.2 互感的计算

如图 3-6-1 所示，电流 I_1 和线圈 C_2 交链的磁通为 Φ_{21}，R 为线元 $\mathrm{d}\boldsymbol{l}_1$ 与 $\mathrm{d}\boldsymbol{l}_2$ 之间的距离，有

$$\Phi_{21}=\iint_{S_2}\boldsymbol{B}_1\cdot\mathrm{d}\boldsymbol{S}=\oint_{C_2}\boldsymbol{A}_{21}\cdot\mathrm{d}\boldsymbol{l}_2 \tag{3-6-7}$$

而电流 I_1 在 $\mathrm{d}\boldsymbol{l}_2$ 处产生的矢量磁位为

$$\boldsymbol{A}_{21}=\frac{\mu_0}{4\pi}\int_{C_1}\frac{I_1\mathrm{d}\boldsymbol{l}_1}{R} \tag{3-6-8}$$

所以有

$$\Phi_{21}=\frac{\mu_0}{4\pi}\oint_{C_2}\oint_{C_1}\frac{I_1\mathrm{d}\boldsymbol{l}_1\cdot\mathrm{d}\boldsymbol{l}_2}{R} \tag{3-6-9}$$

根据式(3-6-5)，得

$$M_{21}=\frac{\Phi_{21}}{I_1}=\frac{\mu_0}{4\pi}\oint_{C_2}\oint_{C_1}\frac{\mathrm{d}\boldsymbol{l}_1\cdot\mathrm{d}\boldsymbol{l}_2}{R} \tag{3-6-10}$$

由于线积分路径可以互换，所以

$$M_{12}=M_{21}=\frac{\Phi_{21}}{I_1}=\frac{\mu_0}{4\pi}\oint_{C_2}\oint_{C_1}\frac{\mathrm{d}\boldsymbol{l}_1\cdot\mathrm{d}\boldsymbol{l}_2}{R} \tag{3-6-11}$$

式(3-6-11)称为诺依曼公式。

例 3-6-1 一根同轴线，填充空气，内、外导体半径分别为 a 和 b，设外导体厚度可忽略不计，求同轴线单位长度的电感。

解 如图 3-6-2 所示，同轴线的内、外导体构成电流回路，电流 I 在导体截面中均匀分布，由于对称性，磁场只存在 φ 方向分量。现分三种情况讨论：(1) 内导体的电感；(2) 内、外导体之间的电感；(3) 外导体中的电感。

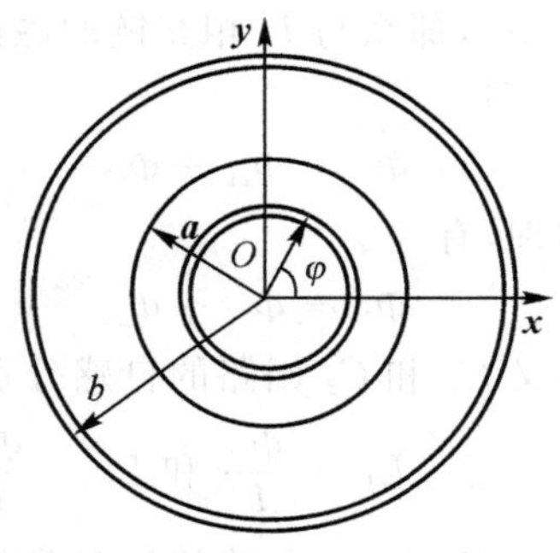

图 3-6-2 同轴线横截面图

(1) 内导体的电感：在区域 $0\leqslant r\leqslant a$ 当中，由安培环路定律得 $\boldsymbol{B}=B_\varphi\hat{\boldsymbol{\varphi}}$，这里 $B_\varphi=\frac{\mu_0\rho I}{2\pi a^2}$。于是穿过宽度为 $\mathrm{d}\rho$ 和长度为单位值的截面的磁通量为

$$\mathrm{d}\Phi=\boldsymbol{B}\cdot\mathrm{d}\boldsymbol{S}=B_\varphi\mathrm{d}S=\frac{\mu_0\rho I}{2\pi a^2}\mathrm{d}\rho \tag{3-6-12}$$

此处 $\mathrm{d}\Phi$ 磁通只和半径为 ρ 的圆截面内的电流 I' 交链，且有 $I'=\frac{\rho^2}{a^2}I$。因而对于总电流 I 而言，它所形成的磁链应为磁通乘以一个分数匝数 N'，$N'=\frac{I'}{I}=\frac{\rho^2}{a^2}$，则

$$\mathrm{d}\Phi_1=N'\mathrm{d}\Phi=\frac{\rho^2}{a^2}\left(\frac{\mu_0\rho I}{2\pi a^2}\right)\mathrm{d}\rho=\frac{\mu_0\rho^3 I}{2\pi a^4}\mathrm{d}\rho \tag{3-6-13}$$

所以 $\Phi_1=\int_0^a\frac{\mu_0\rho^3 I}{2\pi a^4}\mathrm{d}\rho=\frac{\mu_0 I}{8\pi}$，根据自感的定义，有 $L_1=\frac{\Phi_1}{I}=\frac{\mu_0}{8\pi}(\mathrm{H/m})$。

式(3-6-7)中的 L_1 就是单位长度的内导体的电感，这个电感就是前面所说的内自感。此式可以用于计算内导体的自感。

(2) 内、外导体之间的电感：在区域 $a \leqslant r \leqslant b$ 当中，由安培环路定律得

$$\boldsymbol{B} = B_{\varphi}\hat{\boldsymbol{\varphi}},\quad H_{\varphi} = \frac{I}{2\pi\rho} \tag{3-6-14}$$

于是单位长度上的磁通为

$$\Phi_m = \iint_S \boldsymbol{B} \cdot \mathrm{d}\boldsymbol{S} = \int_a^b \mu_0\left(\frac{I}{2\pi\rho}\right)\mathrm{d}\rho = \frac{\mu_0 I}{2\pi}\ln\frac{b}{a}$$

同轴线的外自感

$$L_2 = \frac{\iint_S \boldsymbol{B} \cdot \mathrm{d}\boldsymbol{S}}{I} = \frac{\mu_0}{2\pi}\ln\frac{b}{a}(\mathrm{H/m})$$

(3) 外导体中的电感：按题意，外导体的壁很薄，可以认为电流只在 $r = b$ 的壁面上流动，这样外导体内的电感为零，即 $L_3 = 0$，于是同轴线单位长度的总电感为

$$L = L_1 + L_2 + L_3 = \frac{\mu_0}{8\pi} + \frac{\mu_0}{2\pi}\ln\frac{b}{a}(\mathrm{H/m}) \tag{3-6-15}$$

3.6.3 磁场的能量

磁能与电能一样都是势能。载流回路在建立磁场和电流的过程中，由外源提供做功，将能量储存于电流回路中。根据能量守恒定律，外源做的功等于电流回路磁场的能量。

1. 电流回路的储能

势能只与系统最后的状态有关，与建立这个状态的过程无关，因而在计算一定电流分布状态下的磁能总能量时，可以选一个简单的建立过程，计算这个过程中外源提供的总能量。

(1) 先考虑一个电感为 L 的导线回路中电流 i 从 0 增加到 I 的过程中外源做功情况。设在电流增加过程中的某时刻 t，导线回路的电流为 i。如果在从 t 到 $t + \mathrm{d}t$ 时间内使电流增加 $\mathrm{d}i$，导线回路的磁链就增加 $\mathrm{d}\Phi_L = L\mathrm{d}i$。由于回路的磁链变化，回路就产生感应电动势 $\mathscr{E} = -\frac{\mathrm{d}\Phi_L}{\mathrm{d}t} = -L\frac{\mathrm{d}i}{\mathrm{d}t}$，感应电动势将阻止电流增加，因此要使回路在 $\mathrm{d}t$ 时间内的电流增加 $\mathrm{d}i$，就必须在回路中施加电压 $U = -\mathscr{E} = L\frac{\mathrm{d}i}{\mathrm{d}t}$，以抵消感应电动势对电流增加的反抗。这样，在 $\mathrm{d}t$ 时间内外源就要对导线回路做功：

$$\mathrm{d}A = Ui\,\mathrm{d}t = L\frac{\mathrm{d}i}{\mathrm{d}t}i\,\mathrm{d}t = Li\,\mathrm{d}i \tag{3-6-16}$$

于是，在使电流 i 从 0 增加到 I 的过程中，外源对电路所做的功为

$$A = \int \mathrm{d}A = \int_0^I Li\,\mathrm{d}i = \frac{1}{2}LI^2 \tag{3-6-17}$$

由于在做功的过程中没有其他能量损耗，所以外源做的功全部转化为磁场能量，也就是说，电感为 L、电流为 I 的载流回路的磁场能量为

$$W_m = \int_0^I Li\,\mathrm{d}i = \frac{1}{2}LI^2 \tag{3-6-18}$$

把 $\Phi_L = LI$ 代入上式，单回线的磁场能量也可用回路的磁链与电流表示，有

$$W_m = \frac{1}{2}\Phi_L I \tag{3-6-19}$$

下面讨论两个载流回路的磁场能量。假设有两个电流回路 C_1 和 C_2，若要计算其带电流

I_1 和 I_2 时的总磁能量，可设 I_1 和 I_2 的建立过程如下：

时间 t：	$t=0$	$t=t_1$	$t=t_2$
C_1 中电流 i_1	$i_1=0$	$i_1=I_1$	$i_1=I_1$
C_2 中电流 i_2	$i_2=0$	$i_2=0$	$i_2=I_2$
磁场总能 W_m	$W_m=0$	$W_m=W_1$	$W_m=W_1+W_2$

我们分两步建立电流及其磁场。

第一步，计算回路 C_1 中电流 i_1 从 0 增加到 I_1，而维持回路 C_2 中电流 $i_2=0$ 所做的功 W_1。

W_1 是 $0\sim t_1$ 时间内电源提供的能量。在 $\mathrm{d}t$ 时间内，当 C_1 中电流 i_1 有增量 $\mathrm{d}i_1$ 时，周围磁场将会改变，使穿过 C_1 和 C_2 回路的磁链有增量 $\mathrm{d}\Phi_{11}$ 和 $\mathrm{d}\Phi_{21}$，相应地在回路 C_1 和 C_2 中会有感应电动势 $\mathscr{E}_1=-\dfrac{\mathrm{d}\Phi_{11}}{\mathrm{d}t}$ 和 $\mathscr{E}_2=-\dfrac{\mathrm{d}\Phi_{21}}{\mathrm{d}t}$。

$\mathscr{E}_1$ 的方向是阻止电流 i_1 增加的，因此要使 C_1 有 $\mathrm{d}i_1$ 增量，电源要在 C_1 回路中施加电压 $U_1=-\mathscr{E}_1=\dfrac{\mathrm{d}\Phi_{11}}{\mathrm{d}t}$，因而提供给 C_1 回路的电能为 $\mathrm{d}W_{11}=U_1i_1\mathrm{d}t=\dfrac{\mathrm{d}\Phi_{11}}{\mathrm{d}t}i_1\mathrm{d}t=i_1\mathrm{d}\Phi_{11}$。

同样，要维持 $i_2=0$，电源也要对 C_2 施加电压 $U_2=-\mathscr{E}_2=\dfrac{\mathrm{d}\Phi_{21}}{\mathrm{d}t}$，但由于在 $0\sim t_1$ 时间里，i_2 一直维持为 0，因而电源对 C_2 并没有做功，即 $U_2i_2\mathrm{d}t=u_2\times 0\times\mathrm{d}t\equiv 0$，于是 W_1 量值为

$$W_1=\int\mathrm{d}W_{11}=\int i_1\mathrm{d}\Phi_{11}=\int_0^{I_1}i_1L_{11}\mathrm{d}i_1=\frac{1}{2}L_{11}I_1^2 \tag{3-6-20}$$

式中：$L_{11}=\dfrac{\Phi_{11}}{i_1}$，为 C_1 的自感；Φ_{11}、i_1 分别为 $0\sim t_1$ 时间内某 t 时刻 C_1 中的磁链及电流。

(2) 计算回路 C_2 中电流 i_2 从 0 增加到 I_2，而维持回路 C_1 中电流 $i_1=I_1$ 所做的功为 W_2，也就是 $t_1\sim t_2$ 时间内电流提供的能量。

如上所述，为了维持 $\mathrm{d}i_2$，电源要提供 $W_{22}=\dfrac{1}{2}L_{22}I_2^2$。此外，为了维持 $i_1=I_1$，电源还要提供的能量为

$$W_{12}=\int U_1I_1\mathrm{d}t=\int\frac{\mathrm{d}\Phi_{12}}{\mathrm{d}t}I_1\mathrm{d}t=\int_0^{I_2}M_{12}I_1\mathrm{d}i_2=M_{12}I_1I_2 \tag{3-6-21}$$

式中：$M_{12}=\dfrac{\Phi_{12}}{i_2}$。因此

$$W_2=W_{22}+W_{11}=\frac{1}{2}L_{22}I_2^2+M_{12}I_1I_2 \tag{3-6-22}$$

(3) 故总能量为

$$W_m=W_1+W_2=\frac{1}{2}L_{22}I_2^2+\frac{1}{2}L_{11}I_1^2+M_{12}I_1I_2 \tag{3-6-23}$$

式中：$\dfrac{1}{2}L_{11}I_1^2$、$\dfrac{1}{2}L_{22}I_2^2$ 称为 C_1 和 C_2 的自有能；$M_{12}I_1I_2$ 称为 C_1 和 C_2 回路的互有能。因为 $M_{12}=M_{21}$，所以总能量 W_m 又可表示为

$$W_m = \frac{1}{2}(L_{11}I_1 + M_{12}I_2)I_1 + \frac{1}{2}(L_{22}I_2 + M_{12}I_1)I_2$$
$$= \frac{1}{2}(\Phi_{11} + \Phi_{12})I_1 + \frac{1}{2}(\Phi_{22} + \Phi_{21})I_2$$
$$= \frac{1}{2}\Phi_1 I_1 + \frac{1}{2}\Phi_2 I_2 \tag{3-6-24}$$

即

$$W_m = \frac{1}{2}\sum_{k=1}^{2}\Phi_k I_k \tag{3-6-25}$$

式中：Φ_1、Φ_2 分别为回路 C_1 和 C_2 中的磁链（包括自磁链和互磁链）。将上式推广到 N 个回路系统，可以证明磁场能量应为

$$W_m = \frac{1}{2}\sum_{k=1}^{N}\Phi_k I_k \tag{3-6-26}$$

2. 磁场能量在空间中分布

根据公式(3-6-26)可以计算出线型电流 N 回路系统的总磁能能量的量值。但实际上磁场能量并非仅存于电流或电流所限的面内。而是分布在磁场所占据的整个空间之中。因此用场矢量 $\boldsymbol{B}$ 和 $\boldsymbol{H}$ 表示磁场能量，并由此而得出磁能密度的概念，则能更准确地反映能量在空间的分布情况。在式(3-6-26)中，Φ_k 为第 k 回路交链的总磁链，当回路都是单匝细导线构成时，Φ_k 可用第 k 回路上的矢位 $\boldsymbol{A}_k$ 表示为

$$\Phi_k = \oint_{C_k}\boldsymbol{A}_k \cdot \mathrm{d}\boldsymbol{l}_k \tag{3-6-27}$$

代入式(3-6-26)后，得

$$W_m = \frac{1}{2}\sum_{k=1}^{n}\oint_{C_k}\boldsymbol{A}_k \cdot \mathrm{d}\boldsymbol{l}_k I_k \tag{3-6-28}$$

考虑到 $I_k\mathrm{d}\boldsymbol{l}_k$ 是电流元，若用体电流分布的 $\boldsymbol{J}\mathrm{d}V'$ 代替 $I_k\mathrm{d}\boldsymbol{l}_k$，同时相应地把积分求和计算 $\sum_{k=1}^{n}\oint_{C_k}$ 更换成对所有电流源的体积 V' 积分，则 W_m 可表示为

$$W_m = \frac{1}{2}\iiint_{V'}\boldsymbol{A} \cdot \boldsymbol{J}\mathrm{d}V' \tag{3-6-29}$$

根据安培环路定律 $\nabla \times \boldsymbol{H} = \boldsymbol{J}$，上式就变为

$$W_m = \frac{1}{2}\iiint_{V'}\boldsymbol{A} \cdot (\nabla \times \boldsymbol{H})\mathrm{d}V' \tag{3-6-30}$$

上式的积分域仍为有电流的 V'。因为在 V' 外没有电流，即 $\nabla \times \boldsymbol{H} = \boldsymbol{J} = 0$。故可将上式的积分域由 V' 扩充到整个空间 V，并不影响其量值，即

$$W_m = \frac{1}{2}\iiint_{V}\boldsymbol{A} \cdot (\nabla \times \boldsymbol{H})\mathrm{d}V \tag{3-6-31}$$

再由恒等式 $\nabla \cdot (\boldsymbol{G} \times \boldsymbol{F}) = \boldsymbol{F} \cdot (\nabla \times \boldsymbol{G}) - \boldsymbol{G} \cdot (\nabla \times \boldsymbol{F})$ 得

$$\boldsymbol{A} \cdot (\nabla \times \boldsymbol{H}) = \boldsymbol{H} \cdot (\nabla \times \boldsymbol{A}) + \nabla \cdot (\boldsymbol{H} \times \boldsymbol{A}) \tag{3-6-32}$$

代入式(3-6-31)，并利用散度定理，得

$$W_m = \frac{1}{2}\iiint_{V}\nabla \cdot (\boldsymbol{H} \times \boldsymbol{A})\mathrm{d}V + \frac{1}{2}\iiint_{V}\boldsymbol{H} \cdot (\nabla \times \boldsymbol{A})\mathrm{d}V$$

$$= \frac{1}{2}\oiint_S (\boldsymbol{H} \times \boldsymbol{A}) \cdot \mathrm{d}\boldsymbol{S} + \frac{1}{2}\iiint_V \boldsymbol{H} \cdot \boldsymbol{B}\mathrm{d}V \tag{3-6-33}$$

其中V为整个空间，可令V的包络面S的半径$r \to \infty$。对于分布在有限区域中的电流产生的磁场，在远离源的S面上，有$H \propto r^{-2}$，$A \propto r^{-1}$及面积$S \propto r^2$。因而上式第一项积分值将正比于r^{-1}而趋于0，于是W_m为

$$W_m = \frac{1}{2}\iiint_V \boldsymbol{H} \cdot \boldsymbol{B}\mathrm{d}V \tag{3-6-34}$$

由此看来，场量$\boldsymbol{H}$、$\boldsymbol{B}$不为$\boldsymbol{0}$处都有磁场能量存在，并且它的体积密度为

$$w_m = \frac{1}{2}\boldsymbol{H} \cdot \boldsymbol{B} \tag{3-6-35}$$

w_m的单位为$\mathrm{J/m^3}$（焦耳每立方米）。式(3-6-24)和式(3-6-34)都是计算能量的普遍公式。式(3-6-24)反映能量W_m和电感之间关系，此式还常用来计算电感。

例 3-6-2 计算内、外导体半径分别为a、b的同轴电缆单位长度的电感。

解 假设流经电缆的电流为I，则由公式(3-6-18)可得

$$L = \frac{2W_m}{I^2} \tag{3-6-36}$$

如果电流在导线截面上均匀分布，则利用安培环路定律可以计算出同轴电缆中的磁场分布为

$$\boldsymbol{H} = \begin{cases} \hat{\boldsymbol{\varphi}}\dfrac{I\rho}{2\pi a^2}, & \rho < a \\ \hat{\boldsymbol{\varphi}}\dfrac{I}{2\pi\rho}, & a < \rho < b \end{cases}$$

单位长度的同轴线中磁场的能量为

$$\begin{aligned} W_m &= \iiint_V \frac{1}{2}\boldsymbol{H} \cdot \boldsymbol{B}\mathrm{d}V = \iiint_V \frac{1}{2}\mu H^2 \mathrm{d}V \\ &= \frac{1}{2}\mu_0\int_0^a \left(\frac{I\rho}{2\pi a^2}\right)^2 2\pi\rho\mathrm{d}\rho + \frac{1}{2}\mu\int_0^a \left(\frac{I}{2\pi\rho}\right)^2 2\pi\rho\mathrm{d}\rho \\ &= \frac{\mu_0 I^2}{16\pi} + \frac{\mu I^2}{4\pi}\ln\frac{b}{a} \end{aligned}$$

上式的第一项为内导体中磁场能量，第二项为内外导体之间的磁场能量，由公式(3-6-36)可得，单位长度同轴线的电缆的电感为

$$L = \frac{2W_m}{I^2} = \frac{\mu_0}{8\pi} + \frac{\mu}{2\pi}\ln\frac{b}{a}$$

如果电流仅分布在导体表面上，内导体中磁场以及磁场能量均为0。在这种情况下，单位长度同轴线的电感为

$$L = \frac{\mu}{2\pi}\ln\frac{b}{a}$$

思考题

(1) 磁链的定义是什么？

(2) 列出自感的计算步骤，自感、互感与哪些因素有关？

(3) 现有一个线圈放在空气当中，其周围放入一块铁磁媒质，此线圈的自感有何变化？

如果放入一块铜块，自感有何变化？

(4) 导线回路的磁场能量与回路的磁链有什么关系？

(5) 磁场能量密度和磁场强度有什么必然联系？

本章小结

1. 安培力实验定律指出真空中两个细导线电流回路作用力的表达形式，从而得到真空或均匀媒质中一个线电流回路 I 产生的磁感应强度 B 为

$$\boldsymbol{B} = \frac{\mu_0}{4\pi}\int_C \frac{I\mathrm{d}\boldsymbol{l}' \times \hat{\boldsymbol{R}}}{R^2} = \frac{\mu_0}{4\pi}\int_C \frac{I\mathrm{d}\boldsymbol{l}' \times \boldsymbol{R}}{R^3}$$

上式即为毕奥 — 萨伐尔定律。面分布和体分布的电流产生的磁感应强度分别为

$$\boldsymbol{B} = \frac{\mu_0}{4\pi}\iint_{S'} \frac{\boldsymbol{J}_S(x',y',z') \times \hat{\boldsymbol{R}}}{R^2}\mathrm{d}S',\quad \boldsymbol{B} = \frac{\mu_0}{4\pi}\iiint_{V'} \frac{\boldsymbol{J}(x',y',z') \times \hat{\boldsymbol{R}}}{R^2}\mathrm{d}V',$$

若单位电荷 q 以速度$\boldsymbol{v}$ 运动，则磁感应强度为 $\boldsymbol{B} = \frac{\mu_0}{4\pi}\left(\frac{q\boldsymbol{v} \times \boldsymbol{R}}{R^3}\right)$。

2. 在载流导体在外磁场作用下，导体所受的磁力即洛仑兹力为 $\boldsymbol{F} = \int_C I\mathrm{d}\boldsymbol{l} \times \boldsymbol{B}$；在电荷 q 以速度 $\boldsymbol{v}$ 运动在磁感应强度为 $\boldsymbol{B}$ 中运动，洛仑兹力为 $\boldsymbol{f} = q(\boldsymbol{v} \times \boldsymbol{B})$。

3. 由于磁感应强度的散度为 0，引进矢量磁位 $\boldsymbol{A}$，磁感应强度 $\boldsymbol{B}$ 是矢量磁位 $\boldsymbol{A}$ 的旋度，即 $\boldsymbol{B} = \nabla \times \boldsymbol{A}$。

4. 宏观物理磁化强度可以定量地描述介质磁化程度的强弱，其定义为介质内单位体积内的分子磁矩总和，即 $\boldsymbol{M} = \lim\limits_{\Delta V \to 0}\frac{\sum \boldsymbol{m}}{\Delta V}$，导磁媒质磁化后对磁场的作用，可以用等效的磁化电流代替导磁媒质的存在。体磁化电流和面磁化电流与磁化强度的关系为

$$\boldsymbol{J}_m = \nabla \times \boldsymbol{M},\quad \boldsymbol{J}_{Sm} = \boldsymbol{M} \times \boldsymbol{n}。$$

5. 真空当中和媒质当中的安培环路定律形式分别为

$$\oint_C \boldsymbol{B} \cdot \mathrm{d}\boldsymbol{l} = \mu_0 I,\oint_C \boldsymbol{H} \cdot \mathrm{d}\boldsymbol{l} = I$$

磁化强度 $\boldsymbol{M} = \chi_m \boldsymbol{H}$，磁感应强度和磁场强度关系为 $\boldsymbol{B} = \mu \boldsymbol{H}$。

6. 恒定磁场的基本方程如下：

积分形式：$\begin{cases} \oiint_S \boldsymbol{B} \cdot \mathrm{d}\boldsymbol{S} = 0 \\ \oint_C \boldsymbol{H} \cdot \mathrm{d}\boldsymbol{l} = I \end{cases}$　　微分形式：$\begin{cases} \nabla \cdot B = 0 \\ \nabla \times H = J \end{cases}$

以上即为磁通连续性原理和安培环路定律，说明了磁场是一个无散场。

7. 磁感应强度 B 和磁场强度 H 的分界面边界条件为 $\begin{cases} \boldsymbol{n} \cdot (\boldsymbol{B}_1 - \boldsymbol{B}_2) = 0 \\ \boldsymbol{n} \times (\boldsymbol{H}_1 - \boldsymbol{H}_2) = \boldsymbol{J}_S \end{cases}$。

8. 载流线圈 C_1 和 C_2 回路的自感分别为 $L_1 = \frac{\Phi_{11}}{I_1}$ 和 $L_2 = \frac{\Phi_{22}}{I_2}$，$C_1$ 和 C_2 回路间的互感分别为 $M_{12} = \frac{\Phi_{12}}{I_2}$ 和 $M_{21} = \frac{\Phi_{21}}{I_1}$，计算电感时，一般先设电流 I，然后计算该电流所产生的磁通

以及相应的磁链，再求磁链和电流比值，磁通的计算常用公式 $\Phi_m=\iint_S \boldsymbol{B}\cdot d\boldsymbol{S}$ 或 $\Phi_m=\oint_l \boldsymbol{A}\cdot d\boldsymbol{l}$。

9. 单回路载流线圈的磁场能量为 $W_m=\int_0^I Li\,di=\frac{1}{2}LI^2$，多回路系统磁场能量 $W_m=\frac{1}{2}\sum_{k=1}^{N}\Phi_k I_k$，空间磁场能量 $W_m=\frac{1}{2}\iiint_V \boldsymbol{H}\cdot\boldsymbol{B}dV$，空间磁场的能量密度 $w_m=\frac{1}{2}\boldsymbol{H}\cdot\boldsymbol{B}$。

习 题

3-1 分别求题 3-1 图所示各种形状的线电流 I 在真空中 P 点产生的磁感应强度。

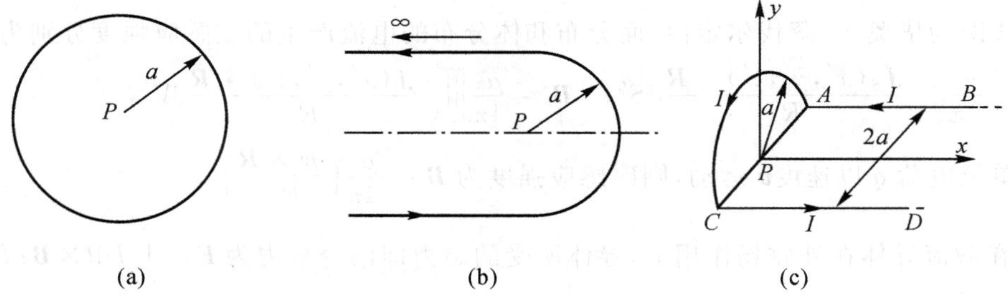

题 3-1 图 求各种形状的线电流产生的磁感应强度

3-2 如题 3-2 图所示，真空中，位于 $x=0$ 平面上，通有面电流 $\boldsymbol{J}_S=J_0\hat{\boldsymbol{z}}$ 的恒定电流，求下列两种回线的磁感应强度的闭合路径积分？

(1) 积分回路 C_1 为 $z=0$ 平面上半径为 a 且圆心在原点的一个圆；

(2) 积分回路 C_1(1) 中的圆平面绕 x 轴逆时针旋转 α 的圆，即面元方向 $\boldsymbol{S}^0$ 与 z 轴夹角为 α。

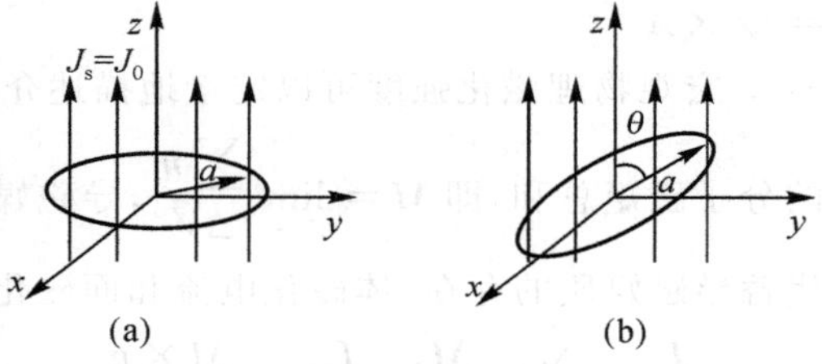

题 3-2 图 求磁感应强度的闭合路径积分

3-3 下面的矢量函数中，哪些是磁场的矢量？如果是磁场的矢量，求相应的电流密度。(注：K 为常数)

(1)$\boldsymbol{B}=-\hat{\boldsymbol{x}}Ky+\hat{\boldsymbol{y}}Kx$；(2)$\boldsymbol{B}=\hat{\boldsymbol{x}}Kx-\hat{\boldsymbol{y}}Ky$；(3)$\boldsymbol{B}=\hat{\boldsymbol{\rho}}K\rho$(圆柱坐标系)；(4)$\boldsymbol{B}=\hat{\boldsymbol{\varphi}}K\rho$(圆柱坐标系)。

3-4 已知某电流在空间产生的矢量磁位是 $\boldsymbol{A}=x^2y\hat{\boldsymbol{x}}+xy^2\hat{\boldsymbol{y}}-(4xyz+1)\hat{\boldsymbol{z}}$，求磁感应强度 $\boldsymbol{B}$。

3-5 现有媒质与空气的分界面，导磁媒质的磁化率为 χ_m，靠空气一侧的磁感应强度为 $\boldsymbol{B}_0$，与导磁媒质表面的法向方向夹角为 α。求导磁媒质一侧的 $\boldsymbol{B}$ 和 $\boldsymbol{H}$。

3-6 现有两种媒质构成的分界面，其磁化率分别为 $\mu_1=1500\mu_0$ 和 $\mu_2=\mu_0$，已知一媒质中的磁感应强度为 $\boldsymbol{B}_1=1.5\text{T}$，与法向夹角为 35°，求(1) 分界面另一侧的磁感应强度大小，(2) 磁感应强度与法向方向的夹角。

3-7 无限长铜直导线，截面半径为 1cm，载有电流 25A。现在铜导线外面再套上一个磁性材料的圆筒，并与之同轴，圆筒的内外半径分别为 2cm 和 3cm，材料相对磁导率 $\mu_r = 2000$。求：(1) 穿过圆筒内每米长的总磁通；(2) 圆筒内的磁化强度；(3) 束缚电流的大小。

3-8　有一个圆柱形导体，半径 r 为 10^{-2}m，其内部磁场为 $\boldsymbol{H} = 4.77 \times 10^4[r/2 - r^2/(3 \times 10^{-2})]\hat{\boldsymbol{\varphi}}$(A/m)，求导体中的总电流。

3-9　计算电流为 I，半径为 a 的小圆环在远离圆环处任一点的磁感应强度 $\boldsymbol{B}$。

3-10　某一各向同性媒质的磁化率 $\chi_m = 2$，磁感应强度 $\boldsymbol{B} = 20y\hat{\boldsymbol{x}}$，求该媒质的相对磁导率、磁导率、束缚体电流密度 $\boldsymbol{J}_m$、磁化强度 $\boldsymbol{M}$ 以及磁场强度 $\boldsymbol{H}$。

3-11　如题 3-11 图所示，无限长直圆柱导体由电导率不相同的两层导体构成，内导体半径 $a_1 = 2$mm，电导率 $\sigma_1 = 10^7$S/m；外导体半径 $a_2 = 3$mm，电导率 $\sigma_2 = 4 \times 10^7$S/m。导体圆柱中沿轴线方向流过的电流 $I = 100$A，求导体圆柱内、外的磁感应强度 $\boldsymbol{B}$。

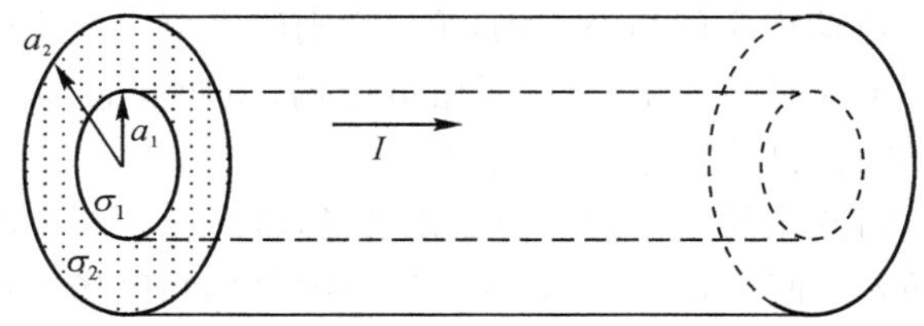

题 3-11 图　无限长直圆柱导体

3-12　有一条 50m 长的同轴电缆，内导体半径为 1cm，沿 z 方向通过电流 80A，外导体非常簿，其半径为 10cm。试求两导体间所包含的总磁通。

3-13　设 $x = 0$ 平面是两种媒质的分界面。$\mu_1 = 5\mu_0$，$\mu_1 = 3\mu_0$，分界面上有面电流 $\boldsymbol{J}_S = -4\hat{\boldsymbol{z}}$A/m，且 $\boldsymbol{H}_1 = 6\hat{\boldsymbol{x}} + 8\hat{\boldsymbol{y}}$，试求 $\boldsymbol{B}_1$，$\boldsymbol{B}_2$ 和 $\boldsymbol{H}_2$ 的分布。

3-14　如题 3-14 图所示，现有一细长直导线，导线外放置一个矩形线圈，两者不在一个平面上，求导线与线圈之间的互感。注意右图为另一角度下的视图。

3-15　如题 3-15 图所示，求无限长直导线和直角三角形导线回路间的互感。

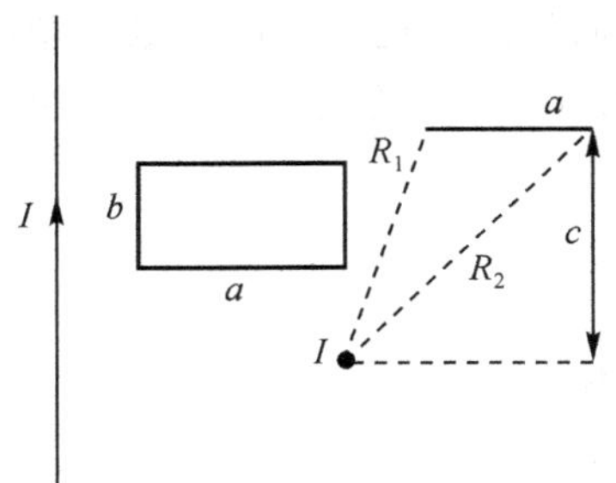

题 3-14 图　导线与线圈

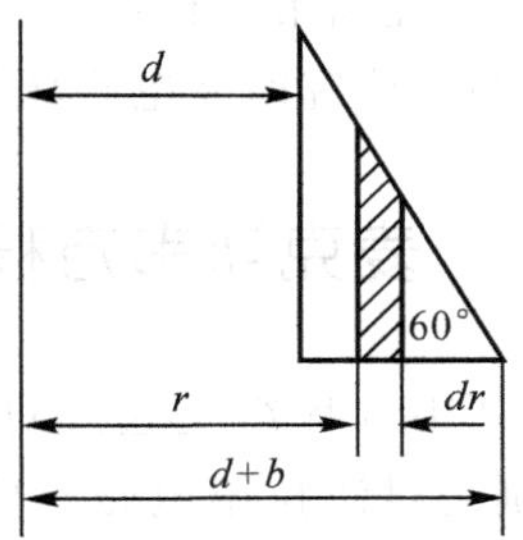

题 3-15 图　无限长直导线和直角三角形导线

第 4 章　时变电磁场与电磁波

第 2 章研究了静止电荷产生的静态电场，第 3 章则研究恒定电流产生的恒定磁场，共同点是空间场源和场量都不随时间变化，所以叫做恒定场，也叫静态场。静态场的一个主要特点是静电场与恒定磁场能各自独立存在，互不影响。

这一章将介绍随时间变化的磁场激发的变化电场，就此引入时变电磁场的概念。时变电磁场是指电场和磁场随着时间变化的场。时变电磁场的电场和磁场不再互相独立，而是互相依存，互相转化。变化的磁场会激发变化的电场，变化的电场会激发变化的磁场。电场和磁场的性质也将与静电场和恒定磁场不一样，如：由变化的磁场激发的电场称作感应电场，不再是保守场，即电场强度矢量的闭合线积分一般就不为零，其值称作感应电动势。有关时变电磁场的性质可以由麦克斯韦方程组得到完整的描述，这组方程组是科学家们集体智慧的结晶，杰出贡献者是高斯、法拉第、安培，最终由麦克斯韦得到了统一。

变化的电场和变化的磁场的互相激发，在空间不断向外传播，我们称之为电磁波，最简单最基本的电磁波是平面电磁波。在本章还将介绍随时间作简谐变化的均匀平面波，它是研究平面电磁波的典型。电磁波是电磁场的传播形式，在空间传播过程中电场和磁场也必然满足麦克斯韦方程组，在不同的介质分界面上满足由麦克斯韦方程组所确定的时变电磁场的边界条件。麦克斯韦方程组不仅满足时变电磁场的规律，而且同样适用于静态电磁场，麦克斯韦方程组是研究时变电磁场与电磁波的基础，因此我们首先来讨论麦克斯韦方程组。

4.1　麦克斯韦方程组

麦克斯韦方程组是通过对静电场和恒定磁场的基本规律（特别是对法拉第电磁感应定律和安培环路定律）经过修正后得到的。下面阐述法拉第电磁感应定律。

4.1.1　法拉第电磁感应定律

在第 2 章中我们知道静电场的闭合回路的积分为零。下面来考虑这样一个问题，在闭合导体回路中通过一定量的磁通量，并使该磁通量按时间发生变化，如图 4-1-1 所示，那么此时电场的闭合回路的积分值如何呢？关于这个问题，可以用实验来做出回答。其实，早在 19 世纪法拉第就

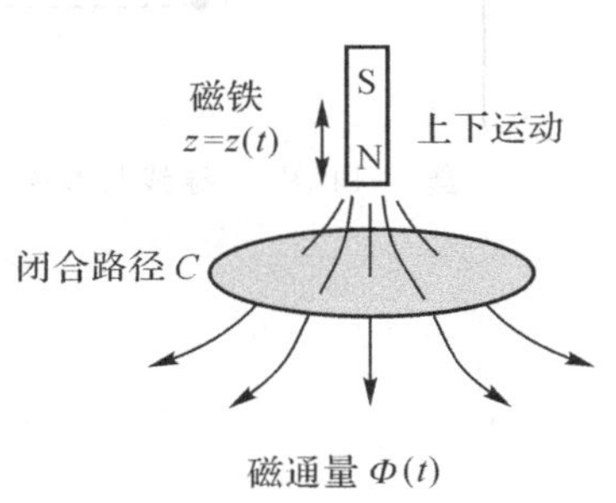

图 4-1-1　磁通量随时间变化时电场的闭合路径积分

通过大量的实验回答了这个问题，这就是著名的电磁感应定律。该定律告诉我们：若通过任意闭合导线回路的磁通量发生变化，回路中就要产生感应电流，也即具有了感应电动势 $\mathscr{E}$，感应电动势的大小等于回路中磁通量对时间的变化率，其方向由楞次定律给出。若规定感应电动势与回路交链的磁通量的参考正方向成右手螺旋关系，则电磁感应定律可写为

$$\mathscr{E} = -\frac{\mathrm{d}\Phi(t)}{\mathrm{d}t} \tag{4-1-1}$$

感应电动势的方向从 $\mathscr{E}$ 的实际值来判断。若实际计算结果 $\mathscr{E} > 0$，则感应电动势的方向与规定正方向相同；若 $\mathscr{E} < 0$，则感应电动势的方向与规定方向相反。

在公式(4-1-1)中，磁通量是磁感应强度对以闭合曲线为周界的面积积分，即

$$\Phi(t) = \iint_S \boldsymbol{B} \cdot \mathrm{d}\boldsymbol{S} \tag{4-1-2}$$

由上式可得

$$-\frac{\mathrm{d}\Phi(t)}{\mathrm{d}t} = -\frac{\mathrm{d}}{\mathrm{d}t}\iint_S \boldsymbol{B} \cdot \mathrm{d}\boldsymbol{S} \tag{4-1-3}$$

而电动势 $\mathscr{E}$ 可表示为感应电场(由变化的磁通量产生的)的闭合环路的路径积分，即

$$\mathscr{E} = \int_C \boldsymbol{E}_{\text{in}} \cdot \mathrm{d}\boldsymbol{l} \tag{4-1-4}$$

若媒质中存在由静态电荷产生的静态电场，则空间电场应该包括感应电场与静电场，即 $\boldsymbol{E} = \boldsymbol{E}_{\text{in}} + \boldsymbol{E}_{静}$。对于静电场有 $\oint_C \boldsymbol{E}_{静} \cdot \mathrm{d}\boldsymbol{l} = 0$，因此

$$\oint_C \boldsymbol{E} \cdot \mathrm{d}\boldsymbol{l} = \oint_C \boldsymbol{E}_{静} \cdot \mathrm{d}\boldsymbol{l} + \oint_C \boldsymbol{E}_{\text{in}} \cdot \mathrm{d}\boldsymbol{l} = \oint_C \boldsymbol{E}_{\text{in}} \cdot \mathrm{d}\boldsymbol{l} \tag{4-1-5}$$

将式(4-1-5)和(4-1-3)代入式(4-1-1)得

$$\mathscr{E} = \oint_C \boldsymbol{E} \cdot \mathrm{d}\boldsymbol{l} = -\frac{\mathrm{d}}{\mathrm{d}t}\iint_S \boldsymbol{B} \cdot \mathrm{d}\boldsymbol{S} \tag{4-1-6}$$

式中：$\mathrm{d}\boldsymbol{S}$ 面元的方向与回路 C 的绕行方向要保持右手螺旋关系，即若右手四指的环绕方向与回路 C 的规定方向相同，则此时右手伸直大拇指的指向就是面元 $\mathrm{d}\boldsymbol{S}$ 的正方向。

麦克斯韦对由公式(4-1-6)表示的、法拉第在导体线圈 C 上得到的实验结果进行了推广。认为对于任意媒质的任意闭合曲线 C，只要 C 所包含的面积中磁感应强度所产生的磁通量对时间的变化率不为 0，则不管闭合曲线中是否存在感应电流，曲线 C 上必定有感应电动势，周围媒质中也必定有感应电场存在，且空间电场同样满足电磁感应定律。而媒质中回路没有相对运动时，也就是只有磁感应强度的随时间变化时，式(4-1-6)可以写成

$$\oint_C \boldsymbol{E} \cdot \mathrm{d}\boldsymbol{l} = -\int_S \frac{\partial \boldsymbol{B}}{\partial t} \cdot \mathrm{d}\boldsymbol{S} \tag{4-1-7}$$

式(4-1-7)称为麦克斯韦第二定律，也叫麦克斯韦第二方程。

值得注意的是麦克斯韦用式(4-1-7)来描述电磁规律更具一般性，说明只要磁场发生变化空间感应电场必定存在，与导体存在与否没有关系。

利用斯托克斯定理，将闭合曲线积分变为面积分得

$$\oint_C \boldsymbol{E} \cdot \mathrm{d}\boldsymbol{l} = \int_S (\nabla \times \boldsymbol{E}) \cdot \mathrm{d}\boldsymbol{S} = -\iint_S \frac{\partial \boldsymbol{B}}{\partial t} \cdot \mathrm{d}\boldsymbol{S} \tag{4-1-8}$$

因为上式适用于任何以闭合曲线 C 为边界的曲面 $\boldsymbol{S}$，则必定有

$$\nabla \times \boldsymbol{E} = -\frac{\partial \boldsymbol{B}}{\partial t} \tag{4-1-9}$$

这是麦克斯韦第二方程的微分形式，微分形式更能体现变化磁场激发电场的规律，而且在时变场中，电场不再是无旋场。

事实上，闭合回路中的磁通量的变化还可能是由导体回路相对于恒定磁场运动引起的。如导体回路以速度 $\boldsymbol{v}$ 相对于恒定磁场 $\boldsymbol{B}$ 运动，则回路中的自由电荷 $\mathrm{d}q$ 所受洛仑兹力 $\mathrm{d}\boldsymbol{f}$ 为

$$\mathrm{d}\boldsymbol{f} = \mathrm{d}q(\boldsymbol{v} \times \boldsymbol{B})$$

按电场的定义，电场可理解为单位正电荷所受的电场力，于是感应电场可写为

$$\boldsymbol{E}_{\mathrm{in}} = \frac{\mathrm{d}\boldsymbol{f}}{\mathrm{d}t} = \boldsymbol{v} \times \boldsymbol{B} \tag{4-1-10}$$

于是感应电动势为

$$\mathscr{E} = \oint_C \boldsymbol{E}_{\mathrm{in}} \cdot \mathrm{d}\boldsymbol{l} = -\frac{\mathrm{d}\Phi}{\mathrm{d}t} = \oint_C (\boldsymbol{v} \times \boldsymbol{B}) \cdot \mathrm{d}\boldsymbol{l} \tag{4-1-11}$$

发电机中得到的电动势就是由磁场和导体回路之间的这种相对运动形成的。由此法拉第电感应定律可归纳出如下三种情况：

(1) 磁感应强度不随时间变化，导体回路随时间变动，则感应电动势为

$$\mathscr{E} = \oint_C \boldsymbol{E}_{\mathrm{in}} \cdot \mathrm{d}\boldsymbol{l} = -\frac{\mathrm{d}\Phi}{\mathrm{d}t} = \oint_C (\boldsymbol{v} \times \boldsymbol{B}) \cdot \mathrm{d}\boldsymbol{l}$$

(2) 磁感应强度随时间变化，导体回路不随时间变动，则感应电动势可写为

$$\mathscr{E} = \oint_C \boldsymbol{E} \cdot \mathrm{d}\boldsymbol{l} = -\iint_S \frac{\partial \boldsymbol{B}}{\partial t} \cdot \mathrm{d}\boldsymbol{S}$$

(3) 磁感应强度和导体回路都随时间变动。

综上可知，产生感应电动势的共同点是必须在闭合回路中有磁通量的变化，则感应电动势可写为

$$\mathscr{E} = \oint_C \boldsymbol{E} \cdot \mathrm{d}\boldsymbol{l} = -\iint_S \frac{\partial \boldsymbol{B}}{\partial t} \cdot \mathrm{d}\boldsymbol{S} + \oint_C (\boldsymbol{v} \times \boldsymbol{B}) \cdot \mathrm{d}\boldsymbol{l} \tag{4-1-12}$$

一般情况下，电磁波传输在真空和介质（如玻璃和石英）中，这些媒质中没有自由运动的电荷，即使以后讨论的导电媒质中，电磁波传输媒质相对于测量点也是固定的，因此在电磁波研究中，一般不需要考虑回路随时间变动的作用，公式(4-1-8)和(4-1-9)是适用的。

例 4-1-1 如图 4-1-2 所示，长直导线中通有电流 $I = 5\mathrm{A}$，矩形线圈共有 $N = 1 \times 10^3$ 匝，宽 $a = 10\ \mathrm{cm}$，长 $L = 20\ \mathrm{cm}$，以 $v = 2\ \mathrm{m/s}$ 的速度向右平动，求当线圈左端与直导线之间的距离 $d = 10\ \mathrm{cm}$ 时线圈中的感应电动势。

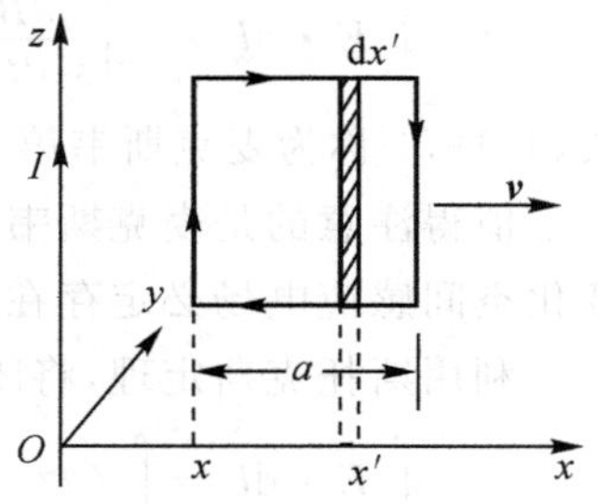

图 4-1-2　例 4-1-1 求解用图

分析　利用法拉第电磁感应定律 $\mathscr{E} = -\frac{\mathrm{d}\Phi}{\mathrm{d}t}$，首先要规定回路的绕行正方向，然后计算每匝线圈上通过的磁通量 $\Phi_0 = \iint_S \boldsymbol{B} \cdot \mathrm{d}\boldsymbol{S}$，利用 $\Phi = N\Phi_0$ 计算通过 L 为边界的曲面 S（这里用矩形平面）的磁通。由于线圈在动，计算时必须保证线圈在任何位置都通用，所以还要建立坐标系。详细求解过程如下。

解　设回路绕行正方向为顺时针方向，如图 4-1-2 所示，建立坐标系。设 t 时刻线圈左端离导线距离为 x，线圈平面上

x' 处取微元 $L\mathrm{d}x'$，计算每匝线圈上通过的磁通量

$$\Phi_0 = \iint_S \boldsymbol{B} \cdot \mathrm{d}\boldsymbol{S} = \int_x^{x+a} \left(\frac{\mu_0 I}{2\pi x'}\hat{\boldsymbol{y}}\right) \cdot (\hat{\boldsymbol{y}} L \,\mathrm{d}x')$$
$$= \frac{\mu_0 IL}{2\pi}\int_x^{x+a} \frac{\mathrm{d}x'}{x'} = \frac{\mu_0 IL}{2\pi}\ln\frac{x+a}{x}$$
$$= \frac{\mu_0 IL}{2\pi}[\ln(x+a) - \ln x]$$

线圈上的感应电动势为

$$\mathscr{E} = -\frac{\mathrm{d}\Phi}{\mathrm{d}t} = -N\frac{\mathrm{d}\Phi_0}{\mathrm{d}t} = -\frac{N\mu_0 IL}{2\pi}\left(\frac{1}{x+a} - \frac{1}{x}\right)\frac{\mathrm{d}x}{\mathrm{d}t} = \frac{N\mu_0 ILav}{2\pi x(x+a)}$$

当 $x = d$ 时

$$\mathscr{E}(d) = \frac{N\mu_0 ILav}{2\pi \mathrm{d}(d+a)} = \frac{10^3 \times 4\pi \times 10^{-7} \times 5 \times 0.2 \times 0.1 \times 2}{2\pi \times 0.1 \times (0.1 + 0.1)} = 2 \times 10^{-3}(\mathrm{V})$$

电动势为正值，说明电动势的方向与回路绕行正方向一致，这里是动生电动势。

接下来分两种情况来进一步讨论上例。

(1) 如果例 4-1-1 中线圈不动，而长导线中通有交变电流 $i = 5\sin 100\pi t(\mathrm{A})$，线圈上的感生电动势将为多大?

(2) 如果例 4-1-1 中的长直导线中通有交变电流 $i = 5\sin 100\pi t(\mathrm{A})$，其他情况一样，当线圈运动到 $d = 10$ cm 时线圈内的感应电动势将为多大?

分析和解　(1) 由例 4-1-1 可知 $\Phi_0 = \dfrac{\mu_0 iL}{2\pi}\ln\dfrac{d+a}{d}$，线圈上的感应电动势为

$$\mathscr{E} = -N\frac{\mathrm{d}\Phi_0}{\mathrm{d}t} = -N\frac{\mu_0 L}{2\pi}\left(\ln\frac{d+a}{a}\right)\frac{\mathrm{d}i}{\mathrm{d}t}$$
$$= -10^3 \times \frac{4\pi \times 10^{-7} \times 0.2}{2\pi} \times \left(\ln\frac{0.1+0.1}{0.1}\right) \times 5 \times 100\pi\cos 100\pi t$$
$$= -4.4 \times 10^{-2}\cos 100\pi t(\mathrm{V})$$

(2) 由例 4-1-1 可知 $\Phi_0 = \dfrac{\mu_0 iL}{2\pi}\ln\dfrac{x+a}{x}$，线圈上的感应电动势为

$$\mathscr{E} = -N\frac{\mathrm{d}\Phi_0}{\mathrm{d}t} = -N\left[\frac{\mu_0 iL}{2\pi}\left(\frac{1}{x+a} - \frac{1}{x}\right)\frac{\mathrm{d}x}{\mathrm{d}t} + \frac{\mu_0 L}{2\pi}\left(\ln\frac{x+a}{x}\right) \cdot \frac{\mathrm{d}i}{\mathrm{d}t}\right]$$

将各已知量代入得

$$\mathscr{E} = 2 \times 10^{-3}\sin 100\pi t - 4.4 \times 10^{-2}\cos 100\pi t(\mathrm{V})$$

4.1.2　位移电流和全电流定律

麦克斯韦第二定律表明，时变磁场要激发电场，那么反过来时变电场能不能激发磁场呢?或者静电场中的性质 $\oint_C \boldsymbol{E} \cdot \mathrm{d}\boldsymbol{l} = 0$，在时变场中应该修正以 $\oint_C \boldsymbol{E} \cdot \mathrm{d}\boldsymbol{l} = -\iint_S \dfrac{\partial \boldsymbol{B}}{\partial t} \cdot \mathrm{d}\boldsymbol{S}$ 来代替，那么恒定磁场的性质安培环路定律 $\oint_C \boldsymbol{H} \cdot \mathrm{d}\boldsymbol{l} = I$ 在时变场中是否也要修正呢?

将 I 表示为通过由闭合路径 C 所包含的曲面 S 的电流密度 J 的积分

$$I = \iint_S \boldsymbol{J} \cdot \mathrm{d}\boldsymbol{S}$$

利用斯托克斯定理可得到安培定律的微分形式

$$\nabla \times \boldsymbol{H} = \boldsymbol{J} \tag{4-1-13}$$

安培环路定律等式的右边 I 指的是闭合路径所包围的电流代数和，意味着 I 是穿过以该闭合路径为周界的任意曲面的电流代数和。由此我们来看一个简单电容器充放电过程。如图 4-1-3 所示，当 $u(t)$ 变化时，电路中有变化电流 $i(t)$，对以 C 为边界的开曲面 S_1 有

$$\oint_C \boldsymbol{H} \cdot \mathrm{d}\boldsymbol{l} = i(t) \tag{4-1-14}$$

对同样以 C 为边界的开曲面 S_2 有

$$\oint_C \boldsymbol{H} \cdot \mathrm{d}\boldsymbol{l} = 0 \tag{4-1-15}$$

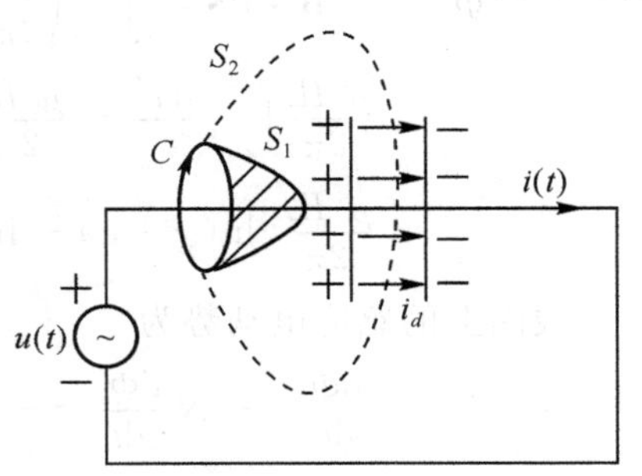

图 4-1-3　位移电流的引入

可见，对同一闭合回路 C，所取曲面不一样，结果不一样，安培环路定律在此处不适用，需要修正。1861 年麦克斯韦首先提出了他的修正想法，认为电容器两极板间传导电流中断处存在另一种性质的电流，此种电流穿过 S_2 的代数和为 i_d，麦克斯韦称其为位移电流。根据高斯定律 $\nabla \cdot \boldsymbol{D} = \rho_V$ 与连续性方程(电荷守恒定律)

$\nabla \cdot \boldsymbol{J} = -\dfrac{\partial \rho_V}{\partial t}$ 可得

$$\nabla \cdot \boldsymbol{J} = -\frac{\partial}{\partial t}(\nabla \cdot \boldsymbol{D}) \text{ 或 } \nabla \cdot \left(\boldsymbol{J} + \frac{\partial \boldsymbol{D}}{\partial t}\right) = 0 \tag{4-1-16}$$

上式是矢量场的电流连续性方程，若用 $\boldsymbol{J} + \partial \boldsymbol{D}/\partial t$ 来代替 $\boldsymbol{J}$，将安培定律微分形式修正为

$$\nabla \times \boldsymbol{H} = \boldsymbol{J} + \frac{\partial \boldsymbol{D}}{\partial t} \tag{4-1-17}$$

显然

$$i_d = \iint_S \frac{\partial \boldsymbol{D}}{\partial t} \cdot \mathrm{d}\boldsymbol{S} \tag{4-1-18}$$

修正后安培环路定律能很好地满足实验的结果。如图 4-1-3 中对以 C 为边界的曲面 S_2 的积分公式(4-1-14) 修正为

$$\oint_C \boldsymbol{H} \cdot \mathrm{d}\boldsymbol{l} = i_\mathrm{d} = \iint_S \frac{\partial \boldsymbol{D}}{\partial t} \cdot \mathrm{d}\boldsymbol{S} \tag{4-1-19}$$

实验证明，位移电流的大小与导线中的传导电流 i_e(此处是 $i(t)$) 相等。此式说明位移电流一方面与电位移矢量 $\boldsymbol{D}$ 的变化率有关，另一方面还与所取的曲面 $\boldsymbol{S}$ 有关。i_d 为 $\partial \boldsymbol{D}/\partial t$ 的面积分，自然 $\partial \boldsymbol{D}/\partial t$ 可看作为位移电流密度，用 $\boldsymbol{J}_\mathrm{d}$ 表示，即

$$\boldsymbol{J}_\mathrm{d} = \frac{\partial \boldsymbol{D}}{\partial t} \tag{4-1-20}$$

位移电流的引入使我们对电流的概念有了更深一步的理解。平常所说的电流是电荷的运动形式，而位移电流并不代表电荷的运动。我们可以将电流分成三种：传导电流、运流电流及位移电流。

(1) 传导电流是指在导体中的自由电子定向运动形成的电流，由欧姆定律的微分形式知传导电流密度为 $\boldsymbol{J}_\mathrm{e} = \sigma \boldsymbol{E}$。

(2) 运流电流是指带电粒子在真空或气体中的定向运动形成的电流，设电荷运动速度

为 $\boldsymbol{v}$，则运流电流密度为 $\boldsymbol{J}_v = \rho\boldsymbol{v}$。

(3) 位移电流并不是电荷的运动，完全不同于传导电流及运流电流，它是由于电场的变化而形成的，位移电流密度由式(4-1-20)给出。

将传导电流与运流电流这种由实体电荷运动而形成的电流叫真实电流，则其电流密度为 $\boldsymbol{J} = \boldsymbol{J}_c + \boldsymbol{J}_v$，将真实电流与位移电流之和称之为全电流，则全电流密度为

$$\boldsymbol{J} + \frac{\partial \boldsymbol{D}}{\partial t} \tag{4-1-21}$$

引入位移电流概念后，利用全电流将安培环路定律改写为

$$\oint_C \boldsymbol{H} \cdot \mathrm{d}\boldsymbol{l} = I + I_d \tag{4-1-22}$$

式中：I_d 为穿过以 C 为边界的任意开曲面的位移电流的代数和，为了突出代数和再改写为

$$\oint_C \boldsymbol{H} \cdot \mathrm{d}\boldsymbol{l} = \iint_S \boldsymbol{J} \cdot \mathrm{d}\boldsymbol{S} + \iint_S \frac{\partial \boldsymbol{D}}{\partial t} \cdot \mathrm{d}\boldsymbol{S} = \iint_S \left(\boldsymbol{J} + \frac{\partial \boldsymbol{D}}{\partial t}\right) \cdot \mathrm{d}\boldsymbol{S} \tag{4-1-23}$$

中间第一项积分为真实电流的代数和，第二项积分为位移电流的代数和。$\boldsymbol{J} + \frac{\partial \boldsymbol{D}}{\partial t}$ 称之为全电流，所以上式称之为全电流定律的积分形式。

全电流定律是安培环路定律在时变场中的修正，是麦克斯韦的又一杰出成就，为电磁场理论的统一奠定了巨大的基础。从全电流定律可以看出，变化的电场能激发磁场，它们之间可以用引入的位移电流联系在一起。尽管位移电流并不像真实电流那样容易理解，但麦克斯韦引入位移电流的概念，揭示了电磁波在介质中传播的客观事实。其后不久，赫兹(Hertz)用实验证实了电磁波的存在。可以这么认为，所有的现代通讯手段都是基于安培定律的修正。

利用斯托克斯定理将线积分转化为面积分，即利用 $\oint_C \boldsymbol{H} \cdot \mathrm{d}\boldsymbol{l} = \iint_S (\nabla \times \boldsymbol{H}) \cdot \mathrm{d}\boldsymbol{S}$ 可得

$$\iint_S (\nabla \times \boldsymbol{H}) \cdot \mathrm{d}\boldsymbol{S} = \iint_S \left(\boldsymbol{J} + \frac{\partial \boldsymbol{D}}{\partial t}\right) \cdot \mathrm{d}\boldsymbol{S} \tag{4-1-24}$$

考虑到 S 是以 C 为边界的任意开曲面，要使等式都成立，必有

$$\nabla \times \boldsymbol{H} = \boldsymbol{J} + \frac{\partial \boldsymbol{D}}{\partial t} \tag{4-1-25}$$

此式与式(4-1-17)一致，称为全电流定律的微分形式。

例 4-1-2　假设电场是按余弦规律变化的，已知海水的电导率为 4 S/m，$\varepsilon_r = 81$。求海水中位移电流密度与传导电流密度幅值的比值，并比较 $f_1 = 1$ MHz 和 $f_2 = 1$ GHz 下的比值，能得到什么结论。

解　不妨设电场的瞬时值为 $E = E_m \cos\omega t$，E_m 为电场的幅值。则位移电流密度大小为

$$J_d = \frac{\partial D}{\partial t} = \varepsilon_0 \varepsilon_r \frac{\partial E}{\partial t} = -\omega\varepsilon_0\varepsilon_r E_m \sin\omega t$$

其幅值为

$$J_{dm} = \omega\varepsilon_0\varepsilon_r E_m$$

传导电流密度大小为 $J_c = \sigma E = \sigma E_m \cos\omega t$，其幅值为 $J_{cm} = \sigma E_m$。

则位移电流密度与传导电流密度幅值之比为

$$\frac{J_{dm}}{J_{cm}} = \frac{\omega\varepsilon_0\varepsilon_r}{\sigma} = \frac{2\pi\varepsilon_0\varepsilon_r}{\sigma} f \approx 1.13 \times 10^{-9} f$$

当 $f = f_1 = 1\text{MHz}$ 时，$\dfrac{J_{\text{dm}}}{J_{\text{em}}} = 1.13 \times 10^{-9} \times 1 \times 10^{-6} = 1.13 \times 10^{-3}$。

当 $f = f_2 = 1\text{GHz}$ 时，$\dfrac{J_{\text{dm}}}{J_{\text{em}}} = 1.13 \times 10^{-9} \times 1 \times 10^{9} = 1.13$。

比较可得同一媒质在不同的频率下其导电性能不同。当频率不是很高时，位移电流可以忽略，海水相当于良导体。频率较高时位移电流较大，传导电流可以忽略，海水相当于不良导体。

例 4-1-3 已知无源的自由空间中的磁场强度为 $\boldsymbol{H} = \hat{\boldsymbol{y}} H_0 \sin(\omega t - \beta z)(\text{A/m})$，$\beta$ 为常数，振幅 H_0 与频率 ω 也为常数，z 是空间某点的 z 坐标。求(1) 位移电流密度；(2) 电场强度。

解 (1) 自由空间中传导电流为零，由全电流定律的微分形式可知，位移电流为 $\boldsymbol{H}$ 的旋度，即

$$J_{\text{d}} = \frac{\partial \boldsymbol{D}}{\partial t} = \nabla \times \boldsymbol{H} = \begin{vmatrix} \hat{\boldsymbol{x}} & \hat{\boldsymbol{y}} & \hat{\boldsymbol{z}} \\ \dfrac{\partial}{\partial x} & \dfrac{\partial}{\partial y} & \dfrac{\partial}{\partial z} \\ 0 & H_0 \sin(\omega t - \beta z) & 0 \end{vmatrix}$$

$$= -\hat{\boldsymbol{x}} \frac{\partial}{\partial z}[H_0 \sin(\omega t - \beta z)] + \hat{\boldsymbol{z}} \frac{\partial}{\partial x}[H_0 \sin(\omega t - \beta z)]$$

$$= \hat{\boldsymbol{x}} H_0 \beta \cos(\omega t - \beta z)(\text{A/m}^2)$$

(2) 将求得的 $\dfrac{\partial \boldsymbol{D}}{\partial t}$ 对时间积分，可得电位移矢量为 $\boldsymbol{D} = \hat{\boldsymbol{x}} \dfrac{\beta}{\omega} H_0 \sin(\omega t - \beta z)(\text{C/m}^2)$

注意：上式积分中的常数对时间来说是恒定的量，在时变场中一般取这种与 t 无关的恒定矢量为 $\boldsymbol{0}$(零矢量)。这样，自由空间中电场强度为

$$\boldsymbol{E} = \frac{\boldsymbol{D}}{\varepsilon_0} = \hat{\boldsymbol{x}} \frac{\beta}{\omega \varepsilon_0} H_0 \sin(\omega t - \beta z)(\text{V/m})$$

4.1.3 麦克斯韦方程组

麦克斯韦对静电场和恒定磁场的基本规律(特别是对法拉第电磁感应定律和安培环路定律)经过修正后使之适用于时变电磁场，得到一切宏观电磁现象所遵循的普遍规律，即麦克斯韦方程组，该方程组揭示了电场与磁场之间以及电磁场与电荷、电流之间的相互关系，是电磁场的基本方程，是我们分析研究电磁现象的基本出发点，读者在学习本课程中应以此方程组为核心。

麦克斯韦方程组是描述宏观电磁现象基本特性的四个方程式，写成积分形式和微分形式如表 4-1-1 所示。

表 4-1-1 麦克斯韦方程组

	积分形式	微分形式	名 称
第一方程	$\oint_C \boldsymbol{H} \cdot \text{d}\boldsymbol{l} = \iint_S \left(\boldsymbol{J} + \dfrac{\partial \boldsymbol{D}}{\partial t}\right) \cdot \text{d}\boldsymbol{S}$	$\nabla \times \boldsymbol{H} = \boldsymbol{J} + \dfrac{\partial \boldsymbol{D}}{\partial t}$	全电流定律
第二方程	$\oint_C \boldsymbol{E} \cdot \text{d}\boldsymbol{l} = -\iint_S \dfrac{\partial \boldsymbol{B}}{\partial t} \cdot \text{d}\boldsymbol{S}$	$\nabla \times \boldsymbol{E} = -\dfrac{\partial \boldsymbol{B}}{\partial t}$	法拉第电磁感应定律
第三方程	$\oiint_S \boldsymbol{B} \cdot \text{d}\boldsymbol{S} = 0$	$\nabla \cdot \boldsymbol{B} = 0$	磁通连续性原理
第四方程	$\oiint_S \boldsymbol{D} \cdot \text{d}\boldsymbol{S} = \iiint_V \rho \text{d}V$	$\nabla \cdot \boldsymbol{D} = \rho$	电场的高斯定理

虽然上述方程称为麦克斯韦方程组，实际上是建立在库仑、安培、法拉第等所提供的实验事实和麦克斯假设的位移电流的基础上，是科学家们集体智慧的结晶。

第一方程表明电流和时变电场能激发磁场。第二方程表明时变磁场产生电场这一事实。同时这两个方程是麦克斯韦方程组的核心，说明时变电场和时变磁场互相激发，时变电磁场可以脱离场源独立存在，在空间形成电磁波，即一旦有了时变电场和磁场，将场源撤离，空间电场与磁场不会消失。

第三方程表明磁场为无散场。第四方程表明电场为有散场或有源场，电荷即为电场的源。比较两方程，很容易想到第三方程右端是否有可能与第四方程一样不为零，即空间存在"磁荷"，这才是完美的，遗憾的是至今人类还没有能确信"磁荷"的存在。

应该指出的是这四个方程是非限定形式，适用于任何媒质，不受限制，进一步分析推导可以发现只有第一、二、四这三个方程是独立的。第三式可以由第二式推导得出结论，读者可自行去完成。麦克斯韦方程有 $\boldsymbol{E}$、$\boldsymbol{D}$、$\boldsymbol{B}$、$\boldsymbol{H}$、$\boldsymbol{J}$、ρ 五个矢量和一个标量，要完整求解还需如下三个方程：

$$\left.\begin{aligned}\boldsymbol{D} &= \varepsilon_0\boldsymbol{E}+\boldsymbol{P}\\ \boldsymbol{B} &= \mu_0(\boldsymbol{H}+\boldsymbol{M})\\ \boldsymbol{J} &= \sigma\boldsymbol{E}\end{aligned}\right\} \tag{4-1-26}$$

它们描述了电磁媒质与场矢量之间的关系，称之为本构关系，也有称为媒质的特性方程或辅助方程。在具体应用中通常简化实际问题，如对于各向同性的线性媒质，上述三个本构方程可以写为

$$\left.\begin{aligned}\boldsymbol{D} &= \varepsilon\boldsymbol{E}\\ \boldsymbol{B} &= \mu\boldsymbol{H}\\ \boldsymbol{J} &= \sigma\boldsymbol{E}\end{aligned}\right\} \tag{4-1-27}$$

其中 ε、μ、σ 分别称为媒质的介电常数、磁导率和电导率，是描述媒质宏观电磁特性的一组参数。根据描述电磁特性的参数的不同，可将媒质分为均匀与不均匀、线性与非线性、各向同性与各向异性等。若描述电磁特性的参数(ε,μ,σ) 与空间坐标无关，则是均匀媒质，否则是不均匀媒质；若描述电磁特性的参数(ε,μ,σ) 与场量($\boldsymbol{E}$ 或 $\boldsymbol{H}$) 的大小无关，则是线性媒质，否则是非线性媒质；若描述电磁特性的参数(ε,μ,σ) 与场量的方向无关，则是各向同性媒质，否则是各向异性媒质。对于线性(linear)、均匀(homogeneous)、各向同性(isotropic) 媒质被称为 L. H. I 媒质。除非另有说明，本章涉及的媒质均指线性、均匀、各向同性媒质。在真空(或空气)中，$\varepsilon=\varepsilon_0$，$\mu=\mu_0$，$\sigma=0$。理想介质指的是电导率 $\sigma=0$ 的情况；理想导体是指电导率 $\sigma\to\infty$ 的媒质。

例 4-1-4　在无耗媒质 $\sigma=0$ 自由空间($\rho=0$，$\boldsymbol{J}=\boldsymbol{0}$) 中，对于满足 $\boldsymbol{E}=\hat{x}A\cos(\omega t-\beta z)$(V/m) 的电场是否存在，若存在必须满足什么条件，其中 A 是电场的振幅，ω 是频率，β 为常数。

解　给定一个场的表达式，如果能使之满足麦克斯韦方程组，我们就有理由肯定这样的场是存在的。假设题中所给电场强度能在无耗媒质自由空间中存在，则麦克斯韦方程的法拉第电磁感应定律有如下表达式成立：

$$-\frac{\partial \boldsymbol{B}}{\partial t}=\nabla\times\boldsymbol{E}=\begin{vmatrix}\hat{\boldsymbol{x}} & \hat{\boldsymbol{y}} & \hat{\boldsymbol{z}}\\ \frac{\partial}{\partial x} & \frac{\partial}{\partial y} & \frac{\partial}{\partial z}\\ E_x & 0 & 0\end{vmatrix}=\hat{\boldsymbol{y}}\frac{\partial E_x}{\partial z}-\hat{\boldsymbol{z}}\frac{\partial E_x}{\partial y}=\hat{\boldsymbol{y}}A\beta\sin(\omega t-\beta z)$$

上式两边对时间积分，可得磁感应强度的表达式为

$$\boldsymbol{B}=\hat{\boldsymbol{y}}\frac{A\beta}{\omega}\cos(\omega t-\beta z)\text{(T)}$$

利用本构关系 $\boldsymbol{B}=\mu\boldsymbol{H}$，可得磁场强度矢量 $\boldsymbol{H}$ 的表达式为

$$\boldsymbol{H}=\hat{\boldsymbol{y}}\frac{A\beta}{\mu\omega}\cos(\omega t-\beta z)\text{(A/m)}$$

同理，由 $\boldsymbol{D}=\varepsilon\boldsymbol{E}$，可得

$$\boldsymbol{D}=\hat{\boldsymbol{x}}\varepsilon A\cos(\omega t-\beta z)\text{(C/m}^2\text{)}$$

现在来检验它们是否满足麦克斯韦方程组。

(1) 由假定知 $\nabla\times\boldsymbol{E}=-\frac{\partial \boldsymbol{B}}{\partial t}$，所以满足麦克斯韦第二方程；

(2) 由于 $\nabla\cdot\boldsymbol{B}=\frac{\partial B_x}{\partial x}+\frac{\partial B_y}{\partial y}+\frac{\partial B_z}{\partial z}=0$，所以满足麦克斯韦第三方程；

(3) 由于 $\nabla\cdot\boldsymbol{D}=\frac{\partial D_x}{\partial x}+\frac{\partial D_y}{\partial y}+\frac{\partial D_z}{\partial z}=0$，所以满足麦克斯韦第四方程；

(4) 要使 $\nabla\times\boldsymbol{H}=\frac{\partial \boldsymbol{D}}{\partial t}+\boldsymbol{J}=\frac{\partial \boldsymbol{D}}{\partial t}$ 成立，代入求得的 $\boldsymbol{H}$ 与 $\boldsymbol{D}$，则

$$\nabla\times\boldsymbol{H}=\begin{vmatrix}\hat{\boldsymbol{x}} & \hat{\boldsymbol{y}} & \hat{\boldsymbol{z}}\\ \frac{\partial}{\partial x} & \frac{\partial}{\partial y} & \frac{\partial}{\partial z}\\ 0 & H_y & 0\end{vmatrix}=-\hat{\boldsymbol{x}}\frac{\partial H_y}{\partial z}+\hat{\boldsymbol{z}}\frac{\partial H_y}{\partial x}=-\hat{\boldsymbol{x}}\frac{A\beta^2}{\mu\omega}\sin(\omega t-\beta z)$$

$$\frac{\partial \boldsymbol{D}}{\partial t}=-\hat{\boldsymbol{x}}\varepsilon\omega A\sin(\omega t-\beta z)$$

所以要使麦克斯韦第一方程 $\nabla\times\boldsymbol{H}=\frac{\partial \boldsymbol{D}}{\partial t}$ 成立，必须有 $\frac{A\beta^2}{\mu\omega}=\varepsilon\omega A$，即 $\beta=\omega\sqrt{\mu\varepsilon}$，因此结论是：当 $\beta=\omega\sqrt{\mu\varepsilon}$ 成立时，满足题中所给表达式的电场是存在的。

思考题

(1) 用法拉第电磁感应定律来分析如图 4-1-4 所示的变压器工作原理。

(2) 麦克斯韦第二方程的物理意义和本质是什么。

(3) 请说明位移电流的物理意义。阐述传导电流、运流电流和位移电流的不同之处。

(4) 位移电流不同于真实的电流，你能用实验的办法来说明其存在吗？

(5) 阐述全电流定律积分式、微分式所对应的各项的物理意义。

(6) 用麦克斯韦第二方程推导出第三方程。

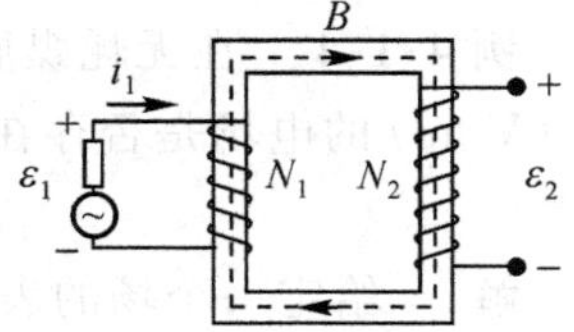

图 4-1-4 变压器原理图

(7) 用麦克斯韦第一方程与第四方程推导出电流连续性方程 $\nabla \cdot \boldsymbol{J} = -\frac{\partial \rho}{\partial t}$。

4.2　时变电磁场的边界条件

4.2.1　不同媒质分解面的边界条件

在静态场中，推导出了在不同媒质的分界面上的边界条件。用同样的方法，也可得到时变电磁场的边界条件。结果发现，虽然麦克斯韦方程组的第一、第二方程和静态场的基本方程不同，但由它们导出的边界条件却与静态场一样。推导留给读者自己，或去查阅相关参考书。将四个边界条件用数学形式表示，如表 4-2-1 所示。

表 4-2-1　时变电磁场边界条件的数学形式

序号	场量	标量表达式	矢量形式
1	电场强度切向	$E_{1t} = E_{2t}$	$\hat{\boldsymbol{n}} \times (\boldsymbol{E}_1 - \boldsymbol{E}_2) = 0$
2	电位移矢量法向	$D_{1n} - D_{2n} = \rho s$	$\hat{\boldsymbol{n}} \cdot (\boldsymbol{D}_1 - \boldsymbol{D}_2) = \rho s$
3	磁场强度切向	$H_{1t} - H_{2t} = J_S$	$\hat{\boldsymbol{n}} \times (\boldsymbol{H}_1 - \boldsymbol{H}_2) = \boldsymbol{J}_S$
4	磁感应强度法向	$B_{1n} = B_{2n}$	$\hat{\boldsymbol{n}} \cdot (\boldsymbol{B}_1 - \boldsymbol{B}_2) = 0$
5	电流密度的法向	$J_{1n} - J_{2n} = \partial \rho_S / \partial t$	$\hat{\boldsymbol{n}} \cdot (\boldsymbol{J}_1 - \boldsymbol{J}_2) = \partial \rho_S / \partial t$
6	电流密度的切向	$\frac{J_{1t}}{\sigma_1} = \frac{J_{2t}}{\sigma_1}$	$\hat{\boldsymbol{n}} \times \left(\frac{\boldsymbol{J}_{1t}}{\sigma_1} - \frac{\boldsymbol{J}_{2t}}{\sigma_1}\right) = \boldsymbol{0}$

注：$\hat{\boldsymbol{n}}$ 的方向是介质 2 指向介质 1 的法向。

时变电磁场边界条件概括如下：(1) 电场强度 $\boldsymbol{E}$ 的切向分量和磁感应强度 $\boldsymbol{B}$ 的法向分量总是无条件连续的；(2) 电位移矢量 $\boldsymbol{D}$ 的法向分量在分界面上没有面分布的自由电荷时是连续的，否则就是不连续的；(3) 磁场强度 $\boldsymbol{H}$ 的切向分量在分界面上没有面电流时是连续的，否则是不连续的。

需要注意以下几点：

(1) 当分界面上的自由面电荷 $\rho_S = 0$ 时，电位移矢量 $\boldsymbol{D}$ 的法向分量连续，即 $D_{1n} = D_{2n}$ 或 $\varepsilon_1 E_{1n} = \varepsilon_2 E_{2n}$，但是分界面两侧的电场强度矢量的法向分量不连续，因为对不同的媒质 $\varepsilon_1 \neq \varepsilon_2$，所以 $E_{1n} \neq E_{2n}$。由于电场强度的切向分量连续，根据 $E_{1t} = D_{1t}/\varepsilon_1$，$E_{2t} = D_{2t}/\varepsilon_2$，知 $D_{1t} \neq D_{2t}$，所以电位移切向分量是不连续的。

(2) 磁感应强度的法向分量连续，即 $B_{1n} = B_{2n}$（或 $\mu_1 H_{1n} = \mu_2 H_{2n}$），但是磁场强度矢量的法向分量不连续，因为对不同的媒质 $\mu_1 \neq \mu_2$，所以 $H_{1n} \neq H_{2n}$。不过，实际情况是，对于非磁性媒质，它们的磁导率都近似等于 μ_0，在不是很严格的情况下，可认为磁场强度的法向分量连续。当分界面上没有自由面电流时，磁场强度的切向分量连续，即 $H_{1t} = H_{2t}$，根据 $B_{1t} = \mu_1 H_{1t}$，$B_{2t} = \mu_2 H_{2t}$，可知此时 $B_{1t} \neq B_{2t}$，即磁感应强度的切向分量不连续，当两种媒质的磁导率都近似为 μ_0 时，可认为连续。

(3) 分界面上的边界条件不是独立的，对时变电磁场，只要电场强度和磁场强度的切向分量边界条件满足表 4-2-1 的式 1 和式 3，则磁感应强度和电位移法向分量边界条件必定满足表 4-2-1 的式 2 和式 4。

4.2.2 理想介质分界面上的边界条件

在两种理想介质的分界面上没有面电流密度和自由电荷密度，即 $\boldsymbol{J}_S = 0$，$\rho_S = 0$。故分界面上的边界条件如下：

电场 $\boldsymbol{E}$ 的切向方向连续：$E_{1t} = E_{2t}$；

磁场 $\boldsymbol{H}$ 的切向方向连续：$H_{1t} = H_{2t}$；

电位移矢量 $\boldsymbol{D}$ 的法向方向连续：$D_{1n} = D_{2n}$；

磁感应强度 $\boldsymbol{B}$ 的法向方向连续：$B_{1n} = B_{2n}$。

4.2.3 理想介质与理想导体分界面上的边界条件

若媒质 1 为理想介质，媒质 2 为理想导体，即 $\sigma_1 = 0$，$\sigma_2 = \infty$，则

1. 在理想导体表面上

(1) 电场和电位移矢量为 $\mathbf{0}$，即 $\boldsymbol{E}_2 = \mathbf{0}$，$\boldsymbol{D}_2 = \mathbf{0}$；否则 $\boldsymbol{J}_2 = \sigma_2 \boldsymbol{E}_2$ 趋向无穷大。

(2) 磁场和磁感应强度也为 $\mathbf{0}$，即 $\boldsymbol{H}_2 = \mathbf{0}$，$\boldsymbol{B}_2 = \mathbf{0}$；因为根据麦克斯韦第二方程 $\partial \boldsymbol{B}/\partial t = \mathbf{0}$，不考虑对时间恒定分量，即积分常数可取 $\mathbf{0}$，于是 $\boldsymbol{B}_2 = \mathbf{0}$。

2. 在理想介质上

$$\hat{\boldsymbol{n}} \times \boldsymbol{E}_1 = \mathbf{0},\quad \hat{\boldsymbol{n}} \cdot \boldsymbol{D}_1 = \rho_S,\quad \hat{\boldsymbol{n}} \times \boldsymbol{H}_1 = \boldsymbol{J}_S,\quad \hat{\boldsymbol{n}} \cdot \boldsymbol{B}_1 = 0 \tag{4-2-1}$$

上式表明，电场总是与理想导体表面相垂直，磁场总是与导体表面相切。

综上所述，在理想导体内部不存在电场，也不存在磁场，即使在时变电磁场条件下，理想导体内部也不存在电磁场，所有场量为零。在理想导体表面电场总是与理想导体表面相垂直，磁场总是与导体表面相切。

实际上理想导体与理想介质是不存在的，对 σ 很大的良导体当电磁波频率很高时，电磁场只能存在于导体外表面的薄层内，所以对于 σ 非常大的良导体与空气分界面可以用理想导体分界面来近似处理。

例 4-2-1 在媒质 1 与媒质 2 的平坦分界面上，有人画出时变电磁场在边界上某点的电场矢量情况，如图 4-2-1 所示，根据边界条件分别判断是否可能。

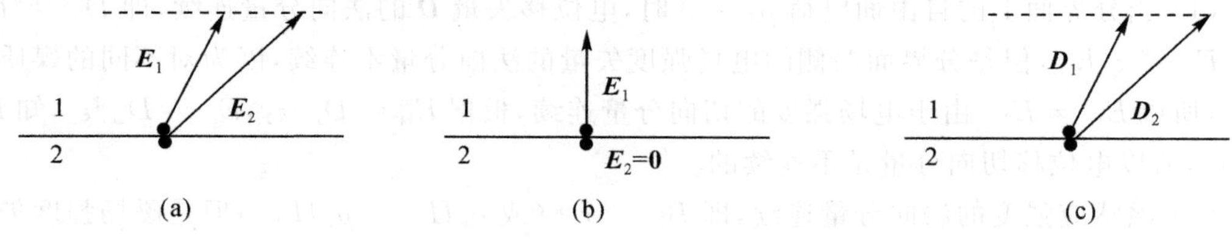

图 4-2-1 边界条件的应用举例

解 (1) 从图(a)可知，$E_{1t} \neq E_{2t}$，即电场强度切向分量不连续，与边界条件 $E_{1t} = E_{2t}$ 矛盾，所以不可能。

(2) 从图(b) 可知，$E_{1t} = E_{2t} = 0$，与边界条件相符，可能。

(3) 从图(c) 可知，$D_{1n} = D_{2n}$。由边界条件可知，当分界面上 $\rho_S = 0$ 时，电位移的法向分量连续，即 $D_{1n} = D_{2n}$，所以当 $\rho_S = 0$ 时是可能的。

思考题

(1) 在什么条件下,电位移矢量的法向分量连续?在什么条件下,电位移矢量法向分量不连续?

(2) 在什么条件下,磁场强度的法向分量连续?在什么条件下,磁场强度法向分量不连续?

(3) 理想导磁体表面的边界条件是什么?

4.3 坡印廷定理和坡印廷矢量

4.3.1 坡印廷定理

电磁场是一种物质并具有能量。我们已经知道在各向同性线性媒质的静态场中电场能量密度为

$$w_e = \frac{1}{2}\boldsymbol{E} \cdot \boldsymbol{D} = \frac{1}{2}\varepsilon E^2 \tag{4-3-1}$$

磁场能量密度为

$$w_m = \frac{1}{2}\boldsymbol{B} \cdot \boldsymbol{H} = \frac{1}{2}\mu H^2 \tag{4-3-2}$$

从而总的电磁能量密度为

$$w = w_e + w_m = \frac{1}{2}\varepsilon E^2 + \frac{1}{2}\mu H^2 \tag{4-3-3}$$

对于时变电磁场而言,上述能量密度公式还是适用的,它们不仅是坐标的函数,而且还是时间的函数。电场和磁场之间相互激发,相互转化,并以波动的形式在空间中运动和传播,此时电磁总能量密度可写成如下形式:

$$w = w_e + w_m = \frac{1}{2}\varepsilon E^2(r,t) + \frac{1}{2}\mu H^2(r,t) \tag{4-3-4}$$

式(4-3-4)表示能量密度是空间位置和时间的函数,说明空间各点电磁能量密度在发生转移和变化,转移和变化规律由坡印廷定理(Poynting's Theorem)给出,该定理指出了电磁能量守恒与转换关系,是由英国物理学家坡印廷(John H. Poynting)在 1884 年最初提出的,它可由麦克斯韦方程组直接导出。[①]具体表达式为

$$-\frac{\mathrm{d}W}{\mathrm{d}t} = -\frac{\mathrm{d}}{\mathrm{d}t}\iiint_V w\,\mathrm{d}V = -\iiint_V \frac{\partial w}{\partial t}\mathrm{d}V = \iiint_V (\boldsymbol{J} \cdot \boldsymbol{E})\mathrm{d}V + \oint\!\!\!\oint_S (\boldsymbol{E} \times \boldsymbol{H}) \cdot \mathrm{d}\boldsymbol{S} \tag{4-3-5}$$

式(4-3-5)即为坡印廷定理的数学表示式。该式的物理意义可描述如下:

(1) $-\frac{\mathrm{d}W}{\mathrm{d}t}$ 即为体积 V 内电磁总能量的减少率,其中在体积为 V 的区域中的总能量为

$$W = \iiint_V w\,\mathrm{d}V = \iiint_V (w_e + w_m)\mathrm{d}V$$

(2) 焦耳定律的微分形式为 $p = \boldsymbol{J} \cdot \boldsymbol{E}$,此为热功率密度,即单位时间内单位体积上消耗

---

① 参见王家礼等编著:《电磁场与电磁波》,西安电子科技大学出版社,2004 年,第 135 ~ 137 页。

的焦耳热，所以 $P=\iiint_V p\mathrm{d}V=\iiint_V(\boldsymbol{J}\cdot\boldsymbol{E})\mathrm{d}V$ 就为在体积 V 内单位时间消耗的热功率。此处 $\boldsymbol{J}=\sigma\boldsymbol{E}$ 为欧姆定律的微分形式，但对于运流电流不适用，这点应注意。

(3) 根据能量守恒，体积内电磁总能量的减少，除了以焦耳热形式损耗外，还有一部分即为传出由体积边界所组成的封闭曲面的能量。所以坡印廷定理最右边第二项 $\oiint_S(\boldsymbol{E}\times\boldsymbol{H})\cdot\mathrm{d}\boldsymbol{S}$ 为单位时间内从体积 V 表面流出去的能量，即通过 S 流出体积 V 的功率。

4.3.2 坡印廷矢量

式(4-3-5)中的 $\oiint_S(\boldsymbol{E}\times\boldsymbol{H})\cdot\mathrm{d}\boldsymbol{S}$ 代表单位时间经曲面 S 流出体积 V 的电磁能量，换句话说，是经曲面 S 流出体积 V 的功率，所以 $\boldsymbol{E}\times\boldsymbol{H}$ 代表通过单位面积的电磁场功率流，或电磁场的功率密度(能流密度)，令

$$\boldsymbol{S}=\boldsymbol{E}\times\boldsymbol{H} \tag{4-3-6}$$

则 $\boldsymbol{S}$ 即为电磁功率密度，且是矢量，习惯上称为坡印廷矢量，单位为 $\mathrm{W/m^2}$。$\boldsymbol{S}$ 的方向为能量流动的方向，可由 $\boldsymbol{E}\times\boldsymbol{H}$ 的右手定则确定，如图4-3-1所示，大小为垂直流过单位面积的功率。因此坡印廷矢量也称为电磁功率流密度矢量或能流密度矢量。

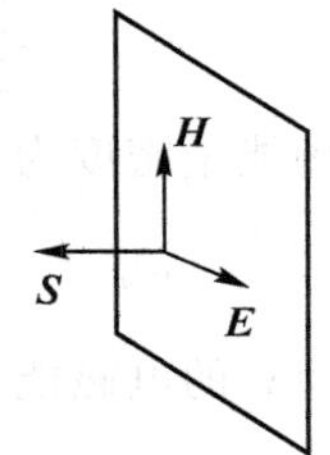

图 4-3-1 $\boldsymbol{E}$、$\boldsymbol{H}$、$\boldsymbol{S}$ 三者之间的关系

要特别注意的是坡印廷矢量 $\boldsymbol{S}$ 与 $\mathrm{d}\boldsymbol{S}$ 中的"$\boldsymbol{S}$"代表完全不同的意义，这里的 $\mathrm{d}\boldsymbol{S}$ 表示面积元。

在静电场和静磁场下有

$$\frac{\partial w}{\partial t}=\frac{\partial}{\partial t}\left(\frac{1}{2}\boldsymbol{E}\cdot\boldsymbol{D}+\frac{1}{2}\boldsymbol{B}\cdot\boldsymbol{H}\right)=0$$

且电流为零，由式(4-3-5)可得 $\oiint_S(\boldsymbol{E}\times\boldsymbol{H})\cdot\mathrm{d}\boldsymbol{S}=0$，意味着单位时间流出包围体积 V 表面的总能量为零，即没有电磁能量流动；在恒定电流的电场和磁场下也有

$$\frac{\partial w}{\partial t}=\frac{\partial}{\partial t}\left(\frac{1}{2}\boldsymbol{E}\cdot\boldsymbol{D}+\frac{1}{2}\boldsymbol{B}\cdot\boldsymbol{H}\right)=0$$

由式(4-3-5)可得

$$\iiint_V\boldsymbol{J}\cdot\boldsymbol{E}\mathrm{d}V=-\oiint_S(\boldsymbol{E}\times\boldsymbol{H})\cdot\mathrm{d}\boldsymbol{S}=-\oiint_S\boldsymbol{S}\cdot\mathrm{d}\boldsymbol{S} \tag{4-3-7}$$

说明在无源区域中，通过 S 面流入体积 V 内的电磁功率等于 V 内的损耗功率；在时变电磁场中，$\boldsymbol{S}=\boldsymbol{E}\times\boldsymbol{H}$ 代表瞬时功率流密度，则通过任意截面积的面积分 $\oiint_S(\boldsymbol{E}\times\boldsymbol{H})\cdot\mathrm{d}\boldsymbol{S}$ 就代表瞬时功率。

例 4-3-1 已知在自由空间中的电磁波的电场和磁场矢量分别为

$$\boldsymbol{E}=\hat{x}E_m\cos(\omega t-kz),\boldsymbol{H}=\hat{y}H_m\cos(\omega t-kz)$$

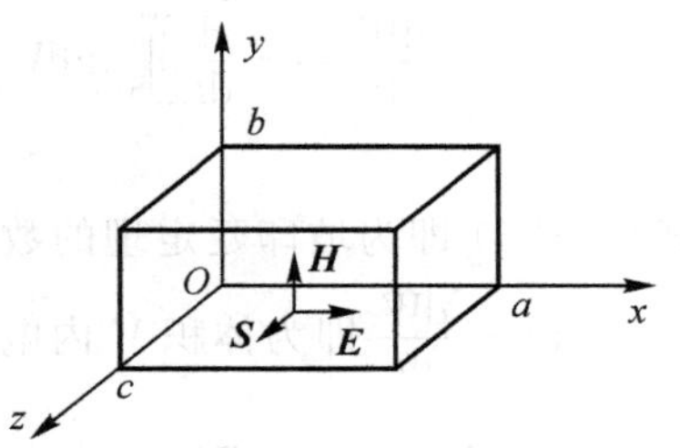

图 4-3-2 例 4-3-1 用图

求：(1) 坡印廷矢量；

(2) 流入如图 4-3-2 所示长方体中的净功率。

解　(1)$\boldsymbol{S}=\boldsymbol{E}\times\boldsymbol{H}$

$$=[\hat{\boldsymbol{x}}E_m\cos(\omega t-kz)]\times[\hat{\boldsymbol{y}}H_m\cos(\omega t-kz)]$$
$$=\hat{\boldsymbol{z}}E_mH_m\cos^2(\omega t-kz)$$

(2) 因$\oiint_S\boldsymbol{S}\cdot\mathrm{d}\boldsymbol{S}$表示流出曲面$S$的功率流，所以$-\oiint_S\boldsymbol{S}\cdot\mathrm{d}\boldsymbol{S}$即为流入的净功率，考虑到坡印廷矢量$\boldsymbol{S}$只有$z$分量，所以闭合曲面积分$\oiint_S\boldsymbol{S}\cdot\mathrm{d}\boldsymbol{S}$只有在$z=0$，$z=c$两个面上的面积分不为零，且与$x$，$y$坐标无关，所以流入长方体的净功率可以简化计算为

$$-\oiint_S\boldsymbol{S}\cdot\mathrm{d}\boldsymbol{S}=-[\boldsymbol{S}\cdot(-\hat{\boldsymbol{z}})ab\mid_{z=0}+\boldsymbol{S}\cdot\hat{\boldsymbol{z}}ab\mid_{z=c}]$$
$$=-[-E_mH_mab\cos^2(\omega t)+E_mH_mab\cos^2(\omega t-kc)]$$
$$=E_mH_mab[\cos^2(\omega t)-\cos^2(\omega t-kc)]$$

接下来举例说明利用坡印廷矢量来计算电路中导体的焦耳热损耗。

例 4-3-2　如图 4-3-3 所示为电路中的某段长直导线，半径为a，电导率为σ，载有直流电流I，计算其上长度为l的导线段损耗的功率。

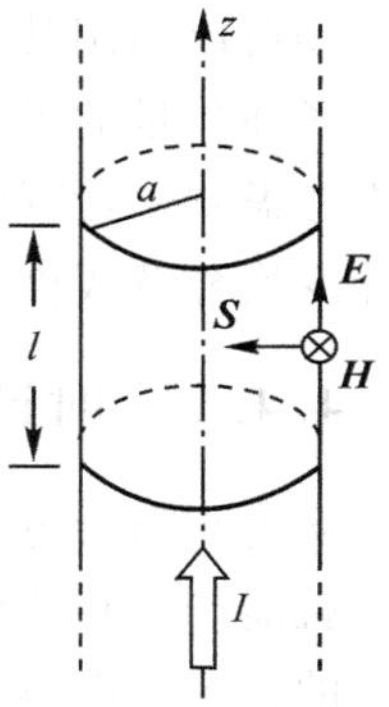

图 4-3-3　例 4-3-2 用图

解　恒定电流的电场和磁场情况下有$\partial w/\partial t=0$，即坡印廷定理简化为

$$\iiint_V\boldsymbol{J}\cdot\boldsymbol{E}\mathrm{d}V=-\oiint_S(\boldsymbol{E}\times\boldsymbol{H})\cdot\mathrm{d}\boldsymbol{S}$$

故导线上的损耗功率就是流入导线的电磁功率。沿着电流方向为z轴建立圆柱坐标系。设直流电流均匀分布在导线的横截面上，于是

$$\boldsymbol{J}=\hat{\boldsymbol{z}}\frac{I}{\pi a^2},\quad \boldsymbol{E}=\frac{\boldsymbol{J}}{\sigma}=\hat{\boldsymbol{z}}\frac{I}{\pi a^2\sigma}$$

在导线表面上的磁场为$\boldsymbol{H}=\hat{\boldsymbol{\varphi}}\dfrac{I}{2\pi a}$，所以

$$\boldsymbol{S}=\boldsymbol{E}\times\boldsymbol{H}=-\hat{\boldsymbol{\rho}}\frac{I^2}{2\pi^2\sigma a^3}$$

流入l长直导线的电磁功率为

$$-\oiint_S\boldsymbol{S}\cdot\mathrm{d}\boldsymbol{S}=-\oiint_S\boldsymbol{S}\cdot\hat{\boldsymbol{\rho}}\mathrm{d}S=\frac{I^2}{2\pi^2\sigma a^3}\cdot 2\pi al$$
$$=I^2\frac{l}{\pi a^2\sigma}=I^2R$$

其中R为l长直导线的电阻，这个结果与利用$\iiint_V\boldsymbol{J}\cdot\boldsymbol{E}\mathrm{d}V$算得的结果是一样的：

$$\iiint_V\boldsymbol{J}\cdot\boldsymbol{E}\mathrm{d}V=\iiint_V\left(\hat{\boldsymbol{z}}\frac{I}{\pi a^2}\right)\cdot\left(\hat{\boldsymbol{z}}\frac{I}{\pi a^2\sigma}\right)\mathrm{d}V=\left(\frac{I}{\pi a^2}\right)\frac{1}{\sigma}\pi a^2l=I^2R$$

而且与在电路分析中的结果相同，这不但验证了坡印廷定理，同时，也使我们更进一步认识到了电场与磁场的物质性。从本例还能看出，电路中的能量传输不能简单理解为在导线内部传输，而是在导线外的空间传输，导线只是起到引导电磁能量的作用。

思考题

(1) 简述坡印廷矢量 $\boldsymbol{S}(\boldsymbol{r},t)$ 的物理意义。

(2) 试写出导电媒质中坡印廷定理的积分形式,并说明其物理意义。

(3) 如果例 4-3-1 中的磁场未知,能否求解,如能又如何求解?

4.4 时谐变电磁场

时变电磁场是指场源、场量随时间变化的电磁场。本节要讨论的是一种在工程技术中经常要遇到的特殊的时变电磁场,即场源、场量随时间作正弦或余弦变化,这样的场称为正弦电磁场,也称为时谐变电磁场。对于时谐变电磁场,讨论的重要性不仅在于其在工程技术中经常遇到,还在于其是分析其他时变电磁场的基础。首先,对于场源是单频正弦时间函数时,电磁场可以利用其复数形式来分析,又由于麦克斯韦方程组是线性偏微分方程组,场源所激励的场强矢量的各个分量在正弦稳态时,仍为同频率的正弦时间函数。这样在讨论时,可以先不考虑频率,使问题得到简化;其二,任何周期性的或非周期性的时变电磁场可以利用傅里叶变换分解成许多不同频率的正弦电磁场的叠加或积分。

4.4.1 时谐变电磁场的形成过程

从麦克斯韦方程组的第一和第二方程可以看出,当场源产生了随时间变化的电场或磁场后就能产生相应的磁场或电场,继续按第一、第二方程分析所产生的电场与磁场又能激发相应的磁场与电场,而不断激发产生的电磁场随时间不断向外扩展,这种电场与磁场互相激发,在空间传播的电磁场我们称之为电磁波。对于时谐变的电场和磁场就产生了相应的时谐变磁场和电场,这样在整个空间中充满时谐变电磁场,由此形成了时谐变电磁波。

4.4.2 时谐变电磁场的复矢量表示方式

研究时谐变电磁场,可以与正弦交流电路中的相量一样,引入一个复数,从而使分析计算简化,这里以电场强度 $\boldsymbol{E}$ 为例来说明表示方法,对于电磁场的其他量完全可以照此方法来做。

在直角坐标系中,电场是坐标与时间的函数,所以

$$\boldsymbol{E}=\boldsymbol{E}(x,y,z,t)=\hat{\boldsymbol{x}}E_x(x,y,z,t)+\hat{\boldsymbol{y}}E_y(x,y,z,t)+\hat{\boldsymbol{z}}E_z(x,y,z,t)$$

对于 x 分量有[①]

$$E_x(x,y,,t)=E_{xm}(x,y,z)\cos[\omega t+\varphi_x(x,y,z)]$$

可表示为 $$E_x=\mathrm{Re}[E_{xm}\mathrm{e}^{\mathrm{j}(\omega t+\varphi_x)}]=\mathrm{Re}[\dot{E}_{xm}\mathrm{e}^{\mathrm{j}\omega t}]$$

“Re”是取复数的实部的符号,φ_x 为 x 分量的初相角,ω 为角频率。这里省去了函数中的坐标变量。因为 E_{xm} 为 E_x 的振幅,所以 $\dot{E}_{xm}=E_{xm}\mathrm{e}^{\mathrm{j}\varphi_x}$ 称为 E_x 的复振幅。

---

① 本书统一用时间的余弦函数来表示时谐变规律,有些书中用正弦函数,这不矛盾,结果是一样的,但要统一,否则要出错。

同理，$E_y = \mathrm{Re}[\dot{E}_{xm}\mathrm{e}^{\mathrm{j}\omega t}]$ 为 E_y 的复振幅，其中 $\dot{E}_{ym} = E_{ym}\mathrm{e}^{\mathrm{j}\varphi_y}$；$E_z = \mathrm{Re}[\dot{E}_{zm}\mathrm{e}^{\mathrm{j}\omega t}]$ 为 E_z 的复振幅，其中 $\dot{E}_{zm} = E_{zm}\mathrm{e}^{\mathrm{j}\varphi_z}$。所以

$$\boldsymbol{E} = \hat{\boldsymbol{x}}E_x + \hat{\boldsymbol{y}}E_y + \hat{\boldsymbol{z}}E_z = \mathrm{Re}[(\hat{\boldsymbol{x}}\dot{E}_{xm} + \hat{\boldsymbol{y}}\dot{E}_{ym} + \hat{\boldsymbol{z}}\dot{E}_{zm})\mathrm{e}^{\mathrm{j}\omega t}] = \mathrm{Re}[\dot{\boldsymbol{E}}_m\mathrm{e}^{\mathrm{j}\omega t}] \tag{4-4-1}$$

其中 $\dot{\boldsymbol{E}}_m = \hat{\boldsymbol{x}}\dot{E}_{xm} + \hat{\boldsymbol{y}}\dot{E}_{ym} + \hat{\boldsymbol{z}}\dot{E}_{zm}$ 为 $\boldsymbol{E}$ 的复振幅。

复振幅仅仅只是空间坐标的函数，与时间 t 完全无关，而且瞬时值与复振幅形成了一一对应的关系。若已知瞬时值，只要将其变换成为某一不含时间的复数与 $\mathrm{e}^{\mathrm{j}\omega t}$ 乘积的实部，则这一不含时间的复数就是给定瞬时值的复振幅；若已知复振幅，只要将其乘以 $\mathrm{e}^{\mathrm{j}\omega t}$ 然后取实部所得结果即为给定复振幅的瞬时值。因此研究时谐变电磁场可以通过其复振幅进行，以后我们将 $\dot{\boldsymbol{E}} = \hat{\boldsymbol{x}}\dot{E}_{xm} + \hat{\boldsymbol{y}}\dot{E}_{ym} + \hat{\boldsymbol{z}}\dot{E}_{zm}$ 称为瞬时值的复数形式。这里瞬时值为

$$\boldsymbol{E} = \hat{\boldsymbol{x}}E_x + \hat{\boldsymbol{y}}E_y + \hat{\boldsymbol{z}}E_z = \hat{\boldsymbol{x}}E_{xm}\cos(\omega t + \varphi_x) + \hat{\boldsymbol{y}}E_{ym}\cos(\omega t + \varphi_y) + \hat{\boldsymbol{z}}E_{zm}\cos(\omega t + \varphi_z)$$

瞬时值与复数形式是一一对应的，同样各个分量也有其复数形式。

例 4-4-1　将下列各场量的瞬时值形式变换成复数形式，复数形式变换成瞬时值形式。

(1)$\boldsymbol{E} = \hat{\boldsymbol{x}}E_0\cos(\omega t + \varphi_x)$；(2)$\boldsymbol{H} = \hat{\boldsymbol{x}}0.5\ \sin(kz - \omega t)$；(3)$\dot{\boldsymbol{H}} = \hat{\boldsymbol{y}}H_0\mathrm{e}^{\varphi_y}$；(4)$\dot{\boldsymbol{H}} = \hat{\boldsymbol{x}}\mathrm{j}H_0\mathrm{e}^{-\mathrm{j}\beta z}$。

解　(1) 因为 $\boldsymbol{E} = \mathrm{Re}[\hat{\boldsymbol{x}}E_0\mathrm{e}^{\mathrm{j}(\omega t+\varphi_x)}] = \mathrm{Re}[\hat{\boldsymbol{x}}E_0\mathrm{e}^{\mathrm{j}\varphi_x}\mathrm{e}^{\mathrm{j}\omega t}]$，所以 $\boldsymbol{E}$ 的复数形式为

$$\dot{\boldsymbol{E}} = \hat{\boldsymbol{x}}E_0\mathrm{e}^{\mathrm{j}\varphi_x}$$

(2) 因为 $\boldsymbol{H} = \hat{\boldsymbol{x}}0.5\cos\left(\omega t - kz + \frac{\pi}{2}\right) = \mathrm{Re}[\hat{\boldsymbol{x}}\ 0.5\ \mathrm{e}^{\mathrm{j}(\omega t - kz + \frac{\pi}{2})}]$，所以 $\boldsymbol{H}$ 的复数形式为

$$\dot{\boldsymbol{H}} = \hat{\boldsymbol{x}}0.5\mathrm{e}^{\mathrm{j}(-kz+\frac{\pi}{2})} = \hat{\boldsymbol{x}}\mathrm{j}0.5\mathrm{e}^{-\mathrm{j}kz}$$

(3)$\boldsymbol{H}$ 瞬时值形式为 $\boldsymbol{H} = \mathrm{Re}[\dot{\boldsymbol{H}}\mathrm{e}^{\mathrm{j}\omega t}] = \mathrm{Re}[\hat{\boldsymbol{y}}H_0\mathrm{e}^{\varphi_y}\mathrm{e}^{\mathrm{j}\omega t}] = \hat{\boldsymbol{y}}H_0\cos(\omega t + \varphi_y)$

(4)$\boldsymbol{H}$ 瞬时值形式为 $\boldsymbol{H} = \mathrm{Re}[\dot{\boldsymbol{H}}\mathrm{e}^{\mathrm{j}\omega t}] = \mathrm{Re}[\hat{\boldsymbol{x}}\mathrm{j}H_0\mathrm{e}^{-\mathrm{j}\beta z}\mathrm{e}^{\mathrm{j}\omega t}]$

$$= \mathrm{Re}[\hat{\boldsymbol{x}}H_0\mathrm{e}^{\mathrm{j}(\omega t - \beta z + \frac{\pi}{2})}] = \hat{\boldsymbol{x}}H_0\cos\left(\omega t - \beta z + \frac{\pi}{2}\right)$$

要注意复数形式与瞬时值形式不能用等号，如第(1) 小题若写成 $\hat{\boldsymbol{x}}E_0\cos(\omega t + \varphi_x) = \hat{\boldsymbol{x}}E_0\mathrm{e}^{\mathrm{j}\varphi_x}$ 是错误的。

瞬时值形式与复数形式之间的变换是研究时谐场的基础，一定要灵活掌握。引入复数形式后，不仅使得四维(x,y,z,t) 矢量函数简化成了空间(x,y,z) 的三维矢量函数，而且对时间的导数也将变得非常简单。以电场为例，由于

$$\frac{\partial E_x(x,y,z,t)}{\partial t} = \frac{\partial}{\partial t}[E_{xm}\cos(\omega t + \varphi_x)] = -\omega E_{xm}\sin(\omega t + \varphi_x)$$

$$= \mathrm{Re}[\mathrm{j}\omega E_{xm}\mathrm{e}^{\mathrm{j}\omega t}\mathrm{e}^{\mathrm{j}\varphi_x}] = \mathrm{Re}[\mathrm{j}\omega E_{xm}\mathrm{e}^{\mathrm{j}\varphi_x}\mathrm{e}^{\mathrm{j}\omega t}] = \mathrm{Re}[\mathrm{j}\omega\dot{E}_{xm}\mathrm{e}^{\mathrm{j}\omega t}]$$

所以，$\frac{\partial E_x}{\partial t}$ 的复振幅形式为 $\mathrm{j}\omega\dot{E}_{xm}$，即只需用 $\mathrm{j}\omega$ 因子去乘以 E_x 的复振幅 $\dot{E}_{xm}$ 即可。

4.4.3　复数形式的麦克斯韦方程组

根据以上讨论，我们可以写出复数形式的麦克斯韦方程组。先看麦克斯韦第一方程的微

分形式 $\nabla\times\boldsymbol{H}=\boldsymbol{J}+\dfrac{\partial\boldsymbol{D}}{\partial t}$，由于 $\nabla\times\boldsymbol{H}=\nabla\times\mathrm{Re}[\dot{\boldsymbol{H}}\mathrm{e}^{\mathrm{j}\omega t}]=\mathrm{Re}[(\nabla\times\dot{\boldsymbol{E}})\mathrm{e}^{\mathrm{j}\omega t}]$，并且 $\boldsymbol{J}=\mathrm{Re}[\dot{\boldsymbol{J}}\mathrm{e}^{\mathrm{j}\omega t}]$，$\boldsymbol{D}=\mathrm{Re}[\dot{\boldsymbol{D}}\mathrm{e}^{\mathrm{j}\omega t}]$，$\dfrac{\partial\boldsymbol{D}}{\partial t}=\mathrm{Re}[\mathrm{j}\omega\dot{\boldsymbol{D}}\mathrm{e}^{\mathrm{j}\omega t}]$。将以上各式代入麦克斯韦第一方程得

$$\mathrm{Re}[(\nabla\times\dot{\boldsymbol{H}})\mathrm{e}^{\mathrm{j}\omega t}]=\mathrm{Re}[(\dot{\boldsymbol{J}}+\mathrm{j}\omega\dot{\boldsymbol{D}})\mathrm{e}^{\mathrm{j}\omega t}]$$

上式对于任意时刻 t 均成立，所以

$$\nabla\times\dot{\boldsymbol{H}}=\dot{\boldsymbol{J}}+\mathrm{j}\omega\dot{\boldsymbol{D}}\tag{4-4-2}$$

可见引入复数形式后，可以把对时间的导数运算变成复数的代数运算，从而使计算简化。

用同样的方法可以得到其他麦克斯韦方程的复数形式，如表 4-4-1 所示。

表 4-4-1 麦克斯韦方程组的复数形式

	积分形式	微分形式
第一方程	$\oint_C\dot{\boldsymbol{H}}\cdot\mathrm{d}\boldsymbol{l}=\iint_S(\dot{\boldsymbol{J}}+\mathrm{j}\omega\dot{\boldsymbol{D}})\cdot\mathrm{d}\boldsymbol{S}$	$\nabla\times\dot{\boldsymbol{H}}=\dot{\boldsymbol{J}}+\mathrm{j}\omega\dot{\boldsymbol{D}}$
第二方程	$\oint_C\dot{\boldsymbol{E}}\cdot\mathrm{d}\boldsymbol{l}=-\mathrm{j}\omega\iint_S\dot{\boldsymbol{B}}\cdot\mathrm{d}\boldsymbol{S}$	$\nabla\times\dot{\boldsymbol{E}}=-\mathrm{j}\omega\dot{\boldsymbol{B}}$
第三方程	$\oiint_S\dot{\boldsymbol{B}}\cdot\mathrm{d}\boldsymbol{S}=0$	$\nabla\cdot\dot{\boldsymbol{B}}=0$
第四方程	$\oiint_S\dot{\boldsymbol{D}}\cdot\mathrm{d}\boldsymbol{S}=\iiint_V\dot{\rho}\mathrm{d}V$	$\nabla\cdot\dot{\boldsymbol{D}}=\dot{\rho}$

电流连续性方程的复数形式为

$$\nabla\cdot\dot{\boldsymbol{J}}=-\mathrm{j}\omega\dot{\rho}\text{（微分形式）},\oiint_S\dot{\boldsymbol{J}}\cdot\mathrm{d}\boldsymbol{S}=-\mathrm{j}\omega\iiint_V\dot{\rho}\mathrm{d}V\text{（积分形式）}\tag{4-4-3}$$

本构方程的复数形式为

$$\dot{\boldsymbol{D}}=\varepsilon\dot{\boldsymbol{E}},\quad\dot{\boldsymbol{B}}=\mu\dot{\boldsymbol{H}},\quad\dot{\boldsymbol{J}}=\sigma\dot{\boldsymbol{E}}\tag{4-4-4}$$

4.4.4 复数形式的坡印廷矢量

坡印廷矢量 $\boldsymbol{S}(t)=\boldsymbol{E}(t)\times\boldsymbol{H}(t)$ 表示瞬时电磁功率流密度，在计算中由于是两个场量的叉积，用复数形式时不能简单地等效于相应场量的复振幅的叉积。另外在工程应用上空间一点的瞬时电磁功率流密度的时间平均值比瞬时值更具有实用价值。

对于复数 $a+\mathrm{j}b$，由于

$$\mathrm{Re}[a+\mathrm{j}b]=\frac{1}{2}[(a+\mathrm{j}b)+(a-\mathrm{j}b)]=\frac{1}{2}[(a+\mathrm{j}b)+(a+\mathrm{j}b)^*]$$

所以对于时谐变电磁场中的电场和磁场矢量可表示为

$$\boldsymbol{E}(t)=\mathrm{Re}[\dot{\boldsymbol{E}}\mathrm{e}^{\mathrm{j}\omega t}]=\frac{1}{2}[\dot{\boldsymbol{E}}\mathrm{e}^{\mathrm{j}\omega t}+(\dot{\boldsymbol{E}}\mathrm{e}^{\mathrm{j}\omega t})^*]=\frac{1}{2}[\dot{\boldsymbol{E}}\mathrm{e}^{\mathrm{j}\omega t}+\dot{\boldsymbol{E}}^*\mathrm{e}^{-\mathrm{j}\omega t}]\tag{4-4-5}$$

$$\boldsymbol{H}(t)=\mathrm{Re}[\dot{\boldsymbol{H}}\mathrm{e}^{\mathrm{j}\omega t}]=\frac{1}{2}[\dot{\boldsymbol{H}}\mathrm{e}^{\mathrm{j}\omega t}+\dot{\boldsymbol{H}}^*\mathrm{e}^{-\mathrm{j}\omega t}]\tag{4-4-6}$$

从而可以推得在一个周期 T 内坡印廷矢量的平均值 $\boldsymbol{S}_{\mathrm{av}}$ 为

$$\boldsymbol{S}_{\mathrm{av}}=\frac{1}{T}\int_0^T\boldsymbol{S}(t)\mathrm{d}t=\frac{1}{2}\mathrm{Re}[\dot{\boldsymbol{E}}\times\dot{\boldsymbol{H}}^*]=\mathrm{Re}\left[\frac{1}{2}\dot{\boldsymbol{E}}\times\dot{\boldsymbol{H}}^*\right]=\mathrm{Re}[\dot{\boldsymbol{S}}]\tag{4-4-7}$$

其中

$$\dot{S}=\frac{1}{2}\dot{E}\times\dot{H}^{*} \tag{4-4-8}$$

称为复坡印廷矢量，它与时间无关，表示复功率流密度，实部为平均功率流密度 S_{av}，即有功功率流密度，相应的虚部为无功功率流密度。注意：讨论中把坐标省去了，如 $\boldsymbol{S}(x,y,z,t)$ 写成 $\boldsymbol{S}(t)$，$\boldsymbol{E}(x,y,z)$ 写成 $\boldsymbol{E}$。$\boldsymbol{S}_{av}$ 也称为平均坡印廷矢量，它是工程技术中重要的物理量，为计算该量，一般先利用场量的复数形式通过公式(4-4-8) 求得复坡印廷矢量 $\dot{\boldsymbol{S}}$，然后取实部即可。

根据前述讨论方法，读者不妨试着分别写出单位体积内电场和磁场能量密度、导电损耗功率密度在一个周期 T 内的时间平均值

$$w_{av,e}=\frac{1}{4}\mathrm{Re}[\dot{\boldsymbol{E}}\cdot\dot{\boldsymbol{D}}^{*}],w_{av,m}=\frac{1}{4}\mathrm{Re}[\dot{\boldsymbol{B}}\cdot\dot{\boldsymbol{H}}^{*}],p_{av}=\frac{1}{2}\mathrm{Re}[\dot{\boldsymbol{J}}\cdot\dot{\boldsymbol{E}}^{*}] \tag{4-4-9}$$

本章后面所研究的场量一般都是复振幅。为书写方便，省去上面一点，形式上变成与瞬时值一样。要注意根据不同情况区分是瞬时值还是复振幅。当然有些场合理解成哪一种形式都是一样的。如 $\nabla\times\boldsymbol{H}=\boldsymbol{J}+\mathrm{j}\omega\boldsymbol{D}$ 和 $\boldsymbol{S}=\frac{1}{2}\boldsymbol{E}\times\boldsymbol{H}^{*}$ 显然是复振幅形式；而 $\nabla\cdot\boldsymbol{D}=\rho$ 两种形式都可以理解。

在由 S 闭合曲面包围的体积 V 内，坡印廷定理的复数积分形式可以写为[①]

$$\oint_S\frac{1}{2}(\boldsymbol{E}\times\boldsymbol{H}^{*})\cdot\mathrm{d}\boldsymbol{S}=\int_V\frac{1}{2}\boldsymbol{E}\cdot\boldsymbol{J}^{*}\mathrm{d}V+\mathrm{j}\omega\int_V\left(\frac{1}{2}\boldsymbol{B}\cdot\boldsymbol{H}^{*}-\frac{1}{2}\boldsymbol{E}\cdot\boldsymbol{D}^{*}\right)\mathrm{d}V \tag{4-4-10}$$

对照式(4-4-9) 就能看出复坡印廷定理的物理意义。上式左边表示流入体积 V 内的复功率。右边第一部分是实部，表示导电损耗平均热功率，即体积V内一个周期所减少的平均电磁总能量，即为有功功率；右边第二部分是虚部，表示体积V内磁场和电场时间变化率的差，即为无功功率。

例 4-4-2　已知无源($\rho=0,J=0$)的自由空间中，时变电磁场的电场强度复矢量为 $\boldsymbol{E}=\hat{\boldsymbol{y}}E_0\sin\frac{\pi x}{a}\cdot\mathrm{e}^{-\mathrm{j}kz}$ (V/m)，式中 E_0、a、k 为常数，求：(1) 磁场强度矢量及该电磁场存在的条件；(2) 坡印廷矢量的瞬时值；(3) 平均坡印廷矢量及通过如图 4-4-1 所示矩形平面的平均功率。

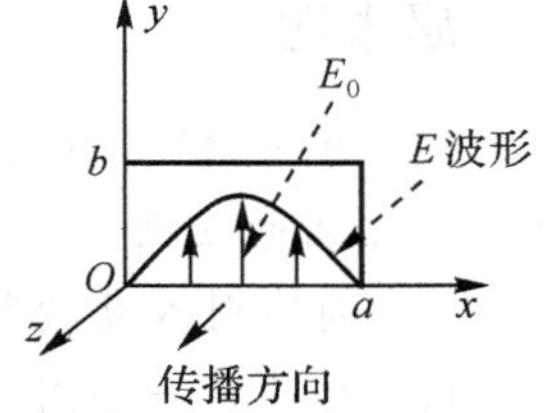

图 4-4-1　例 4-4-2 用图

解　(1) 由麦克斯韦第二方程 $\nabla\times\boldsymbol{E}=-\mathrm{j}\omega\boldsymbol{B}=-\mathrm{j}\omega\mu\boldsymbol{H}$ 得

$$\boldsymbol{H}=-\frac{1}{\mathrm{j}\omega\mu}\nabla\times\boldsymbol{E}=-\frac{1}{\mathrm{j}\omega\mu}\begin{vmatrix}\hat{\boldsymbol{x}}&\hat{\boldsymbol{y}}&\hat{\boldsymbol{z}}\\\frac{\partial}{\partial x}&\frac{\partial}{\partial y}&\frac{\partial}{\partial z}\\0&E_y&0\end{vmatrix}=-\hat{\boldsymbol{x}}\frac{kE_0}{\omega\mu}\sin\frac{\pi x}{a}\cdot\mathrm{e}^{-\mathrm{j}kz}+\hat{\boldsymbol{z}}\mathrm{j}\frac{\pi E_0}{a\omega\mu}\cos\frac{\pi x}{a}\cdot\mathrm{e}^{-\mathrm{j}kz}$$

由于 $\boldsymbol{E}$ 只有 y 分量，且该分量与 y 无关，所以 $\nabla\cdot\boldsymbol{D}=\nabla\cdot(\varepsilon\boldsymbol{E})=0$。又由于

① 此式的推导过程可参见俞大光著的《电工基础》下册，人民教育出版社，1982 年 2 月，第 9 版中关于"正弦电磁波"论述。

$$\nabla \cdot \boldsymbol{B} = \nabla \cdot (\mu \boldsymbol{H}) = \mu\left(\frac{\partial H_x}{\partial x} + \frac{\partial H_y}{\partial y} + \frac{\partial H_z}{\partial z}\right) = 0$$

所以麦克斯韦第二、三、四方程已经无条件成立。为使第一方程 $\nabla \times \boldsymbol{H} = \boldsymbol{J} + \mathrm{j}\omega \boldsymbol{D} = \mathrm{j}\omega\varepsilon \boldsymbol{E}$ 也成立，将 $\boldsymbol{E}$ 和 $\boldsymbol{H}$ 表达式代入第一方程可得

$$\boldsymbol{k}^2 = \omega^2\mu\varepsilon + \left(\frac{\pi}{a}\right)^2$$

这就是使该电磁场存在的条件。

(2) 电场、磁场的瞬时值为

$$\boldsymbol{E}(t) = \mathrm{Re}[\boldsymbol{E}\mathrm{e}^{\mathrm{j}\omega t}] = \hat{\boldsymbol{y}}E_0 \sin\frac{\pi x}{a} \cdot \cos(\omega t - kz)$$

$$\boldsymbol{H}(t) = \mathrm{Re}[\boldsymbol{H}\mathrm{e}^{\mathrm{j}\omega t}] = -\hat{\boldsymbol{x}}\frac{kE_0}{\omega\mu}\sin\frac{\pi x}{a} \cdot \cos(\omega t - kz) - \hat{\boldsymbol{z}}\frac{\pi E_0}{a\omega\mu}\cos\frac{\pi x}{a} \cdot \sin(\omega t - kz)$$

所以，坡印廷矢量的瞬时值为

$$\begin{aligned}\boldsymbol{S}(t) &= \boldsymbol{E}(t) \times \boldsymbol{H}(t)\\ &= \hat{\boldsymbol{z}}\frac{kE_0^2}{\omega\mu}\sin^2\frac{\pi x}{a} \cdot \cos^2(\omega t - kz) - \hat{\boldsymbol{x}}\frac{\pi E_0^2}{4a\omega\mu}\sin\frac{2\pi x}{a} \cdot \sin\frac{2\pi x}{a} \cdot \sin^2(\omega t - kz)\end{aligned}$$

(3) 平均坡印廷矢量为

$$\begin{aligned}\boldsymbol{S}_{\mathrm{av}} &= \mathrm{Re}[\boldsymbol{S}] = \frac{1}{2}\mathrm{Re}[\boldsymbol{E} \times \boldsymbol{H}^*]\\ &= \frac{1}{2}\mathrm{Re}\left[\left(\hat{\boldsymbol{y}}E_0\sin\frac{\pi x}{a} \cdot \mathrm{e}^{-\mathrm{j}kz}\right) \times \left(-\hat{\boldsymbol{x}}\frac{kE_0}{\omega\mu}\sin\frac{\pi x}{a} \cdot \mathrm{e}^{\mathrm{j}kz} - \hat{\boldsymbol{z}}\mathrm{j}\frac{\pi E_0}{a\omega\mu}\cos\frac{\pi x}{a} \cdot \mathrm{e}^{\mathrm{j}kz}\right)\right]\\ &= \frac{1}{2}\mathrm{Re}\left[\hat{\boldsymbol{z}}\frac{kE_0^2}{\omega\mu}\sin^2\frac{\pi x}{a} - \hat{\boldsymbol{x}}\mathrm{j}\frac{\pi E_0^2}{a\omega\mu}\sin\frac{\pi x}{a} \cdot \cos\frac{\pi x}{a}\right] = \hat{\boldsymbol{z}}\frac{kE_0^2}{2\omega\mu}\sin^2\frac{\pi x}{a}\end{aligned}$$

通过矩形平面的平均功率为

$$\boldsymbol{P}_{\mathrm{av}} = \iint_S \boldsymbol{S}_{\mathrm{av}} \cdot \mathrm{d}\boldsymbol{S} = \int_0^b\int_0^a \frac{kE_0^2}{2\omega\mu}\sin^2\frac{\pi x}{a}\mathrm{d}x\mathrm{d}y = \frac{kE_0^2}{4\omega\mu}ab$$

思考题

(1) 电场、磁场与电磁波之间的联系与区别如何。并分析电场、磁场方向与电磁波的传播方向之间的区别。

(2) 简述引入复坡印廷矢量的意义。

(3) 推导在一个周期 T 内坡印廷矢量的平均值 S_{av} 的表达式(4-4-7)。

4.5 平面电磁波

从前几节的讨论可知媒质中任何一点的电磁场量的变化规律可由麦克斯韦方程组来决定，通过麦克斯韦方程组我们能知道电磁场的传播规律。这一节及以后几节将主要讨论时变电磁场在空间传播而引成的电磁波的性质和规律。

根据波阵面(在某一时刻由波动达到的空间各点所构成的面，即相位相同的面，也叫等相面或波前)的不同，电磁波可以分为平面电磁波、柱面电磁波和球面电磁波等。对于距离波源相当远且研究范围比较小的情况，各种类型的电磁波都可看作是平面波来近似处理，如

图 4-5-1 所示，在距离波源很远处，球面变成了平面。平面波（尤其是均匀平面波）的传播规律简单且具有普遍意义，这里重点讨论均匀平面电磁波。

本节我们先从麦克斯韦方程组出发得到普遍适用的电磁场波动方程，然后讨论理想介质中的均匀平面电磁波的特点。

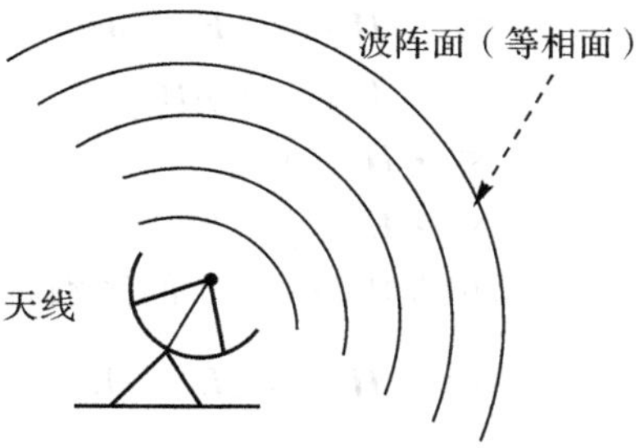

图 4-5-1　球面波近似看作平面波

4.5.1　波动方程

考虑一种最简单最普遍的情况，即媒质均匀、线性、各向同性的无源区域（$\rho = 0, \boldsymbol{J} = \boldsymbol{0}, \sigma = 0$）的情况，由麦克斯韦方程组的微分形式可导出波动方程为

$$\nabla^2 \boldsymbol{E} - \mu\varepsilon \frac{\partial^2 \boldsymbol{E}}{\partial t^2} = \boldsymbol{0} \tag{4-5-1a}$$

$$\nabla^2 \boldsymbol{H} - \mu\varepsilon \frac{\partial^2 \boldsymbol{H}}{\partial t^2} = \boldsymbol{0} \tag{4-5-1b}$$

式（4-5-1）是 $\boldsymbol{E}$ 和 $\boldsymbol{H}$ 满足的无源、理想介质中的瞬时值矢量齐次波动方程。其中拉普拉斯算子“∇^2”为坐标的二阶偏导数，以式（4-5-1a）为例可展开成

$$\frac{\partial^2 \boldsymbol{E}}{\partial x^2} + \frac{\partial^2 \boldsymbol{E}}{\partial y^2} + \frac{\partial^2 \boldsymbol{E}}{\partial z^2} - \mu\varepsilon \frac{\partial^2 \boldsymbol{E}}{\partial t^2} = \boldsymbol{0} \tag{4-5-2}$$

写成直角坐标分量式为

$$\begin{cases} \dfrac{\partial^2 E_x}{\partial x^2} + \dfrac{\partial^2 E_x}{\partial y^2} + \dfrac{\partial^2 E_x}{\partial z^2} - \mu\varepsilon \dfrac{\partial^2 E_x}{\partial t^2} = 0 \\ \dfrac{\partial^2 E_y}{\partial x^2} + \dfrac{\partial^2 E_y}{\partial y^2} + \dfrac{\partial^2 E_y}{\partial z^2} - \mu\varepsilon \dfrac{\partial^2 E_y}{\partial t^2} = 0 \\ \dfrac{\partial^2 E_z}{\partial x^2} + \dfrac{\partial^2 E_z}{\partial y^2} + \dfrac{\partial^2 E_z}{\partial z^2} - \mu\varepsilon \dfrac{\partial^2 E_z}{\partial t^2} = 0 \end{cases} \tag{4-5-3}$$

可以看出这些方程形式上完全一样，如果能知道其中一个标量式的通解，那么有关 $\boldsymbol{E}$ 的通解也能写出来了。同理，有关 $\boldsymbol{H}$ 的通解也能写出来。

对于时谐变电磁场，可写出复数形式的波动方程，我们已经知道对时间的一阶偏导数在复数形式时只需用 $\mathrm{j}\omega$ 的乘积代替即可，则对时间的二阶偏导数，在复数形式时只需用 $(\mathrm{j}\omega)^2$ 的乘积代替即可，即

$$\frac{\partial^2}{\partial t^2} \rightarrow (\mathrm{j}\omega)^2 = -\omega^2 \tag{4-5-4}$$

这样时谐变的电场和磁场的复数形式的波动方程式（4-5-1）变为

$$\begin{cases} \nabla^2 \boldsymbol{E} + k^2 \boldsymbol{E} = \boldsymbol{0} \\ \nabla^2 \boldsymbol{H} + k^2 \boldsymbol{H} = \boldsymbol{0} \end{cases} \tag{4-5-5}$$

式（4-5-5）中 $k = \omega\sqrt{\mu\varepsilon}$。

时谐变电磁场复数矢量波动方程又称为矢量齐次亥姆霍兹（Helmheltz）方程，方程的解在后面介绍。

对于有耗媒质，（也叫导电媒质）的时谐变电磁场，麦克斯韦微分方程组的复数形式为

$$\begin{cases}\nabla\times\boldsymbol{H}=\mathrm{j}\omega\varepsilon\boldsymbol{E}+\sigma\boldsymbol{E}\\ \nabla\times\boldsymbol{E}=-\mathrm{j}\omega\mu\boldsymbol{H}\\ \nabla\cdot\boldsymbol{H}=0\\ \nabla\cdot\boldsymbol{E}=\rho=0\end{cases}\tag{4-5-6}$$

与理想介质($\sigma=0$)的区别就在第1式,现对第1式进行如下改造:

$$\nabla\times\boldsymbol{H}=\mathrm{j}\omega\varepsilon\boldsymbol{E}+\sigma\boldsymbol{E}=\mathrm{j}\omega\left(\varepsilon+\frac{\sigma}{\mathrm{j}\omega}\right)\boldsymbol{E}=\mathrm{j}\omega\tilde{\varepsilon}\boldsymbol{E}\tag{4-5-7}$$

引入复介电常数$\tilde{\varepsilon}=\varepsilon+\frac{\sigma}{\mathrm{j}\omega}=\varepsilon-\mathrm{j}\frac{\sigma}{\omega}$后,式(4-5-6)的第一式与理想介质时的形式完全一样,若将理想介质下的齐次亥姆霍兹方程中的ε用复介电常数$\tilde{\varepsilon}$来代替,则式(4-5-6)可化成与式(4-5-5)完全一样的形式,此时的亥姆霍兹方程为

$$\begin{cases}\nabla^2\boldsymbol{E}+\tilde{k}^2\boldsymbol{E}=\boldsymbol{0}\\ \nabla^2\boldsymbol{H}+\tilde{k}^2\boldsymbol{H}=\boldsymbol{0}\end{cases}\tag{4-5-8}$$

式(4-5-8)中$\tilde{k}=\omega\sqrt{\mu\tilde{\varepsilon}}$。

4.5.2 理想媒质中的均匀平面电磁波

前面已经提到理想媒质指的是均匀、线性、各向同性无耗的媒质,在这种媒质中有如下特点:

(1) 在空间任一点媒质的性质都是相同的,即媒质的电特性参数ε、μ、σ不随位置变化;

(2) 对于无耗媒质应满足$\sigma=0$;

(3) 媒质的性质与场强的大小无关;

(4) 媒质的性质与场强的方向无关。

所谓均匀平面电磁波是指波阵面为一无限大平面的电磁波,且波阵面上各点场强大小和方向都相同。显然波的传播方向与波阵面总是相垂直的,如图4-5-2所示,图中的1、2、3分别为t_1、t_2、t_3时刻天线发射的电磁波所达到的各点构成的面,是t_1、t_2、t_3时刻的波阵面。虽然对于t_3时刻,1、2就不是波阵面了,但这样的面还是有非常大的实际意义的,所以把这些面通称为等相位面(即等相面)。均匀平面电磁波的定义中的波阵面若改为等相位面也是一样的,即等相位面为无限大平面且等相位面上各点场强大小相等、方向相同的电磁波叫均匀平面电磁波。图4-5-2中画出了等相位面3上的电场线和磁场线,它们均为平行直线,且均匀分布,说明电场和磁场的大小和方向相同。

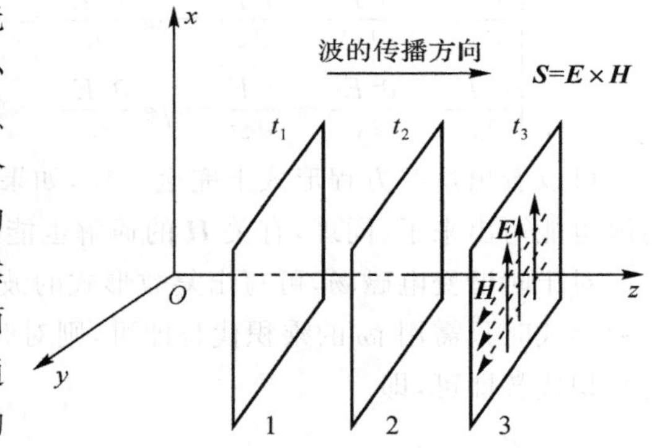

图4-5-2 均匀平面电磁波的等相位面

对于均匀各向同性理想介质,任意形状的波源发出的波在距离波源很远的小范围内都可看作均匀平面电磁波。从图4-5-2可以看出,电场强度矢量和磁场强度矢量相互垂直,且均与传播方向垂直,三者成右手螺旋关系,即$\boldsymbol{S}=\boldsymbol{E}\times\boldsymbol{H}$,$\boldsymbol{S}$为坡印廷矢量,其方向就是波的传播方向。因此对于传播方向而言,电磁场场强只有横向分量,没有纵向分量,这样的电磁波

称为横电磁波(Transverse Electromagnetic Wave)，或简称为 TEM 波。如果建立合适的坐标系，使得 x 轴方向即为 $\boldsymbol{E}$ 方向，y 轴方向为 $\boldsymbol{H}$ 方向，则 z 轴方向就为波的传播方向(参见图 4-5-2)。在这种坐标系下亥姆霍兹方程式(4-5-5)可以简化为

$$\begin{cases} \dfrac{\mathrm{d}^2 E_x(z)}{\mathrm{d}z^2} + k^2 E_x(z) = 0 \\ \dfrac{\mathrm{d}^2 H_y(z)}{\mathrm{d}z^2} + k^2 H_y(z) = 0 \end{cases} \tag{4-5-9}$$

即 $\boldsymbol{E}$ 只有 x 方向分量，在同一时刻其大小与 x、y 坐标无关，只是 z 的函数，$\boldsymbol{H}$ 也只有 y 方向分量，在同一时刻其大小与 x、y 坐标无关，只是 z 的函数。可以验证式(4-5-9)第一式的解形式为

$$E_x(z) = E_0^+ \mathrm{e}^{-\mathrm{j}kz} + E_0^- \mathrm{e}^{\mathrm{j}kz} \tag{4-5-10}$$

式(4-5-10)右边第一项表示沿 $+z$ 方向传播的波，第二项表示沿 $-z$ 方向传播的波，它们的和为波的叠加，E_0^+、E_0^- 就表示 $+z$ 方向与 $-z$ 方向传播的波的振幅。对于无界媒质不存在反射波，若波沿 $+z$ 方向传播，则 $-z$ 方向的波就不存在，所以均匀平面电磁波电场的复数解为

$$\boldsymbol{E} = \hat{\boldsymbol{x}} E_x = \hat{\boldsymbol{x}} E_0 \mathrm{e}^{-\mathrm{j}kz} \tag{4-5-11}$$

其中 $E_0 = E_{0\mathrm{m}} \mathrm{e}^{\mathrm{j}\varphi_0}$ 为 $z = 0$ 处的电场复振幅。

同理磁场的复数解为

$$\boldsymbol{H} = \hat{\boldsymbol{y}} H_y = \hat{\boldsymbol{y}} H_0 \mathrm{e}^{-\mathrm{j}kz} \tag{4-5-12}$$

其中 $H_0 = H_{0\mathrm{m}} \mathrm{e}^{\mathrm{j}\varphi_0}$ 为 $z = 0$ 处的磁场复振幅。

如果利用麦克斯韦第二方程 $\nabla \times \boldsymbol{E} = -\mathrm{j}\omega\mu \boldsymbol{H}$，磁场的复数解也可从式(4-5-11)求得

$$\boldsymbol{H} = -\frac{1}{\mathrm{j}\omega\mu} \nabla \times \boldsymbol{E} = \frac{\mathrm{j}}{\omega\mu} \begin{vmatrix} \hat{\boldsymbol{x}} & \hat{\boldsymbol{y}} & \hat{\boldsymbol{z}} \\ \dfrac{\partial}{\partial x} & \dfrac{\partial}{\partial y} & \dfrac{\partial}{\partial z} \\ E_x & 0 & 0 \end{vmatrix} = \frac{\mathrm{j}}{\omega\mu} \hat{\boldsymbol{y}} \frac{\partial E_x}{\partial z}$$

$$= \frac{\mathrm{j}}{\omega\mu} \hat{\boldsymbol{y}} (-\mathrm{j}k) E_0 \mathrm{e}^{-\mathrm{j}kz} = \hat{\boldsymbol{y}} \frac{1}{\eta} E_0 \mathrm{e}^{-\mathrm{j}kz} = \hat{\boldsymbol{y}} H_0 \mathrm{e}^{-\mathrm{j}kz}$$

式中：$\eta = \dfrac{\omega\mu}{k} = \sqrt{\dfrac{\mu}{\varepsilon}}$，具有阻抗的量纲，单位为欧姆(Ω)，它的值与媒质参数有关，因此它被称为媒质的波阻抗(或本征阻抗)。所谓的波阻抗就是电磁波的横向电场振幅与横向磁场振幅之比。由于真空的介电常数和磁导率分别为

$$\varepsilon_0 = \frac{1}{36\pi} \times 10^{-9}\ \mathrm{F/m}, \qquad \mu_0 = 4\pi \times 10^{-7}\ \mathrm{H/m}$$

所以真空中的波阻抗为

$$\eta_0 = \sqrt{\frac{\mu_0}{\varepsilon_0}} = 120\pi \approx 377(\Omega)$$

将复数形式写成对应的瞬时值形式为

$$\begin{cases} \boldsymbol{E}(z,t) = \mathrm{Re}[\hat{\boldsymbol{x}} E_0 \mathrm{e}^{-\mathrm{j}kz} \mathrm{e}^{-\mathrm{j}\omega t}] = \hat{\boldsymbol{x}} E_{0\mathrm{m}} \cos(\omega t - kz + \varphi_0) \\ \boldsymbol{H}(z,t) = \mathrm{Re}\left[\hat{\boldsymbol{y}} \dfrac{E_0}{\eta} \mathrm{e}^{-\mathrm{j}kz} \mathrm{e}^{-\mathrm{j}\omega t}\right] = \hat{\boldsymbol{y}} \dfrac{E_{0\mathrm{m}}}{\eta} \cos(\omega t - kz + \varphi_0) = \hat{\boldsymbol{y}} H_{0\mathrm{m}} \cos(\omega t - kz + \varphi_0) \end{cases} \tag{4-5-13}$$

式中：E_{0m}、H_{0m} 均是实常数，为电场和磁场的振幅值；$\omega t - kz + \varphi_0$ 称为相位，其中 ωt 称为时间相位，kz 为空间相位，φ_0 为初相，等相位面方程即为

$$\omega t - kz = \text{常数}$$

t 一定时，z 相同的点组成的面就是等相位面，所以其等相位面是无限大平面。时谐变均匀平面电磁波的等相位面行进的速度称为相速，以 v_p 表示，所以有

$$v_p = \frac{\mathrm{d}z}{\mathrm{d}t} = \frac{\omega}{k} = \frac{\omega}{\omega\sqrt{\mu\varepsilon}} = \frac{1}{\sqrt{\mu\varepsilon}} \tag{4-5-14}$$

这里所说的相速就是通常所说的平面波的传播速度 v，确切地说，它是沿平面波的传播方向，或者说是沿着与波的等相位面相垂直方向的传播速度，但当提及沿着其他方向的速度时，就不同于波传播速度，此时 v_p 大于 v①。

定义空间相位 kz 变化 2π 所经过的距离称为波长，以 λ 表示，即

$$k\lambda = 2\pi$$

所以可得

$$\lambda = \frac{2\pi}{k} \tag{4-5-15}$$

由于 $k = \omega\sqrt{\mu\varepsilon}$ 与媒质的参数有关，所以同一频率的电磁波在不同媒质中的波长是不相同的。

定义时间相位 ωt 变化 2π 所经历的时间称为周期，用 T 表示，则

$$T = \frac{2\pi}{\omega} \tag{4-5-16}$$

从而频率 $f = \frac{\omega}{2\pi}$，相速 $v_p = \lambda f$。

波长 λ 是电磁波在一个周期的时间内所传播的距离，变化 λ 距离相位变化 2π，则 $k = \frac{2\pi}{\lambda}$ 就是单位长度上的相位变化，所以 k 称为相位常数（或相移常数），kl 就代表长度为 l 的这段距离上的总相位变化。一个波长的波相当于一个全波，其相位变化 2π，则 $\frac{k}{2\pi}\left(=\frac{1}{\lambda}\right)$ 就表示单位长度上全波的个数，因此有人称 k 为波数。

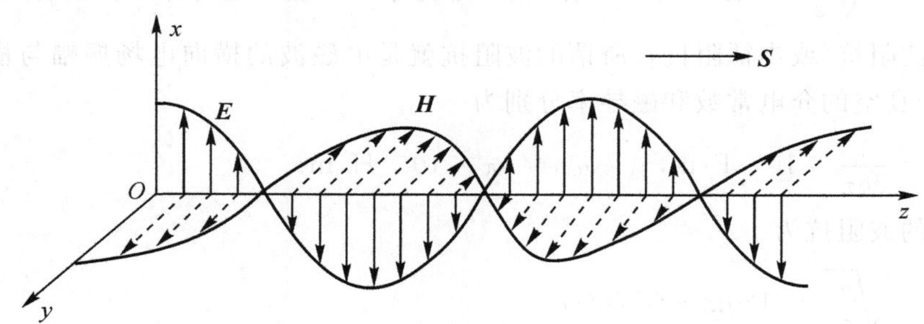

图 4-5-3　理想媒质中的均匀平面电磁波

由电场和磁场的瞬时值表达式可以画出电磁波的波动图像，如图 4-5-3 所示为某一时

① 参见李书芳等编《电磁场与电磁波》，科学出版社，第 222－223 页。

刻轴上各点的电场和磁场矢量分布图，图中矢量端点的包络即为电场和磁场的波形图。根据均匀平面电磁波的定义，t 时刻在空间任意平行于 z 轴的直线上电磁波波形图与图 4-5-3 完全一样。随着 t 的变化，波形不断变化，下一时刻波形向传播方向移动，图 4-5-4 所示为电场在轴上的波形从 $t\to t+\Delta t$ 的波形变化情况，从图可见空间各点虽然没有向前移动，波的形状却向传播方向移动了 $v_p\Delta t$ 距离，这种完整的波形沿一定方向前进的波叫行波。行波的一个最大特点是相位 $\omega t-kz$ 是连续变化的，固定在某一时刻 t_0 观察，随着 z 的增加相位不断滞后，如图 4-5-5(a) 所示，z_2 点比 z_1 点滞后；固定某一点 z_0 观察，随着 t 的增加相位不断超前，如图 4-5-5(b) 所示。

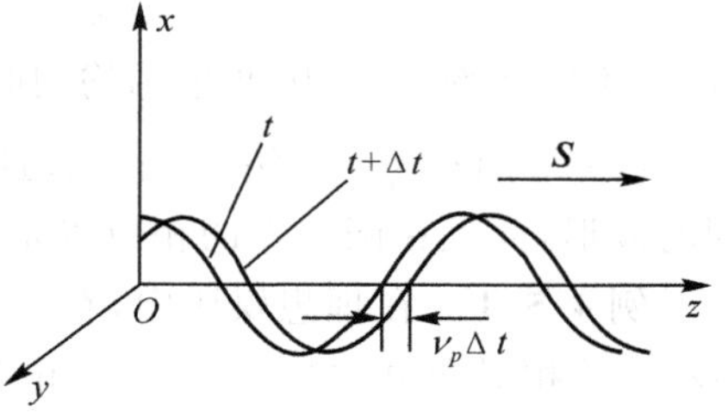

图 4-5-4　行波的传播

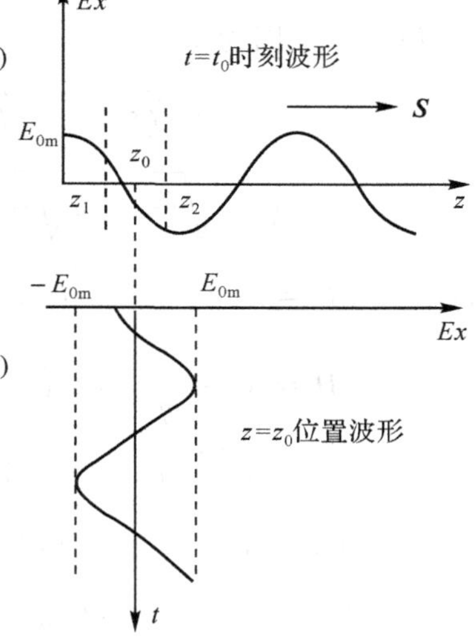

图 4-5-5　行波的相位关系

对于均匀平面电磁波，其复坡印廷矢量为

$$\boldsymbol{S}=\frac{1}{2}\boldsymbol{E}\times\boldsymbol{H}^*=\frac{1}{2}(\hat{\boldsymbol{x}}E_0\mathrm{e}^{-\mathrm{j}kz})\times\left(\hat{\boldsymbol{y}}\frac{E_0^*}{\eta}\mathrm{e}^{+\mathrm{j}kz}\right)$$
$$=\hat{\boldsymbol{z}}\frac{E_{0\mathrm{m}}^2}{2\eta}\tag{4-5-17}$$

坡印廷矢量的时间平均值为

$$\boldsymbol{S}_{\mathrm{av}}=\mathrm{Re}[\boldsymbol{S}]=\hat{\boldsymbol{z}}\frac{E_{0\mathrm{m}}^2}{2\eta}\tag{4-5-18}$$

可见平均功率密度为常数，表明与传播方向垂直的所有平面上，每单位面积通过的平均功率都相同。电磁波在传播过程中没有能量损失，因此理想介质中的均匀平面电磁波是等幅波。

电场和磁场能量密度的时间平均值分别为

$$w_{\mathrm{av,e}}=\frac{1}{4}\mathrm{Re}[\boldsymbol{E}\cdot\boldsymbol{D}^*]=\frac{1}{4}\varepsilon E_{0\mathrm{m}}^2\tag{4-5-19}$$

$$w_{\mathrm{av,m}}=\frac{1}{4}\mathrm{Re}[\boldsymbol{B}\cdot\boldsymbol{H}^*]=\frac{1}{4}\mu H_{0\mathrm{m}}^2$$
$$=\frac{1}{4}\mu\left(\frac{E_{0\mathrm{m}}}{\eta}\right)^2=\frac{1}{4}\varepsilon E_{0\mathrm{m}}^2\tag{4-5-20}$$

所以电磁场能量密度的时间平均值为

$$w_{\mathrm{av}}=w_{\mathrm{av,e}}+w_{\mathrm{av,m}}=\frac{1}{2}\varepsilon E_{0\mathrm{m}}^2\tag{4-5-21}$$

均匀平面电磁波的能量传播速度即能速为

$$v_{\mathrm{e}}=\frac{|\boldsymbol{S}_{\mathrm{av}}|}{w_{\mathrm{av}}}=\frac{1}{\sqrt{\mu\varepsilon}}=v_p\tag{4-5-22}$$

式(4-5-22) 表明均匀平面电磁波的能量传播速度等于相速。

综上所述，可得理想媒质中均匀时谐变平面电磁波的基本性质为

(1) 它是横电磁波(TEM 波)。$\boldsymbol{E}$、$\boldsymbol{H}$ 和 $\boldsymbol{S}$ 三者相互垂直，满足如图 4-5-6 所示右手螺旋关系，$\boldsymbol{S}$ 的方向就是波的传播方向。

(2) 振幅不变，相位随时间和空间位置连续变化，相应地，在某一确定的位置上电磁场

都随时间作简谐振动；在某一确定的时刻电磁场随空间位置作简谐分布。

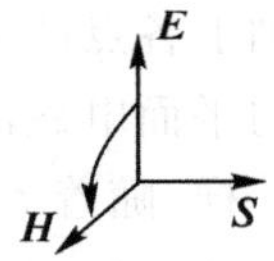

图 4-5-6 $\boldsymbol{E}$、$\boldsymbol{H}$、$\boldsymbol{S}$ 三者的方向关系

(3) 波的传播速度 $v_p = \dfrac{1}{\sqrt{\mu\varepsilon}}$，等于能量传播速度，大小只与媒质性质有关，不随频率而变。因此也称均匀时谐平面电磁波为非色散波。

(4) 波阻抗 $\eta = \sqrt{\mu/\varepsilon}$ 是常数且为实数。说明电场和磁场不仅具有相同的波形，而且在同一点的相位也是相同的。

例 4-5-1 在理想媒质中，有一均匀时谐平面电磁波沿 $+z$ 方向传播，已知频率 $f = 10^7$ Hz，媒质相对介电常数为 $\varepsilon_r = 4$，相对磁导率为 $\mu_r = 1$，电场强度瞬时值表达式为 $\boldsymbol{E} = \hat{\boldsymbol{x}}4 \times 10^{-3}\cos\left(\omega t - kz + \dfrac{\pi}{3}\right)\mathrm{V/m}$，其中 ω、k 待求，求(1) 电场和磁场矢量的确切表达式；(2) 在 $t = 1\mu\mathrm{s}$，$z = 65\mathrm{m}$ 处的 E_x、H_y 和坡印廷矢量 $\boldsymbol{S}$；(3) 求 $z = 65\mathrm{m}$ 处电场与原点处电场的相位差。

解 (1) 因为 $\omega = 2\pi f = 2\pi \times 10^7(\mathrm{rad/s})$

$$k = \omega\sqrt{\mu\varepsilon} = \omega\sqrt{\mu_0\mu_r\varepsilon_0\varepsilon_r} = \frac{\omega}{c}\sqrt{\mu_r\varepsilon_r} = \frac{2\pi}{15}(\mathrm{rad/m})$$

$$\eta = \sqrt{\frac{\mu}{\varepsilon}} = \eta_0\sqrt{\frac{\mu_r}{\varepsilon_r}} = 60\pi(\Omega)$$

所以
$$\boldsymbol{E} = \hat{\boldsymbol{x}}4 \times 10^{-3}\cos\left(2\pi \times 10^7 t - \frac{2\pi}{15}z + \frac{\pi}{3}\right)(\mathrm{V/m})$$

$$\boldsymbol{H} = \hat{\boldsymbol{y}}\,\frac{4 \times 10^{-3}}{\eta}\cos\left(2\pi \times 10^7 t - \frac{2\pi}{15}z + \frac{\pi}{3}\right) = \hat{\boldsymbol{y}}\,\frac{10^{-3}}{15\pi}\cos\left(2\pi \times 10^7 t - \frac{2\pi}{15}z + \frac{\pi}{3}\right)(\mathrm{A/m})$$

(2) 在 $t = 1\ \mu\mathrm{s}$，$z = 65\mathrm{m}$ 处

$$E_x = 4 \times 10^{-3}\cos\left(2\pi \times 10^7 \times 10^{-6} - \frac{2\pi}{15} \times 65 + \frac{\pi}{3}\right) = 2 \times 10^{-3}(\mathrm{V/m})$$

$$H_y = \frac{E_x}{\eta} = \frac{2 \times 10^{-3}}{60\pi} = 1.06 \times 10^{-5}(\mathrm{A/m})$$

$$\boldsymbol{S} = \boldsymbol{E} \times \boldsymbol{H} = \hat{\boldsymbol{x}}E_x \times \hat{\boldsymbol{y}}H_y = \hat{\boldsymbol{z}}E_xH_y = \hat{\boldsymbol{z}}2.12 \times 10^{-8}(\mathrm{W/m^2})$$

(3) 相位差 $\Delta\varphi = (\omega t - kz + \varphi_0)\,|_{z=65} - (\omega t - kz + \varphi_0)\,|_{z=0} = -65k = -\dfrac{26\pi}{3}(\mathrm{rad})$

4.5.3 向任意方向传播的均匀平面电磁波

下面讨论向任意方向传播的均匀平面电磁波的表示形式，这里假设电磁波在理想媒质中传播。对于沿 $+z$ 方向传播的均匀平面电磁波，其电场 $\boldsymbol{E} = \hat{\boldsymbol{x}}E_0\mathrm{e}^{-\mathrm{j}kz}$ 可写成

$$\boldsymbol{E} = \boldsymbol{E}_0\mathrm{e}^{-\mathrm{j}kr\cos\theta} = \boldsymbol{E}_0\mathrm{e}^{-\mathrm{j}k\hat{\boldsymbol{z}}\cdot\boldsymbol{r}} = \boldsymbol{E}_0\mathrm{e}^{-\mathrm{j}\boldsymbol{k}\cdot\boldsymbol{r}} \tag{4-5-23}$$

其中 $\boldsymbol{E}_0 = \hat{\boldsymbol{x}}E_0$，$\boldsymbol{k} = \hat{\boldsymbol{z}}k$，$\boldsymbol{r}$ 为空间任一点的位置矢量，如图 4-5-7 所示。同理可得磁场表达式为

$$\boldsymbol{H} = \hat{\boldsymbol{y}}\,\frac{E_0}{\eta}\mathrm{e}^{-\mathrm{j}kz} = \hat{\boldsymbol{y}}H_0\mathrm{e}^{-\mathrm{j}kz} = \boldsymbol{H}_0\mathrm{e}^{-\mathrm{j}kz} = \boldsymbol{H}_0\mathrm{e}^{-\mathrm{j}\boldsymbol{k}\cdot\boldsymbol{r}} \tag{4-5-24}$$

式(4-5-23) 和式(4-5-24) 具有更加普遍的意义，能清晰地看出任一点的场强情况，而且更

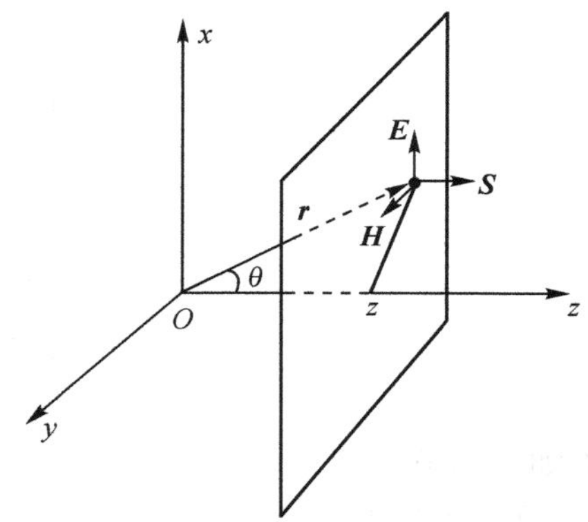

图 4-5-7　沿 z 轴传播的均匀平面波

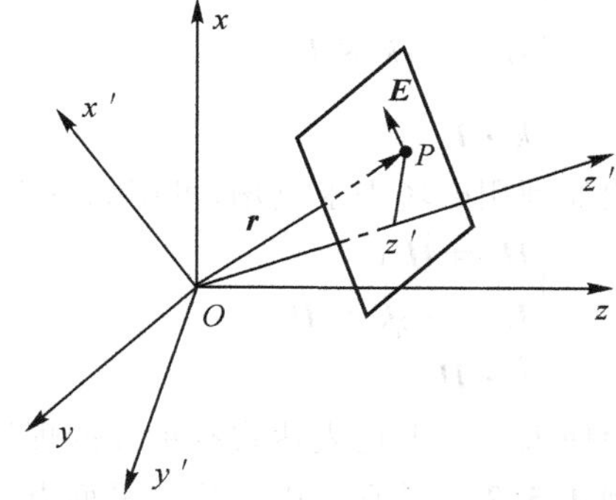

图 4-5-8　沿 z' 轴传播的均匀平面波

重要的是，由此两式可以推广到向任意方向传播的均匀平面电磁波的方程，如图 4-5-8 所示，电磁波向 $+z'$ 轴传播，对 $Ox'y'z'$ 坐标系，电场表达式为

$$\boldsymbol{E} = \hat{\boldsymbol{x}}'E_0\mathrm{e}^{-\mathrm{j}kz'} = \hat{\boldsymbol{x}}'E_0\mathrm{e}^{-\mathrm{j}k\hat{z}\cdot\boldsymbol{r}} = \boldsymbol{E}_0\mathrm{e}^{-\mathrm{j}\boldsymbol{k}\cdot\boldsymbol{r}} \tag{4-5-25}$$

此处 $\boldsymbol{E}_0 = \hat{\boldsymbol{x}}'E_0$，$\boldsymbol{k} = \hat{\boldsymbol{z}}'k$。式(4-5-25) 与式(4-5-23) 等式最右边形式上完全一样，都与坐标系无关。将式(4-5-25) 中的 $\boldsymbol{E}_0$、$\boldsymbol{k}$、$\boldsymbol{r}$ 全部写成 $Oxyz$ 坐标系下的表达式

$$\boldsymbol{E}_0 = \hat{\boldsymbol{x}}E_x + \hat{\boldsymbol{y}}E_y + \hat{\boldsymbol{z}}E_z = \hat{\boldsymbol{x}}'E_0$$

$$\boldsymbol{k} = \hat{\boldsymbol{x}}k_x + \hat{\boldsymbol{y}}k_y + \hat{\boldsymbol{z}}k_z = \hat{\boldsymbol{x}}'k$$

$$\boldsymbol{r} = \hat{\boldsymbol{x}}x + \hat{\boldsymbol{y}}y + \hat{\boldsymbol{z}}z = \hat{\boldsymbol{x}}'x' + \hat{\boldsymbol{y}}'y' + \hat{\boldsymbol{z}}'z'$$

则它表示的就是 $Oxyz$ 坐标系下的电场表达式。所以沿任意方向传播的均匀平面电磁波的电场表达式为

$$\boldsymbol{E} = \boldsymbol{E}_0\mathrm{e}^{-\mathrm{j}\boldsymbol{k}\cdot\boldsymbol{r}} \tag{4-5-26}$$

如图 4-5-9 所示，$\boldsymbol{k} = \hat{\boldsymbol{k}}k$，称作波矢，大小为相移常数值，方向即波的传播方向，所以 $\hat{\boldsymbol{k}}$ 称为平面电磁波传播方向的单位矢量。

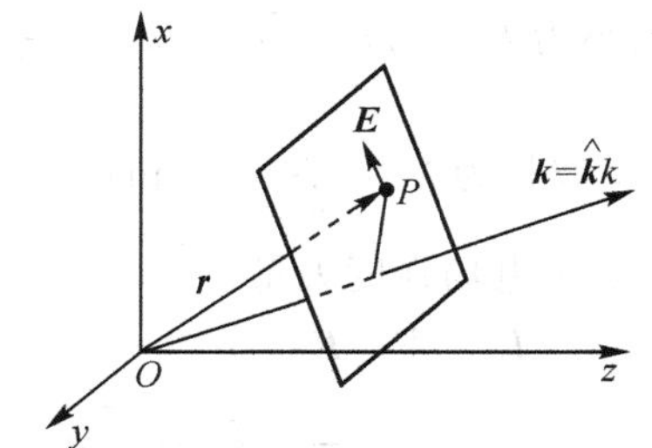

图 4-5-9　沿 $\boldsymbol{k}$ 方向传播的均匀平面波

同理对于磁场可用如下方式来求：

$$\boldsymbol{H} = \hat{\boldsymbol{y}}'\frac{E_0}{\eta}\mathrm{e}^{-\mathrm{j}kz'} = (\hat{\boldsymbol{z}}\times\hat{\boldsymbol{x}}')\frac{E_0}{\eta}\mathrm{e}^{-\mathrm{j}\boldsymbol{k}\cdot\boldsymbol{r}}$$

$$= \frac{1}{\eta}\hat{\boldsymbol{k}}\times(\hat{\boldsymbol{x}}E_0\mathrm{e}^{-\mathrm{j}\boldsymbol{k}\cdot\boldsymbol{r}}) = \frac{1}{\eta}\hat{\boldsymbol{k}}\times\boldsymbol{E}$$

所以沿任意方向传播的均匀平面电磁波的磁场表达式为

$$\boldsymbol{H} = \frac{1}{\eta}\hat{\boldsymbol{k}}\times\boldsymbol{E} \tag{4-5-27}$$

从式(4-5-27) 可以看出 $\boldsymbol{H}$ 与 $\hat{\boldsymbol{k}}$ 和 $\boldsymbol{E}$ 都垂直，但 $\hat{\boldsymbol{k}}$ 与 $\boldsymbol{E}$ 是否垂直不能从前述一些式子中知道，因此为了表明这一点，还需要增加一个式子，即 $\hat{\boldsymbol{k}}\cdot\boldsymbol{E} = 0$，这样，完整表示向任意方向传播的均匀平面电磁波表达式的一般式为

$$\begin{cases} \boldsymbol{E} = \boldsymbol{E}_0 \mathrm{e}^{-\mathrm{j}\boldsymbol{k}\cdot\boldsymbol{r}} \\ \boldsymbol{H} = \dfrac{1}{\eta}\hat{\boldsymbol{k}} \times \boldsymbol{E} \\ \hat{\boldsymbol{k}} \cdot \boldsymbol{E} = 0 \end{cases} \tag{4-5-28}$$

假如利用磁场来求电场，可用如下表达式：

$$\begin{cases} \boldsymbol{H} = \boldsymbol{H}_0 \mathrm{e}^{-\mathrm{j}\boldsymbol{k}\cdot\boldsymbol{r}} \\ \boldsymbol{E} = -\eta\hat{\boldsymbol{k}} \times \boldsymbol{H} \\ \hat{\boldsymbol{k}} \cdot \boldsymbol{H} = 0 \end{cases} \tag{4-5-29}$$

为使大家对上述表达式有更深的理解，接下来看如下例子。

例 4-5-2 设真空中一均匀平面电磁波的电场强度复矢量为

$$\boldsymbol{E} = 3(\hat{\boldsymbol{x}} - \hat{\boldsymbol{y}}\sqrt{2})\mathrm{e}^{-\mathrm{j}\frac{\pi}{6}(2x+\sqrt{2}y-\sqrt{3}z)}\ (\mathrm{V/m})$$

求(1) 电场强度的振幅、波矢量和波长；(2) 电场强度矢量和磁场强度矢量的瞬时值表达式。

解 (1) 电场强度复矢量与 $\boldsymbol{E} = \boldsymbol{E}_0 \mathrm{e}^{-\mathrm{j}\boldsymbol{k}\cdot\boldsymbol{r}}$ 比较可得

$$\boldsymbol{E}_0 = 3(\hat{\boldsymbol{x}} - \hat{\boldsymbol{y}}\sqrt{2}),\quad \boldsymbol{k}\cdot\boldsymbol{r} = k_x x + k_y y + k_z z = \frac{\pi}{6}(2x + \sqrt{2}y - \sqrt{3}z)$$

所以电场强度振幅为

$$|\boldsymbol{E}_0| = \sqrt{3^2 + (3\sqrt{2})^2} = 3\sqrt{3}\ (\mathrm{V/m})$$

波矢量的三个分量为 $k_x = \frac{\pi}{3}, k_y = \frac{\sqrt{2}}{6}\pi, k_z = -\frac{\sqrt{3}}{6}\pi$，所以波矢量为

$$\boldsymbol{k} = \hat{\boldsymbol{x}}\frac{\pi}{3} + \hat{\boldsymbol{y}}\frac{\sqrt{2}}{6}\pi - \hat{\boldsymbol{z}}\frac{\sqrt{3}}{6}\pi$$

其大小为 $k = \sqrt{k_x^2 + k_y^2 + k_z^2} = \frac{\pi}{2}$，从而传播方向的单位矢量为 $\hat{\boldsymbol{k}} = \frac{\boldsymbol{k}}{k} = \hat{\boldsymbol{x}}\frac{2}{3} + \hat{\boldsymbol{y}}\frac{\sqrt{2}}{3} - \hat{\boldsymbol{z}}\frac{\sqrt{3}}{3}$，波长为 $\lambda = \frac{2\pi}{k} = 4(\mathrm{m})$。

(2) 电场强度矢量

$$\begin{aligned}\boldsymbol{E} &= \mathrm{Re}[\boldsymbol{E}\mathrm{e}^{\mathrm{j}\omega t}] \\ &= 3(\hat{\boldsymbol{x}} - \hat{\boldsymbol{y}}\sqrt{2})\cos\left[\omega t - \frac{\pi}{6}(2x + \sqrt{2}y - \sqrt{3}z)\right](\mathrm{V/m})\end{aligned}$$

磁场强度矢量

$$\begin{aligned}\boldsymbol{H} &= \mathrm{Re}[\boldsymbol{H}\mathrm{e}^{\mathrm{j}\omega t}] = \mathrm{Re}\left[\frac{1}{\eta_0}\hat{\boldsymbol{k}} \times \boldsymbol{E}\mathrm{e}^{\mathrm{j}\omega t}\right] \\ &= \frac{1}{\eta_0}\hat{\boldsymbol{k}} \times \mathrm{Re}[\boldsymbol{E}\mathrm{e}^{\mathrm{j}\omega t}] \\ &= -\frac{1}{120\pi}(\hat{\boldsymbol{x}}\sqrt{6} + \hat{\boldsymbol{y}}\sqrt{3} + \hat{\boldsymbol{z}}3\sqrt{2}) \\ &\quad \cos\left[\omega t - \frac{\pi}{6}(2x + \sqrt{2}y - \sqrt{3}z)\right](\mathrm{A/m})\end{aligned}$$

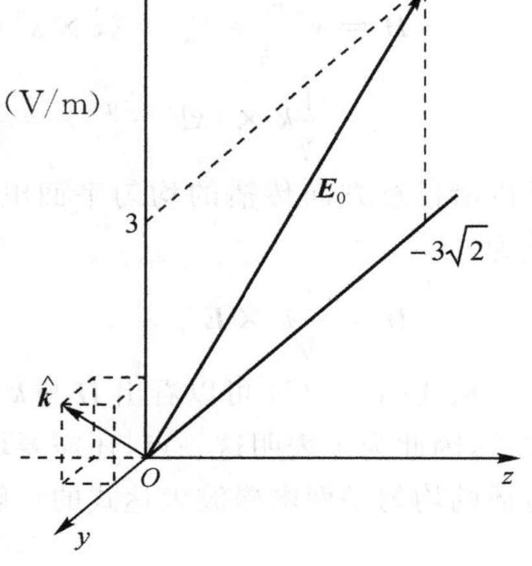

图 4-5-10 例 4-5-2 用图

图 4-5-10 示出了 $\boldsymbol{E}_0$ 与 $\hat{\boldsymbol{k}}$ 矢量，电磁波沿 $\hat{\boldsymbol{k}}$ 方向传

播，场强表达式如此复杂的原因在于坐标系没有选好，如果选择$\hat{\boldsymbol{k}}$方向为z正向，$\boldsymbol{E}_0$方向为x轴正方向，建立坐标系，请读者自行写出其表达式。

4.5.4　均匀无限大导电媒质中的均匀平面电磁波

导电媒质($\sigma\neq0$)中的亥姆霍兹方程式(4-5-8)与理想介质中的亥姆霍兹方程式在形式上完全相同，其中$\tilde{k}=\omega\sqrt{\mu\tilde{\varepsilon}}$，引入了复介电常数$\tilde{\varepsilon}=\varepsilon-\mathrm{j}\dfrac{\sigma}{\omega}$，其实部就是介电常数，虚部则代表媒质的导电性能。一般媒质在高频电场作用下既有位移电流又有传导电流，位移电流大则媒质表现为电介质(低损耗媒质)的特性，反之，则表现为导体的特性。如果$\varepsilon\gg\dfrac{\sigma}{\omega}$，则位移电流大于传导电流，所以媒质的特性主要是电介质特性，反之则为导体特性。一般用比值$\dfrac{\sigma}{\omega\varepsilon}$的大小来区别媒质：

$\dfrac{\sigma}{\omega\varepsilon}\gg1$时，媒质为良导体，此时$\tilde{\varepsilon}\approx-\mathrm{j}\dfrac{\sigma}{\omega}$，$J_{\mathrm{d}}\ll J_{\mathrm{c}}$；

$\dfrac{\sigma}{\omega\varepsilon}\approx1$时，媒质为不良导体，此时$\tilde{\varepsilon}=\varepsilon-\mathrm{j}\dfrac{\sigma}{\omega}$，$J_{\mathrm{d}}\approx J_{\mathrm{c}}$；

$\dfrac{\sigma}{\omega\varepsilon}\ll1$时，媒质为电介质，此时$\tilde{\varepsilon}\approx\varepsilon$，$J_{\mathrm{d}}\gg J_{\mathrm{c}}$。

可见媒质的电特性是电介质还是导体不仅取决于媒质本身的参量ε和σ，而且和频率有关。在低频下为导体的媒质，在高频下可能成为电介质，这是因为随着频率的增加，媒质中位移电流增加，以致超过了传导电流，使媒质的性质发生了根本的变化。

例如：海水的电导率$\sigma=4\ \mathrm{S/m}$，$\varepsilon_{\mathrm{r}}=81$，$\mu_{\mathrm{r}}=1$，则$\dfrac{\sigma}{\omega\varepsilon}=\dfrac{8}{9f}\times10^9$，当工作频率$f<10^7\ \mathrm{Hz}$时，满足$\dfrac{\sigma}{\omega\varepsilon}\gg1$的关系，海水可视为良导体；当$f>10^7\ \mathrm{Hz}$时，海水就不能视作良导体。所以电磁波在海水中有很大的损耗，要实现海底通信，必须用低频信号，如声纳等。

在直角坐标系中沿$+z$方向传播的均匀平面电磁波，如果还是令x方向为与电场$\boldsymbol{E}$的方向相同，那么，式(4-5-8)的解为

$$\begin{cases}\boldsymbol{E}=\hat{\boldsymbol{x}}E_0\mathrm{e}^{-\mathrm{j}\tilde{k}z}\\ \boldsymbol{H}=\hat{\boldsymbol{y}}H_0\mathrm{e}^{-\mathrm{j}\tilde{k}z}=\hat{\boldsymbol{y}}\dfrac{E_0}{\tilde{\eta}}\mathrm{e}^{-\mathrm{j}\tilde{k}z}\end{cases}\tag{4-5-30}$$

式中$\tilde{\eta}=\sqrt{\dfrac{\mu}{\tilde{\varepsilon}}}$为复数，称为复波阻抗，令$\gamma=\mathrm{j}\tilde{k}=\alpha+\mathrm{j}\beta$，则

$$\boldsymbol{E}=\hat{\boldsymbol{x}}E_0\mathrm{e}^{-\alpha z}\mathrm{e}^{-\mathrm{j}\beta z}\tag{4-5-31}$$

显然电场强度的复振幅由于$\mathrm{e}^{-\alpha z}$的作用随z指数衰减，所以α称为电磁波的衰减常数，此常数表明每单位距离的衰减程度。β与前面介绍的k一样称为相位常数，$\gamma=\alpha+\mathrm{j}\beta$称为传播常数，是一个复数。由于

$$\gamma^2=(\mathrm{j}\tilde{k})^2=-\omega^2\mu\tilde{\varepsilon}=-\omega^2\mu\left(\varepsilon-\mathrm{j}\frac{\sigma}{\omega}\right)\text{ 或 }\gamma^2=(\alpha+\mathrm{j}\beta)^2=(\alpha^2-\beta^2)+\mathrm{j}2\alpha\beta$$

所以

$$\beta^2-\alpha^2=\omega^2\mu\varepsilon \tag{4-5-32}$$

又由于

$$|\gamma|^2=\alpha^2+\beta^2=\omega^2\mu|\tilde{\varepsilon}|=\omega^2\mu\sqrt{\varepsilon^2+\frac{\sigma^2}{\omega^2}}=\omega^2\mu\varepsilon\sqrt{1+\left(\frac{\sigma}{\omega\varepsilon}\right)^2} \tag{4-5-33}$$

从而由式(4-5-32)和式(4-5-33)求得

$$\begin{cases}\alpha=\omega\sqrt{\dfrac{\mu\varepsilon}{2}\left[\sqrt{1+\left(\dfrac{\sigma}{\omega\varepsilon}\right)^2}-1\right]}\\ \beta=\omega\sqrt{\dfrac{\mu\varepsilon}{2}\left[\sqrt{1+\left(\dfrac{\sigma}{\omega\varepsilon}\right)^2}+1\right]}\end{cases} \tag{4-5-34}$$

复波阻抗为

$$\tilde{\eta}=\sqrt{\frac{\mu}{\tilde{\varepsilon}}}=\sqrt{\frac{\mu}{\varepsilon-\mathrm{j}\dfrac{\sigma}{\omega}}}=\sqrt{\frac{\mu}{\varepsilon}}\left[1+\left(\frac{\sigma}{\omega\varepsilon}\right)^2\right]^{-\frac{1}{4}}\mathrm{e}^{\mathrm{j}\frac{\varphi}{2}}=|\tilde{\eta}|\,\mathrm{e}^{\mathrm{j}\theta} \tag{4-5-35}$$

其中$\theta=\dfrac{1}{2}\arctan\dfrac{\sigma}{\omega\varepsilon}$,$0<\theta<45°$。所以导电媒质的波阻抗是一个复数,其模小于理想介质的波阻抗,这意味着电场强度和磁场强度在空间上虽仍互相垂直,但在时间上有相位差,电场强度相位比磁场强度相位超前。电场与磁场的表达式可写成如下形式:

$$\begin{cases}\boldsymbol{E}=\hat{\boldsymbol{x}}E_0\mathrm{e}^{-\alpha z}\mathrm{e}^{-\mathrm{j}\beta z}\\ \boldsymbol{H}=\hat{\boldsymbol{y}}\dfrac{E_0}{|\eta|\mathrm{e}^{\mathrm{j}\theta}}\mathrm{e}^{-\alpha z}\mathrm{e}^{-\mathrm{j}\beta z}=\hat{\boldsymbol{y}}\dfrac{E_0}{|\tilde{\eta}|}\mathrm{e}^{-\alpha z}\mathrm{e}^{-\mathrm{j}\beta z}\mathrm{e}^{-\mathrm{j}\theta}\end{cases} \tag{4-5-36}$$

写成瞬时值形式为

$$\begin{cases}\boldsymbol{E}=\hat{\boldsymbol{x}}E_{0\mathrm{m}}\mathrm{e}^{-\alpha z}\cos(\omega t-\beta z+\varphi_0)\\ \boldsymbol{H}=\hat{\boldsymbol{y}}\dfrac{E_{0\mathrm{m}}}{|\eta|}\mathrm{e}^{-\alpha z}\cos(\omega t-\beta z-\theta+\varphi_0)\end{cases} \tag{4-5-37}$$

其中$E_0=E_{0\mathrm{m}}\mathrm{e}^{\mathrm{j}\varphi_0}$为电场复振幅。可以看出磁场强度的时间相位比电场强度的时间相位滞后θ,σ愈大则滞后愈多。电场与磁场的振幅随z的增加按指数衰减,如图4-5-11所示为取$\varphi_0=0$,$t=0$时的波形图。

导电媒质中均匀平面电磁波的相速度为

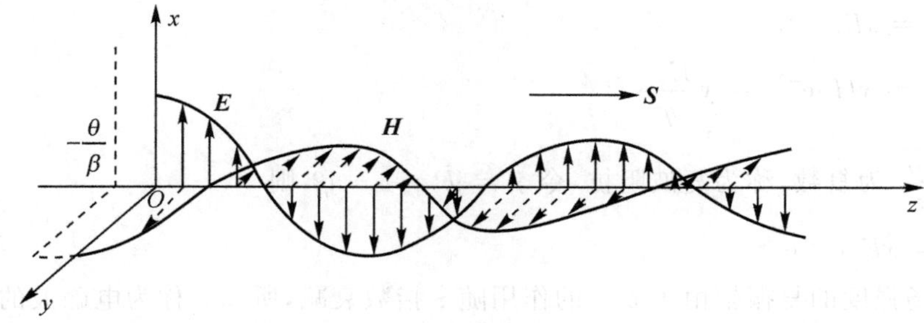

图4-5-11 均匀导电媒质中的均匀平面电磁波

$$v_\mathrm{p}=\frac{\mathrm{d}z}{\mathrm{d}t}=\frac{\omega}{\beta}=\frac{1}{\sqrt{\mu\varepsilon}}\sqrt{\frac{2}{\sqrt{1+\left(\dfrac{\sigma}{\omega\varepsilon}\right)^2}+1}} \tag{4-5-38}$$

可见 $v_p < \dfrac{1}{\sqrt{\mu\varepsilon}}$，即在相同 μ 和 ε 的媒质中，若媒质有损耗($\sigma \neq 0$)则其电磁波传播速度要比无损耗时慢。波长为

$$\lambda = \frac{2\pi}{\beta} = \frac{v_p}{f} = \frac{2\pi}{\omega\sqrt{\mu\varepsilon}}\sqrt{\frac{2}{\sqrt{1+\left(\dfrac{\sigma}{\omega\varepsilon}\right)^2}+1}} \tag{4-5-39}$$

同样，在有耗媒质中波长变短，所以 σ 越大，相速越小，波长越短。从上述表达式还可以发现，相速和波长还与频率有关。对于相速，频率越低，相速就小，电磁波传播慢，特别是当携带信号的电磁波在导电媒质中传播时，各个频率分量的电磁波以不同相速传播，经过一段距离后，它们的相位关系发生变化，从而导致信号失真，这种现象称为色散。所以导电媒质是色散媒质。

平均能流密度

$$\begin{aligned}
\boldsymbol{S}_{av} &= \frac{1}{2}\mathrm{Re}[\boldsymbol{E}\times\boldsymbol{H}^*] \\
&= \frac{1}{2}\mathrm{Re}\left[\hat{\boldsymbol{x}}E_{0m}\mathrm{e}^{-\alpha z}\mathrm{e}^{-\mathrm{j}(\beta z-\varphi_0)}\times\hat{\boldsymbol{y}}\frac{E_{0m}}{|\eta|}\mathrm{e}^{-\alpha z}\mathrm{e}^{\mathrm{j}(\beta z-\varphi_0+\theta)}\right] \\
&= \hat{\boldsymbol{z}}\frac{E_{0m}^2}{2|\eta|}\mathrm{e}^{-2\alpha z}\cos\theta = \hat{\boldsymbol{z}}\frac{E_{0m}H_{0m}}{2}\mathrm{e}^{-2\alpha z}\cos\theta
\end{aligned} \tag{4-5-40}$$

式中：$H_{0m} = \dfrac{E_{0m}}{|\eta|}$。可见，随着波的传播，传输功率的平均值逐渐减小，这是由于媒质消耗了一部分功率的缘故。

4.5.5　趋肤效应

电磁波在有耗媒质中传播的一种特例就是当电磁波在导体中传播时的情况。许多传输线(如双导线，波导)、微波元件都是用良导体材料做成的，有必要在此单独讨论。

前面已经提到，$\dfrac{\sigma}{\omega\varepsilon} \gg 1$ 时的媒质称为良导体，此时复介电常数 $\tilde{\varepsilon} = \varepsilon - \mathrm{j}\dfrac{\sigma}{\omega} \approx -\mathrm{j}\dfrac{\sigma}{\omega}$ 为一纯虚数，从而可得

$$\alpha = \beta = \sqrt{\frac{\omega\mu\sigma}{2}} = \sqrt{\pi f\mu\sigma},\ \gamma = \alpha + \mathrm{j}\beta = \sqrt{\frac{\omega\mu\sigma}{2}}(1+\mathrm{j}) = \sqrt{\mathrm{j}\omega\mu\sigma}$$

$$\tilde{\eta} = \sqrt{\frac{\mu}{\varepsilon}} = \sqrt{\frac{\mu}{-\mathrm{j}\dfrac{\sigma}{\omega}}} = \sqrt{\frac{\mathrm{j}\omega\mu}{\sigma}} = \sqrt{\frac{\omega\mu}{\sigma}}\mathrm{e}^{\mathrm{j}\frac{\pi}{4}} = \sqrt{\frac{\omega\mu}{2\sigma}}(1+\mathrm{j}) = \frac{\alpha}{\sigma}(1+\mathrm{j})$$

$$v_p = \sqrt{\frac{2\omega}{\mu\sigma}},\ \lambda = 2\pi\sqrt{\frac{2}{\omega\mu\sigma}}$$

可见导体中衰减常数和位移常数的数值相等，波阻抗的幅角为 45°。对于频率很高的电磁波，在导体中衰减常数 α 就更大，衰减极快，电磁波往往在微米数量级的距离内就衰减到几乎为零了。对于高频电磁波只能存在于良导体表面的一个薄层内，称这种现象为趋肤效应(或集肤效应 Skin Effect)。

工程上常用趋肤深度(或穿透深度)δ 来描述这种趋肤程度。如图 4-5-12 所示，定义趋肤

深度 δ 为电磁波场强振幅值衰减到表面值的 $\frac{1}{e}$ 所经过的距离，即 $e^{-\alpha\delta}=e^{-1}$，从而可得

$$\delta=\frac{1}{\alpha}=\sqrt{\frac{2}{\omega\mu\sigma}}=\sqrt{\frac{1}{\pi f\mu\sigma}} \tag{4-5-41}$$

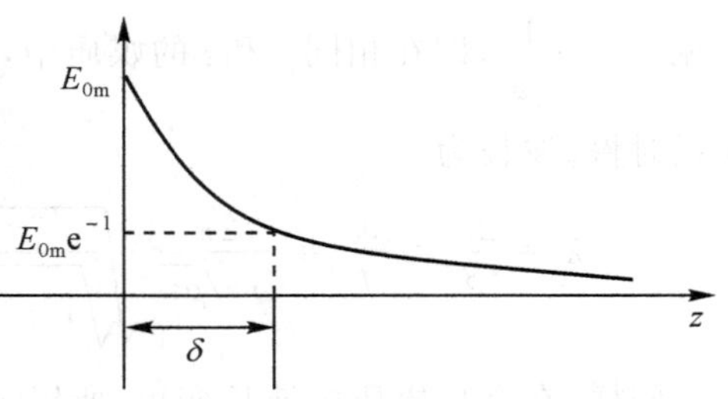

图 4-5-12　穿透深度

可见导电性能越好（电导率越大），工作频率越高，则趋肤深度越小，趋肤效应越明显。良导体的电导率一般都在 10^7S/m 数量级，磁导率一般近似为 μ_0，即 $4\pi\times10^{-7}$ H/m，可以用如下式子估算趋肤深度 $\delta\approx\frac{0.1592}{\sqrt{f}}$(m)。

取 $f=50$Hz，则 $\delta\approx22.5$mm；$f=1$MHz，则 $\delta\approx159.2\mu$m；$f=1\times10^4$MHz，则 $\delta\approx1.59\mu$m，表 4-5-1 给出了常用导体材料的趋肤深度。从理论上讲，当距离 $z\to\infty$ 时，场强振幅才等于零，但实际上经过几个穿透深度的距离后，振幅已接近于零。所以当导体的厚度远大于穿透深度时，即可认为波在导体中已完全衰减掉，而不至于透过导体。集肤效应在工业技术上有重要意义，例如利用高频下金属导体中电流和发出的热集中于表面的现象使材料表面淬火。又如在无线电仪器中常加有铝制或铁制的屏蔽罩，就是利用电磁波不能穿透导体表面起到电磁屏蔽作用的。

表 4-5-1　常用金属导体的趋肤深度

材　料	电导率 σ S/m	磁导率 H/m	不同频率下的趋肤深度 δ			
			50Hz	1kHz	1MHz	1GHz
			单位 mm	单位 mm	单位 μm	单位 μm
银	6.17×10^7	$4\pi\times10^{-7}$	9.06	2.03	64.09	2.03
铜	5.80×10^7	$4\pi\times10^{-7}$	9.34	2.09	66.10	2.09
金	4.10×10^7	$4\pi\times10^{-7}$	11.11	2.49	78.62	2.49
铝	3.72×10^7	$4\pi\times10^{-7}$	11.67	2.61	82.54	2.61
黄铜 90%	2.41×10^7	$4\pi\times10^{-7}$	14.49	3.24	102.55	3.24
钨	1.77×10^7	$4\pi\times10^{-7}$	16.91	3.78	119.66	3.78
锌	1.70×10^7	$4\pi\times10^{-7}$	17.26	3.86	122.10	3.86
铂	0.94×10^7	$4\pi\times10^{-7}$	23.21	5.19	164.20	5.19
铬	0.77×10^7	$4\pi\times10^{-7}$	25.64	5.74	181.43	5.74
焊锡	0.71×10^7	$4\pi\times10^{-7}$	26.70	5.97	188.94	5.97
钽	0.64×10^7	$4\pi\times10^{-7}$	28.13	6.29	199.00	6.29

由于在高频下，电流集中于导体表面，故其内部的电流密度迅速减小，与导体表面相距很远的地方电流则几乎为零，可见当导体截面相当大时，它的一部分截面并未得到利用，与直流或低频情况相比较，这相当于减小了导体的有效面积，从而增加了导体的电阻。

定义导体的表面阻抗为导体表面处切向电场强度与切向磁场强度之比，则导体的表面阻抗就是波阻抗。将波阻抗的计算式改写后得到如下表达式：

$$X_S = \tilde{\eta}\sqrt{\frac{\pi f\mu}{\sigma}}(1+\mathrm{j}) = R_S + \mathrm{j}X_S \tag{4-5-42}$$

实部 R_S 称为导体的表面电阻，虚部 X_S 称为导体的表面电抗。它们的关系如下

$$R_S = X_S = \sqrt{\frac{\pi f\mu}{\sigma}} = \frac{\sqrt{\pi f\mu\sigma}}{\sigma}$$

$$= \frac{\alpha}{\sigma} = \frac{1}{\sigma\delta} = \frac{l}{\sigma(\delta w)}\bigg|_{l=w=1}$$

可见，导体的表面电阻相当于单位长度($l=1$)，单位宽度($w=1$)，而厚度为 δ 的导体块的直流电阻，如图 4-5-13 所示。

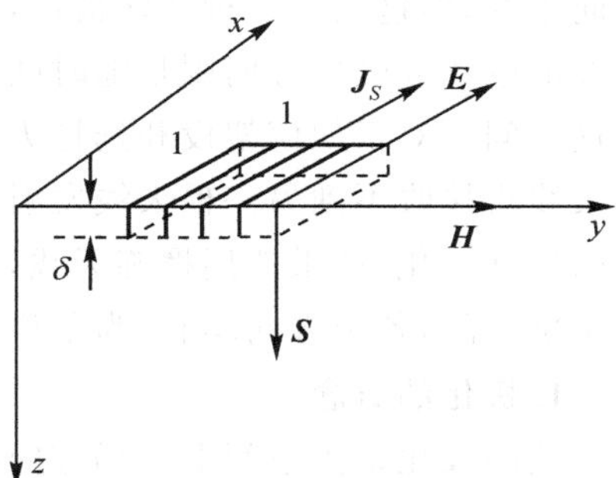

图 4-5-13　趋肤深度与表面电阻

例 4-5-3　设有 $f=1\text{MHz}$ 的平面电磁波垂直传入大块铜制材料中，求：(1) 电磁波在铜中的相速度 v_p，波长 λ 及穿透浓度 δ；(2) 波的场强衰减为表面处的 1% 时的穿透深度。(3) 设在铜表面的磁场强度为 $\boldsymbol{H}=\hat{\boldsymbol{y}}10^{-2}\,\text{A/m}$，计算由每单位面积进入铜内的平均功率。(设铜的电导率为 $\sigma=5.8\times10^{7}\ \text{S/m}$，$\mu_r=1$，$\varepsilon=\varepsilon_0$。)

解　将铜按良导体处理，可求得

$$\alpha = \beta = \sqrt{\pi f\mu\sigma} \approx 1.51\times10^{4}$$

$$\tilde{\eta} = \sqrt{\frac{\omega\mu}{\sigma}}\mathrm{e}^{\mathrm{j}\frac{\pi}{4}} \approx 3.69\times10^{-4}\mathrm{e}^{\mathrm{j}\frac{\pi}{4}}(\Omega)$$

(1) $v_p = \dfrac{\omega}{\beta} \approx 416(\text{m/s})$，$\lambda = \dfrac{v_p}{f} \approx 4.16\times10^{-4}(\text{m})$，$\delta = \dfrac{1}{\alpha} \approx 0.66\times10^{-4}(\text{m})$

(2) 由题意取 $\mathrm{e}^{-\alpha z}=0.01$，得

$$\mathrm{e}^{-\alpha z} = 0.01,\ z = \frac{2\ln10}{\alpha} \approx 3.05\times10^{-4}(\text{m})$$

所以在 $z=3.05\times10^{-4}\text{m}$ 处，场强衰减为表面值的 1%。

(3) 表面处磁场强度的复数形式为 $\boldsymbol{E}=\hat{\boldsymbol{y}}10^{-2}\mathrm{e}^{\mathrm{j}0}(\text{A/m})$，所以表面处电场强度的复数形式为 $\boldsymbol{E}=\hat{\boldsymbol{x}}\tilde{\eta}\times10^{-2}\mathrm{e}^{\mathrm{j}0}=\hat{\boldsymbol{x}}3.69\times10^{-6}\mathrm{e}^{\mathrm{j}\frac{\pi}{4}}(\text{V/m})$，因而在表面处平均功率流密度为

$$\boldsymbol{S}_{av} = \frac{1}{2}\mathrm{Re}[\boldsymbol{E}\times\boldsymbol{H}^*] = \frac{1}{2}\mathrm{Re}[\hat{\boldsymbol{z}}3.69\times10^{-6}\mathrm{e}^{\mathrm{j}\frac{\pi}{4}}\times10^{-2}] = \hat{\boldsymbol{z}}1.31\times10^{-8}(\text{w/m}^2)$$

所以由每单位面积进入铜内的平均功率为 1.31×10^{-8} w。

思考题

(1) 如何推导亥姆霍兹方程式(4-5-5)。

(2) 选择 $\hat{\boldsymbol{k}}$ 方向为 z 轴正方向，$\boldsymbol{E}_0$ 方向为 x 轴正方向，建立坐标系，改写例 4-5-2 所给出的电场表达式。

(3) 均匀导电媒质中的均匀平面电磁波由于媒质的损耗，电场与磁场之间存在相位差，从图 4-5-11 发现磁场比电场超前，但书中却说电场比磁场超前，这是为什么？

(4) 如何画出理想介质中均匀平面电磁波的电场线和磁感应线。

(5) 为什么我们不用担心微波炉内的电磁辐射对人体的影响。

4.6 电磁波的极化、色散与群速

4.6.1 电磁波的极化

前面讨论的无限大均匀媒质中的平面电磁波都是假定空间任一点的电场和磁场的矢量方向不变，但这只是一种特殊情形，有的天线（如螺旋天线、双波型喇叭辐射器等）发射的电磁波的电场或磁场方向则是随时间变化的，因此有必要研究一下平面波场强的方向问题，研究这一问题对于如何架设和选择天线等都有重要的现实意义。例如，一根与地面垂直架设的线天线将接收不到另一根天线发射的电场方向与此线天线垂直的电磁波。飞机相对地面的方向经常变化，如果选用螺旋天线，就能保证通信连续不断，因为螺旋天线的电磁波的电磁场是旋转的，各个方向均有。为了说明电磁波的场强方向的取向，需要引入波的极化概念。

1. 极化的概念

波的极化是指空间电磁场方向随时间变化的方式，通常用电场强度矢量端点随着时间在空间描绘出的轨迹来表示电磁波的极化，严格讲用电场强度矢量端点在与 $\hat{\boldsymbol{k}}$ 垂直平面上的投影随时间变化的轨迹来表示电磁波的极化，波的极化也叫波的偏振。前面介绍的均匀平面电磁波的电场强度矢量端点在与 $\hat{\boldsymbol{k}}$ 垂直平面上的投影沿直线变化，画出的轨迹是一条直线，称此种波为线极化波。一般情况下，对于沿 z 轴方向传播的均匀平面波，电场强度矢量应写成两个分量，其表达式为

$$\boldsymbol{E} = \hat{\boldsymbol{x}}E_x + \hat{\boldsymbol{y}}E_y = (\hat{\boldsymbol{x}}E_{0x} + \hat{\boldsymbol{y}}E_{0y})\mathrm{e}^{-\mathrm{j}kz} = (\hat{\boldsymbol{x}}E_{xm}\mathrm{e}^{\mathrm{j}\varphi_x} + \hat{\boldsymbol{y}}E_{ym}\mathrm{e}^{\mathrm{j}\varphi_y})\mathrm{e}^{-\mathrm{j}kz} \tag{4-6-1}$$

两个分量写成瞬时值为

$$\begin{cases} E_x = E_{xm}\cos(\omega t - kz + \varphi_x) \\ E_y = E_{ym}\cos(\omega t - kz + \varphi_y) \end{cases} \tag{4-6-2}$$

此时合成矢量 $\boldsymbol{E}$ 随时间变化的矢量端点投影轨迹就不一定是一条直线，有可能是一个椭圆，也有可能是一个圆，也就是说波的极化不一定是直线极化。对于按正弦规律变化的电磁波，波的极化可分为直线极化、圆极化及椭圆极化三种。

2. 平面电磁波的极化方式

(1) 直线极化

当电场的两个分量没有相位差（同相）或相位差 180°（反相）时，合成电场矢量是直线极化。

先讨论同相的情况，即 $\omega t - kz + \varphi_x = \omega t - kz + \varphi_y$，也就是 $\varphi_x = \varphi_y = \varphi_0$，则合成电磁波的电场强度矢量的模为

$$E = \sqrt{E_x^2 + E_y^2} = \sqrt{E_{xm}^2 + E_{ym}^2}\cos(\omega t - kz + \varphi_0) \tag{4-6-3}$$

电场强度矢量与 x 轴正向夹角 θ 的正切为

$$\tan\theta = \frac{E_y}{E_x} = \frac{E_{ym}}{E_{xm}} = 常数 \tag{4-6-4}$$

即 $\theta =$ 常数。如图 4-6-1(a) 所示（图中取 $z = 0$），虽然电场矢量 $\boldsymbol{E}$ 的大小随时间作正弦变化，但其矢端轨迹是一条直线，故称为线极化（Linear Polarization）。因此直线位于一、三象限，所以也称为一、三象限线极化。

同理，反相时有 $\varphi_x-\varphi_y=\pm\pi$，$\tan\theta=\dfrac{E_y}{E_x}=\dfrac{E_{ym}}{E_{xm}}=$ 常数，如图 4-6-1(b) 所示，矢端轨迹也是一条直线，不过此直线位于二、四象限，为二、四象限线极化。

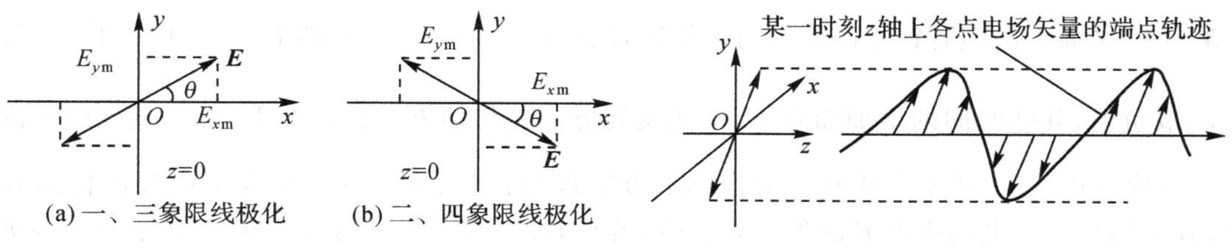

图 4-6-1　线极化　　　　图 4-6-2　线极化波波形

当 $E_{ym}=E_{xm}$ 时，$\theta=\dfrac{\pi}{4}$(同相) 或 $\dfrac{3\pi}{4}$(反相)；如果 $E_y=0$，则 $\theta=0$，电场 $\boldsymbol{E}$ 只有 E_x 分量，称 $\boldsymbol{E}$ 为 x 轴取向的线性极化波；如果 $E_x=0$，则 $\theta=\dfrac{\pi}{2}$，电场 $\boldsymbol{E}$ 只有 E_y 分量，称 $\boldsymbol{E}$ 为 y 轴取向的线性极化波。

对于时谐变电磁场的线极化波，某一时刻，在沿着传播方向的某一直线上各点的电场强度矢量端点的轨迹如图 4-6-2 所示，此即线极化波的波形。

(2) 圆极化

当电场的两个分量振幅相等，相位相差 $\pm\dfrac{\pi}{2}$ 时，合成的电场矢量端点的轨迹为一个圆，称这样的波为圆极化波。

设 $E_{xm}=E_{ym}=E_m$，$\varphi_x-\varphi_y=\pm\dfrac{\pi}{2}$，$z=0$，则

$$E_x=E_m\cos(\omega t+\varphi_x),\ E_y=E_m\cos\left(\omega t+\varphi_x\mp\frac{\pi}{2}\right)=\pm E_m\sin(\omega t+\varphi_x)\qquad(4\text{-}6\text{-}5)$$

消去 t 得 $E_x^2+E_y^2=E_m^2$，此为圆心在原点、半径为 E_m 的圆方程。合成电磁波的电场强度矢量 $\boldsymbol{E}$ 的模及与 x 轴正向夹角 θ 分别为

$$|\boldsymbol{E}|=\sqrt{E_x^2+E_y^2}=E_m,\ \theta=\arctan\frac{\pm\sin(\omega t+\varphi_x)}{\cos(\omega t+\varphi_x)}=\pm(\omega t+\varphi_x)\qquad(4\text{-}6\text{-}6)$$

可见 $\boldsymbol{E}$ 的大小不随时间变化，而 $\boldsymbol{E}$ 与 x 轴正向夹角 θ 随时间变化。因此合成电场强度矢量的矢端轨迹为圆，称为圆极化(Circular Polarization)。

由于 θ 的变化方式有两种，即 θ 以角速度 ω 随时间线性增加或线性减小，因此 $\boldsymbol{E}$ 矢端沿圆轨迹的旋转方向不一样。如果 $\theta=+(\omega t+\varphi_x)$，如图 4-6-3(a) 所示，电场矢量端点将以角速度 ω 在 xOy 平面上沿逆时针方向作等角速旋转。此时 $\varphi_x-\varphi_y=\dfrac{\pi}{2}$，即 E_x 的相位比 E_y

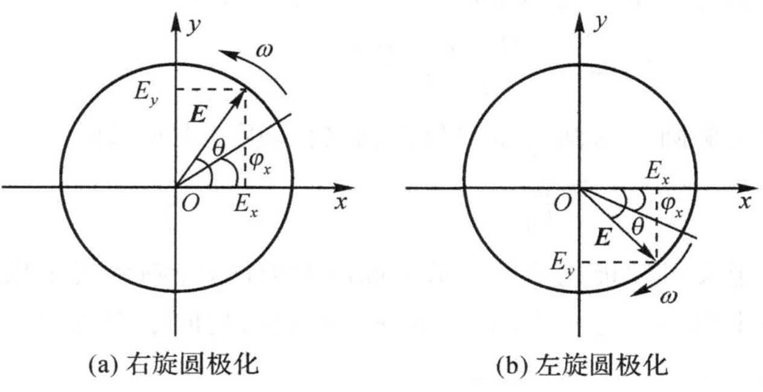

图 4-6-3　圆极化

超前$\frac{\pi}{2}$，θ取正值，并随时间的增加而增加。电场旋转方向与传播方向（此处为$+z$方向）符合右手定则，称此情况为右旋圆极化。如果$\theta=-(\omega t+\varphi_x)$，如图 4-6-3(b) 所示，$\boldsymbol{E}$将以角速度$\omega$在$xOy$平面上沿顺时针方向作等角速旋转，此时$\varphi_x-\varphi_y=-\frac{\pi}{2}$，即$E_x$的相位比$E_y$滞后$\frac{\pi}{2}$，$\theta$取负值，并随时间的增加而减小，电场旋转方向与传播方向符合左手螺旋关系，称此情况为左旋圆极化[①]。具体判断时也可按如下方式进行：将右手大拇指指向电磁波的传播方向，其余四指指向电场强度$\boldsymbol{E}$的矢端并旋转，若与$\boldsymbol{E}$的旋转一致，则为右旋圆极化波；若与$\boldsymbol{E}$的旋转相反，则为左旋圆极化波。

对于圆极化波，某一时刻，在沿着传播方向的某一直线上各点的电场强度矢量端点的轨迹如图 4-6-4 所示，此即圆极化波的波形，此波形为螺旋形，螺旋天线就可以辐射这样的电磁波。

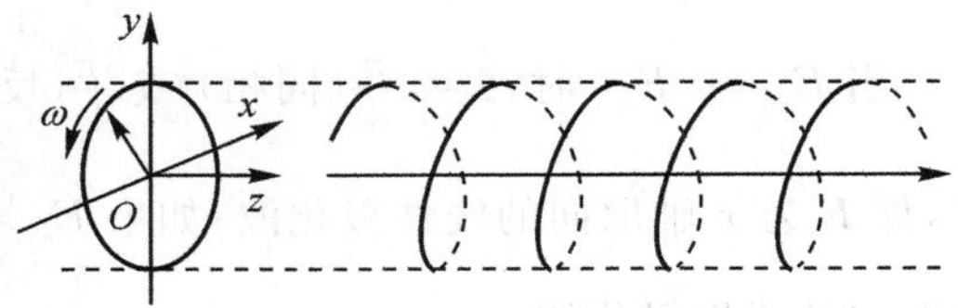

图 4-6-4　圆极化波波形（右旋）

(3) 椭圆极化

如果E_x和E_y的振幅和相位为除(1)和(2)所述情况以外的任意数值，则合成电场矢量端点的轨迹为椭圆，称这样的波为椭圆极化波。

取$z=0$，消去式(4-6-2)中的t，得

$$\left(\frac{E_x}{E_{xm}}\right)^2-\frac{2E_xE_y}{E_{xm}E_{ym}}\cos\varphi+\left(\frac{E_y}{E_{ym}}\right)^2=\sin^2\varphi \tag{4-6-7}$$

式中：$\varphi=\varphi_x-\varphi_y$。该式表示以$E_x$和$E_y$为变量的椭圆方程，如图 4-6-5 所示。

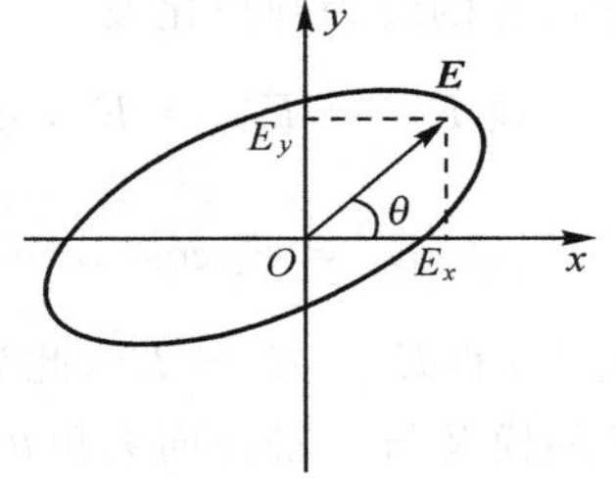

图 4-6-5　椭圆极化

该椭圆的中心在坐标原点，当$\varphi=\varphi_x-\varphi_y=\pm\frac{\pi}{2}$时，椭圆的长短轴在坐标轴上，当$\varphi=\varphi_x-\varphi_y\neq\pm\frac{\pi}{2}$时，则长短轴不在坐标轴上。根据左、右旋的定义，可知当$0<\varphi_x-\varphi_y<\pi$时为右旋椭圆极化，当$-\pi<\varphi_x-\varphi_y<0$时为左旋椭圆极化。此时旋转的角速度不能简单地认为还是常数ω，而应是时间的函数。

通常用椭圆极化角和椭圆率这两个参量来表示椭圆极化特性。定义椭圆极化角为椭圆长轴与x轴所夹的角，用θ表示，可以求得

$$\tan 2\theta=\frac{2E_{xm}E_{ym}\cos\varphi}{E_{xm}^2E_{ym}^2} \tag{4-6-8}$$

定义椭圆率为椭圆短轴与长轴之比，用ρ表示，即

$$\rho=\frac{\text{短轴}}{\text{长轴}}$$

由定义可知极化角θ表示了椭圆的取向，椭圆率表示出了椭圆是扁的还是趋向于圆的，若$\rho\to 1$则椭圆趋向于圆，若$\rho\to 0$则椭圆趋向于直线。其实直线极化与圆极化只是椭圆极化的

① 有关左、右旋的定义并不统一，在阅读有关参考书时须注意。这里采用IRE标准，此标准规定：观察者顺着波传播方向看去，电场矢量在横截面内的旋转方向为顺时针，则定为右旋极化，反之则为左旋极化。

一种特例。

前面讨论的不同极化(偏振)可看作若干个具有相同传播方向和相同频率的平面电磁波合成的结果。

圆极化波在雷达、导航、制导、通信和电视广播上被广泛采用。因为一个线极化波可以分解为两个振幅相等、旋向相反的圆极化波,一个椭圆极化波可以分解成两个不等幅的、旋向相反的圆极化波。如果用圆极化天线来接收信号的话,不管发射的极化方式如何肯定能收到信号,不会出现失控的情况。

例 4-6-1　判断下列平面电磁波的极化方式:

(1)$\boldsymbol{E}=\hat{\boldsymbol{y}}3\cos\left(\omega t-\beta x-\dfrac{\pi}{4}\right)+\hat{\boldsymbol{z}}4\sin\left(\omega t-\beta x+\dfrac{\pi}{4}\right)$;(2)$\boldsymbol{E}=E_0(-\hat{\boldsymbol{x}}+\mathrm{j}\hat{\boldsymbol{y}})\mathrm{e}^{-\mathrm{j}kz}$;

(3)$\boldsymbol{E}=E_0(\hat{\boldsymbol{x}}+2\mathrm{j}\hat{\boldsymbol{z}})\mathrm{e}^{-\mathrm{j}ky}$;(4)$\boldsymbol{E}=(-\hat{\boldsymbol{x}}25\mathrm{j}+\hat{\boldsymbol{z}}25)\mathrm{e}^{-(0.01+\mathrm{j}120)y}$。

解　(1)$E_y=3\cos\left(\omega t-\beta x-\dfrac{\pi}{4}\right)$, $E_z=4\sin\left(\omega t-\beta x+\dfrac{\pi}{4}\right)=4\cos\left(\omega t-\beta x-\dfrac{\pi}{4}\right)$,波沿 x 轴正向传播,$\varphi_y=\varphi_z=-\dfrac{\pi}{4}$,$E_x$ 与 E_y 同相,所以波为一、三象限的直线极化波。

(2) 此为复数形式,由于 $\boldsymbol{E}=\mathrm{j}E_0(\mathrm{j}\hat{\boldsymbol{x}}+\hat{\boldsymbol{y}})\mathrm{e}^{-\mathrm{j}kz}=E_0(\hat{\boldsymbol{x}}\mathrm{e}^{\mathrm{j}\frac{\pi}{2}}+\hat{\boldsymbol{y}})\mathrm{e}^{-\mathrm{j}kz}\mathrm{e}^{\mathrm{j}\frac{\pi}{2}}$,可以看出 E_x 和 E_y 振幅相等,且 E_x 相位超前 E_y 相位$\dfrac{\pi}{2}$,电磁波沿 $+z$ 方向传播,故为右旋圆极化波。

(3)$\boldsymbol{E}=E_0(\hat{\boldsymbol{x}}+2\hat{\boldsymbol{z}}\mathrm{e}^{\mathrm{j}\frac{\pi}{2}})\mathrm{e}^{-\mathrm{j}ky}$,$E_z$ 相位比 E_x 超前$\dfrac{\pi}{2}$,振幅不相等,所以为椭圆极化,又从 $\mathrm{e}^{-\mathrm{j}ky}$ 可知波沿 $+y$ 方向传播,所以 $\boldsymbol{E}$ 的旋转方向如图 4-6-6 所示,可见此电磁波为右旋椭圆极化波。

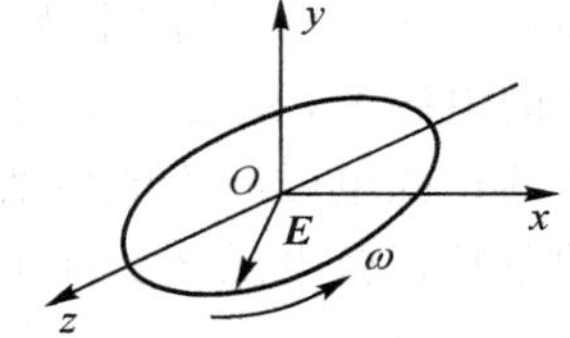

图 4-6-6　例 4-6-1(3) 用图

(4)$\boldsymbol{E}=25\mathrm{e}^{-0.01y}(\hat{\boldsymbol{x}}\mathrm{e}^{-\mathrm{j}\frac{\pi}{2}}+\hat{\boldsymbol{z}})\mathrm{e}^{-\mathrm{j}120y}$,在空间固定点,$E_x$ 与 E_z 振幅相等,且 E_z 相位比 E_x 超前$\dfrac{\pi}{2}$,波沿 $+y$ 方向传播,所以此波为右旋圆极化波。顺便提一下,$\mathrm{e}^{-0.01y}$ 在此表明波沿 $+y$ 方向衰减程度。

4.6.2　相速、群速与色散的关系

我们熟知,当一束太阳光射到三棱镜上时,在三棱镜的另一边就可看到红、橙、黄、绿、青、蓝、紫的彩色光,这就是光谱段电磁波的色散现象,原因是由于不同频率的单色光在同一媒质中具有不同的折射率(即具有不同的相速度)所导致的。那么色散是怎么引起的呢?下面我们从电磁波的相速和群速角度来进行描述。

相速 v_p 是电磁波中等相面传播的速度。若波沿正 z 轴方向传播,电场的某一分量为

$$E=E_0\cos(\omega t-\beta z)$$

则等相面为 $\omega t-\beta z=$ 常数,即相速为 $v_\mathrm{p}=\dfrac{\mathrm{d}z}{\mathrm{d}t}=\dfrac{\omega}{\beta}$。由此可见,相速是否与频率 ω 有关,取决于 β 与频率的关系。

对于理想介质,波数 $\beta=\omega\sqrt{\mu\varepsilon}$,则相速 $v_\mathrm{p}=\dfrac{\omega}{\beta}=\dfrac{1}{\sqrt{\mu\varepsilon}}$。在这种情况下,波的相速度只取决于媒质的参数 ε 和 μ。当媒质的参数 ε 和 μ 与频率无关时,电磁波的传播不会产生色散。对

于非理想介质，β 为 ω 的复杂函数，在这种情况下相速 v_p 与频率有关，如良导体中的相速为 $v_p = \dfrac{\omega}{\beta} = \sqrt{\dfrac{2\omega}{\mu\sigma}}$，即相速 v_p 与频率 ω 有关，说明导电媒质是色散媒质。

波的色散指波的相速与频率有关。在有耗媒质中的电磁波，相速与频率有关，所以其中传播的电磁波必然要发生色散。在交变电磁场情况下，有耗媒质的带电粒子的运动跟不上交变场的变化而产生滞后现象，此时要引入复介电常数，此复介电常数与频率有关，所以有耗媒质有色散特性。当交变电磁场的频率接近于媒质的固有频率时，带电粒子将从交变场中吸收能量而造成散射损耗。由上可见，若媒质的参数 ε、μ 和 σ 与频率有关，则为色散媒质。

当包含不同频率的信号加到电磁波载体上时，如果信号所包含的各频率分量相速不等，那么信号传播一段距离后，信号各分量合成的波形将与起始时的波形不同，引起信号的波形失真，称这种失真为色散失真。图 4-6-7 表示矩形脉冲波（可利用傅里叶展开将其表示为无数不同频率正弦波的叠加）经过光纤长距离传输后因色散而畸变为钟形波（各种不同频率正弦波叠加后不再是矩形脉冲波）。光脉冲变宽后有可能使接收端的前后两个脉冲无法分辨。

图 4-6-7　矩形脉冲波经过光纤传输后变成钟形波

以 $E = E_0\cos(\omega t - \beta z)$ 形式表示的平面波是在时间、空间上无限延伸的单一频率的电磁波，称之为单色波。一个单一频率的正弦电磁波不能传播信号，并且理想的单频正弦电磁波实际上是不存在的。信号加到电磁波上就不再是单色波。实际工程中的电磁波在时间和空间上是有限的，它由不同频率的正弦波（谐波）叠加而成，称为非单色波。非单色波是以某种频率 ω_0 为载波频率的有狭窄频带 $\Delta\omega$ 的波，称为波包，如图 4-6-8 所示，这是按正弦变化的调制波，虚线为信号的包络，此包络移动的相速度称为群速，用 v_g 表示，从图可以看出 v_g 与相速度 v_p 是不一样的概念。v_p 是信号等相位面的速度，而 v_g 是包络波等相位点推进的速度。由于群速是波的包络上一个点的传播速度，对于频谱很宽的信号，其包络在传播过程中发生畸变，即包络形状将随波的传播而变化，此时群速已无意义，所以群速只对窄频带信号有意义。

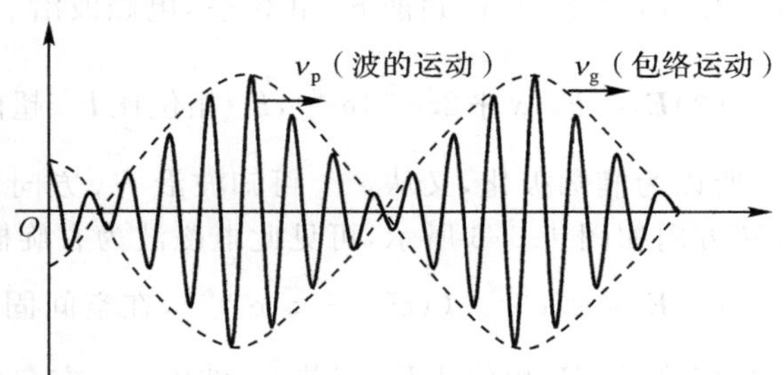

图 4-6-8　相速与群速

对于窄频带信号（$\Delta\omega \ll \omega$），群速的表达式为

$$v_g = \frac{d\omega}{d\beta} \tag{4-6-9}$$

而相速 $v_p = \omega/\beta$，相速与群速之间的大小关系由相速随频率的变化关系决定。可以证明，当相速不随频率变化时，即 $\dfrac{dv_p}{d\omega} = 0$ 时，有 $v_g = v_p$，即群速等于相速，此时的媒质为非色散媒质；当 $\dfrac{dv_p}{d\omega} < 0$ 时，$v_g < v_p$，即群速小于相速，称此种情况为正常色散；当 $\dfrac{dv_p}{d\omega} > 0$ 时，$v_g > v_p$，即群速大于相速，称此种情况为反常色散。导体中的色散就是反常色散。可以对正常色散及

反常色散现象加以利用，使其相互补偿，从而改善相位频率特性。

思考题

（1）直线极化与圆极化是椭圆极化的两种特例，试就式（4-6-7）讨论什么情况下是直线极化？什么情况下是圆极化，又如何判断左旋还是右旋？什么情况下是正椭圆（长短轴在坐标轴上的椭圆）极化。

（2）试画出左旋圆极化波波形。

（3）简述相速与群速的区别。

4.7　平面边界上均匀平面波的入射

在掌握均匀平面电磁波在各种均匀媒质之中的传播特性的基础上，本节进一步来研究平面波在媒质交界面处的反、折射问题。到目前为止，我们讨论的平面波是在无界、均匀、线性和各向同性媒质中的传播规律，当电磁波在传播过程中遇到不同媒质时，就必须考虑分界面上的情况。不同媒质有不同的波阻抗，在不同媒质中电场与相应的磁场的复振幅比值就不同，电磁波既要满足在边界面两侧的媒质中的传播规律，又要满足分界面上的边界条件。一般地说，当电磁波在传播过程中遇到两种不同波阻抗的媒质分界面时，将有一部分电磁能量被反射回来形成反射波，另一部分电磁能量透过分界面继续传播，形成透射波。

4.7.1　平面电磁波向理想介质的垂直入射

设区域Ⅰ和区域Ⅱ中的媒质都是理想介质，它们具有无限大的平面分界面（$z=0$ 的无限大平面），x 轴取向的直线极化波沿 $+z$ 轴方向传播，并由第Ⅰ媒质垂直地投射到分界面上，如图 4-7-1 所示。因媒质参数不同（波阻抗不连续），到达分界面上的一部分入射波被分界面反射，形成沿轴负向传播的反射波；另一部分入射波透过分界面而进入区域Ⅱ继续传播，形成沿轴正向传播的透射波。由于分界面两侧电场强度的切向分量连续，所以反射波和透射波的电场强度矢量只有 x 分量，即反射波和透射波沿 x 方向极化，相应磁场方向按电场、磁场与传播方向符合右手定则确定。

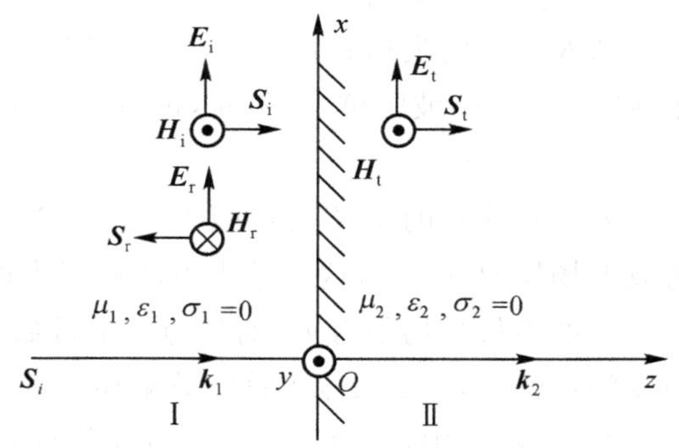

图 4-7-1　理想媒质交界面上的垂直入射

设入射电磁波的电场和磁场分别为

$$\boldsymbol{E}_{\mathrm{i}}=\hat{\boldsymbol{x}}E_{\mathrm{i0}}\mathrm{e}^{-\mathrm{j}k_1 z},\boldsymbol{H}_{\mathrm{i}}=\hat{\boldsymbol{y}}\frac{1}{\eta_1}E_{\mathrm{i0}}\mathrm{e}^{-\mathrm{j}k_1 z} \tag{4-7-1}$$

其中：E_{i0} 为 $z=0$ 处入射波的振幅；k_1 和 η_1 为区域Ⅰ媒质的相位常数和波阻抗，表达式分别为 $k_1=\omega\sqrt{\mu_1\varepsilon_1}$ 和 $\eta_1=\sqrt{\dfrac{\mu_1}{\varepsilon_1}}$，相应的反射波的电场和磁场表达式为

$$\boldsymbol{E}_{\mathrm{r}}=\hat{\boldsymbol{x}}E_{\mathrm{r0}}\mathrm{e}^{+\mathrm{j}k_1 z},\quad \boldsymbol{H}_{\mathrm{r}}=-\hat{\boldsymbol{y}}\frac{1}{\eta_1}E_{\mathrm{r0}}\mathrm{e}^{+\mathrm{j}k_1 z} \tag{4-7-2}$$

其中：E_{r0} 为 $z=0$ 处反射波的振幅，所以区域 Ⅰ 中合成电磁波电场和磁场表达式为

$$\begin{cases} \boldsymbol{E}_1 = \boldsymbol{E}_i + \boldsymbol{E}_r = \hat{\boldsymbol{x}}(E_{i0}\,\mathrm{e}^{-\mathrm{j}k_1 z} + E_{r0}\,\mathrm{e}^{+\mathrm{j}k_1 z}) \\ \boldsymbol{H}_1 = \boldsymbol{H}_i + \boldsymbol{H}_r = \hat{\boldsymbol{y}}\,\dfrac{1}{\eta_1}(E_{i0}\,\mathrm{e}^{-\mathrm{j}k_1 z} - E_{r0}\,\mathrm{e}^{+\mathrm{j}k_1 z}) \end{cases} \tag{4-7-3}$$

由于区域 Ⅱ 中只有透射波，其电场和磁场分别为

$$\boldsymbol{E}_2 = \boldsymbol{E}_t = \hat{\boldsymbol{x}}E_{t0}\,\mathrm{e}^{-\mathrm{j}k_2 z},\quad \boldsymbol{H}_2 = \boldsymbol{H}_t = \hat{\boldsymbol{y}}\,\frac{1}{\eta_2}E_{t0}\,\mathrm{e}^{-\mathrm{j}k_2 z} \tag{4-7-4}$$

其中 E_{t0} 为 $z=0$ 处透射波的振幅，k_2 和 η_2 为区域 Ⅱ 媒质的相位常数和波阻抗，表达式分别为 $k_2 = \omega\sqrt{\mu_2\varepsilon_2}$ 和 $\eta_2 = \sqrt{\dfrac{\mu_2}{\varepsilon_2}}$。

在 $z=0$ 分界面上，考虑到分界面上不存在传导电流，电场和磁场的切向方向连续，从而可得

$$E_{i0} + E_{r0} = E_{t0},\quad \frac{1}{\eta_1}(E_{i0} - E_{r0}) = \frac{1}{\eta_2}E_{t0} \tag{4-7-5}$$

由式(4-7-5)解得

$$R = \frac{E_{r0}}{E_{i0}} = \frac{\eta_2 - \eta_1}{\eta_2 + \eta_1},\quad T = \frac{E_{t0}}{E_{i0}} = \frac{2\eta_2}{\eta_2 + \eta_1} \tag{4-7-6}$$

式中：R 称反射系数，是分界面上反射波电场强度与入射波电场强度之比；T 称透射系数，是分界面上透射波电场强度与入射波电场强度之比。当入射波场强已知时，就可用反射系数 R 和透射系数 T 求出界面上反射波与透射波场强，并可利用式(4-7-3)和式(4-7-4)求出界面以外任意点处的电场和磁场。

从 R 与 T 的表达式可以看出，它们都是无量纲的量，反射系数 R 可正、可负，取决于区域 Ⅰ 和区域 Ⅱ 的波阻抗 η_1 和 η_2，透射系数 T 始终为正，两者满足如下关系：

$$1 + R = T \tag{4-7-7}$$

要特别注意的是 T 有可能大于1，如当 $\eta_2 = 2\eta_1$ 时，$T = 4/3$，说明透射波电场振幅是入射波电场振幅的4/3，这一结果不能理解为透射波所携带的电场能量比入射波大。因为电场能量密度不仅与场强有关，而且与介电常数有关，虽然透射波电场强度的振幅比入射波电场强度的振幅大，但 $\varepsilon_2/\varepsilon_1$，故总的效果还是透射波携带的能量小于入射波携带的能量。

在区域 Ⅰ 中，入射波向 $+z$ 方向传输的平均功率密度矢量为

$$\boldsymbol{S}_{\mathrm{av,i}} = \frac{1}{2}\mathrm{Re}[\boldsymbol{E}_i \times \boldsymbol{H}_i^*] = \hat{\boldsymbol{z}}\,\frac{1}{2}\cdot\frac{E_{i0}^2}{\eta_1} \tag{4-7-8}$$

反射波向 $-z$ 方向传输的平均功率密度矢量为

$$\boldsymbol{S}_{\mathrm{av,r}} = \frac{1}{2}\mathrm{Re}[\boldsymbol{E}_r \times \boldsymbol{H}_r^*] = -\hat{\boldsymbol{z}}\,\frac{1}{2}\cdot\frac{|R|^2E_{i0}^2}{\eta_1} = -|R|^2\boldsymbol{S}_{\mathrm{av,i}} \tag{4-7-9}$$

区域 Ⅰ 中向 $+z$ 方向传输的平均功率密度矢量为

$$\begin{aligned} \boldsymbol{S}_{\mathrm{av1}} &= \frac{1}{2}\mathrm{Re}[\boldsymbol{E}_1 \times \boldsymbol{H}_1^*] = \boldsymbol{S}_{\mathrm{av,i}} + \boldsymbol{S}_{\mathrm{av,r}} \\ &= \hat{\boldsymbol{z}}\,\frac{1}{2}\cdot\frac{E_{i0}^2}{\eta_1}(1 - |R|^2) = \boldsymbol{S}_{\mathrm{av,i}}(1 - |R|^2) \end{aligned} \tag{4-7-10}$$

同理，区域 Ⅱ 中向 $+z$ 方向传输的平均功率密度矢量为

$$\boldsymbol{S}_{av2}=\boldsymbol{S}_{av,t}=\frac{1}{2}\mathrm{Re}[\boldsymbol{E}_t\times\boldsymbol{H}_t^*]=\hat{\boldsymbol{z}}\,\frac{1}{2}\cdot\frac{|T|^2E_{i0}^2}{\eta_2}=\frac{\eta_1}{\eta_2}|T|^2\boldsymbol{S}_{av,i} \tag{4-7-11}$$

区域 Ⅰ 与区域 Ⅱ 中传输的平均功率密度矢量有如下关系

$$\boldsymbol{S}_{av1}=\boldsymbol{S}_{av,i}=(1-|R|^2)=\frac{\eta_1}{\eta_2}|T|^2\boldsymbol{S}_{av,i}=\boldsymbol{S}_{av2} \tag{4-7-12}$$

例 4-7-1　有一线极化的均匀正弦平面波角频率 $\omega=2\pi\times10^8$ rad/s，由自由空间垂直入射到理想介质 $\varepsilon_r=4$，$\mu_r=1$ 表面，已知入射波电场强度振幅为 $E_{i0}=2$ V/m，求自由空间和媒质中的电场和磁场表达式。

解　设电磁波沿 $+z$ 轴方向传播，分界面为平面 $z=0$ 平面，电场为 x 轴取向线性极化。由题意得

$$\eta_1=\sqrt{\frac{\mu_1}{\varepsilon_1}}=\sqrt{\frac{\mu_0}{\varepsilon_0}}=\eta_0,\quad \eta_2=\sqrt{\frac{\mu_2}{\varepsilon_2}}=\sqrt{\frac{\mu_r\eta_0}{\varepsilon_r\varepsilon_0}}=\frac{1}{2}\sqrt{\frac{\mu_0}{\varepsilon_0}}=\frac{1}{2}\eta_0$$

从而反射系数和透射系数分别为

$$R=\frac{\eta_2-\eta_1}{\eta_2+\eta_1}=-\frac{1}{3},\quad T=\frac{2\eta_2}{\eta_2+\eta_1}=\frac{2}{3}$$

由入射波电场强度振幅 $E_{i0}=2$ V/m 求得反射波和透射波电场强度振幅分别为

$$E_{r0}=RE_{i0}=-\frac{2}{3}(\mathrm{V/m}),\quad E_{t0}=TE_{i0}=\frac{4}{3}(\mathrm{V/m})$$

从而求得入射波、反射波和透射波的磁场强度振幅分别为

$$H_{i0}=\frac{E_{i0}}{\eta_1}=\frac{1}{60\pi}(\mathrm{A/m}),\quad H_{r0}=\frac{E_{r0}}{\eta_1}=-\frac{2}{3\eta_0}=-\frac{1}{180\pi}(\mathrm{A/m})$$

$$H_{t0}=\frac{E_{t0}}{\eta_2}=\frac{8}{3\eta_0}=\frac{1}{45\pi}(\mathrm{A/m})$$

所以在自由空间中电场和磁场表达式为

$$\boldsymbol{E}_1=\hat{\boldsymbol{x}}(E_{i0}\mathrm{e}^{-\mathrm{j}k_1z}+E_{r0}\mathrm{e}^{+\mathrm{j}k_1z})=\hat{\boldsymbol{x}}2(\mathrm{e}^{-\mathrm{j}k_1z}-\frac{1}{3}\mathrm{e}^{+\mathrm{j}k_1z})(\mathrm{V/m})$$

$$\boldsymbol{H}_1=\hat{\boldsymbol{y}}(H_{i0}\mathrm{e}^{-\mathrm{j}k_1z}-H_{r0}\mathrm{e}^{+\mathrm{j}k_1z})=\hat{\boldsymbol{y}}\,\frac{1}{60\pi}(\mathrm{e}^{-\mathrm{j}k_1z}+\frac{1}{3}\mathrm{e}^{+\mathrm{j}k_1z})(\mathrm{A/m})$$

在理想介质中，电场和磁场表达式为

$$\boldsymbol{E}_2=\hat{\boldsymbol{x}}\,\frac{4}{3}\mathrm{e}^{-\mathrm{j}k_2z}(\mathrm{V/m})$$

$$\boldsymbol{H}_2=\hat{\boldsymbol{y}}\,\frac{1}{45\pi}\mathrm{e}^{-\mathrm{j}k_2z}(\mathrm{A/m})$$

表达式中

$$k_1=\omega\sqrt{\mu_1\varepsilon_1}=\omega\sqrt{\mu_0\varepsilon_0}=\frac{\omega}{c}=\frac{2}{3}\pi(\mathrm{rad/m})$$

$$k_2=\omega\sqrt{\mu_2\varepsilon_2}=2\omega\sqrt{\mu_0\varepsilon_0}=\frac{4}{3}\pi(\mathrm{rad/m})$$

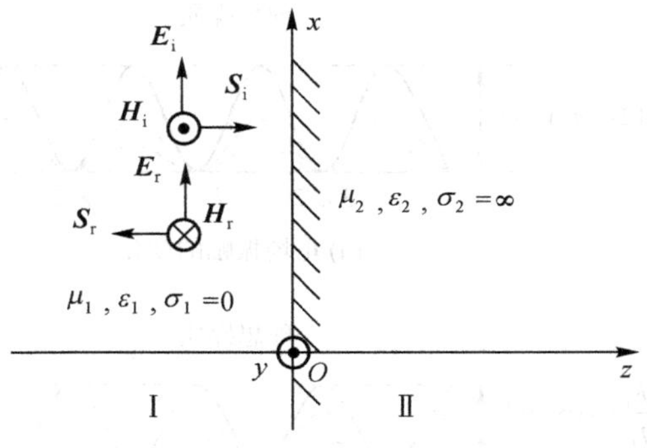

图 4-7-2　从理想媒质垂直入射到理想导体上的平面电磁波

现在来考虑一种特殊情况，设图 4-7-2

所示Ⅰ区域为理想介质($\sigma_1=0$)，Ⅱ区域为理想导体($\sigma_2=\infty$)，其中的电场和磁场均为零，即 $\boldsymbol{E}_2=\boldsymbol{0}, \boldsymbol{H}_2=\boldsymbol{0}$，也就是说，电磁波不能透过理想导体表面，而是被分界面全部反射。根据分界面上电场切向分量必须连续的条件，即 $E_{i0}+E_{r0}=E_{t0}=0$，得 $E_{i0}=-E_{r0}$，所以反射系数和透射系数分别为

$$R=\frac{E_{r0}}{E_{i0}}=-1, T=\frac{E_{t0}}{E_{i0}}=0$$

这种 $T=0$ 的情形称为全反射，能量被全部反射，此时在Ⅰ区域的电场和磁场表达式为

$$\begin{cases}\boldsymbol{E}_1=\hat{\boldsymbol{x}}E_{i0}(\mathrm{e}^{-\mathrm{j}k_1z}-\mathrm{e}^{+\mathrm{j}k_1z})=-\hat{\boldsymbol{x}}2\mathrm{j}E_{i0}\sin k_1z\\ \boldsymbol{H}_1=\hat{\boldsymbol{y}}\dfrac{E_{i0}}{\eta_1}(\mathrm{e}^{-\mathrm{j}k_1z}-\mathrm{e}^{+\mathrm{j}k_1z})=\hat{\boldsymbol{y}}\dfrac{2E_{i0}}{\eta_1}\cos k_1z\end{cases}\tag{4-7-13}$$

由于Ⅱ区域中无磁场，在理想导体表面两侧的磁场切向分量不连续，所以分界面上存在面电流，根据磁场切向分量的边界条件 $\hat{\boldsymbol{n}}\times(\boldsymbol{H}_2-\boldsymbol{H}_1)=\boldsymbol{J}_S$，得导体表面的面电流 $\boldsymbol{J}_S$ 为

$$\boldsymbol{J}_S=\hat{\boldsymbol{z}}\times\left(\boldsymbol{0}-\hat{\boldsymbol{y}}\frac{2E_{i0}}{\eta_1}\cos k_1z\right)\Big|_{z=0}=\hat{\boldsymbol{x}}\frac{2E_{i0}}{\eta_1}\tag{4-7-14}$$

将Ⅰ区域的电场和磁场表达式写成瞬时值形式如下：

$$\begin{cases}\boldsymbol{E}_1(z,t)=\mathrm{Re}[\boldsymbol{E}_1\mathrm{e}^{\mathrm{j}\omega t}]=\hat{\boldsymbol{x}}2E_{i0}\sin k_1z\cdot\sin\omega t\\ \boldsymbol{H}_1(z,t)=\mathrm{Re}[\boldsymbol{H}_1\mathrm{e}^{\mathrm{j}\omega t}]=\hat{\boldsymbol{y}}\dfrac{2E_{i0}}{\eta_1}\cos k_1z\cdot\cos\omega t\end{cases}\tag{4-7-15}$$

从以上两式可以看出，任意时刻 t，Ⅰ区域的电场和磁场在某些固定位置的大小始终为零和始终最大，即在 $k_z=-n\pi$，或 $z=-n\cdot\dfrac{\lambda}{2}(n=0,1,2,\cdots)$ 处，电场为零值，磁场为最大值；在 $k_1z=-(2n+1)\dfrac{\pi}{2}$ 或 $z=-(2n+1)\cdot\dfrac{\lambda}{4}(n=0,1,2,\cdots)$ 处，电场为最大值，磁场为零值。将不随时间变化的零值位置称为波节点，将不随时间变化的最大值位置称为波腹点，将这种波腹点和波节点位置都固定不动的电磁波称为驻波。如图 4-7-3 所示，不管哪一个时刻零点位置和最大值位置始终不变，电场波节点为磁场的波腹点，电场波腹点为磁场的波节点。随着时间 t 的变化，最大值也随之变化，虽然波形不移动，但波形在平衡位置附近上下振动。图 4-7-4 示出了驻波与行波的区别，行波波形随着时间变化向传播方向移动；而驻波波形随时间不向传播方向移动，而是波峰和波谷先由陡峭变成平坦，经过零值位置后，再由平坦变成陡峭，波峰变波谷，波谷变波峰，如此不断循环变化。

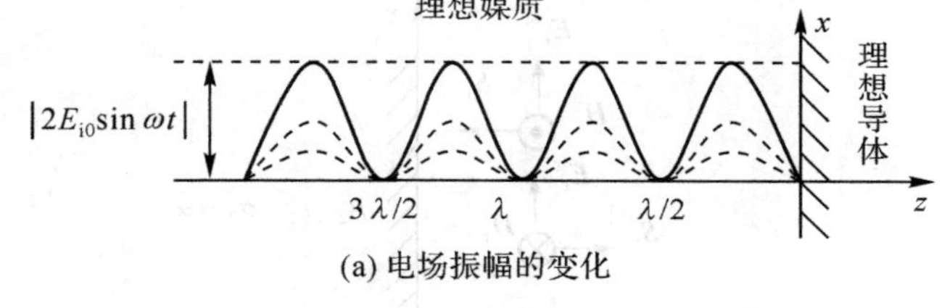

(a) 电场振幅的变化

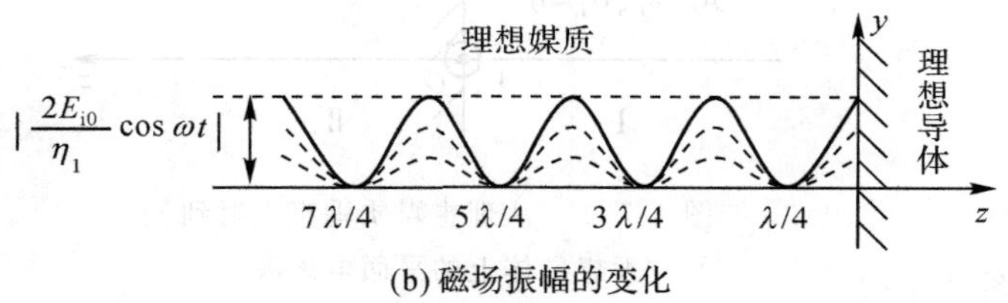

(b) 磁场振幅的变化

图 4-7-3 驻波的变化

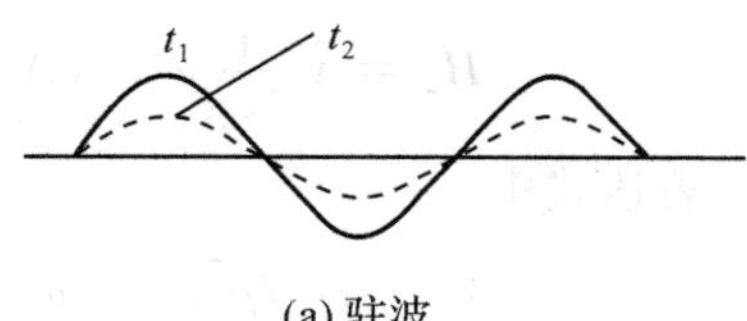

(a) 驻波

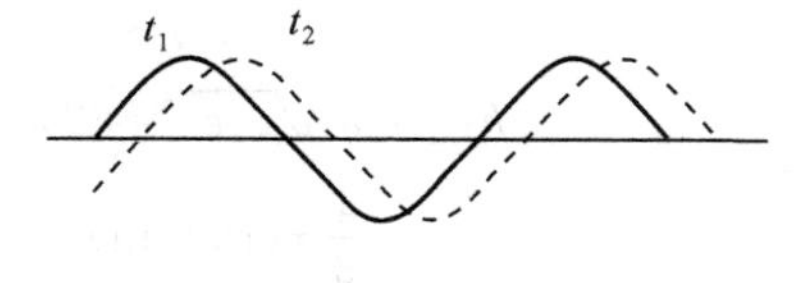

(b) 行波

图 4-7-4 驻波与行波的区别

在全反射条件下，区域 Ⅰ 中的合成波为两个振幅相等、传播方向相反的行波合成的结果，不再有行波成分，严格来说，应称为纯驻波，其坡印廷矢量的时间平均值为

$$\boldsymbol{S}_{\mathrm{av1}} = \frac{1}{2}\mathrm{Re}[\boldsymbol{E}_1 \times \boldsymbol{H}_1^*] = \mathrm{Re}\left[-\hat{z}\mathrm{j}\,\frac{2E_{\mathrm{i0}}^2}{\eta_1}\sin k_1 z \cdot \cos k_1 z\right] = \mathbf{0} \tag{4-7-16}$$

即没有单向流动的实功率，而只有虚功率，所以纯驻波不能传输能量。在电磁场相邻的两个波节之间的 $\lambda/4$ 范围内有电场能量与磁场能量的交替变换，变化规律可用坡印廷矢量的瞬时值来表示

$$\boldsymbol{S}_1 = \boldsymbol{E}_1(z,t) \times \boldsymbol{H}_1(z,t) = \hat{\boldsymbol{z}}\,\frac{E_{\mathrm{i0}}^2}{\eta_1}\sin 2k_1 z \cdot \sin 2\omega t \tag{4-7-17}$$

4.7.2　平面边界上均匀平面波的斜入射

1. 反射、折射基本定理

如图 4-7-5 所示，均匀平面电磁波向理想介质分界面 $z = 0$ 处斜入射，$\boldsymbol{k}_{\mathrm{i}}$，$\boldsymbol{k}_{\mathrm{r}}$ 和 $\boldsymbol{k}_{\mathrm{t}}$ 分别为入射波、反射波和透射波的波矢量，它们与界面垂线之间的夹角分别称为入射角 θ_{i}、反射角 θ_{r} 和透射角 θ_{t}，根据向任意方向传播的均匀平面波的表达式(4-5-28) 可得，入射波、反射波和透射波的电场强度矢量为

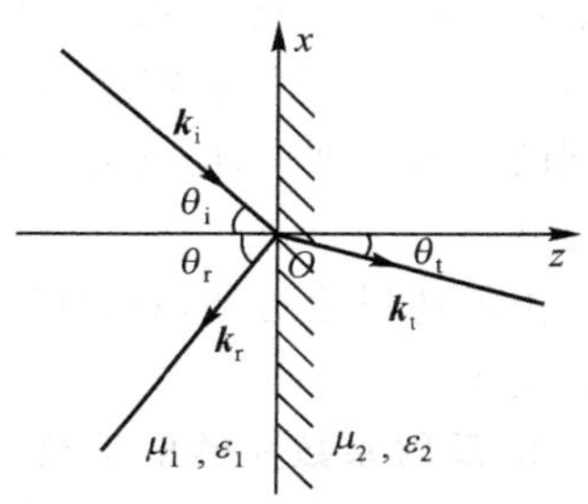

图 4-7-5　入射线、反射线、透射线

$$\begin{cases}\boldsymbol{E}_{\mathrm{i}} = \boldsymbol{E}_{\mathrm{i0}}\mathrm{e}^{-\mathrm{j}\boldsymbol{k}_{\mathrm{i}}\cdot\boldsymbol{r}}\\ \boldsymbol{E}_{\mathrm{r}} = \boldsymbol{E}_{\mathrm{r0}}\mathrm{e}^{-\mathrm{j}\boldsymbol{k}_{\mathrm{r}}\cdot\boldsymbol{r}}\\ \boldsymbol{E}_{\mathrm{t}} = \boldsymbol{E}_{\mathrm{t0}}\mathrm{e}^{-\mathrm{j}\boldsymbol{k}_{\mathrm{t}}\cdot\boldsymbol{r}}\end{cases} \tag{4-7-18}$$

其中的波矢量可写成分量形式如下

$$\begin{cases}\boldsymbol{k}_{\mathrm{i}} = \hat{\boldsymbol{x}}k_{\mathrm{i}x} + \hat{\boldsymbol{y}}k_{\mathrm{i}y} + \hat{\boldsymbol{z}}k_{\mathrm{i}z} = k_{\mathrm{i}}\hat{\boldsymbol{k}}_{\mathrm{i}} = k_1\hat{\boldsymbol{k}}_{\mathrm{i}}\\ \boldsymbol{k}_{\mathrm{r}} = \hat{\boldsymbol{x}}k_{\mathrm{r}x} + \hat{\boldsymbol{y}}k_{\mathrm{r}y} + \hat{\boldsymbol{z}}k_{\mathrm{r}z} = k_{\mathrm{r}}\hat{\boldsymbol{k}}_{\mathrm{r}} = k_1\hat{\boldsymbol{k}}_{\mathrm{r}}\\ \boldsymbol{k}_{\mathrm{t}} = \hat{\boldsymbol{x}}k_{\mathrm{t}x} + \hat{\boldsymbol{y}}k_{\mathrm{t}y} + \hat{\boldsymbol{z}}k_{\mathrm{t}z} = k_{\mathrm{t}}\hat{\boldsymbol{k}}_{\mathrm{t}} = k_2\hat{\boldsymbol{k}}_{\mathrm{t}}\end{cases} \tag{4-7-19}$$

式中：$\hat{\boldsymbol{k}}_{\mathrm{i}}$、$\hat{\boldsymbol{k}}_{\mathrm{r}}$ 和 $\hat{\boldsymbol{k}}_{\mathrm{t}}$ 为入射波、反射波和透射波矢量的单位矢量；$k_1 = \omega\sqrt{\mu_1\varepsilon_1}$ 为媒质 1 的相移常数(或波矢量大小)；$k_2 = \omega\sqrt{\mu_2\varepsilon_2}$ 为媒质 2 的相移常数。

下面由入射波和边界条件来确定反射波、透射波的传播方向。在 $z = 0$ 界面上电场强度的切向分量应连续，即 $E_{1\mathrm{t}} = E_{2\mathrm{t}}$，所以有

$$E_{\mathrm{i0t}}\mathrm{e}^{-\mathrm{j}\boldsymbol{k}_{\mathrm{i}}\cdot\boldsymbol{r}} + E_{\mathrm{r0t}}\mathrm{e}^{-\mathrm{j}\boldsymbol{k}_{\mathrm{r}}\cdot\boldsymbol{r}} = E_{\mathrm{t0t}}\mathrm{e}^{-\mathrm{j}\boldsymbol{k}_{\mathrm{t}}\cdot\boldsymbol{r}}$$

对于 $z = 0$ 的分界面上的任意一点，上式等号均要成立，因而必有

$$E_{\mathrm{i0t}} + E_{\mathrm{r0t}} = E_{\mathrm{t0t}}, \quad \boldsymbol{k}_{\mathrm{i}} \cdot \boldsymbol{r} = \boldsymbol{k}_{\mathrm{r}} \cdot \boldsymbol{r} = \boldsymbol{k}_{\mathrm{t}} \cdot \boldsymbol{r} \tag{4-7-20}$$

由于 $z = 0$ 的分界面上有 $\boldsymbol{r} = \hat{\boldsymbol{x}}x + \hat{\boldsymbol{y}}y$，故由式(4-7-20) 必有

$$k_{\mathrm{i}x}x + k_{\mathrm{i}y}y = k_{\mathrm{r}x}x + k_{\mathrm{r}y}y = k_{\mathrm{t}x}x + k_{\mathrm{t}y}y$$

此式对不同的 x、y 均成立，从而可得

$$k_{\mathrm{i}x} = k_{\mathrm{r}x} = k_{\mathrm{t}x}, \quad k_{\mathrm{i}y} = k_{\mathrm{r}y} = k_{\mathrm{t}y}$$

上式表明入射波传播矢量、反射波传播矢量和透射波传播矢量沿媒质分界面的切向分量相等，这一结论称为相位匹配条件。

把入射波的传播矢量 k_{i} 与分界面的法线所构成的平面称为入射面，则图 4-7-5 中的

xOz 平面即为入射面，从而有 $k_{iy}=0$，由相位匹配条件知 $k_{ry}=k_{ty}=0$，即 $\boldsymbol{k}_r$、$\boldsymbol{k}_t$ 两个波矢量也在入射面内，亦即说明了 $\boldsymbol{k}_i$、$\boldsymbol{k}_r$ 和 $\boldsymbol{k}_t$ 三个波矢量在同一平面(入射面)上。

根据 $k_{ix}=k_{rx}$ 可得 $k_i\sin\theta_i=k_r\sin\theta_r$，因为 $k_i=k_r=k_1$，从而有 $\theta_i=\theta_r$，即入射角等于反射角，此即反射定理，相当于几何光学中的反射定理。根据 $k_{ix}=k_{tx}$，有 $k_i\sin\theta_i=k_t\sin\theta_t$，因为 $k_i=k_1$，$k_t=k_2$，所以有

$$\frac{\sin\theta_i}{\sin\theta_t}=\frac{k_2}{k_1}=\frac{\sqrt{\mu_2\varepsilon_2}}{\sqrt{\mu_1\varepsilon_1}}=\frac{n_2}{n_1}=n_{21} \tag{4-7-21}$$

对于非磁性媒质，$\mu_1=\mu_2=\mu_0$，式(4-7-21)可简化为

$$\frac{\sin\theta_i}{\sin\theta_t}=\frac{\sqrt{\varepsilon_2}}{\sqrt{\varepsilon_1}}=\frac{n_2}{n_1}=n_{21} \tag{4-7-22}$$

式中：n_1、n_2 为媒质 1、媒质 2 的折射率；n_{21} 是媒质 2 对媒质 1 的相对折射率。式(4-7-21)与式(4-7-22)就是折射定理所表示的数学表达式，也称为斯奈尔(Snell)折射定理，与光学中得到的折射定理一样。光是一种电磁波，所以这里得到的反射、折射定理，说明了两定理具有普遍性。

由前述讨论可知，只要已知入射波及两媒质特性，反射波和透射波的传播方向就可以完全确定了。

2. 反射系数和透射系数

一个沿任意方向传播的均匀平面电磁波，其电场、磁场方向均在垂直于传播方向的平面内，如图 4-7-6 所示(图中未画出反射和透射的情况)，此即横电磁波的特点，但是电场、磁场方向不一定在入射面(xOz 平面)内，为分析问题简单，作如下假定：由于均匀平面电磁波，不论是何种极化方式，都可以分解为两个正交的线性极化波，所以不妨将电场矢量分解为垂直于入射面极化的分量 $\boldsymbol{E}_\perp$(称为垂直极化波)和平行于入射面极化的分量 $\boldsymbol{E}_{/\!/}$(称为平行极化波)，从而有

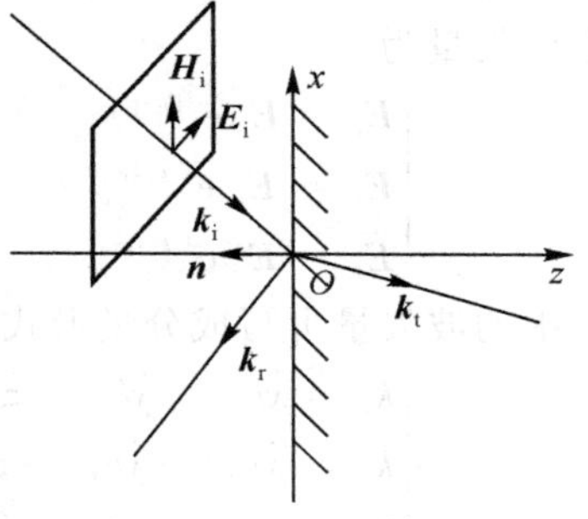

图 4-7-6 横电磁波的电场、磁场方向与传播方向之间的关系

$$\boldsymbol{E}=\boldsymbol{E}_\perp+\boldsymbol{E}_{/\!/}$$

相应地磁场也可类似分解，要注意当电场为垂直极化波分量时应对应于磁场的平行极化波分量；当电场为平行极化波分量时应对应于磁场的垂直极化波分量，所以只要分别求得这两个分量的反射波和透射波，通过叠加，就可以获得任意极化方式的反射波和透射波。接下来分析两种极化波斜入射时的反射系数和透射系数。

(1) 垂直极化波的斜入射

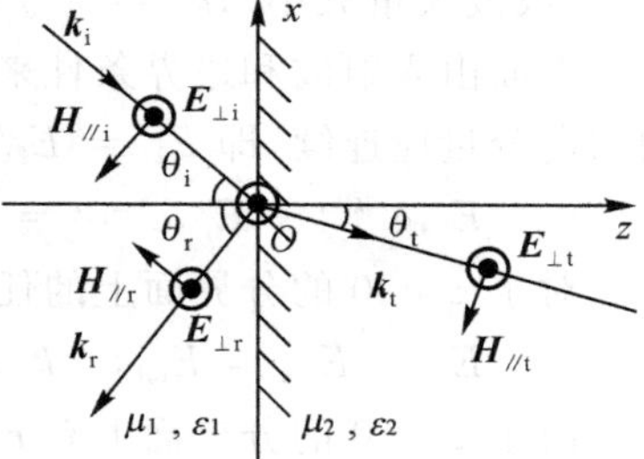

图 4-7-7 垂直极化波的斜入射

如图 4-7-7 所示，入射面建立在 $y=0$ 平面上，电场矢量为垂直极化波，极化方向取为 y 轴正方向，相应磁场方向按波传播规律确定。仿照垂直入射的情况，在 $z=0$ 平面上，电场、磁场的切向方向连续，即

$$E_{\perp i}+E_{\perp r}=E_{\perp t}$$

$$\sqrt{\frac{\varepsilon_1}{\mu_1}}(E_{\perp i}\cos\theta_i - E_{\perp r}\cos\theta_r) = \sqrt{\frac{\varepsilon_2}{\mu_2}}E_{\perp t}\cos\theta_t$$

式中：$\eta_1 = \sqrt{\mu_1/\varepsilon_1}$，$\eta_2 = \sqrt{\mu_2/\varepsilon_2}$，为两种介质的波阻抗。利用上面两式，应用反射系数和透射系数可得

$$R_{\perp} = \frac{E_{r\perp}}{E_{i\perp}} = \frac{\eta_2\cos\theta_i - \eta_1\cos\theta_t}{\eta_2\cos\theta_i + \eta_1\cos\theta_t},\quad T_{\perp} = \frac{E_{t\perp}}{E_{i\perp}} = \frac{2\eta_2\cos\theta_i}{\eta_2\cos\theta_i + \eta_1\cos\theta_t} \tag{4-7-23}$$

式中：$R_{\perp}$ 和 $T_{\perp}$ 分别是垂直极化波传到理想介质分界面时的反射系数和透射系数，即分界面处反射波电场及透射波电场与入射波电场之比。它们之间满足关系式

$$1 + R_{\perp} = T_{\perp} \tag{4-7-24}$$

对于非磁性媒质，$\mu_1 = \mu_2 = \mu_0$，式(4-7-23)可变为

$$R_{\perp} = \frac{n_1\cos\theta_i - n_2\cos\theta_t}{n_1\cos\theta_i + n_2\cos\theta_t} = -\frac{\sin(\theta_i - \theta_t)}{\sin(\theta_i + \theta_t)} = \frac{\cos\theta_i - \sqrt{\dfrac{\varepsilon_2}{\varepsilon_1} - \sin^2\theta_i}}{\cos\theta_i + \sqrt{\dfrac{\varepsilon_2}{\varepsilon_1} - \sin^2\theta_i}}$$

$$T_{\perp} = \frac{2n_1\cos\theta_i}{n_1\cos\theta_i + n_2\cos\theta_t} = \frac{2\cos\theta_i\sin\theta_t}{\sin(\theta_i + \theta_t)} = \frac{2\cos\theta_i}{\cos\theta_i + \sqrt{\dfrac{\varepsilon_2}{\varepsilon_1} - \sin^2\theta_i}} \tag{4-7-25}$$

式(4-7-23)和式(4-7-25)称为垂直极化波的菲涅耳(A. J. Fresnel)公式。考虑特殊情况，当垂直入射时，$\theta_i = \theta_t = 0$，上述菲涅耳公式就变为(4-7-6)式。

(2) 平行极化波的斜入射

图 4-7-8 所示为平行极化波斜入射到理想介质分界面的情况，在 $z = 0$ 平面上，电场、磁场的切向方向连续，即

$$E_{/\!/ i}\cos\theta_i - E_{/\!/ r}\cos\theta_r = E_{/\!/ t}\cos\theta_t$$

$$\sqrt{\frac{\varepsilon_1}{\mu_1}}(E_{/\!/ i} + E_{/\!/ r})\sqrt{\frac{\varepsilon_2}{\mu_2}}E_{/\!/ t}$$

式中：$\eta_1 = \sqrt{\mu_1/\varepsilon_1}$，$\eta_2 = \sqrt{\mu_2/\varepsilon_2}$ 为两种介质的波阻抗；$\theta_i = \theta_r$。利用上面两式，此时的反射系数和透射系数为

$$\begin{cases} R_{/\!/} = \dfrac{E_{/\!/ r}}{E_{/\!/ i}} = \dfrac{\eta_1\cos\theta_i - \eta_2\cos\theta_t}{\eta_1\cos\theta_i + \eta_2\cos\theta_t} \\ T_{/\!/} = \dfrac{E_{/\!/ t}}{E_{/\!/ i}} = \dfrac{2\eta_2\cos\theta_i}{\eta_1\cos\theta_i + \eta_2\cos\theta_t} \end{cases} \tag{4-7-26}$$

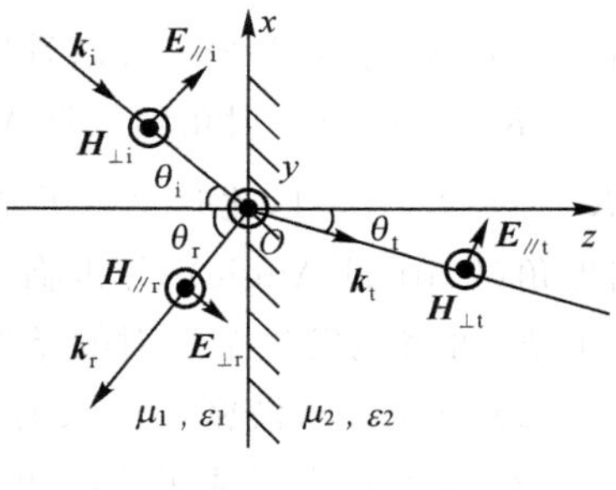

图 4-7-8　平行极化波的斜入射

两者关系为

$$1 = R_{/\!/} = \frac{\eta_1}{\eta_2}T_{/\!/} \tag{4-7-27}$$

同样可以得到非磁性媒质的反射系数和透射系数为

$$\begin{cases} R_{/\!/} = \dfrac{n_2\cos\theta_i - n_1\cos\theta_t}{n_2\cos\theta_i + n_1\cos\theta_t} = \dfrac{\tan(\theta_i-\theta_t)}{\tan(\theta_i+\theta_t)} = \dfrac{\dfrac{\varepsilon_2}{\varepsilon_1}\cos\theta_i - \sqrt{\dfrac{\varepsilon_2}{\varepsilon_1}-\sin^2\theta_i}}{\dfrac{\varepsilon_2}{\varepsilon_1}\cos\theta_i + \sqrt{\dfrac{\varepsilon_2}{\varepsilon_1}-\sin^2\theta_i}} \\ T_{/\!/} = \dfrac{2n_1\cos\theta_i}{n_2\cos\theta_i + n_1\cos\theta_t} = \dfrac{2\cos\theta_i\sin\theta_t}{\sin(\theta_i+\theta_t)\cos(\theta_i-\theta_t)} = \dfrac{2\sqrt{\dfrac{\varepsilon_2}{\varepsilon_1}}\cos\theta_i}{\dfrac{\varepsilon_2}{\varepsilon_1}\cos\theta_i + \sqrt{\dfrac{\varepsilon_2}{\varepsilon_1}-\sin^2\theta_i}} \end{cases} \tag{4-7-28}$$

如果媒质2是理想导体，将 $\eta_2=0$ 代入式(4-7-23)和式(4-7-26)可得，垂直极化波的反射系数和透射系数为 $R_\perp=-1$，$T_\perp=0$，平行极化波的反射系数和透射系数为 $R_{/\!/}=1$，$T_{/\!/}=0$。因此，斜入射电磁波也不能透入理想导体。与垂直入射时一样，对于斜入射到理想导体的电磁波在 Ⅰ 区域的合成波仍然是驻波。

3. 全反射和全透射

对于非磁性媒质，不论是垂直极化还是平行极化的斜入射，透射系数总是正值，而反射系数既可以是正值也可以是负值。所以若反射系数为零，那么斜入射电磁波将全部透入媒质2，如果反射系数的模为1，那么斜入射电磁波将被分界面全部反射，接下来针对非磁性媒质来讨论全反射和全透射情况。

(1) 全反射

在非磁性媒质中，无论是平行极化斜入射还是垂直极化斜入射的反射系数公式，从式(4-7-25)和式(4-7-28)可以看出，只要有 $\varepsilon_2/\varepsilon_1=\sin^2\theta_i$，即 $\theta_i=\arcsin\sqrt{\varepsilon_2/\varepsilon_1}=\theta_c$，均有 $R_\perp=R_{/\!/}=1$，当入射角继续增大时，即 $\theta_c<\theta_i<90^\circ$ 时反射系数成为复数而其模仍为1，即 $|R_\perp|=|R_{/\!/}|=1$，此时发生了全反射现象，所以称 $\theta_c=\arcsin\sqrt{\varepsilon_2/\varepsilon_1}$ 为发生全反射现象的临界角(Critical Angle)。分析临界角公式可知，其存在的条件是 $\varepsilon_2<\varepsilon_1$，即 $n_2<n_1$，借助光学术语，可将能发生全反射的条件描述为

(1) 电磁波从波密媒质入射至波疏媒质($\varepsilon_2<\varepsilon_1$ 或 $n_2<n_1$)；

(2) 入射角大于或等于临界角，即 $\theta_c\leqslant\theta_i\leqslant 90^\circ$。

值得一提的是，当 $|R_\perp|=|R_{/\!/}|=1$ 时，$|T_\perp|\neq 0$，$|T_{/\!/}|\neq 0$，也就是说媒质2中还存在透射波，这与理想导体表面的全反射是不同的，可以证明[①]，媒质2中的透射波沿 x 方向衰减，是一种非均匀平面波。

(2) 全透射

对于平行极化波斜入射情况，要使 $R_{/\!/}=0$，由式(4-7-26)及折射定理得

$$\theta_i=\arcsin\sqrt{\frac{\varepsilon_2}{\varepsilon_2+\varepsilon_1}}=\theta_B \tag{4-7-29}$$

上式的角度称为布儒斯特角(Brewster Angle)，记作 θ_B，即当入射角为布儒斯特角时发生全透射。此时，由式(4-7-26)知必有 $\theta_B+\theta_t=\dfrac{\pi}{2}$，从而有

① 参见王家礼等编著《电磁场与电磁波》，西安电子科技大学出版社，第200页。

$$\sqrt{\frac{\varepsilon_2}{\varepsilon_1}}=\frac{\sin\theta_i}{\sin\theta_t}=\frac{\sin\theta_B}{\sin\theta_t}=\frac{\sin\theta_B}{\sin\left(\frac{\pi}{2}-\theta_B\right)}=\tan\theta_B \tag{4-7-30}$$

也就是

$$\theta_B=\arctan\sqrt{\frac{\varepsilon_2}{\varepsilon_1}}=\arctan\frac{n_2}{n_1} \tag{4-7-31}$$

对于垂直极化波斜入射情况，要使 $R_\perp=0$，由式(4-7-23) 及折射定理得

$$\cos\theta_i=\sqrt{\frac{\varepsilon_2}{\varepsilon_1}-\sin^2\theta_i} \tag{4-7-32}$$

上式成立的条件是 $\varepsilon_1=\varepsilon_2$。也就是说，当 $\varepsilon_1\neq\varepsilon_2$ 时，垂直极化波以任何入射角向两种不同非磁性媒质分界面斜入射时都不会发生全透射。由此可知，对于任意极化的电磁波以布儒斯特角斜入射到两各非磁性媒质的分界面时，入射波中平行于入射面的部分将全部透入媒质 2，在反射波中只有垂直于入射面的部分，故反射波必然为垂直极化波。若入射波是圆极化波，以布儒斯特角斜入射，则反射波为线极化波(垂直极化波)，而透射波为椭圆极化波。

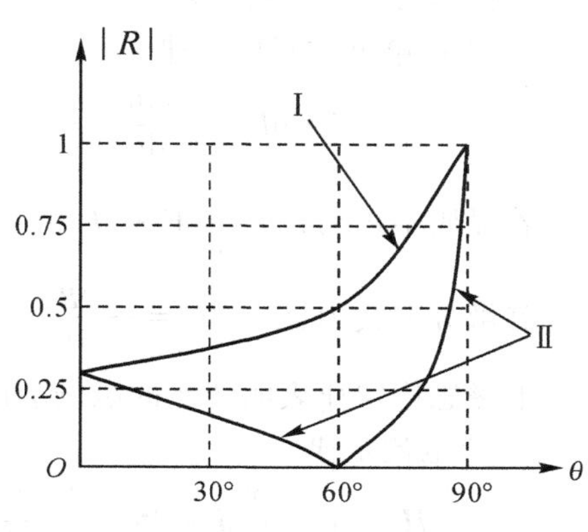

图 4-7-9　$R(\theta)$ 曲线

例 4-7-2　如图 4-7-9 所示为两种理想介质分界面上某均匀平面电磁波的反射系数 R 随入射角 θ 变化的曲线。

(1) 图中两条曲线，其中一条是表示入射波为平行极化波的情况，另一条是表示入射波为垂直极化波的情况，分别判断曲线 Ⅰ 和曲线 Ⅱ 表示 $|R_\perp|$ 与 $|R_{/\!/}|$ 中的哪一条?

(2) 由曲线找出布儒斯特角 θ_B 的值，从而求出两媒质的相对折射率 n_{21}。

(3) 若已知入射波电场在界面上的幅值为 30V/m，当入射角 $\theta=\theta_B$ 时，分别计算垂直极化入射波和平行极化入射波情况下在界面上反射波的幅值。

解　(1) 根据两条曲线特点分析，其中第 Ⅰ 条曲线的反射系数随着角度的增大而增大，且达不到零值，即没有全透射情况，因此可以判断曲线 Ⅰ 是垂直极化的情况，表示 $|R_\perp|$ 曲线，因为只要两种媒质的介电常数不相等，垂直极化波以任何角度入射到这两种媒质分界上都不会发生全透射。曲线 Ⅱ 就表示 $|R_{/\!/}|$ 曲线。

(2) 从曲线可以看出 $\theta=60°$ 时，$|R_{/\!/}|=0$，发生全透射，故布儒斯特角 $\theta_B=60°$。根据公式(4-7-32) 知 $\tan\theta_B=\sqrt{\varepsilon_2/\varepsilon_1}=n_2/n_1=n_{21}$，得相对折射率为 $n_{21}=\tan60°=\sqrt{3}$。

(3) 当 $\theta=\theta_B$ 时，$|R_{/\!/}|=0$，故平行极化波入射时无反射波，所以反射波幅值为零；当 $\theta=\theta_B$ 时，从曲线 Ⅰ 查得 $|R_\perp|=0.5$，所以垂直极化波入射时，反射波的幅值为 $|R_\perp|\times30=15$(V/m)。

思考题

(1) 若右旋圆极化均匀平面波从理想介质垂直入射到理想导体平面分界面上，问反射波的极化状态如何?若右旋圆极化均匀平面波从理想介质垂直入射到理想介质平面分界面

上，问反射波和透射波的极化状态又如何？

(2) 何为驻波？简述驻波的特点。什么情况下能产生驻波？

(3) 何为布儒斯特角？试分析，当圆极化波以布儒斯特角斜入射到两种媒质平面分界面上时为什么反射波为线极化波，而透射波为椭圆极化波。

本章小结

本章以麦克斯韦方程组及其边界条件为理论依据，讨论了平面时谐变电磁波在不同条件下的传播特点。主要内容如下：

1. 法拉第电磁感应定律

$$\mathscr{E}=\oint_C \boldsymbol{E}\cdot \mathrm{d}\boldsymbol{l}=-\frac{\mathrm{d}\Phi}{\mathrm{d}t}=-\iint_S \frac{\partial \boldsymbol{B}}{\partial t}\cdot \mathrm{d}\boldsymbol{S}+\oint_C(\boldsymbol{v}\times\boldsymbol{B})\cdot \mathrm{d}\boldsymbol{l}$$

若媒质不运动：$\mathscr{E}=\oint_C \boldsymbol{E}\cdot \mathrm{d}\boldsymbol{l}=-\iint_S \frac{\partial \boldsymbol{B}}{\partial t}\cdot \mathrm{d}\boldsymbol{S}$

其微分形式为：$\nabla\times\boldsymbol{E}=-\frac{\partial \boldsymbol{B}}{\partial t}$

电磁感应定律表明变化的磁场会产生有旋的电场。

2. 全电流定律

$$\oint_C \boldsymbol{H}\cdot \mathrm{d}\boldsymbol{l}=\iint_S \boldsymbol{J}\cdot \mathrm{d}\boldsymbol{S}+\iint_S \frac{\partial \boldsymbol{D}}{\partial t}\cdot \mathrm{d}\boldsymbol{S}$$

其中 $\boldsymbol{J}_\mathrm{d}=\frac{\partial \boldsymbol{D}}{\partial t}$ 为传导电流体密度，$\iint_S \frac{\partial \boldsymbol{D}}{\partial t}\cdot \mathrm{d}\boldsymbol{S}$ 为穿过曲面 S 的位移电流。全电流定律的微分形式为 $\nabla\times\boldsymbol{H}=\boldsymbol{J}+\frac{\partial \boldsymbol{D}}{\partial t}$。

包含位移电流后的全电流是连续的。

3. 麦克斯韦方程组

名称	微分形式	积分形式
全电流定律	$\nabla\times\boldsymbol{H}=\boldsymbol{J}+\frac{\partial \boldsymbol{D}}{\partial t}$	$\oint_C \boldsymbol{H}\cdot \mathrm{d}\boldsymbol{l}=\iint_S\left(\boldsymbol{J}+\frac{\partial \boldsymbol{D}}{\partial t}\right)\cdot \mathrm{d}\boldsymbol{S}$
法拉第电磁感应定律	$\nabla\times\boldsymbol{E}=-\frac{\partial \boldsymbol{B}}{\partial t}$	$\oint_C \boldsymbol{E}\cdot \mathrm{d}\boldsymbol{l}=-\iint_S \frac{\partial \boldsymbol{B}}{\partial t}\cdot \mathrm{d}\boldsymbol{S}$
磁通连续性原理	$\nabla\cdot\boldsymbol{B}=0$	$\oiint_S \boldsymbol{B}\cdot \mathrm{d}\boldsymbol{S}=0$
电场高斯定律	$\nabla\cdot\boldsymbol{D}=\rho$	$\oiint_S \boldsymbol{D}\cdot \mathrm{d}\boldsymbol{S}=\iiint_V \rho \mathrm{d}V$

在媒质中的本构关系

$$\boldsymbol{D}=\varepsilon\boldsymbol{E},\quad \boldsymbol{B}=\mu\boldsymbol{H},\quad \boldsymbol{J}=\sigma\boldsymbol{E}$$

根据描述电磁特性的参数的不同，媒质可分为均匀与不均匀、线性与非线性、各向同性与各向异性。若描述电磁特性的参数(ε,μ,σ)与空间坐标无关，则是均匀媒质，否则是不均匀媒质；若描述电磁特性的参数(ε,μ,σ)与场量大小($\boldsymbol{E}$或$\boldsymbol{H}$)无关，则是线性媒质，否则是非线性媒质；若描述电磁特性的参数(ε,μ,σ)与方向无关，则是各向同性媒质，否则是各向异性媒质。本书仅涉及线性各向同性媒质。在真空(或空气)中，$\varepsilon=\varepsilon_0$，$\mu=\mu_0$，$\sigma=0$。理想介质指的是电导率 $\sigma=0$ 的情况；理想导体是指电导率 $\sigma\to\infty$ 的媒质。

4. 时变电磁场边界条件

对于多种媒质存在的空间还要考虑如下表格中的媒质分界面的边界条件，对于 $\rho_S=0$，$\boldsymbol{J}_S=\boldsymbol{0}$ 的分界面，只需要切向分量的边界条件就可以了，对于理想导体($\sigma=\infty$)表面，则导体一边的电场和磁场量均取为零。

时变电磁场边界条件的数学形式

序号	场　　量	标量表达式	矢量形式
1	电场强度切向	$E_{1t}=E_{2t}$	$\hat{\boldsymbol{n}}\times(\boldsymbol{E}_1-\boldsymbol{E}_2)=\boldsymbol{0}$
2	电位移矢量法向	$D_{1n}-D_{2n}=\rho_S$	$\hat{\boldsymbol{n}}\cdot(\boldsymbol{D}_1-\boldsymbol{D}_2)=\rho_S$
3	磁场强度切向	$H_{1t}-H_{2t}=J_S$	$\hat{\boldsymbol{n}}\times(\boldsymbol{H}_1-\boldsymbol{H}_2)=\boldsymbol{J}_S$
4	磁感应强度法向	$B_{1n}=B_{2n}$	$\hat{\boldsymbol{n}}\cdot(\boldsymbol{B}_1-\boldsymbol{B}_2)=0$
5	电流密度的法向	$J_{1n}-J_{2n}=\partial\rho_S/\partial t$	$\hat{\boldsymbol{n}}\cdot(\boldsymbol{J}_1-\boldsymbol{J}_2)=\partial\rho_S/\partial t$
6	电流密度的切向	$\dfrac{J_{1t}}{\sigma_1}=\dfrac{J_{2t}}{\sigma_1}$	$\hat{\boldsymbol{n}}\times\left(\dfrac{\boldsymbol{J}_{1t}}{\sigma_1}-\dfrac{\boldsymbol{J}_{2t}}{\sigma_2}\right)=\boldsymbol{0}$

5. 坡印廷定理

$$-\iiint_V\frac{\partial w}{\partial t}\mathrm{d}V=\iiint_V(\boldsymbol{J}\cdot\boldsymbol{E})\mathrm{d}V+\oiint_S(\boldsymbol{E}\times\boldsymbol{H})\cdot\mathrm{d}\boldsymbol{S}$$

反映了电磁场能量转化和守恒规律，该定理可描述为：在单位时间内，在体积 V 中，电磁能量的减少量等于该体积中消耗的功率与穿出边界的功率之和。其中 $\boldsymbol{S}=\boldsymbol{E}\times\boldsymbol{H}$ 定义为能流密度矢量，也称为坡印廷矢量，表示沿能流方向穿过垂直单位面积的功率矢量，即功率流密度。

6. 时谐变电磁场

电磁场矢量的每个分量都随时间以相同频率作正弦或余弦变化的电磁场称为时谐变电磁场。对于时谐变电磁场，利用振幅的复数形式可进行简化计算。这种形式的特点是不含有频率项，只是空间坐标的函数。复数形式的麦克斯韦方程组的微分形式为

$$\nabla\times\boldsymbol{H}=\boldsymbol{J}+\mathrm{j}\omega\boldsymbol{D},\quad \nabla\times\boldsymbol{E}=-\mathrm{j}\omega\boldsymbol{B},\quad \nabla\cdot\boldsymbol{B}=0,\quad \nabla\cdot\boldsymbol{D}=\rho$$

相应地引入复坡印廷矢量 $\boldsymbol{S}=\dfrac{1}{2}\boldsymbol{E}\times\boldsymbol{H}^*$，来计算平均能流密度矢量(即平均坡印廷矢量)：$\boldsymbol{S}_{\mathrm{av}}=\mathrm{Re}[\boldsymbol{S}]=\dfrac{1}{2}\mathrm{Re}[\boldsymbol{E}\times\boldsymbol{H}^*]$。

7. 平面电磁波

波阵面为在某一时刻由波动达到的空间各点所构成的面，即相位相同的面，也叫等相面或波前平面。波阵面上各点场强都相等的电磁波称为均匀平面电磁波。在无限大理想介质中均匀平面电磁波满足如下方程

$$\begin{cases}\boldsymbol{E}=\boldsymbol{E}_0\mathrm{e}^{-\mathrm{j}\boldsymbol{k}\cdot\boldsymbol{r}}\\ \boldsymbol{H}=\dfrac{1}{\eta}\hat{\boldsymbol{k}}\times\boldsymbol{E}\\ \hat{\boldsymbol{k}}\cdot\boldsymbol{E}=0\end{cases}\quad 或\quad \begin{cases}\boldsymbol{H}=\boldsymbol{H}_0\mathrm{e}^{-\mathrm{j}\boldsymbol{k}\cdot\boldsymbol{r}}\\ \boldsymbol{E}=-\eta\hat{\boldsymbol{k}}\times\boldsymbol{H}\\ \hat{\boldsymbol{k}}\cdot\boldsymbol{H}=0\end{cases}$$

式中：$\eta=\sqrt{\dfrac{\mu}{\varepsilon}}$ 为媒质波阻抗；$\boldsymbol{k}=k\hat{\boldsymbol{k}}=\omega\sqrt{\mu\varepsilon}\hat{\boldsymbol{k}}$ 为波矢量。这种均匀平面电磁波的特点为：电场强度矢量和磁场强度矢量振幅不变；在同一点的相位相同；电场与磁场波形相同，且为行波；电场矢量方向、磁场矢量方向与波的传播方向三者相互垂直，且构成右手螺旋关系，$\boldsymbol{S}=\boldsymbol{E}\times\boldsymbol{H}$；任何时刻、任何位置电场能量密度与磁场能量密度相等。

在导电媒质中传播的均匀平面电磁波，具有如下形式的表示式：

$$\begin{cases}\boldsymbol{E}=\hat{\boldsymbol{x}}E_{0m}e^{-\alpha z}\cos(\omega t-\beta z+\varphi_0)\\ \boldsymbol{H}=\hat{\boldsymbol{y}}\dfrac{E_{0m}}{|\eta|}e^{-\alpha z}\cos(\omega t-\beta z-\theta+\varphi_0)\end{cases}$$

电场强度矢量和磁场强度矢量在空间上仍互相垂直，且与传播方向构成右手螺旋关系，但电场和磁场的振幅按指数函数衰减。在同一点电场和磁场相位不相同，电场能量密度与磁场能量密度也不相等，电磁波波长变短，相速变慢。

在良导体情况下，波衰减极快，产生趋肤效应。工程上用穿透深度 $\delta=\dfrac{1}{\alpha}$ 来描述这种趋肤效应。

8. 电磁波的极化、色散与群速

波的极化是指场强方向随时间变化的方式，通常用电场强度矢量端点在与 $\hat{\boldsymbol{k}}$ 垂直平面上的投影随时间变化的轨迹来表示电磁波的极化。波的极化也叫波的偏振。波的极化可分成三类：线极化、圆极化和椭圆极化。电磁波的相速随频率而变化的现象称为电磁波的色散。对于时谐变电磁场，媒质的电磁特性通常与频率有关，这种电磁特性与频率有关的媒质称为色散媒质。相速是单色波等相位面变化的速度，表达为 $v_p=\omega/\beta$，而群速是电磁信号传播的速度，也是能量传播的速度，表达为 $v_g=\dfrac{d\omega}{d\beta}$。

9. 平面边界上均匀平面电磁波的反射和透射

平面电磁波从一种媒质入射到另一种媒质时，在分界面上一部分能量被反射回来，另一部分能量透入第二种媒质，反射和透射的强弱可用反射系数 R 和透射系数 T 来衡量，反射波和透射波场量的振幅和相位取决于分界面两侧媒质的参量、入射波的极化和入射角的大小。对于垂直入射的情况，与入射波极化方式无关，在入射波所在区域形成行驻波，若射入理想导体，此时发生全反射，合成波为纯驻波。对于斜入射的情况，反射波和透射波传播方向可由反射、折射定理确定，反射系数和透射系数与入射波的极化方式有关。对于非磁性媒质，当入射大于临界角 $\theta_c=\arcsin\sqrt{\dfrac{\varepsilon_2}{\varepsilon_1}}=\arcsin\dfrac{n_2}{n_1}$，$(\varepsilon_2<\varepsilon_1)$ 时，可以发生全反射，此时反射系数的模 $|R|=1$，若入射波为平行极化的波，当入射角等于布儒斯特角 $\theta_B=\arctan\sqrt{\dfrac{\varepsilon_2}{\varepsilon_1}}=\arctan\dfrac{n_2}{n_1}$ 时，没有反射，发生全透射，此时反射系数 $|R_{/\!/}|=0$。

习　题

4-1　相距为 2m 的金属导轨处在 $B=0.6\text{T}$ 的匀强磁场中，方向如题 4-1 图所示，金属棒分

别以 v_1 和 v_2 的速度沿导轨滑动，求回路中的感应电动势。

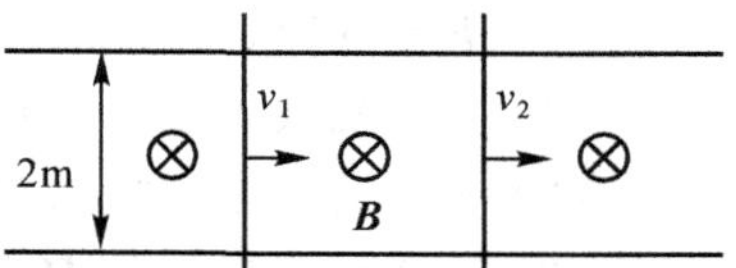

题 4-1 图　求回路中的感应电动势

4-2　一个电荷 q 以恒定速度 $v(v \ll c)$ 沿半径为 R 的圆形平面 S 的轴线向此平面移动，当两者相距为 d 时，求通过 S 的位移电流。

4-3　假设电场强度按 $E(t) = E_m \cos\omega t$ (V/m) 变化，计算当 $f = 1\text{MHz}$ 时，下列各种媒质中的传导电流密度和位移电流密度幅值之比。(1) 铜：$\sigma = 5.8 \times 10^7 \text{S/m}$，$\varepsilon_r = 1$；(2) 蒸馏水：$\sigma = 2 \times 10^{-4} \text{S/m}$，$\varepsilon_r = 80$；(3) 聚苯乙烯：$\sigma = 10^{-16} \text{S/m}$，$\varepsilon_r = 2.53$。

4-4　设自由空间无源区的电场强度为 $\boldsymbol{E} = \hat{\boldsymbol{x}} E_0 \sin(\omega t - kz)$，$E_0$，$\omega$ 为常数，利用麦克斯韦方程组中的两个旋度方程，求出式中 k 的表达式。

4-5　已知空气媒质的无源区域中，电场强度 $\boldsymbol{E} = \hat{\boldsymbol{x}} 50 \mathrm{e}^{-\alpha y} \cos(\omega t - \beta y)$，其中 ω，α，β 为常数，求相应的位移电流密度和磁场强度表达式。

4-6　证明麦克斯韦方程组包含了电荷守恒定律。

4-7　长度 $L = 1\text{m}$，内径 $R_1 = 5\text{mm}$，外径 $R_2 = 6\text{mm}$ 的同轴电容器中有 $\varepsilon_r = 6.7$ 的电介质，外加电压为 $u = 220\sqrt{2}\sin 314t$ (V)，确定位移电流 i_d，并与传导电流 i_c 相比较(忽略边缘效应)。

4-8　已知天线所发射的球面电磁波的电场及磁场分别为

$$\boldsymbol{E} = \hat{\boldsymbol{\theta}} A_0 \frac{\sin\theta}{r} \sin(\omega t - kr), \quad \boldsymbol{H} = \hat{\boldsymbol{\varphi}} \frac{1}{\eta_0} A_0 \frac{\sin\theta}{r} \sin(\omega t - kr)$$

求天线的发射功率。

4-9　在自由空间中，已知电场强度 $\boldsymbol{E}$ 的表达式为

$$\boldsymbol{E} = \hat{\boldsymbol{x}} E_{xm} \mathrm{e}^{-\mathrm{j}\beta z} + \hat{\boldsymbol{y}} E_{ym} \mathrm{e}^{-\mathrm{j}\beta z}$$

试求坡印廷矢量 $\boldsymbol{S}$、平均功率流密度矢量 $\boldsymbol{S}_{av}$、单位体积内的瞬时电磁能量及其一个周期内的平均值。

4-10　已知在空气中的电场强度为

$$\boldsymbol{E} = \hat{\boldsymbol{y}} 0.2 \cos(8\pi x) \sin(3\pi \times 10^9 t - \beta z) \text{(V/m)}$$

试求相应的磁场强度 $\boldsymbol{H}$ 和常数 β。

4-11　如题 4-11 图所示，已知 $x < 0$ 为 Ⅰ 区域，$\mu_{r1} = 2$，$\boldsymbol{H}_1 = 3\hat{\boldsymbol{x}} + 6\hat{\boldsymbol{y}} - 7\hat{\boldsymbol{z}}$ A/m；$x > 0$ 为 Ⅱ 区域，$\mu_{r2} = 3$。假设分界面上不存在面电流，求 Ⅱ 区域的磁场强度 $\boldsymbol{H}_2$。

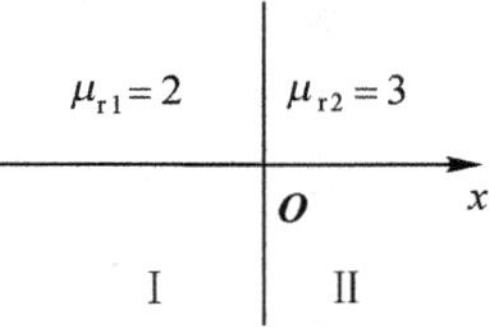

题 4-11 图

4-12　将下列场矢量的瞬时值形式表示成复数形式，复数形式表示成瞬时值形：

(1) $\boldsymbol{E} = \hat{\boldsymbol{x}} 5\cos(\omega t - kz) + \hat{\boldsymbol{y}} 6\sin(\omega t - kz)$；

(2) $\boldsymbol{H} = \hat{\boldsymbol{z}} H_{zm} \cos\left(\frac{\pi x}{b}\right) \cos(\omega t - kz)$；

(3) $\boldsymbol{E} = \hat{\boldsymbol{x}} 3\mathrm{j} E_{xm} \sin(k_y y) \sin(k_z z) \mathrm{e}^{-\mathrm{j}k_x x}$；

(4) $\boldsymbol{H} = \hat{\boldsymbol{x}} H_{xm} \sin\frac{\pi x}{a} \cos\frac{\pi y}{b} \mathrm{e}^{-\mathrm{j}k_z z} - \hat{\boldsymbol{y}} \mathrm{j} H_{ym} \cos\frac{\pi x}{a} \sin\frac{\pi y}{b} \mathrm{e}^{-\mathrm{j}k_z z}$。

4-13 已知自由空间中的电磁波的电场强度为

$$\boldsymbol{E}=\hat{\boldsymbol{x}}12\pi\cos(6\pi\times10^{8}t+2\pi z)\,(\mathrm{V/m})$$

(1) 该电磁波是否属于均匀平面波,传播方向如何;

(2) 求波的频率、波长、相称常数、相速度;

(3) 求磁场强度矢量 $\boldsymbol{H}$ 的瞬时值表达式。

4-14 已知理想介质($\varepsilon=\varepsilon_0\varepsilon_r,\mu=\mu_0\mu_r,\sigma=0$)中平面电磁波的电场表达式为

$$\boldsymbol{E}=\hat{\boldsymbol{x}}100\mathrm{e}^{\mathrm{j}2\pi\times10^{6}t-2\pi\times10^{-2}z}\,(\mu\mathrm{V/m})$$

(1) 设 $\mu_r=1$,求 ε_r;

(2) 磁感应强度 $\boldsymbol{B}$ 的瞬时值表达式。

4-15 假设真空中有一均匀平面电磁波的电场强度瞬时值表达式为

$$\boldsymbol{E}=\hat{\boldsymbol{x}}3\cos(\omega t-kz)+\hat{\boldsymbol{y}}4\cos\left(\omega t-\beta z-\frac{\pi}{3}\right)(\mathrm{V/m})$$

其中 $\omega=6\pi\times10^{8}$ rad/s,$\beta=2\pi$ rad/m,求对应的磁场强度矢量和功率流密度矢量的时间平均值。

4-16 在自由空间中,已知均匀平面电磁波强度为

$$\boldsymbol{E}=(\hat{\boldsymbol{x}}20+\hat{\boldsymbol{y}}\mathrm{j}20)\mathrm{e}^{-\mathrm{j}\pi z}\,(\mathrm{mV/m})$$

(1) 求此波的频率、波长、波速和相位移常速;

(2) 电场的 x 分量和 y 分量的初相位。

4-17 理想介质($\varepsilon_r=4,\mu_r=1$)中有一均匀平面电磁波沿 $+z$ 方向传播,其频率 $f=10$ GHz,当 $t=0$ 时,在 $z=0$ 处电场强度振幅 $E_0=2$ mV/m。求当 $t=1$ μs 时,在 $z=62$ m 处的电场强度矢量、磁场强度矢量和坡印廷矢量。

4-18 在自由空间中电磁波电场强度为 $\boldsymbol{E}=\hat{\boldsymbol{x}}300\sin(\omega t-\beta z)$(mV/m),则该电磁波通过半径为 10mm 的圆平面的总平均功率为多少?

4-19 在真空中,均匀平面电磁波的磁场强度矢量为

$$\boldsymbol{H}=(\hat{\boldsymbol{x}}A+\hat{\boldsymbol{y}}+\hat{\boldsymbol{z}})\cos[\omega t-\pi(4x+3z)]\,(\mu\mathrm{A/m})$$

求:(1) 波的传播方向、波长和频率;(2) 常数 A;(3) 电场强度矢量;(4) 坡印廷矢量的时间平均值。

4-20 已知铝的 $\sigma=3.72\times10^{7}$ S/m,$\mu_r=1$,求当频率 $f=1.5$ MHz,铝的穿透深度 δ,并求出传播常数 γ 和波速 v。

4-21 通常认为电磁波经过 3～5 个趋肤深度后,已衰减为零,若要用厚度为 5 个趋肤深度的铜皮($\mu_r=1,\varepsilon_r=1,\sigma=5.8\times10^{7}$ S/m)去包裹放有电子设备的仪器室,才能达到屏蔽要求,问当要求屏蔽的频率是 10 kHz～100 MHz 时,铜皮的厚度至少应是多少?

4-22 设某一导电媒质 $\varepsilon_r=2.1,\mu_r=1,\sigma=1.26\times10^{-2}$ S/m,求当频率为 540 MHz 的广播信号通过这一导电媒质时的衰减常数和相称常数。

4-23 判断下列各平面电磁波的极化方式,并指出其旋向:

(1) $\boldsymbol{E}=\hat{\boldsymbol{x}}E_0\sin(\omega t-kz)+\hat{\boldsymbol{y}}2E_0\sin(\omega t-kz)$;

(2) $\boldsymbol{E}=5(\hat{\boldsymbol{x}}+\hat{\boldsymbol{y}}\mathrm{j})\mathrm{e}^{-\mathrm{j}kz}$;

(3) $\boldsymbol{E}=(\hat{\boldsymbol{x}}3+\hat{\boldsymbol{y}}4\mathrm{e}^{-\mathrm{j}\frac{\pi}{3}})\mathrm{e}^{\mathrm{j}kz}$;

(4) $\boldsymbol{E}=\hat{\boldsymbol{x}}E_0\sin\left(\omega t-kz+\frac{\pi}{4}\right)+\hat{\boldsymbol{y}}E_0\cos(\omega t-kz)$；

(5) $\boldsymbol{E}=(-\hat{\boldsymbol{x}}-2\sqrt{3}\,\hat{\boldsymbol{y}}-\sqrt{3}\,\hat{\boldsymbol{z}})\mathrm{e}^{-\mathrm{j}0.04\pi(\sqrt{3}x-2y+3z)}$。

4-24　求证：椭圆极化波 $\boldsymbol{E}=(\hat{\boldsymbol{x}}E_1+\hat{\boldsymbol{y}}\mathrm{j}E_2)\mathrm{e}^{-\mathrm{j}kz}$ 可以分解成两个不等幅的旋向相反的圆极化波。

4-25　已知平面电磁波的电场强度为

$$\boldsymbol{E}=[\hat{\boldsymbol{x}}(2+\mathrm{j}3)+\hat{\boldsymbol{y}}4+\hat{\boldsymbol{z}}3)\mathrm{e}^{-\mathrm{j}(-1.8y+2.4z)}](\mathrm{V/m})$$

试判断该电磁波是否为横电磁波，并确定其传播方向和极化状态。

4-26　线极化均匀平面电磁波在空气中的波长是 $\lambda_0=60$ m，当它沿 $+z$ 方向进入海水中垂直向下传播时，已知水面下1m处 $\boldsymbol{E}=\hat{\boldsymbol{x}}\cos\omega t$ (V/m)，求海水中任一点 $\boldsymbol{E}$、$\boldsymbol{H}$ 的瞬时值表达式及相速和波长。已知海水：$\sigma=4$ S/m，$\varepsilon_r=80$，$\mu_r=1$。

4-27　设电场为 $\boldsymbol{E}=(\hat{\boldsymbol{x}}20+\hat{\boldsymbol{y}}\mathrm{j}75)\mathrm{e}^{-\mathrm{j}5\pi z}$ 的均匀平面电磁波从空气垂直投射到理想导体表面 ($z=0$)，求：(1) 反射波的极化状态；(2) 导体表面的面电流密度。

4-28　均匀平面波的入射波电场强度为 $\boldsymbol{E}_i=(\hat{\boldsymbol{x}}E_{xm}+\hat{\boldsymbol{y}}\mathrm{j}E_{ym})\mathrm{e}^{-\mathrm{j}kz}$。由空气垂直入射到 $z=0$ 处的理想介质($\mu_r=1$，$\varepsilon_r=9$) 分界面上，试求：(1) 空气中的合成波电场 $\boldsymbol{E}$；(2) 理想介质中的透射波磁场 $\boldsymbol{H}_t$。

4-29　设分界面处入射波、反射波和透射波的平均功率密度分别为 $\boldsymbol{S}_{av,i}$、$\boldsymbol{S}_{av,r}$ 和 $\boldsymbol{S}_{av,t}$，定义垂直入射时的功率反射系数和功率透射系数（波自无耗媒质向有耗媒质垂直入射）分别为

$$R_p=\frac{|\boldsymbol{S}_{av,r}|}{|\boldsymbol{S}_{av,i}|},\quad T_p=\frac{|\boldsymbol{S}_{av,t}|}{|\boldsymbol{S}_{av,i}|}$$

证明：$R_p+T_p=1$。

4-30　如习题 4-30 图所示，在真空中，均匀平面电磁波垂直穿过厚度为 4μm 的铜板($\sigma=5.5\times10^7$ S/m)，在 A 处电场振幅为 10 V/m，频率 $f=200$ MHz，求：B、C、D 各点的电场振幅大小。

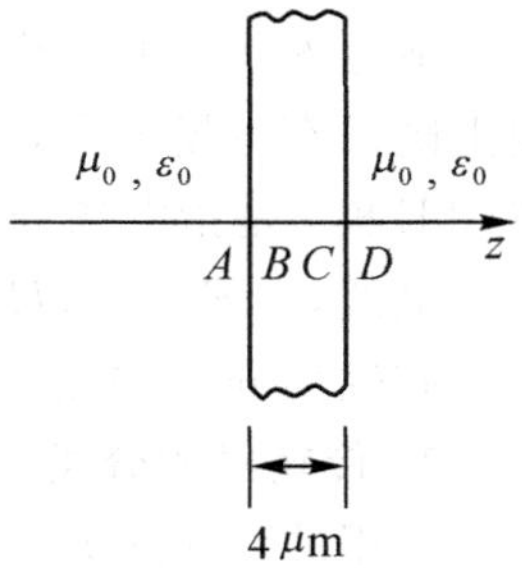

μ_0, ε_0　μ_0, ε_0　A B C D　z　4μm

题 4-30 图

4-31　已知区域 Ⅰ 与区域 Ⅱ 的分界面为无限大平面，在区域 Ⅰ，$\varepsilon_{r1}=9$，$\mu_{r1}=1$，$\sigma_1=0$，电场振幅为 $E_{i0}=1.6$mV/m，区域 Ⅱ 是真空。假设电磁波从区域 Ⅰ 垂直入射到区域 Ⅱ 上，确定在分界面上反射波的透射波的电场和磁场的幅值。

4-32　垂直极化的平面电磁波从水下投射到大气分界面，入射角 $\theta_i=30°$，已知水的 $\varepsilon_r=81$，$\mu_r=1$，试求：(1) 临界角 θ_c；(2) 反射系数 $R_\perp$；(3) 透射系数 $T_\perp$。

4-33　一个线极化平面波从自由空间投射到 $\varepsilon_r=9$，$\mu_r=1$ 的媒质分界面，试求：入射角 θ_i 为多少时，反射波只有垂直极化波？

4-34　电场为 $\boldsymbol{E}=\hat{\boldsymbol{y}}9\mathrm{e}^{-\mathrm{j}\frac{1}{2}(x+\sqrt{3}z)}$ (V/m) 的均匀平面电磁波由空气射向 $z=0$ 的理想导体平面上，试求：(1) 入射角 θ_i；(2) 波长 λ 及频率 f；(3) 合成波电场 $\boldsymbol{E}_{合}$。

第 5 章　均匀传输线理论

5.1　均匀传输线理论概述

在第 4 章我们讨论了无界媒质中平面电磁波的传播规律以及不同媒质分界面上的电磁波的反射和透射规律。本章开始讨论电磁波的传输问题，广义地讲，凡是用来导引电磁波沿一定方向传输的导体、介质或由它们共同组成的导波系统均称为传输线。传输线的作用是将电磁波能量或信息定向地从一点传输到另一点。如远距离传输的电力线、传输有线电视信号的同轴线、微波传输的金属波导、光通信的光纤等。

5.1.1　导波形式及传输线的分类

1. 导波形式

在传输线中有三种导波形式：横电磁波（TEM 模）、横电波（TE 模）和横磁波（TM 模）。

横电磁波（TEM 模）是指电磁波电场分量和磁场分量均与传播方向垂直，即在传播方向上既没有电场分量，也没有磁场分量。如沿 z 方向传播的横电磁波有 $E_z=0, H_z=0$。横电波（TE 模）是指电场分量与传播方向垂直，即在传播方向上没有电场分量。如沿 z 方向传播的横电波，有 $E_z=0, H_z\neq 0$。横磁波（TM 模）是指磁场分量与传播方向垂直，即在传播方向上没有磁场分量，如沿 z 方向传播的横磁波，有 $E_z\neq 0, H_z=0$。

2. 传输线的分类

常用的传输线如图 5-1-1 所示。通常按导波形式，传输线分类如下：

传输线
- TEM 模传输线（双导体系统：平行板导体、平行双线、同轴线、带状线、微带线等）
- 非 TEM 模传输线
  - 单独 TE，TM 模传输线（金属波导管：矩形波导、圆形波导、脊波导等）
  - 混合 TE，TM 模传输线（表面波传输线：介质波导、介质镜像线等）

上述传输线分类中，混合传输线在某种情况下也可单独传输 TE 模和 TM 模；双导体系统也可传输 TE 模和 TM 模；金属波导也可传输混合的叠加波，但这些情况一般不常用。本章主要讨论 TEM 波传输线，即双导体型传输线。如图 5-1-1(a) 所示。

传输线按其传输电磁波的波长情况又可分为长线和短线。所谓长线是指传输线的几何长度 l 与传输的电磁波的波长 λ 的比值（即电长度 l/λ）大于或接近于 1，否则就是短线。如微波技术中，由于其波长大都在厘米、毫米甚至更短范围，即使 1m 长度的传输线都应视为长线；但在电力工程中，即使 1km 长的传输线对于 50Hz 的交流电（其波长为 6000km）来说，应

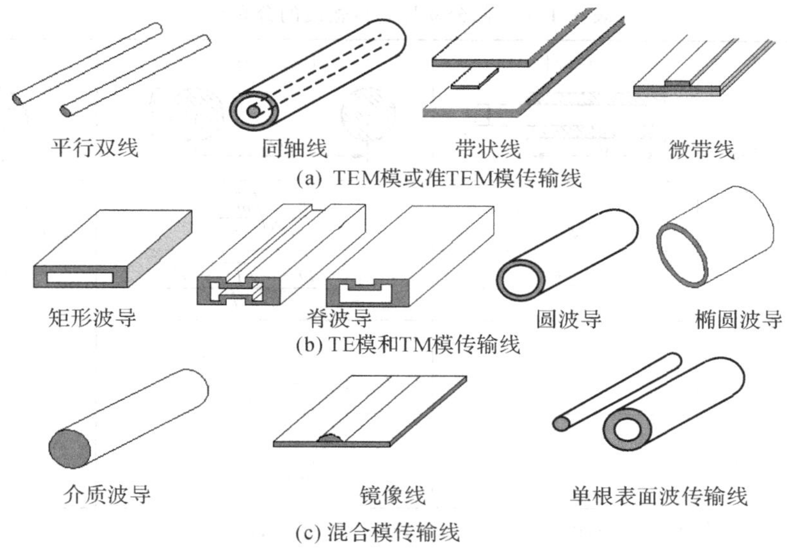

图 5-1-1　微波传输线及其分类

视为短线。本章提到的传输线均指长线传输线。

5.1.2　双导线型传输线基本要求以及分布参数

对传输线的基本要求是：工作频带宽；功率容量大；工作稳定性好；损耗小；尺寸小和成本低。

长线一般都是传输波长较短频率较高的信号，其上的辐射损耗、导体损耗以及介质损耗很大，因此在高频时传输线的电容、电感、串联电阻和并联导纳等效应都不能被忽略，而且呈现分布特性。以双线为例：当频率很高时，导线中所流过的高频电流会产生集肤效应，沿线各处都存在损耗，呈现出串联电阻特性；当高频电流通过导线时，在周围存在高频磁场，呈现出电感特性；两导线之间有电压，两线间存在高频电场，呈现出电容特性；两导线间的介质并非理想介质，存在漏电流，相当于双导线间并联了一个电导，呈现出并联导纳特性。这些特性分布在整个传输线，形成了分布参数电路。

常用单位长度的 $\hat{R}$、$\hat{L}$、$\hat{C}$、$\hat{G}$ 来表示长线的分布电阻、分布电感、分布电容、分布电导。一般情况下，称传输信号的长线电路叫分布参数电路，称短线组成的电路为集总参数电路。只有当接入实际电阻、电容、电感等元件时，集总参数电路才表现出这些参数特性，而在低频时分布参数可被忽略。为进一步说明微波传输线中的分布参数是不可忽略的，可比较如下数据。

某一双线传输线分布电感为 $L = 1\ \text{nH/mm}$，分布电容为 $C = 0.01\ \text{pF/mm}$。在低频率为 $f = 50\text{Hz}$ 时，传输线上每毫米引入的串联电抗和并联电纳分别为 $X_L = 2\pi fL = 3.14 \times 10^{-7}\ \Omega/\text{mm}$，$B_C = 2\pi fC = 3.14 \times 10^{-12}\ \text{S/mm}$。可见，低频时分布参数很小，可忽略。

当高频率为 $f = 5 \times 10^9\ \text{Hz}$ 时，$X_L = 2\pi fL = 31.4\ \Omega/\text{mm}$，$B_C = 2\pi fC = 3.14 \times 10^{-4}\ \text{S/mm}$。显然，此时分布参数不可忽略，必须加以考虑。

表 5-1-1 列出了双导线和同轴线的分布参数。

表 5-1-1 部分双导体传输线的分布参数

传输线 / 参量(单位)	平行板	平行双导线	同轴线
电阻 $\hat{R}(\Omega\cdot\mathrm{m}^{-1})$	$\frac{2}{a}\sqrt{\frac{\pi f\mu_1}{\sigma_1}}$	$\frac{2}{\pi d}\sqrt{\frac{\omega\mu_1}{2\sigma_1}}$	$\sqrt{\frac{f\mu_1}{4\pi\sigma_1}}\left(\frac{1}{a}+\frac{1}{b}\right)$
电感 $\hat{L}(\mathrm{H}\cdot\mathrm{m}^{-1})$	$\frac{\mu d}{a}$	$\frac{\mu}{\pi}\ln\frac{D+\sqrt{D^2-d^2}}{d}$	$\frac{\mu}{2\pi}\ln\frac{b}{a}$
电容 $\hat{C}(\mathrm{F}\cdot\mathrm{m}^{-1})$	$\frac{\varepsilon a}{d}$	$\frac{\pi\varepsilon}{\ln\frac{D+\sqrt{D^2-d^2}}{d}}$	$\frac{2\pi\varepsilon}{\ln\frac{b}{a}}$
电导 $\hat{G}(\mathrm{S}\cdot\mathrm{m}^{-1})$	$\frac{\sigma a}{d}$	$\frac{\pi\sigma}{\ln\frac{D+\sqrt{D^2-d^2}}{d}}$	$\frac{2\pi\sigma}{\ln\frac{b}{a}}$
注：ε、μ、σ 为导体所在的介质的介电常数、磁导率和电导率，μ_1、σ_1 为导体的磁导率和电导率			

5.1.3 传输线分析方法

在传输线上，电磁波可用麦克斯韦方程组来研究和分析，信号可用电场和磁场来表示，这种方法叫“场”的分析方法。另一方面传输线上具有明确的分布参数电路的概念，信号也可用电压波和电流波来表示，这种用分布参数电路研究和分析传输线的方法，被称为“路”的分析方法。“场”的理论和“路”的理论既紧密相关，又相互补充，并且是相互统一的。下面我们用麦克斯韦方程推导传输线基本方程。

为了用麦克斯韦方程得出传输线上电压与电流的关系，即传输方程。我们选用如图 5-1-2 所示的平行板传输线。假定研究的传输线轴向均匀无限长，横截面不随轴线的变化而变化，选轴线为 z 轴方向，板间距为 d，宽度为 a。对于 $a \gg d$，可以忽略电磁场的边缘效应，且电磁场传播方向 $\boldsymbol{k}$ 沿 $\hat{\boldsymbol{z}}$ 方向、电场 $\boldsymbol{E}$ 沿 $\hat{\boldsymbol{x}}$ 方向、磁场 $\boldsymbol{H}$ 沿 $\hat{\boldsymbol{y}}$ 方向。可见电场 $\boldsymbol{E}$、磁场 $\boldsymbol{H}$ 与电磁场传播方向 $\boldsymbol{k}$ 三者相互垂直，导波为横电磁(TEM)波。这样可以得到

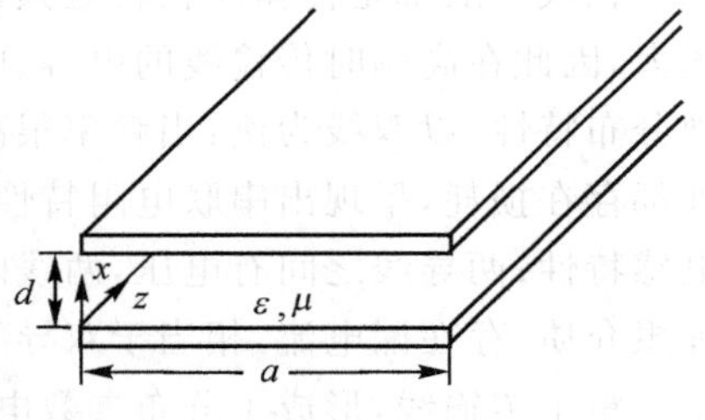

图 5-1-2 平行板传输线

$$\boldsymbol{E} = \hat{\boldsymbol{x}}E_x(z,t) \tag{5-1-1}$$

$$\boldsymbol{H} = \hat{\boldsymbol{y}}H_y(z,t) \tag{5-1-2}$$

在平行板传输线中运用麦克斯韦方程 $\nabla\times\boldsymbol{E} = -\mu\partial\boldsymbol{H}/\partial t$，$\nabla\times\boldsymbol{H} = \varepsilon\partial\boldsymbol{E}/\partial t$ 可得

$$\frac{\partial}{\partial z}E_x(z,t) = -\mu\frac{\partial}{\partial t}H_y(z,t) \tag{5-1-3}$$

$$\frac{\partial}{\partial z}H_y(z,t) = -\varepsilon\frac{\partial}{\partial t}E_x(z,t) \tag{5-1-4}$$

板间电压 $U(z,t)$ 被定义为 $U(z,t) = E_x(z,t)d$，电流 $I(z,t)$ 被定义为 $I(z,t) = H_y(z,t)a$，平行板传输线的单位长度的电感 L 为 $L = \mu d/a(\mathrm{H/m})$；单位长度的电容 C 为 $C = \varepsilon a/d(\mathrm{F/m})$，则方程(5-1-3) 和(5-1-4) 可写为

$$\frac{\partial}{\partial z}U(z,t)=-\hat{L}\frac{\partial}{\partial t}I(z,t) \tag{5-1-5}$$

$$\frac{\partial}{\partial z}I(z,t)=-\hat{C}\frac{\partial}{\partial t}U(z,t) \tag{5-1-6}$$

由电压和电流表示的这两个方程就是传输线方程。相似地，对于双导线、同轴线、微带线以及带状线也可以用此方法导出相同的传输线方程。

思考题

(1) 何为集总参数电路？何为分布参数电路？分别举例说明。

(2) 何为长线？何为短线？分别举例说明。

(3) 在微波传输中，厘米波段的微波一般可以选用哪些传输线？毫米波段及亚毫米波段的微波一般可以选用哪些传输线？

5.2　传输线方程及其解

5.2.1　均匀双导体传输线的分布参数及其等效电路

所谓均匀传输线是指传输线的几何尺寸、相对位置、导体材料以及周围媒质特性沿电磁波传输方向不改变的传输线。由上一节可知，均匀传输线有四个分布参数：分布电阻 $\hat{R}$、分布电导 $\hat{G}$、分布电感 $\hat{L}$、分布电容 $\hat{C}$。其中字母头上的符号“∧”可表示这些单位长度的参数量。这些分布参数的大小与传输线的种类、形状、尺寸、导体材料及周围媒质特性有关。

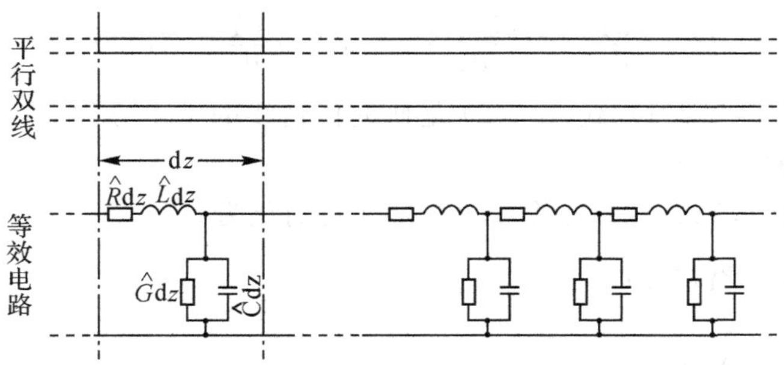

图 5-2-1　双导体传输线及其等效电路

利用分布参数的概念，将均匀传输线分成无数个 $dz(dz \ll \lambda)$ 长度的微元段，每一微元段上的分布参数等效为如图 5-2-1 所示（以平行双线为例）的集总参数电路，该电路是由 $\hat{R}dz$、$\hat{G}dz$、$\hat{L}dz$ 及 $\hat{C}dz$ 四个集中参数组成的 Γ 型网络，整段传输线的等效电路就变为无限多的 Γ 型网络的级联。

5.2.2　电报方程及其解

假设信号源是角频率为 ω 的时谐变源，则可将分布电阻和分布电感等效为单位长度的串联阻抗

$$\hat{Z}=\hat{R}+j\omega\hat{L}$$

将分布电导和分布电容等效为单位长度的并联导纳

$$\hat{Y}=\hat{G}+\mathrm{j}\omega\hat{C}$$

则 $\mathrm{d}z$ 长度的微元段的等效电路变为如图 5-2-2 所示电路。传输线上的电压和电流不但是时间的函数，而且也是坐标的函数，即 $u=u(z,t)$，$i=i(z,t)$。这里讨论的是时谐变信号源，因此采用复振幅形式的 $U(z)$ 和 $I(z)$，以表示距信号源为 z 位置处的电压和电流。由于串联阻抗 $\hat{Z}\mathrm{d}z$ 和并联电纳 $\hat{Y}\mathrm{d}z$ 的存在，使得在 $z+\mathrm{d}z$ 位置处的电压和电流变为 $U(z)+\mathrm{d}U(z)$ 和 $I(z)+\mathrm{d}I(z)$，它们的变化关系如下：

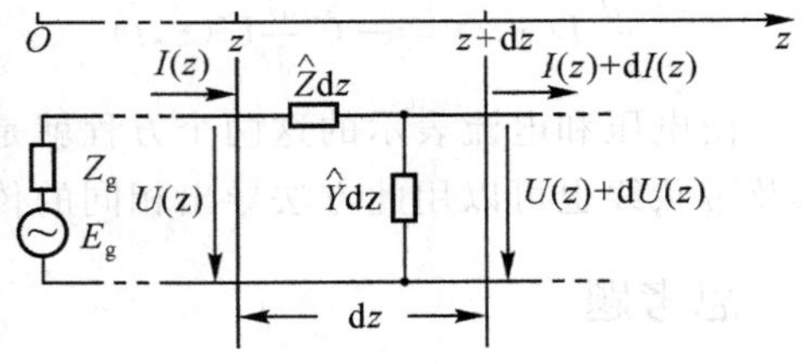

图 5-2-2 时谐变源下的传输线等效电路

$$\begin{cases}U(z)-[U(z)+\mathrm{d}U(z)]=-\mathrm{d}U(z)=I(z)\hat{Z}\mathrm{d}z\\ I(z)-[I(z)+\mathrm{d}I(z)]=-\mathrm{d}I(z)=[U(z)+\mathrm{d}U(z)]\hat{Y}\mathrm{d}z\approx U(z)\hat{Y}\mathrm{d}z\end{cases}$$

从而可得

$$\begin{cases}\dfrac{\mathrm{d}U(z)}{\mathrm{d}z}=-\hat{Z}I(z)\\ \dfrac{\mathrm{d}I(z)}{\mathrm{d}z}=-\hat{Y}U(z)\end{cases}\tag{5-2-1}$$

式(5-2-1) 为一阶常微分方程组，也称传输线方程，该式清楚地给出了每一微元段上的电压和电流的变化规律。为求(5-2-1) 式的解，在每一式两边再对 z 求导一次，并化简可得

$$\begin{cases}\dfrac{\mathrm{d}^2U(z)}{\mathrm{d}z^2}=-I(z)\dfrac{\mathrm{d}\hat{Z}}{\mathrm{d}z}-\hat{Z}\dfrac{\mathrm{d}I(z)}{\mathrm{d}z}=-I(z)\dfrac{\mathrm{d}\hat{Z}}{\mathrm{d}z}+\hat{Z}\hat{Y}U(z)\\ \dfrac{\mathrm{d}^2I(z)}{\mathrm{d}z^2}=-U(z)\dfrac{\mathrm{d}\hat{Y}}{\mathrm{d}z}-\hat{Y}\dfrac{\mathrm{d}U(z)}{\mathrm{d}z}=-U(z)\dfrac{\mathrm{d}\hat{Y}}{\mathrm{d}z}+\hat{Z}\hat{Y}I(z)\end{cases}\tag{5-2-2}$$

上式的化简利用了式(5-2-1)。式(5-2-2) 是研究传输线的基本方程，称为传输线的电报方程，也称为传输线的波动方程。

对于均匀传输线，$\hat{Z}$、$\hat{Y}$ 与 z 无关，式(5-2-2) 可简化为

$$\begin{cases}\dfrac{\mathrm{d}^2U(z)}{\mathrm{d}z^2}-\hat{Z}\hat{Y}U(z)=0\\ \dfrac{\mathrm{d}^2I(z)}{\mathrm{d}z^2}-\hat{Z}\hat{Y}I(z)=0\end{cases}\tag{5-2-3}$$

式(5-2-3) 中的两式在形式上完全一样，且都为二阶常系数微分方程。它们的通解为

$$\begin{cases}U(z)=A_1\mathrm{e}^{-\gamma z}+A_2\mathrm{e}^{\gamma z}\\ I(z)=B_1\mathrm{e}^{-\gamma z}+B_2\mathrm{e}^{\gamma z}\end{cases}\tag{5-2-4}$$

式(5-2-4) 中的 $\gamma=\sqrt{\hat{Z}\hat{Y}}$ 称为传播常数，A_1、A_2、B_1、B_2 是由传输线的始端或终端的边界条件决定的常数，进一步分析发现这两对常数不是彼此独立的，将式(5-2-4) 的第一式代入式(5-2-1) 的第一式可得

$$I(z)=\frac{1}{Z_0}(A_1\mathrm{e}^{-\gamma z}-A_2\mathrm{e}^{\gamma z})\tag{5-2-5}$$

式(5-2-5) 中，$Z_0=\sqrt{\dfrac{\hat{Z}}{\hat{Y}}}=\sqrt{\dfrac{\hat{R}+\mathrm{j}\omega\hat{L}}{\hat{G}+\mathrm{j}\omega\hat{C}}}$，具有阻抗的单位，是传输线的特性阻抗。常数 A_1 和

A_2 的确定一般有两种情况：一是已知终端电压 U_2 和电流 I_2；二是已知始端电压 U_1 和电流 I_1。接下来分别作介绍。

1. 已知终端电压 U_2 和电流 I_2

如图 5-2-3 所示，将 $z=L, U(L)=U_2, I(L)=I_2$ 分别代入式(5-2-4) 的第 1 式和式(5-2-5)，可以求得

$$\begin{cases} A_1 = \frac{1}{2}(U_2 + Z_0 I_2)e^{\gamma L} \\ A_2 = \frac{1}{2}(U_2 - Z_0 I_2)e^{-\gamma L} \end{cases} \tag{5-2-6}$$

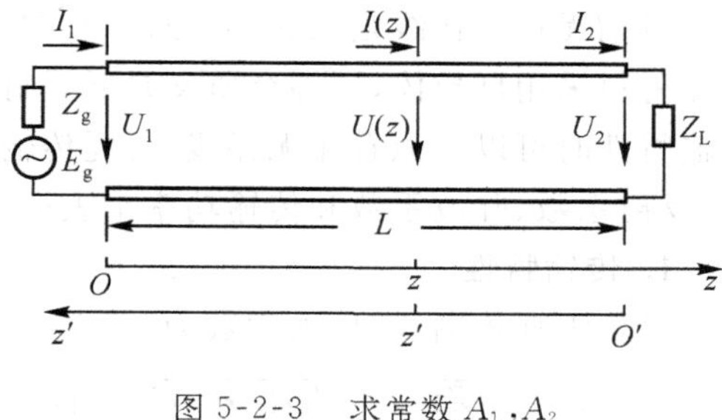

图 5-2-3　求常数 A_1、A_2

代回式(5-2-4) 的第 1 式和式(5-2-5)，整理可得

$$\begin{cases} U(z') = \frac{U_2 + Z_0 I_2}{2} e^{\gamma z'} + \frac{U_2 - Z_0 I_2}{2} e^{-\gamma z'} = U_i(z') + U_r(z') \\ I(z') = \frac{U_2 + Z_0 I_2}{2Z_0} e^{\gamma z'} - \frac{U_2 - Z_0 I_2}{2Z_0} e^{-\gamma z'} = I_i(z') + I_r(z') \end{cases} \tag{5-2-7}$$

式(5-2-7) 中，$z' = L - z$ 是由终端为原点朝始端算起的坐标，参见图 5-2-3，以后视具体情况用 z 坐标或 z' 坐标，意义与此相同，不再赘述。$U_i(z')$ 与 $I_i(z')$ 是由信号源传向负载的行波，称为入射波，$U_r(z')$ 与 $I_r(z')$ 是由负载传向信号源的行波，称为反射波。由式(5-2-7) 可见传输线上任意位置的电压和电流均是入射波和反射波的叠加。

2. 已知始端电压 U_1 和电流 I_1

将 $z=0, U(0)=U_1, I(0)=I_1$ 分别代入式(5-2-4) 的第 1 式和式(5-2-5)，可以求得

$$\begin{cases} A_1 = \frac{1}{2}(U_1 + Z_0 I_1) \\ A_2 = \frac{1}{2}(U_1 - Z_0 I_1) \end{cases} \tag{5-2-8}$$

所以有

$$\begin{cases} U(z) = \frac{U_1 + Z_0 I_1}{2} e^{-\gamma z} + \frac{U_1 - Z_0 I_1}{2} e^{\gamma z} = U_i(z) + U_r(z) \\ I(z) = \frac{U_1 + Z_0 I_1}{2Z_0} e^{-\gamma z} - \frac{U_1 - Z_0 I_1}{2Z_0} e^{\gamma z} = I_i(z) + I_r(z) \end{cases} \tag{5-2-9}$$

不论是已知终端电压和电流还是已知始端电压和电流，所得结果虽然形式不同，但实际上都是一样的，传输线上任一点的电压和电流都由入射波和反射波两部分叠加而得。

一般情况下，传播常数 γ 是一个复数，令 $\gamma = \alpha + j\beta$，则从指数函数的特点可看出，α 为单位长度的衰减常数，单位为 Np/m(奈培每米)，β 为单位长度的相移常数，单位为 rad/m。

最后我们将所得的复数形式即式(5-2-4) 的第 1 式和式(5-2-5) 写成瞬时值形式为

$$\begin{cases} u(z,t) = \mathrm{Re}[U(z)e^{j\omega t}] = A_1 e^{-\alpha z}\cos(\omega t - \beta z) + A_2 e^{\alpha z}\cos(\omega t + \beta z) \\ i(z,t) = \mathrm{Re}[I(z)e^{j\omega t}] = \frac{A_1}{Z_0} e^{-\alpha z}\cos(\omega t - \beta z) - \frac{A_2}{Z_0} e^{\alpha z}\cos(\omega t + \beta z) \end{cases}$$

这里假定 A_1、A_2、Z_0 为实数，其中相位 $\omega t - \beta z$ 表示信号由信号源传向负载，$\omega t + \beta z$ 表示信号由负载传向信号源，向 z 正方向传播的信号衰减由 $e^{-\alpha z}$ 来量值，向 z 负方向传播的信号衰减由 $e^{\alpha z}$ 来量值，所以入射波和反射波都是衰减行波。

5.2.3 无耗传输线的基本特性

所谓无耗传输线是指 $\hat{R}=0$、$\hat{G}=0$ 的传输线。实际上这样的传输线是不存在的，不过当导体材料采用良导体，周围介质又是低耗材料时，传输线的损耗相对较小，在分析传输线的传输特性时可以近似看作无耗线。无耗传输线的基本特性可由传输特性、特性阻抗、输入阻抗、反射系数、驻波系数和传输功率来表征。

1. 传输特性

对于无耗传输线，传播常数为

$$\gamma=\sqrt{ZY}=\sqrt{\mathrm{j}\omega\hat{L}\cdot\mathrm{j}\omega\hat{C}}=\mathrm{j}\omega\sqrt{\hat{L}\hat{C}}=\mathrm{j}\beta \tag{5-2-10}$$

所以衰减常数为零，信号无衰减，相移常数

$$\beta=\omega\sqrt{\hat{L}\hat{C}} \tag{5-2-11}$$

此时无耗线上离终端 z' 处的电压、电流表达式可变成如下形式：

$$\begin{cases}U(z')=A_1\mathrm{e}^{-\mathrm{j}\beta(L-z')}+A_2\mathrm{e}^{\mathrm{j}\beta(L-z')}=U_{\mathrm{i0}}\mathrm{e}^{\mathrm{j}\beta z'}+U_{\mathrm{r0}}\mathrm{e}^{-\mathrm{j}\beta z'}\\ I(z')=\dfrac{A_1}{Z_0}\mathrm{e}^{-\mathrm{j}\beta(L-z')}-\dfrac{A_2}{Z_0}\mathrm{e}^{\mathrm{j}\beta(L-z')}=\dfrac{U_{\mathrm{i0}}}{Z_0}\mathrm{e}^{\mathrm{j}\beta z'}-\dfrac{U_{\mathrm{r0}}}{Z_0}\mathrm{e}^{-\mathrm{j}\beta z'}\end{cases} \tag{5-2-12}$$

式(5-2-12)中 U_{i0}、U_{r0} 分别为入射波电压和反射波电压的复振幅。

根据相速度的定义，波的等相位面移动的速度可从等相位面方程求得。由方程

$$\omega t\pm\beta z=\text{常数}$$

可求得入射波和反射波的相速度为

$$v_{\mathrm{p}}=\frac{\mathrm{d}z}{\mathrm{d}t}=\pm\frac{\omega}{\beta}=\pm\frac{1}{\sqrt{\hat{L}\hat{C}}} \tag{5-2-13}$$

即传输线上的入射波和反射波以相同的速度向相反方向沿传输线传播。

定义传输线上的相波长 λ_{p} 为同一个时刻传输线上电磁波相位相差 2π 的距离，即

$$\lambda_{\mathrm{p}}=\frac{2\pi}{\beta}=\frac{2\pi}{\omega\sqrt{\hat{L}\hat{C}}}=\frac{v_{\mathrm{p}}}{f}=v_{\mathrm{p}}T \tag{5-2-14}$$

式(5-2-14)中 f 为电磁波的频率，T 为振荡周期。

2. 特性阻抗

传输线特性阻抗的定义为传输线入射波电压 $U_{\mathrm{i}}(z)$ 和入射波电流 $I_{\mathrm{i}}(z)$ 之比(或反射波电压 $U_{\mathrm{r}}(z)$ 和反射波电流 $I_{\mathrm{r}}(z)$ 之比的负值)即

$$Z_0=\frac{U_{\mathrm{i}}(z)}{I_{\mathrm{i}}(z)}=-\frac{U_{\mathrm{r}}(z)}{I_{\mathrm{r}}(z)} \tag{5-2-15}$$

由 5.2.2 节的介绍可知

$$Z_0=\sqrt{\frac{\hat{Z}}{\hat{Y}}}=\sqrt{\frac{\hat{R}+\mathrm{j}\omega\hat{L}}{\hat{G}+\mathrm{j}\omega\hat{C}}} \tag{5-2-16}$$

对于无耗传输线

$$Z_0=\sqrt{\frac{\hat{L}}{\hat{C}}} \tag{5-2-17}$$

可以看出，无耗传输线的特性阻抗与信号源的频率无关，由于分布电容和分布电感都是实数，所以无耗线的特性阻抗为实数。

3. 反射系数和驻波系数

传输线上反射波的大小和相位与入射波的大小和相位之间的关系通常用反射系数来描述。定义距离终端 z' 处的电压反射系数 $\Gamma_V(z')$ 为该处反射波电压与该处入射波电压之比，即

$$\Gamma_V(z') = \frac{U_r(z')}{U_i(z')} \tag{5-2-18}$$

定义距离终端 z' 处的电流反射系数 $\Gamma_I(z')$ 为该处反射波电流与该处入射波电流之比，即

$$\Gamma_I(z') = \frac{I_r(z')}{I_i(z')} \tag{5-2-19}$$

比较式(5-2-7)中的两式，可知 $\Gamma_V(z') = -\Gamma_I(z')$，即传输线上任意点的电压反射系数和电流反射系数大小相等，相位相反。通常用电压反射系数来表征反射波的大小和相位。以后如无特别说明，提到的反射系数 $\Gamma(z')$ 就是指电压反射系数 $\Gamma_V(z')$。

利用式(5-2-7)的第 1 式可得无耗传输线上的反射系数为

$$\Gamma(z') = \frac{U_r(z')}{U_i(z')} = \frac{U_2 - Z_0 I_2}{U_2 + Z_0 I_2} e^{-2j\beta z'} \tag{5-2-20}$$

其中的传播常数 γ 已用无耗传输线的 $j\beta$ 代入。当 $z' = 0$ 时，可得终端反射系数 Γ_2 为

$$\Gamma_2 = \frac{U_2 - Z_0 I_2}{U_2 + Z_0 I_2} = \frac{Z_L I_2 - Z_0 I_2}{Z_L I_2 + Z_0 I_2} = \frac{Z_L - Z_0}{Z_L + Z_0} = |\Gamma_2| e^{j\varphi_2} \tag{5-2-21}$$

从式(5-2-21)可见，终端反射系数仅由终端负载 Z_L 和传输线特性阻抗 Z_0 决定，其模就是反射波电压与入射波电压的振幅之比，其相位 φ_2 为反射波电压与入射波电压的相位差。有了 Γ_2 后，反射系数公式改写为

$$\Gamma(z') = \Gamma_2 e^{-2j\beta z'} = |\Gamma_2| e^{j(\varphi_2 - 2\beta z')} \tag{5-2-22}$$

因此无耗传输线上任意一点的反射系数的模是相等的，都等于终端电压反射系数的大小(所以有时用 $|\Gamma|$ 来表示反射系数的大小，说明与位置无关)，也就是说任意一点的反射波电压与入射波电压的振幅之比都是相等的。离终端为 z' 处的反射系数的相位落后于终端反射系数 $2\beta z'$。

引入反射系数后，无耗传输线上任意一点的电压和电流公式可改写为

$$\begin{cases} U(z') = U_i(z') + U_r(z') = U_i(z')[1 + \Gamma(z')] \\ I(z') = I_i(z') + I_r(z') = I_i(z')[1 - \Gamma(z')] \end{cases} \tag{5-2-23}$$

反射波的大小除了可用反射系数来描述外，还可以用驻波系数 ρ 来表示。驻波系数也叫驻波比，其定义为传输线上电压(或电流)的最大值和最小值之比，即

$$\rho = \frac{|U|_{\max}}{|U|_{\min}} = \frac{|I|_{\max}}{|I|_{\min}} \tag{5-2-24}$$

当入射波的相位与该处反射波的相位同相时，合成电压(或电流)达到最大值，当两者相位相反时，合成波出现最小值，所以有

$$\begin{cases} |U|_{\max} = |U_i(z')| + |U_r(z')| = |U_i(z')|(1 + |\Gamma|) \\ |U|_{\min} = |U_i(z')| - |U_r(z')| = |U_i(z')|(1 - |\Gamma|) \end{cases} \tag{5-2-25}$$

由此可得到驻波比与反射系数的关系式为

$$\rho = \frac{1 + |\Gamma|}{1 - |\Gamma|} \text{ 或 } |\Gamma| = \frac{\rho - 1}{\rho + 1} \tag{5-2-26}$$

显然反射系数大小的范围为 $0 \leqslant |\Gamma| \leqslant 1$。驻波比的范围为 $1 \leqslant \rho \leqslant \infty$。传输线上的合成

波的分类可以用驻波系数来划分：

当$\rho=1$时，没有反射波，只有入射波，合成波即入射波，所以合成波为行波，此时$|\Gamma|=0$。

当$\rho=\infty$时，反射波的振幅与入射波的振幅相等，这是全反射情况，所以合成波为纯驻波，此时$|\Gamma|=1$。

当$1<\rho<\infty$时，就属于部分反射情况，所以合成波为行驻波，此时$0<|\Gamma|<1$。

4. 输入阻抗

输入阻抗的定义：传输线上任一位置z'处向负载方向看去的输入阻抗$Z_{in}(z')$为该处的电压$U(z')$与电流$I(z')$之比，其意义参见图5-2-4所示。由式(5-2-23)及式(5-2-15)可以得到输入阻抗的一个计算公式：

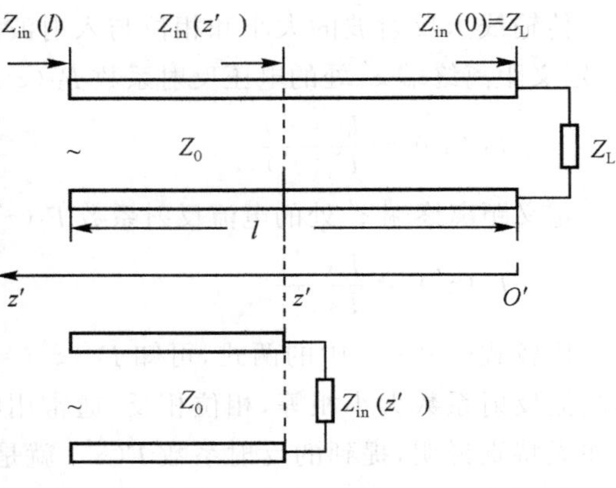

图 5-2-4　输入阻抗的意义

$$Z_{in}(z')=\frac{U(z')}{I(z')}=\frac{U_i(z')}{I_i(z')}\cdot\frac{1+\Gamma(z')}{1-\Gamma(z')}=Z_0\frac{1+\Gamma(z')}{1-\Gamma(z')} \tag{5-2-27a}$$

在实际应用中，可以采用以下公式来计算任意终端负载Z_L传输线的输入阻抗：

$$Z_{in}(z')=Z_0\frac{Z_L+jZ_0\tan(\beta z')}{Z_0+jZ_L\tan(\beta z')} \tag{5-2-27b}$$

取$z'=0$可得到负载阻抗与传输线特性阻抗之间的关系式

$$Z_L=Z_0\frac{1+\Gamma_2}{1-\Gamma_2} \tag{5-2-28}$$

5. 传输功率

传输线上的平均传输功率可以按平均坡印廷矢量的计算公式来类似求得，即无耗传输线上离终端为z'处的传输功率为

$$P(z')=\frac{1}{2}\mathrm{Re}[U(z')I^*(z')]$$

将式(5-2-23)代入上式，并考虑无耗传输线上的特性阻抗Z_0为实数，上式可简化为

$$P(z')=\frac{|U_i(z')|^2}{2Z_0}(1-|\Gamma|^2)=P_i(z')-P_r(z') \tag{5-2-29}$$

可见无耗传输线上离终端为z'处的传输功率为该点处的入射波功率$P_i(z')$与反射波功率$P_r(z')$之差，再由式(5-2-25)及式(5-2-24)可得

$$P(z')=\frac{|U|_{max}|U|_{min}}{2Z_0}=\frac{|U|_{max}^2}{2\rho Z_0} \tag{5-2-30}$$

即无耗传输线上任意一点的传输功率是相同的。设传输线的击穿电压为U_{br}，为使传输线不发生击穿，必须有$|U|_{max}\leqslant|U_{br}|$，所以传输线允许传输的最大功率为

$$P_{br}=\frac{|U_{br}|^2}{2\rho Z_0} \tag{5-2-31}$$

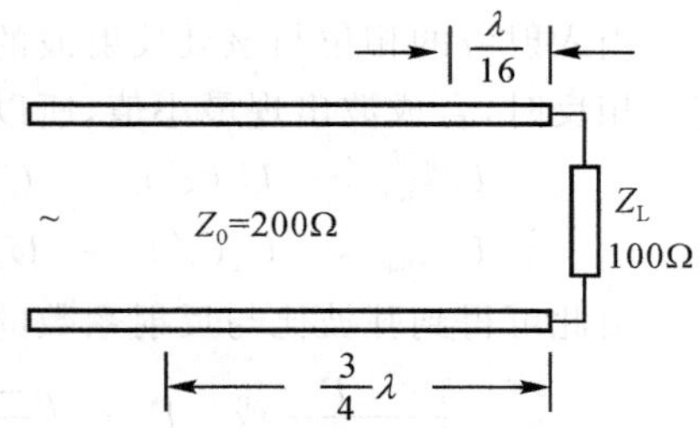

图 5-2-5　求反射系数和输入阻抗

例 5-2-1　求图 5-2-5 所示无耗传输线电路中 $z'=\dfrac{\lambda}{16}$ 和 $z'=\dfrac{3\lambda}{4}$ 处的反射系数和输入阻抗，λ 为线上信号的波长。

解　先求终端反射系数

$$\Gamma_2=\frac{Z_L-Z_0}{Z_L+Z_0}=-\frac{1}{3}$$

然后利用式(5-2-22)和式(5-2-27)分别求反射系数和输入阻抗。

(1) 在 $z'=\dfrac{\lambda}{16}$ 处

$$\Gamma\left(\frac{\lambda}{16}\right)=\Gamma_2 e^{-2j\beta\frac{\lambda}{16}}=\Gamma_2 e^{-2j\frac{2\pi}{\lambda}\cdot\frac{\lambda}{16}}=\Gamma_2 e^{-j\frac{\pi}{4}}=-\frac{\sqrt{2}}{6}+j\frac{\sqrt{2}}{6}$$

$$Z_{in}\left(\frac{\lambda}{16}\right)=Z_0\frac{1+\Gamma\left(\frac{\lambda}{16}\right)}{1-\Gamma\left(\frac{\lambda}{16}\right)}=112.34+j59.58(\Omega)$$

(2) 在 $z'=\dfrac{3\lambda}{4}$ 处

$$\Gamma\left(\frac{3\lambda}{4}\right)=\Gamma_2 e^{-2j\beta\frac{3\lambda}{4}}=\Gamma_2 e^{-2j\frac{2\pi}{\lambda}\cdot\frac{3\lambda}{4}}=\Gamma_2 e^{-j3\pi}=\frac{1}{3}$$

$$Z_{in}\left(\frac{3\lambda}{4}\right)=Z_0\frac{1+\Gamma\left(\frac{3\lambda}{4}\right)}{1-\Gamma\left(\frac{3\lambda}{4}\right)}=400(\Omega)$$

例 5-2-2　一无耗传输线终端接阻抗 Z_L 等于特性阻抗 Z_0，如图 5-2-6 所示电路，已知 $U_B=200e^{j\frac{\pi}{6}}(\mathrm{V})$，求 U_A，U_C。

解　负载阻抗等于特性阻抗时，终端反射系数

$$\Gamma_2=\frac{Z_L-Z_0}{Z_L+Z_0}=0$$

所以 $|\Gamma_2|=0$，因而传输线上无反射波，可得线上任意位置 z 处的电压为

$$U(z)=A_1 e^{-j\beta z}$$

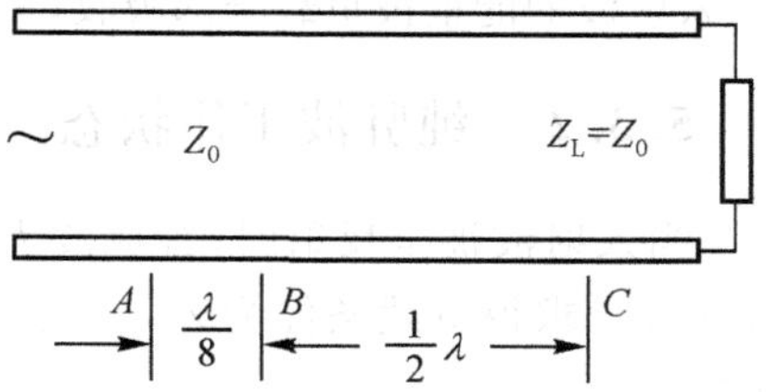

图 5-2-6　求传输线上 A、C 点的电压

由已知条件得

$$U_B=A_1 e^{-j\beta z_B}=200e^{j\frac{\pi}{6}}$$

所以

$$\begin{aligned}U_A&=A_1 e^{-j\beta z_A}=A_1 e^{-j\beta\left(z_B-\frac{\lambda}{8}\right)}=A_1 e^{-j\beta z_B}\cdot e^{j\beta\frac{\lambda}{8}}\\&=200e^{j\frac{\pi}{6}}\cdot e^{j\frac{2\pi}{\lambda}\cdot\frac{\lambda}{8}}=200e^{j\frac{5\pi}{12}}(\mathrm{V})\end{aligned}$$

$$U_C=A_1 e^{-j\beta z_C}=A_1 e^{-j\beta\left(z_B+\frac{\lambda}{2}\right)}=200e^{j\frac{\pi}{6}}\cdot e^{-j\frac{2\pi}{\lambda}\cdot\frac{\lambda}{2}}=-200e^{j\frac{\pi}{6}}(\mathrm{V})$$

思考题

(1) 何为传输线的特性阻抗？其与传输线的哪些参数有关？对于无耗传输线其计算公式如何？

(2) 试分别说出电报方程的通解式(5-2-4)中与 $e^{-\gamma z}$ 和 $e^{\gamma z}$ 有关的项的意义。

(3) 何为传输线上的反射系数?同一传输线上任意一点的反射系数的大小是否相等?

(4) 何为驻波系数?驻波系数与反射系数的关系怎样?驻波系数与反射系数的取值范围如何?

5.3 均匀无耗传输线的等效

传输线电路是一个分布参数电路,计算较复杂。为简化分析和理解,本节将介绍如何把传输线电路等效为集总参数电路。根据电压、电流以及阻抗的分布规律将传输线的工作状态分成三种:无反射情况、全反射情况和部分反射情况。若按驻波系数的不同来分,依次为行波状态、纯驻波状态和行驻波状态。本节主要就是以这三种工作状态为出发点给出相应的无耗传输线等效电路。

5.3.1 行波工作状态

由驻波系数的计算式可知当 $Z_L = Z_0$ 时 $\Gamma = 0$,此时无反射,也称传输线电路处于匹配工作状态,由式(5-2-27)可得

$$Z_{in}(z') = Z_0$$

即传输线上任意一点的输入阻抗都等于传输线的特性阻抗,此时式(5-2-12)表示的电压、电流表达式简化为

$$\begin{cases} U(z') = U_{i0}e^{j\beta z'} \\ I(z') = \dfrac{U_{i0}}{Z_0}e^{j\beta z'} \end{cases}$$

因而电压、电流以行波向负载方向传播,如图5-3-1所示,入射波的能量被负载全部吸收,传输效率最高。

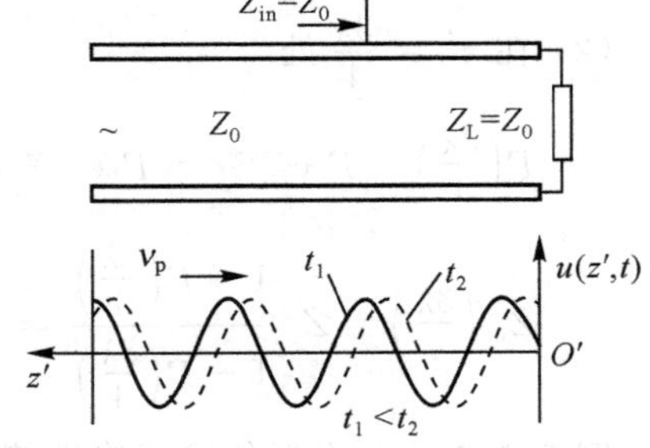

图 5-3-1 行波工作状态的阻抗、电压分布

5.3.2 纯驻波工作状态

当入射波被全反射时,合成波为纯驻波,全反射条件为 $|\Gamma| = 1$ 或 $\rho = \infty$,此时可从式(5-2-21)求得负载条件为 $Z_L = 0$、∞ 或 $\pm jX$,即依次为终端短路、终端开路或终端接纯电抗负载。

1. 终端短路

如图5-3-2(a)所示,$Z_L = 0$,$\Gamma_2 = -1$,显然终端电压 $U_2 = 0$,即终端反射波电压与入射波电压之和为零,取 $z' = 0$,则式(5-2-12)变为

$$U(0) = U_{i0} + U_{r0} = U_2 = 0$$

即

$$U_{r0} = -U_{i0}$$

所以无耗传输线上的电压、电流表达式为

$$\begin{cases} U(z') = j2U_{i0}\sin\beta z' \\ I(z') = 2\dfrac{U_{i0}}{Z_0}\cos\beta z' \end{cases} \tag{5-3-1}$$

式中:Z_0 为实数;U_{i0} 可由终端或始端电压、电流求得,设 $U_{i0} = |U_{i0}|e^{j\varphi}$,则沿线电压、电流的瞬时值为

$$\begin{cases} u(z',t) = 2\mid U_{i0}\mid \sin\beta z'\cos\left(\omega t+\varphi+\dfrac{\pi}{2}\right) \\ i(z',t) = 2\dfrac{\mid U_{i0}\mid}{Z_0}\cos\beta z'\cos(\omega t+\varphi) \end{cases} \tag{5-3-2}$$

由式(5-3-1)可得

$$Z_{in}(z') = jZ_0\tan\beta z' \tag{5-3-3}$$

图 5-3-2(b)、(c) 画出了电压、电流沿线分布特点及随时间变化的规律，图 5-3-2(d) 画出了离终端任意点 z' 处的输入阻抗 $Z_{in}(z')$ 沿线分布规律。

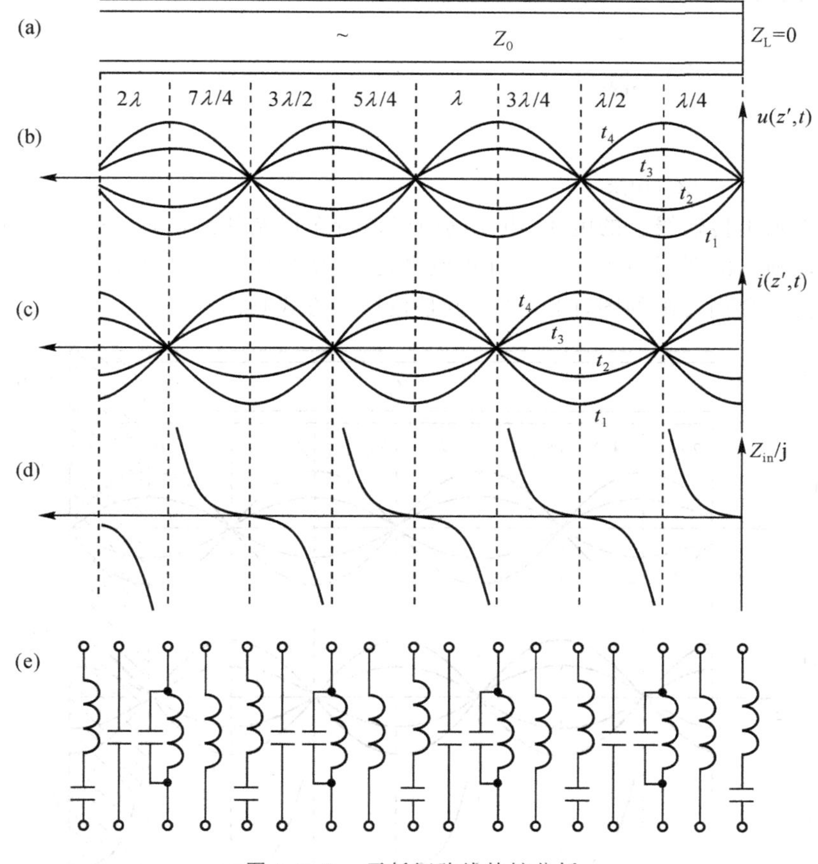

图 5-3-2　无耗短路线特性分析

根据以上分析及图 5-3-2 可得无耗传输线短路时的一些结论：

若 z' 一定，即在固定点处，则电压与电流随时间作正弦规律变化，在时间相位上电压比电流超前 $\pi/2$。若 t 一定，即在某一时刻，电压与电流在传输线上按正弦规律变化，在空间相位上电流比电压超前 $\pi/2$。所以无耗传输线上没有功率的传输。

在 z' 为 $\lambda/2$ 的整数倍处(包括 $z'=0$ 的短路点)电压值总是为零，而电流的幅值总是最大，这些点称为电压驻波的波节点或电流驻波的波腹点。在 z' 为 $\lambda/4$ 的奇数倍处，电压的幅值总是最大，而电流值总是为零，这些点称为电压驻波的波腹点或电流驻波的波节点。

输入阻抗不论在何处都为纯电抗。在 z' 为 $\lambda/2$ 的整数倍(电压波节点)处，输入阻抗 $Z_{in}=0$，可等效为一个串联谐振电路，见图 5-3-2(e)；在 z' 为 $\lambda/4$ 的奇数倍(电压波腹点)处，输

入阻抗 $Z_{in}=\infty$，可等效为一个并联谐振电路。在 $0<z'<\lambda/4$ 范围内，输入阻抗 Z_{in} 为感性电抗，故可等效为一个电感；在 $\lambda/4<z'<\lambda/2$ 范围内，输入阻抗 Z_{in} 为容性电抗，所以可等效为一个电容。输入阻抗在传输线上以 $\lambda/2$ 长度为周期重复变化，而且每隔 $\lambda/4$ 阻抗性质发生一次变化，即感抗变容抗或容抗变感抗。这样传输线上任意位置 z' 处开始到终端均可以用一个等效集中元件来代替，具体等效为哪一种形式可参见图 5-3-2(e)。

2. 终端开路

终端开路时 $Z_L=\infty$，$\Gamma_2=1$，显然终端电流 $I_2=0$，即终端入射波电流与反射波电流之和为零。与短路时一样分析，可得终端开路时传输线上的电压、电流为

$$\begin{cases} U(z')=2U_{i0}\cos\beta z' \\ I(z')=\mathrm{j}2\dfrac{U_{i0}}{Z_0}\sin\beta z' \end{cases} \tag{5-3-4}$$

从而有

$$Z_{in}(z')=-\mathrm{j}Z_0\cot\beta z' \tag{5-3-5}$$

同样可以画出传输线上的电压、电流的瞬时值分布以及任意位置处输入阻抗值分布图，结果不难发现画出的图形与图 5-3-2 有相似之处，只要将图 5-3-2 从 $\lambda/4$ 到终端部分去掉，剩下的部分就是我们要画的图，图 5-3-3 就是按这种方式画出的。

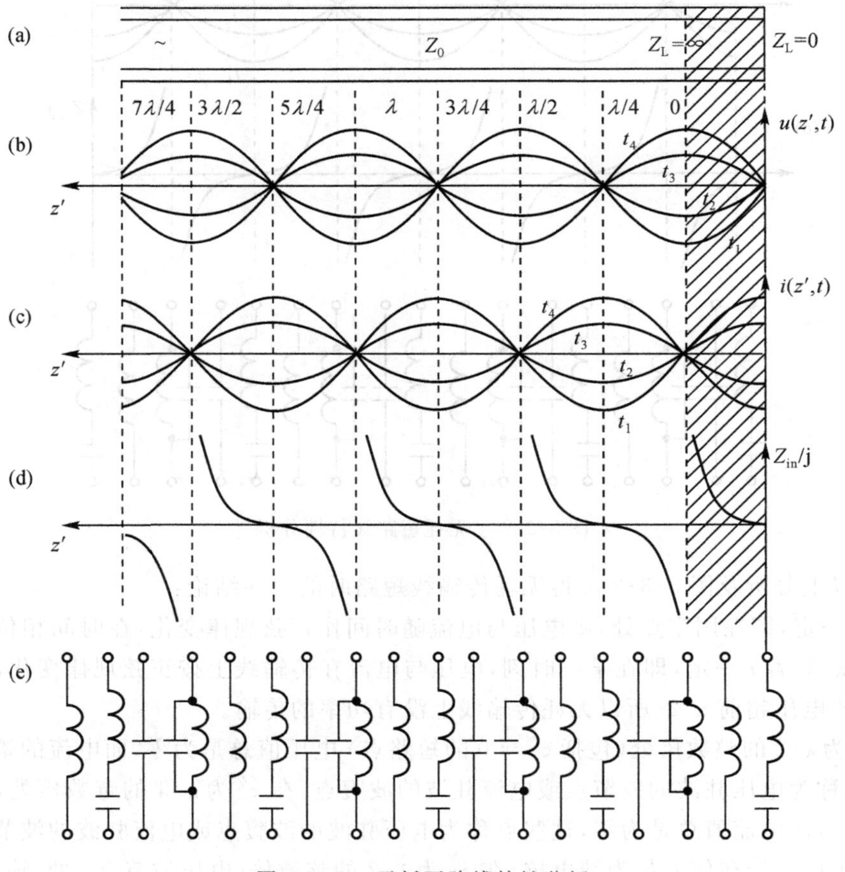

图 5-3-3　无耗开路线特性分析

这不是一种巧合，而是必然的，因为在终端短路情况下，可将 $z' = \lambda/4$ 处到终端等效为一个并联谐振电路，对于并联谐振电路其阻抗为 ∞，也就是开路。对照终端短路情况发现，将终端开路情况也从终端开始去掉 $\lambda/4$ 传输线就可以用一条短路线来等效。

总之，一个终端短路的传输线电路，若连短路线一起去掉 $\lambda/4$ 传输线，则不影响剩下的传输线上的电压、电流甚至输入阻抗等的变化规律。若再去掉 $\lambda/4$ 长传输线，则应将剩余传输线的终端短路，才不影响剩余部分的变化规律。看了下面的例子后对此可能会理解得更加深入。

例 5-3-1　求图 5-3-4 所示各图无耗传输线电路在 OO' 处的反射系数和输入阻抗。

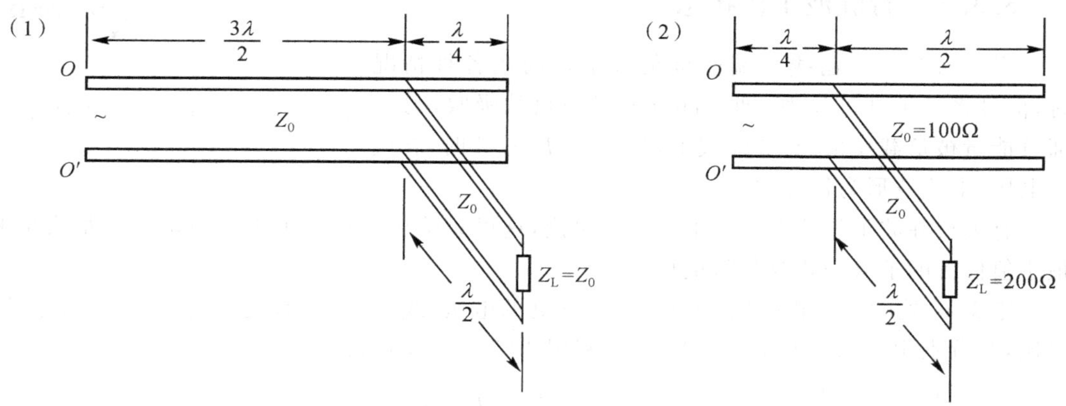

图 5-3-4　求反射系数和输入阻抗

解　对于并联电路直接用公式计算会很复杂，但对于本题，如果利用等效的方法，就变得很简单。

(1) 对于 $\lambda/4$ 传输线和短路线可等效为一个并联谐振回路，即开路，也就是说把它们去掉，对本题的求解毫无影响。等效电路如图 5-3-5 所示，由于 $3\lambda/2$ 长传输线与 $\lambda/2$ 长传输线特性阻抗相等，本题就变为一条长度为 2λ 的传输线，终端接 $Z_L = Z_0$ 的情况。更进一步分析可知，这是匹配工作状态，其反射系数和输入阻抗不论在何处均一样，分别为

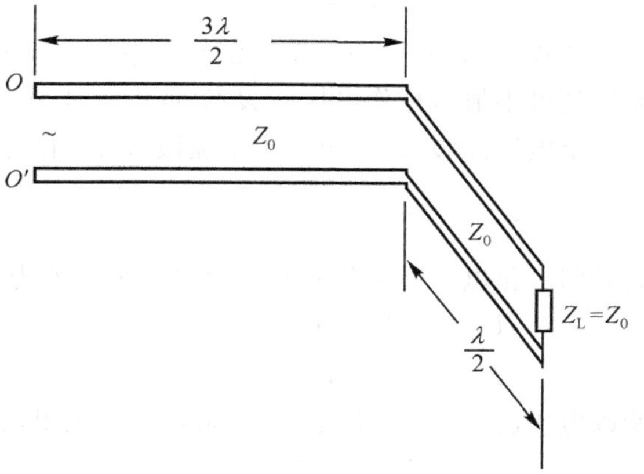

图 5-3-5　例 5-3-1(1) 等效电路

$$\Gamma = 0, \quad Z_{in} = Z_0$$

(2) 同理，本题的等效电路如图 5-3-6 所示，因为终端开路再加 $\lambda/2$ 传输线，等效后还是开路。所以把那一段去掉不影响本题结果，从而有

$$\Gamma(OO') = \Gamma_2 e^{-2j\beta z'} = \frac{Z_L - Z_0}{Z_L + Z_0} e^{-2j\frac{2\pi}{\lambda}\left(\frac{\lambda}{4}+\frac{\lambda}{2}\right)} = \frac{1}{3} e^{-3j\pi} = -\frac{1}{3}$$

$$Z_{in}(OO') = Z_0 \frac{1+\Gamma(OO')}{1-\Gamma(OO')} = 50(\Omega)$$

3. 终端接纯电抗负载

不论是终端短路还是终端开路，在非 $\lambda/4$ 的整数倍处的输入阻抗就是纯电抗，所以讨论终端接纯电抗负载的沿线电压、电流及阻抗分布，可用终端短路（或终端开路）的沿线电压、电流及电抗分布，自终端起去掉小于 $\lambda/4$ 的某一长度来得到，这一长度可用公式(5-3-3)和公式(5-3-5)得到，也可用后面介绍的阻抗圆图得到。

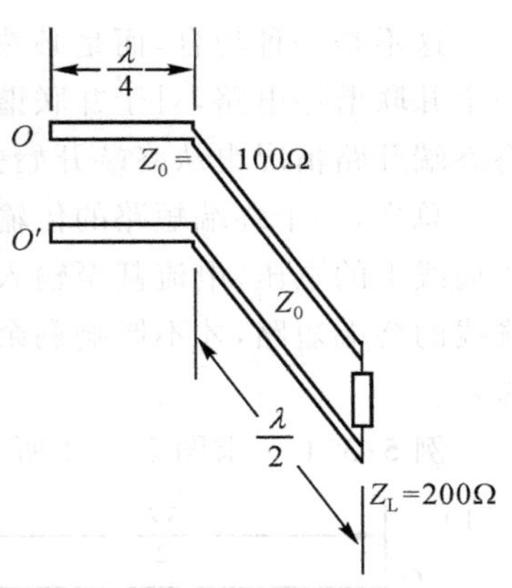

图 5-3-6 例 5-3-1(2) 等效电路

5.3.3 行驻波工作状态

当均匀无耗传输线终端所接负载不是前述各种情况时，信号将发生部分反射，即一部分能量被负载吸收，另一部分能量被负载反射。在传输线上，当 $0<|\Gamma|<1$ 时，合成的电压、电流波形为行驻波。

有关行驻波工作状态在此不加详细讨论，这里只给出传输线上电压或电流的最大值和最小值位置的求解公式及其阻抗特性。

定义 z' 处的归一化电压（或电流）为该处的电压（或电流）与该处入射波电压（或电流）之比，并分别用 $\widetilde{U}(z')$ 和 $\widetilde{I}(z')$ 来表示，利用式(5-2-23)可得

$$\begin{cases}\widetilde{U}(z')=\dfrac{U(z')}{U_{\mathrm{i}}(z')}=1+\Gamma(z')=1+|\Gamma_2|\mathrm{e}^{\mathrm{j}(\varphi_2-2\beta z')}\\ \widetilde{I}(z')=\dfrac{I(z')}{I_{\mathrm{i}}(z')}=1-\Gamma(z')=1-|\Gamma_2|\mathrm{e}^{\mathrm{j}(\varphi_2-2\beta z')}\end{cases}\tag{5-3-6}$$

从式(5-3-6)可知，当满足 $\varphi_2-2\beta z'=2k\pi(k=0,-1,-2,\cdots)$ 时电压达到最大值（电流达到最小值），称作电压波腹点（或电流波节点）。取 $k=0$，可以很方便地求得离开终端的第一个电压波腹点（或第一个电流波节点）在传输线上的位置为

$$z'_{\max 1}=\frac{\varphi_2}{2\beta}\tag{5-3-7}$$

此时归一化电压最大值和归一化电流最小值为

$$\begin{cases}\widetilde{U}_{\max}=1+|\Gamma|\\ \widetilde{I}_{\min}=1-|\Gamma|\end{cases}\tag{5-3-8}$$

所以电压波腹点（电流波节点）阻抗为纯电阻，且最大，其归一化值为

$$\widetilde{R}_{\max}=\frac{\widetilde{U}_{\max}}{\widetilde{I}_{\min}}=\frac{1+|\Gamma|}{1-|\Gamma|}=\rho\tag{5-3-9}$$

即

$$R_{\max}=Z_0\rho\tag{5-3-10}$$

同理，当 z' 满足 $\varphi_2-2\beta z'=2k\pi-\pi(k=0,-1,-2,\cdots)$ 时为电压波节点（或电流波腹点），求得离开终端的第一个电压波节点（或第一个电流波腹点）在传输线上的位置为

$$z'_{\min 1}=\frac{\varphi_2+\pi}{2\beta}=\frac{\varphi_2}{2\beta}+\frac{\pi}{2\cdot 2\pi/\lambda}=\frac{\varphi_2}{2\beta}+\frac{\lambda}{4}\tag{5-3-9}$$

此时归一化电压最小值和归一化电流最大值为

$$\begin{cases}\widetilde{U}_{\min} = 1 - |\Gamma| \\ \widetilde{I}_{\max} = 1 + |\Gamma|\end{cases} \tag{5-3-10}$$

阻抗为纯电阻，且最小，其归一化值为

$$\widetilde{R}_{\min} = \frac{\widetilde{U}_{\min}}{\widetilde{I}_{\max}} = \frac{1-|\Gamma|}{1+|\Gamma|} = \frac{1}{\rho} \tag{5-3-11}$$

即

$$R_{\min} = \frac{Z_0}{\rho} \tag{5-3-12}$$

例 5-3-2　均匀无耗长线终端接负载 $Z_L = 50\ \Omega$，信号源频率为 $f = 1\ \text{GHz}$，已知终端电压反射系数 Γ_2 的相角 $\varphi_2 = 180°$，电压驻波比 $\rho = 3$。求终端电压反射系数 Γ_2，传输线特性阻抗 Z_0 及距终端最近的一个电压波腹点到终端的距离 $l_{\max1}$。

解　由式(5-2-26) $|\Gamma| = \dfrac{\rho-1}{\rho+1}$，得 $|\Gamma| = \dfrac{1}{2}$

所以终端反射系数为 $\Gamma_2 = |\Gamma_2|\,e^{j\varphi_2} = \dfrac{1}{2}e^{j180°} = -\dfrac{1}{2}$

由式(5-2-28) $Z_L = Z_0\dfrac{1+\Gamma_2}{1-\Gamma_2}$ 得 $Z_0 = Z_L\dfrac{1-\Gamma_2}{1+\Gamma_2} = 150(\Omega)$

由式(5-3-7) 得 $l_{\max1} = \dfrac{\varphi_2}{2\beta} = \dfrac{\varphi_2}{2\cdot 2\pi f/c} = 75(\text{mm})$

例 5-3-3　一个感抗为 jX_L 的集中电感可以用一段长度为 d 的终端短路的传输线等效。试证明其等效关系为 $d = \dfrac{\lambda}{2\pi}\arctan\left(\dfrac{X_L}{Z_0}\right)$，其中 Z_0 为传输线特性阻抗。

证明　由式(5-3-3) 知终端短路传输线的输入阻抗为 $Z_{in}(z') = jZ_0\tan\beta z'$，

按已知条件取 $z' = d$，得 $Z_{in}(d) = jX_L = jZ_0\tan\left(\dfrac{2\pi}{\lambda}\cdot d\right)$，从而求得

$$d = \frac{\lambda}{2\pi}\arctan\left(\frac{X_L}{Z_0}\right)。$$

思考题

(1) 均匀无耗传输线可分成几种工作状态？各种工作状态产生的条件如何？有什么特点？

(2) 将如下所述传输线等效为相应的电路或阻抗：(1)$\lambda/4$ 长度开路传输线；(2)$\lambda/4$ 长度短路传输线；(3)$\lambda/2$ 长度开路传输线；(4)$\lambda/2$ 长度短路传输线；⑤$3\lambda/4$ 长度短路传输线。

(3) 何为电压波腹点？何为电压波节点？在第一个电压波腹点处和在第一个电压波节点处各有何特点？

(4) 设第一个电压波腹点到终端负载的距离为 $z'_{\max1}$，第一个电压波节点到终端负载的距离为 $z'_{\min1}$，问：(1) 当 $z'_{\max1} = \lambda/4$ 时，所接负载有何特点？(2) 当 $z'_{\max1} < \lambda/4$ 时，所接负载有何特点？(3) 当 $z'_{\min1} = \lambda/4$ 时，所接负载有何特点？(4) 当 $z'_{\min1} < \lambda/4$ 时，所接负载有何特点？

5.4　圆图及其应用

在微波和天线工程中，圆图是一种用于解决阻抗匹配和阻抗计算问题的工具。本节介绍

圆图的原理、构造及其应用。

5.4.1　等反射系数圆

将反射系数的计算公式进行如下变换：

$$\Gamma(z') = |\Gamma_2| e^{j(\varphi_2 - 2\beta z')} = |\Gamma_2| e^{j\varphi} = |\Gamma| e^{j\varphi} = \Gamma_a + j\Gamma_b \tag{5-4-1}$$

传输线上任一点处的反射系数大小是相等的，都为

$$|\Gamma| = \sqrt{\Gamma_a^2 + \Gamma_b^2} = |\Gamma_2| \tag{5-4-2}$$

其中 Γ_a、Γ_b 为 $\Gamma(z')$ 的实部和虚部，在复平面上 $\Gamma(z')$ 是一个以原点为圆心、$|\Gamma|$ 为半径的圆，如图 5-4-1 所示，这个圆被称为等反射系数圆。其中坐标原点是半径为零的圆，即匹配点，$\rho = 1$；半径为 1 的圆称为单位圆，即全反射时的等反射系数圆，$\rho = \infty$。同一电路 $|\Gamma|$ 是相等的，不同的电路 $|\Gamma|$ 就有可能不相等，但其取值范围是一定的，为 $|\Gamma| \leqslant 1$，即所有的等反射系数圆都在单位圆内。将所有可能的圆统称为等反射系数圆族。

由于驻波系数 $\rho = \dfrac{1+|\Gamma|}{1-|\Gamma|}$ 与反射系数是一一对应的关系，所以也称等反射系数圆族为等驻波系数圆族。

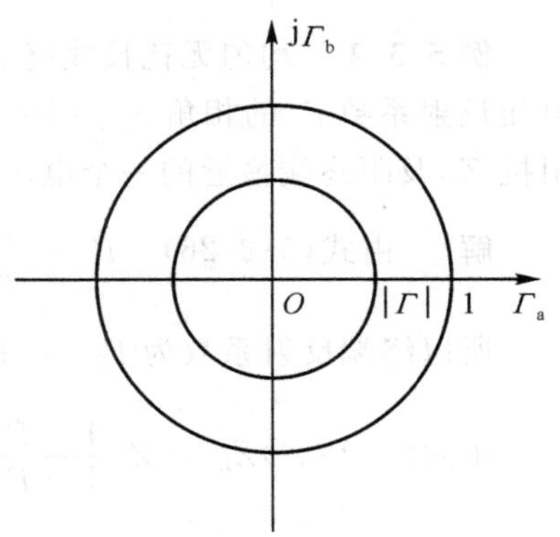

图 5-4-1　等反射系数圆

5.4.2　阻抗圆图

构成圆图的主要部分是等阻抗圆，这些圆画在(Γ_a, Γ_b)复平面上。为了能够使阻抗圆适用于任意特性阻抗的传输线问题，圆图上的阻抗均采用归一化阻抗。归一化阻抗与反射系数的关系为

$$\widetilde{Z}(z') = \frac{Z(z')}{Z_0} = \frac{1+\Gamma(z')}{1-\Gamma(z')} \tag{5-4-3.a}$$

将 $\Gamma(z') = \Gamma_a + j\Gamma_b$ 代入式(5-4-3)，并将实部、虚部分开，可得

$$\widetilde{Z}(z') = \widetilde{R} + j\widetilde{X} = \frac{1-(\Gamma_a^2+\Gamma_b^2)}{(1-\Gamma_a)^2+\Gamma_b^2} + j\frac{2\Gamma_b}{(1-\Gamma_a)^2+\Gamma_b^2} \tag{5-4-3.b}$$

其中 $\widetilde{R}$ 为归一化电阻，$\widetilde{X}$ 为归一化电抗，实部、虚部对应相等。分别整理化简，可得

$$\left(\Gamma_a - \frac{\widetilde{R}}{1+\widetilde{R}}\right)^2 + \Gamma_b^2 = \left(\frac{1}{1+\widetilde{R}}\right)^2 \tag{5-4-4}$$

$$(\Gamma_a - 1)^2 + \left(\Gamma_b - \frac{1}{\widetilde{X}}\right)^2 = \left(\frac{1}{\widetilde{X}}\right)^2 \tag{5-4-5}$$

上面两式是(Γ_a, Γ_b)复平面上分别以 $\widetilde{R}$ 和 $\widetilde{X}$ 为参数的圆方程。式(5-4-4)代表圆心在$\left(\dfrac{\widetilde{R}}{1+\widetilde{R}}, 0\right)$，半径为$\dfrac{1}{1+\widetilde{R}}$的圆。随着位置 z' 的变化，$\widetilde{R}$ 也在变化，不同的 $\widetilde{R}$ 得到不同的圆，所以称式(5-4-4)是以 $\widetilde{R}$ 为参量的等电阻圆族方程。当 $\widetilde{R}$ 从零增加到无穷大时，电阻圆由单位圆缩小到 D 点，同时圆心从原点沿实轴正方向移到 D 点。表 5-4-1 列出了 $\widetilde{R} = 0, 1/4, 1/2, 1, 2, 4, \infty$ 时的圆心坐标和半径，图 5-4-2 画出了相应的电阻圆。由图可见所有的圆都相切于(1,0)点，电阻为 $\widetilde{R}$ 和 $1/\widetilde{R}$ 的圆与实轴的交点关于原点对称。

表 5-4-1　等电阻圆的电阻与圆心、半径的对应关系

$\widetilde{R}$	0	1/4	1/2	1	2	4	∞
圆心	(0,0)	(1/5,0)	(1/3,0)	(1/2,0)	(2/3,0)	(4/5,0)	(1,0)
半径	1	4/5	2/3	1/2	1/3	1/5	0

式(5-4-5) 代表的圆的圆心在$\left(1,\dfrac{1}{\widetilde{X}}\right)$,半径为$\dfrac{1}{|\widetilde{X}|}$。随着位置 z' 的变化,$\widetilde{X}$ 也在变化,不同的 $\widetilde{X}$ 得到不同的圆,所以称式(5-4-5) 是以 $\widetilde{X}$ 为参量的等电抗圆族方程。表 5-4-2 列出了 $\widetilde{X}=0,\pm1/2,\pm1,\pm2,\pm4,\pm\infty$ 时的圆心坐标和半径,图 5-4-3 画出了相应的电抗圆,由图可见,所有电抗圆相切于(1,0) 点,$\widetilde{X}$ 为正值(即感性) 的电抗圆在上半平面,$\widetilde{X}$ 为负值(即容性) 的电抗圆均在下半平面,$\pm\widetilde{X}$ 的圆关于实轴成镜像对称。由于 $|\Gamma|\leqslant 1$,所以只有在 $|\Gamma|=1$ 的单位圆内的部分才有意义,图 5-4-3 中圆外部分用虚线示出或不画。将等电阻圆和等电抗圆画在一起就得如图 5-4-4 所示图形。

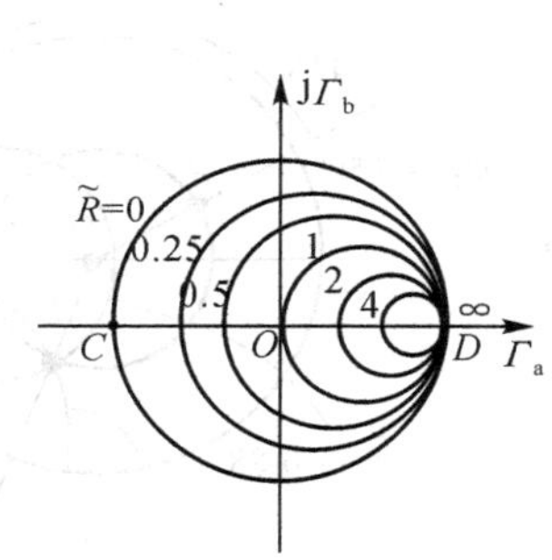

图 5-4-2　等电阻圆

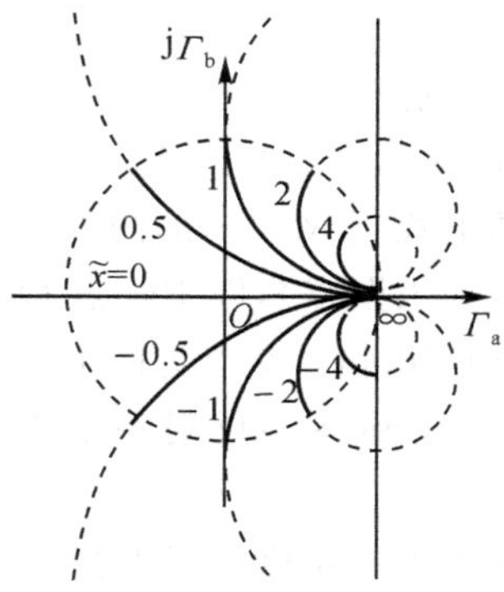

图 5-4-3　等电抗圆

表 5-4-2　等电抗圆的电抗与圆心、半径的对应关系

$\widetilde{X}$	0	±1/2	±1	±2	±4	∞
圆心	(1,±∞)	(1,±2)	(1,±1)	(1,±1/2)	(1,±1/4)	(1,0)
半径	∞	2	1	1/2	1/4	0

本书后附图就是由式(5-4-4) 和式(5-4-5) 这两个方程取不同的 $\widetilde{R}$ 和 $\widetilde{X}$ 做出的等电阻圆族和等电抗圆族,称为阻抗圆图,也叫史密斯(Smith) 圆图。该圆图没有标出实轴和虚轴,单位圆外面标了一圈角度,实际上它是极坐标系上的圆,当然大家还是可以认为是直角坐标系上的圆。$\widetilde{R}$ 和 $\widetilde{X}$ 取得越多即画的圆越多,在求解问题时的精度越高,但制作圆图的难度就越大。阻抗圆图是一种计算工具,专门有相关厂家设计制作。随着计算机的普及,用计算机编制程序来计算相关问题,或用计算机画出阻抗圆图在计算机上求解相关问题,是一种趋向。

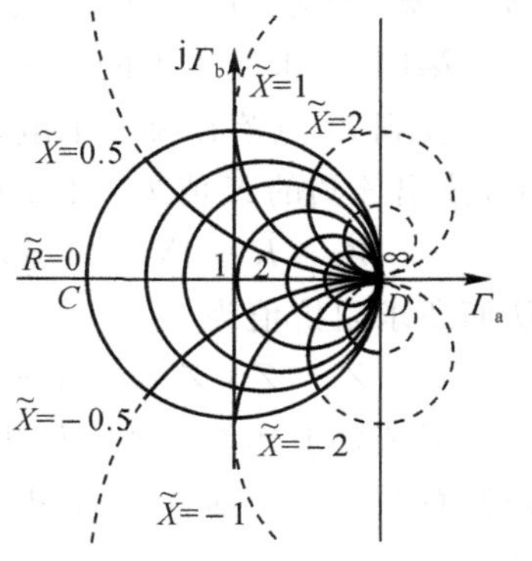

图 5-4-4　等阻抗圆

虽然阻抗圆图的主要组成部分是等电阻圆族和等电抗圆族及其他们的归一化数值，但是利用圆图求解时的核心圆是等反射系数圆，该圆在圆图上是不画的，只有当求解问题时，我们才去画出相应的圆，这一点读者务必搞清楚。

例 5-4-1 已知均匀无耗传输线特性阻抗 $Z_0 = 100\ \Omega$，电压驻波比 $\rho = 3$，终端电压反射系数的相角 $\varphi_2 = 150°$，求离开终端的电长度 l/λ 为 0.3 处的输入阻抗。

分析 驻波系数 ρ 与归一化纯电阻的最大值 $\widetilde{R}_{\max}$ 是相等的，所以等反射系数圆与实轴正向的交点 $\widetilde{R}_{\max}$ 的数值就是驻波比的数值。由已知的驻波比 $\rho = 3$ 可得 $\widetilde{R}_{\max} = 3$，然后在等电阻圆族中找到 $\widetilde{R} = 3$ 的圆，此圆与实轴正向交点就是等反射系数圆（或等驻波系数圆）上的一点。最后以圆图的中心为圆心，用圆轨作通过该交点的圆，即得等 $|\Gamma|$ 圆（或等 ρ 圆）。有了等 $|\Gamma|$ 圆后无耗传输线的问题就可以迎刃而解了。

题中电长度指的是距离与传输信号的波长的比值，即归一化长度 $\tilde{l} = l/\lambda$，同阻抗的归一化道理一样，它使得圆图对有关距离的量具有通用性。在附录 4 圆图中电长度标示在最外面，利用电长度使得圆图能适用于任何波长的信号，本例题电长度为 0.3，即离终端距离为 0.3λ。

解 参见图 5-4-5。

第一步：先画等 $|\Gamma|$ 圆。

在圆图上找到 $\widetilde{R} = 3$ 的圆与实轴正向的交点 B（通常称这样的点为入图点），以中心点 O（附图 4 中实轴上标有 $\widetilde{R} = 1$ 的点）为圆心，交点为圆上的点作等 $|\Gamma|$ 圆。

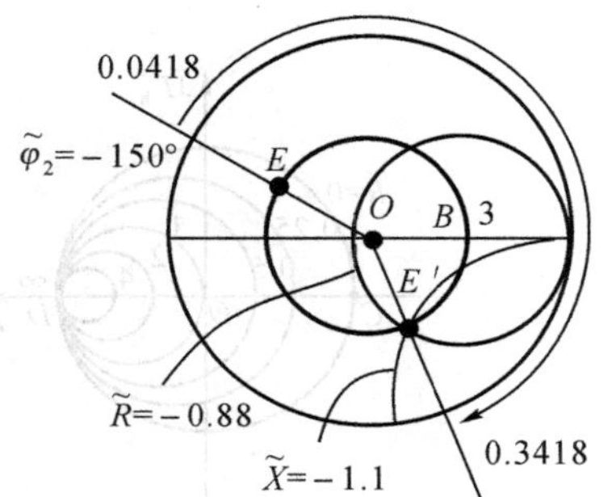

图 5-4-5 利用圆图求输入阻抗

第二步：找到终端反射系数在等 $|\Gamma|$ 圆上的对应位置。

从圆图外圈的角度标尺上找到 150° 角的位置，并连接中心点得到一条射线。此射线与实轴正向夹角即为 150°。此射线与等反射系数圆的交点 E 即为终端反射系数在等 $|\Gamma|$ 圆上的位置，对应的电长度标示值为 0.0418。

第三步：确定所求点在等 $|\Gamma|$ 圆上的位置。

离开终端电长度为 0.3 的意思就是从终端向波源移动 0.3 的电长度，从而得到所求点。圆图上标有两个方向，找到传向波源方向即顺时针方向，将射线 OE 转过 0.3 的电长度到 OE'，OE' 与等 $|\Gamma|$ 圆的交点 E' 即为所找的位置，对应的电长度为 $0.0418 + 0.3 = 0.3418$。

第四步：求所求点的归一化阻抗值。

找到 E' 点落在哪一个电阻圆上，读出该圆的 $\widetilde{R}$ 值为 0.88，找到 E' 点落在哪一个电抗圆上，读出该圆的 $\widetilde{X}$ 值为 −1.1（要注意，若在下半平面，应该是负值），则所求归一化阻抗值为

$$\widetilde{Z} = \widetilde{R} + \mathrm{j}\widetilde{X} = 0.88 - \mathrm{j}1.1$$

从而所求阻抗值为

$$Z = \widetilde{Z} \cdot Z_0 = 88 - \mathrm{j}110(\Omega)$$

弄清楚上述例子的求解思路后，接下来我们来进一步认识一下阻抗圆图的特点。为方便记忆总结成三句话：两组数据，两个方向；两个刻度圆盘，两个特殊半圆；两条特殊的线，三个特殊的点。

（1）两组数据，两个方向

圆图上有两组数据：归一化电阻值和归一化电抗值；圆图上标有两个方向：传向波源方向和传向负载方向。

（2）两个刻度圆盘，两个特殊半圆

圆图上有两个刻度圆盘分别标有角度和电长度，根据已知条件的不同选择一种即可；圆图由两个特殊的半圆组成：上半圆内的电抗为感性，$\widetilde{X}>0$，直接读数即可；下半圆内的电抗为容抗，$\widetilde{X}<0$，读数后要用其负值。

（3）两条特殊的线，三个特殊的点

圆图上有两条特殊的线：第一条是两半圆交线即实轴，其上的点为纯电阻（$\widetilde{X}=0$）的轨迹，它代表传输线在这些位置处于谐振状态，正实轴上的点对应传输线上的电压波腹点（或电流波节点），即并联谐振，该点电阻读数为归一化电阻的最大值 $\widetilde{R}_{\max}$，此值就是电压驻波比 ρ；负实轴上的点对应传输线上的电压波节点（或电流波腹点），即串联谐振，该点电阻读数为归一化电阻最小值 $\widetilde{R}_{\min}$，此值就是电压驻波比的倒数 $1/\rho$。第二条是最外面的闭合线即单位圆，这是 $\widetilde{R}=0$ 的纯电抗轨迹，也是 $|\Gamma|=1$ 的全反射系数圆。

圆图实轴上有三个特殊的点：开路点，即实轴最右端点，直角坐标为(1,0)，此点满足 $\widetilde{R}=\infty$，$\widetilde{X}=\infty$，$\Gamma=1$，$\rho=\infty$；短路点，即实轴最左端点，直角坐标为(−1,0)，此点满足 $\widetilde{R}=0$，$\widetilde{X}=0$，$\Gamma=-1$，$\rho=\infty$；匹配点，即中心点，直角坐标为(0,0)，此点满足 $\widetilde{R}=1$，$\widetilde{X}=0$，$\Gamma=0$，$\rho=1$。

利用圆图求解时要注意以下几点：

（1）圆图上没有画等反射系数圆，使用它解决问题时，一定要先找出入图点从而把等 $|\Gamma|$ 圆画出，此圆上的点与传输线上的点就形成了对应关系。等反射系数圆的大小即 $|\Gamma|$ 的值也不能从圆图中读出，要经过计算才能得到，常用公式为 $|\Gamma|=\dfrac{\rho-1}{\rho+1}$。

（2）电长度与角度之间的关系是 $\Delta\varphi=4\pi\dfrac{\Delta l}{\lambda}=4\pi\Delta\tilde{l}$。从阻抗圆图可以看到，一周即 2π 角度，电长度变化 $\Delta\tilde{l}$ 为 0.5，也就是距离变化为 $\lambda/2$，而不是 λ。这可从反射系数公式得到，重写公式如下：

$$\Gamma(z')=|\Gamma_2|\mathrm{e}^{\mathrm{j}(\varphi_2-2\beta z')}$$

可见距离变化 Δl 时相位变化为 $2\beta\Delta l=2\times\dfrac{2\pi\Delta l}{\lambda}=4\pi\dfrac{\Delta l}{\lambda}$，此即转过的角度 $\Delta\varphi$。

（3）利用圆图求解时一定要弄清楚是朝波源方向还是朝负载方向。

5.4.3　导纳圆图

当传输线并联连接时，利用导纳计算较为方便。归一化导纳可由归一化阻抗得到

$$\begin{aligned}\widetilde{Y}(z')&=\frac{1}{\widetilde{Z}(z')}=\frac{1-\Gamma(z')}{1+\Gamma(z')}=\frac{1-\Gamma_V(z')}{1+\Gamma_V(z')}\\&=\frac{1+\Gamma_V(z')\mathrm{e}^{-\mathrm{j}\pi}}{1-\Gamma_V(z')\mathrm{e}^{-\mathrm{j}\pi}}=\frac{1+|\Gamma|\mathrm{e}^{\mathrm{j}(\varphi-\pi)}}{1-|\Gamma|\mathrm{e}^{\mathrm{j}(\varphi-\pi)}}\\&=\widetilde{G}+\mathrm{j}\widetilde{B}\end{aligned}\tag{5-4-6}$$

比较归一化阻抗公式

$$\widetilde{Z}(z') = \frac{1+\Gamma_V(z')}{1-\Gamma_V(z')} = \frac{1+|\Gamma|\mathrm{e}^{\mathrm{j}\varphi}}{1-|\Gamma|\mathrm{e}^{\mathrm{j}\varphi}} = \widetilde{R}+\mathrm{j}\widetilde{X}$$

可以发现在阻抗圆图上若已知传输线某处的归一化阻抗点，则该点沿等反射系数圆旋转后的对应点即为对应的归一化导纳点，所以我们不必另外制作导纳圆图，只要找出导纳圆图各量与阻抗圆图各量的对应关系即可。表5-4-3列出了它们的对应关系，可参考图5-4-6来帮助理解。虽然图可以一样，由于各参量意义不一样，解决实际问题时尽量用同一种圆图，以免弄错。

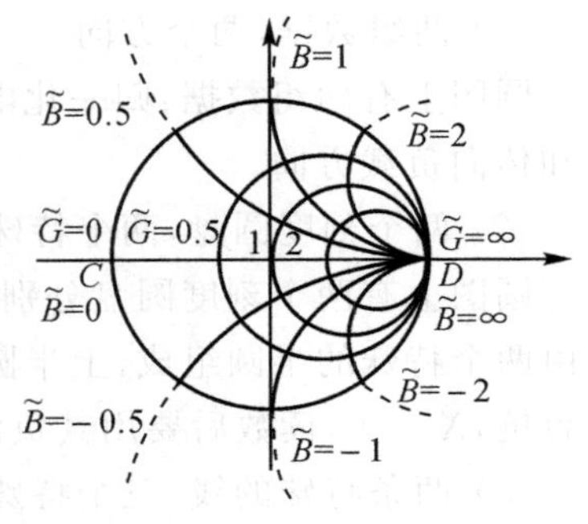

图 5-4-6　阻抗圆图中表示的导纳值

表 5-4-3　阻抗圆图与导纳圆图各参量之间的对应关系

阻抗圆图	导纳圆图
电阻圆，参数 $\widetilde{R}$	电导圆，参数 $\widetilde{G}$
电抗圆，参数 $\widetilde{X}$	电纳圆，参数 $\widetilde{B}$
等电压反射系数圆	等电流反射系数圆
开路点 D：$\widetilde{R}=\infty,\widetilde{X}=\infty$	短路点 D：$\widetilde{G}=\infty,\widetilde{B}=\infty$
短路点 C：$\widetilde{R}=0,\widetilde{X}=0$	开路点 C：$\widetilde{G}=0,\widetilde{B}=0$
匹配点 O：$\widetilde{R}=1,\widetilde{X}=0$	匹配点 O：$\widetilde{G}=1,\widetilde{B}=0$
电压波腹点：$\widetilde{R}=\rho$	电压波节点：$\widetilde{G}=\rho$
电压波节点：$\widetilde{R}=1/\rho$	电压波腹点：$\widetilde{G}=1/\rho$
纯电抗线：$\widetilde{R}=0$	纯电纳线：$\widetilde{G}=0$
上半圆，感性，$\widetilde{X}>0$	上半圆，容性，$\widetilde{B}>0$
下半圆，容性，$\widetilde{X}<0$	下半圆，感性，$\widetilde{B}<0$

5.4.4　圆图应用举例

利用圆图常用来解决以下各类问题：

(1) 根据负载 Z_L 求传输线上的驻波比 ρ；

(2) 根据负载 Z_L 及线长求输入端输入导纳、输入阻抗及输入端的反射系数(或任意位置的输入导纳、输入阻抗及反射系数)；

(3) 根据驻波比及电压波腹(波节)点的位置确定负载阻抗；

(4) 根据传输线的特性阻抗 Z_0 和负载阻抗 Z_L 计算阻抗匹配问题；

(5) 阻抗与导纳的互算(即求它们的倒数)。

下面举一些例子来说明这些类型的计算方法：

例 5-4-2　已知无耗传输线的特性阻抗 $Z_0=300\ \Omega$，负载阻抗 $Z_L=180+\mathrm{j}240(\Omega)$，求驻波系数 ρ 及离负载 $l=0.25\lambda$ 处的输入阻抗 Z_{in}。

解　参见图 5-4-7。

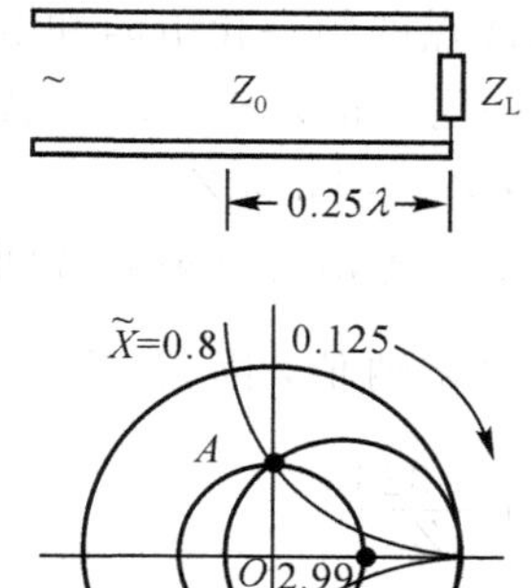

图 5-4-7　求驻波系数和输入阻抗

第一步：求归一化负载阻抗，确定其在圆图上的位置。

$$\widetilde{Z}_L = \frac{Z_L}{Z_0} = 0.6 + j0.8$$

在圆图上找到 $\widetilde{R} = 0.6$、$\widetilde{X} = 0.8$ 的两圆的交点 A，读出对应的电长度（从中心 O 到 A 作射线并延长即可）为 0.125。

第二步：作等反射系数圆（或等驻波系数圆），求驻波系数。

以 O 为圆心，A 为圆上一点，作圆，该圆与正实轴交点的 $\widetilde{R}$ 值即为 $\rho = 2.99$。

第三步：找到所求点在圆图上的位置。

将 A 点沿等反射系数圆顺时针（传向波源方向）转过电长度 0.25，到 B 点（该点就是所求点的位置），对应的电长度为 0.375。

第四步：求输入阻抗 Z_{in}。

读出 B 点的归一化电阻和归一化电抗值，$\widetilde{R}_{in} = 0.6$，$\widetilde{X}_{in} = -0.78$，所以所求输入阻抗为

$$Z_{in} = \widetilde{Z}_{in} \cdot Z_0 = (0.6 - j0.78) \cdot 300 = 180 - j234(\Omega)$$

将结果与用公式计算的结果作比较

$$Z_{in} = Z_0 \cdot \frac{1+\Gamma(z')}{1-\Gamma(z')} = Z_0 \cdot \frac{1+\Gamma_2 e^{-2j\beta z'}}{1-\Gamma_2 e^{-2j\beta z'}}$$

$$= Z_0 \cdot \frac{1+\dfrac{Z_L - Z_0}{Z_L + Z_0} e^{-2j\frac{2\pi}{\lambda}\cdot\frac{\lambda}{4}}}{1-\dfrac{Z_L - Z_0}{Z_L + Z_0} e^{-2j\frac{2\pi}{\lambda}\cdot\frac{\lambda}{4}}} = Z_0 \cdot \frac{1-\dfrac{Z_L - Z_0}{Z_L + Z_0}}{1+\dfrac{Z_L - Z_0}{Z_L + Z_0}}$$

$$= 180 - j240(\Omega)$$

可见利用阻抗圆图求解存在误差，但是求解简单，不存在复数运算。读者不妨将 l 换作 $l = 0.139\lambda$ 再进行一次计算，会发现圆图所体现出来的无限优势。

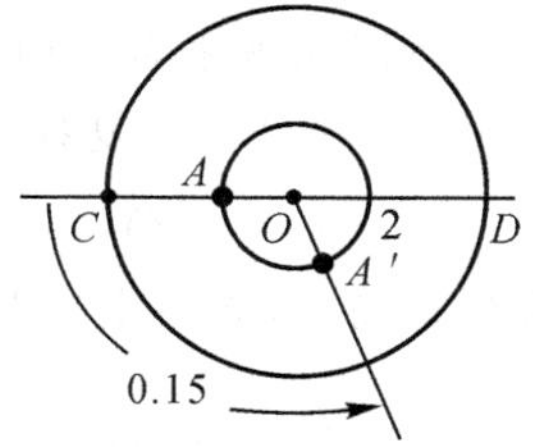

图 5-4-8　求负载阻抗值

例 5-4-3　已知无耗传输线的特性阻抗 $Z_0 = 150\ \Omega$，当传输线终端接负载 Z_L 时，测得线上的驻波比为 $\rho = 2$，当传输线终端短路时，电压最小值点比接 Z_L 时往终端方向移动了 0.15λ。求所接负载 Z_L 值。

解　终端短路时终端就是一个电压最小值点，所以由题意分析知，当终端接负载 Z_L 时，离开终端的第一个电压最小值点离终端为 0.15λ。求解见图 5-4-8，过程如下：

第一步　画出 $\rho = 2$ 的等驻波系数圆。

第二步　找出电压最小值点对应位置 A 点。

第三步　将 A 点沿逆时针（即传向负载方向）转过电长度 0.15 到 A'。

第四步　读出 A' 的归一化电阻和电抗值，$\widetilde{R} = 0.98$，$\widetilde{X} = -0.70$，所以所接负载为 $Z_L = (0.98 - j0.70) \times 150 = 147 - j105(\Omega)$。

例 5-4-4　求长度 $l = 0.2\lambda$ 的短路线的输入阻抗和输入导纳。

解　如图 5-4-9 所示，先找到短路点 C，由 C 点沿单位圆顺时针转过 0.2 电长度到 A 点，

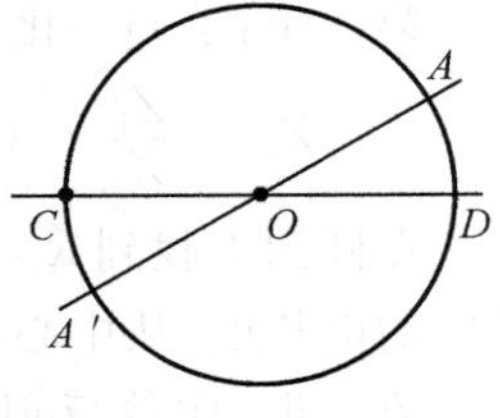

图 5-4-9　求输入阻抗和输入导纳值

读取 A 点的归一化电阻和电抗，$\widetilde{R}=0$，$\widetilde{X}=3.08$，即得 0.2λ 短路线的归一化阻抗 $\widetilde{Z}=\mathrm{j}3.08$。若设传输线特性阻抗为 Z_0，则输入阻抗 $Z=\widetilde{Z}\cdot Z_0=\mathrm{j}3.08Z_0$。

将 A 点沿等反射系数圆转过 180° 到 A' 点，则 A' 点的读数就是归一化导纳值，读得 $\widetilde{Y}=-\mathrm{j}0.326$。从而输入导纳为 $Y=\dfrac{1}{Z_0}\widetilde{Y}$

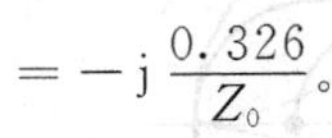
$=-\mathrm{j}\,\dfrac{0.326}{Z_0}$。

思考题

(1) 对于同一段无耗传输线，其上的每一点对应在阻抗圆图上需要几个等反射系数圆？

(2) 简述阻抗圆图的构成及其特点。

(3) 分别在阻抗圆图上找出开路点、短路点及匹配点。

5.5　有耗传输线

传输线上的损耗包括导体损耗、介质损耗和辐射损耗，辐射损耗与前两种损耗相比可以忽略不计，故一般可不予考虑。这一节讨论的有耗传输线指的是当 R_1（导体损耗）和 G_1（介质损耗）不等于 0 或不能忽略不计时的传输线。

5.5.1　有耗传输线的特性参数

由前面介绍可知，传输线方程即电报方程的解可写为如下形式：

$$\begin{cases}U(z')=A_1\mathrm{e}^{\gamma z'}+A_2\mathrm{e}^{-\gamma z'}\\ I(z')=\dfrac{1}{Z_0}(A_1\mathrm{e}^{\gamma z'}-A_2\mathrm{e}^{-\gamma z'})\end{cases}\tag{5-5-1}$$

所以从解来看，有耗线和无耗线的不同主要体现在传播常数不一样，有耗线的传播常数 $\gamma=\alpha+\mathrm{j}\beta$ 是一个复数。为得出 α 与 β 的表达式，将

$$\gamma=\sqrt{ZY}=\sqrt{(\hat{R}+\mathrm{j}\omega\hat{L})(\hat{G}+\mathrm{j}\omega\hat{C})}$$

进行化简。首先将上式写成如下形式：

$$\gamma=\mathrm{j}\omega\sqrt{\hat{L}\hat{C}}\left(1-\mathrm{j}\frac{\hat{R}}{\omega\hat{L}}\right)^{\frac{1}{2}}\cdot\left(1-\mathrm{j}\frac{\hat{G}}{\omega\hat{C}}\right)^{\frac{1}{2}}$$

再考虑高频情况，这时有 $\hat{R}\ll\omega\hat{L}$，$\hat{G}\ll\omega\hat{C}$，利用泰勒展开，略去高阶无穷小量得

$$\gamma\approx\frac{\hat{R}}{2}\sqrt{\frac{\hat{C}}{\hat{L}}}+\frac{\hat{G}}{2}\sqrt{\frac{\hat{L}}{\hat{C}}}+\mathrm{j}\omega\sqrt{\hat{L}\hat{C}}\tag{5-5-2}$$

所以得到衰减常数近似计算公式为

$$\alpha=\frac{\hat{R}}{2}\sqrt{\frac{\hat{C}}{\hat{L}}}+\frac{\hat{G}}{2}\sqrt{\frac{\hat{L}}{\hat{C}}}=\alpha_{\mathrm{c}}+\alpha_{\mathrm{d}}\tag{5-5-3}$$

其中：α_{c} 代表导体损耗；α_{d} 代表介质损耗。

导体损耗中的 $\hat{R}$ 可利用高频损耗电阻公式

$$\hat{R}=\frac{1}{\sigma S}$$

来计算，σ 是导体的电导率，S 为导体有效导电截面积，这是考虑高频时导体的趋肤效应的结果，所以其值要小于导体的实际截面积。

介质损耗主要是介质的高频损耗，分布电导 $\hat{G}$ 与介质材料的损耗角有关

$$\tan\delta_{\mathrm{e}}=\frac{\hat{G}}{\omega\hat{C}}$$

所以

$$\alpha_{\mathrm{d}}=\frac{1}{2}\omega\sqrt{\hat{L}\hat{C}}\tan\delta_{\mathrm{e}}$$

相移常数计算公式为

$$\beta\approx\omega\sqrt{\hat{L}\hat{C}} \tag{5-5-4}$$

特性阻抗为

$$Z_0=\sqrt{\frac{\hat{Z}}{\hat{Y}}}=\sqrt{\frac{\hat{R}+\mathrm{j}\omega\hat{L}}{\hat{G}+\mathrm{j}\omega\hat{C}}}\approx\sqrt{\frac{\hat{L}}{\hat{C}}}\cdot\sqrt{\frac{1-\mathrm{j}\dfrac{\hat{R}}{\omega\hat{L}}}{1-\mathrm{j}\dfrac{\hat{R}}{\omega\hat{C}}}}$$

$$\approx\sqrt{\frac{\hat{L}}{\hat{C}}}\cdot\left[1-\mathrm{j}\left(\frac{\hat{R}}{2\omega\hat{L}}-\frac{\hat{G}}{2\omega\hat{C}}\right)\right]\approx\sqrt{\frac{\hat{L}}{\hat{C}}} \tag{5-5-5}$$

所以，在近似计算中一般用与无耗线一样的公式来计算相移常数和特性阻抗。衰减常数用式(5-5-2)来求，不能忽略。

将传播常数 $\gamma=\alpha+\mathrm{j}\beta$ 代入式(5-5-1)中，得

$$\begin{cases}U(z')=A_1\mathrm{e}^{\alpha z'}\mathrm{e}^{\mathrm{j}\beta z'}+A_2\mathrm{e}^{-\alpha z'}\mathrm{e}^{\mathrm{j}\beta z'}\\ I(z')=\dfrac{1}{Z_0}(A_1\mathrm{e}^{\alpha z'}\mathrm{e}^{\mathrm{j}\beta z'}-A_2\mathrm{e}^{-\alpha z'}\mathrm{e}^{\mathrm{j}\beta z'})\end{cases} \tag{5-5-6}$$

可见，由于有耗线传播常数中的实部 α 不为零，所以入射波和反射波的振幅均要沿各自的传播方向按指数规律衰减。此时，反射系数的计算式只要在原公式中增加衰减项即可，即

$$\Gamma(z')=|\Gamma_2|\mathrm{e}^{-2\alpha z'}\mathrm{e}^{\mathrm{j}(\varphi_2-2\beta z')} \tag{5-5-7}$$

由于损耗，反射系数的幅值离开终端越远越小，并按 $|\Gamma_2|\mathrm{e}^{-2\alpha z'}$ 规律变化，但相位仍与无耗线时一样，随着距离的增加而按 $-2\beta z'$ 不断滞后。

电压驻波系数为

$$\rho=\frac{1+|\Gamma_2|\mathrm{e}^{-2\alpha z'}}{1-|\Gamma_2|\mathrm{e}^{-2\alpha z'}} \tag{5-5-8}$$

从式(5-5-7)与式(5-5-8)可见反射系数和驻波系数均与位置有关。

归一化输入阻抗为

$$\tilde{Z}(z')=\frac{1+\Gamma(z')}{1-\Gamma(z')}=\frac{1+|\Gamma_2|\mathrm{e}^{-2\alpha z'}\mathrm{e}^{\mathrm{j}(\varphi_2-2\beta z')}}{1-|\Gamma_2|\mathrm{e}^{-2\alpha z'}\mathrm{e}^{\mathrm{j}(\varphi_2-2\beta z')}} \tag{5-5-9}$$

式(5-5-9)第一个等式在形式上与无耗线时完全相同，因此无耗线时得出的圆图仍可用在有耗线上。无耗线的反射系数大小 $|\Gamma(z')|=|\Gamma_2|$ 与位置无关，沿线移动时，圆图上对应点沿等反射系数圆移动，但有耗线反射系数的大小 $|\Gamma(z')|=|\Gamma_2|\mathrm{e}^{-2\alpha z'}$ 要随位置而变，故沿有耗线移动时，在圆图上将沿 $|\Gamma(z')|$ 值逐渐减小的螺旋线的轨迹移动。随着 z' 的增

加，这一螺旋线将逐渐趋近于圆图的中心。只要有耗线上的位置确定，则圆图上的终点坐标也就确定，因而可求得输入阻抗。

例 5-5-1 已知有耗传输线的特性阻抗 $Z_0 = 200\ \Omega$，负载接 $Z_L = 400 + j640(\Omega)$，传输线长度为 $l = 0.65\lambda$，衰减量 $\alpha \cdot l = 0.12$ Np，求输入阻抗 Z_{in}。

解 归一化负载阻抗 $\bar{Z} = 2 + j3.2$，在圆图上找到对应点 A，相应的电长度为0.214，过 A 点作等 $|\Gamma_2|$ 圆（虚线圆所示），与正实轴交点为 B，其读数为终端驻波系数 $\rho_2 = 7.6$，则 $|\Gamma_2| = \dfrac{\rho_2 - 1}{\rho_2 + 1} \approx 0.77$，如图 5-5-1 所示。

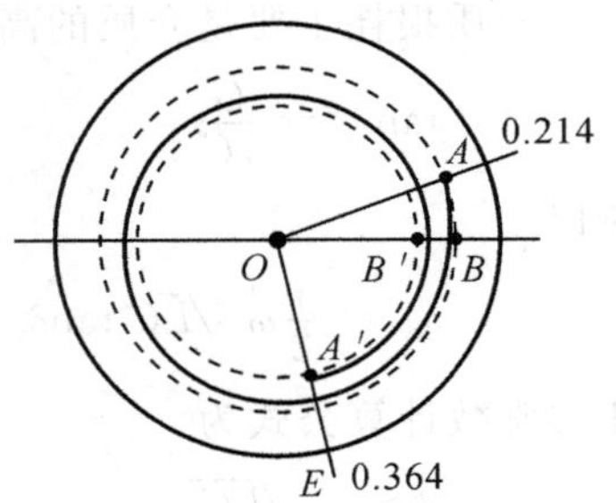

图 5-5-1 利用圆图求有耗线的输入阻抗

将 OA 射线顺时针转过 0.65 电长度到 OE，由于每转过一圈电长度变化为 0.5，所以其电长度标示值为 $(0.65 + 0.214) - 0.5 = 0.364$。

经 $e^{-2\alpha l}$ 衰减后，反射系数大小变为 $|\Gamma(l)| = |\Gamma_2| e^{-2\alpha l} = 0.77 \times e^{-2\times 0.12} \approx 0.6056$

在 OE 上找出 $|\Gamma| = 0.6056$ 的点 A'（方法是：先求 $\rho = \dfrac{1+|\Gamma|}{1-|\Gamma|} = 4.07$，在正实轴上找到读数为 4.07 的 B' 点，以此作等驻波系数圆（虚线圆所示），此圆与 OE 交点就是 A' 点），读得归一化输入阻抗为 $\bar{Z}_{in} = 0.53 - j1.01$，所以输入阻抗为 $Z_{in} = \bar{Z}_{in} \cdot Z_0 = (0.53 - j1.01) \cdot 200 = 106 - j202(\Omega)$。

图中从 A 点到 A' 点的螺旋实线表示了反射系数（或驻波系数）大小的变化情况，在负载端的驻波比为 7.6，在输入端的驻波比为 4.07，从而说明驻波系数不是常数。

5.5.2 有耗传输线上的电压、电流和阻抗的分布

与无耗线一样，有耗线上电压和电流都是入射波和反射波的叠加，但由于衰减常数不等于零，即有损耗，使得传输线上电压和电流的驻波最大值和最小值是位置的函数，驻波各个最大值不相等，最小值也不再相等，所以电压和电流分布也有别于无耗线，如图 5-5-2(a) 所示。从图可见，在靠近信号源端波形的起伏较小。从图 5-5-2(b) 可见阻抗的波动也一样，在离开终端越远处波动越小，围绕传输线的特性阻抗 Z_0 作微小变化。有耗线的这种特性，在损耗大时更明显，因此可以利用足够长的有耗线来做匹配负载，此时这段长有耗线的输入阻抗接近于传输线的特性阻抗。

5.5.3 有耗线上传输效率的计算

将电报方程的解写成如下形式：

$$U(z') = U_{i0} e^{\gamma z'} + U_{r0} e^{-\gamma z'} = U_{i0} e^{\alpha z'} e^{j\beta z'} + U_{r0} e^{-\alpha z'} e^{-j\beta z'}$$
$$= U_{i0} e^{\alpha z'} e^{j\beta z'} (1 + \Gamma_2 e^{-2\alpha z'} e^{-2j\beta z'}) = U_{i0} e^{\alpha z'} e^{j\beta z'} [1 + \Gamma(z')] \tag{5-5-10}$$

$$I(z') = \frac{1}{Z_0} U_{i0} e^{\alpha z'} e^{j\beta z'} [1 - \Gamma(z')] \tag{5-5-11}$$

与式(5-2-29) 的计算方法一样可以求得传输功率为

$$P(z') = \frac{1}{2} \mathrm{Re}[U(z') I^*(z')] = \frac{1}{2Z_0} |U_{i0}|^2 e^{2\alpha z'} [1 - |\Gamma(z')|^2]$$

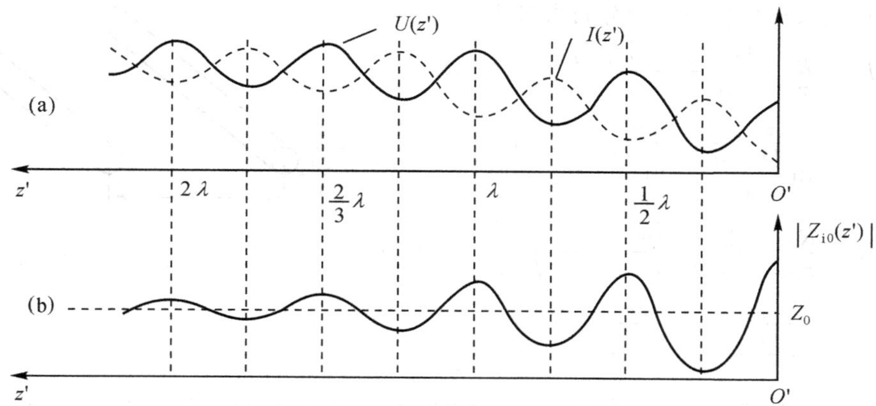

图 5-5-2　有耗线上的电压、电流、输入阻抗分布图

$$= \frac{1}{2Z_0} | U_{i0} |^2 e^{2\alpha z'} [1 - | \Gamma_2 |^2 e^{-4\alpha z'}] \tag{5-5-12}$$

若传输线长为 l，则输入端的输入功率为

$$P_{in} = P(l) = \frac{1}{2Z_0} | U_{i0} |^2 e^{2\alpha l} [1 - | \Gamma_2 |^2 e^{-4\alpha l}] \tag{5-5-13}$$

取 $z' = 0$，可得负载吸收功率为

$$P_L = P(0) = \frac{1}{2Z_0} | U_{i0} |^2 [1 - | \Gamma_2 |^2] \tag{5-5-14}$$

定义传输效率为负载吸收功率 P_L 与传输线输入端的输入功率 P_{in} 之比，用 ζ_c 表示，从而可得有耗传输线的传输效率为

$$\zeta_c = \frac{P_L}{P_{in}} = \frac{1 - | \Gamma_2 |^2}{e^{2\alpha l} [1 - | \Gamma_2 |^2 e^{-4\alpha l}]} \tag{5-5-15}$$

从式(5-5-15)可见，$| \Gamma_2 |$ 越大，ζ_c 越小，当 $Z_L = Z_0$，即负载与传输线特性阻抗匹配时，有 $| \Gamma_2 | = 0$，此时 $\zeta_c = e^{-2\alpha l}$

可见，传输线的衰减常数越大，线越长，传输效率就越低。

思考题

(1) 传输线上的损耗包括哪几种?

(2) 有耗传输线与无传输线的驻波系数有什么不同?

(3) 为什么按均匀无耗传输线特点设计的阻抗圆图还能用来求解有耗传输线问题?

5.6　双导线与同轴线

传输线是导行电磁波系统的通称，其最一般的形式就是平行双导线系统，在低频时用的较多，但在高频时，双导线的辐射损耗增大，传输效果明显变差，因此真正用于微波段的传输线多为封闭系统。

5.6.1　平行双导线

平行双导线的结构如图 5-6-1 所示，其中 $D \gg a$，每根导线都由金属良导体组成，可以根

据电磁场理论求出单位长度的分布参量为

$$\hat{L}=\frac{\mu}{\pi}\ln\frac{D-a}{a}\approx\frac{\mu}{\pi}\ln\frac{D}{a}\quad(\mathrm{H/m})$$

$$\hat{C}=\frac{\pi\varepsilon}{\ln\dfrac{D-a}{a}}\approx\frac{\pi\varepsilon}{\ln\dfrac{D}{a}}\quad(\mathrm{F/m})$$

$$\hat{R}=\frac{R_S}{\pi a}=\frac{1}{\pi a}\sqrt{\frac{\pi f\mu_1}{\sigma_1}}=\frac{1}{a}\sqrt{\frac{f\mu_1}{\pi\sigma_1}}\quad(\Omega/\mathrm{m})$$

$$\hat{G}=\frac{\pi\sigma}{\ln\dfrac{D-a}{a}}\approx\frac{\pi\sigma}{\ln\dfrac{D}{a}}\quad(\mathrm{S/m})$$

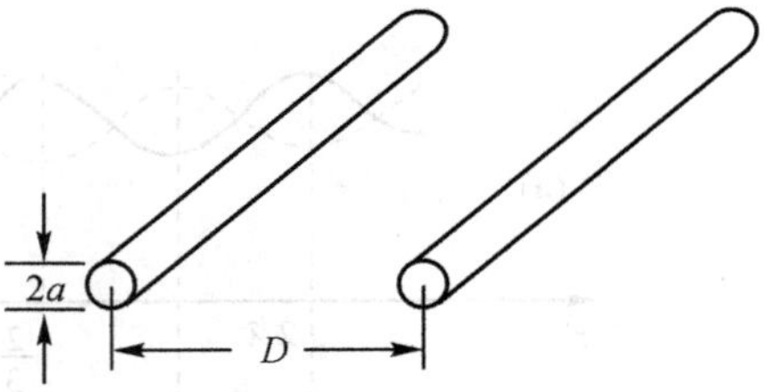

2a D

图 5-6-1 平行双导线

其中：μ、ε、σ 为导体外空间介质的磁导率、介电常数和电导率，对非磁性介质 μ 可取 μ_0，$R_S=\sqrt{\dfrac{\pi f\mu_1}{\sigma_1}}$ 为导体的表面电阻；μ_1 和 σ_1 分别是导体的磁导率和电导率。

平行无耗双导线的特性阻抗为

$$Z_0=\sqrt{\frac{\hat{L}}{\hat{C}}}=\frac{1}{\pi}\sqrt{\frac{\mu}{\varepsilon}}\ln\frac{D-a}{a}\approx\frac{1}{\pi}\sqrt{\frac{\mu}{\varepsilon}}\ln\frac{D}{a}\tag{5-6-1}$$

式(5-6-1) 对有耗线也可近似使用。

当导线外介质为空气时，$\sqrt{\dfrac{\mu_0}{\varepsilon_0}}=120\pi(\Omega)$，所以 $Z_0\approx120\ \ln\dfrac{D}{a}(\Omega)$，一般情况下波阻抗 Z_0 在 $250\sim700$ 之间。

平行双导线之间的介质一般为空气或局部优良绝缘支撑物，其传播常数 $\gamma=\alpha+\mathrm{j}\beta$ 中的衰减常数 α，可只计导体损耗而不计介质损耗(即取 $\hat{G}=0$)，则

$$\alpha\approx\alpha_c=\frac{\hat{R}}{2}\sqrt{\frac{\hat{C}}{\hat{L}}}=\frac{\hat{R}}{2Z_0}\tag{5-6-2}$$

相移常数 $\beta=\omega\sqrt{\hat{L}\hat{C}}$

导行波的相速度

$$v_p=\frac{\omega}{\beta}=\frac{1}{\sqrt{\hat{L}\hat{C}}}=\frac{1}{\sqrt{\mu\varepsilon}}\tag{5-6-3}$$

若线外为空气，则 $v_p=\dfrac{1}{\sqrt{\mu_0\varepsilon_0}}=c=3\times10^8\ \mathrm{m/s}$。设 λ_0 是频率为 f 的导行电磁波在自由空间中的波长，双导线中的相波长为 $\lambda_p=\dfrac{v_p}{f}=\dfrac{\lambda_0}{\sqrt{\mu_r\varepsilon_r}}$。

平行双导线主要用于中波及短波无线电中作发射机与天线间的馈线及有线长途载波通信的传输线，随着科技的进步，目前有相当一部分已用光纤来代替平行双导线。

5.6.2 同轴线

图 5-6-2 所示为同轴线的结构示意图，它由内外双导体组成，外导体为圆筒，起到屏蔽周围电磁场的作用。由电磁场理论可以计算出同轴线分布参量为

$$\hat{L}=\frac{\mu}{2\pi}\ln\frac{b}{a}\quad(\mathrm{H/m})$$

$$\hat{C}=\frac{2\pi\varepsilon}{\ln\frac{b}{a}}\quad(\mathrm{F/m})$$

$$\hat{R}=\frac{R_S}{2\pi}\left(\frac{1}{a}+\frac{1}{b}\right)\quad(\Omega/\mathrm{m})$$

$$\hat{G}=\frac{2\pi\sigma}{\ln\frac{b}{a}}\quad(\mathrm{S/m})$$

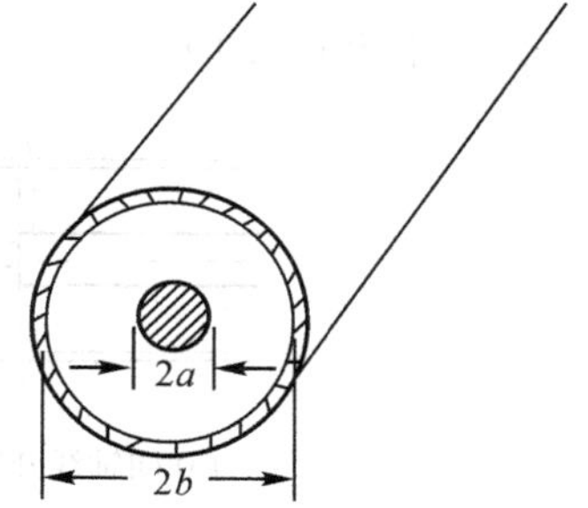

图 5-6-2　同轴线

对于无耗同轴线，其特性阻抗为

$$Z_0=\sqrt{\frac{\hat{L}}{\hat{C}}}=\frac{1}{2\pi}\sqrt{\frac{\mu}{\varepsilon}}\ln\frac{b}{a}=60\sqrt{\frac{\mu_r}{\varepsilon_r}}\ln\frac{b}{a}\quad(5\text{-}6\text{-}4)$$

有耗同轴线的特性阻抗也可用上式近似计算，常用的同轴线特性阻抗为 50 Ω 和 75 Ω 两种。与平行双导线一样，忽略介质损耗，取 $\hat{G}=0$，只计其导体损耗，则衰减常数为 $\alpha\approx\frac{\hat{R}}{2Z_0}$。

相移常数 $\beta=\omega\sqrt{\hat{L}\hat{C}}$。不计损耗时的同轴线上的导行波的相速度为

$$v_p=\frac{\omega}{\beta}=\frac{1}{\sqrt{\hat{L}\hat{C}}}=\frac{1}{\sqrt{\mu\varepsilon}}=\frac{c}{\sqrt{\mu_r\varepsilon_r}}$$

设 λ_0 是频率为 f 的导行电磁波在自由空间中的波长，无耗同轴线中的相波长为

$$\lambda_p=\frac{v_p}{f}=\frac{\lambda_0}{\sqrt{\mu_r\varepsilon_r}}$$

同轴线是一种宽频带的传输线，其频率范围可从直流一直到 100GHz，因此广泛应用于通信设备、测量系统、计算机网络及微波元件之中。

5.6.3　同轴线中不连续性的等效电路

1. 同轴线阶梯

图 5-6-3(a) 示出同轴线的内导体半径发生突变所形成的阶梯。这种阶梯的不连续性，会使主模(TEM 模) 电磁场分布发生畸变，激起高次模。这些高次模是截止的，只在不连续性附近存在，稍远即衰减为 0。由于 TEM 模只有径向电场，而不连续性又只在径向上，在阶梯处电力线弯曲，形成 z 方向的电场分量，故高次模应是 TM 模。这些高次模的电场储能大于磁场储能，故可用一个集总元件并联电容来表示，如图 5-6-3(b) 所示。

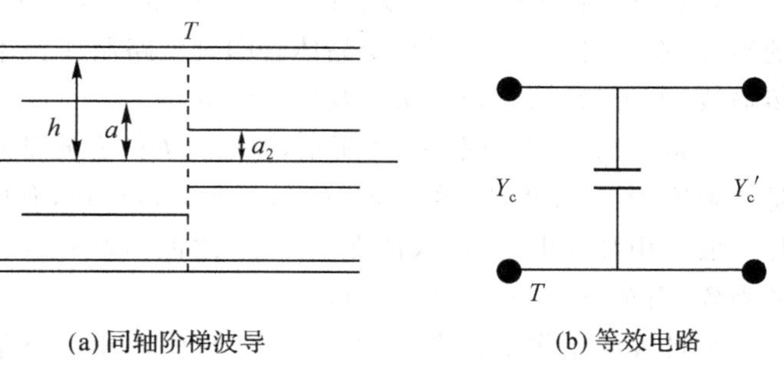

图 5-6-3　同轴阶梯波导等效电路

2. 同轴线开路端电容

图 5-6-4(a) 示出一个同轴线开路端。在开路端上由于边缘电荷的集中，产生了边缘电场，它可等效为一个集总元件电容，如图 5-6-4(b) 所示，显然 T-T 处不是真正的开路端。对于开路端等效电容 C_d，我们可以把它用一小段同轴线来等效，如图 5-6-4(c) 所示。其等效长

度 Δl 与电容 C_d 的关系为 $\Delta l = \frac{\lambda}{2\pi}\arctan\frac{\omega C_d}{Y_c} = \frac{\lambda}{2\pi}\arctan\omega Z_c C_d$。

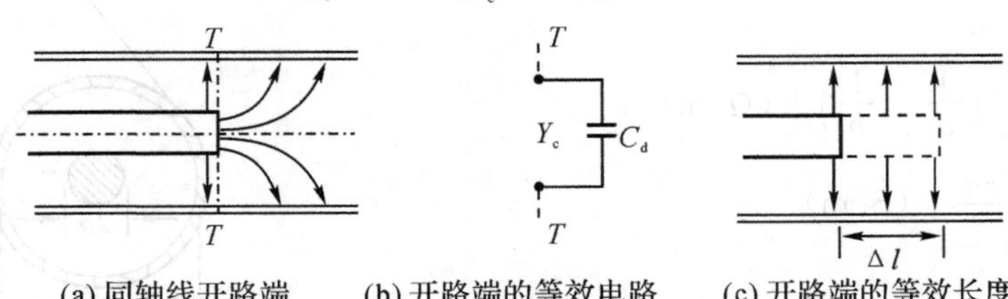

图 5-6-4　同轴线开路端及其等效电路、等效长度

应当注意，应选择同轴线外导体的内直径，使得无芯线的右端圆波导中的主模截止，否则会影响开路性能。

3. 同轴线的电容间隙

为了在同轴线上获得串联电容，可以把同轴线的内导体断开，如图 5-6-5 所示。这种串联电容可以作为耦合电容，也可以作为隔直流电容。产生所需电容的间隙宽度，可用理论或实验方法确定。

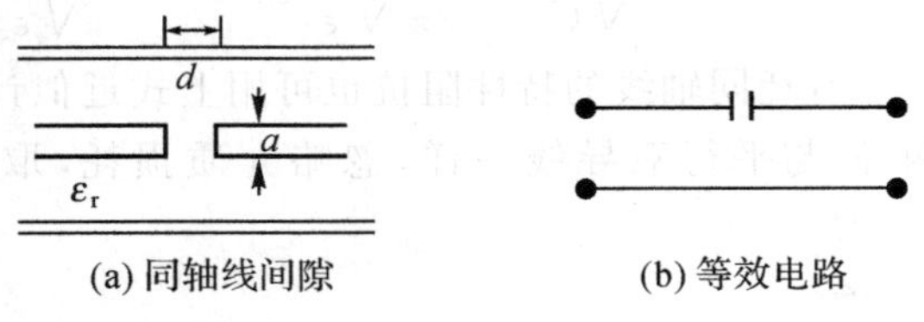

图 5-6-5　同轴线间隙及其等效电路

思考题

试用电磁场理论分别推导出平行双导线和同轴线的分布电感及分布电容。

5.7　微带传输线

随着空间技术的发展，设备的体积和重量已成为主要矛盾，双导体传输线已不能适应新的需要。在 20 世纪 50 年代，受晶体管印刷电路制作技术的影响，研究出了半开放式结构的传输线，如带状线、耦合带状线及微带线等。

微带线的结构如图 5-7-1 所示，厚度为 h 的介质基片上是一宽度为 w、厚度为 t 的中心导带，下面为接地板，介质基片一般采用高介电常数(取值在 2 ～ 20 之间)，高频损耗小的陶瓷、石英、蓝宝石及高分子材料等。

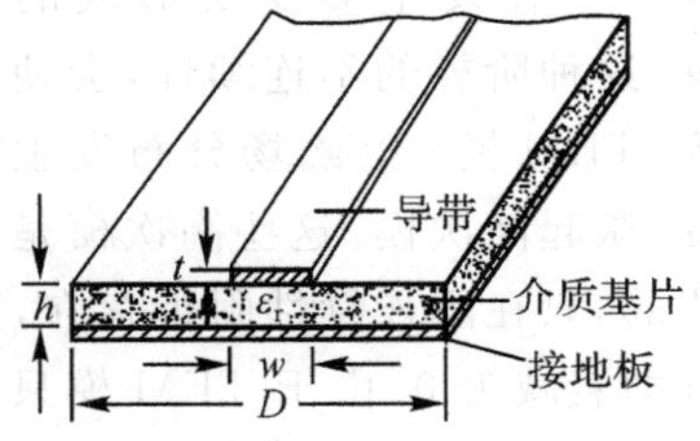

图 5-7-1　微带线结构

微带线的制作工艺有两种，一种与制作印刷电路很相似，先照相制版，光刻腐蚀，然后把微带坯板做成电路；另一种是采用真空镀膜技术，将基片进行研磨、抛光和清洗，然后放在真空镀膜机中形成一层铬 — 金层，再利用光刻技术制作所需要的电路，最后采用电镀的办法加厚金属层的厚度，并装接上所需要的有源器件和其他元件，形成微带电路。所以制作微带线时必须与电路一起制作，不能像双导线和同轴线那样按规格型号制作。

5.7.1　微带线中的主模

图 5-7-2 为微带线的导波场结构示意图，它是双导体系统，当周围是均匀的空气介质

时，可以存在无色散的 TEM 模。但实际上存在空气和介质的分界面，由于在两种不同介质的传输系统中，不可能存在单纯的 TEM 模，所以只能存在 TE 模和 TM 模的混合模。在微波的低频段由于场的色散现象很弱，通常微带线的传输模式类似于 TEM 模，故将微带线上传输的模式称为准 TEM 模。

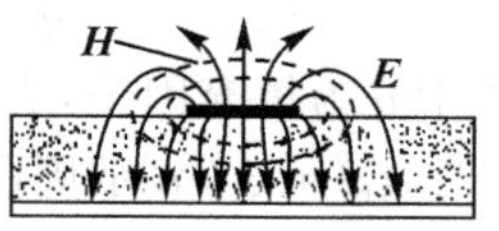

图 5-7-2　微带线场结构

5.7.2　微带线的特性阻抗、相速与波长

可以利用“准静态分析法”来分析微带线，其方法就是将 TEM 模传输线的特性阻抗、相速与相波长的计算公式套用到微带线上，再根据微带线的特点找出公式中各参量的计算方法。

参照双导线与同轴线的结果，即 TEM 波的特性阻抗、相速度及相波长的计算式假定微带线也有如下形式的计算式：

$$Z_0 = \sqrt{\frac{L}{\hat{C}}} = \frac{1}{\hat{C}}\sqrt{L_1 C} = \frac{1}{v_p C_1}$$

$$\lambda_p = \frac{\lambda_0}{\sqrt{\varepsilon_r \mu_r}} \approx \frac{\lambda_0}{\sqrt{\varepsilon_r}}$$

$$v_p = \frac{1}{\sqrt{LC}} = \frac{1}{\sqrt{\varepsilon\mu}} \approx \frac{c}{\sqrt{\varepsilon_r}}$$

对非磁性介质 $\mu_r \approx 1$，λ_0 为自由空间中的波长，c 为光速。若能求得相速度 v_p 和分布电容 $\hat{C}$，则特性阻抗可求。要求 v_p 和 λ_p 必须求得介质的相对介电常数 ε_r，接下来用等效介质来计算 ε_r。如图 5-7-3 所示，图(a)、(b)、(c)、(d) 示出了等效思路的顺序，(a) 图的微带线基片位置是空气，即它是全部填充空气介质的双导体传输线，相应的相速度、相波长及特性阻抗分别为 c、λ_0 及 $Z_{00} = \frac{1}{c\hat{C}_0}$，其中 $\hat{C}_0$ 为在空气中的分布电容；(b) 图的微带线外的介质与基片介质一样，即它是全部填充相对介电常数为 ε_r 的双导体传输线，相应的相速度、相波长及特性阻抗分别为 $v_p = \frac{c}{\sqrt{\varepsilon_r}}$、$\lambda_p = \frac{\lambda_0}{\sqrt{\varepsilon_r}}$ 及 $Z_0 = \frac{1}{v_p \hat{C}_0 \varepsilon_r} = \frac{1}{c\hat{C}_0\sqrt{\varepsilon_r}} = \frac{Z_{00}}{\sqrt{\varepsilon_r}}$，其中 $\varepsilon_r \hat{C}_0$ 为相应的分布电容；(c) 图是微带线周围介质全部为相对介电常数是 ε_{re} 的双导体传输线，各特性参量公式同上，即 $v_p = \frac{c}{\sqrt{\varepsilon_{re}}}$，$\lambda_p = \frac{\lambda_0}{\sqrt{\varepsilon_{re}}}$，$Z_0 = \frac{Z_{00}}{\sqrt{\varepsilon_{re}}}$，其中 ε_{re} 的取值范围是 $1 < \varepsilon_{re} < \varepsilon_r$，从而使其在保持尺寸不变情况下，特性阻抗与实际微带线(d) 图相同。所以微带线特性参量的计算归结为求空气微带线特性阻抗 Z_{00} 和相等效对介电常数 ε_{re}。

应用保角变换方法可得

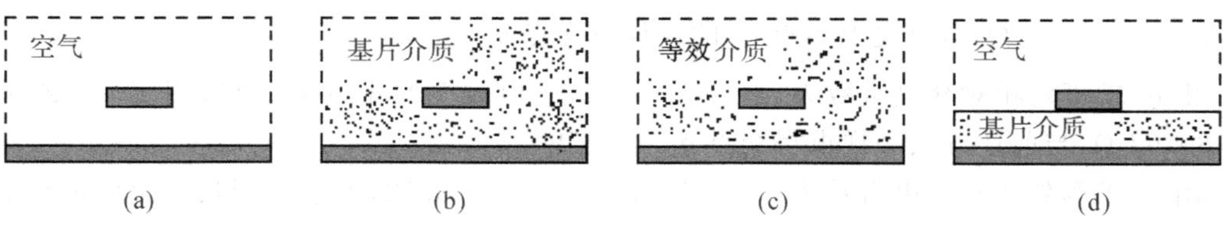

图 5-7-3　微带线的等效

$$\varepsilon_{re} = 1 + q(\varepsilon_r - 1) \tag{5-7-1}$$

式中 q 为填充因子，表示介质填充的程度。当 $q=0$ 时，$\varepsilon_{re}=1$，表示周围介质为空气，当 $q=1$ 时，$\varepsilon_{re}=\varepsilon_r$，表示周围介质全部与基片介质一样。$q$ 的取值范围为 $0<q<1$，其计算公式为

$$q = \frac{1}{2}\left[1+\left(1+\frac{10h}{w}\right)^{-\frac{1}{2}}\right] \tag{5-7-2}$$

在工程应用中，通常由关系曲线或数据表格来查特性阻抗 Z_0 与微带线尺寸 $\frac{w}{h}$ 之间的关系。图 5-7-4 所示为空气微带特性阻抗 Z_{00} 及填充因子 q 与微带线的形状比 $\frac{w}{h}$ 的关系曲线。其他形式的图表可以在微波工程手册中查得。

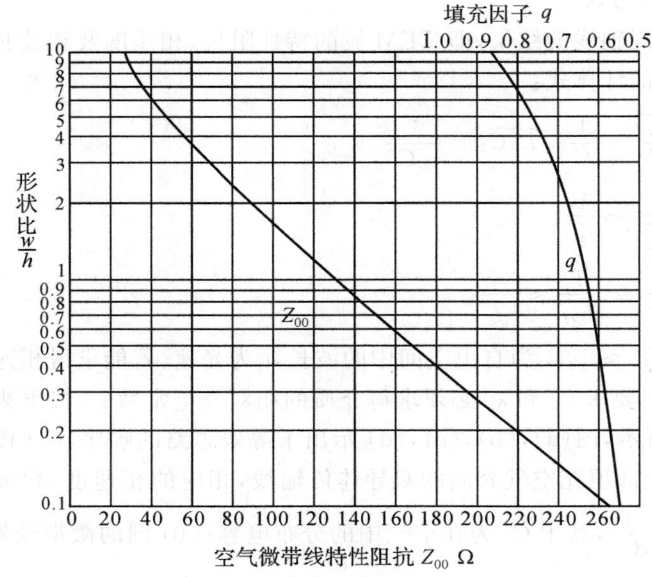

图 5-7-4 计算微带线的关系曲线

例 5-7-1 微带线特性阻抗 $Z_0 = 75\ \Omega$，介质基片 $\varepsilon_r = 9$，基片厚度 $h = 1$ mm，求此微带线的中心导带宽度 w。

解 利用图 5-7-4 曲线求解时，常用逐次逼近法，本例用此法来求解。

首先以 ε_r 代替 ε_{re} 计算出 $Z_{00} = Z_0\sqrt{\varepsilon_{re}} \approx Z_0\sqrt{\varepsilon_r} = 225(\Omega)$，在图中曲线上横坐标 Z_{00} 为 225 Ω 处垂直向上作直线与 Z_{00} 特性曲线相交，由此交点向右作横轴平行线与 q 特性曲线相交得交点 $q_1 = 0.578$。

由 q_1 计算等效相对介电常数为 $\varepsilon_{re1} = 1 + q_1(\varepsilon_r - 1) = 5.624$，利用 ε_{re1} 计算得 $Z_{00} = Z_0\sqrt{\varepsilon_{re1}} = 177.86(\Omega)$，重复上述求 q_1 的过程得交点 $q_2 = 0.60$。

由 q_2 求等效相对介电常数为 $\varepsilon_{re2} = 1+q_2(\varepsilon_r-1) = 5.8$，利用 ε_{re2} 计算得 $Z_{00} = Z_0\sqrt{\varepsilon_{re2}} = 180.62\ \Omega$，与前述方法一样求得交点 $q_3 = 0.59$。

由 q_3 求等效相对介电常数为 $\varepsilon_{re3} = 1+q_3(\varepsilon_r-1) = 5.72$，由于 ε_{re3} 与 ε_{re2} 之间的相对差值 $\frac{\varepsilon_{re2}-\varepsilon_{re3}}{\varepsilon_{re3}} = 0.014 = 1.4\%$ 已经较小，在这样的精度下有 $\varepsilon_{re} = 5.72$，$q = 0.59$。

查曲线得$\frac{w}{h}=0.39$，所以 $w=0.39\ \text{mm}$。

如果精度要求更高，可继续重复求解，直至精度要求为止。

5.7.3　微带线的色散特性

实际的微带线的传输模式不是 TEM 模，而是混合模。特别是传输信号频率较高时，微带线中的电磁波速度是频率的函数，特性阻抗 Z_0 和等效相对介电常数 ε_{re} 也要随频率而变化：频率愈高，相速愈小；等效介电常数愈大，特性阻抗愈小。因此，微带线通常工作在某一个最高工作频率之下，称此最高工作频率为临界频率 f_0，当工作频率 f 小于 f_0 时，微带线的色散可以不予考虑。f_0 的近似计算式为

$$f_0=\frac{0.95}{(\varepsilon_r-1)^{1/4}}\sqrt{\frac{Z_0}{h}}\quad(\text{GHz}) \tag{5-7-3}$$

其中 h 的单位要用 mm。

对 $Z_0=56\ \Omega$、$\varepsilon_r=9.6$、$h=1\ \text{mm}$ 的传输线，由式(5-7-3)计算得 $f_0\approx4.15\ \text{GHz}$。所以当工作频率低于4.15 GHz时，该微带线的色散特性可以忽略。实验证明，当频率提高到X波段时，等效介电常数比不考虑色散特性的值要高 10% 左右，相速度和特性阻抗比不考虑色散特性时低 5% 左右。

思考题

(1) 微带传输线工作在什么模式?

(2) 微带传输线上的相速度与光速的关系如何?相波长与自由空间中的波长关系如何?

(3) 简述微带线的色散特性。

5.8　传输线的匹配

阻抗匹配是微波电路和系统的设计中必须考虑的问题，阻抗匹配网络是设计微波电路和系统时采用最多的电路元件。在由信号源、传输线及负载组成的微波系统中，如果传输线与负载不匹配，传输线上将有反射波。反射波的存在，一方面使传输线功率容量降低，另一方面会使传输线上的衰减增加。如果信号源和传输线不匹配，既会影响信号源的频率和输出功率的稳定性，又使信号源不能给出最大功率，负载也不能得到全部的入射功率。

5.8.1　三种匹配状态及其匹配方法

1. 负载与传输线之间的阻抗匹配

当传输线的特性阻抗与负载阻抗匹配时，传输线上无反射波，线上的电压与电流波形为行波，负载吸收全部入射功率。其匹配方法是在如图 5-8-1(a) 所示传输线和终端负载之间加一匹配网络。如图 5-8-1(b) 所示为匹配网络 Ⅰ。一般要求匹配网络由电抗元件构成，使得损耗尽可能小，而且还具有调节作用，可以对各种终端负载进行匹配。

2. 信号源与传输线之间的阻抗匹配

在信号源与传输线之间接入匹配网络，使信号源的内阻抗等于传输线的特性阻抗，如图

5-8-1(b) 所示匹配网络 Ⅱ。这样通过在传输线两端各接入一个匹配网络后，使系统得到匹配，如图 5-8-1(c) 所示为匹配后的等效电路。

对于无耗传输线其特性阻抗为实数，故要求信号源的内阻抗也为实数，这样传输线的始端无反射，即使终端负载不等于特性阻抗，负载产生的反射波也会被匹配信号源吸收。

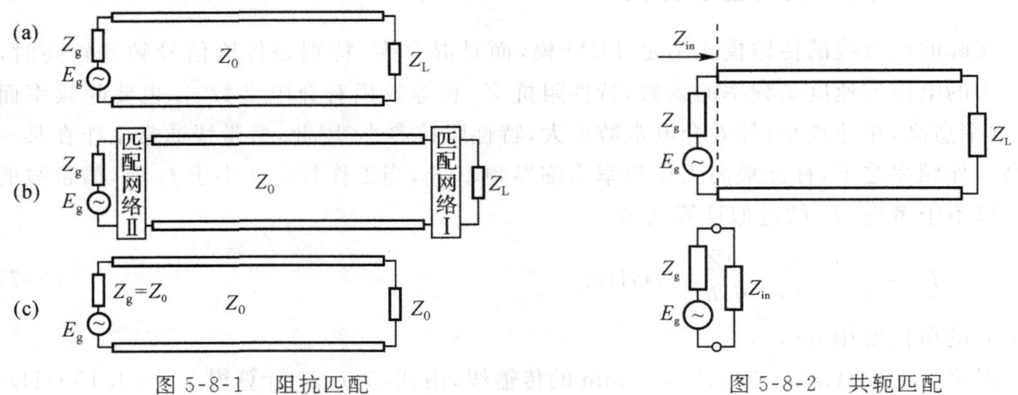

图 5-8-1　阻抗匹配　　　　图 5-8-2　共轭匹配

3. 信号源的共轭匹配

能使信号源的输出功率达到最大的匹配状态称为共轭匹配状态。之所以称此时的匹配为共轭匹配是因为只有当传输线上的输入阻抗和信号源的内阻抗互为共轭值时输出功率才能达到最大。设信号源内阻抗为 $Z_g = R_g + jX_g$，传输线始端的输入阻抗为 $Z_{in} = R_{in} + jX_{in}$，如图 5-8-2 所示。可以证明，当 $Z_g = Z_{in}^*$（或 $R_g = R_{in}, X_g = -X_{in}$）时，信号源给出最大功率

$$P_{max} = \frac{E_g^2}{8R_g} \tag{5-8-1}$$

5.8.2　阻抗匹配网络

三种匹配状态的条件不相同，但是当传输线的特性阻抗为实数且满足 $Z_L = Z_g = Z_0$ 的条件时，系统就能同时达到三种匹配状态，在实际应用中，最重要的是传输线与负载之间的匹配网络，最常用的有 $\lambda/4$ 变换器、支节匹配器、阶梯阻抗变换器和渐变线变换器，本章只介绍前两种，其余的读者可查阅相关参考书。

(1)$\lambda/4$ 阻抗变换器

$\lambda/4$ 阻抗变换器是实现负载匹配的简单、实用的阻抗，因为它是由一段 $\lambda/4$ 的传输线组成，如图 5-8-3 所示，其负载为纯电阻 R_L，变换器的特性阻抗为 Z_{01}，长度是工作波长的 $\lambda/4$，可以求得 $Z_{in} = \frac{Z_{01}^2}{R_L}$。

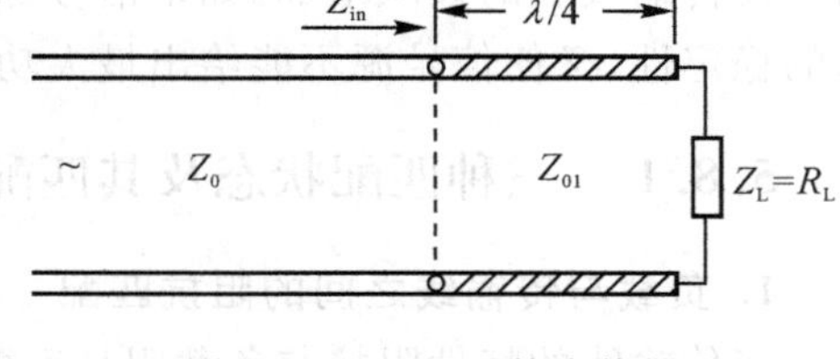

图 5-8-3　$\lambda/4$ 阻抗变换器

所以当 $Z_{in} = Z_0$ 时实现匹配，因而匹配条件是

$$Z_{01} = \sqrt{Z_0 R_L} \tag{5-8-2}$$

也就是说在 Z_0 和 R_L 给定的情况下，只要在负载与传输线之间接一段长度为 $\lambda/4$，特性阻抗为 $\sqrt{Z_0 R_L}$ 的传输线，就能使特性阻抗为 Z_0 的传输线和负载电阻 R_L 相匹配。

如果负载阻抗不是纯电阻，若要用 $\lambda/4$ 阻抗变换器，则必须在电压波腹或波节点处接

入。因为这些点处的输入阻抗为纯电阻，若 $\lambda/4$ 变换器接在电压波腹点处，则该点满足 $\hat{Z}_{in} = \hat{R}_{max} = \rho$，所以 $Z_{in} = \rho Z_0$，因而该 $\lambda/4$ 变换器的特性阻抗为

$$Z_{01} = \sqrt{Z_0 Z_{in}} = Z_0\sqrt{\rho} \tag{5-8-3}$$

若 $\lambda/4$ 变换器接在电压波节点处，则该点满足 $\hat{Z}_{in} = \hat{R}_{min} = \dfrac{1}{\rho}$，所以 $Z_{in} = \dfrac{1}{\rho}Z_0$，因而该 $\lambda/4$ 变换器的特性阻抗应为

$$Z_{01} = \sqrt{Z_0 Z_{in}} = \frac{Z_0}{\sqrt{\rho}} \tag{5-8-4}$$

当变换器在电压波腹或波节点接入时，将改变等效负载的频率特性，结果使频带变窄，原则上只能对一个频率匹配，为加宽频带可采用多级 $\lambda/4$ 变换器或渐变式阻抗变换器。

（2）单支节匹配器

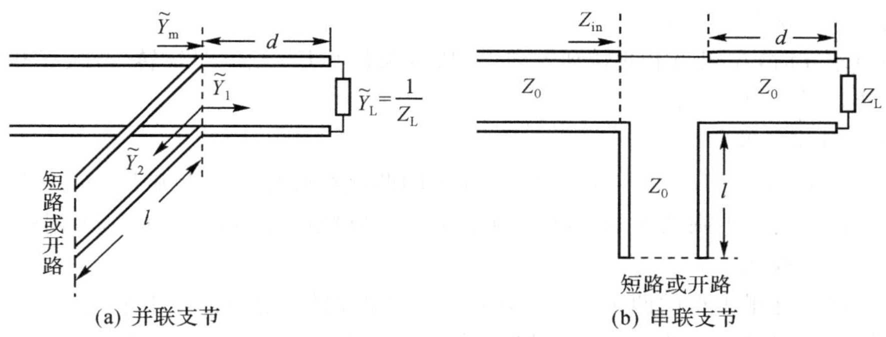

图 5-8-4　单支节匹配器

支节匹配器是利用在传输线上并接或串接终端短路或开路的支节线，使之产生新的反射波来抵消原来的反射波，从而达到匹配，支节线的数目，可以不止一个，但原理均相同，并联支节最为常用，特别容易用微带线或带状线来实现。如图 5-8-4(a)、(b) 所示为单支节匹配器。对于并联支节情况，其方法是在离负载距离为 d 处，并接一个长度为 l，终端短路或开路的短截线，只要选择 d 和 l 使从支节接入处向负载看去的归一化输入导纳 $\widetilde{Y}_{in}$ 等于 1 即达到匹配；对于串联支节情况，只要选择 d 和 l 使从支节接入处向负载看去的输入阻抗 Z_{in} 等于传输线特性阻抗 Z_0 即达到匹配。

通常利用导纳圆图来求解 d 和 l，下面举例说明之。

例 5-8-1　已知特性阻抗 $Z_0 = 200\ \Omega$ 的同轴线，负载接阻抗 $Z_L = 600 + \mathrm{j}400\ \Omega$，用单支节短路并联匹配器，求接入位置 d 和支节长度 l。

分析：如图 5-8-4(a) 所示，当匹配时，$\widetilde{Y}_{in} = 1 = \widetilde{Y}_1 + \widetilde{Y}_2$，而 $\widetilde{Y}_2$ 为纯电纳，设 $\widetilde{Y}_2 = \mathrm{j}\widetilde{B}$，则 $\widetilde{Y}_1 = 1 - \widetilde{Y}_2 = 1 - \mathrm{j}\widetilde{B}$。所以在导纳圆图上，$\widetilde{Y}_1$ 必定在 $\widetilde{G} = 1$ 的圆上，而且 $\widetilde{Y}_1$ 又在等反射系数圆上，可以求得 $\widetilde{Y}_1$ 在导纳圆图上的对应点，从而求得 d 值。根据求得的 $\widetilde{Y}_1$，确定 $\widetilde{B}$ 值，即纯电纳 $\widetilde{Y}_2$，由电纳圆与电导为零的电导圆交点可求出 l 值。

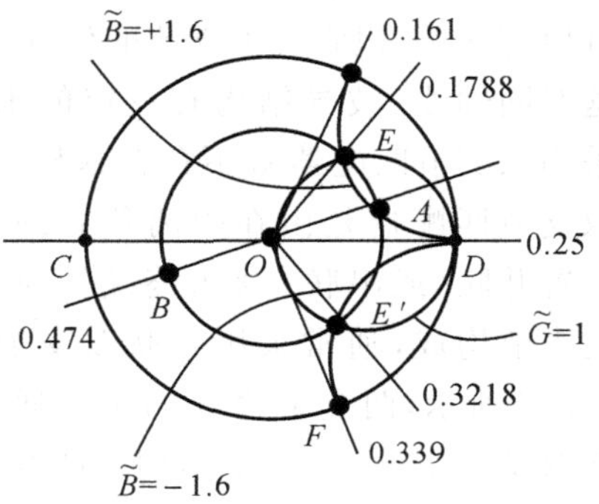

图 5-8-5　求单支节匹配的接入位置和支节长度

解 图解过程参见图 5-8-5。

① 先找入图点。

归一化负载阻抗 $\widetilde{Z}_L=\dfrac{Z_L}{Z_0}=3+j2$，在圆图上找到 $\widetilde{Z}_L=3+j2$ 对应位置 A 点，由 A 点沿等反射系数圆转过 180° 到 B 点，B 点即为归一化负载导纳的位置，其读数为

$$\widetilde{Y}_L=0.225-j0.154$$

对应的电长度标值为 0.474。

② 求 d。

找到等反射系数圆与 $\widetilde{G}=1$ 的单位电导圆的交点 E 和 E'，对应的电长度标值为 0.1788 和 0.3218，对应的 $\widetilde{Y}_1$ 分别为 $1+j1.6$ 和 $1-j1.6$，从 B 点到 E 和 E' 转过的电长度分别为 $(0.5-0.474)+0.1788=0.2048$ 和 $(0.5-0.474)+0.3218=0.3478$，因此接入位置离终端的距离 d 为 0.2048λ 和 0.3478λ。

要注意求 d 时，在圆图上的转动方向，若从 B 到 E 和 E'，则顺时针转，若从 E 和 E' 到 B，则逆时针转，计算结果一致。

③ 求支节线长度 l

作 $\rho=\infty$ 的圆，与 $\widetilde{B}=-1.6$ 和 $\widetilde{B}=+1.6$ 的两电纳圆相交于 F 和 F'，对应的电长度为 0.339 和 0.161。由导纳圆图上的短路点 D 沿 $\rho=\infty$ 圆顺时针转到 F 和 F'，可用其电长度的变化量求得支节线长度 l 为 0.089λ 和 0.411λ。

要说明的是这里求得的两个 d 值是离终端最近的两解，也就是在半个波长距离内的解，大于半个波长的 d 值没有必要求出，因为我们是在负载端跨接匹配线，对于 l 也一样没有必要去接很长的匹配线。可以求得单支节并联短路匹配器的 d 和 l 的解析式为

$$\begin{cases} d=\dfrac{\lambda}{2\pi}\arctan\sqrt{\dfrac{Z_L}{Z_0}} \\ l=\dfrac{\lambda}{2\pi}\arctan\dfrac{\sqrt{Z_0/Z_L}}{1-Z_0/Z_L} \end{cases} \tag{5-8-5}$$

式中 Z_L 为实数，读者不妨用此公式来计算本例。

(3) 双支节匹配器

单支节匹配器可用于任意负载阻抗，且原理简单，但它要求支节的位置 d 可调，这对同轴线、波导结构有一定的困难，若采用双支节匹配器就不存在这样的现象。双支节匹配器是由在距离负载的两固定位置并联（或串联）接入终端短路或开路的支节构成，通常采用并联双支节，如图 5-8-6 所示，两支节之间的距离通常固定选取 $d_2=\lambda/8,\lambda/4,3\lambda/8$，但不能取 $\lambda/2$。在匹配过程中，d_1、d_2 保持不变，根据不同的负载选择 l_1，l_2 的长度来达到匹配。

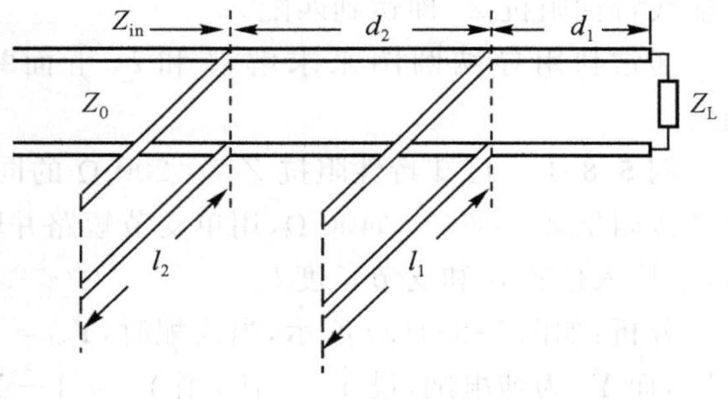

图 5-8-6 双支节匹配器

思考题

(1) 传输线有哪三种匹配状态?

(2) 常用的阻抗匹配网络有哪些?分别有什么特点?

本章小结

微波传输线是一种分布参数电路,本章以此为出发点导出了传输线方程,进而分析传输线的特性,并介绍了圆图及其应用,主要内容如下:

1. 电报方程及其解

方程

$$\frac{d^2U(z)}{dz^2} - \hat{Z}\hat{Y}U(z) = 0$$

$$\frac{d^2I(z)}{dz^2} - \hat{Z}\hat{Y}I(z) = 0$$

通解

$$\begin{cases} U(z) = A_1 e^{-\gamma z} + A_2 e^{\gamma z} \\ I(z) = \dfrac{1}{Z_0}(A_1 e^{-\gamma z} - A_2 e^{\gamma z}) \end{cases}$$

其中 $\gamma = \alpha + j\beta$ 为传播常数,$Z_0 = \sqrt{\dfrac{\hat{Z}}{\hat{Y}}}$ 为特性阻抗。

2. 均匀无耗传输线的基本特性

(1) 传输特性

相位常数 $\beta = \omega\sqrt{LC}$,相速度 $v_p = \dfrac{\omega}{\beta} = \dfrac{1}{\sqrt{LC}}$,相波长 $\lambda_p = \dfrac{2\pi}{\beta}$

(2) 特性阻抗 $Z_0 = \sqrt{\dfrac{L}{C}}$

(3) 反射系数和驻波系数

反射系数 $\Gamma(z') = \Gamma_2 e^{-2j\beta z'}$,取值范围为 $0 \leqslant |\Gamma| \leqslant 1$。

其中 $\Gamma_2 = \dfrac{Z_L - Z_0}{Z_L + Z_0} = |\Gamma_2| e^{j\varphi_2}$ 为终端反射系数。

驻波系数 $\rho = \dfrac{1+|\Gamma|}{1-|\Gamma|}$,取值范围为 $1 \leqslant \rho \leqslant \infty$。

(4) 输入阻抗 $Z_{in} = Z_0 \dfrac{1+\Gamma(z')}{1-\Gamma(z')}$

(5) 传输功率 $P(z') = \dfrac{|U|^2_{max}}{2\rho Z_0}$

3. 传输线的等效

(1) 行波工作状态

当 $Z_L = Z_0$ 时,传输线上为行波,此时线上任何位置的输入阻抗都为 Z_0。

(2) 驻波工作状态

当 $Z_L=0$、∞ 或 $\pm jX$ 时，发生全反射，传输线上为驻波，此时传输线上电压波腹点处的输入阻抗为无限大，电压波节点处输入阻抗为零。其他位置的输入阻抗为纯电抗，分别可用并联谐振、串联谐振和纯电感或纯电容来等效。

(3) 行驻波工作状态

当 $Z_L=R_L+jX_L$ 时，传输线上为行驻波，线上有反射波，但非全反射。所以电磁能量一部分被负载吸收，另一部分被负载反射。在电压波腹点，输入阻抗为纯电阻且最大，$R_{max}=\rho Z_0$；在电压波节点输入阻抗为纯电阻且最小，$R_{min}=\dfrac{Z_0}{\rho}$。

4. 圆图及其应用

阻抗圆图和导纳圆图都用同一张圆图，它们是进行阻抗计算和阻抗匹配的重要工具。圆图主要由两组圆族构成，实际使用中还需要画出核心圆即等反射系数(等驻波系数圆)。

5. 有耗传输线

(1) 特性参数

传播常数 $\gamma=\alpha+j\beta$

其中衰减常数 $\alpha=\dfrac{\hat{R}}{2}\sqrt{\dfrac{\hat{C}}{\hat{L}}}+\dfrac{\hat{G}}{2}\sqrt{\dfrac{\hat{L}}{\hat{C}}}=\alpha_c+\alpha_d$，$\alpha_c$ 为导体损耗，α_d 为介质损耗，相位常数 $\beta=\omega\sqrt{\hat{L}\hat{C}}$。

反射系数　　$\Gamma(z')=|\Gamma_2|e^{-2\alpha z'}e^{j(\varphi_2-2\beta z')}$

驻波系数　　$\rho=\dfrac{1+|\Gamma_2|e^{-2\alpha z'}}{1-|\Gamma_2|e^{-2\alpha z'}}$

归一化输入阻抗　　$\bar{Z}_{in}(z)=\dfrac{1+\Gamma(z')}{1-\Gamma(z')}$

(2) 有耗线上的电压、电流的分布特点是各个波腹的大小随位置而变，在信号源附近变化较小。输入阻抗在特性阻抗 Z_0 附近上下波动，离信号源越近波动幅度越小。

(3) 有耗线上有功功率损耗

功率损耗的大小可从传输效率来体现，其计算式为

$$\zeta_c=\frac{1-|\Gamma_2|^2}{e^{2\alpha l}[1-|\Gamma_2|^2e^{-4\alpha l}]}$$

6. 双导线与同轴线

双导线与同轴线都是双导体传输线，它们的分布参数可由电磁场理论知识分析得到，相应的特性阻抗、相速度和相波长均有现成计算公式。双导线与同轴线的相位常数、衰减常数、相速度和相波长的计算公式在形式上是相同的。

7. 微带传输线

微带线上传输的主模为准 TEM 模，利用准静态分析法，可求得相应的特性阻抗、相速度和相波长：

$$v_p=\frac{c}{\sqrt{\varepsilon_{re}}},\lambda_p=\frac{\lambda_0}{\sqrt{\varepsilon_{re}}},Z_0=\frac{Z_{00}}{\sqrt{\varepsilon_{re}}}$$

在实际计算中可利用如图 5-7-4 所示一样的关系曲线。

由于微带线上实际传输的模不是 TEM 模，所以存在着色散，频率越高，相速越小，等效

介电常数越大，特性阻抗越小。当工作频率小于临界频率 f_0 时可认为无色散。

8. 传输线的匹配

传输线上的匹配分为三种状态：传输线与负载之间阻抗匹配，信号源与传输线之间阻抗匹配及共轭匹配。

在传输线与负载之间的常用匹配方法是 $\lambda/4$ 变换器和支节匹配器。

利用 $\lambda/4$ 变换器可以组成微波带通滤波器。

习　题

5-1　问传输线长度为 1 m，当信号频率分别为 975 MHz 和 6 MHz 时，传输线分别是长线还是短线？

5-2　已知同轴电缆的特性阻抗为 75 Ω，其终端接负载阻抗 $Z_L = 25 + j50(\Omega)$，计算终端反射系数 Γ_2。

5-3　一无耗传输线特性阻抗为 $Z_0 = 100\ \Omega$，负载阻抗 $Z_L = 75 - j68(\Omega)$，试求距离终端为 $\lambda/8$ 和 $\lambda/4$ 处的输入阻抗。

5-4　设无耗线终端接负载阻抗 $Z_L = Z_0 + jX_L$，其实部 Z_0 为传输线特性阻抗，试证明：负载的归一化电抗 $\widetilde{X}_L$ 与驻波系数 ρ 的关系为 $\widetilde{X}_L = \dfrac{\rho - 1}{\sqrt{\rho}}$。

5-5　先将习题图 5-5 各图传输线电路等效再求各电路的输入端反射系数 Γ_{in} 和输入阻抗 Z_{in}。

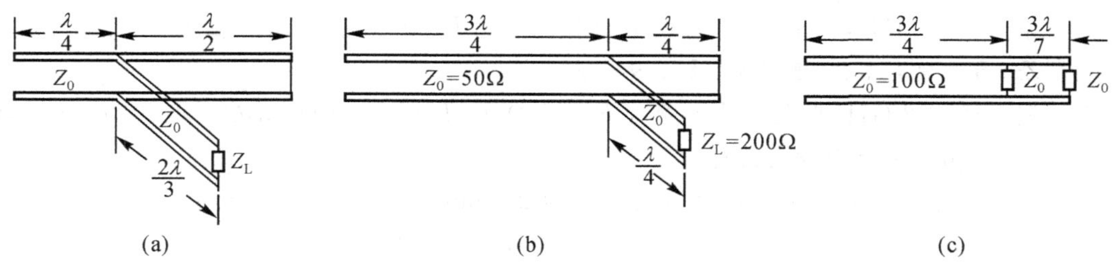

题 5-5 图　求输入端反射系数和输入阻抗

5-6　用传输线来替代电感和电容，可由传输线的短路连接或开路连接来得到。若已知传输线的特性阻抗为 300 Ω，而传输信号的频率为 600 MHz，求：

(1) 用短路传输线方式来代替 3×10^{-5} H 电感，传输线长度至少为多少？

(2) 用开路传输线方式来代替 0.795 pF 的电容器，传输线长度至少为多少？

5-7　某无耗传输线的特性阻抗为 $Z_0 = 100\ \Omega$。测得传输线上驻波电压最大值为 $|U|_{max} = 80$ mV，最小值为 $|U|_{min} = 16$ mV，离开负载第一个电压波腹点到负载的距离为 $l_{max} = 0.25\lambda$，求负载阻抗 Z_L。

5-8　已知均匀无耗传输线的电长度 $\tilde{l} = l/\lambda$，终端所接负载的归一化阻抗为 $\widetilde{Z}_L$，输入端的归一化阻抗为 $\widetilde{Z}_{in}$，导纳为 $\widetilde{Y}_{in}$，利用圆图求习题 5-8 表中的未知量。

题 5-8 表　利用圆图求各未知量的值

$\tilde{Z}_{in}$	$\tilde{Y}_{in}$	$\tilde{l}$	$\tilde{Z}_L$	$\lvert\Gamma_2\rvert$	φ_2	ρ
		0.1	0.4 − j0.8			
0.4 − j0.8		0.125				
	1 + j1.2		0.45 + j0.6			
		0.25		0.2	45°	
		0.4			180°	3

5-9　利用圆图求解下列各题的传输线的电长度 l/λ。

(1) 传输线短路，输入归一化导纳 $\tilde{Y}_{in} = \mathrm{j}0.42$；

(2) 传输线开路，输入归一化导纳 $\tilde{Y}_{in} = -\mathrm{j}2.3$。

5-10　无耗线的特性阻抗为 $Z_0 = 200\ \Omega$，第一个电流波腹点距负载 16 cm，电压驻波比为 $\rho = 5.2$，工作波长为 80 cm，求负载阻抗 Z_L。

5-11　传输线的特性阻抗为 $Z_0 = 75\ \Omega$，用测量线测得电压驻波比为 $\rho = 2$，第一个电压波节点离终端距离为 $l_{min1} = 0.3\lambda$，用圆图求终端电压反射系数 Γ_2 和终端负载阻抗 Z_L。

5-12　设无耗传输线的特性阻抗 $Z_0 = 75\ \Omega$，要求线上任何一点的瞬时电压不得超过 5 kV，求传输线所能传输的最大平均功率及其负载阻抗。

5-13　有耗线长 $l = 24$ cm，特性阻抗 $Z_0 = 100\ \Omega$，工作波长为 $\lambda = 10$ cm，测得负载和输入端的驻波比分别为 4 和 3，第一个电压波节点到终端距离为 $l_{min1} = 1$ cm，试求传输线的衰减常数、负载阻抗和输入阻抗。

5-14　有一个铜制的架空平行双线，两线间距离 $D = 16$ cm，导线半径 $a = 0.2$ cm，工作频率为 150 MHz，试求：单位长度上的分布电感 $\hat{L}$、分布电容 $\hat{C}$、相位常数 β、特性阻抗 Z_0、衰减常数 α、相速度 v_p 及相波长 λ_p。

5-15　同轴线在 2 GHz 时的分布参数为 $\hat{R} = 5\ \Omega/\mathrm{m}$，$\hat{L} = 560\ \mathrm{nH/m}$，$\hat{G} = 6 \times 10^{-4}\ \mathrm{S/m}$，$\hat{C} = 45\ \mathrm{pF/m}$，计算 Z_0、α、β、v_p 及 λ_p。

5-16　设一个空气同轴线的外导体的内直径为 23 mm，内导体外直径为 10 mm，求其特性阻抗；若内外导体间填充 ε_r 为 2.5 的介质，求其特性阻抗。

5-17　要求微带线特性阻抗 $Z_0 = 60\ \Omega$，介质基片 $\varepsilon_r = 7$，基片厚度 $h = 0.8$ mm，求此微带线的中心导带宽度 w 及传输 TEM 模的最短工作波长 λ_0。

5-18　设 ε_r 为 2.1 的基片厚度 h 为 1.23 mm，求由此制作的微带线的导体带宽度 w 为多少时特性阻抗为 50 Ω？若工作频率为 3 GHz，则 90° 的相移段长度为多少？

5-19　传输线的特性阻抗 $Z_0 = 300\ \Omega$，负载阻抗 $Z_L = 192\ \Omega$，为了使主传输线上不出现驻波，在主线与负载之间接一个 $\lambda/4$ 匹配线。(1) 求匹配线的特性阻抗；(2) 设负载功率为 2×10^3 W，不计损耗，求电源端的电压和电流幅值；(3) 求负载端的电压和电流幅值。

5-20　传输线的特性阻抗 $Z_0 = 75\ \Omega$，负载 $Z_L = 250\ \Omega$，工作波长 $\lambda = 45$ cm，在离负载不远处并联一个短路匹配线，使主线上不发生驻波。(1) 求匹配线的长度和距离负载的距离；(2) 求主线和匹配线接点处向负载端看去所得的阻抗和导纳；(3) 求匹配线的阻抗和导纳。

5-21　如题 5-21 图所示电路，$Z_L = 50 + \mathrm{j}100(\Omega)$，$L = 0.2\ \mu\mathrm{H}$，$C = 22$ pF，$Z_0 = 25\ \Omega$，$f =$

360 MHz,试求电容器左边的驻波系数。

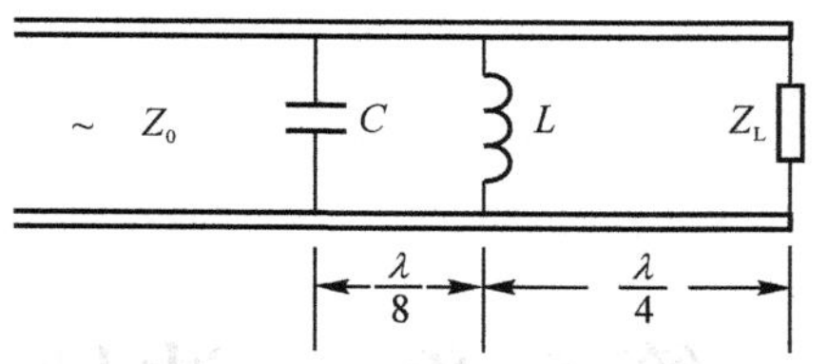

题 5-21 图　求电容器左边的驻波系数

5-22　特性阻抗 $Z_0=50\ \Omega$ 的同轴馈线,填充介质的介电常数为 $\varepsilon_r=3.1$,工作频率为 1 GHz,终接负载阻抗 $Z_L=80\ \Omega$,试求:(1) 负载的反射系数 Γ_2 和线上驻波系数 ρ;(2) 欲使负载和馈线匹配,在其间插入一段 $\lambda/4$ 线,试求其特性阻抗及长度。

5-23　传输线的特性阻抗 $Z_0=33\ \Omega$,负载阻抗 $Z_L=33+\mathrm{j}33\ \Omega$,工作波长 $\lambda=20$ cm,用单跨线来消除主线上的驻波,跨线长度和离开负载的距离都是愈短愈好。(1) 问应该用短路线还是开路线;(2) 求跨线长度和离开负载的距离。

5-24　证明均匀无耗传输线,在离负载 $\lambda/4$ 处的归一化阻抗等于在负载处的归一化导纳。

5-25　试证明长度为 $\lambda/2$ 的两端短路的无耗线,不论电源从哪一点接入均对电源频率呈现并联谐振。

第 6 章　波导与谐振腔

上一章采用“路”的分析方法介绍了电磁波在传输线上的传播，并以平行双导线、同轴线和微带线为例讨论了传输特性及其阻抗匹配。本章将采用“场”的分析方法，分析金属波导传输特性。金属波导是填充有均匀介质的金属管。根据波导管的截面形状不同，金属波导可分为矩形波导、圆形波导、椭圆形波导和脊形波导。这些波导可以传输厘米波段至毫米波段的电磁波，因此波导管是微波频段的主要传输线。由于波导与谐振腔在理论分析方法上的相似性以及谐振腔在微波振荡电路、微波放大器、波长计和滤波器的重要作用，本章将同时讨论谐振腔的基本性能、工作模式、设计计算方法。

6.1　导行波系统中的场分析和特性参量

6.1.1　导行波系统中的场分析

对于高功率的电磁波，常使用空心金属管来传输电磁场的能量。下面讨论如图 6-1-1 所示的无限长的金属波导，为了简化，对波导作合适的定义：(1) 金属管中的填充介质是均匀的、无耗的、各向同性的；(2) 波导管壁是理想的导电面；(3) 金属管内没有自由电荷和传导电流存在；(4) 波导管内的场是时谐场，即电磁场按时谐($e^{j\omega t}$) 变化。

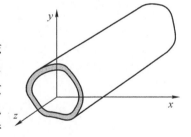

图 6-1-1　任意形状横截面的金属波导结构

根据上述定义及电磁场理论，波导中的电磁场满足麦克斯韦方程，即

$$\nabla \times \boldsymbol{H} = \mathrm{j}\omega\varepsilon \boldsymbol{E} \tag{6-1-1}$$

$$\nabla \times \boldsymbol{E} = -\mathrm{j}\omega\mu \boldsymbol{H} \tag{6-1-2}$$

$$\nabla \cdot \boldsymbol{H} = 0 \tag{6-1-3}$$

$$\nabla \cdot \boldsymbol{E} = 0 \tag{6-1-4}$$

式中：ε 为填充媒质的介电常数；μ 为填充媒质的磁导率；ω 为电磁波的角频率。对于无源自由空间，麦克斯韦方程中的电场和磁场满足亥姆霍兹方程，即

$$\nabla^2 \boldsymbol{E} + k^2 \boldsymbol{E} = \boldsymbol{0} \tag{6-1-5a}$$

$$\nabla^2 \boldsymbol{H} + k^2 \boldsymbol{H} = \boldsymbol{0} \tag{6-1-5b}$$

式中：$k^2 = \omega^2 \mu\varepsilon$，是电磁波在介质中的传播常数，即波数。

现将电场和磁场分解为横向分量和纵向分量，即

$$\boldsymbol{E} = \boldsymbol{E}_t + \hat{z}E_z \tag{6-1-6a}$$

$$\boldsymbol{H} = \boldsymbol{H}_t + \hat{z}H_z \tag{6-1-6b}$$

式中：$\hat{z}$ 为 z 方向的单位矢量；t 表示横向坐标，可以代表直角坐标中的(x,y)，也可以表示圆柱坐标中的(ρ,φ)。以直角坐标为例讨论，将式(6-1-6) 代入式(6-1-5) 中，可得

$$\nabla^2 E_z + k^2 E_z = 0 \tag{6-1-7a}$$

$$\nabla^2 E_t + k^2 E_t = 0 \tag{6-1-7b}$$

$$\nabla^2 H_z + k^2 H_z = 0 \tag{6-1-8a}$$

$$\nabla^2 H_t + k^2 H_t = 0 \tag{6-1-8b}$$

以电场为例来讨论纵向场应满足的解的形式。利用分离变量法，令

$$E_z(x,y,z) = E_z(x,y)Z(z) \tag{6-1-9}$$

再令

$$\nabla^2 = \nabla_t^2 + \frac{\partial^2}{\partial z^2} \tag{6-1-10}$$

上式中 ∇_t^2 为二维拉普拉斯算子，将式(6-1-9) 和式(6-1-10) 代入式(6-1-7) 中，整理后得

$$-\frac{(\nabla_t^2 + k^2)E_z(x,y)}{E_z(x,y)} = \frac{\dfrac{\partial^2}{\partial z^2}Z(z)}{Z(z)} \tag{6-1-11}$$

从上式可见，方程的左边与 z 变量无关，方程的右边与(x,y) 两个变量无关，因此可设方程两边等于一个常数，设该常数为 γ^2，于是可得

$$\nabla_t^2 E_z(x,y) + (k^2 + \gamma^2)E_z(x,y) = 0 \tag{6-1-12}$$

$$\frac{\partial^2}{\partial z^2}Z(z) - \gamma^2 Z(z) = 0 \tag{6-1-13}$$

公式(6-1-13) 的通解与传输线方程 (5-2-1) 相同，为

$$Z(z) = A_+ \mathrm{e}^{-\gamma z} + A_- \mathrm{e}^{\gamma z} \tag{6-1-14}$$

由于金属波导是无限长的，因此没有反射波，方程(6-1-14) 的解只有正向传输波，即纵向电场分量的解的形式满足

$$Z(z) = A_+ \mathrm{e}^{-\gamma z} \tag{6-1-15}$$

A_+ 为待定系数。由于填充的介质是无耗的，即 $\alpha = 0$，故 $\gamma = \mathrm{j}\beta$，这里 β 为相移常数。

现设 $E_{0z}(x,y) = A_+ E_z(x,y)$，则式(6-1-9) 的纵向电场可表达为

$$E_z(x,y,z) = E_{0z}(x,y)\mathrm{e}^{-\mathrm{j}\beta z} \tag{6-1-16}$$

同理，纵向磁场也可表达为

$$H_z(x,y,z) = H_{0z}(x,y)\mathrm{e}^{-\mathrm{j}\beta z} \tag{6-1-17}$$

把式(6-1-16) 和式(6-1-17) 分别代入到式(6-1-5a) 和式(6-1-5b)，并利用式(6-1-10) 可得 $E_{0z}(x,y)$，$H_{0z}(x,y)$ 满足以下方程：

$$\nabla_t^2 E_{0z}(x,y) + (k^2 - \beta^2)E_{0z}(x,y) = 0 \tag{6-1-18a}$$

$$\nabla_t^2 H_{0z}(x,y) + (k^2 - \beta^2)H_{0z}(x,y) = 0 \tag{6-1-18b}$$

令方程(6-1-18a) 和方程(6-1-18b) 的本征值为

$$k_c^2 = k^2 - \beta^2 \tag{6-1-19}$$

则方程(6-1-18a) 和(6-1-18b) 可写为

$$\nabla_t^2 E_{0z}(x,y) + k_c^2 E_{0z}(x,y) = 0 \tag{6-1-20a}$$

$$\nabla_t^2 H_{0z}(x,y) + k_c^2 H_{0z}(x,y) = 0 \tag{6-1-20b}$$

在给定边界条件的情况下，应用分离变量法，可求得方程(6-1-20a)和方程(6-1-20b)的解，将此解代入式(6-1-16)和式(6-1-17)中就可得纵向电场的表达式 $E_z(x,y,z)$ 和磁场的表达式 $H_z(x,y,z)$。

下面解电场、磁场的横向分量(E_x,E_y)和(H_x,H_y)。根据麦克斯韦方程组，均匀无耗媒质的无源区中电场和磁场应满足方程(6-1-1)和方程(6-1-2)，即

$$\nabla \times \boldsymbol{H} = \mathrm{j}\omega\varepsilon \boldsymbol{E}$$

$$\nabla \times \boldsymbol{E} = -\mathrm{j}\omega\mu \boldsymbol{H}$$

将上述两个方程用直角坐标系展开，利用式(6-1-16)和式(6-1-17)，可得各横向电场、磁场的表达式为

$$E_x(x,y,z) = -\frac{1}{k_c^2}\left(\mathrm{j}\omega\mu\frac{\partial H_z}{\partial y} + \mathrm{j}\beta\frac{\partial E_z}{\partial x}\right) \tag{6-1-21a}$$

$$E_y(x,y,z) = \frac{1}{k_c^2}\left(\mathrm{j}\omega\mu\frac{\partial H_z}{\partial x} - \mathrm{j}\beta\frac{\partial E_z}{\partial y}\right) \tag{6-1-21b}$$

$$H_x(x,y,z) = \frac{1}{k_c^2}\left(\mathrm{j}\omega\varepsilon\frac{\partial E_z}{\partial y} - \mathrm{j}\beta\frac{\partial H_z}{\partial x}\right) \tag{6-1-21c}$$

$$H_y(x,y,z) = -\frac{1}{k_c^2}\left(\mathrm{j}\omega\varepsilon\frac{\partial E_z}{\partial x} + \mathrm{j}\beta\frac{\partial H_z}{\partial y}\right) \tag{6-1-21d}$$

从式(6-1-21)可见，横向电场分量和横向磁场分量只与纵向的电场 E_z 和纵向的磁场 H_z 有关。当纵向的电场 E_z 和磁场 H_z 分量都为0时，系统中不存在任何电磁波，也就是规则波导不能传输TEM波，因此要使规则波导中存在电磁波就必须使得纵向的电场 E_z 和纵向的磁场 H_z 其中的一个不为0。第一种情况，纵向的磁场 $H_z \neq 0$，纵向的电场 $E_z = 0$，这种场称之为横电波，记为TE波或H波；第二种情况，纵向的电场 $E_z \neq 0$，纵向的磁场 $H_z = 0$，这种场称之为横磁波，记为TM波或E波。

6.1.2 规则波导的传输特性参量

为了能定量地描述规则波导的传输特性，有必要对波导传输特性的主要参数进行描述。

1. 相位常数 $\boldsymbol{\beta}$ 和截止波数 $\boldsymbol{k_c}$

在确定的均匀媒质中，波数 $k = \omega\sqrt{\varepsilon\mu}$ 与频率成正比，相位常数与波数的关系为

$$\beta = \sqrt{k^2 - k_c^2} \tag{6-1-22}$$

k_c 由导波系统的边界条件及其传输的波型所决定的重要常数，被称为截止波数。

2. 相速 $\boldsymbol{v_p}$ 与导波波长 $\boldsymbol{\lambda_g}$

电磁波中，其等相位面移动的速率称为相速，于是有

$$v_p = \frac{\omega}{\beta} = \frac{\omega}{k\sqrt{1-(k_c/k)^2}} = \frac{c/\sqrt{\mu_r\varepsilon_r}}{\sqrt{1-(k_c/k)^2}} \tag{6-1-23}$$

式中 c 为光速。对于导行波 $k > k_c$，故 $v_p > c/\sqrt{\mu_r\varepsilon_r}$，即规则波导中传播的电磁场的相速要比无界媒质中的速度大。

导行波的波长称为导行波波长，用 λ_g 表示，它与波数的关系为

$$\lambda_g = \frac{2\pi}{\beta} = \frac{2\pi}{k\sqrt{1-(k_c/k)^2}} \tag{6-1-24}$$

相移常数 β 及相速 v_p 随频率 ω 的变化关系称为色散关系，它描述了波导系统的频率特性。当存在色散特性时，相速 v_p 已不能很好地描述波的传播速度，这时就要引入群速的概念，它表征了波能量的传播速度，用 v_g 表示，当 k_c 一定时，导行波的群速为

$$v_g = \frac{d\omega}{d\beta} = \frac{c\sqrt{1-(k_c/k)^2}}{\sqrt{\mu_r \varepsilon_r}} \tag{6-1-25}$$

3. 波阻抗 Z

某个波形的横向电场与横向磁场的比叫做波阻抗，表示为

$$Z = \frac{E_t}{H_t} \tag{6-1-26}$$

4. 传输功率 P

根据电磁场理论，由坡印廷定理，波导中某个波型的传输功率为

$$\begin{aligned} P &= \frac{1}{2}\mathrm{Re}\iint_S (\boldsymbol{E}\times\boldsymbol{H}^*)\cdot d\boldsymbol{S} = \frac{1}{2}\mathrm{Re}\iint_S (\boldsymbol{E}\times\boldsymbol{H}^*)\cdot \hat{\boldsymbol{k}}dS \\ &= \frac{1}{2Z}\iint_S |E_t|^2 dS = \frac{Z}{2}\iint_S |H_t|^2 dS \end{aligned} \tag{6-1-27}$$

式中：Z 为该波型的波阻抗。

下一节我们将具体讨论最典型的规则波导 —— 矩形波导和圆形波导，将给出波导的电磁场的场模式，并对它们的传输特性和性能参数作详细的介绍。

思考题

(1) 试问波在双导体传输线和规则波导中传输有何不同？并阐述原因。

(2) 试问 k_c 和 k 有何区别与联系？

(3) 什么是 TEM 波、TE 波和 TM 波？

(4) 规则波导有那些主要的特性参数？

6.2　矩形波导

矩形波导是横截面为矩形的空心金属管，矩形波导的宽度为 a，高度为 b，其中 $a > b$，如图 6-2-1 所示。矩形波导不能传输 TEM 波，但能传输横电波（记作 TE 或 H）和横磁波（记作 TM 或 E）。矩形波导具有以下特点：(1) 结构简单、机械强度大；(2) 封闭结构，避免外界干扰和辐射损耗；(3) 无内导体，导体损耗低，功率容量大。因此，大中功率的微波系统中常采用矩形波导作传输线和微波元器件。

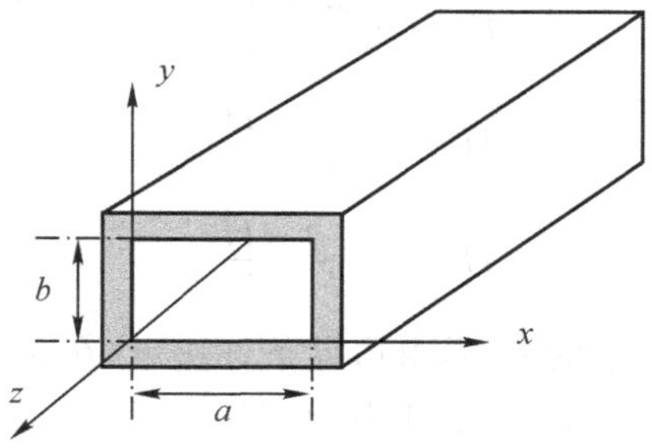

图 6-2-1　矩形金属波导

6.2.1　矩形波导中的场

根据电磁波理论，由公式(6-1-20)得，波导中的 TE 波和 TM 波的电磁场分布满足亥姆霍兹方程，其电场的纵向分量和磁场的纵向分量满足如下方程：

$$\nabla_t^2 E_{0z} + k_c^2 E_{0z} = 0 \tag{6-2-1}$$

$$\nabla_t^2 H_{0z} + k_c^2 H_{0z} = 0 \tag{6-2-2}$$

为了求上式的解，可设

$$E_{0z}(x,y) = X(x) \cdot Y(y) \tag{6-2-3}$$

将上式代入式(6-2-1)，得

$$X''Y + XY'' = -k_c^2 XY \tag{6-2-4}$$

上式中，$k_c^2 = k^2 - \beta^2$，整理上式可得

$$\frac{X''}{X} + \frac{Y''}{Y} = -k_c^2$$

对任何 x,y，只有当左边两项分别等于常数时才使等式成立。即

$$\frac{X''}{X} = -k_x^2 \tag{6-2-5}$$

$$\frac{Y''}{Y} = -k_y^2 \tag{6-2-6}$$

$$k_x^2 + k_y^2 = k_c^2 \tag{6-2-7}$$

上式为二阶常系数全微分方程，式中 k_x 和 k_y 为待定常数。其解为

$$X(x) = A\cos(k_z x + \eta_x) \tag{6-2-8}$$

$$Y(y) = B\cos(k_z y + \eta_y) \tag{6-2-9}$$

所以 $$\begin{aligned} E_z(x,y,z) &= E_{0z}(x,y)\mathrm{e}^{-\mathrm{j}\beta z} = X(x)Y(y)\mathrm{e}^{-\mathrm{j}\beta z} \\ &= E_0\cos(k_x x + \eta_x)\cos(k_y y + \eta_y)\mathrm{e}^{-\mathrm{j}\beta z} \end{aligned} \tag{6-2-10}$$

同理 $$H_z(x,y,z) = H_0\cos(k_x x + \zeta_x)\cos(k_y y + \zeta_y)\mathrm{e}^{-\mathrm{j}\beta z} \tag{6-2-11}$$

其中：η_x、η_y、ζ_x、ζ_y 为待定常数；E_0 和 H_0 为场的振幅，由激励条件决定，它对各场分量间的关系和场分布没有影响。根据规则波导场分析，可见矩形波导只能传输 TE 波和 TM 波，下面针对这两种传输波型进行具体讨论。

1. TE 波的场方程

对横电波，只有电场与波的传播方向垂直，即 $E_z = 0, H_z \neq 0$。由导行波系统的场方程可得

$$E_x = -\frac{\mathrm{j}\omega\mu}{k_c^2}\frac{\partial H_z}{\partial y} \tag{6-2-12a}$$

$$E_y = \frac{\mathrm{j}\omega\mu}{k_c^2}\frac{\partial H_z}{\partial x} \tag{6-2-12b}$$

$$H_x = -\frac{\beta}{k_c^2}\frac{\partial H_z}{\partial x} \tag{6-2-12c}$$

$$H_y = -\frac{\beta}{k_c^2}\frac{\partial H_z}{\partial y} \tag{6-2-12d}$$

式中的 k_c^2 需由边界条件决定。在 $x = 0$ 和 a 处的波导侧壁面上，电场的切线分量为 0，即 $E_y = 0$，由(6-2-12b) 可见

$$\frac{\partial H_z}{\partial x} = 0 \tag{6-2-13}$$

又由式(6-2-11) 得

$$\frac{\partial H_z}{\partial x} = -H_0 k_x \sin(k_x x + \zeta_x)\cos(k_y y + \zeta_y)\Big|_{x=0,a} = 0 \tag{6-2-14}$$

故有　$x=0$ 时，$\zeta_x=0$

$x=a$ 时，$k_x=m\pi/a, m=0,1,2,\cdots$

同理，在 $y=0$ 和 b 处的波导侧壁面上，电场的切线分量为 0，即 $E_x=0$，由(6-2-12b) 可见

$$\frac{\partial H_z}{\partial y}=0 \tag{6-2-15}$$

又由式(6-2-11) 得

$$\frac{\partial H_z}{\partial y}=-H_0k_y\cos(k_xx+\zeta_x)\sin(k_yy+\zeta_y)\Big|_{y=0,b}=0 \tag{6-2-16}$$

故有　$y=0$ 时，$\zeta_y=0$

$y=b$ 时，$k_y=n\pi/b, n=0,1,2,\cdots$

将上面所得的各待定常数 k_x，k_y 代入式(6-2-11) 得

$$H_z=H_0\cos\left(\frac{m\pi}{a}x\right)\cos\left(\frac{n\pi}{b}y\right)e^{-j\beta z} \tag{6-2-17}$$

将上式代入式(6-2-12) 可得 TE 型波的各场分量为

$$E_x=\frac{j\omega\mu}{k_c^2}\frac{n\pi}{b}H_0\cos\left(\frac{m\pi}{a}x\right)\sin\left(\frac{n\pi}{b}y\right)e^{-j\beta z} \tag{6-2-18a}$$

$$E_y=-\frac{j\omega\mu}{k_c^2}\frac{m\pi}{a}H_0\sin\left(\frac{m\pi}{a}x\right)\cos\left(\frac{n\pi}{b}y\right)e^{-j\beta z} \tag{6-2-18b}$$

$$E_z=0 \tag{6-2-18c}$$

$$H_x=\frac{j\beta}{k_c^2}\frac{m\pi}{a}H_0\sin\left(\frac{m\pi}{a}x\right)\cos\left(\frac{n\pi}{b}y\right)e^{-j\beta z} \tag{6-2-18d}$$

$$H_y=\frac{j\beta}{k_c^2}\frac{n\pi}{b}H_0\cos\left(\frac{m\pi}{a}x\right)\sin\left(\frac{n\pi}{b}y\right)e^{-j\beta z} \tag{6-2-18e}$$

$$H_z=H_0\cos\left(\frac{m\pi}{a}x\right)\cos\left(\frac{n\pi}{b}y\right)e^{-j\beta z} \tag{6-2-18f}$$

式中：
$$k_c^2=k_x^2+k_y^2=\left(\frac{m\pi}{a}\right)^2+\left(\frac{n\pi}{b}\right)^2 \tag{6-2-19}$$

由公式(6-2-18) 可见，m 和 n 分别代表 TE 波沿 x 方向和 y 方向分布的半波个数。一组 m、n 对应一种 TE 波，称作 TE_{mn} 模或 H_{mn}。但 m 和 n 不能同时为零，否则场分量全部为零。所以 TE_{10} 波是最低模式($a>b$)，称为主模，其余模式统称为高次模。由式(6-2-18) 可见，TE 波的各个场分量沿 z 轴呈行波状态，用 $e^{-j\beta z}$ 所表征，在波导的横截面内，即沿 x 轴和 y 轴方向呈驻波状态，它按正弦或余弦规律变化。

2. TM 波的场方程

对横磁波，磁场与波的传播方向垂直，即 $H_z=0$。同理可得

$$E_x=-\frac{j\beta}{k_c^2}\frac{m\pi}{a}E_0\cos\left(\frac{m\pi}{a}x\right)\sin\left(\frac{n\pi}{b}y\right)e^{-j\beta z} \tag{6-2-20a}$$

$$E_y=-\frac{j\beta}{k_c^2}\frac{n\pi}{b}E_0\sin\left(\frac{m\pi}{a}x\right)\cos\left(\frac{n\pi}{b}y\right)e^{-j\beta z} \tag{6-2-20b}$$

$$E_z=E_0\sin\left(\frac{m\pi}{a}x\right)\sin\left(\frac{n\pi}{b}y\right)e^{-j\beta z} \tag{6-2-20c}$$

$$H_x=\frac{j\omega\varepsilon}{k_c^2}\frac{n\pi}{b}E_0\sin\left(\frac{m\pi}{a}x\right)\cos\left(\frac{n\pi}{b}y\right)e^{-j\beta z} \tag{6-2-20d}$$

$$H_y = -\frac{j\omega\varepsilon}{k_c^2}\frac{m\pi}{a}E_0\cos\left(\frac{m\pi}{a}x\right)\sin\left(\frac{n\pi}{b}y\right)e^{-j\beta z} \tag{6-2-20e}$$

$$H_z = 0 \tag{6-2-20f}$$

由于m和n中只要一个为0,则所有场量均为0,故TM波的最低模式为TM_{11},而其他可能存在的TM波型均为高次模。以符号TM_{mn}或E_{mn}表示TM波的高次模。

6.2.2 矩形波导的传输特性

1. 截止波数与截止波长

在上面的推导中,应用式(6-1-22)可得,$\beta^2 = k^2 - k_c^2$,其中β为波导中的相移常数,$k = 2\pi/\lambda$为自由空间波数。显然,当$k = k_c$时,$\beta = 0$,此时波不能在波导中传输,也称为截止,由此可见只有$\beta^2 > 0$,也就是$k > k_c$,波才能在波导中传输。因此k_c也称为截止波数,它的大小取决于波导结构尺寸和传播模式。根据式(6-2-19)可以得到TE_{mn}和TM_{mn}模的截止波数均为

$$k_{cmn} = \sqrt{\left(\frac{m\pi}{a}\right)^2 + \left(\frac{n\pi}{b}\right)^2} \tag{6-2-21}$$

由$k = 2\pi/\lambda$得到对应的截止波长为

$$\lambda_c = \frac{2}{\sqrt{\left(\frac{m}{a}\right)^2 + \left(\frac{n}{b}\right)^2}} \tag{6-2-22}$$

由$f_c = \frac{v}{\lambda_c} = \frac{1}{\sqrt{\mu\varepsilon}\lambda_c}$得到对应的截止频率为

$$f_c = \frac{1}{2\sqrt{\mu\varepsilon}}\sqrt{\left(\frac{m}{a}\right)^2 + \left(\frac{n}{b}\right)^2} \tag{6-2-23}$$

由上面的推导过程可以知道:只有$f > f_c$时,波才能在波导中传输,所以波导具有高通滤波器的特性。一个模能否在波导中传输取决于波导结构尺寸(a和b)以及它的工作频率。对相同的m和n,TE_{mn}和TM_{mn}模具有相同的截止波长,它们虽然场分布不同,但是具有相同的传输特性称截止波长相同的模式为简并模。图6-2-2给出了BJ-32各模式截止波长分布图,从图上能很直观地看到矩形波导的传输特性。

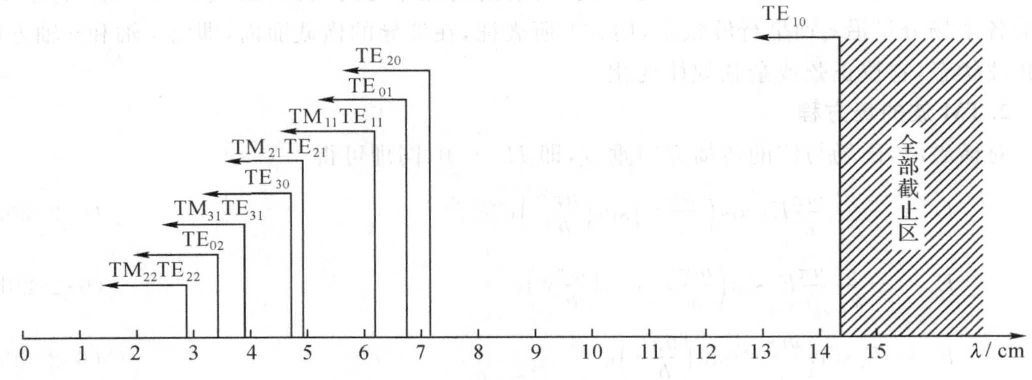

图6-2-2 BJ-32矩形波导各模式截止波长分布图

2. 主模 TE_{10} 的场分布

TE_{10} 模式具有场结构简单、稳定、频带宽和损耗小等特点，所以工程上几乎毫无例外地工作在 TE_{10} 模式。选择合适的工作频率就可以实现主模的单模传输。将 $m=1,n=0$ 代入矩形波导 TE 模各场分量公式(6-2-18)，可以得到主模 TE_{10} 模的各场分量表达式：

$$E_y=-\mathrm{j}\frac{\omega\mu}{k_c^2}\frac{\pi}{a}H_0\sin\left(\frac{\pi}{a}x\right)\mathrm{e}^{-\mathrm{j}\beta z} \tag{6-2-24a}$$

$$H_x=\mathrm{j}\frac{\beta}{k_c^2}\frac{\pi}{a}H_0\sin\left(\frac{\pi}{a}x\right)\mathrm{e}^{-\mathrm{j}\beta z} \tag{6-2-24b}$$

$$H_z=H_0\cos\left(\frac{\pi}{a}x\right)\mathrm{e}^{-\mathrm{j}\beta z} \tag{6-2-24c}$$

$$E_x=E_z=H_y=0 \tag{6-2-24d}$$

下面对上述场方程进行分析。

(1) 研究电场的分布

在横截面(xOy 面）上，电场只有 E_y 分量且与 y 无关，且电力线是一些平行于 y 轴的直线，它起自上壁止于下壁或反相，如图 6-2-3 所示。E_y 沿 x 轴按正弦规律变化，在 $x=0$ 和 $x=a$ 处，$E_y=0$；在 $x=a/2$ 处，E_y 最大，电力线在 $x=a/2$ 处最密，越向两侧，电力线就越疏。在垂直纵截面(yOz 面）上，在波导的每一点，电场 E_y 按 $\mathrm{e}^{\mathrm{j}\omega t}$ 时间规律以频率为 ω 作周期性变化，周期为 $T=\frac{2\pi}{\omega}$；对于确定的时间 t，电场沿 z 方向按行波 $\mathrm{e}^{\mathrm{j}\beta z}$ 状态变化，导波波长为

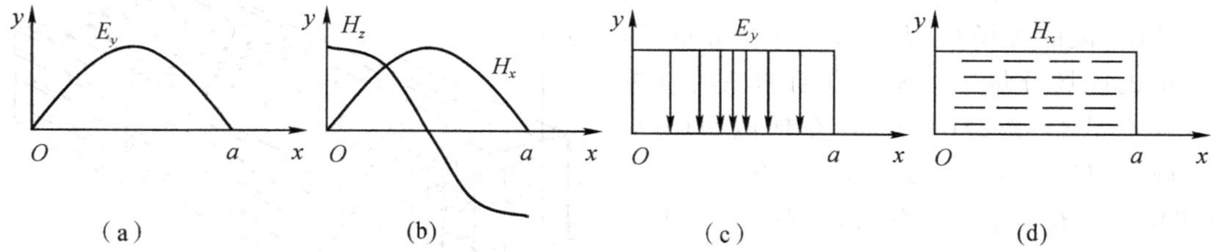

图 6-2-3　TE_{10} 波的横截面(xOy）上的场结构

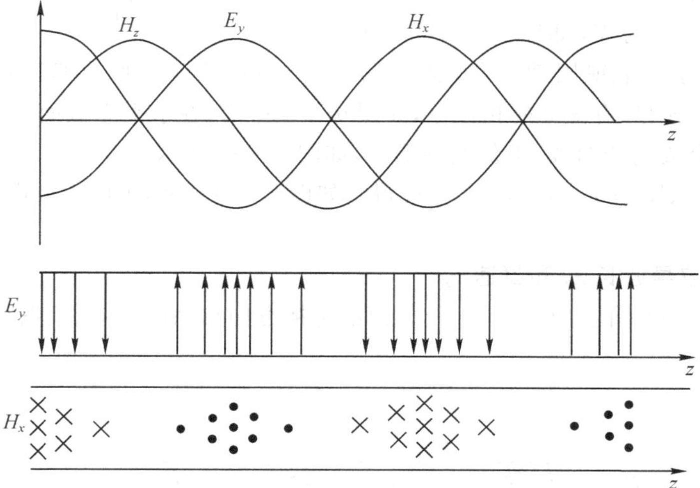

图 6-2-4　TE_{10} 波的垂直纵截面(yOz）上的场结构

$\lambda_g = \dfrac{2\pi}{\beta}$，如图 6-2-4 所示。在水平纵截面（$xOz$ 面）上，电力线与该面相垂直，如图 6-2-5 所示。

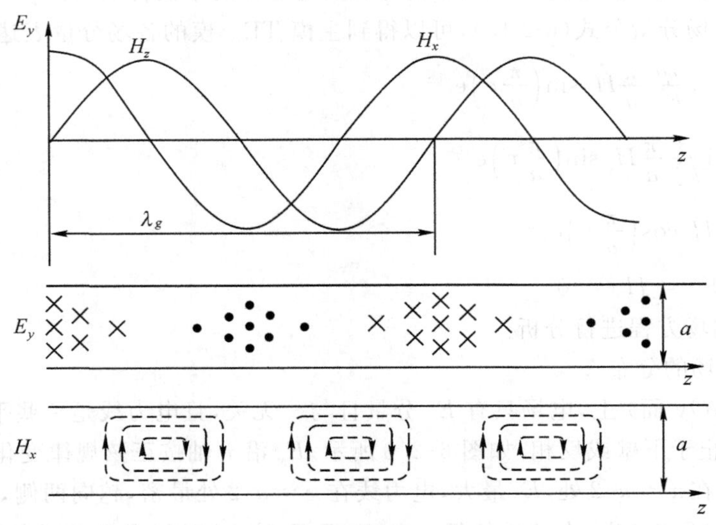

图 6-2-5 TE_{10} 波的水平纵截面（xOz）上的场结构

(2) 研究磁场的分布

TE_{10} 波的磁场有 H_x 和 H_z 两个分量，即 x 方向的磁场分量 H_x 和 z 方向的磁场分量 H_z。由公式(6-2-24b) 可知，在横截面（xOy 面）截面，H_x 分量与 y 无关，沿 x 方向呈现正弦变化并具有半个驻波分布，即在 $x=0$ 和 $x=a$ 处，$H_x=0$；在 $x=a/2$ 处，H_x 最大，H_z 沿 x 方向呈现余弦分布，在 $x=0$ 和 $x=a$ 处最大；在 $x=a/2$ 处为零，如图 6-2-3(b) 所示，H_x、H_z 沿 z 方向呈现周期变化，横向场（H_x，E_y）与纵向场 H_z 有 $\pi/2$ 的相位差，如图 6-2-4 所示。在水平纵截面（xOz 面）上，H_x 和 H_z 在纵截面内合成闭合曲线，类似椭圆形状，如图 6-2-5 所示。

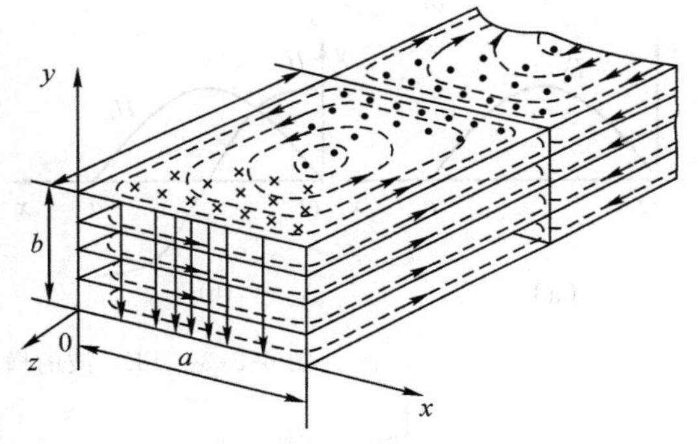

图 6-2-6 TE_{10} 波的场结构透视图

综合图 6-2-3、图 6-2-4 和图 6-2-5 可得到如图 6-2-6 所示的 TE_{10} 波电磁力线的立体透视图。

3. 相速 v_p、波导波长 λ_g 和群速 v_g

相速是指某一频率的导行波其等相位面沿传播方向移动的速度。根据相速公式

$$v_p = \frac{\omega}{\beta} \tag{6-2-25}$$

将

$$\beta = \sqrt{k^2 - k_c^2} = \sqrt{\left(\frac{2\pi}{\lambda}\right)^2 - \left(\frac{2\pi}{\lambda_c}\right)^2} = \frac{2\pi}{\lambda}\sqrt{1-\left(\frac{\lambda}{\lambda_c}\right)^2} \tag{6-2-26}$$

代入式(6-2-25) 得

$$v_p = \frac{c/\sqrt{\mu_r \varepsilon_r}}{\sqrt{1-\left(\frac{\lambda}{\lambda_c}\right)^2}} \tag{6-2-27}$$

波导波长 λ_g 是指某一频率的导行波的等相位面在一个周期内沿轴向移动的距离。根据波导波长的定义，可以得到

$$\lambda_g = v_p T = \omega/(f\beta) = 2\pi/\beta \tag{6-2-28}$$

这里 T 为电磁波周期，f 是电磁波的频率，将式(6-2-26)代入式(6-2-28)可得

$$\lambda_g = \frac{2\pi}{\beta} = \frac{\lambda}{\sqrt{1-\left(\frac{\lambda}{\lambda_c}\right)^2}} > \lambda \tag{6-2-29}$$

群速是指一群波(其中包含不同频率的若干个波)的传输速度。

根据群速公式：

$$v_g = \frac{d\omega}{d\beta} \tag{6-2-30}$$

由 $\beta = \sqrt{k^2 - k_c^2} = \sqrt{\omega^2\mu\varepsilon - k_c^2}$ 可得 $\omega = \sqrt{\beta^2 + k_c^2}\Big/\sqrt{\mu\varepsilon}$，代入式(6-2-30)得

$$v_g = v\sqrt{1-\left(\frac{k_c}{k}\right)^2} = v\sqrt{1-\left(\frac{\lambda}{\lambda_c}\right)^2} \tag{6-2-31}$$

如果波导内媒质为真空，则

$$v_g = c\sqrt{1-\left(\frac{\lambda}{\lambda_c}\right)^2} \tag{6-2-32}$$

由式(6-2-31)和式(6-2-31)得

$$v_p v_g = c^2 \tag{6-2-33}$$

4. 波阻抗 Z_w

波阻抗是指某个波型的横向电场和横向磁场之比，即 $Z_w = \frac{E_t}{H_t}$。

对 TE 波，有

$$Z_{TE} = \frac{E_x}{H_y} = -\frac{E_y}{H_x} = \frac{\omega\mu}{\beta} = \frac{\eta}{\sqrt{1-\left(\frac{\lambda}{\lambda_c}\right)^2}} \tag{6-2-34}$$

对 TM 波，有

$$Z_{TM} = \frac{E_x}{H_y} = -\frac{E_y}{H_x} = \frac{\beta}{\omega\varepsilon} = \eta\sqrt{1-\left(\frac{\lambda}{\lambda_c}\right)^2} \tag{6-2-35}$$

式中：$\eta = \frac{\omega\mu}{\beta_{TEM}} = \frac{\beta_{TEM}}{\omega\varepsilon}$，为 TEM 波在无穷大媒质的波阻抗。若媒质为空气，有

$$\eta = \eta_0 = 120\pi = 377(\Omega) \tag{6-2-36}$$

5. 传输功率与功率容量

对于传输大功率的场合，必须考虑波导所能传输的最大功率问题。因为随着波导传输的功率增大，波导中的电场强度也将增大。当波导中的电场强度增大到波导内填充介质(通常为空气)的击穿强度时，空气将被击穿而发生电离，从而影响系统的正常工作和安全。因此，在考虑波导传输时必须防止这种现象的发生。波导所能传输的最大功率被称为极限功率，或

称为波导的功率容量。下面以 TE_{10} 波为例推导其功率容量。

假设沿传播方向的平均功率密度就是坡印廷矢量 $\boldsymbol{S}_Z$ 的 z 方向分量。对矩形波导有

$$S_z = \mathrm{Re}\left(\frac{1}{2}\boldsymbol{E}\times\boldsymbol{H}^*\right)\cdot\hat{z} = \frac{|E_y|^2}{2Z_{\mathrm{TE}_{10}}} \tag{6-2-37}$$

可得在行波状态下，TE_{10} 波传输的平均功率为

$$P = \iint S_Z \mathrm{d}x\mathrm{d}y = \frac{1}{2}\iint_S \frac{|E|^2}{Z_{\mathrm{TE}}}\mathrm{d}S = \frac{1}{2Z_{\mathrm{TE}}}\int_0^a\int_0^b |E_y|^2 \mathrm{d}x\mathrm{d}y \tag{6-2-38}$$

将式(6-2-18b) 中的 E_y 值代入，并考虑 TE_{10} 波的 $k_c^2 = \left(\frac{\pi}{a}\right)^2$，得

$$P = \frac{ab}{4Z_{\mathrm{TE}}}E_m^2 \tag{6-2-39}$$

式中：E_m 为波导宽壁中心($x = a/2$) 处的电场强度的幅值。如果波导内填充的介质为空气，则

$$Z_{\mathrm{TE}_{10}} = \frac{120\pi}{\sqrt{1-\left(\frac{\lambda}{2a}\right)^2}} \tag{6-2-40}$$

将上式代入式(6-2-39)，得

$$P = \frac{ab}{480\pi}E_m^2\sqrt{1-\left(\frac{\lambda}{2a}\right)^2} \tag{6-2-41}$$

设波导中介质的击穿电场强度为 E_c，则当 $E_m = E_c$ 时，波导将发生击穿，据此可求得行波状态下波导传输 TE_{10} 波时的功率容量为

$$P_c = \frac{abE_c^2}{480\pi}\sqrt{1-\left(\frac{\lambda}{2a}\right)^2} \tag{6-2-42}$$

由上式可见，波导的截面尺寸越大、频率越高，传输的功率容量就越大；但是当 f 趋向 f_c 时，传输功率就趋于 0。图 6-2-7 给出了 TE_{10} 波功率容量 P_c 与 λ/λ_c 的关系曲线。

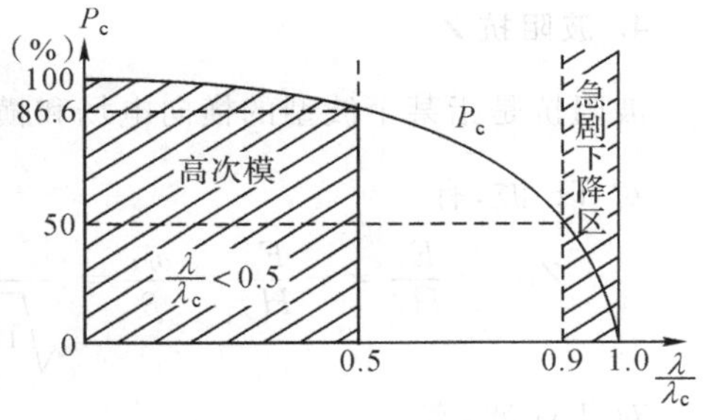

图 6-2-7 矩形波导功率容量与波长的关系

6. 波导的损耗与衰减

当电磁波沿传输方向传播时，波导金属壁的热损耗和波导内填充介质的损耗必然会引起能量或功率的递减。对于空气波导，损耗很小，可以忽略，但波导内介质并非理想，因而必有导体和介质的热损耗。假设单位长度波导的功率损耗为

$$\hat{P}_{\mathrm{L}} = \hat{P}_{\mathrm{Lc}} + \hat{P}_{\mathrm{Ld}} \tag{6-2-43}$$

式中：$\hat{P}_{\mathrm{L}}$ 为波导的功率损耗；$\hat{P}_{\mathrm{Lc}}$ 为波导的导体功率损耗；$\hat{P}_{\mathrm{Ld}}$ 为波导中媒质功率损耗。

考虑损耗后，相应场方程中的电磁波传播常数 γ 不是纯虚数，应为 $\gamma = \alpha + \mathrm{j}\beta$。$\alpha$ 称为衰减常数，β 称为相位常数。

设导行波沿 z 方向传输时的衰减常数为 α，则沿 z 向电场、磁场按 $\mathrm{e}^{-\alpha z}$ 规律变化，这时场分量的形式可写为

$$E = E_m\mathrm{e}^{-\gamma z} = E_m\mathrm{e}^{-\alpha z}\mathrm{e}^{-\mathrm{j}\beta z} \tag{6-2-44}$$

即电磁波沿波导传输，电场幅度按 $e^{-\alpha z}$ 规律衰减，所以传输功率按以下规律变化：

$$P = \boldsymbol{E} \cdot \boldsymbol{E}^{*} = P_0 e^{-2\alpha z} \tag{6-2-45}$$

其中：$P_0 = E_m^2$，为输入功率。根据上式可以得到单位长度功率损耗的公式：

$$\hat{P}_L = \frac{dP}{dz} = 2\alpha P_0 e^{-2\alpha z} = 2\alpha P \tag{6-2-46}$$

于是衰减常数 α 按以下计算：

$$\alpha = \frac{\hat{P}_L}{2P} \tag{6-2-47}$$

考虑到导体和介质两种衰减因素，有

$$\alpha = \frac{\hat{P}_L}{2P} = \frac{\hat{P}_{Lc} + \hat{P}_{Ld}}{2P} = \alpha_c \alpha_d \tag{6-2-48}$$

在计算功率损耗时，应考虑到不同的导行模有不同的电流分布，损耗也不同。如果波导中的媒质为无耗，则对于截面为(a,b) 的矩形波导，TE_{10} 模的导体衰减常数公式为

$$\alpha_c = \frac{R_S}{120\pi b\sqrt{1-\left(\frac{\lambda}{2a}\right)^2}}\left[1 + 2\,\frac{b}{a}\left(\frac{\lambda}{2a}\right)^2\right](\text{Np/m}) \tag{6-2-49}$$

式中：$R_S = \sqrt{\pi f \mu / \sigma}$ 为导体表面电阻，它与导体的磁导率 μ、电导率 σ 以及工作频率 f 有关。式(6-2-49) 可以严格推导，有兴趣的读者可参有关看文献①，分析式(6-2-47) 可得到以下结论：(1) 衰减与波导的材料有密切的关系，一般选取导电率高的非铁磁材料，使 R_S 尽量小；(2) 增大波导高度 b 能使衰减变小，但当 $b > a/2$ 时单模工作频率变窄，因此衰减与频带应综合考虑；(3) 衰减还与工作频率有关，当给定矩形波导尺寸时，随着频率的提高先衰减后增加，此过程有一个极小值。

如果媒质是有耗媒质，根据有耗传输线理论，介质衰减常数为

$$\alpha_d = \zeta \tan\delta \tag{6-2-50}$$

式中：ζ 是与电磁波的传输频率和导波波长有关的物理量；$\tan\delta$ 为媒质的损耗正切。

6.2.3　矩形波导尺寸的选择

矩形波导的尺寸选择必须根据具体的技术要求来确定。一般根据以下原则考虑。

1. 只传输主模

为保证主模(TE_{10} 模) 传输，要求其他的高次模式都应该截止，即

$$\lambda/2 < a < \lambda \tag{6-2-49a}$$

$$0 < b < \lambda/2 \tag{6-2-49b}$$

2. 有足够的功率容量

在不至于击穿的情况下，应最大限度地增加功率容量，一般要求

$$0.6\lambda < a < \lambda \tag{6-2-50a}$$

$$b = a/2 \tag{6-2-50b}$$

3. 损耗小

通过波导后，微波信号功率不要损失太大，由此必须考虑损耗小的要求，应使

---

① Bhag Singh Guru 著，周克定译，电磁场与电磁波，机械工业出版社，343 ～ 357。

$$a \geqslant 0.7\lambda \tag{6-2-51}$$

综合上述几个原则，矩形波导的尺寸一般选择为

$$a = 0.7\lambda \tag{6-2-52a}$$

$$b = (0.4 \sim 0.5)a \tag{6-2-52b}$$

由上式可知，波导宽边 a 的大小一般先由工作波长 λ 来确定，然后对照矩形波导的标准系列选用合适的波导(参见书末附录)，而波导的窄边 b 选择分三种情况：(1) 如果选择在波导工作频带条件下达到功率容量最大的波导，那么采用 $b = a/2$ 的波导，也称为标准波导。(2) 如果在大功率传输而且频率范围不太宽的情况下，那么采用 $b > a/2$ 的波导，也称为“宽波导”。因为若 $b > a/2$，则 $\lambda_c(TE_{01}) > \lambda_c(TE_{20})$，这会使波导的工作频带变窄。(3) 如果在小功率情况下，为了减小体积和重量，或为了满足器件结构上的特殊要求，可以采用 $b < a/2$ 的波导，也称为“扁波导”。

6.2.4 脊形波导

脊形波导是在波导宽边中心处向波导内突出脊棱而成的波导，也称凸缘波导。它是矩形波导的变形，其中也只能存在 TE 和 TM 型波。TE_{10} 波是主模。脊形波导按照结构主要分为单脊波导和双脊波导两种，其结构如图 6-2-8 所示。

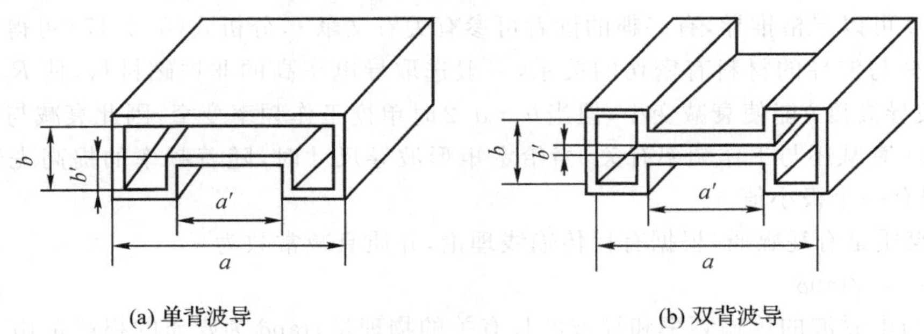

图 6-2-8 单脊波导与双脊波导

与矩形波导相比，脊形波导具有如下特点：

(1) TE_{10} 波型的截止波长更长，故单模工作的频带更宽。

(2) 同一频率的情况下，尺寸更小。

(3) 高次模的截止频率更高。

(4) 等效阻抗较低。根据这个特点，可用作矩形波导与低阻抗的同轴线、微带线之间的过渡连接装置。

(5) 功率容量小，损耗大。

由于它具有的宽频带特性，使得脊形波导在信号变换等方面有较多的应用。

例 6-2-1 设某矩形波导的尺寸为 $a = 6$ cm，$b = 3$ cm，试求工作频率在 3 GHz 时该波导能传输的模式。

解 由 $f = 3$ GHz 得

$$\lambda = c/f = 0.1(\text{m})$$

而各模式的截止波长为

$\lambda_c(TE_{10}) = 2a = 0.12(m) > \lambda$

$\lambda_c(TE_{20}) = a = 0.06(m) < \lambda$

$\lambda_c(TE_{10}) = 2b = 0.06(m) < \lambda$

可见，该波导在工作频率为 3 GHz 时只能传输 TE_{10} 模。

例 6-2-2　矩形波导截面尺寸为 $a \times b = 72\ mm \times 34\ mm$，波导内充满空气，信号源频率为 3 GHz，试求：

(1) 波导可以传播的模式。

(2) 该模式的截止波长、相移常数、波导波长、相速、群速和波阻抗。

解　(1) 由信号源频率可求得其波长为

$\lambda = c/f = 0.1(m)$

而各模式的截止波长为

$\lambda_c(TE_{10}) = 2a = 0.144(m) > \lambda$

$\lambda_c(TE_{20}) = a = 0.072(m) < \lambda$

可见，该波导在工作频率为 3 GHz 时只能传输 TE_{10} 模。

(2) TE_{10} 的截止波长为

$\lambda_c = 2a = 14.4(cm)$

相移常数为

$$\beta = \sqrt{k^2 - k_c^2} = \sqrt{(\omega\sqrt{\mu\varepsilon})^2 - \left(\frac{2\pi}{2a}\right)^2} = 45.2$$

相速为

$$v_p = dz/dt = \omega/\beta = 4.17 \times 10^8 (m/s)$$

群速为

$$v_g = c\sqrt{1 - \left(\frac{\lambda}{\lambda_c}\right)^2} = 2.16 \times 10^8 (m/s)$$

波导波长为

$$\lambda_g = \frac{2\pi}{\beta} = 13.9(cm)$$

波阻抗为

$$Z_{TE_{10}} = \frac{120\pi}{\sqrt{1 - \left(\frac{\lambda}{2a}\right)^2}} = 166.8\pi(\Omega)$$

例 6-2-3　一矩形波导的内壁口径尺寸为 $23\ mm \times 10\ mm$，请给出满足单模传输条件的工作频率范围。

解　根据单模传输条件有 $a < \lambda < 2a$，即 $23\ mm < \lambda < 46\ mm$。又因为 $f = c/\lambda$，所以 $f_1 = 30/2.3 \approx 13(GHz)$，$f_2 = 30/4.6 \approx 6.5(GHz)$。

由此可得满足单模传输条件的工作频率范围为 $6.5\ GHz < f < 13\ GHz$。

思考题

(1) 什么是模式？不同模式之间有什么不同？什么是主模？

(2) 矩形波导的传输条件与那些因素有关？

(3) 信号在矩形波导中传输会发生波形失真吗？

(4) 相速和群速有什么不同？

(5)“频率越高，矩形波导传输的功率就越大”这句话对吗？

(6) 如何判断一个模式是传导模？什么是截止波长和截止频率？

(7) 工作波长、波导波长和截止波长的意义是什么？它们之间有什么关系？

(8) 为什么 TM 模的 m 和 n 从 1 开始，而 TE 模的 m 和 n 从 0 开始？

6.3 圆波导

下面来讨论另外一种常用波导 —— 圆波导的主要特性。圆波导是一种横截面为圆形的空心金属波导管，如图 6-3-1 所示。由于圆波导具有加工方便、双极化、低损耗等优点，它常用于天馈线和较远距离传输通信，并广泛用作微波圆形谐振器以及其他方面。

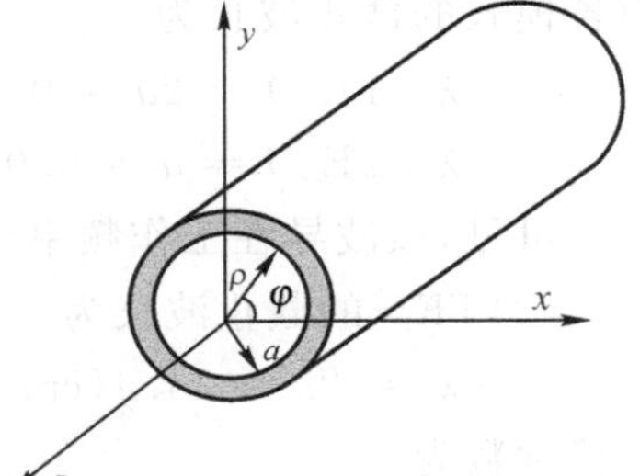

图 6-3-1 圆波导及其坐标系

6.3.1 圆波导中的场

分析圆波导的方法与矩形波导相似，采用场解法。首先建立如图 6-3-1 所示圆柱坐标。从 TE 波和 TM 波两种波型进行求解。

1. TE 波

由 TE 波得：$E_z = 0, H_z = H_{0z}(\rho,\varphi)e^{-j\beta z} \neq 0$。利用分离变量法，可求得 $H_{0z}(\rho,\varphi)$ 的通解为

$$H_{0z}(\rho,\varphi) = A_1 B J_m(k_c\rho)\begin{pmatrix}\cos m\varphi \\ \sin m\varphi\end{pmatrix} \tag{6-3-1}$$

其中：$J_m(x)$ 为 m 阶贝塞尔函数。式(6-3-1)表明 TE 波的场分布在 φ 方向，同时存在 $\cos m\varphi$ 和 $\sin m\varphi$ 两种模，这两种模式相互正交，场分布相同，称这两个模为极化简并模。

由边界条件：$\left.\frac{\partial H_{0z}}{\partial \rho}\right|_{\rho=a} = 0$ 和式(6-3-1)可以得

$$J'_m(k_c a) = 0 \tag{6-3-2}$$

设 m 阶贝塞尔函数的一阶导数 $J'_m(x)$ 的第 n 个根为 μ_{mn}，则有

$$k_c a = \mu_{mn} \text{ 或 } k_c = \frac{\mu_{mn}}{a}, n = 1,2,\cdots \tag{6-3-3}$$

于是圆波导 TE 模纵向磁场 H_z 的基本解为

$$H_z(\rho,\varphi,z) = A_1 B J_m\left(\frac{\mu_{mn}}{a}\rho\right)\begin{pmatrix}\cos m\varphi \\ \sin m\varphi\end{pmatrix}e^{-j\beta z} \tag{6-3-4}$$

其中：$m = 0,1,2,\cdots; n = 1,2,\cdots$。令模式振幅 $H_{mn} = A_1 B$，则 $H_z(\rho,\varphi,z)$ 的通解为

$$H_z(\rho,\varphi,z) = \sum_{m=0}^{\infty}\sum_{n=1}^{\infty} H_{mn} J_m\left(\frac{\mu_{mn}}{a}\rho\right)\begin{pmatrix}\cos m\varphi \\ \sin m\varphi\end{pmatrix}e^{-j\beta z} \tag{6-3-5}$$

从式(6-3-5)可见，不同的 m 和 n 代表不同的模式，记作 TE_{mn}，所以圆波导同样存在无穷多种 TE 模。其中：m 表示场沿圆周分布的整波数；n 表示场沿半径分布的最大值个数。此时波

阻抗为

$$Z_{TE_{mn}} = \frac{E_\rho}{H_\varphi} = \frac{\omega\mu}{\beta_{TE_{mn}}} \tag{6-3-6}$$

其中：$\beta_{TE_{mn}} = \sqrt{k^2 - \left(\frac{\mu_{mn}}{a}\right)^2}$。

2. TM 波

求解 TM 波的方法与求解 TE 波的分析方法相同，可得 TM 波纵向电场 $E_z(\rho,\varphi,z)$ 通解为

$$E_z(\rho,\varphi,z) = \sum_{m=0}^{\infty}\sum_{n=1}^{\infty} E_{mn} J_m\left(\frac{\nu_{mn}}{a}\rho\right)\begin{pmatrix}\cos m\varphi \\ \sin m\varphi\end{pmatrix} e^{-j\beta z} \tag{6-3-7}$$

其中：ν_{mn} 是 m 阶贝塞尔函数 $J_m(x)$ 的第 n 个根，且 $k_{cTM_{mn}} = \frac{\nu_{mn}}{a}$。

从式(6-3-7)可见，圆波导中存在着无穷多种 TM 模，其波型指数 m 和 n 的意义与 TE 模的相同。此时 TM 模的波阻抗为

$$Z_{TM_{mn}} = \frac{E_\rho}{H_\varphi} = \frac{\beta_{TM_{mn}}}{\omega\varepsilon} \tag{6-3-8}$$

其中：相移常数 $\beta_{TM_{mn}} = \sqrt{k^2 - \left(\frac{\nu_{mn}}{a}\right)^2}$。

6.3.2　圆波导的传输特性

与矩形波导传输特性比较，发现圆波导的 TE 波和 TM 波的传输特性各不相同。

1. 截止波长

通过 TE 波和 TM 波的场分析可得圆波导 TE_{mn} 模和 TM_{mn} 模的截止波数分别为

$$k_{cTE_{mn}} = \frac{\mu_{mn}}{\alpha} \tag{6-3-9a}$$

$$k_{cTM_{mn}} = \frac{\nu_{mn}}{\alpha} \tag{6-3-9b}$$

式中：ν_{mn} 和 μ_{mn} 分别为 m 阶贝塞尔函数及其一阶导数的第 n 个根。几个典型模式相应的截止波长如表 6-3-1 所示。图 6-3-2 给出了圆波导中各模式截止波长的分布图。

表 6-3-1　圆波导的截止波长表

模式	TE_{11}	TM_{01}	TE_{21}	TE_{01}/TM_{11}	TM_{21}	TE_{12}	TM_{02}	TE_{32}
λ_c	$3.14a$	$2.62a$	$2.06a$	$1.64a$	$1.22a$	$1.18a$	$1.14a$	$0.94a$

下面介绍圆波导中的几种主要模式。

(1) 主模 TE_{11} 模

主模 TE_{11} 即 $m=1$、$n=1$ 的模。TE_{11} 模是圆波导中的最低次模，也是圆波导中截止波长最长的模，被称为主模。TE_{11} 模的场结构分布图如图 6-3-3 所示。圆波导中 TE_{11} 模的场分布与矩形波导的 TE_{10} 模的场分布很相似，因此工程上，通过将矩形波导的横截面逐渐过渡变为圆波导，如图 6-3-4 所示，从而构成方圆波导变换器。

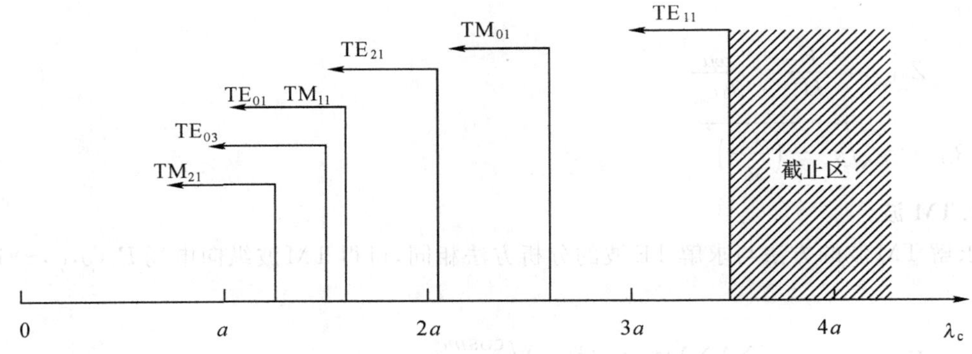

图 6-3-2　圆波导中各模式截止波长的分布图

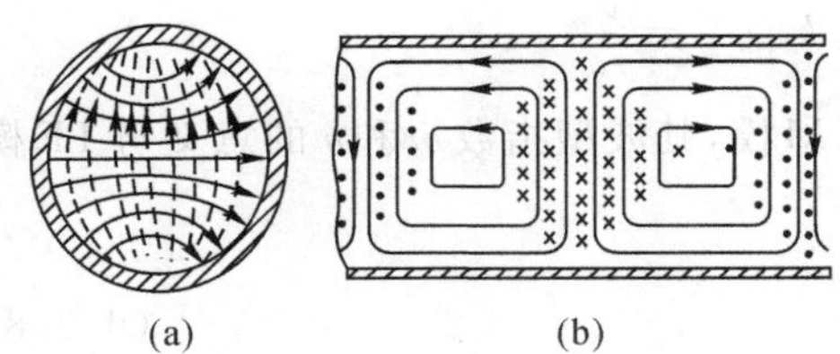

图 6-3-3　圆波导 TE_{11} 波的场结构分布图

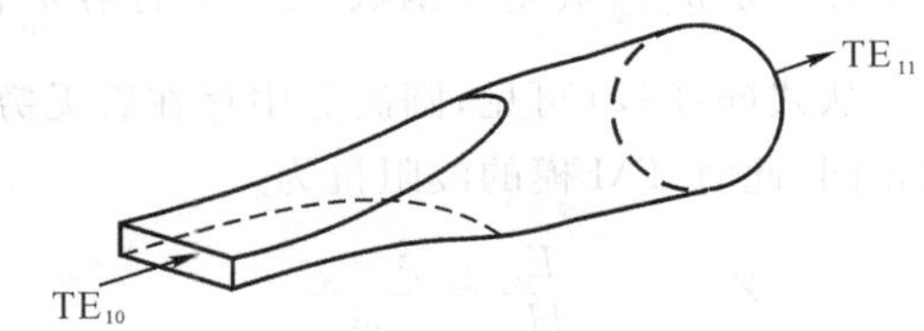

图 6-3-4　方圆波导变换器

(2) TM_{01} 模

TM_{01} 模即 $m=0$、$n=1$ 的 TM 模。TM_{01} 模是圆波导中的第一高次模。TM_{01} 模沿 φ 方向没有变化，且是轴对称的，不存在简并现象，常用于天线馈线系统中的旋转关节。还用于微波电子管和直流电子加速器中。

(3) TE_{01} 模

TE_{01} 模即 $m=0,n=1$ 的 TE 模。TE_{01} 模是圆波导中的高次模。比它低的模式有 TE_{11}，TM_{01}，TE_{21}，它与 TM_{11} 模简并，场分布具有轴对称特点，无极化简并现象。

2. 简并模

简并模式是指截止波长相同而场分布不同的一对模式。在圆波导中有两种简并，分别是 E-H 简并模和极化简并模。

(1) E-H 简并模

E-H 简并模是指两种模式的 m 值不同，场结构不同，但其截止波长相同，传输特性相同。例如圆波导中 TE_{0n} 模和 TM_{1n} 模的简并。由于贝塞尔函数具有 $J_0'(x)=-J_1(x)$ 的性质，所以一阶贝塞尔函数的根和零阶贝塞尔函数导数的根相等，即 $\mu_{0n}=\nu_{1n}$，故有 $\lambda_{c\mathrm{TE}_{0n}}=\lambda_{c\mathrm{TM}_{1n}}$。

(2) 极化简并

极化简并是指两种模式的 m,n 值相同，场分布相同，但极化面旋转了 $90°$。例如 TE 波场分析中的场沿 φ 方向存在 $\sin m\varphi$ 和 $\cos m\varphi$ 两种场分布，两者的截止波数相同、传播特性相同，但极化面互相垂直，所以是极化简并。显然，在圆波导中除 TE_{0n} 和 TM_{0n} 外的所有模式均存在极化简并。圆波导的主模 TE_{11} 的极化是不稳定的。在传播过程中，圆波导中细微不均匀就可能引起波的极化旋转，相当于出现了新的简并模式，因为旋转后的 TE_{11} 模，可分解为极化面互相垂直的两个模，从而导致不能单模传输。但也可用此极化简并现象，制成极化分离器、极化衰减器等。

思考题

(1) 圆波导的传输特性与矩形波导有何异同?
(2) 圆波导的模式兼并与矩形波导有何异同?

6.4　波导的激励与耦合

波导的激励与耦合本质上是电磁波的辐射和接收,其作用是微波源向波导内有限空间的辐射或从波导的有限空间接收电磁波信息。激励是为了在传输系统中建立起所需要工作模式的传输波;耦合则是从已有的传输波中取出一部分,或由已有的传输波在另一元件中建立起所需要工作模式的传输波的过程。激励波导的方法通常有三种:电激励、磁激励和电流激励。严格地用数学方法来分析波导的激励问题是困难的,这里仅定性地对这一问题作阐述。

6.4.1　电激励

电激励类似于电偶极子的辐射,它将同轴线内的导体延伸一小段沿电场方向插入矩形波导内构成探针激励。如图 6-4-1(a) 所示。小探针在其附近空间激励起很多模式的场,当波导满足单模传输条件时,只有 TE_{10} 波向远处传播,而其他的高次模因不满足传输条件而很快被衰减掉。通过调节探针插入深度 h 和短路活塞位置 l,可以使同轴线耦合到波导中去的功率达到最大。显然,短路活塞的作用是提供一个可调电抗以抵消与高次模相对应的探针电抗。

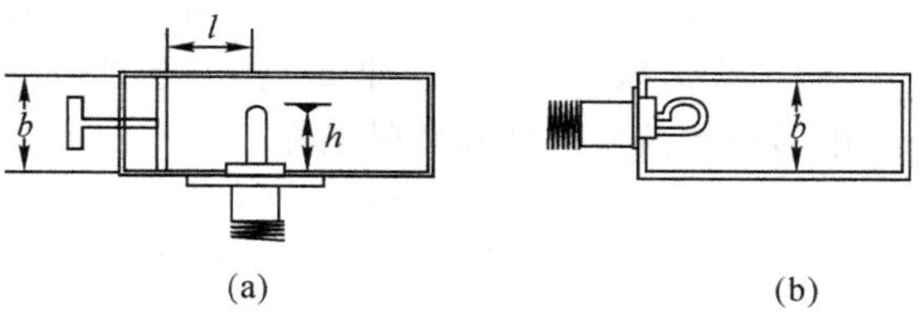

图 6-4-1　电激励与磁激励示意图

6.4.2　磁激励

磁激励将类似于磁偶极子辐射,如图 6-4-1(b) 所示。在要求磁场分布最强的地方放人激励小环(磁偶极子),并使小环法线平行于磁力线。同样,也可连接一短路活塞以提高耦合功率。但由于耦合环不容易和波导紧耦合,而且匹配困难,频带较窄,最大耦合功率也比探针激励小,故在实际中常用探针激励。

6.4.3　电流激励

电流激励类似于电流元的辐射,如图 6-4-2 所示。它主要用于波导之间的激励。它在两个波导的公共壁上开孔或缝,使一部分能量辐射到另一波导去,以此建立所要的传输模式。小孔耦合最典型的应用是定向耦合器。它在主波导和耦合波导的公共壁上开小孔以实现主波导向耦合波导传送能量,另外小孔或缝的激励方法还可用波导与谐振腔之间的耦合、两条微带之间的耦合等。

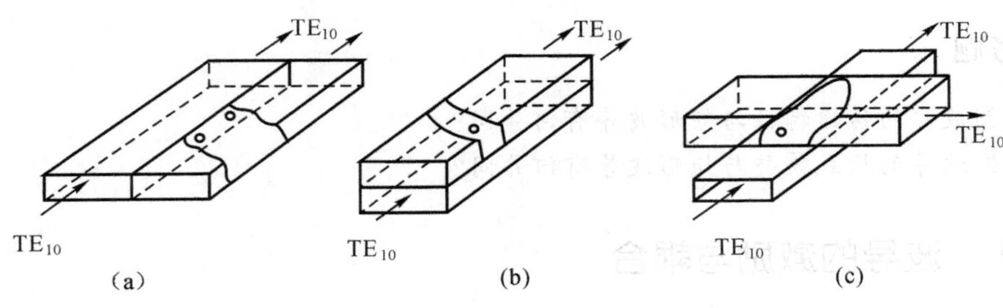

图 6-4-2 波导的小孔耦合

思考题

(1) 在波导激励中常用哪三种激励方式?波导的三种激励有何异同?

6.5 谐振腔

谐振腔是微波振荡电路和微波放大器的重要组成部分，它常用于波长计和滤波器中。谐振腔一般分成传输线型谐振器和非传输线谐振器两大类。在实际应用中大部分采用传输线型谐振器，如图 6-5-1 所示。它是一段由两端短路或开路的导波系统构成的。如金属空腔谐振器，同轴线谐振器和微带谐振器等，它包括波导型腔、同轴型腔、微带腔、介质腔。本节主要介绍矩形空腔谐振器件和微带谐振腔。

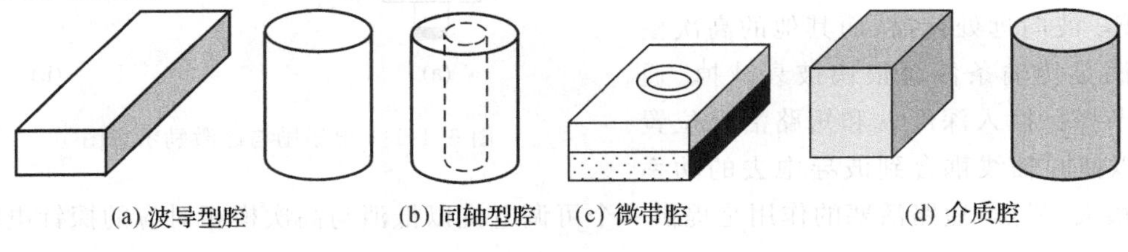

图 6-5-1 微波谐振腔

6.5.1 谐振回路的基本性质

由于微波谐振器与集总参数谐振回路的作用相同，他们的振荡过程及谐振特性非常相似，因此先对集总参数谐振回路的主要参数进行简要的概述。

1. 谐振回路中的储能

图 6-5-2(a) 表示一串联谐振回路，图 6-5-2(b) 表示一并联谐振回路。

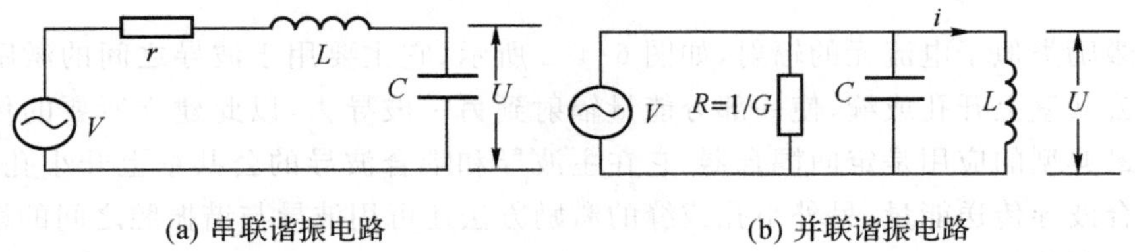

图 6-5-2 串联与并联谐振电路

谐振电路中储存的电能 $W_e(t)$ 和磁能 $W_m(t)$ 以及总储能可分别表示为

$$W_e(t) = \frac{1}{2}CU^2(t) \tag{6-5-1}$$

$$W_m(t) = \frac{1}{2}LI^2(t) \tag{6-5-2}$$

则总储能量为

$$W(t) = W_e(t) + W_m(t) \tag{6-5-3}$$

式中:U 为电容器两端的电压;I 为流经电感器的电流。谐振时($t = t_0$)谐振回路总的输入阻抗为纯阻,即其电抗分量为 0,或电纳分量为 0。此时,回路的总储能等于电储能或磁储能的最大值,即

$$W(t_0) = W_e = W_m = \frac{1}{2}C\,|\,U\,|^2 = \frac{1}{2}L\,|\,I\,|^2 \tag{6-5-4}$$

式中:W_e 和 W_m 分别为电能和磁能的最大值。

2. 无载品质因数与谐振频率

无载品质因数 Q_0 不考虑负载的影响,只表征谐振回路本身的特性,它定义为

$$Q_0 = \omega_0 \cdot \frac{\text{谐振时总的储能}}{\text{损耗功率}} = \omega_0 \frac{W}{P_L} \tag{6-5-5}$$

式中:P_L 为谐振时谐振回路的损耗功率;ω_0 为谐振时的角频率。

根据图 6-5-2(a) 所示的串联谐振电路,可得

$$Q_0 = \frac{\omega_0 L}{r} = \frac{1}{\omega_0 Cr} \tag{6-5-6a}$$

$$R_c = \omega_0 L = \frac{1}{\omega_0 C} = \sqrt{\frac{L}{C}} \tag{6-5-6b}$$

$$\omega_0 = \frac{1}{\sqrt{LC}} \tag{6-5-6c}$$

$$P_L = \frac{1}{2}I^2 r = \frac{1}{2}\frac{V^2}{r} \tag{6-5-6d}$$

根据图 6-5-2(b) 所示的并联谐振电路,同样可得

$$R_c = \omega_0 L = \frac{1}{\omega_0 C} = \sqrt{\frac{L}{C}} \tag{6-5-7a}$$

$$\omega_0 = \frac{1}{\sqrt{LC}}\sqrt{1 - \frac{C}{L}R^2} \approx \frac{1}{\sqrt{LC}} \tag{6-5-7b}$$

$$Q_0 = \omega_0 RC = \frac{R}{\omega_0 L} = \frac{\omega_0 C}{G} = \frac{R}{R_c} \tag{6-5-7c}$$

$$P_L = \frac{1}{2}\frac{U^2}{R} \tag{6-5-7d}$$

式(6-5-7) 中 R_c 为谐振回路的特性阻抗,$G = 1/R$ 为电导。串联与并联谐振电路的谐振特性如图 6-5-3 所示。品质因数对谐振曲线的影响用通频带 Δf 来表示,即

$$\Delta f = \frac{f_0}{Q_0} \tag{6-5-8}$$

由式(6-5-8) 可得:Q_0 越高,带宽 Δf 越窄,回路的选择性越好。

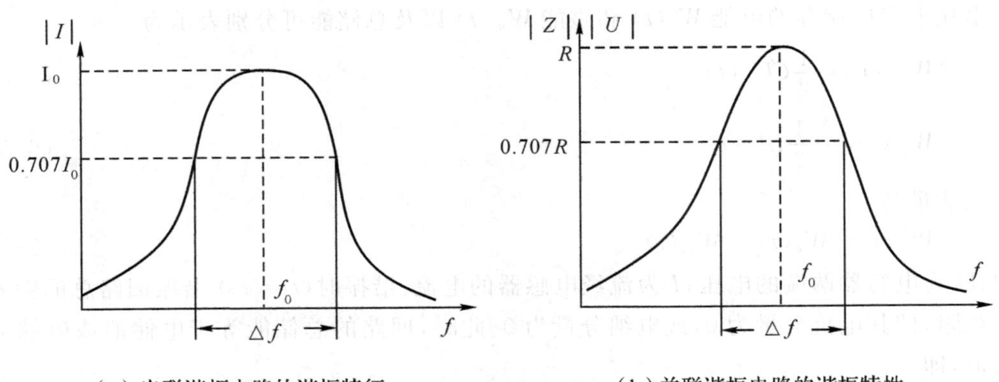

（a）串联谐振电路的谐振特征

（b）并联谐振电路的谐振特性

图 6-5-3 串联与并联谐振电路的谐振特性

3. 有载品质因数 Q_L

在有外电路耦合情况下，谐振回路的品质因数定义为有载品质因数 Q_L。对串联谐振电路，负载可等效为一附加串联电阻；对并联谐振电路，负载可等效为一附加并联电阻。谐振时损耗在该附加电阻上的功率记为 P_e，则

$$Q_e = \omega_0 \frac{W}{P_e} \tag{6-5-9}$$

Q_e 称为外观品质因数。P_L/P_e 表明外电路与谐振回路耦合的强弱。

$$Q_L = \omega_0 \frac{W}{P_L + P_e} \tag{6-5-10}$$

由式(6-5-5)、式(6-5-9) 和式(6-5-10) 可得

$$\frac{1}{Q_L} = \frac{1}{Q_0} + \frac{1}{Q_e} \tag{6-5-11}$$

可见 Q_o 的值越高谐振回路的选择性越好，Q_e 的值越小耦合越强，有载 Q_L 就越低。

6.5.2 微波谐振器的基本参数

微波谐振器中电储能与磁储能时刻在变化和互相转化，这与低频集总参数谐振回路中的振荡现象相似。在谐振频率上腔内的电储能或磁储能也达最大，且等于总储能，而谐振腔内的电磁场成为驻波场。如果工作频率偏离谐振频率，谐振器内的场就将减弱，减弱的程度由谐振器的品质因数所决定。因为谐振波长 λ_0 与谐振器的几何尺寸直接发生关系，而谐振频率 f_0 则需通过 λ_0 才能得到，所以在这里主要介绍两个基本参数 —— 谐振波长和品质因数。

1. 谐振波长

谐振波长 λ_0 与谐振频率 f_0 之间满足以下关系：

$$\lambda_0 = \frac{c}{f_0} \tag{6-5-12}$$

由上式可见，谐振波长 λ_0 实际上是谐振频率 f_0 在自由空间所对应的波长。谐振时，有

$$k_0 = \frac{2\pi}{\lambda_0} \tag{6-5-13}$$

由式(6-1-19) 得

$$k^2 = k_c^2 + \beta^2 \tag{6-5-14}$$

式中：$k = \omega_0\sqrt{\mu\varepsilon} = k_0\sqrt{\varepsilon_r}$，由式(6-5-14)和式(6-5-13)可得

$$\lambda_0 = \frac{2\pi}{k_0} = \frac{2\pi\sqrt{\varepsilon_r}}{\sqrt{k_c^2+\beta^2}} \tag{6-5-15}$$

上式对各种传输线型谐振器均适用。但由于不同结构、不同模式的谐振器，其 k_c 及 β 的值不同，所以对应的谐振波长其表示式及数值也不同。

谐振时，腔内电磁场在各个方向上呈驻波分布，因此在 z 轴的纵向长度 l 上的相移应满足

$$\beta l = \frac{2\pi}{\lambda_g} l = p\pi, \qquad p = 1,2,\cdots \tag{6-5-16}$$

其中：β 为沿 z 方向的传播常数；λ_g 为沿 z 方向的波导波长。

$$l = p\frac{\lambda_g}{2}, \qquad p = 1,2,\cdots \tag{6-5-17}$$

可见，谐振器的纵向长度 l 必定是 $\lambda_g/2$ 的整数倍。

2. 微波谐振腔的品质因数

微波谐振器品质因数的定义与低频 LC 谐振电路品质因数的定义相类似。空载品质因数、外观品质因数和有载品质因数仍然用 Q_0、Q_e 和 Q_L 表示，并且满足式(6-5-11)。

集总参数谐振回路的 Q 值是依照 6.5.1 节的公式，通过电感线圈的电流和电容器两端的电压来计算的，但在分布参数谐振器中，无法进行这样的计算。然而，如果谐振器内电磁场分布确定的话，则其储能和损耗功率是可以计算的，由此可以求得 Q 值。

谐振时，电储能或磁储能达最大值且等于总储能，可表示为

$$W = W_e = \frac{1}{2}\varepsilon\iiint_V \boldsymbol{E}\cdot\boldsymbol{E}^*\,dV = \frac{1}{2}\varepsilon\iiint_V |\boldsymbol{E}|^2\,dV \tag{6-5-18}$$

$$W = W_m = \frac{1}{2}\mu\iiint_V \boldsymbol{H}\cdot\boldsymbol{H}^*\,dV = \frac{1}{2}\mu\iiint_V |\boldsymbol{H}|^2\,dV \tag{6-5-19}$$

式中：V 是谐振腔的体积；ε，μ 为腔内填充媒质的介质常数。

损耗功率 P_L 包括导体壁面损耗和腔内填充介质损耗。壁面导体损耗功率为

$$P_c = \frac{1}{2}R_S\oiint_S \boldsymbol{J}\cdot\boldsymbol{J}^*\,dS = \frac{1}{2}R_S\oiint_S |H_t|^2\,dS = \frac{1}{2}(\sigma\delta)^{-1}\oiint_S |H_t|^2\,dS \tag{6-5-20}$$

式中：R_S 为表面电阻；δ 为趋肤深度；σ 为电导率；S 为腔内壁总面积。设填充的有损介质的电导率为 σ_d，则介质损耗功率为

$$P_d = \frac{1}{2}\sigma_d\iiint_V |\boldsymbol{E}|^2\,dV \tag{6-5-21}$$

根据 Q 的定义，将式(6-5-20)和式(6-5-21)代入式(6-5-5)，可得只考虑导体损耗时的 Q_0，记为 Q_{0c}，有

$$Q_{0c} = \omega_0\frac{W}{P_c} = \omega_0\frac{\mu\iiint_V |H|^2\,dV}{R_S\oiint_S |H_t|^2\,dS} = \frac{2}{\delta}\frac{\iiint_V |H|^2\,dV}{\oiint_S |H_t|^2\,dS} \tag{6-5-22}$$

只考虑介质损耗的 Q_0 记为 Q_{0d}，有

$$Q_{0d}=\omega_0\frac{W}{P_d}=\omega_0\frac{\varepsilon\iiint_V|E|^2\mathrm{d}V}{\sigma_d\iiint_V|E|^2\mathrm{d}V}=\frac{1}{\tan\delta_d} \tag{6-5-23}$$

式中：$\tan\delta_d=\frac{\sigma_d}{\omega_0\varepsilon}$ 为损耗角正切。同时考虑导体损耗和介质损耗时的 Q_0 为

$$Q_0=\omega_0\frac{W}{P_c+P_d}=\omega_0\frac{1}{\frac{P_c}{W}+\frac{P_d}{W}}=\frac{1}{\frac{1}{Q_{0c}}+\frac{1}{Q_{0d}}}$$

即

$$\frac{1}{Q_0}=\frac{1}{Q_{0c}}+\frac{1}{Q_{0d}} \tag{6-5-24}$$

有载谐振器的 Q 值记为 Q_L，按式(6-5-10)计算。由以上的分析可见，不同振荡模的场分布不同，Q 值不同。所以，谐振器的 Q 值与谐振波长一样是对某一模式而言的。

6.5.3 矩形金属谐振腔

由一段两端面封闭的矩形波导加上适当的激励和输出耦合装置，即成为一个实际的谐振器。图 6-5-4 表示腔体本身及所取坐标系。

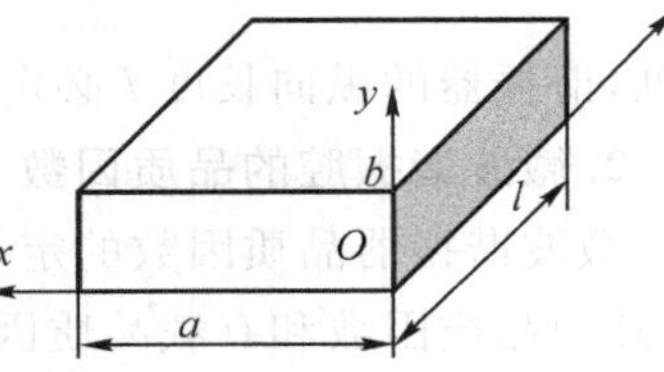

图 6-5-4 矩形谐振腔

1. 矩形谐振腔中的振荡模

利用矩形波导传输线的结果，加上 $z=0$ 和 $z=l$ 处两端面新的边界条件，求解波动方程就可得出腔内的电磁场分布。

(1)TE 型振荡模的场方程

对矩形波导的 TE 模有 $E_z=0$，$H_z\neq0$。由于在 $z=0$ 和 $z=l$ 处用金属板短路，电磁波必定在 z 方向来回反射而形成驻波，即

$$\begin{aligned}H_z&=H^{+}+H^{-}\\&=H_0^{+}\cos\left(\frac{m\pi}{a}x\right)\cos\left(\frac{n\pi}{b}y\right)\mathrm{e}^{-\mathrm{j}\beta z}+H_0^{-}\cos\left(\frac{m\pi}{a}x\right)\cos\left(\frac{n\pi}{b}y\right)\mathrm{e}^{\mathrm{j}\beta z}\end{aligned}$$

在 $z=0$ 处要求 $H_z=0$，由此得 $H_0^{+}=-H_0^{-}$，故

$$H_z=-\mathrm{j}2H_0\cos\left(\frac{m\pi}{a}x\right)\cos\left(\frac{n\pi}{b}y\right)\sin\beta z \tag{6-5-25}$$

在 $z=l$ 处要求 $H_z=0$，由此得 $\beta=\frac{p\pi}{l}$，$p=1,2,3,\cdots$，所以

$$H_z=-\mathrm{j}2H_0\cos\left(\frac{m\pi}{a}x\right)\cos\left(\frac{n\pi}{b}y\right)\sin\left(\frac{p\pi}{l}z\right) \tag{6-5-26}$$

将上式代入式(6-2-12)可得全部场分量为

$$E_x=\frac{2\omega\mu}{k_c^2}\left(\frac{n\pi}{b}\right)H_0\cos\left(\frac{m\pi}{a}x\right)\sin\left(\frac{n\pi}{b}y\right)\sin\left(\frac{p\pi}{l}z\right) \tag{6-5-27a}$$

$$E_y=-\frac{2\omega\mu}{k_c^2}\left(\frac{m\pi}{a}\right)H_0\sin\left(\frac{m\pi}{a}x\right)\cos\left(\frac{n\pi}{b}y\right)\sin\left(\frac{p\pi}{l}z\right) \tag{6-5-27b}$$

$$E_z=0 \tag{6-5-27c}$$

$$H_x=\mathrm{j}\frac{2}{k_c^2}\left(\frac{m\pi}{a}\right)\left(\frac{p\pi}{l}\right)H_0\sin\left(\frac{m\pi}{a}x\right)\cos\left(\frac{n\pi}{b}y\right)\cos\left(\frac{p\pi}{l}z\right) \tag{6-5-27d}$$

$$H_y = \mathrm{j}\frac{2}{k_c^2}\left(\frac{n\pi}{b}\right)\left(\frac{p\pi}{l}\right)H_0\cos\left(\frac{m\pi}{a}x\right)\sin\left(\frac{n\pi}{b}y\right)\cos\left(\frac{p\pi}{l}z\right) \tag{6-5-27e}$$

$$H_z = -\mathrm{j}2H_0\cos\left(\frac{m\pi}{a}x\right)\cos\left(\frac{n\pi}{b}y\right)\sin\left(\frac{p\pi}{l}z\right) \tag{6-5-27f}$$

式中：$k_c^2 = k_x^2 + k_y^2 = \left(\frac{m\pi}{a}\right)^2 + \left(\frac{n\pi}{b}\right)^2$

(2)TM 型振荡模的场方程

矩形波导的 TM 模有 $H_z = 0, E_z \neq 0$。采用与上述相似的方法，可导出矩形谐振腔 TM 模的场方程为

$$E_x = -\frac{2}{k_c^2}\left(\frac{m\pi}{a}\right)\left(\frac{p\pi}{l}\right)E_0\cos\left(\frac{m\pi}{a}x\right)\sin\left(\frac{n\pi}{b}y\right)\sin\left(\frac{p\pi}{l}z\right) \tag{6-5-28a}$$

$$E_y = -\frac{2}{k_c^2}\left(\frac{n\pi}{b}\right)\left(\frac{p\pi}{l}\right)E_0\sin\left(\frac{m\pi}{a}x\right)\cos\left(\frac{n\pi}{b}y\right)\sin\left(\frac{p\pi}{l}z\right) \tag{6-5-28b}$$

$$E_z = 2E_0\sin\left(\frac{m\pi}{a}x\right)\sin\left(\frac{n\pi}{b}y\right)\cos\left(\frac{p\pi}{l}z\right) \tag{6-5-28c}$$

$$H_x = \mathrm{j}\frac{2\omega\varepsilon}{k_c^2}\left(\frac{n\pi}{b}\right)E_0\sin\left(\frac{m\pi}{a}x\right)\cos\left(\frac{n\pi}{b}y\right)\cos\left(\frac{p\pi}{l}z\right) \tag{6-5-28d}$$

$$H_y = -\mathrm{j}\frac{2\omega\varepsilon}{k_c^2}\left(\frac{m\pi}{a}\right)E_0\cos\left(\frac{m\pi}{a}x\right)\sin\left(\frac{n\pi}{b}y\right)\cos\left(\frac{p\pi}{l}z\right) \tag{6-5-28e}$$

$$H_z = 0 \tag{6-5-28f}$$

从上述场方程可知，矩形谐振腔可存在无穷多个 TE 型和 TM 型振荡模，用 TE_{mnp} 和 TM_{mnp} 表示。下标 m、n、p 为自然数，分别表示场分量沿 x、y、z 方向变化的半个驻波的个数。对于 TE_{mnp} 模，p 不能为 0。

2. 矩形谐振腔的谐振波长 λ_0

将求得的 k_c 及 β 代入式(6-5-15)，并令 $\varepsilon_r = 1$ 可得

$$\lambda_0 = \frac{2}{\sqrt{\left(\frac{m}{a}\right)^2 + \left(\frac{n}{b}\right)^2 + \left(\frac{p}{l}\right)^2}} \tag{6-5-29}$$

如果 TE_{mnp} 模的 m、n、p 和 TM_{mnp} 模的 m、n、p 相同，则谐振波长相同，因此是简并模。

3. 矩形谐振腔的主模 TE_{101}

习惯上沿 x、y、z 轴矩形谐振腔的三个边分别用 a、b、l 表示，且 $l > a > b$，则 TE_{101} 模的谐振波长 λ_0 最长，谐振频率最低，即是主模。谐振波长和谐振频率分别为

$$\lambda_0 = \frac{2}{\sqrt{\left(\frac{1}{a}\right)^2 + \left(\frac{1}{l}\right)^2}} \tag{6-5-30a}$$

$$\omega_0 = \pi c\sqrt{\frac{1}{a^2} + \frac{1}{l^2}} \tag{6-5-30b}$$

式中：c 为光速，且已假定腔中填以 $\varepsilon_r = 1$ 的空气。

将 $m = 1, n = 0, p = 1$ 代入矩形腔 TE 模的场方程式便得矩形腔 TE_{101} 模场方程为

$$E_y = -\frac{2\omega\mu a}{\pi}H_0\sin\left(\frac{\pi}{a}x\right)\sin\left(\frac{\pi}{l}z\right) \tag{6-5-31a}$$

$$H_x = \mathrm{j}2\frac{a}{l}H_0\sin\left(\frac{\pi}{a}x\right)\cos\left(\frac{\pi}{l}z\right) \tag{6-5-31b}$$

$$H_z = -\mathrm{j}2H_0\cos\left(\frac{\pi}{a}x\right)\sin\left(\frac{\pi}{l}z\right) \tag{6-5-31c}$$

$$E_x = E_z = H_y = 0 \tag{6-5-31d}$$

根据 TE_{101} 模的场方程，可画出其场结构图，如图 6-5-5 所示。各场量沿 y 方向和 x 方向的分布与矩形波导的 TE_{10} 模相同，而沿 z 方向则有半个驻波的分布。

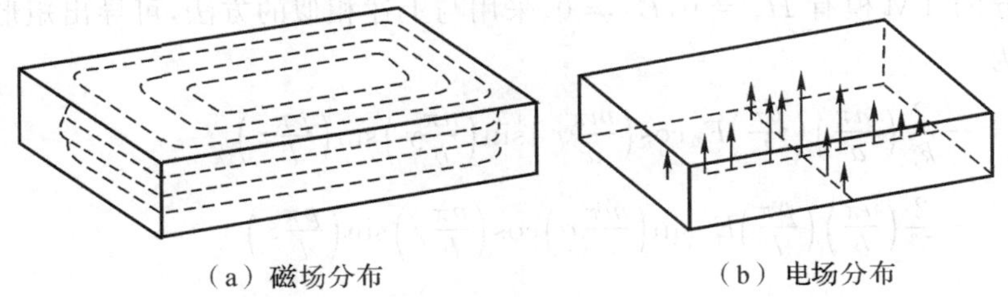

（a）磁场分布　　（b）电场分布

图 6-5-5　矩形腔 TE_{101} 模场结构

将式(6-5-31)代入式(6-5-22)可得只考虑导体损耗时的 Q_0 为

$$Q_0 = \frac{\pi\eta}{4R_S}\frac{2b(a^2+l^2)^{3/2}}{al(a^2+l^2)+b(a^3+l^3)} \tag{6-5-32}$$

式中：$\eta = 120\pi$；R_S 为表面电阻。

如果为 $a = b = l$ 的正方形腔，则

$$Q_{S0} = 0.742\frac{\eta}{R_S} = 280\sigma\delta \tag{6-5-33}$$

例 6-5-1　有一空气填充的空腔谐振器。假定沿 x,y,z 方向上的边长分别为 a,b,l。试求下列情形的振荡主模及谐振频率：(1)$a>b>l$；(2)$a>l>b$；(3)$l>a>b$；(4)$a=b=l$。

解　对 TE_{mnp} 振荡模，主模只可能为 TE_{011} 或 TE_{101}，这取决于 a 与 b 间的相对大小。其谐振频率为

$$f_0 = \frac{1}{2\pi\sqrt{\mu\varepsilon}}\sqrt{\left(\frac{m\pi}{a}\right)^2+\left(\frac{n\pi}{b}\right)^2+\left(\frac{p\pi}{l}\right)^2}$$

对 TM_{mnp} 振荡模，其主模应为 TM_{110}，其谐振频率与上式相同，对于空气，取 $\frac{1}{\sqrt{\mu\varepsilon}} = c$。

对 TE_{101} 模，$f_0 = \frac{c}{2}\sqrt{\frac{1}{a^2}+\frac{1}{l^2}}$；对 TM_{011} 模，$f_0 = \frac{c}{2}\sqrt{\frac{1}{b^2}+\frac{1}{l^2}}$；对 TM_{110} 模，$f_0 = \frac{c}{2}\sqrt{\frac{1}{a^2}+\frac{1}{b^2}}$。

可见，(1) 对 $a>b>l$ 情况，TM_{110} 是主模；(2) 对 $a>l>b$ 情况，TE_{101} 是主模；(3) 对 $l>a>b$ 情况，TE_{101} 是主模；(4) 对 $a=b=l$ 情况，上列三个公式的值相同，故出现三种振荡模式的简并，其振荡频率为 $f_0 = \frac{c}{\sqrt{2}a}$，谐振波长为 $\lambda_0 = \sqrt{2}a$。

6.5.4　微带线谐振器

微带谐振器主要分传输线型和非传输线型谐振器。传输线型谐振器如微带线节谐振器。非传输线型谐振器如圆形、环形、椭圆形谐振器，这四种微带谐振器分别如图 6-5-6(a)，(b)，(c)，(d) 所示。

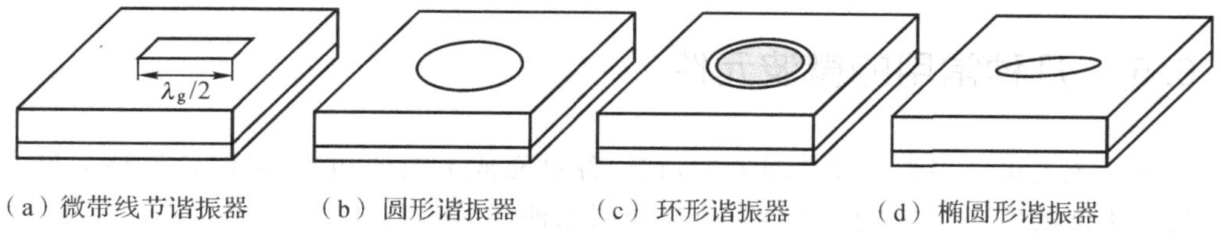

(a) 微带线节谐振器　(b) 圆形谐振器　(c) 环形谐振器　(d) 椭圆形谐振器

图 6-5-6　各种微带谐振器

下面我们对线节型谐振器作一简单分析。设微带线工作在准 TEM 模式，对于一段长为 l 的微带线，终端开路时，由传输线理论，可得其输入阻抗为

$$Z_{in} = -jZ_0\cot\beta l \tag{6-5-34}$$

式中：$\beta = 2\pi/\lambda_g$，λ_g 为微带线的带内波长。根据并联谐振条件 $Y_{in} = 0$，于是有

$$l = \frac{p\lambda_{g0}}{2} \quad 或 \quad \lambda_{g0} = \frac{2l}{p} \qquad p = 1,2,\cdots \tag{6-5-35}$$

式中：λ_{g0} 为带内谐振波长。根据串联谐振条件 $Z_{in} = 0$，于是有

$$l = \frac{(2p-1)\lambda_{g0}}{4} \quad 或 \quad \lambda_{g0} = \frac{4l}{2p-1} \tag{6-5-36}$$

可见，长度为 $\lambda_{g0}/2$ 整数倍的两端开路的微带线构成了 $\lambda_{g0}/2$ 微带谐振器；长度为 $\lambda_{g0}/4$ 奇数倍的一端开路一端短路的微带线构成了 $\lambda_{g0}/4$ 微带谐振器。实际上，微带谐振器短路比开路难实现，所以一般采用终端开路型微带谐振器。但终端导带断开处的微带线不是理想的开路，因而计算的谐振长度要比实际的长度要长，一般有

$$l_1 + 2\Delta l = p\frac{\lambda_{g0}}{2}$$

其中：l_1 为实际导带长度；Δl 为缩短长度。微带谐振器的损耗主要有导体损耗、介质损耗和辐射损耗，于是总的品质因数 Q_0 为

$$Q_0 = \left(\frac{1}{Q_c} + \frac{1}{Q_d} + \frac{1}{Q_r}\right)^{-1} \tag{6-5-37}$$

其中：Q_c、Q_d、Q_r 分别是导体损耗、介质损耗和辐射损耗引起的品质因素，Q_c 和 Q_d 可按下式计算：

$$Q_c = \frac{27.3}{\alpha_c\lambda_{g0}} \tag{6-5-38}$$

$$Q_d = \frac{\varepsilon_e}{\varepsilon_r}\frac{1}{q\tan\delta} \tag{6-5-39}$$

式中：α_c 为微带线的导体衰减常数(dB/m)；ε_e、q 分别为微带线的有效介电常数和填充因子。通常 $Q_r \gg Q_d \gg Q_c$，因此微带线谐振器的品质因数主要取决于导体损耗。

思考题

(1) 什么是谐振腔?解析谐振腔中的谐振是怎样发生的?

(2) 谐振腔和LC谐振回路相比有什么特点?微波谐振器与低频集总参数谐振电路有何异同?

(3) 如何计算矩形谐振腔的谐振频率?

(4) 矩形空腔谐振器与微带谐振器的主要参量和应用有何异同?

(5) TE_{101} 和 TE_{110} 场分布有什么不同?

6.6 几种常用的微波元件

微波系统是由许多微波元件组成的,它们各自完成不同的功能。微波元件种类很多,而且正处于不断的发展中,限于篇幅,本节仅介绍几种常用的无源微波元件。

6.6.1 电抗元件

在微波元件中,感性电抗和容性电抗称为基本的电抗元件。基本电抗元件在滤波电路、谐振电路中起着重要作用。

1. 波导电抗元件

(1) 电容性膜片

如图 6-6-1 所示,在矩形波导某截面处沿波导宽边放入与波导等宽、具有良好导电性能的金属薄片就构成了电容性膜片。由于波导宽边的纵向电流流进膜片而在膜片形成积聚电荷,使膜片周围空间电场增强,储存的电能增加,因而起着电容的作用。若将波导等效为双线,则容性膜片就等效为一跨接于双线的电容。由理论分析可得对称容性膜片的归一化电纳为

$$\bar{B} = \frac{4b}{\lambda_g}\ln\left[\csc\left(\frac{\pi b'}{2b}\right)\right] \tag{6-6-1}$$

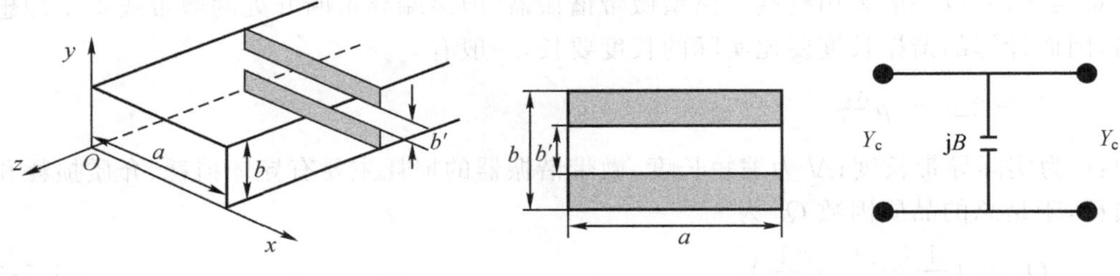

(a) 电容性膜片　　(b) 电容性膜片的等效电路

图 6-6-1　矩形波导中的电容性膜片及其等效电路

这里 λ_g 为波导内的传输波长。

(2) 电感性膜片

如图 6-6-2 所示为电感性膜片,由于膜片上的电流使膜片周围集中了磁场,因而起着电感的作用。根据理论分析,对称电感性膜片的归一化电纳近似为

$$\bar{B} = -\frac{\lambda_g}{a}\cot^2\left(\frac{\pi a'}{2a}\right) \tag{6-6-2}$$

(3) 谐振窗

如果将电容性膜片和电感性膜片组合起来,则成为中间开孔的膜片,如图 6-6-3 所示。

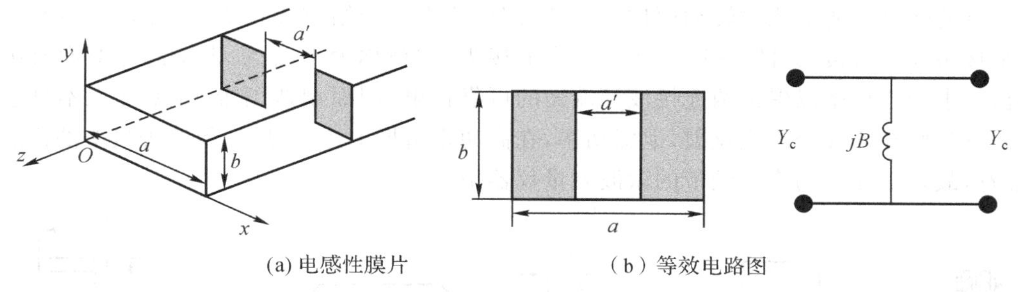

(a) 电感性膜片　(b) 等效电路图

图 6-6-2　矩形波导中的电感性膜片及其等效电路

因其等效电路是电感与电容的并联，可对某一频率发生谐振，因而称之为谐振窗。实用中谐振窗口常用透波物质(如玻璃) 封闭起来，因此可对系统某一部分空间进行密封或充气处理，两个谐振窗可作为雷达中天线收发开关的示意图。

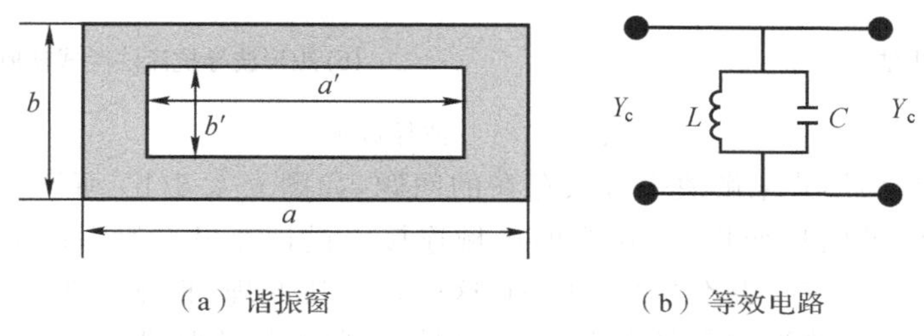

(a) 谐振窗　(b) 等效电路

图 6-6-3　矩形波导中的谐振窗及其等效电路

2. 调谐螺钉

在一个矩形波导宽边中央位置插入销钉(或螺钉) 时，该处的场将发生改变，并表现出并联容性或感性，如图 6-6-4 所示。当销钉插入深度 l 较浅(小于 $\lambda/4$) 时，它一方面使电场增强，另一方面，波导宽面的纵向电流要流入螺钉产生磁场，但相比较前者起主要作用，所以其并联电纳呈容性($B > 0$)，如图 6-6-4(a) 所示。随螺钉旋入波导深度的增加，电感量和电容量都增加，当旋入的深度约为 $\lambda/4$ 时，容抗和感抗相等，形成串联谐振，如图 6-6-4 (b) 所示。当螺钉旋入波导的深度再增加时，则感抗大于容抗，形成一个电感，如图 6-6-4(c) 所示。

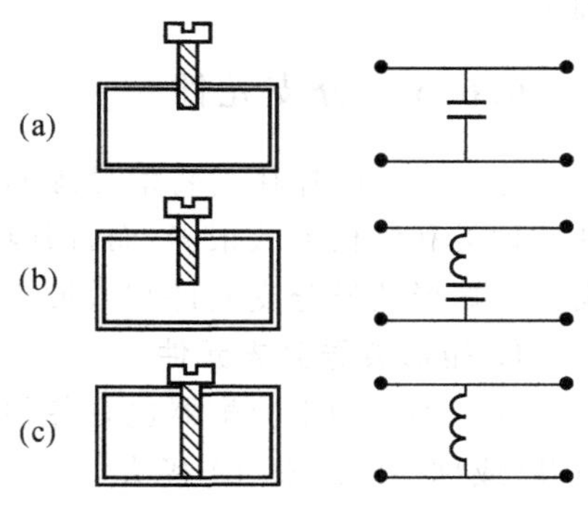

图 6-6-4　调谐螺钉及其等效电路

实验证实，螺钉的容性电纳与螺钉的直径以及旋入波导的深度有关。螺钉的直径越大，旋入越深，电纳越大。当螺钉位于波导宽壁的中心线时，等效电容最大。值得注意的是，要考虑螺钉引起的损耗和击穿问题。在螺钉旋入波导不太深时，螺钉一般作可变电容用。

6.6.2　连接匹配元件

1. 波导连接

在微波系统中，往往需要从一种传输线过渡到另一种传输线的连接。如最常用的是由同轴线到波导的连接，称为同轴 — 波导转接器；由同轴线到微带的连接称为同轴 — 微带转接器等。有的转接器要求相对转动而构成旋转关节。这里只介绍波导接头。波导接头通常有两种:平接头和抗流接头。图 6-6-5(a) 所示为平接头,常被称为平法兰。由于波导宽面有纵向电流,要求加工精密以保证两连接波导端面的可靠接触,因而制造困难。如果加工不良造成接触不好,则在连接处产生反射,泄漏功率,在高功率情形下还会打火。但这种接头的优点是频带宽,故常用在小功率宽频带的微波测量仪器中。

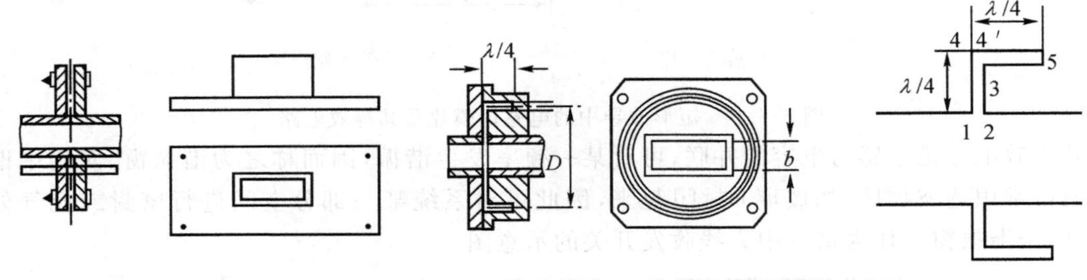

(a) 矩形波导平法兰　　(b) 矩形波导抗流法兰式法胜

图 6-6-5　波导接头

常采用抗流结构形式来解决平接头存在的问题,如图 6-6-5(b) 所示。其工作原理是利用 $\lambda/4$ 波长传输线的阻抗变换,将接头的机械连接面设计在没有纵向电流处,即在开路面上,故连接面的接触良好与否不会产生影响,这就是抗流原理。根据接头的结构和波导中的电场分布,可将接头等效为两段双线传输线。可见,需要连接的两段波导在机械上并不接触,但在电气性能上则具有良好的接触。由于两条直槽加工困难,实际上是做成圆槽。因 TE_{10} 模在宽壁中心附近纵向电流最大,故从宽壁中心到圆槽的距离按约 $\lambda/4$ 设计,实际尺寸由实验确定。

6.6.3　分支元件

分支元件的作用是将信号源的功率进行分配,并馈送给若干个分支电路(负载)。分支元件的种类和结构形式很多,而且其功能并不限于功率分配,还起到功率合成、调配等作用。下面介绍矩形波导分支元件和微带线功率分配器。

1. 矩形波导分支元件

这一类的功率分配器也有各种不同的结构型式,其中较常用的是 T 型接头、双 T 接头和魔 T(或称匹配的双 T) 接头。

(1)T 型接头

T 型接头有 E-T 和 H-T 两种型式,前者也称 E 面 T 形分支,后者也称 H 面 T 形分支。图 6-6-6 所示为 E 面 T 形分支的结构图以及电场力线的分布图。所谓 E-T,就是对于 TE_{10} 模而言,任取一个平行于波导窄壁的平面,E-T 接头三个臂内的电场均在此平面内,因此叫做 E 面分支。从图 6-6-6 所示的场分布可直观地得出 E-T 接头的性质(条件是,当信号从某一端口输入时,其余的两个端口均接匹配负载):当信号从端口 1 输入时,2 和 3 端口有输出;当信号从端口 2 输入时,1 和 3 端口有输出;当信号从端口 3 输入时,在距对称面相等距离处,1 和 2 端口输出的信号幅度相等、相位相反(电场方向相反),这是因为 1 和 2 支臂在结构上对于对称面 T 是对称的,而 3 支臂的电场(对于 TE_{10} 模) 对 T 而言是反对称的;当端口 1 和 2 同时输入等幅、反相的信号时,端口 3 有最大的输出(同相叠加);当端口 1 和 2 同时输入等幅、同相的信号时，端口 3 无输出，因此在端口 1 和 2 之间形成驻波状态，而且对称面 T 处是电场的波腹点、磁场的波节点。

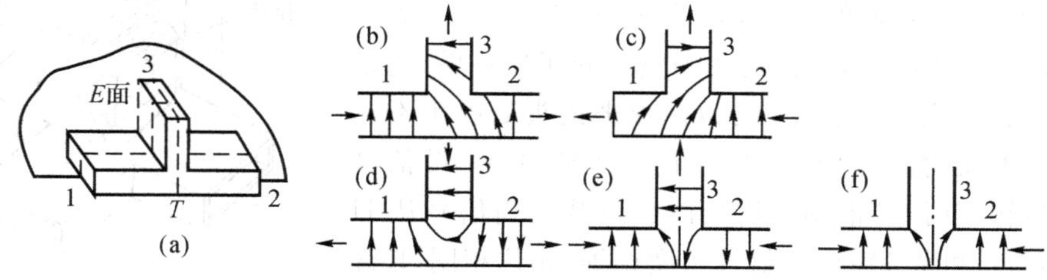

图 6-6-6　E 面 T 形分支

另一种 T 型接头是 H 面 T 形分支，如图 6-6-7 所示。对于 TE_{10} 模而言，各臂内磁场所在的平面都处于与波导的宽壁相平行的平面内，因此称为 H 面分支接头。与 E-T 接头分析类似，可得到 H-T 接头的下列性质（条件和 E-T 接头所要求的一样）：当信号由端口 1 输入时，端口 2 和 3 有输出；当信号由端口 2 输入时，端口 1 和 3 有输出；当信号由端口 3 输入时，由端口 1 和 2 输出的信号幅度相等、相位相同（因 1 和 2 臂对于对称面 T 在结构上是对称的）；当由端口 1 和 2 同时输入等幅同相信号时，端口 3 有最大的输出；当端口 1 和 2 同时输入等幅、反相信号时，端口 3 无输出，因此在端口 1 和端口 2 之间形成了驻波分布，而且对称面 T 处是电场的波节点、磁场的波腹点。

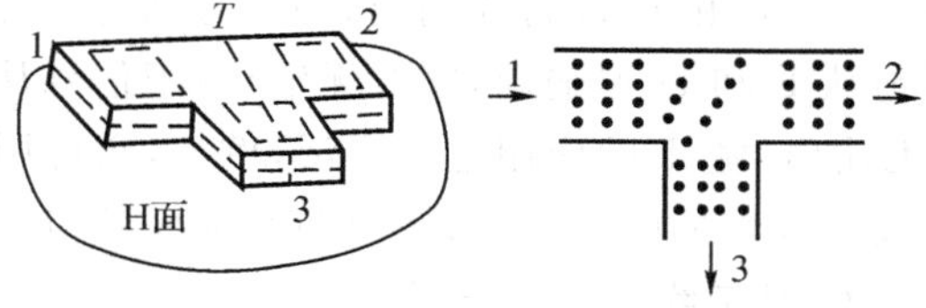

图 6-6-7　H 面 T 形分支

T 型接头是一个三端口微波元件，可用作功率分配或功率合成器。在 T 型接头的任一臂中加入可移动的短路活塞，调节其位置，就可使接头处呈现任意数值的电抗，以调节波导系统的匹配情况。此外，T 型接头还可作为微波天线开关的组成部分。

(2) 双 T 接头和魔 T 接头

将 E-T 和 H-T 组合在一起，就构成了双 T 接头，如图 6-6-8 所示。根据 E-T 和 H-T 的性质，就可以得出双 T 的下列性质（设信号从某一端口输入时，其他端口均接匹配负载）：当信号从端口 3(H 臂) 输入时，端口 1 和 2 输出的信号等幅、同相，端口 4(E 臂) 无输出，这是因为支臂 3 内的电场与支臂 4 内的电场在空间是正交的（指 TE_{10} 模），不可能互相激励；当信号从端口 4(E 臂) 输入时，端口 1 和 2 输出的信号幅度相等、相位相反，端口 3 无输出；从端口 1 和 2 同时输入等幅、同相信号时，信号从端口 3 输出，端口 4 无输出；当从端口 1 和 2 同时输入等幅、反相信号时，端口 4 有输出，端口 3 无输出；当信号单独由端口 1 或端口 2 输入时，端口 3 和 4 均有输出；端口 1 和端口 2 之间的隔离度很低，双 T 可用作功率分配或功率合成器。如果在 E 臂和 H 臂中安置可调短路活塞，调节其位置，就可以在各支臂的交接处产生任意大小的电抗，构成调配器，以减少波导系统中的驻波比。

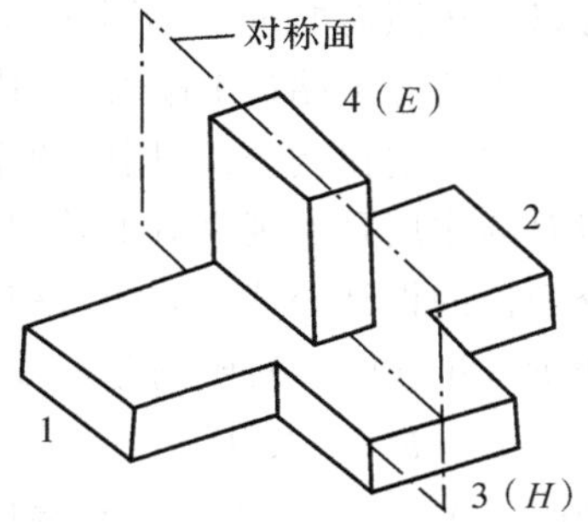

图 6-6-8　双 T 接头

在双 T 接头中，当端口 1 和端口 2，以及端口 4 都接匹配负载时，从端口 3 看去是不匹配的；同样，当端口 1 和端口 2，以及端口 3 都接匹配负载时，从端口 4 看去，也是不匹配的。为了使从3(H)臂和4(E)臂看去都是匹配的,就需要在双T接头四个支臂的交接处安置匹配装置,这里的匹配装置可以是金属圆杆、金属膜片以及金属圆锥体。带有匹配装置的双T,习惯上称它为魔T,如图6-6-9所示。加了匹配装置后,能达到较好的匹配效果,这是因为匹配装置造成的反射波,可以同原来接头处由于不连续性而引起的反射波相抵消。魔T的主要性质是(设信号从某一端口输入时,其他端口均接匹配负载):当信号从H臂输入时,臂1和臂2输出的信号幅度相等、相位相同,E臂无输出;当信号从E臂输入时,臂1和臂2输出的信号幅度相等、相位相反,H臂无输出;当信号从臂1输入时,功率均等地从E和H臂输出,臂2无输出;当信号从臂2输入时,功率均等地从E和H臂输出,臂1无输出。魔T的应用也较广泛,例如,它可用作功率分配或功率合成器、平衡混频器、电桥、微波天线中的收发开关;还可与其他元件组合成环行器和移相器等。

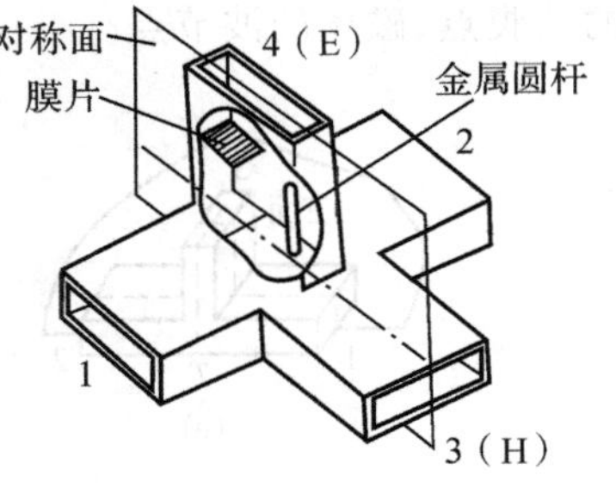

图 6-6-9 魔T接头

2. 微带线功率分配器

在微波集成电路中常常需要将微波功率分成两路或多路,因此要使用微带线功率分配器。简单的微带T形接头不能完成良好的功率分配任务;用定向耦合器,结构又趋于复杂,不够简便。应用微带三端口功率分配器可以很好地解决这个问题。下面我们就来讨论三端口功率分配器的功率分配原理和设计公式。图6-6-10所示为一个简单的三端口功率分配器,它是在T形接头基础上发展起来的。这种功率分配器的具体结构形式很多,其中常用的是采用λ/4阻抗变换段的功率分配器,分配的功率可以是按照需要进行不同比例分配。

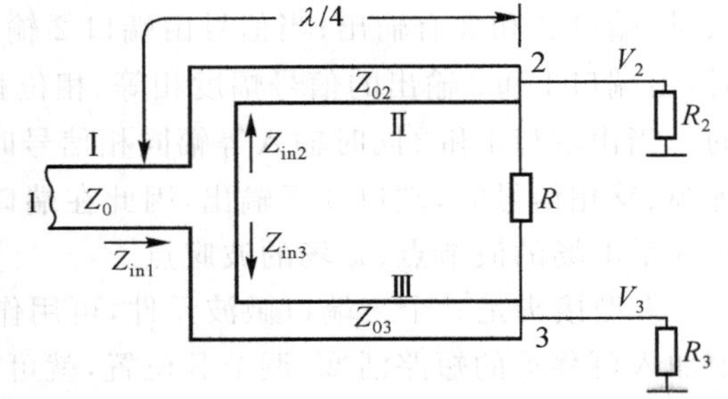

图 6-6-10 微带线功率分配器

当信号由端口1输入时,其功率从端口2和端口3输出。只要设计得恰当,这两个输出功率可按一定比例分配,同时两个输出端保持相同的电压,电阻R中没有电流,不损耗功率。电阻R的作用是实现良好的输出端匹配,并保证两输出端之间有良好的隔离。推导三端口功率分配器的设计公式时,先设端口1输入的信号由端口2和端口3输出,输出的功率分别为P_2和P_3,并且按下列比例分配,即

$$P_3 = K^2 P_2 \tag{6-6-3}$$

同时设$V_2 = V_3$。端口2和端口3的输出功率与电压的关系是

$$P_2 = \frac{|V_2|^2}{2R_2}, \qquad P_3 = \frac{|V_3|^2}{2R_3}$$

将上式代入式(6-6-3)并考虑到$V_2 = V_3$,得

$$\frac{|V_3|^2}{2R_3} = K^2 \frac{|V_2|^2}{2R_2}$$

即

$$R_2 = K^2 R_3 \tag{6-6-4}$$

式中:R_2和R_3分别是端口2和端口3的输出阻抗。若选$R_2 = KZ_c$,$R_3 = Z_c/K$,则可满足式

(6-6-4)。再考虑特性阻抗 Z_0 的选取。在 T 形接头处，臂 Ⅱ 的输入阻抗 Z_{in2} 与臂 Ⅲ 的输入阻抗 Z_{in3} 相并联，则端口 1 的输入阻抗为

$$Z_{in1} = \frac{Z_{in2}Z_{in3}}{Z_{in2}+Z_{in3}}$$

考虑到 $Z_{in2} = K^2 Z_{in3}$，同时，为了使输入端匹配，需令 $Z_{in1} = Z_0$，则有

$$Z_{in1} = \frac{Z_{in2}Z_{in3}}{Z_{in2}+Z_{in3}} = \frac{K^2}{1+K^2}Z_{in3} = Z_0$$

于是可得

$$Z_0 = \frac{K^2}{1+K^2}Z_{in3},\quad Z_{in3} = \frac{1+K^2}{K^2}Z_0,\quad Z_{in2} = K^2 Z_{in3} = (1+K^2)Z_0 \tag{6-6-5}$$

由于端口 1 到端口 2 和端口 3 之间的距离都是 $\lambda/4$，要使端口 2 和端口 3 都是匹配终端，则臂 Ⅱ 和臂 Ⅲ 的特性阻抗必须为

$$Z_{02} = \sqrt{Z_{in2}R_2} = Z_c\sqrt{K(1+K^2)},\quad Z_{03} = \sqrt{Z_{in3}R_3} = Z_c\sqrt{(1+K^2)/K^3} \tag{6-6-6}$$

现在来具体讨论隔离电阻 R 的作用及其计算公式。倘若没有电阻 R，那么当信号由端口 2 输入时，一部分功率进入臂 Ⅰ，另一部分功率将经支臂 Ⅲ 到达端口 3；反之，当信号由端口 3 输入时，一部分功率进入臂 Ⅰ，还有一部分功率经支臂 Ⅱ 到达端口 2。显然 2 和 3 两端口之间相互耦合。为了消除这种现象，需在臂 Ⅱ 和臂 Ⅲ 间跨接隔离电阻 R。当信号由臂 Ⅰ 输入时，由于 R 两端的电位相等，无电流通过，不影响功率分配（相当于 R 不存在）。若信号由端口 2 输入，一部分能量直接到达端口 Ⅰ，余下的能量从电阻 R 和臂 Ⅲ 这两条路径到达端口 3。只要电阻 R 的安装位置正确，电阻值 R 选择合适，就可使经电阻 R 到达端口 3 的能量与经臂 Ⅲ 到达端口 3 的能量反相而互相抵消，使端口 3 输出的总能量极低。同理，当信号从端口 3 输入时，端口 2 的输出能量也极低。根据图 6-6-11 可得 R 的计算公式为

$$R = \frac{K^2+1}{K}Z_0 \tag{6-6-7}$$

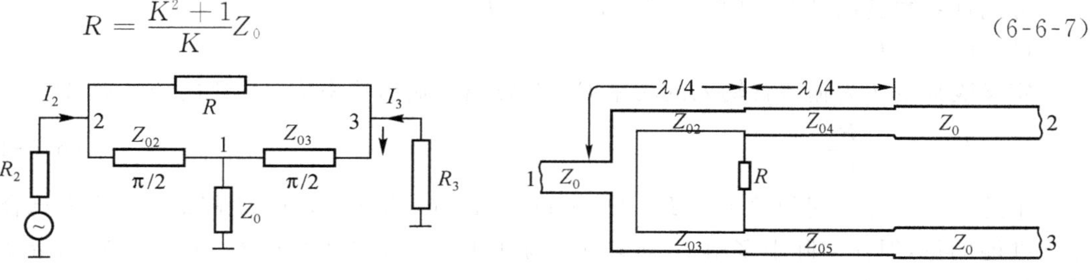

图 6-6-11　计算 R 的等效电路　　图 6-6-12　实际微带功率分配器

对于实际的微带线功率分配器，需在端口 2 和端口 3 处各接一个 $\lambda/4$ 阻抗变换器，如图 6-6-12 所示。这时所加的 $\lambda/4$ 阻抗变换器的特性阻抗分别是

$$Z_{04} = \sqrt{Z_0R_2} = Z_0\sqrt{K},\quad Z_{05} = \sqrt{Z_0R_3} = Z_0/\sqrt{K} \tag{6-6-8}$$

式(6-6-6)到式(6-6-8)给出了功率按 K^2 比例分配的三端口分配器的设计公式。如果是等功率分配器，即 $P_2 = P_3$，$K = 1$，则有 $R_2 = R_3$，$Z_{02} = Z_{03} = Z_0\sqrt{2}$，$R = 2Z_0$。

6.6.4　定向耦合器

定向耦合器是一种具有方向性的功率耦合和分配元件，其结构形式多种多样，一般是四

端口元件，且通常由主传输线（简称主线）、副传输线（简称副线）和耦合结构三部分组成。定向耦合器中主、副线通过耦合结构连接，耦合结构使主线传输的电磁波功率的一部分进入副线中，并在副线的某一端口输出，副线的另一端口应无输出。也就是说定向耦合器的功率耦合分配具有方向性。耦合结构的形式有多种，常见的有耦合缝、耦合孔和耦合传输线段等。定向耦合器在微波工程中有广泛的应用。例如，在微波系统的主传输线中插入定向耦合器，将定向耦合器副线的输出端口与微波系统的自检装置或与外部的微波测量设备连起来。当微波系统工作时，定向耦合器的耦合结构从主线中耦合出一小部分微波能量，并通过副输出端口送到与之相接的自检装置或外接微波测量设备中，就可监控微波系统的工作。

1. 定向耦合器的技术指标

如图 6-6-13 所示，1 和 2 两臂为主线，3 和 4 两臂为辅线。信号由 1 臂输入，输入功率为 $P_{入}$；2 臂为直通臂，3 臂为耦合臂，其输出功率为 $P_{耦}$；4 臂为隔离臂，理想情况应无输出，但实际上仍有一小部分功率耦合到该臂，其输出的功率为 $P_{隔}$。在各端口均接匹配负载的情况下，定义下述各项技术指标。

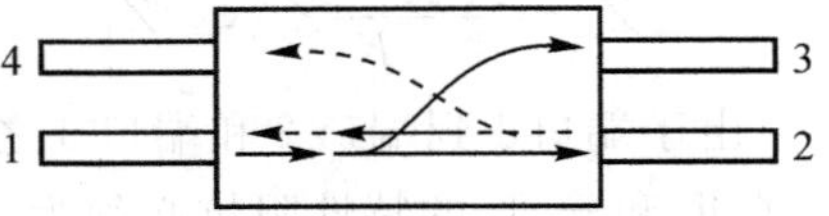

图 6-6-13　定向耦合器的示意图

(1) 耦合度（过渡衰减）C

定义输入臂的输入功率 $P_{入}$ 与耦合臂的输出功率 $P_{耦}$ 之比的分贝数为耦合度或称过渡衰减，即

$$C = 10\lg \frac{P_{入}}{P_{耦}} \tag{6-6-9}$$

(2) 方向性系数 D

定义方向性系数 D 为辅线中耦合臂和隔离臂输出功率之比的分贝数，即

$$D = 10\lg \frac{P_{耦}}{P_{隔}} \tag{6-6-10}$$

方向性系数越高越好，理想情况为 $P_{隔} = 0, D = \infty$。

(3) 隔离度 I

定义隔离度 I 为输入臂输入的功率 $P_{入}$ 与隔离臂输出功率 $P_{隔}$ 之比的分贝数，即

$$I = 10\lg \frac{P_{入}}{P_{隔}} \tag{6-6-11}$$

上述三个指标之间的关系为 $I = D + C$；$D = I - C$。事实上，D 与 I 都是描述定向耦合器定向性能的量，但在实际中多用 D 而少用 I。除了上述三个技术指标外，还对驻波比、带宽及插入损耗等提出要求。

2. 几种定向耦合器举例

定向耦合器的种类很多，下面列举三种定向常用的定向耦合器。

(1) 双孔型定向耦合器

双孔定向耦合器是最简单的波导定向耦合器。图 6-6-14 所示是矩形波导中的双孔定向耦合器的原理性示意图，其中主、副波导都只能传输主模（TE_{10} 模），在二者的公共窄壁上开两个相距 $\lambda_{g0}/4$ 的耦合小孔。λ_{g0} 为中心工作频率的导波波长。耦合孔的形状一般是圆形，也可以是其他形状。

双孔定向耦合器是一种窄频带的元件，其原因在于偏离中心频率后，两小孔间距不再是四分之一导波波长。如果想获得具有宽频带特性的定向耦合器，可采用小孔构成的多孔耦合

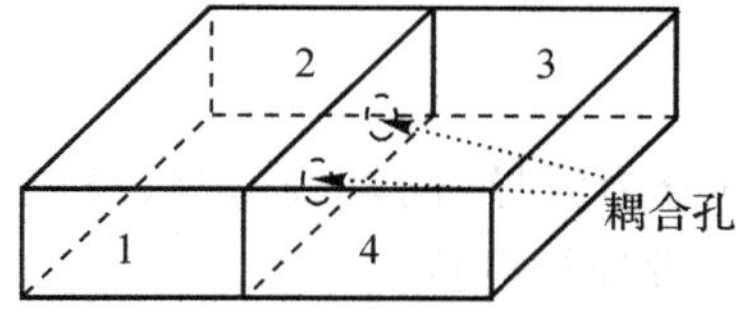

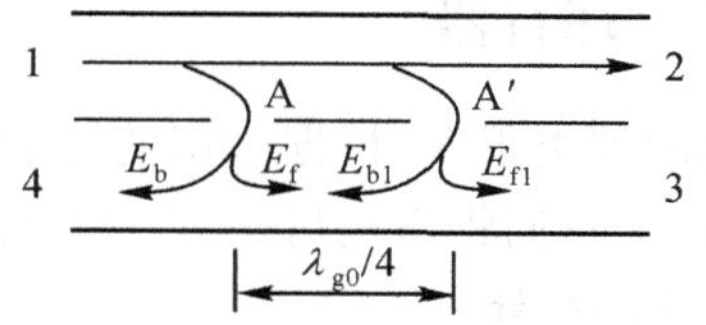

图 6-6-14　矩形波导双孔定向耦合器

结构，各小孔的直径可以不同，相邻小孔间距也可不等。

(2) 微带线定向耦合器

在微波集成电路中，定向耦合器一般采用耦合微带线结构，如图 6-6-15 所示。一般取参与耦合的主、副微带线完全相同，即对称耦合微带。设耦合段长度为 L，对应的相移为 θ，在中心频率上有 $l=\lambda_g/4$，$\theta=90°$；微带线宽度为 W，两线间距为 S。根据定向耦合器的要求，若信号从 1 口输入，将由 2 口（直通口）和 4 口（耦合口）输出，3 口隔离；类似地，若信号从 2 口输入，将由 1 口（直通口）和 3 口（耦合口）输出，4 口隔离。这种耦合微带线，经过适当的设计也可用作 90° 相移器、90° 反向定向耦合器。

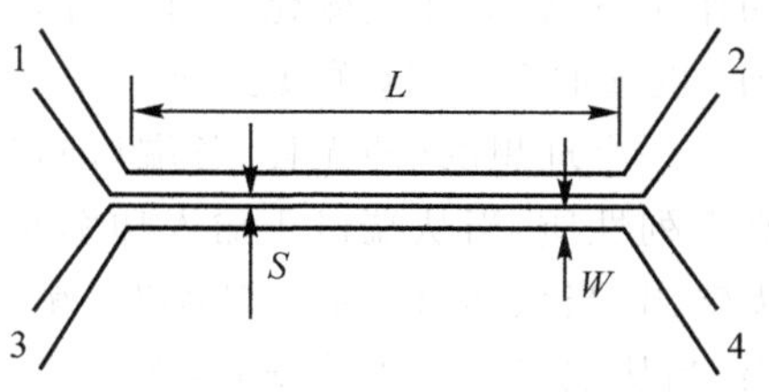

图 6-6-15　微带线定向耦合器

(3) 微带型双分支定向耦合器

分支定向耦合器是由主传输线、副传输线和若干耦合分支线组成。相邻耦合分支线间主、副传输线的长度和各耦合分支线的长度均为四分之一导波波长。这种分支定向耦合器可以用矩形波导、同轴线、带状线和微带线来实现。这里简单地介绍微带型分支定向耦合器及其工作原理。

图 6-6-16 所示为微带型双分支定向耦合器的结构示意图，图中仅画出了微带的中心导带，并标出了连接四个输出端口的传输线的特性阻抗 Z_0 和分支线的特性阻抗以及结构尺寸。双分支定向耦合器是通过两个耦合波的波程差引起的相位差来实现定向功能的。图 6-6-16 中，当信号自端口 1 输入时，经过 A 点分 A → B → C 和 A → D → C 两路到达 C 点，由于波程相同，故两路信号在 C 点同相，端口 3 总有输出；端口 3 是耦合端口。端口 1 的输入信号经过 A 点分 A → D 和 A → B → C → D 两路到达 D 点由于两路的路程差为 $\lambda_{g0}/4$ 相位差为 π，只要主、副传输线和两耦合分支线的归一化阻抗（或阻抗）都选择得恰当，两路信号就在D点反向抵消，使端口 4 无输出，端口 4 为隔离端口。故这种定向耦合器称为同向定向耦合器。由于端口 2 和端口 3 输出信号的相位相差 90°，故又称它为 90° 同向定向耦合器。

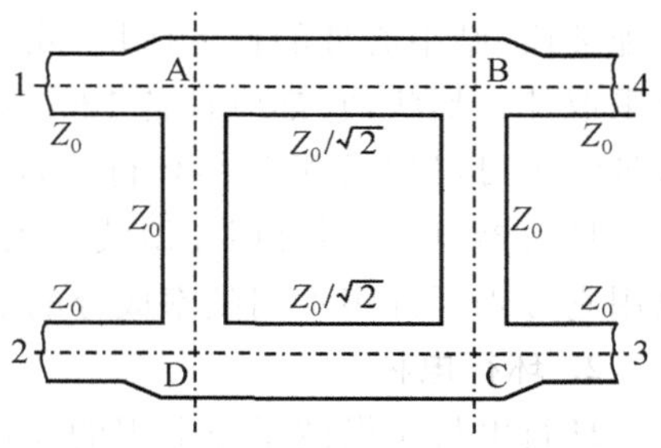

图 6-6-16　微带型双分支定向耦合器的结构

6.6.5 环行器

环行器的种类很多，根据采用的传输线类型可分为波导、同轴线、带状线以及微带线类型等类型。这里我们将举例讨论Y型结环行器和微带环行电桥。

1. Y型结环行器

图6-6-17所示是一个矩形波导H面Y型结环行器的结构示意图。三个完全相同的波导互成120°的角度，在结的中心放置了一个圆柱形（或圆盘形）的铁氧体块。在外加恒定磁场$\boldsymbol{H}_0$的作用下，铁氧体被磁化，若铁氧体尺寸合适，外磁场$\boldsymbol{H}_0$（低磁场）也选取合适，这洋，就构成了一个环行器。

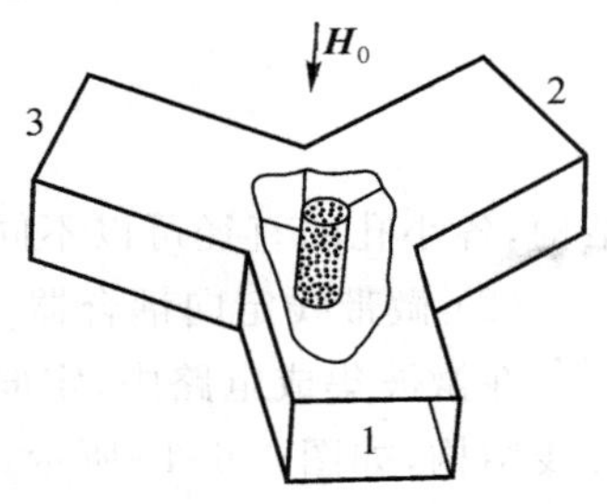

图6-6-17 波导型对称Y对称环行器

一个理想的（即无耗、各端口同时匹配）Y型结环行器应具有下列性质：当从端口1输入功率时，端口2有输出，而端口3无输出；当从端口2输入功率时，端口3有输出，而端口1无输出；当从端口3输入功率时，端口1有输出，而端口2无输出。若外加恒定磁场的方向变成与原来的方向相反时，则功率输出的流动方向也与原来的方向相反。

环行器的技术指标有正向衰减α_+、隔离度I、工作带宽和输入端口的驻波比。

设端口1的输入功率为P_1、端口2和端口3的输出功率分别为P_2和P_3（P_3实际上不可能为零），则有

$$\alpha_+ = \frac{1}{2}\lg\frac{P_1}{P_2}(\mathrm{Np}),\quad I = \frac{1}{2}\lg\frac{P_1}{P_3}(\mathrm{Np}) \tag{6-6-12}$$

当端口2和端口3均接匹配负载时，从端口1测得的驻波比称为输入端口的驻波比。在满足上述技术指标的情况下，环行器工作的频率范围称为工作带宽。

在实际应用的Y型结环行器中，有时还在三个分支波导中靠近铁氧体块附近安置一些匹配装段。结中心处的铁氧体块，除圆柱形或圆盘形外，也可采取其他形状（如三角形），但无论采取什么形状，它都应具备120°旋转的对称性。从传输线的结构类型上看，利用带状线和微带线也可以构成Y型结环行器，而且环行器也可以是多端口的，但常用的是三端口和四端口环行器。环行器可用在微波天线的收发开关中，也可以用作单向传输器或隔离器，还可以用它分隔开许多不同频率成分的信号等。

2. 环行电桥

环行电桥是微波系统常用的元件之一，其结构如图6-6-18所示。它是一个具有四个分支臂的环形电路，沿圆周这四个支臂之间的距离是：1到4为$3\lambda_g/4$，其余各臂之间为$\lambda_g/4$。同轴线、带状线和微带线等都可以构成环行电桥。环行电桥具有与魔T相同的性质，但应注意的是，环行电桥的结构尺寸是对中心波长λ_g而言的，当偏离中心波长时，会使“相对”臂之间的隔离度下降。因此，环行电桥的频带比魔T的频带要窄。环行电桥在带状线和微带线中是一种平面结构，使用较方便，得到了广泛应用。

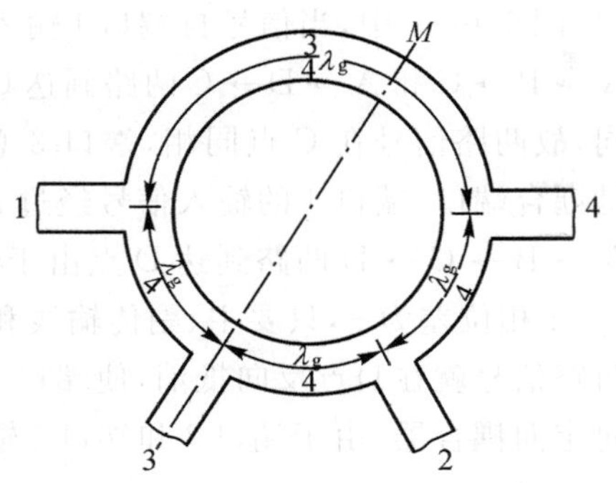

图6-6-18 微带环行电桥结构

下面来看环行电桥的特性。为说明问题方便，可把图 6-6-18 看成是一个同轴线环行电桥。若信号由端口 3 输入，则功率将均等地一分为二，一个以顺时针方式沿环路传输，另一个以逆时针方式沿环路传输。因为端口 1 和端口 2 到端口 3 的距离相等、结构相同，所以对信号的影响相同。顺时针和逆时针传输的这两部分信号到达端口 4 时，由于两者路程差是 $\lambda_g/2$，相位差为 π、且幅度相等，因此端口 4 处于短路点，端口 4 无信号输出；从另一方面看，端口 3 距图上标出的 M 点，沿顺时针和逆时针看，距离相等，因此 M 处相当于开路点，而端口 4 为短路点，无信号输出。从端口 1 和端口 2 向 M 点看去。输入阻抗的值都是无穷大，可见，若信号由端口 3 输入，则端口 1 和 2 将有输出，而且它们的幅度和相位也是一样的。利用同样的分析方法可知：若信号从端口 2 输入，则端口 3 和 4 将输出等幅同相的信号，端口 1 无输出；若信号从端口 4 输入，则端口 1 和端口 2 将输出等幅反相的信号，端口 3 无输出；若信号从端口 1 输入，则端口 3 和端口 4 将输出等辐反相的信号，端口 2 无输出。

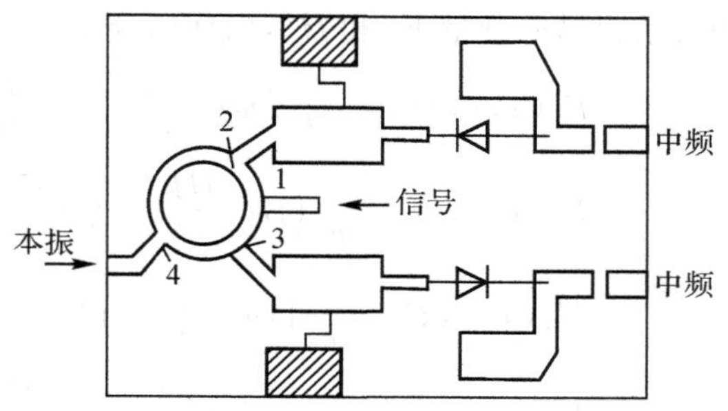

图 6-6-19　反相型平衡混频器

这种特定的结构可用于功率合成器和混频器。例如图 6-6-19 所示电路，本振电压从 4 端口输入，则 2 端口与 3 端口有等幅反相输出。接收信号由 1 端口输人，则 2 端口与 3 端口得到等幅同相的信号。这时，本振信号反相加于两个混频管，而接收信号同相加于两个混频管，即构成本振反相混频器。这种电路的优点是能抑制本振的偶次谐波分量。

本节讨论微波元器件的目的是给读者一个感性认识，限于篇幅我们不能列全微波元器件，感兴趣的读者可参见有关资料[①]。

思考题

(1) 有一个微带三端口功率分配器，$Z_c = 50\ \Omega$，要求端口 2 和端口 3 输出的功率之比 $P_2/P_3 = 1/2$。试计算 Z_{02}，Z_{03} 及隔离电阻 R。

(2) 一个魔 T 接头，端口 1 接匹配负载，端口 2 内置短路活塞，当信号从端口 3(H 臂) 输入时，问端口 3 与端口 4(E 臂) 的隔离度如何？

(3) 从物理概念上定性地说明：1) 定向耦合器为什么会有方向性；2) 在矩形波导中(工作于主模)，若在主副波导的公共窄壁上开一个小圆孔，能否构成一个定向耦合器？

本章小结

1. 规则波导系统中场的纵向分量满足标量齐次波动方程

$$\nabla^2 E_z + k^2 E_z = 0$$

$$\nabla^2 H_z + k^2 H_z = 0$$

将电场和磁场分解为横向分量和纵向分量(E_t，E_z) 和(H_z，H_t)，结合相应的边界条件

① 闫润卿，李英惠．微波技术基础．北京：北京理工大学出版社，278 ~ 337.

即可求得纵向分量 E_z 和 H_z，而横向分量 E_t 和 H_t 即可由纵向分量求得，即

$$E_x(x,y,z) = -\frac{1}{k_c^2}\left(j\omega\mu\frac{\partial H_z}{\partial y} + j\beta\frac{\partial E_z}{\partial x}\right)$$

$$E_y(x,y,z) = \frac{1}{k_c^2}\left(j\omega\mu\frac{\partial H_z}{\partial x} - j\beta\frac{\partial E_z}{\partial y}\right)$$

$$H_x(x,y,z) = \frac{1}{k_c^2}\left(j\omega\varepsilon\frac{\partial E_z}{\partial y} - j\beta\frac{\partial H_z}{\partial x}\right)$$

$$H_y(x,y,z) = -\frac{1}{k_c^2}\left(j\omega\varepsilon\frac{\partial E_z}{\partial x} + j\beta\frac{\partial H_z}{\partial y}\right)$$

其中的 $k_c^2 = k^2 - \beta^2$ 为截止波数，由上述关系可知，规则波导只能传输横电波（$H_z \neq 0$）记为 TE 或 H 波和横磁波（$E_z \neq 0$）记为 TM 或 E 波。

2. 规则波导的传输特性参量有

（1）相位常数 $\beta = \sqrt{k^2 - k_c^2}$ 和波数 $k = \omega\sqrt{\varepsilon\mu}$。

（2）相速 $v_p = \frac{\omega}{\beta} = \frac{\omega}{k\sqrt{1-(k_c/k)^2}} = \frac{c/\sqrt{\mu_r\varepsilon_r}}{\sqrt{1-(k_c/k)^2}}$，式中 c 为光速，对于导行波 $k > k_c$，故 $v_p > c/\sqrt{\mu_r\varepsilon_r}$，即规则波导中传播的电磁场的相速要比无界媒质中的速度大。导行波波长 $\lambda_g = \frac{2\pi}{\beta} = \frac{2\pi}{k\sqrt{1-(k_c/k)^2}}$，群速 $v_g = \frac{d\omega}{d\beta} = \frac{c\sqrt{1-(k_c/k)^2}}{\sqrt{\mu_r\varepsilon_r}}$。

（3）某个波形的横向电场与横向磁场的比叫做波阻抗，$Z = \frac{E_t}{H_t}$。

（4）传输功率 $P = \frac{Z}{2}\iint_S |H_t|^2 dS$。

3. 波导管是微波频段的主要传输线。不同的导波装置上可以传播不同模式的电磁波。矩形波导中传播模式有 TM_{mn} 和 TE_{mn}。各模式的截止波长为

$$\lambda = \frac{2\pi}{(m\pi/a)^2 + (n\pi/b)^2}$$

满足条件 $\lambda < \lambda_c$ 的模式是传导模。传导模的相速、导波波长分别为

$$v_p = \frac{v}{\sqrt{1-(\lambda/\lambda_c)^2}},\quad \lambda_g = \frac{\lambda}{\sqrt{1-(\lambda/\lambda_c)^2}}$$

单模传输的条件为 $a < \lambda < 2a$，其中的主模为 TE_{10}，场量表达式为

$$E_y = -j\frac{\omega\mu}{k_c^2}\frac{\pi}{a}H_0\sin\left(\frac{\pi}{a}x\right)e^{-j\beta z}$$

$$H_x = j\frac{\beta}{k_c^2}\frac{\pi}{a}H_0\sin\left(\frac{\pi}{a}x\right)e^{-j\beta z}$$

$$H_z = H_0\cos\left(\frac{\pi}{a}x\right)e^{-j\beta z}$$

4. 波导具有高通滤波器的特性，只有当工作频率高于某一截止频率时，波的传播才成为可能。对于特定的波导，不同的模式有不同的截止频率。合理设计波导尺寸可以使波导内有单模传输。

5. 研究波导系统中的传输功率与损耗。即波导系统的平均功率通过求穿过波导系统截

面 S 上的平均功率流密度矢量的通量计算：

$$P = \iint_S \mathrm{Re}\left(\frac{1}{2}\boldsymbol{E} \times \boldsymbol{H}^*\right) \cdot \hat{z}\mathrm{d}S$$

波导系统的衰减指数与单位长度损耗功率的关系为 $\alpha = \dfrac{\hat{P}_L}{2P}$。

6. 圆形波导是另一个重要微波传输器件。在圆形波导中传播模式有 TM_{mn} 和 TE_{mn}。圆形波导 TE_{mn} 模、TM_{mn} 模的截止波数分别为 $k_{cTE_{mn}} = \dfrac{\mu_{mn}}{\alpha}$，$k_{cTE_{mn}} = \dfrac{\nu_{mn}}{\alpha}$。其中，$\nu_{mn}$ 和 μ_{mn} 分别为 m 阶贝塞尔函数及其一阶导数的第 n 个根。圆形波导重要的模式有主模 TE_{11} 模、TM_{01} 模、TE_{01} 模，它们具有重要的实用价值。在矩形波导中 TE_{01} 波具有最小的衰减，在圆柱形波导中 TE_{11} 波具有最小的衰减。当频率升高时，圆柱形波导中 TE_{01} 波的衰减变小。TE_{01} 波的这一特点使它特别适合于远距离传输。

7. 简并模式是指截止波长相同而场分布不同的一对模式。在圆波导中有两种简并模，分别是 E-H 简并模和极化简并模。

8. 激励是为了在传输系统中建立起所需要工作模式的传输波；耦合则是从已有的传输波中取出一部分，或由已有的传输波在另一元件中建立起所需要工作模式的传输波的过程。激励波导的方法通常有三种：电激励、磁激励和电流激励。

9. 谐振腔是频率很高时采用的振荡回路。谐振腔内可以有无限多个振荡模式，每一模式对应一个谐振频率。矩形谐振腔可存在无穷多个 TE 型和 TM 型振荡模，用 TE_{mnp} 和 TM_{mnp} 表示，矩型谐振腔的谐振波长为 $\lambda_0 = \dfrac{2}{\sqrt{\left(\frac{m}{a}\right)^2 + \left(\frac{n}{b}\right)^2 + \left(\frac{p}{l}\right)^2}}$。

矩形谐振腔的主模 TE_{101}，因为它的谐振波长 λ_0 最长，谐振频率最低。

10. 谐振腔的品质因素 $Q = \omega W / P_L$，此处的 W 为谐振腔储存的能量，P_L 为损耗功率。品质因数对谐振曲线的影响用通频带 Δf 来表示：$\Delta f = f_0 / Q_0$。Q_0 越高，带宽 Δf 越窄，回路的选择性越好。

11. 微带谐振器主要分传输线型和非传输线型谐振器。微带线谐振器的品质因数主要取决于导体损耗。

习　题

6-1　为什么规则金属波导中不能传输 TEM 波？

6-2　请写出矩形波导的波导波长、工作波长和截止波长的关系。

6-3　何谓 TEM 波、TE 波和 TM 波？矩形波导的波阻抗和自由空间波阻抗有什么关系？

6-4　矩形波导的横截面尺寸为 $a = 23$ mm，$b = 10$ mm，传输频率为 10 GHz 的 TE_{10} 波，试求

(1) 截止波长 λ_c、波导波长 λ_g、相速 v_p 和波阻抗 Z_{TE}。

(2) 能传输那几种模式？

6-5　矩形波导的尺寸为 $a \times b = 23\text{mm} \times 10\text{mm}$，工作中心频率为 $f_0 = 9375$ MHz，求单模工作的频率范围 $f_{\min} \sim f_{\max}$ 及中心频率所对应的波导波长 λ_g 和相速 v_p？

6-6 下列两矩形波导具有相同的工作波长，试比较它们工作在 TM_{11} 模式的截止频率：(1) $a\times b=23$ mm $\times$ 10 mm；(2) $a\times b=16.5$mm $\times$ 16.5mm。

6-7 推导矩形波导中 TE_{mn} 波的场分布式。

6-8 设矩形波导中传输 TE_{10} 波，求填充介质(介电常数为 ε)时的截止频率及波导波长。

6-9 已知矩形波导的截面尺寸为 $a\times b=23$mm $\times$ 10mm，试求当工作波长 $\lambda=10$ mm 时，波导中能传输哪些波型？当 $\lambda=30$ mm 时呢？

6-10 一矩形波导的横截面尺寸为 $a\times b=23$mm $\times$ 10mm，由紫铜制作，传输电磁波的频率为 $f=10$ GHz。试计算：

(1) 当波导内为空气填充，且传输 TE_{10} 波时，每米衰减多少分贝？

(2) 当波导内填充以 $\varepsilon_r=2.54$ 的介质，仍传输 TE_{10} 波时，每米衰减多少分贝？

6-11 试设计 $\lambda=10$ cm 的矩形波导，材料用紫铜，内充空气，并且要求 TE_{10} 波的工作频率至少有 30% 的安全因子，即 $0.7f_{c2}\geqslant f\geqslant 1.3f_{c1}$，此处 f_{c1} 和 f_{c2} 分别表示 TE_{10} 波和相邻高阶模式截止频率。

6-12 用 BJ-32 波导作馈线：

(1) 工作波长为 6 cm 时，波导中能传输哪些波型？

(2) 用测量线测得波导中传输 TE_{10} 波时两波节之间的距离为 10.9 cm，求 λ_g 和 λ。

(3) 波导中传输 H_{10} 波时，设 $\lambda=10$ cm，求 v_p 和 λ_g 和 λ_c。

6-13 尺寸为 $a\times b=23$mm $\times$ 10mm 的矩形波导传输线，波长为 2 cm，3 cm，5 cm 的信号能否在其中传播？可能出现哪些传输波型？

6-14 有一阻抗匹配的矩形波导传输系统，在其中某处插入一金属膜片，其电纳为 j3，问在何处再插入一相同膜片即可恢复匹配？两膜片间的驻波系数是多少？

6-15 已知空气填充的波导尺寸为 $a\times b=22.86$mm $\times$ 10.16mm，工作波长为 3.20 cm，当波导终端接上负载 Z_L 时，测得驻波比为 $\rho=3$。第一个电场波节点离负载为 9mm。试求：传输的波型；负载导纳的归一化值；若用单螺进行匹配，求螺钉距负载的距离，以及螺钉应提供的电纳。

6-16 一空气填充的波导，其尺寸为 $a\times b=22.9$mm $\times$ 10.2mm，传输 TE_{10} 波，工作频率 $f=9.375$ GHz，空气的击穿强度为 30 kV/cm。求波导能够传输的最大功率。

6-17 圆波导中波型指数 m 和 n 的意义是什么？它与矩形波导中的波型指数有何异同？

6-18 什么叫简并波型？这种波型有什么特点？

6-19 欲在圆波导中得到单模传输，应选择哪一种波型？单模传输的条件是什么？

6-20 空气填充圆波导的直径为 5 cm，求：

(1) H_{11}、H_{01}、E_{01}、E_{11} 各模式的截止波长 λ_c。

(2) 当工作波长 $\lambda=7$ cm，6 cm，3 cm 时，波导中分别可能出现哪些波型？

(3) 当 $\lambda=7$ cm 时传输主模的波导波长。

6-21 已知工作波长 $\lambda=5$ cm，要求单模传输，试确定圆波导的半径，并指出是那种模式。

6-22 说明谐振腔与集总参数谐振回路在振荡特性上有哪些异同点。

6-23 谐振腔有哪些主要的参量？每个参量与哪些因素有关？

6-24 何谓固有品质因数、有载品质因数、外观品质因数？它们之间有何关系？

6-25 有何措施可以提高谐振腔的固有品质因数？

6-26 在一矩形腔中激励 TE_{01} 模，空腔的尺寸为 $3cm \times 5cm \times 5cm$，求谐振波长。如果腔体是铜制的，其中充以空气，其 Q_0 值为多少？铜的电导率 $\sigma = 5.7 \times 10^7$ S/m。

6-27 一个矩形谐振腔，当 $\lambda_0 = 10$ cm 时振荡于 TE_{101} 模式，当 $\lambda_0 = 7$ cm 时振荡于 TE_{102} 模式，求此矩形腔的尺寸。

6-28 设计一个谐振频率 $f_0 = 8 \sim 12$ GHz 的矩形谐振腔，给定 $a = 2.3$ cm，$b = 1$ cm，腔壁材料为紫铜，腔内为空气，确定振荡模及腔长的变化范围，并求 $f_0 = 10$ GHz 时谐振腔的 Q_0 值。紫铜的电导率 $\sigma = 5.8 \times 10^7$ S/m。

6-29 由空气填充的矩形腔，其尺寸为 $a = 25$ mm，$b = 12.5$ mm，$l = 60$ mm，谐振于 TE_{102} 模式。若在腔内填充介质，则在同一工作频率将谐振于 TE_{103} 模式，求介质的相对介电常数 ε_r。

第7章　微波网络基础

7.1　微波网络概述

前面两章分别讨论了均匀传输线的基本理论和波导传输特性。这两种微波传输器件的基本特征是传输介质均匀，其横向形状和尺寸沿轴线方向保持不变，因此其微波传输特性原则上都可以采用求解满足一定边界条件的麦克斯韦方程组的方法解决，或者由场的理论求解传输线方程的解。然而在实际微波应用系统中，除均匀、规则传输系统外，还包含具有独立功能的各种微波元器件，如谐振元件、阻抗匹配元件、耦合元件等，这些微波器件往往引入不均匀的传输区和不规则的波导。这些不均匀性在传输系统中除产生主模反射与透射外，还引起高次模，严格分析必须用场解的方法，即把不均匀区和与之相连的传输线作为一个整体，按给定的边界条件求解麦克斯韦方程组。但由于实际微波元件的边界条件一般都比较复杂，很难甚至不可能定量用数学表达式写出，即使对于最简单的波导不均匀区，严格的场解也是非常复杂的。

此外，在实际微波系统分析中往往不需要了解元件的内部场结构，而只关心它对传输系统工作状态的影响，以及是否能最大限度地传输微波功率等。微波网络是微波系统中一种"化场为路"的分析方法。微波网络正是在分析场分布的基础上，用路的分析方法将微波元件等效为电抗或电阻元件，将实际的导波传输系统等效为传输线，从而将实际的微波元件等效为微波网络。也就是说，当用微波网络研究传输系统时，可以把每个不均匀区（微波元件）看成是一个网络，其外特性可用一组网络参量表示。

微波网络理论是微波技术的一个重要分支，在微波技术中得到了广泛的应用。微波网络理论作为解决微波系统问题的方法，包括两个方面的内容，即网络的分析和网络的综合。网络分析是在已掌握网络结构的情况下，分析网络的外部特征；网络综合是根据系统的技术指标，完成对网络的设计。具体地讲，就是把一个复杂的微波系统抽象等效为一个网络模型。例如，对如图7-1-1(a)所示的包含有不均匀、不规则的微波系统，等效为一个如图7-1-1(b)所示的网络结构。通过对各输入、输出端口的电压、电流、反射系数、衰减系数等物理量的测量以及电路和传输线理论求出输入、输出端口信号量之间的对应关系，即信号通过网络后幅度、相位和衰减量的变化情况。这就是应用微波网络理论来分析复杂的不均匀、不规则微波系统的优点所在。

根据网络元件物理量的分布特点，可将网络分为低频网络和微波网络两大类，低频网络

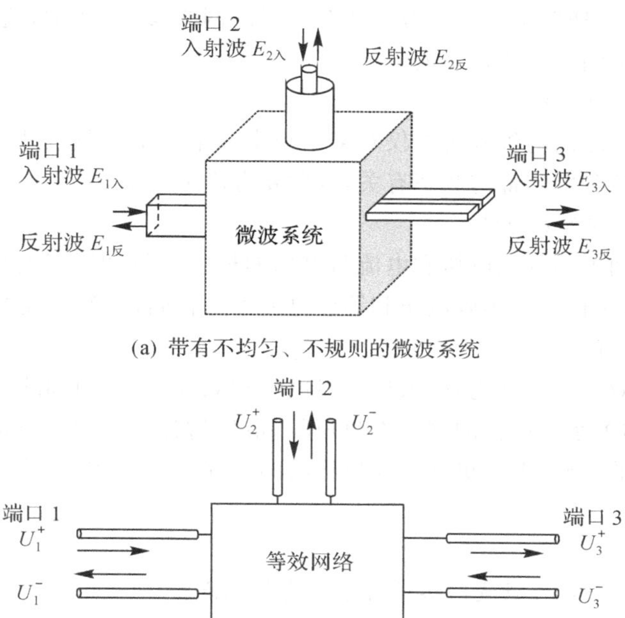

图 7-1-1　微波系统及其等效网络

是由集总参数元件构成的电路系统；微波网络一般是由微波传输线（波导）和微波元件（不均匀）构成的分布参数系统。微波网络应具有以下特点。

（1）需要指定工作模式

在将微波系统等效为网络时，不同模式的电磁场等效为不同的网络，具有不同的网络参数。微波元件通常是由不均匀区域（微波结）和与其相连接的 n 个均匀波导相连。若每一条波导只能够传输主模，那么，该元件就可等效为一个具有 n 个端口的网络；若每条波导都能够传输 m 个（互相独立，互不耦合）模式，那么该元件就可能等效为一个具有 $n\times m$ 个端口的网络。例如可把传输 N 个模式的第 i 个端口的导波系统等效为 N 个独立的模式等效传输线，每根传输线只传输一种模式，其特性阻抗及传播常数各不相同，如图 7-1-2 所示。

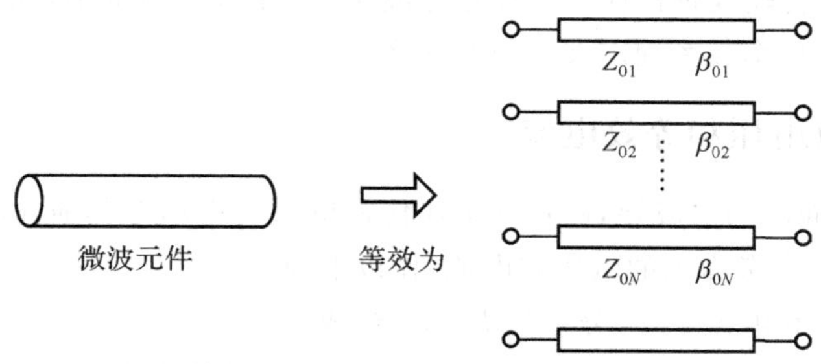

图 7-1-2　多模传输线的等效

（2）需要规定网络端口的参考面

微波系统中连接的线段（导体）都具有分布参数，线段的本身也是一个微波元件，其长短直接影响网络参量，选取不同的参考面就有不同的网络参量。通常，选择参考面的原则是在该参考面以外的传输线只传输主模。

(3) 需要有确定的频率

微波元件与网络之间的等效关系仅对某一频率或某一窄带频段才是正确的，因为微波元器件等效成的电感和电容都与频率有关，因此要有确定频率。

(4) 需要有确定的等效方法

网络端口参考面上的等效电压和电流与电场的横向分量和磁场的横向分量成比例，并且不同的等效方法，所得到的等效电压和等效电流不尽相同，也就是说端口参考面上的等效电压和电流不是唯一的。

本章先介绍等效传输线理论，引入单端口网络和双端口网络的阻抗与转移矩阵，并建立在入射波、反射波的关系基础上的网络参数矩阵。最后讨论多端口网络的散射矩阵。这些内容是微波网络理论的基础，至于更深入和更广泛的研究，读者可以参考有关文献。

思考题

(1) 将微波元件等效为微波网络进行分析有何优点？

(2) 微波网络模型与低频电路网络模型有何区别？

(3) 用微波网络观点研究微波不连续性问题的依据是什么？

(4) 简述微波网络的特点。

7.2 等效传输线理论

利用网络理论来解决微波问题，必须运用电压、电流等概念。均匀传输线理论是建立在TEM传输线基础上的，因此电压和电流有明确的物理意义，且电压和电流只与纵向坐标 z 有关，与横截面无关；而实际的非 TEM 传输线如金属波导、微带线等，边界是闭合的导体，无法确定应该测量的是边界上哪两点的电压和哪段线路中的电流，其电磁场 $\boldsymbol{E}$ 与 $\boldsymbol{H}$ 不仅与 z 有关，还可能与 x、y 有关，而且波导中根本不存在像 TEM 传输线上的那种单值电压波和电流波。这时电压和电流的意义十分不明确，因此有必要引入等效电压、等效电流、等效阻抗的概念，从而将均匀传输线理论应用于任意导波系统。在微波测量中，功率是能够测量的基本量之一，可以通过功率关系确定波导与双线之间的等效关系。

7.2.1 等效电压和等效电流

设有一任意截面的均匀波导，假定其中仅传输单一模式 k，令其横向电磁场分别为 E_t 和 H_t。为定义系统某一参考面上的电压和电流，作以下规定：

(1) 电压 $U(z)$ 和电流 $I(z)$ 分别与 E_t 和 H_t 成正比。

对任一导波，模式为 k 电磁系统，令电压 $U(z)$ 与 E_t 的比例系数为 $\boldsymbol{e}_k(x,y)$ 和电流 $I(z)$ 与 H_t 的比例系数为 $\boldsymbol{h}_k(x,y)$，则其横向电磁场总可以表示为

$$\left.\begin{aligned}\boldsymbol{E}_t(x,y,z) &= \sum \boldsymbol{e}_k(x,y)U_k(z)\\ \boldsymbol{H}_t(x,y,z) &= \sum \boldsymbol{h}_k(x,y)I_k(z)\end{aligned}\right\} \tag{7-2-1}$$

上式的 $\boldsymbol{e}_k(x,y)$ 和 $\boldsymbol{h}_k(x,y)$ 代表了该模式横向分布函数，是二维实函数；$U_k(z)$、$I_k(z)$ 称为模式等效电压和模式等效电流，都是一维标量函数，反映了 k 模式横向电磁场沿传播方向的变化规律。等效电压 $U_k(z)$ 和等效电流 $I_k(z)$ 是一种形式上的表示，具有不确定性。式(7-2-1) 适用于任意形状截面波导（双导线、矩形波导、圆形波导、微带等）和任意传输波形（TEM 波、TE 波、TM 波等）。

由电磁场理论可知，结合式(7-2-1)，k 模式的传输功率可由下式给出：

$$\begin{aligned} P_k &= \frac{1}{2}\mathrm{Re}\left[\iint \boldsymbol{E}_k(x,y,z)\times \boldsymbol{H}_k^*(x,y,z)\cdot \mathrm{d}\boldsymbol{S}\right] \\ &= \frac{1}{2}\mathrm{Re}[U_k(z)\times I_k^*(z)]\iint \boldsymbol{e}_k(x,y)\times \boldsymbol{h}_k(x,y)\cdot \mathrm{d}\boldsymbol{S} \end{aligned} \tag{7-2-2}$$

(2) 电压 $U(z)$ 和电流 $I(z)$ 共轭乘积的实部等于平均传输功率。

根据此规定，平均传输功率为 $P_k=\frac{1}{2}\mathrm{Re}[U_k(z)\times I_k^*(z)]$，比较公式(7-2-2)，可得

$$\iint \boldsymbol{e}_k(x,y)\times \boldsymbol{h}_k(x,y)\cdot \mathrm{d}\boldsymbol{S}=1 \tag{7-2-3}$$

上式称为归一化条件。然而，仅有此条件还不足以确定等效电压和等效电流，因为若取任一常数 χ，设 $U'=\chi U, I'=\chi I$，代入式(7-2-2)，归一化条件仍然满足，因此还必须规定以下条件。

(3) 电压和电流之比等于传输线对应模式的等效特性阻抗值。

由波导理论，各模式的波阻抗为

$$Z_w=\frac{E_t}{H_t}=\frac{e_k(x,y)U_k(z)}{h_k(x,y)I_k(z)}=\frac{e_k}{h_k}Z_0 \tag{7-2-4}$$

其中：Z_0 为该模式等效特性阻抗。

综上所述，为唯一地确定等效电压和电流，在选定模式特性阻抗条件下各模式横向分布函数应满足：

$$\begin{cases} \iint \boldsymbol{e}_k\times \boldsymbol{h}_k\cdot \mathrm{d}\boldsymbol{S}=1 \\ \dfrac{e_k}{h_k}=\dfrac{Z_w}{Z_0} \end{cases} \tag{7-2-5}$$

7.2.2　归一化参量

在微波元件中常会遇到接有不同的传输线端口的情况。这时随着传输线的不同，规定的等效电压、等效电流和阻抗，以及场强复振幅等量也各不相同。为了使讨论的问题具有通用性和统一性，通常需要对这些量进行归一化处理。归一化后的各参量之间具有比较简单的关系，而且与传输线的特性阻抗无关。下面具体讨论网络参量阻抗、电压和电流等的归一化。

1. 阻抗的归一化

阻抗的归一化是指网络各端口的阻抗对与该端口相连接的等效双线传输线的特性阻抗的归一化。可见这里描述的阻抗归一化与第 5 章讲的阻抗归一化有相同的含义，即有

$$\tilde{Z}=\frac{Z}{Z_0}=\frac{1+\Gamma}{1-\Gamma} \tag{7-2-6}$$

式中：Z_0 为第 i 个等效双线传输线的（等效）特性阻抗；Z 是与第 i 个等效双线传输线有关的各种阻抗。Γ 可以通过测量唯一地确定，故 $\tilde{Z}$ 也就唯一地确定了。

2. 电压与电流的归一化

由归一化阻抗的概念可以直接导出归一化电压 $\widetilde{U}$ 和归一化电流 $\widetilde{I}$ 的定义，即

$$\widetilde{Z}=\frac{Z}{Z_0}=\frac{U/I}{Z_0}=\frac{U/\sqrt{Z_0}}{I\sqrt{Z_0}}=\frac{\widetilde{U}}{\widetilde{I}} \tag{7-2-7}$$

式中：U、I、Z_0 分别为等效电压、等效电流和等效特性阻抗，由上式可得到归一化电压和归一化电流的定义式为

$$\widetilde{U}=U/\sqrt{Z_0},\quad \widetilde{I}=I\sqrt{Z_0} \tag{7-2-8}$$

在行波状态下，等效双线传输线的传输功率为

$$P=\frac{1}{2}\frac{|U|^2}{Z_0}=\frac{1}{2}|I|^2 Z_0 \tag{7-2-9}$$

把式(7-2-8)代入上式，可得用归一化电压 $\widetilde{U}$ 和归一化电流 $\widetilde{I}$ 表示的传输功率为

$$P=\frac{1}{2}\frac{|U|^2}{Z_0}=\frac{1}{2}|I|^2 Z_0=\frac{1}{2}\widetilde{U}^2=\frac{1}{2}\widetilde{I}^2 \tag{7-2-10}$$

由上述讨论可见，归一化电压 $\widetilde{U}$ 和归一化电流 $\widetilde{I}$ 具有相同的量纲，不再具有通常意义上电压与电流的概念，而只是为了运算简便而引入的量。

一般情况下传输线上的电压是由入射波电压 U_i 和反射波电压 U_r 叠加而成的。同样，电流也是由入射波电流 I_i 和反射波电流 I_r 叠加而成的，即

$$U=U_i+U_r,\quad I=I_i+I_r=\frac{U_i}{Z_0}-\frac{U_r}{Z_0} \tag{7-2-11}$$

将上式对 U 和 I 归一化，可得

$$\frac{U}{\sqrt{Z_0}}=\frac{U_i}{\sqrt{Z_0}}+\frac{U_r}{\sqrt{Z_0}},\quad I\sqrt{Z_0}=I_i\sqrt{Z_0}+I_r\sqrt{Z_0}=\frac{U_i}{\sqrt{Z_0}}-\frac{U_r}{\sqrt{Z_0}} \tag{7-2-12}$$

根据归一化电压和电流的定义，不难发现

$$\widetilde{U}=\widetilde{U}_i+\widetilde{U}_r,\quad \widetilde{I}=\widetilde{I}_i+\widetilde{I}_r=\widetilde{U}_i-\widetilde{U}_r \tag{7-2-13}$$

式中：$\widetilde{U}_i$ 表示归一化入射波电压；$\widetilde{U}_r$ 表示归一化反射波电压；$\widetilde{I}_i$ 表示归一化入射波电流；$\widetilde{I}_r$ 表示归一化反射波电流。表明归一化电压 $\widetilde{U}$ 是归一化入射波电压 $\widetilde{U}_i$ 和归一化反射波电压 $\widetilde{U}_r$ 之和；归一化电流 $\widetilde{I}$ 是归一化入射波电压 $\widetilde{U}_i$ 和归一化反射波电压 $\widetilde{U}_r$ 之差。由式(7-2-13)可见

$$\widetilde{I}_i=\widetilde{U}_i,\quad \widetilde{I}_r=-\widetilde{U}_r \tag{7-2-14}$$

由此可得入射波功率为

$$P_i=\frac{1}{2}\frac{|U_i|^2}{Z_0}=\frac{1}{2}|\widetilde{U}_i|^2 \tag{7-2-15}$$

同样反射波功率为

$$P_r=\frac{1}{2}\frac{|U_r|^2}{Z_0}=\frac{1}{2}|\widetilde{U}_r|^2 \tag{7-2-16}$$

综上所述，入射波功率只与归一化入射电压模的平方有关，反射波功率只与反射波电压模平方有关。由此可见，只要在归一化电路中引入一个归一化电压，就可使电路分析大为简化。

例 7-2-1 求矩形波导 TE_{10} 模的等效电压、等效电流和等效特性阻抗。

解 由矩形波导理论知

$$\begin{cases} \boldsymbol{E}_t = \hat{\boldsymbol{y}}E_y = -\hat{\boldsymbol{y}}\mathrm{j}\dfrac{\omega\mu a}{\pi}H_{10}\sin\dfrac{\pi x}{a}\mathrm{e}^{-\mathrm{j}\beta z} \\ \boldsymbol{H}_t = \hat{\boldsymbol{x}}H_x = \hat{\boldsymbol{x}}\mathrm{j}\dfrac{\beta a}{\pi}H_{10}\sin\dfrac{\pi x}{a}\mathrm{e}^{-\mathrm{j}\beta z} \end{cases} \tag{7-2-17}$$

令 $E_{10} = \mathrm{j}\dfrac{\omega\mu a}{\pi}H_{10}$，则上式等价为

$$\begin{cases} \boldsymbol{E}_t = -\hat{\boldsymbol{y}}E_{10}\sin\dfrac{\pi x}{a}\mathrm{e}^{-\mathrm{j}\beta z} \\ \boldsymbol{H}_t = \hat{\boldsymbol{x}}\dfrac{E_{10}}{Z_{\mathrm{WH}_{10}}}\sin\dfrac{\pi x}{a}\mathrm{e}^{-\mathrm{j}\beta z} \end{cases}$$

其中 $Z_{\mathrm{WH}_{10}} = \dfrac{\sqrt{u_0/\varepsilon_0}}{\sqrt{1-(\lambda/2a)^2}}$ 为 H_{10} 的波阻抗。

再令

$$\begin{cases} \boldsymbol{E}_t = -\hat{\boldsymbol{y}}E_{10}\sin\dfrac{\pi x}{a}\mathrm{e}^{-\mathrm{j}\beta z} = \boldsymbol{e}_{10}(x)U(z) \\ \boldsymbol{H}_t = \hat{\boldsymbol{x}}\dfrac{E_{10}}{Z_{\mathrm{WH}_{10}}}\sin\dfrac{\pi x}{a}\mathrm{e}^{-\mathrm{j}\beta z} = \boldsymbol{h}_{10}(x)I(z) \end{cases}$$

则所求模式等效电压和等效电流可表示为

$$U(z) = A_1\mathrm{e}^{-\mathrm{j}\beta z} \tag{7-2-18a}$$

$$I(z) = \frac{A_1}{Z_0}\mathrm{e}^{-\mathrm{j}\beta z} \tag{7-2-18b}$$

其中：Z_0 为模式特性阻抗，现取 $Z_0 = \dfrac{b}{a}Z_{\mathrm{WH}_{10}}$，可以得到 A_1，由式(7-2-17)和式(7-2-18)可得

$$\boldsymbol{e}_{10}(x) = -\hat{\boldsymbol{y}}\frac{E_{10}\sin\dfrac{\pi x}{a}}{A_1} = -\hat{\boldsymbol{y}}\frac{E_{10}}{A_1}\sin\frac{\pi x}{a} \tag{7-2-19a}$$

$$\boldsymbol{h}_{10}(x) = \hat{\boldsymbol{x}}\frac{\dfrac{E_{10}}{Z_{\mathrm{WH}_{10}}}Z_0\sin\dfrac{\pi x}{a}}{A_1} = \hat{\boldsymbol{x}}\frac{E_{10}}{A_1}\frac{Z_0}{Z_{\mathrm{WH}_{10}}}\sin\frac{\pi x}{a} \tag{7-2-19b}$$

由式(7-2-3)得

$$\iint_S\left(-\hat{\boldsymbol{y}}\frac{E_{10}}{A_1}\sin\frac{\pi x}{a}\right)\times\left(\hat{\boldsymbol{x}}\frac{E_{10}}{A_1}\frac{Z_0}{Z_{\mathrm{WH}_{10}}}\sin\frac{\pi x}{a}\right)\cdot\hat{\boldsymbol{z}}\mathrm{d}x\mathrm{d}y = 1 \tag{7-2-20}$$

对上式积分可得 $\dfrac{E_{10}^2}{A_1^2}\dfrac{Z_0}{Z_{\mathrm{WH}_{10}}}\dfrac{ab}{2} = 1$，利用 $Z_0 = Z_{\mathrm{WH}_{10}}(b/a)$，得 $A_1 = \dfrac{b}{\sqrt{2}}E_{10}$，于是矩形波导 TE_{10} 模的等效电压和等效电流为

$$U(z) = A_1\mathrm{e}^{-\mathrm{j}\beta z} = \frac{b}{\sqrt{2}}E_{10}\mathrm{e}^{-\mathrm{j}\beta z} \tag{7-2-21a}$$

$$I(z) = \frac{A_1}{Z_0}\mathrm{e}^{-\mathrm{j}\beta z} = \frac{a}{\sqrt{2}}\frac{E_{10}}{Z_{\mathrm{WH}_{10}}}\mathrm{e}^{-\mathrm{j}\beta z} \tag{7-2-21b}$$

此时，波导任意点的传输功率为

$$P = \frac{1}{2}\mathrm{Re}[U(z)I^*(z)] = \frac{ab}{4}\frac{\mathrm{E}_{10}^2}{Z_{\mathrm{WH}_{10}}} \tag{7-2-22}$$

思考题

(1) 用网络参考面上的等效电压和电流来描述微波元件外特性的根据是什么？

(2) 何为模式等效电压和等效电流？

(3) 模式电压、电流与低频电路中电压、电流有何区别？

(4) 什么是归一化电压?什么是归一化电流？

7.3 微波网络传输特性及参量分析

网络理论并不要求研究网络内部的场结构，而只要求研究网络的外部特性。网络是通过端口与外界相联系的，因此要研究的信号量之间的关系可采用网络参量来描述其外部特性。由于信号量可以是电压、电流归一化值，也可以是场强复振幅的归一化值，因此网络参量分为两大类：第一类，当端口信号为电压、电流U和I或$\widetilde{U}$和$\tilde{I}$时，网络参量采用电路参量，包括阻抗(Z) 参量、导纳(Y) 参量和转移(A) 参量；第二类，当端口信号为入射波电压和电流的归一化值时，网络参量可采用波参量，包括散射(S) 参量、传输(T) 参量。这五种参量是微波网络工程中常用的参量。又由于在微波频率下，第一类参量不能直接测量，所以引出了第二类参量。

7.3.1 单口网络的传输特性

与低频网络相似，微波网络也分为线性与非线性、无耗与有耗、互易与非互易以及无源与有源网络。如果网络是非线性的，则描述各端口参量之间关系的方程是非线性的；反之，则是线性的。如果网络中存在有耗介质，则该网络是有耗网络；否则是无耗网络。具有可逆媒质的微波元件构成的网络就称为互易网络，所谓可逆媒质是指媒质参量ε、μ、σ的值与波的传输方向无关，即不论对入射波还是反射波，传输的参量不变；否则该网络为非互易网络。如果网络是由无源微波元件组成的，则称为无源网络；反之则为有源网络。

每个微波元件可以和若干微波传输线相连，这些传输线既将元件与系统沟通，又为微波功率进入不均匀区提供接口通路，称这些接口为端口。根据微波元件(不均匀区)端口数目的多少，微波网络还可分为单口(二端)、二口(四端)、三口(六端)、…、N口($2N$端) 网络。网络的端口数目与外接均匀传输线的个数是一致的。外接的均匀传输线可以是波导，也可以是同轴线、双线或微带线等。它们在微波网络中均等效为长线，即可以用两根平行线来代表。

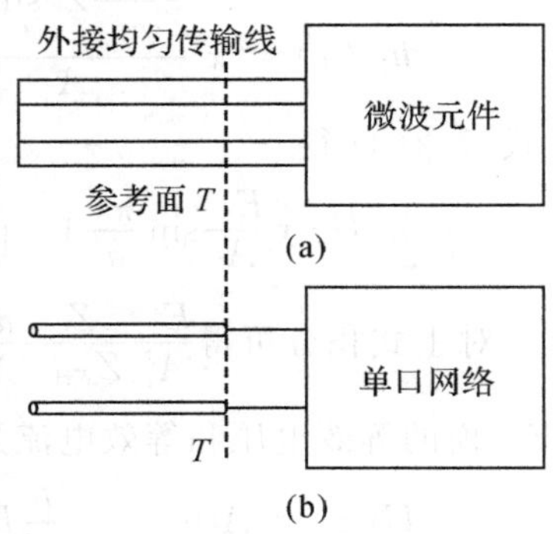

图 7-3-1 单口微波元件的传输线及其等效网络

单口网络是指只有一个端口的规则波导与微波元件相连接，如图 7-3-1 所示。通常在连接的端面因为阻抗匹配问题等原因引起不连续，产生反射。若将参考面 T 选在离不连续面较远的地方，则在参考面 T 左侧的传输线上由于阻抗不匹配产生的高次模可以忽略，只存在主模的入射波和反射波，这时可用等效传输线来表示，而把参考面 T 以右部分看作一个微波网络，把传输线作为该网络的输入端面，这就构成了单口网络。单口网络是功率能进去或能出来的单段波导或传输线电路。

假设参考面 T 处的电压反射系数为 $\Gamma_1 = |\Gamma_1| e^{j\varphi_1}$，由均匀传输线理论可知，等效传输线上任意点的反射系数为

$$\Gamma(z) = |\Gamma_1| e^{j(\varphi_1 - 2\beta z)} \tag{7-3-1}$$

而等效传输线上任意点的等效电压、电流分别为

$$\left.\begin{aligned} U(z) &= A_1[1 + \Gamma(z)] \\ I(z) &= \frac{A_1}{Z_0}[1 - \Gamma(z)] \end{aligned}\right\} \tag{7-3-2}$$

式中：Z_0 为等效传输线的等效特性阻抗。

传输线上任意一点输入阻抗为

$$Z_{in}(z) = \frac{U(Z)}{I(Z)} = Z_0 \frac{1 + \Gamma(z)}{1 - \Gamma(z)} \tag{7-3-3}$$

则归一化等效阻抗为

$$\tilde{Z} = \frac{Z_{in}(z)}{Z_0} = \frac{1 + \Gamma(z)}{1 - \Gamma(z)} \tag{7-3-4}$$

任意点的传输功率为

$$P(z) = \frac{1}{2}\mathrm{Re}[U(z)I^*(z)] = \frac{|A_1|^2}{2|Z_0|}[1 - |\Gamma(z)|^2] \tag{7-3-5}$$

7.3.2　双端口网络的传输特性

在各种微波网络中，双端口网络是最基本的，任意具有两个端口的微波元件均可视为双端口网络。在选定的网络参考面上，定义出每个端口的电压和电流后，由于在线性网络中各电压电流之间也是线性的，故选定不同的自变量和因变量，可以得到不同的线性组合。类似于低频双端口网络理论，这些不同变量的线性组合可以用不同的网络参数来描述，主要有阻抗矩阵、导纳矩阵和转移矩阵等。下面分析线性无源双端口网络各端口上电压和电流之间的关系。如图 7-3-2 所示为双端口网络，端口参考面 T_1 和 T_2 上的电压和电流的方向如图中所示。

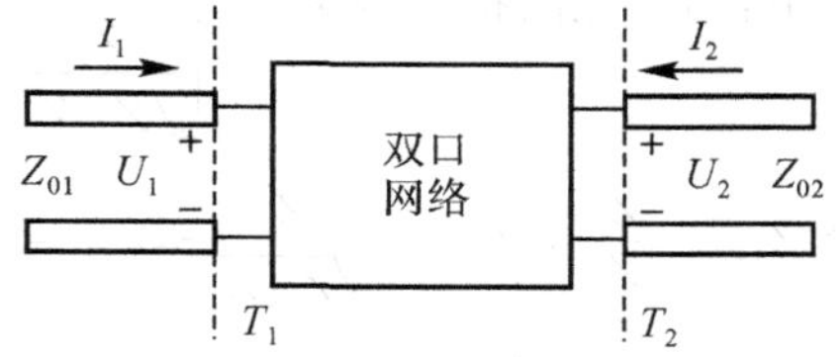

图 7-3-2　双端口网络

1. 阻抗矩阵

若图 7-3-2 中参考面 T_1 处的电压和电流分别为 U_1 和 I_1，参考面 T_2 处电压和电流分别为 U_2 和 I_2，连接 T_1 和 T_2 端的等效传输线的等效特性阻抗分别为 Z_{01} 和 Z_{02}。取 I_1 和 I_2 为自变量，U_1 和 U_2 为因变量，线性网络等效电路方程可写为

$$U_1 = Z_{11}I_1 + Z_{12}I_2 \tag{7-3-6a}$$

$$U_2 = Z_{21}I_1 + Z_{22}I_2 \tag{7-3-6b}$$

写成矩阵形式为

$$\begin{bmatrix} U_1 \\ U_2 \end{bmatrix} = \begin{bmatrix} Z_{11} & Z_{12} \\ Z_{21} & Z_{22} \end{bmatrix}\begin{bmatrix} I_1 \\ I_2 \end{bmatrix} \tag{7-3-7a}$$

或简写为

$$\boldsymbol{U} = \boldsymbol{Z} \cdot \boldsymbol{I} \tag{7-3-7b}$$

式中：$\boldsymbol{U}$ 为电压列向量；$\boldsymbol{I}$ 为电流列向量；$\boldsymbol{Z}$ 是阻抗矩阵；Z_{11} 和 Z_{22} 分别是端口 1 和 2 的自阻抗；Z_{12} 和 Z_{21} 是端口 1 和 2 的互阻抗。各阻抗参数定义如下：

$Z_{11} = \left.\dfrac{U_1}{I_1}\right|_{I_2=0}$ 为 T_2 面开路时，端口 1 的输入阻抗

$Z_{12} = \left.\dfrac{U_1}{I_2}\right|_{I_1=0}$ 为 T_1 面开路时，端口 2 至端口 1 的转移阻抗

$Z_{21} = \left.\dfrac{U_2}{I_1}\right|_{I_2=0}$ 为 T_2 面开路时，端口 1 至端口 2 的转移阻抗

$Z_{22} = \left.\dfrac{U_2}{I_2}\right|_{I_1=0}$ 为 T_1 面开路时，端口 2 的输入阻抗

根据上述定义可知，矩阵 $\boldsymbol{Z}$ 中的各个阻抗参数要使用开路法测量，因此也称为开路阻抗参数，而且如果参考面选择不同，相应的阻抗参数会改变。

若将各端口的电压和电流分别对自身特性阻抗归一化，则有

$$\left.\begin{aligned} \widetilde{U}_1 &= \frac{U_1}{\sqrt{Z_{01}}}, \quad \widetilde{I}_1 = I_1\sqrt{Z_{01}} \\ \widetilde{U}_2 &= \frac{U_2}{\sqrt{Z_{02}}}, \quad \widetilde{I}_2 = I_2\sqrt{Z_{02}} \end{aligned}\right\} \tag{7-3-8}$$

代入式(7-3-7) 并整理后得

$$\widetilde{\boldsymbol{U}} = \widetilde{\boldsymbol{Z}} \cdot \widetilde{\boldsymbol{I}} \tag{7-3-9}$$

其中：归一化阻抗矩阵 $\widetilde{\boldsymbol{Z}} = \begin{bmatrix} \dfrac{Z_{11}}{Z_{01}} & \dfrac{Z_{12}}{\sqrt{Z_{01}Z_{02}}} \\ \dfrac{Z_{21}}{\sqrt{Z_{01}Z_{02}}} & \dfrac{Z_{22}}{Z_{02}} \end{bmatrix}$ (7-3-10)

令 $\widetilde{Z}_{11} = \dfrac{Z_{11}}{Z_{01}}$，$\widetilde{Z}_{12} = \dfrac{Z_{12}}{\sqrt{Z_{01}Z_{02}}}$，$\widetilde{Z}_{21} = \dfrac{Z_{21}}{\sqrt{Z_{01}Z_{02}}}$，$\widetilde{Z}_{22} = \dfrac{Z_{22}}{Z_{02}}$，则归一化阻抗矩阵可写成

$$\widetilde{\boldsymbol{Z}} = \begin{bmatrix} \widetilde{Z}_{11} & \widetilde{Z}_{12} \\ \widetilde{Z}_{21} & \widetilde{Z}_{22} \end{bmatrix} \tag{7-3-11}$$

这里 $\widetilde{Z}_{11}$、$\widetilde{Z}_{12}$、$\widetilde{Z}_{21}$、$\widetilde{Z}_{22}$ 是与 Z_{11}、Z_{12}、Z_{21}、Z_{22} 对应的归一化量。由上述分析可见对阻抗参量网络，只要用归一化参量代替原来的参量，则低频网络有关的计算公式便可直接引用到微波网络参数的计算中。

如果网络的阻抗参量 $Z_{01} = Z_{02}$，则对于互易网络，有 $\widetilde{Z}_{ij} = \widetilde{Z}_{ji}$；对于对称网络，有 $\widetilde{Z}_{ii} = \widetilde{Z}_{jj}$；对于无耗网络有 $\widetilde{Z}_{ij} = \pm \widetilde{X}_{ij}$（纯虚数）。

2. 导纳矩阵

若在双端口网络（如图 7-3-2 所示）中，取 U_1 和 U_2 为自变量，I_1 和 I_2 为因变量，则可得另一组方程为

$$\left.\begin{aligned} I_1 &= Y_{11}U_1 + Y_{12}U_2 \\ I_2 &= Y_{21}U_1 + Y_{22}U_2 \end{aligned}\right\} \tag{7-3-12}$$

写成矩阵形式

$$\begin{bmatrix} I_1 \\ I_2 \end{bmatrix} = \begin{bmatrix} Y_{11} & Y_{12} \\ Y_{21} & Y_{22} \end{bmatrix} \begin{bmatrix} U_1 \\ U_2 \end{bmatrix} \tag{7-3-13a}$$

或简写为

$$\boldsymbol{I} = \boldsymbol{Y} \cdot \boldsymbol{U} \tag{7-3-13b}$$

其中：$\boldsymbol{Y}$ 是双端口网络的导纳矩阵。各参数的物理意义为

$Y_{11} = \left.\dfrac{I_1}{U_1}\right|_{U_2=0}$　表示 T_2 面短路时，端口 1 的输入导纳

$Y_{12} = \left.\dfrac{I_1}{U_2}\right|_{U_1=0}$　表示 T_1 面短路时，端口 2 至端口 1 的转移导纳

$Y_{21} = \left.\dfrac{I_2}{U_1}\right|_{U_2=0}$　表示 T_2 面短路时，端口 1 至端口 2 的转移导纳

$Y_{22} = \left.\dfrac{I_2}{U_2}\right|_{U_1=0}$　表示 T_1 面短路时，端口 2 的输入导纳

由上述定义可见，$\boldsymbol{Y}$ 矩阵中的各参数要使用短路法测量，称这些参数为短路导纳参数。Y_{11} 和 Y_{22} 分别是端口 1 和 2 的自导纳；Y_{12} 和 Y_{21} 分别是端口 1 和 2 的互导纳。

用归一化参量表示为 $\tilde{\boldsymbol{I}} = \tilde{\boldsymbol{Y}} \cdot \tilde{\boldsymbol{U}}$

其中

$$\left.\begin{aligned} \tilde{I}_1 &= \frac{I_1}{\sqrt{Y_{01}}}, \quad \tilde{U}_1 = U_1\sqrt{Y_{01}} \\ \tilde{I}_2 &= \frac{I_2}{\sqrt{Y_{02}}}, \quad \tilde{U}_2 = U_2\sqrt{Y_{02}} \end{aligned}\right\} \tag{7-3-14}$$

而归一化导纳矩阵

$$\tilde{\boldsymbol{Y}} = \begin{bmatrix} \dfrac{Y_{11}}{Y_{01}} & \dfrac{Y_{12}}{\sqrt{Y_{01}Y_{02}}} \\ \dfrac{Y_{21}}{\sqrt{Y_{01}Y_{02}}} & \dfrac{Y_{22}}{Y_{02}} \end{bmatrix} \tag{7-3-15}$$

令 $\tilde{Y}_{11} = \dfrac{Y_{11}}{Y_{01}}$，$\tilde{Y}_{12} = \dfrac{Y_{12}}{\sqrt{Y_{01}Y_{02}}}$，$\tilde{Y}_{21} = \dfrac{Y_{21}}{\sqrt{Y_{01}Y_{02}}}$，$\tilde{Y}_{22} = \dfrac{Y_{22}}{Y_{02}}$，则归一化的导纳参量可写成

$$\tilde{\boldsymbol{Y}} = \begin{bmatrix} \tilde{Y}_{11} & \tilde{Y}_{12} \\ \tilde{Y}_{21} & \tilde{Y}_{22} \end{bmatrix} \tag{7-3-16}$$

这里 $\tilde{Y}_{11}$、$\tilde{Y}_{12}$、$\tilde{Y}_{21}$、$\tilde{Y}_{22}$ 是与 Y_{11}、Y_{12}、Y_{21}、Y_{22} 对应的归一化量。

如果网络互易，则有 $Y_{12} = Y_{21}$；如果网络对称，则有 $Y_{11} = Y_{22}$。也就是说如果特性导纳 $Y_{0i} = Y_{0j}$，则对于互易网络，有 $\tilde{Y}_{ij} = \tilde{Y}_{ji}$；对于对称网络，有 $\tilde{Y}_{ii} = \tilde{Y}_{jj}$；对于无耗网络，$\tilde{Y}_{ij} = \pm b_{ij}$（纯虚数）。

不难证明，对于同一双端口网络阻抗矩阵 $\boldsymbol{Z}$ 和导纳矩阵 $\boldsymbol{Y}$ 有以下关系

$$\left.\begin{aligned} \boldsymbol{Z} \cdot \boldsymbol{Y} &= \mathbf{I} \\ \boldsymbol{Z} &= \boldsymbol{Y}^{-1} \end{aligned}\right\} \tag{7-3-17}$$

式中：$\mathbf{I}$ 为单位阵。

例 7-3-1　求如图 7-3-3 所示双端口网络的 $\boldsymbol{Z}$ 矩阵和 $\boldsymbol{Y}$ 矩阵。

解　根据 $\boldsymbol{Z}$ 矩阵的定义有

$$Z_{11}=\frac{U_1}{I_1}\bigg|_{I_2=0}=Z_a+Z_c,\ Z_{12}=\frac{U_1}{I_2}\bigg|_{I_1=0}=Z_c$$

$$Z_{21}=Z_{12}=Z_c,\ Z_{22}=\frac{U_2}{I_2}\bigg|_{I_1=0}=Z_b+Z_c$$

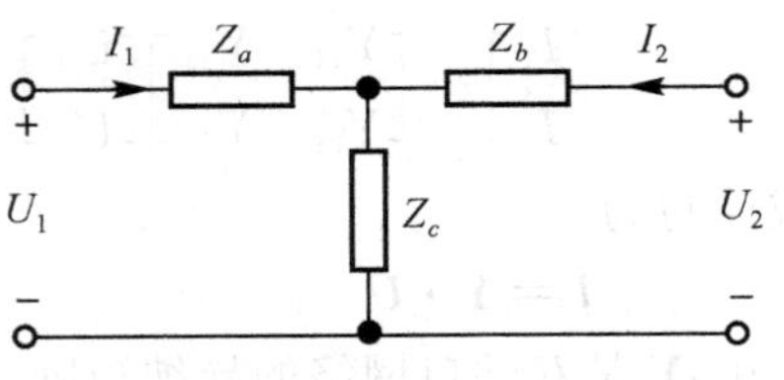

图 7-3-3　双端口网络的计算

根据式(7-3-6)可得网络阻抗矩阵 **Z** 为

$$\mathbf{Z}=\begin{bmatrix} Z_a+Z_c & Z_c \\ Z_c & Z_b+Z_c \end{bmatrix}$$

导纳矩阵 **Y** 为

$$\mathbf{Y}=Z^{-1}=\frac{1}{Z_aZ_b+(Z_a+Z_b)Z_c}\begin{bmatrix} Z_b+Z_c & -Z_c \\ -Z_c & Z_a+Z_c \end{bmatrix}$$

3. 转移矩阵

在图 7-3-2 所示的等效网络中,U_1 和 I_1 是输入量,U_2 和 I_2 是输出量,若规定 I_2 的正方向为流出端口 2,与图中 I_2 的流向相反。把网络的输出(电压 U_2、电流 I_2)作为自变量、输入(电压 U_1、电流 I_1)作为因变量,根据电路原理可以得到另一组线性方程,称作转移参数或 A 参数方程:

$$U_1=A_{11}U_2+A_{12}(-I_2) \tag{7-3-18a}$$

$$I_1=A_{21}U_2+A_{22}(-I_2) \tag{7-3-18b}$$

将式(7-3-18)写成矩阵形式有

$$\begin{bmatrix} U_1 \\ I_1 \end{bmatrix}=\begin{bmatrix} A_{11} & A_{12} \\ A_{21} & A_{22} \end{bmatrix}\begin{bmatrix} U_2 \\ -I_2 \end{bmatrix} \tag{7-3-19a}$$

或简写为

$$\boldsymbol{\Phi}_1=\mathbf{A}\cdot\boldsymbol{\Phi}_2 \tag{7-3-19b}$$

其中:$\mathbf{A}=\begin{bmatrix} A_{11} & A_{12} \\ A_{21} & A_{22} \end{bmatrix}$称为网络的转移矩阵,矩阵中参量的意义如下:

$A_{11}=\dfrac{U_1}{U_2}\bigg|_{I_2=0}$,表示 T_2 开路时的电压转移参量;

$A_{12}=\dfrac{U_1}{-I_2}\bigg|_{U_2=0}$,表示 T_2 短路时的转移阻抗参量;

$A_{21}=\dfrac{I_1}{U_2}\bigg|_{I_2=0}$,表示 T_2 开路时的转移导纳参量;

$A_{22}=\dfrac{I_1}{-I_2}\bigg|_{U_2=0}$,表示 T_2 短路时的电流转移参量。

将网络各端口电压、电流对自身特性阻抗归一化后,得

$$\begin{bmatrix} \tilde{U}_1 \\ \tilde{I}_1 \end{bmatrix}=\begin{bmatrix} \tilde{A}_{11} & \tilde{A}_{12} \\ \tilde{A}_{21} & \tilde{A}_{22} \end{bmatrix}\begin{bmatrix} \tilde{U}_2 \\ -\tilde{I}_2 \end{bmatrix}=\tilde{\mathbf{A}}\cdot\begin{bmatrix} \tilde{U}_2 \\ -\tilde{I}_2 \end{bmatrix} \tag{7-3-20}$$

其中:$\tilde{A}_{11}=A_{11}\sqrt{\dfrac{Z_{02}}{Z_{01}}}$,　$\tilde{A}_{12}=\dfrac{A_{12}}{\sqrt{Z_{01}Z_{02}}}$,　$\tilde{A}_{21}=A_{21}\sqrt{Z_{01}Z_{02}}$,　$\tilde{A}_{22}=A_{22}\sqrt{\dfrac{Z_{01}}{Z_{02}}}$。于是,归一化网络转移矩阵参量可以写为

$$\widetilde{\boldsymbol{A}} = \begin{bmatrix} A_{11}\sqrt{\dfrac{Z_{02}}{Z_{01}}} & \dfrac{A_{12}}{\sqrt{Z_{01}Z_{02}}} \\ A_{21}\sqrt{Z_{01}Z_{02}} & A_{22}\sqrt{\dfrac{Z_{01}}{Z_{02}}} \end{bmatrix} = \begin{bmatrix} \widetilde{A}_{11} & \widetilde{A}_{12} \\ \widetilde{A}_{21} & \widetilde{A}_{22} \end{bmatrix} \tag{7-3-21}$$

这里 $\widetilde{A}_{11}$、$\widetilde{A}_{12}$、$\widetilde{A}_{21}$、$\widetilde{A}_{22}$ 是与 A_{11}、A_{12}、A_{21}、A_{22} 对应的归一化量。**A** 矩阵在研究网络级联时特别方便。

对于互易网络有 $A_{11}A_{22}-A_{12}A_{21}=\widetilde{A}_{11}\widetilde{A}_{22}-\widetilde{A}_{12}\widetilde{A}_{21}=1$；对于对称网络有 $A_{11}=A_{22}$。

下面讨论如图 7-3-4 所示的两个网络的级联，可得 $\boldsymbol{\Phi}_1=\boldsymbol{A}_1\cdot\boldsymbol{\Phi}_2$，$\boldsymbol{\Phi}_2=\boldsymbol{A}_2\cdot\boldsymbol{\Phi}_3$ 从而 $\boldsymbol{\Phi}_1=\boldsymbol{A}_1\cdot\boldsymbol{A}_2\cdot\boldsymbol{\Phi}_3$，于是

$$\boldsymbol{\Phi}_1=\boldsymbol{A}\cdot\boldsymbol{\Phi}_3 \tag{7-3-22}$$

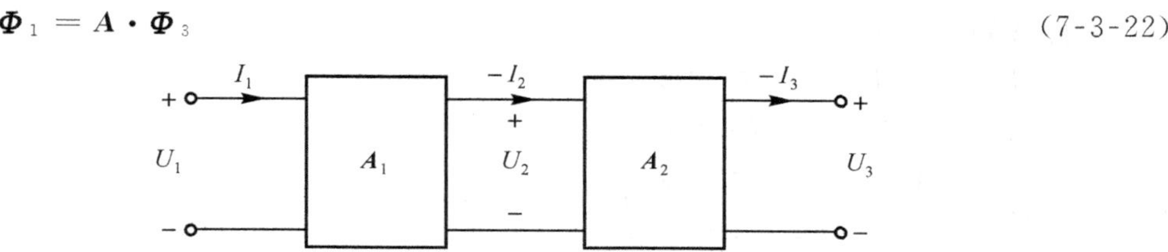

图 7-3-4　双端口网络的级联

级联后总的 **A** 矩阵为

$$\boldsymbol{A}=\boldsymbol{A}_1\cdot\boldsymbol{A}_2 \tag{7-3-23}$$

推而广之，对 n 个双端口网络的级联，则有

$$\boldsymbol{A}=\boldsymbol{A}_1\cdot\boldsymbol{A}_2\cdot\cdots\cdot\boldsymbol{A}_n \tag{7-3-24}$$

前述的三种网络矩阵各有用处。由于归一化阻抗、导纳及转移矩阵均是描述网络各端口参考面上的归一化电压、电流之间的关系，因此存在转换关系，具体转换方式如表 7-3-1 所示。

表 7-3-1　三种网络矩阵的相互转换公式

网络参量	以 $\widetilde{\boldsymbol{Y}}$ 参量表示	以 $\widetilde{\boldsymbol{Z}}$ 参量表示	以 $\widetilde{\boldsymbol{A}}$ 参量表示
$\begin{bmatrix}\widetilde{Y}_{11} & \widetilde{Y}_{12}\\ \widetilde{Y}_{21} & \widetilde{Y}_{22}\end{bmatrix}$	$\begin{bmatrix}\widetilde{Y}_{11} & \widetilde{Y}_{12}\\ \widetilde{Y}_{21} & \widetilde{Y}_{22}\end{bmatrix}$	$\begin{bmatrix}\dfrac{\widetilde{Z}_{22}}{\lvert\widetilde{Z}\rvert} & -\dfrac{\widetilde{Z}_{12}}{\lvert\widetilde{Z}\rvert}\\ -\dfrac{\widetilde{Z}_{21}}{\lvert\widetilde{Z}\rvert} & \dfrac{\widetilde{Z}_{11}}{\lvert\widetilde{Z}\rvert}\end{bmatrix}$	$\begin{bmatrix}\dfrac{\widetilde{A}_{22}}{\widetilde{A}_{12}} & -\dfrac{\widetilde{A}_{11}\widetilde{A}_{22}-\widetilde{A}_{12}\widetilde{A}_{21}}{\widetilde{A}_{12}}\\ -\dfrac{1}{\widetilde{A}_{12}} & \dfrac{\widetilde{A}_{11}}{\widetilde{A}_{12}}\end{bmatrix}$
$\begin{bmatrix}\widetilde{Z}_{11} & \widetilde{Z}_{12}\\ \widetilde{Z}_{21} & \widetilde{Z}_{22}\end{bmatrix}$	$\begin{bmatrix}\dfrac{\widetilde{Y}_{22}}{\lvert\widetilde{Y}\rvert} & \dfrac{\widetilde{Y}_{12}}{\lvert\widetilde{Y}\rvert}\\ -\dfrac{\widetilde{Y}_{21}}{\lvert\widetilde{Y}\rvert} & \dfrac{\widetilde{Y}_{11}}{\lvert\widetilde{Y}\rvert}\end{bmatrix}$	$\begin{bmatrix}\widetilde{Z}_{11} & \widetilde{Z}_{12}\\ \widetilde{Z}_{21} & \widetilde{Z}_{22}\end{bmatrix}$	$\begin{bmatrix}\dfrac{\widetilde{A}_{11}}{\widetilde{A}_{21}} & \dfrac{\widetilde{A}_{11}\widetilde{A}_{22}-\widetilde{A}_{12}\widetilde{A}_{21}}{\widetilde{A}_{21}}\\ \dfrac{1}{\widetilde{A}_{21}} & \dfrac{\widetilde{A}_{22}}{\widetilde{A}_{21}}\end{bmatrix}$
$\begin{bmatrix}\widetilde{A}_{11} & \widetilde{A}_{12}\\ \widetilde{A}_{21} & \widetilde{A}_{22}\end{bmatrix}$	$-\begin{bmatrix}\dfrac{\widetilde{Y}_{22}}{\widetilde{Y}_{21}} & \dfrac{1}{\widetilde{Y}_{21}}\\ \dfrac{\lvert\widetilde{Y}\rvert}{\widetilde{Y}_{21}} & \dfrac{\widetilde{Y}_{11}}{\widetilde{Y}_{21}}\end{bmatrix}$	$\begin{bmatrix}\dfrac{\widetilde{Z}_{11}}{\widetilde{Z}_{21}} & \dfrac{\lvert\widetilde{Z}\rvert}{\widetilde{Z}_{21}}\\ \dfrac{1}{\widetilde{Z}_{21}} & \dfrac{\widetilde{Z}_{22}}{\widetilde{Z}_{21}}\end{bmatrix}$	$\begin{bmatrix}\widetilde{A}_{11} & \widetilde{A}_{12}\\ \widetilde{A}_{21} & \widetilde{A}_{22}\end{bmatrix}$

上表中：$\lvert\widetilde{Z}\rvert=\widetilde{Z}_{11}\widetilde{Z}_{22}-\widetilde{Z}_{12}\widetilde{Z}_{21}$，$\lvert\widetilde{Y}\rvert=\widetilde{Y}_{11}\widetilde{Y}_{22}-\widetilde{Y}_{12}\widetilde{Y}_{21}$。

例 7-3-2　求如图 7-3-5 所示串联阻抗的 **A** 矩阵。

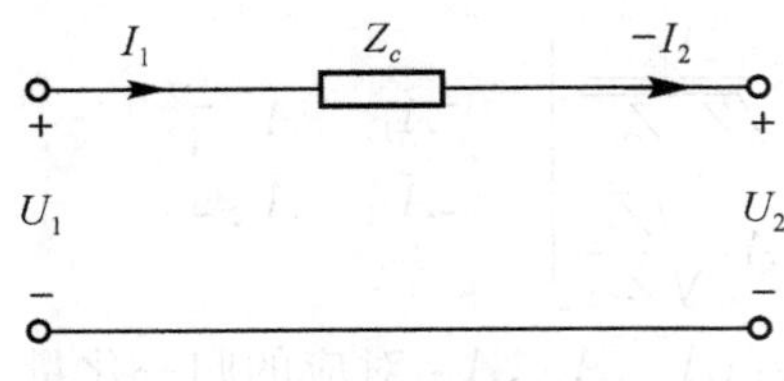

图 7-3-5　求串联阻抗的 **A** 矩阵

解　由图 7-3-5 可知，两端口参量之间有

$$\begin{cases} U_1 = U_2 - Z_c I_2 \\ I_1 = - I_2 \end{cases}$$

对照 **A** 矩阵定义

$$\begin{cases} U_1 = A_{11} U_2 + A_{12}(- I_2) \\ I_1 = A_{21} U_2 + A_{22}(- I_2) \end{cases}$$

得
$$\boldsymbol{A} = \begin{bmatrix} A_{11} & A_{12} \\ A_{21} & A_{22} \end{bmatrix} = \begin{bmatrix} 1 & Z_c \\ 0 & 1 \end{bmatrix}$$

例 7-3-3　求如图 7-3-6 所示的并联导纳的 **A** 矩阵。

解　并联导纳单元电路各端口电路量如图 7-3-6 所示。根据定义

$$A_{11} = \left.\frac{U_1}{U_2}\right|_{I_2=0} = 1$$

$$A_{12} = \left.\frac{U_1}{-I_2}\right|_{U_2=0} = 0$$

$$A_{21} = \left.\frac{I_1}{U_2}\right|_{I_2=0} = Y_c \qquad A_{22} = \left.\frac{I_1}{-I_2}\right|_{U_2=0} = 1$$

图 7-3-6　求并联导纳的 **A** 矩阵

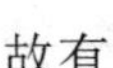
故有
$$\boldsymbol{A} = \begin{bmatrix} 1 & 0 \\ Y_c & 1 \end{bmatrix}$$

思考题

(1) 把微波元件等效为网络时，参考面为何要远离不均匀区？

(2) 网络参数为何要进行归一化？

(3) 网络参数归一化后对微波功率的传输有影响吗？

(4) 描述微波网络的参量矩阵有哪些？对同一个网络，矩阵参量唯一吗？

(5) 如何理解微波网络各矩阵参量随参考面选择不同而不同的现象？

(6) 为何要引入归一化阻抗的概念？

7.4　散射矩阵与传输矩阵

上面讨论的 $\widetilde{\boldsymbol{Z}}$，$\widetilde{\boldsymbol{Y}}$ 和 $\widetilde{\boldsymbol{A}}$ 参量都以端口归一化电压和归一化电流来定义，而在微波波段电压和电流本身已无确切定义，而且这三种网络参数的测量不是要求端口开路就是要求端口

短路，可是在选定的网络参考面上难以做到端口开路或端口短路，因而上述矩阵参数只是抽象的理论定义，无法通过测量直接得到。为研究微波系统的传输特性，需要一种在微波段可以直接测量确定的网络参数。在信号源匹配的条件下，可以对导波系统的驻波系数、反射系数及功率等进行测量，也即在与网络相连的各分支传输系统的端口参考面上入射波和反射波的相对大小和相对相位是可以测量的，而散射矩阵和传输矩阵是建立在入射波、反射波的关系基础上的网络参数矩阵，因此，相对来说具有一定的实际意义。下面从归一化的入射波和反射波出发，讨论散射矩阵和传输矩阵。

7.4.1　散射矩阵

假定网络是线性无耗的，研究如图 7-4-1 所示的双端口网络。

图 7-4-1(a) 表示，当网络端口 1 有入射波 a_1 时，参考面 Ⅰ 处将产生反射波 b'_1 和透射波 b'_2。各场量之间存在如下线性关系

$$\begin{aligned} b'_1 &= S_{11}a_1 \\ b'_2 &= S_{21}a_1 \end{aligned} \tag{7-4-1}$$

图 7-4-1(b) 表示，当端口 2 有入射波 a_2 时，参考面 Ⅱ 处将产生反射波 b''_2 和透射波 b''_1。各场量之间存在如下线性关系

$$\begin{aligned} b''_1 &= S_{12}a_2 \\ b''_2 &= S_{22}a_2 \end{aligned} \tag{7-4-2}$$

图 7-4-1(c) 表示，当网络的两个端口 1 和 2 同时存在入射波 a_1 和 a_2 时，两端口将产生输出波 b_1 和 b_2。由于系统是线性无耗的，故通过网络的场量可以线性叠加，即

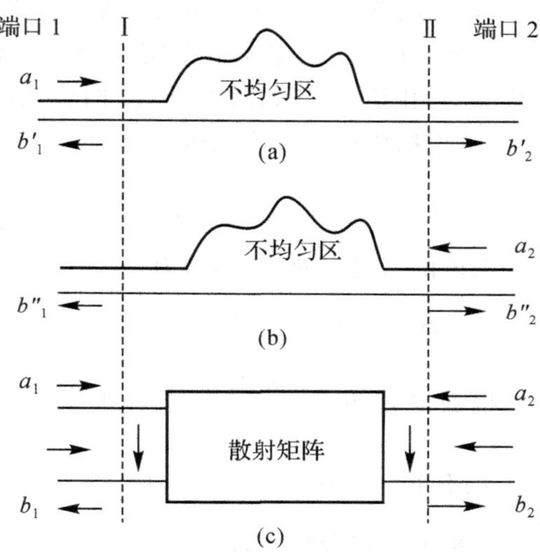

图 7-4-1　用散射矩阵表示双端口网络

$$\left.\begin{aligned} b_1 &= b'_1 + b''_1 = S_{11}a_1 + S_{12}a_2 \\ b_2 &= b'_2 + b''_2 = S_{21}a_1 + S_{22}a_2 \end{aligned}\right\} \tag{7-4-3}$$

写成矩阵形式为

$$\begin{bmatrix} b_1 \\ b_2 \end{bmatrix} = \begin{bmatrix} S_{11} & S_{12} \\ S_{21} & S_{22} \end{bmatrix}\begin{bmatrix} a_1 \\ a_2 \end{bmatrix} \tag{7-4-4a}$$

或简写为

$$\boldsymbol{b} = \boldsymbol{S} \cdot \boldsymbol{a} \tag{7-4-4b}$$

其中：$\boldsymbol{S} = \begin{bmatrix} S_{11} & S_{12} \\ S_{21} & S_{22} \end{bmatrix}$称为双端口网络的散射矩阵。为唯一确定散射矩阵 $\boldsymbol{S}$，限定 $\boldsymbol{a}$ 代表入射波电压的归一化值，$\boldsymbol{b}$ 代表反射波电压的归一化值，各参数的物理意义为

$S_{11} = \left.\dfrac{b_1}{a_1}\right|_{a_2=0}$　表示端口 2 匹配时，端口 1 的反射系数

$S_{22} = \left.\dfrac{b_2}{a_2}\right|_{a_1=0}$　表示端口 1 匹配时，端口 2 的反射系数

$S_{12}=\left.\frac{b_1}{a_2}\right|_{a_1=0}$ 表示端口 1 匹配时，端口 2 到端口 1 的反向传输系数

$S_{21}=\left.\frac{b_2}{a_1}\right|_{a_2=0}$ 表示端口 2 匹配时，端口 1 到端口 2 的正向传输系数

可见，$\boldsymbol{S}$ 矩阵是建立在端口接匹配负载基础上的反射系数或传输系数，这样利用网络输入输出端口参考面上接匹配负载即可测得散射矩阵的各参量。

对于互易网络有 $S_{12}=S_{21}$；对于对称网络有 $S_{11}=S_{22}$；对于无耗网络有 $\boldsymbol{S}^{+}\boldsymbol{S}=\mathbf{I}$。其中，$\boldsymbol{S}^{+}$ 是 $\boldsymbol{S}$ 的转置共扼矩阵，$\mathbf{I}$ 为单位矩阵。

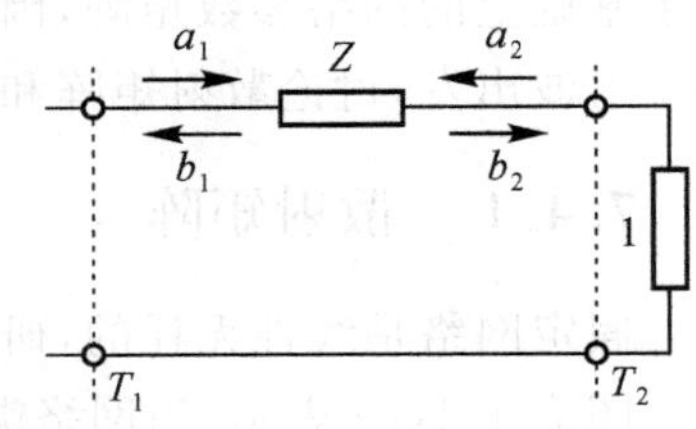

图 7-4-2　串联阻抗 Z 的 $\boldsymbol{S}$ 矩阵

例 7-4-1　求如图 7-4-2 所示串联阻抗 Z 的 S 矩阵。

解　由图 7-4-2 中给出的电路单元两端口上各场量关系及相应的端口条件，根据定义，S_{11} 是输出口接匹配负载（归一化值为 1，如图中所示）时输入端的反射系数。因此，可根据传输线理论求得

$$S_{11}=\left.\frac{b_1}{a_1}\right|_{a_2=0}=\frac{(Z+1)-1}{(Z+1)+1}=\frac{Z}{Z+2}$$

因该网络具有对称性，故有

$$S_{22}=S_{11}=\frac{Z}{Z+2}$$

根据定义，$S_{21}=\left.\frac{b_2}{a_1}\right|_{a_2=0}$ 为输出端口接匹配负载时输入口至输出口的传输系数。由于 $a_2=0$，则有 $U_2=a_2+b_2=b_2$，$U_1=a_1+b_1=a_1\left(1+\left.\frac{b_1}{a_1}\right|_{a_2=0}\right)=a_1(1+S_{11})$。

再根据电路分压原理，有

$$U_2=\frac{U_1}{1+Z}=\frac{1+S_{11}}{1+Z}a_1=b_2$$

所以 $$S_{21}=\left.\frac{b_2}{a_1}\right|_{a_2=0}=\frac{1+S_{11}}{1+Z}=\frac{2}{Z+2}$$

由网络互易性得 $$S_{12}=S_{21}=\frac{2}{Z+2}$$

最后得 $$\boldsymbol{S}=\frac{1}{Z+2}\begin{bmatrix}Z & 2\\ 2 & Z\end{bmatrix}$$

7.4.2　传输矩阵

当如图 7-4-3 所示的双端口网络的输出端口场量 a_2 和 b_2 已知，欲求输入端口场量 a_1 和 b_1 时，用 $\boldsymbol{T}$ 作变换矩阵最为方便，即

$$\left.\begin{aligned}a_1&=T_{11}b_2+T_{12}a_2\\ b_1&=T_{21}b_2+T_{22}a_2\end{aligned}\right\}\qquad(7\text{-}4\text{-}5)$$

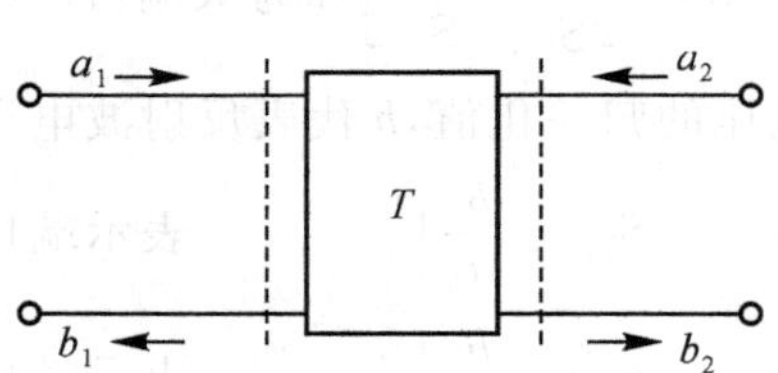

图 7-4-3　双端口网络的传输矩阵

写成矩阵形式为

$$\begin{bmatrix} a_1 \\ b_1 \end{bmatrix} = \begin{bmatrix} T_{11} & T_{12} \\ T_{21} & T_{22} \end{bmatrix} \begin{bmatrix} b_2 \\ a_2 \end{bmatrix} = \boldsymbol{T} \begin{bmatrix} b_2 \\ a_2 \end{bmatrix} \tag{7-4-6}$$

$\boldsymbol{T}$ 为双端口网络的传输矩阵，其中 $T_{11} = \left.\frac{a_1}{b_2}\right|_{a_2=0}$ 表示参考面 2 接匹配负载时，端口 1 至端口 2 的电压传输系数的倒数，即 $T_{11} = \frac{1}{S_{21}}$；而 $T_{22} = \left.\frac{b_1}{a_2}\right|_{b_2=0}$ 表示参考面 2 匹配由端口 2 至端口 1 的电压传输系数。其余参数没有明确的物理意义。

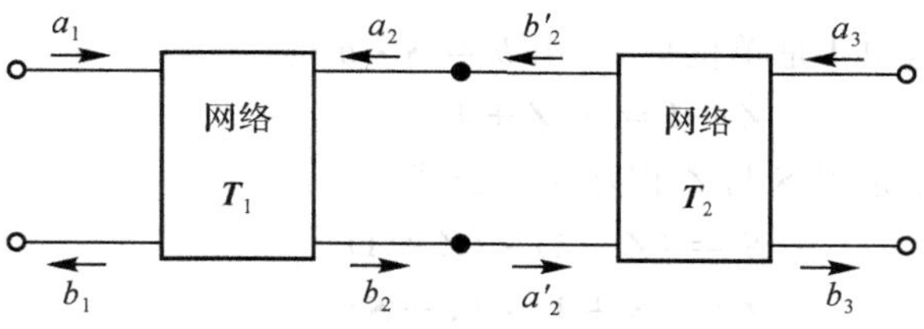

图 7-4-4　双端口网络的级联

传输矩阵用于网络级联比较方便。如图 7-4-4 所示两个双端口网络的级联，由传输矩阵定义有

$$\begin{bmatrix} a_1 \\ b_1 \end{bmatrix} = \boldsymbol{T}_1 \begin{bmatrix} b_2 \\ a_2 \end{bmatrix}$$

$$\begin{bmatrix} a_2' \\ b_2' \end{bmatrix} = \begin{bmatrix} b_2 \\ a_2 \end{bmatrix} = \boldsymbol{T}_2 \begin{bmatrix} b_3 \\ a_3 \end{bmatrix}$$

$$\begin{bmatrix} a_1 \\ b_1 \end{bmatrix} = \boldsymbol{T}_1 \cdot \boldsymbol{T}_2 \begin{bmatrix} b_3 \\ a_3 \end{bmatrix} \tag{7-4-7}$$

可见当网络级联时，总的 $\boldsymbol{T}$ 矩阵等于各级联网络 $\boldsymbol{T}$ 矩阵的乘积，推广到 n 个网络级联，即

$$\boldsymbol{T}_{总} = \boldsymbol{T}_1 \cdot \boldsymbol{T}_2 \cdot \cdots \cdot \boldsymbol{T}_n \tag{7-4-8}$$

对于互易网络有 $T_{11}T_{22} - T_{12}T_{21} = 1$；对于对称网络有 $T_{12} = -T_{21}$；对于无耗网络有 $T_{11} = T_{22}^*$，$T_{12} = T_{21}^*$。

7.4.3　散射矩阵与其他参量之间的关系

与其他四种参量一样，散射参量用于描述网络端口间输入输出关系，因此对同一双端口网络各参量矩阵间一定存在相互转换的关系。由于 $\boldsymbol{S}$ 是定义在归一化入射波电压和电流基础上，因此与其他参量的归一化值之间转换比较容易。

1. $\boldsymbol{S}$ 与 $\widetilde{\boldsymbol{Z}}$ 和 $\widetilde{\boldsymbol{Y}}$ 的转换

根据归一化电压和电流的定义，并由式(7-2-13)可知

$$\widetilde{U}(z) = \widetilde{U}_i(z) + \widetilde{U}_r(z)$$

$$\widetilde{U} = \widetilde{U}_i + \widetilde{U}_r,\quad \widetilde{I} = \widetilde{I}_i + \widetilde{I}_r = \widetilde{U}_i - \widetilde{U}_r$$

由第 5 章传输线理论知，线上电压波、电流波分别为

$$\widetilde{U} = \widetilde{U}_i + \widetilde{U}_r = a + b \tag{7-4-9a}$$

$$\widetilde{I} = \widetilde{U}_i - \widetilde{U}_r = a - b \tag{7-4-9b}$$

对于多端口网络，有相同的等式，即

$$\widetilde{\boldsymbol{U}} = \boldsymbol{a} + \boldsymbol{b} \tag{7-4-10a}$$

$$\widetilde{\boldsymbol{I}} = \boldsymbol{a} - \boldsymbol{b} \tag{7-4-10b}$$

对上式求逆变换，并利用式 (7-3-9)：$\widetilde{\boldsymbol{U}} = \widetilde{\boldsymbol{Z}} \cdot \widetilde{\boldsymbol{I}}$ 可得

$$\boldsymbol{a}=\frac{1}{2}(\widetilde{\boldsymbol{U}}+\widetilde{\boldsymbol{I}})=\frac{1}{2}(\widetilde{\boldsymbol{Z}}\cdot\widetilde{\boldsymbol{I}}+\widetilde{\boldsymbol{I}})=\frac{1}{2}(\widetilde{\boldsymbol{Z}}+\mathbf{I})\widetilde{\boldsymbol{I}}$$

$$\boldsymbol{b}=\frac{1}{2}(\widetilde{\boldsymbol{U}}-\widetilde{\boldsymbol{I}})=\frac{1}{2}(\widetilde{\boldsymbol{Z}}\cdot\widetilde{\boldsymbol{I}}-\widetilde{\boldsymbol{I}})=\frac{1}{2}(\widetilde{\boldsymbol{Z}}-\mathbf{I})\widetilde{\boldsymbol{I}}$$

这里 $\mathbf{I}$ 是单位矩阵，由 $\boldsymbol{b}=\boldsymbol{S}\cdot\boldsymbol{a}$ 得

$$\widetilde{\boldsymbol{Z}}-\mathbf{I}=\boldsymbol{S}(\widetilde{\boldsymbol{Z}}+\mathbf{I}) \tag{7-4-11}$$

于是得 $\boldsymbol{S}$ 与 $\widetilde{\boldsymbol{Z}}$ 相互转换公式

$$\boldsymbol{S}=(\widetilde{\boldsymbol{Z}}-\mathbf{I})\cdot(\widetilde{\boldsymbol{Z}}+\mathbf{I})^{-1} \tag{7-4-12a}$$

$$\widetilde{\boldsymbol{Z}}=(\boldsymbol{S}+\mathbf{I})\cdot(\mathbf{I}-\boldsymbol{S})^{-1} \tag{7-4-12b}$$

类似有

$$\boldsymbol{S}=(\mathbf{I}-\widetilde{\boldsymbol{Y}})(\mathbf{I}+\widetilde{\boldsymbol{Y}})^{-1} \tag{7-4-13a}$$

$$\widetilde{\boldsymbol{Y}}=(\mathbf{I}-\boldsymbol{S})(\mathbf{I}+\boldsymbol{S})^{-1} \tag{7-4-13b}$$

微波网络中的 $\boldsymbol{S}$、$\widetilde{\boldsymbol{Z}}$、$\widetilde{\boldsymbol{Y}}$ 矩阵之间的关系，与均匀传输线中的归一化阻抗 $\widetilde{Z}$、归一化导纳 $\widetilde{Y}$ 和反射系数 Γ 等物理量之间的关系类似。

2. $\boldsymbol{S}$ 与 $\widetilde{\boldsymbol{A}}$ 的转换

以二端口网络为例说明。由

$$\boldsymbol{a}=\frac{1}{2}(\widetilde{\boldsymbol{Z}}+\mathbf{I})\widetilde{\boldsymbol{I}},\quad \boldsymbol{b}=\frac{1}{2}(\widetilde{\boldsymbol{Z}}-\mathbf{I})\widetilde{\boldsymbol{I}}$$

及式(7-3-20)定义得

$$a_1+b_1=\widetilde{U}_1=\widetilde{A}_{11}(a_2+b_2)-\widetilde{A}_{12}(a_2-b_2) \tag{7-4-14a}$$

$$a_1-b_1=\widetilde{I}_1=\widetilde{A}_{21}(a_2+b_2)-\widetilde{A}_{22}(a_2-b_2) \tag{7-4-14b}$$

对式(7-4-14)整理得

$$\begin{bmatrix}1 & -(\widetilde{A}_{11}+\widetilde{A}_{12})\\ -1 & -(\widetilde{A}_{21}+\widetilde{A}_{22})\end{bmatrix}\begin{bmatrix}b_1\\ b_2\end{bmatrix}=\begin{bmatrix}-1 & (\widetilde{A}_{11}-\widetilde{A}_{12})\\ -1 & (\widetilde{A}_{21}-\widetilde{A}_{22})\end{bmatrix}\begin{bmatrix}a_1\\ a_2\end{bmatrix} \tag{7-4-15}$$

$$\begin{aligned}\boldsymbol{S}&=\begin{bmatrix}1 & -(\widetilde{A}_{11}+\widetilde{A}_{12})\\ -1 & -(\widetilde{A}_{21}+\widetilde{A}_{22})\end{bmatrix}^{-1}\begin{bmatrix}-1 & (\widetilde{A}_{11}-\widetilde{A}_{12})\\ -1 & (\widetilde{A}_{21}-\widetilde{A}_{22})\end{bmatrix}\\ &=\frac{1}{\overline{A}}\begin{bmatrix}\widetilde{A}_{11}+\widetilde{A}_{12}-\widetilde{A}_{21}-\widetilde{A}_{22} & 2\,|\,\widetilde{\boldsymbol{A}}\,|\\ 2 & \widetilde{A}_{12}+\widetilde{A}_{22}-\widetilde{A}_{21}-\widetilde{A}_{11}\end{bmatrix}\end{aligned} \tag{7-4-16}$$

式中 $|\widetilde{\boldsymbol{A}}|=\widetilde{A}_{11}\widetilde{A}_{22}-\widetilde{A}_{21}\widetilde{A}_{12}$ 为 $\widetilde{\boldsymbol{A}}$ 的行列式，$\overline{A}=\widetilde{A}_{11}+\widetilde{A}_{12}+\widetilde{A}_{21}+\widetilde{A}_{22}$。

类似地可推得

$$\widetilde{\boldsymbol{A}}=\frac{1}{2}\begin{bmatrix}S_{12}+\dfrac{(1+S_{11})(1-S_{22})}{S_{21}} & -S_{12}+\dfrac{(1+S_{11})(1+S_{22})}{S_{21}}\\ -S_{12}+\dfrac{(1-S_{11})(1-S_{22})}{S_{21}} & S_{12}+\dfrac{(1-S_{11})(1+S_{22})}{S_{21}}\end{bmatrix} \tag{7-4-17}$$

表 7-4-1 给出了常用的几种双端口网络的参量表示。

表 7-4-1　常用几种双端口网络的参量矩阵

名称	电路图	$\boldsymbol{A}$ 矩阵	$\boldsymbol{S}$ 矩阵	$\boldsymbol{T}$ 矩阵	备注
串联阻抗	Z	$\begin{bmatrix}1 & Z\\ 0 & 1\end{bmatrix}$	$\frac{1}{z+2}\begin{bmatrix}z & 2\\ 2 & z\end{bmatrix}$	$\frac{1}{2}\begin{bmatrix}2-z & z\\ -z & 2+z\end{bmatrix}$	$z=\frac{Z}{Z_0}$

续表

名称	电路图	A 矩阵	S 矩阵	T 矩阵	备注
并联导纳	Y	$\begin{bmatrix}1 & 0\\ Y & 1\end{bmatrix}$	$\frac{1}{y+2}\begin{bmatrix}-y & 2\\ 2 & -y\end{bmatrix}$	$\frac{1}{2}\begin{bmatrix}2-y & -y\\ y & 2+y\end{bmatrix}$	$y=\frac{Y}{Y_0}$
有限长传输线	Z_0　θ或l	$\begin{bmatrix}\cos\theta & jZ_0\sin\theta\\ j\sin\theta/Z_0 & \cos\theta\end{bmatrix}$	$\begin{bmatrix}0 & e^{-j\theta}\\ e^{-j\theta} & 0\end{bmatrix}$	$\begin{bmatrix}e^{-j\theta} & 0\\ 0 & e^{j\theta}\end{bmatrix}$	$\theta=\frac{2\pi l}{\lambda_g}$

例 7-4-2　求如图 7-4-5 所示二端口网络的归一化转移矩阵和散射矩阵。

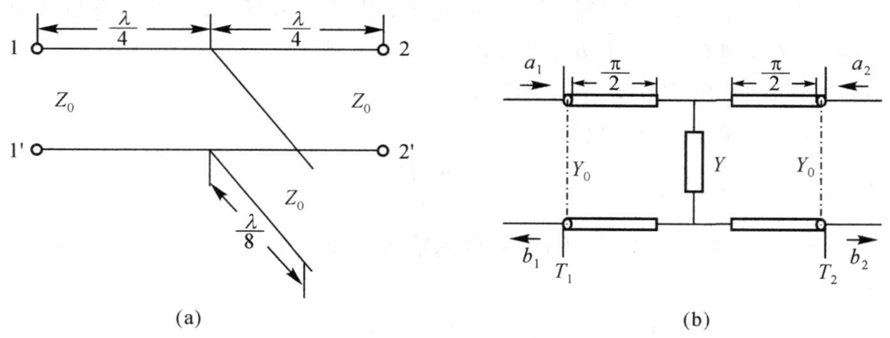

图 7-4-5　二端口网络的归一化转移矩阵和散射矩阵

解　根据题意 $\lambda/8$ 的开路传输线等效为 $Y=jY_0$ 导纳，故原题可等效为如图 7-4-5(b) 所示的电路，此时图 7-4-5(a) 所示网络可看作三个二端口网络的级联，其归一化转移矩阵 $\widetilde{\boldsymbol{A}}$ 为三个网络归一化转移矩阵的乘积，即

$$\widetilde{\boldsymbol{A}}=\begin{bmatrix}\cos\frac{\pi}{2} & j\sin\frac{\pi}{2}\\ j\sin\frac{\pi}{2} & \cos\frac{\pi}{2}\end{bmatrix}\begin{bmatrix}1 & 0\\ \widetilde{Y} & 1\end{bmatrix}\begin{bmatrix}\cos\frac{\pi}{2} & j\sin\frac{\pi}{2}\\ j\sin\frac{\pi}{2} & \cos\frac{\pi}{2}\end{bmatrix}$$

$$=\begin{bmatrix}0 & j\\ j & 0\end{bmatrix}\begin{bmatrix}1 & 0\\ j & 1\end{bmatrix}\begin{bmatrix}0 & j\\ j & 0\end{bmatrix}=\begin{bmatrix}-1 & -j\\ 0 & -1\end{bmatrix}$$

这里 $\widetilde{Y}$ 为归一化导纳，即为 j，将上式写成 $\widetilde{\boldsymbol{A}}$ 参数方程，有

$$\begin{cases}\widetilde{U}_1=-\widetilde{U}_2+j\widetilde{I}_2\\ \widetilde{I}_1=\widetilde{I}_2\end{cases}$$

将参考面 T_1 和 T_2 处的电压、电流用入射波和反射波表示，即

$$\widetilde{U}_1=a_1+b_1,\quad \widetilde{U}_2=a_2+b_2$$
$$\widetilde{I}_1=a_1-b_1,\quad \widetilde{I}_2=a_2-b_2$$

对上式进行变换可得散射矩阵为

$$\boldsymbol{S}=\frac{1}{2+j}\begin{bmatrix}j & -2\\ -2 & j\end{bmatrix}\qquad(7\text{-}4\text{-}18)$$

注：也可直接利用 $\boldsymbol{S}$ 矩阵与 $\widetilde{\boldsymbol{A}}$ 矩阵的转换关系得 $\boldsymbol{S}$ 矩阵。

7.4.4　S 参数测量

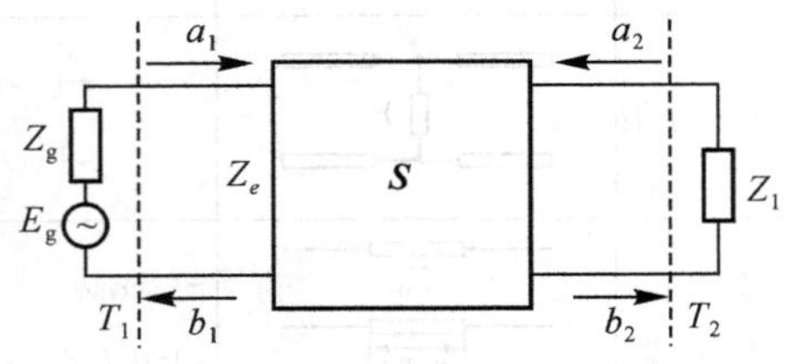

图 7-4-6　S 参数测量

如前所述，散射矩阵可以通过测量确定。对于互易双端口网络有 $S_{12}=S_{21}$，因此，确定互易二端口网络仅有三个独立的网络参量 S_{11}、S_{22} 及 S_{12}，只需进行三次相互独立的测量可得。类似于低频电路测量方法，令输出端口的负载呈开路、短路及匹配状态，测得相关微波参量，此即所谓"三点测量法"。**S** 矩阵即是通过对输出端口负载的反射系数 Γ_1 和输入端口的反射系数 Γ_{in} 的三次独立测量得到，测量网络如图 7-4-6 所示，终端接有负载阻抗 Z_1。令终端反射系数为 Γ_1，则有 $a_2=\Gamma_1 b_2$，代入式(7-4-4a) 得

$$b_1=S_{11}a_1+S_{12}\Gamma_1 b_2,\quad b_2=S_{21}a_1+S_{22}\Gamma_1 b_2 \tag{7-4-19}$$

于是输入端参考面 T_1 处的反射系数为

$$\Gamma_{in}=\frac{b_1}{a_1}=S_{11}+S_{12}\frac{a_2}{a_1}=S_{11}+\frac{S_{12}^2\Gamma_1}{1-S_{22}\Gamma_1} \tag{7-4-20}$$

令终端短路、开路和接匹配负载时，测得的输入端反射系数分别为 Γ_s、Γ_o 和 Γ_m，分别将其代入上式得

$$\left.\begin{aligned}\Gamma_s&=S_{11}+\frac{S_{12}S_{21}(-1)}{1-S_{22}(-1)}=S_{11}-\frac{S_{12}S_{21}}{1+S_{22}}\\\Gamma_o&=S_{11}+\frac{S_{12}S_{21}(+1)}{1-S_{22}(+1)}=S_{11}+\frac{S_{12}S_{21}}{1-S_{22}}\\\Gamma_m&=S_{11}+\frac{S_{12}S_{21}(0)}{1-S_{22}(0)}=S_{11}\end{aligned}\right\} \tag{7-4-21}$$

对上式求逆可得

$$\left.\begin{aligned}S_{11}&=\Gamma_m\\S_{12}^2&=\frac{2(\Gamma_m-\Gamma_s)(\Gamma_o-\Gamma_m)}{\Gamma_o-\Gamma_s}\\S_{22}&=\frac{\Gamma_o-2\Gamma_m+\Gamma_s}{\Gamma_o-\Gamma_s}\end{aligned}\right\} \tag{7-4-22}$$

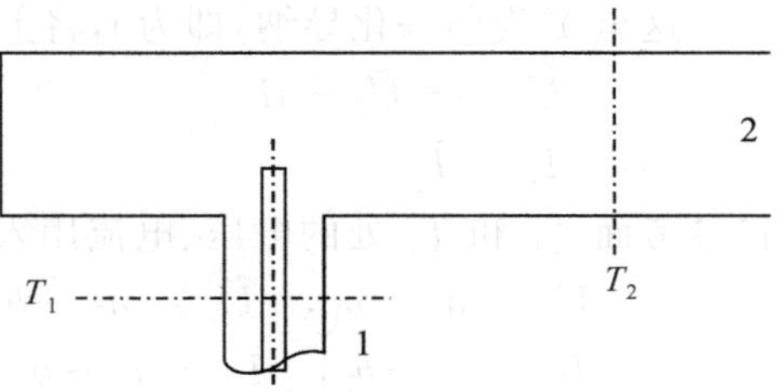

图 7-4-7　同轴波导转换接头

例 7-4-3　同轴波导转换接头如图 7-4-7 所示，已知其散射矩阵为 $\boldsymbol{S}=\begin{bmatrix}S_{11} & S_{12}\\S_{21} & S_{22}\end{bmatrix}$，求：

(1) 端口 2 匹配时，端口 1 的驻波比；

(2) 端口 2 接反射系数为 Γ_2 的负载时，端口 1 的反射系数；

(3) 端口 1 匹配时，端口 2 的驻波比。

解　(1) 根据散射矩阵的定义

$$\begin{cases}b_1=S_{11}a_1+S_{12}a_2\\b_2=S_{21}a_1+S_{22}a_2\end{cases}$$

端口 2 匹配，意味着端口 2 对负载的反射波 $a_2=0$，此时端口 1 的反射系数为

$$\Gamma_1 = \frac{b_1}{a_1} = S_{11}$$

因此，端口 1 的驻波比为

$$\rho_1 = \frac{1+|\Gamma_1|}{1-|\Gamma_1|} = \frac{1+|S_{11}|}{1-|S_{11}|}$$

(2) 当端口 2 接反射系数为 Γ_2 的负载时，端口 2 入射波 b_2 与反射波 a_2 之间满足

$$\frac{a_2}{b_2} = \Gamma_2 \text{ 或 } a_2 = \Gamma_2 b_2$$

将上式代入散射矩阵定义式，得

$$\begin{cases} b_1 = S_{11}a_1 + S_{12}\Gamma_2 b_2 \\ b_2 = S_{21}a_1 + S_{22}\Gamma_2 b_2 \end{cases}$$

运算上式，得端口 1 的反射系数为

$$\Gamma_1 = \frac{b_1}{a_1} = S_{11} + \frac{S_{12}S_{21}\Gamma_2}{1-S_{22}\Gamma_2}$$

(3) 端口 1 匹配意味着端口 1 对负载的反射波 $a_1 = 0$，此时散射矩阵方程为

$$\begin{cases} b_1 = S_{12}a_2 \\ b_2 = S_{22}a_2 \end{cases}$$

运算得端口 2 的反射系数为

$$\Gamma_2 = \frac{b_2}{a_2} = S_{22}$$

因此，端口 2 的驻波比为

$$\rho_2 = \frac{1+|\Gamma_2|}{1-|\Gamma_2|} = \frac{1+|S_{22}|}{1-|S_{22}|}$$

思考题

(1) 为何要引入散射矩阵？

(2) 如何通过测量得二端口的散射矩阵？

(3) 散射矩阵与其他矩阵之间有何联系？

7.5　微带线的不均匀性以及微带线基本元件

在第 5 章中我们研究了无限长均匀传输线，在实际应用中，当传输线中加入不均匀微带线时，微带线将表现出电感和电容特性，利用这些特性，可构造各种微波元件，例如串联电感、并联电容等。这种结构的微波元件在微波系统中得到了广泛的应用。

7.5.1　短路和开路微带线的等效电路

根据传输线理论，长度 $l < \lambda_g/4$ 的终端短路传输线的输入阻抗具有电感性质，而且电感量与传输线的特性阻抗成正比关系(假定传输线无耗)，即

$$Z_{in}(\theta) = jZ_0 \tan\theta \qquad (7\text{-}5\text{-}1)$$

式中：Z_0 是传输线的特性阻抗；$\theta = \beta l = 2\pi l/\lambda_g$，$\lambda_g$ 为线上波长。在微带线类型的微波电路

中，常利用这一特性来并联主传输线的电感，如图 7-5-1 所示。其等效电感量为

$$L=\frac{Z_0}{\omega}\tan\theta=\frac{Z_0}{\omega}\tan\frac{2\pi l}{\lambda_g}\quad(l<\lambda/4)\tag{7-5-2}$$

可通过调整并联于主线的支线长度和支线特性阻抗来调整等效电感值，一般采用高阻抗线来获得较大电感。

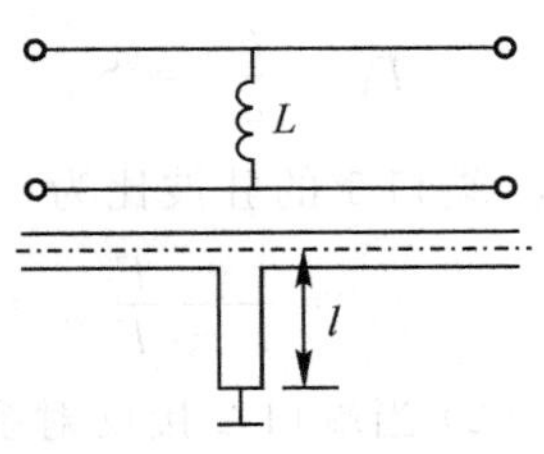

图 7-5-1　并联电感微带线实现

与并联电感的实现相类似，用长度 $l<\lambda_g/4$ 的终端开路传输线来实现并联电容，如图 7-5-2 所示，即(假定传输线无耗)

$$Z_{in}(\theta)=-\mathrm{j}Z_0\cot\theta\tag{7-5-3}$$

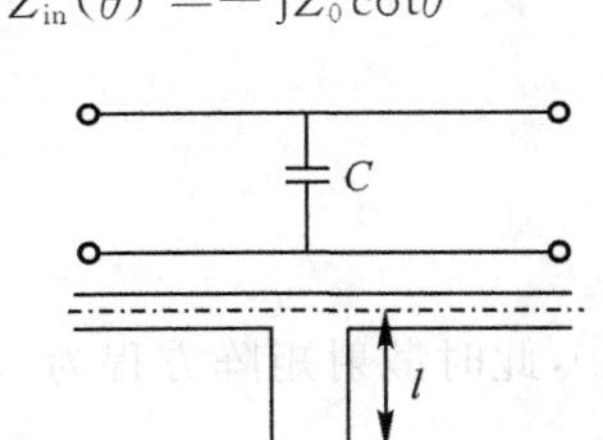

图 7-5-2　并联电容微带线实现

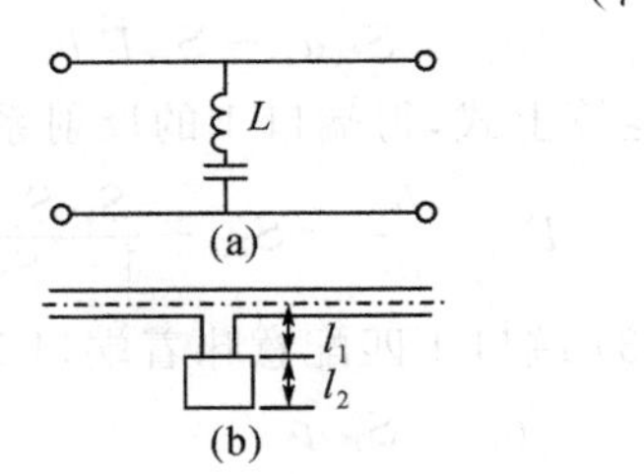

图 7-5-3　并联 LC 串联谐振微带线实现

其等效电容量为

$$C=\frac{Y_0\tan\theta}{\omega}=\frac{Y_0\tan(2\pi l/\lambda_g)}{\omega}\tag{7-5-4}$$

图 7-5-3(a) 所示是一个并联于主线的 LC 串联谐振电路，如图 7-5-3(b) 所示用高阻短线实现电感而用低阻短线实现电容。

7.5.2　串联电感和并联电容的实现

根据传输线理论，长为 l、特性阻抗为 Z_0 的有限长传输线，如图 7-5-4(a) 所示，在微波波段可看成为一个双端口网络。其等效电路可以是 π 型的网络，如图 7-5-4(b) 所示；也可看成是 T 型网络，如图 7-5-4(c) 所示。

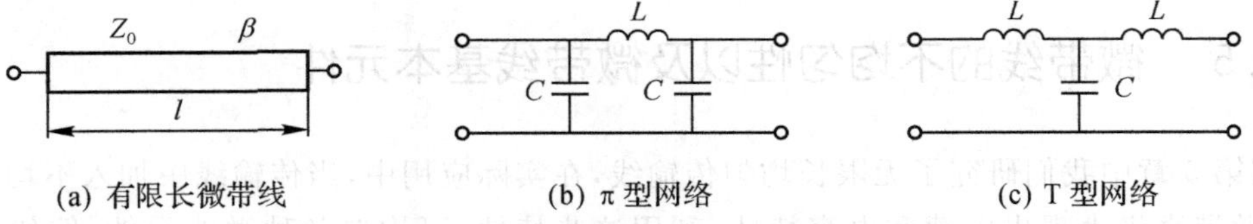

图 7-5-4　并联电感微带线实现

(1) 若等效电路为如图 7-5-4(b) 所示的 π 型网络，其转移参数可以写为

$$\boldsymbol{A}_1=\begin{bmatrix}1-\omega^2LC & \mathrm{j}\omega L\\ \mathrm{j}(2\omega C-\omega^3LC^2) & 1-\omega^2LC\end{bmatrix}\tag{7-5-5}$$

若用一个有限长的微带线来等效，则根据表 7-4-1 可得，此有限长微带线的转移参数矩阵为

$$\boldsymbol{A}_2=\begin{bmatrix}\cos\theta & \mathrm{j}Z_0\sin\theta\\ \mathrm{j}\sin\theta/Z_0 & \cos\theta\end{bmatrix}\tag{7-5-6}$$

式中：Z_0 为微带线的特性阻抗；$\theta = \beta l = 2\pi l/\lambda$。根据矩阵相等则对应的元素相等的原则，有

$$\cos\theta = 1 - \omega^2 LC,\quad Z_0\sin\theta = \omega L \tag{7-5-7}$$

由上式可得

$$L = \frac{Z_0}{\omega}\sin\theta,\quad C = \frac{1-\cos\theta}{Z_0\omega\sin\theta} \tag{7-5-8}$$

(2) 若等效电路为如图 7-5-4(c) 所示的 T 型网络，按照与 π 型网络相同的方法可得

$$C = \frac{\sin\theta}{Z_0\omega},\quad L = \frac{Z_0(1-\cos\theta)}{\omega\sin\theta} \tag{7-5-9}$$

若微带线的长度较短，$l \ll \lambda$，则 π 型网络可得

$$L = \frac{Z_0}{\omega}\sin\frac{2\pi l}{\lambda} \approx \frac{Z_0}{\omega}\,\frac{2\pi l}{\lambda},\quad C = \frac{\tan(\theta/2)}{Z_0\omega} \approx \frac{\pi l}{Z_0\lambda\omega} \tag{7-5-10}$$

而对于 T 型网络中的电抗和电纳则近似为

$$L \approx \frac{Z_0\pi l}{\omega\lambda},\quad C \approx \frac{2\pi l}{Z_0\lambda\omega} \tag{7-5-11}$$

由式(7-5-10) 和式(7-5-11) 可见。当 Z_0 很大时，电感值 L 很大，而电容值 C 很小，近似可以忽略，传输线近似串联一个电感 L。当 Z_0 很小时，电容值 C 很大，而电感值 L 很小，近似可以忽略，传输线近似并联一个电容 C。

7.5.3　微带线中的不连续性

1. 微带线的开路端

微带线不可能实现理想开路，因为在微带线导带突然中断处会出现电荷的堆积，引起边缘电场效应。这种边缘电场的影响通常用两种方法表示，一是用一个等效集总电容表示，二是用长度匹配的一段微带线表示。后一种等效在设计微带结构时常被采用，图 7-5-5 给出了这种表示方法。

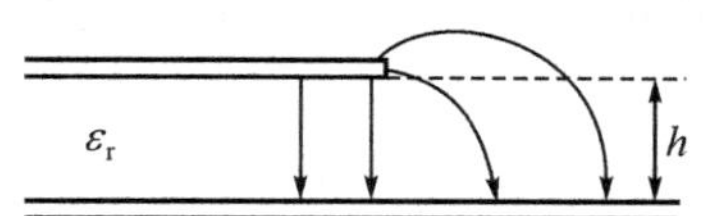

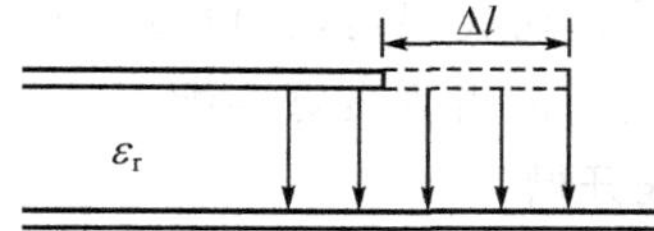

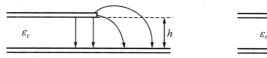

图 7-5-5　微带线的开路端及其缩短长度

计算微带线开路端的缩短长度 Δl 的方法很多，所得的计算公式也不尽相同，其中一个公式是 $\Delta l = \dfrac{1}{\beta}\mathrm{arccot}\left(\dfrac{4C+2\omega}{C+\omega}\cot\beta C\right)$。式中：$\beta = 2\pi/\lambda_g$，$\lambda_g$ 是微带线中的导波波长；$C = 2h\ln(2/\pi)$。实践表明，在氧化铝陶瓷基片上，阻抗为 50 Ω 左右的开路线，$\Delta l = 0.33h$ 是个很好的修正项，h 为微带的厚度，这个结果在 1 ～ 10 GHz 的频段都可用。

2. 微带线阶梯

当两根导带宽度不等的微带线相接时，在导带上出现了阶梯。阶梯上的电荷和电流分布同均匀微带线上的分布不同，从而引起高次模。图 7-5-6 给出了用串联电感和并联电容表示的等效电路。这里 h 为微带的厚度，有

$$L_s = h\left[1 - \frac{Z_{01}}{Z_{02}}\sqrt{\frac{\varepsilon_{re1}}{\varepsilon_{re2}}}\right]^2 \tag{7-5-12}$$

$$C_s = 1370h\frac{\sqrt{\varepsilon_{re1}}}{Z_{01}}\left(1-\frac{w_2}{w_1}\right)\left[\frac{\varepsilon_{re1}+0.3}{\varepsilon_{re1}-0.258}\right]\left[\frac{w_1/h+0.264}{w_1/h+0.8}\right] \tag{7-5-13}$$

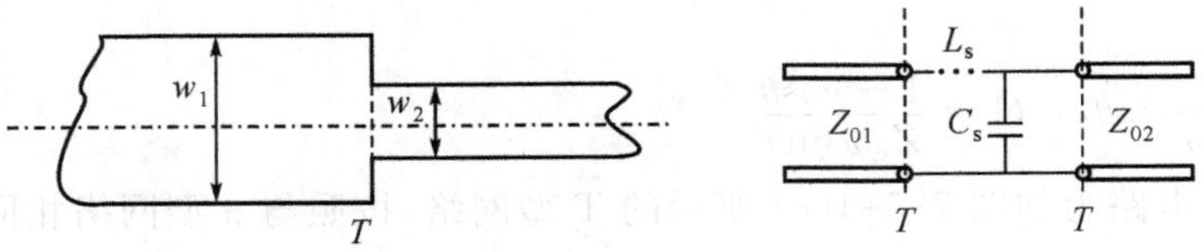

图 7-5-6　微带线的宽度突变及其等效电路

3. 微带线电容间隙

微带线间隙是微带电路中常见的不连续性结构，可用作耦合电容和隔直流电容。在间隙很小时，可以把它看成一个串联电容，电容 C 的值通过近似计算或实验方法来确定。但在要求较精确的情况下，电容间隙不能看成一个集总电容，而要用如图 7-5-7 所示的 π 型等效电路来表示。

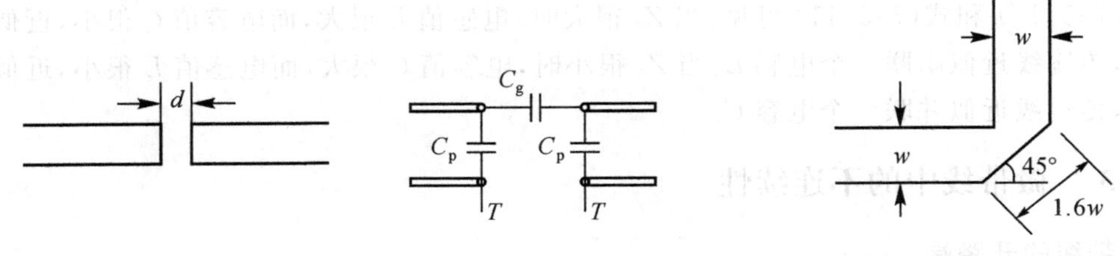

图 7-5-7　微带线间隙及其等效电路　　　　图 7-5-8　微带匹配拐角

4. 微带线拐角

在微带电路中，为了改变电磁波的传输方向，而又不引起很大的反射，通常采用匹配直角拐角。匹配拐角是把拐角外边切成45°斜角，以减小拐角电容，因而得到匹配。对于50 Ω微带线，把拐角外边切成斜角，斜角边长为1.6倍导带宽度，如图 7-5-8 所示。这个尺寸在 1 ～ 10 GHz 频带内都能得到良好匹配。

5. 微带线开槽

微带线的开槽可用来对电路进行微调，如图 7-5-9 所示，其等效电路为近似串联一个电感。

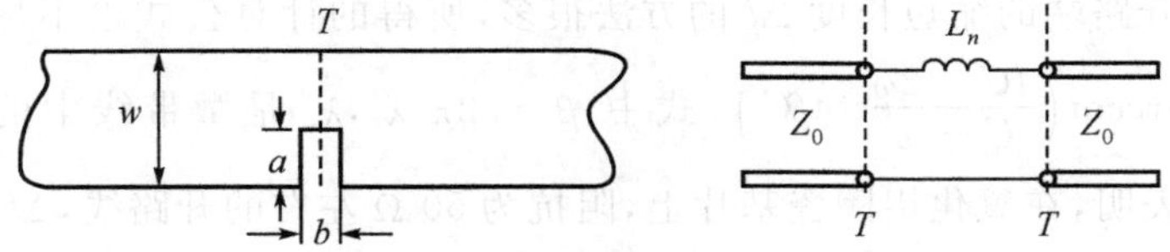

图 7-5-9　微带线的宽度突变及其等效电路

经过计算，当 $b < 0.9w$ 和 $a < h$ 时，电感值为

$$L_n = h\frac{\mu_0\pi}{2}\left(1-\frac{Z_0}{Z_0'}\sqrt{\frac{\varepsilon_{re}}{\varepsilon_{re}'}}\right) \tag{7-5-14}$$

式中：ε_{re}'，Z_0' 分别是宽度（w-b）的微带线的有效介电常数和特性阻抗。

思考题

(1) 请举两个例子,要求在微带线上获得串联电感。

(2) 要在微带线上获得一个并联电容有那些方法?请举例说明。

7.6　多端口网络的散射矩阵

前面介绍的参量矩阵均是以双端口网络为例,实际上可以推广到由任意 N 个输入输出口组成的微波网络。本节介绍多端口网络散射矩阵及其性质。

设由 N 个输入输出端口组成的线性微波网络如图 7-6-1 所示,各端口的归一化入射波电压和反射波电压分别为 $a_i, b_i (i=1\sim N)$,则有

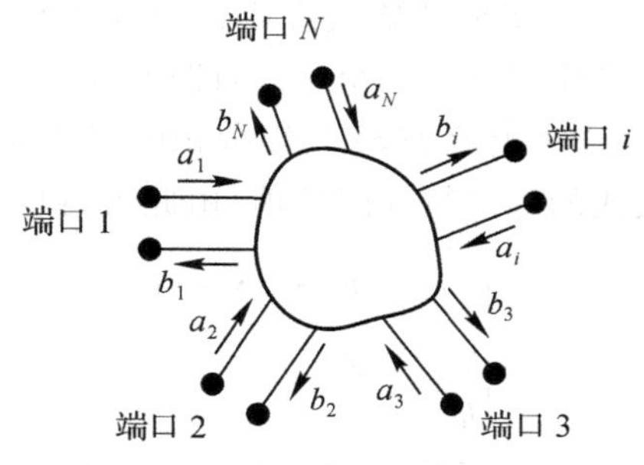

图 7-6-1　多端口网络

$$\begin{bmatrix} b_1 \\ b_2 \\ \cdots \\ b_N \end{bmatrix} = \begin{bmatrix} S_{11} & S_{12} & \cdots & S_{1N} \\ S_{21} & S_{22} & \cdots & S_{2N} \\ \cdots & \cdots & \cdots & \cdots \\ S_{N1} & S_{N2} & \cdots & S_{NN} \end{bmatrix} \begin{bmatrix} a_1 \\ a_2 \\ \cdots \\ a_N \end{bmatrix} \tag{7-6-1}$$

上式简写为

$$\boldsymbol{b} = \boldsymbol{S} \cdot \boldsymbol{a} \tag{7-6-2}$$

其中:$S_{ij} = \left.\dfrac{b_i}{a_j}\right|_{a_1=a_2=\cdots=a_k=\cdots=0}$ $(i,j=1,2,\cdots,N;k\neq j)$,它表示当 $i\neq j$,除端口 i 外,其余端口参考面均接匹配负载时,第 i 个端口参考面处的反射系数。

多端口 $\boldsymbol{S}$ 矩阵具有以下性质:

(1) 互易性

若网络互易,则有

$$S_{ij} = S_{ji} \quad (i,j=1,2,\cdots,N, i\neq j) \tag{7-6-3}$$

(2) 无耗性

若网络无耗,则有

$$\boldsymbol{S}^{+}\boldsymbol{S} = \mathbf{I} \tag{7-6-4}$$

其中:$\boldsymbol{S}^{+}$ 是 $\boldsymbol{S}$ 的转置共轭矩阵;$\mathbf{I}$ 为单位阵。

(3) 对称性

若网络端口 i 和 j 具有面对称性,且网络互易,则有

$$\begin{cases} S_{ij} = S_{ji} \\ S_{ii} = S_{jj} \end{cases} \tag{7-6-5}$$

这些性质在微波元件分析中有着广泛的应用。

本章小结

1. 微波网络法把不均匀区(微波元件)等效为一个网络,把均匀传输线等效为长线,其对外特征用一组网络参量表示,这样的处理方法被称为等效电路法。因此,微波网络理论可以研究任何一个复杂的微波传输系统。微波网络的确定需要有特定的工作模式,需要规定网络端口的参考面,需要有确定的频率,需要有确定的等效方法。

2. 等效传输线理论必须运用等效电压和等效电流的概念。要唯一地确定等效电压和等效电流应满足三个条件,即(1) 电压 $U(z)$ 和电流 $I(z)$ 分别与 E_t 和 H_t 成正比;(2) 电压 $U(z)$ 和电流 $I(z)$ 共轭乘积的实部等于平均传输功率;(3) 电压和电流之比等于传输线对应模式的等效特性阻抗值。由此可得选定模式特性阻抗条件下各模式横向分布函数应满足

$$\begin{cases}\iint \boldsymbol{e}_k \times \boldsymbol{h}_k \cdot \mathrm{d}\boldsymbol{S} = 1 & \text{(归一化条件)} \\ \dfrac{e_k}{h_k} = \dfrac{Z_w}{Z_0} \end{cases}$$

3. 为了使微波网络具有通用性和统一性,定义归一化阻抗 $\tilde{Z}$、归一化电压 $\tilde{U}$ 和归一化电流 $\tilde{I}$,即 $\tilde{Z} = \dfrac{Z}{Z_0} = \dfrac{1+\Gamma}{1-\Gamma}$, $\tilde{U} = U/\sqrt{Z_0}$, $\tilde{I} = I\sqrt{Z_0}$。

4. 网络参量分为两大类,第一类,当端口信号为电压、电流(U 和 I 或 $\tilde{U}$ 和 $\tilde{I}$)时,网络参量采用电路参量,包括阻抗($\boldsymbol{Z}$) 参量、导纳($\boldsymbol{Y}$) 参量和转移($\boldsymbol{A}$) 参量;第二类,当端口信号为入射波电压和电流的归一化值时,网络参量可采用波参量,包括散射($\boldsymbol{S}$) 参量、传输($\boldsymbol{T}$) 参量。

5. 与低频网络相似,微波网络也分为线性与非线性、无耗与有耗、互易与非互易以及无源与有源网络。根据微波元件(不均匀区)端口数目的多少,微波网络还可分为单口(二端)、二口(四端)、三口(六端)……N 口($2N$ 端) 网络。

6. 双口网络可用归一化阻抗矩阵、归一化导纳矩阵、转移矩阵参量来表示,它们分别为

$$\tilde{\boldsymbol{Z}} = \begin{bmatrix} \dfrac{Z_{11}}{Z_{01}} & \dfrac{Z_{12}}{\sqrt{Z_{01}Z_{02}}} \\ \dfrac{Z_{21}}{\sqrt{Z_{01}Z_{02}}} & \dfrac{Z_{22}}{Z_{02}} \end{bmatrix}, \quad \tilde{\boldsymbol{Y}} = \begin{bmatrix} \dfrac{Y_{11}}{Y_{01}} & \dfrac{Y_{12}}{\sqrt{Y_{01}Y_{02}}} \\ \dfrac{Y_{21}}{\sqrt{Y_{01}Y_{02}}} & \dfrac{Y_{22}}{Y_{02}} \end{bmatrix},$$

$$\tilde{\boldsymbol{A}} = \begin{bmatrix} A_{11}\sqrt{\dfrac{Z_{02}}{Z_{01}}} & \dfrac{A_{12}}{\sqrt{Z_{01}Z_{02}}} \\ A_{21}\sqrt{Z_{01}Z_{02}} & A_{22}\sqrt{\dfrac{Z_{01}}{Z_{02}}} \end{bmatrix}$$

7. S 参量是由归一化入射波电压 a 和归一化反射波电压 b 来定义的,其在微波网络系统中具有广泛的应用价值和可实现性。二端口的散射矩阵形式为 $\begin{bmatrix} b_1 \\ b_2 \end{bmatrix} = \begin{bmatrix} S_{11} & S_{12} \\ S_{21} & S_{22} \end{bmatrix}\begin{bmatrix} a_1 \\ a_2 \end{bmatrix}$。对于互易网络有 $S_{12} = S_{21}$;对于对称网络有 $S_{11} = S_{22}$;对于无耗网络有 $\boldsymbol{S}^{+}\boldsymbol{S} = \mathbf{I}$。其中,$\boldsymbol{S}^{+}$ 是 $\boldsymbol{S}$ 的转置共轭矩阵,$\mathbf{I}$ 为单位阵。二端口网络的传输矩阵为 $\begin{bmatrix} a_1 \\ b_1 \end{bmatrix} = \begin{bmatrix} T_{11} & T_{12} \\ T_{21} & T_{22} \end{bmatrix}\begin{bmatrix} b_2 \\ a_2 \end{bmatrix}$。对于互

易网络有 $T_{11}T_{22}-T_{12}T_{21}=1$；对于对称网络有 $T_{12}=-T_{21}$；对于无耗网络有 $T_{11}=T_{22}^*$，$T_{12}=T_{21}^*$。

8. 散射矩阵与其他参量之间的关系为

(1)$\boldsymbol{S}$ 与 $\widetilde{\boldsymbol{Z}}$ 相互转换公式

$$\boldsymbol{S}=(\widetilde{\boldsymbol{Z}}-\mathbf{I})\cdot(\widetilde{\boldsymbol{Z}}+\mathbf{I})^{-1}$$

$$\widetilde{\boldsymbol{Z}}=(\boldsymbol{S}+\mathbf{I})\cdot(\mathbf{I}-\boldsymbol{S})^{-1}$$

(2)$\boldsymbol{S}$ 与 $\widetilde{\boldsymbol{Y}}$ 相互转换公式

$$\boldsymbol{S}=(\mathbf{I}-\widetilde{\boldsymbol{Y}})(\mathbf{I}+\widetilde{\boldsymbol{Y}})^{-1}$$

$$\widetilde{\boldsymbol{Y}}=(\mathbf{I}-\boldsymbol{S})(\mathbf{I}+\boldsymbol{S})^{-1}$$

(3)$\boldsymbol{S}$ 与 $\widetilde{\boldsymbol{A}}$ 的转换公式

$$\boldsymbol{S}=\begin{bmatrix}1 & -(\widetilde{A}_{11}+\widetilde{A}_{12})\\ -1 & -(\widetilde{A}_{21}+\widetilde{A}_{22})\end{bmatrix}^{-1}\begin{bmatrix}-1 & \widetilde{A}_{11}-\widetilde{A}_{12}\\ -1 & \widetilde{A}_{21}-\widetilde{A}_{22}\end{bmatrix}$$

$$=\frac{1}{\widetilde{A}}\begin{bmatrix}\widetilde{A}_{11}+\widetilde{A}_{12}-\widetilde{A}_{21}-\widetilde{A}_{22} & 2\,|\,\widetilde{A}\,|\\ 2 & \widetilde{A}_{12}+\widetilde{A}_{22}-\widetilde{A}_{21}-\widetilde{A}_{11}\end{bmatrix}$$

$$\widetilde{\boldsymbol{A}}=\frac{1}{2}\begin{bmatrix}S_{12}+\dfrac{(1+S_{11})(1-S_{22})}{S_{21}} & S_{12}-\dfrac{(1+S_{11})(1+S_{22})}{S_{21}}\\ -S_{12}+\dfrac{(1-S_{11})(1-S_{22})}{S_{21}} & S_{12}+\dfrac{(1-S_{11})(1+S_{22})}{S_{21}}\end{bmatrix}$$

9. 以双端口网络为例可以推广到由任意 N 个输入输出口组成的微波网络。散射矩阵可以表达为

$$\boldsymbol{S}=\begin{bmatrix}S_{11} & S_{12} & \cdots & S_{1N}\\ S_{21} & S_{22} & \cdots & S_{2N}\\ \cdots & \cdots & \cdots & \cdots\\ S_{N1} & S_{N2} & \cdots & S_{NN}\end{bmatrix}$$

其中：$S_{ij}=\left.\dfrac{b_i}{a_j}\right|_{a_1=a_2=\cdots=a_k=\cdots=0}$，$(i,j=1,2,\cdots,N;k\neq j)$，它表示当 $i\neq j$，除端口 i 外，其余端口参考面均接匹配负载时，第 i 个端口参考面处的反射系数。

习　题

7-1　用网络的观点研究问题的优点是什么？

7-2　波导等效为双线的条件是什么？为何要引入归一化的概念？

7-3　归一化电压、电流的定义是什么？量纲与电压、电流有何区别？

7-4　试推导用 S 参量表示的互易二端口网络的 $\boldsymbol{T}$ 矩阵。

7-5　试证明互易二端口网络的 $\widetilde{\boldsymbol{A}}$ 矩阵特点为 $|\widetilde{\boldsymbol{A}}|=1$；$T$ 矩阵的特点为 $|\boldsymbol{T}|=1$。

7-6　试导出用 S 参量表示的二端口网络的 $\boldsymbol{Z}$ 矩阵。

7-7　求题 7-7 图所示电路的归一化转移矩阵。

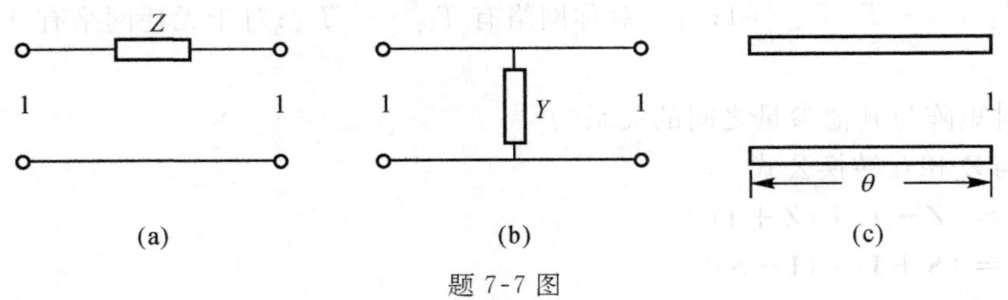

题 7-7 图

7-8　求题 7-8 图所示电路的归一化阻抗矩阵。

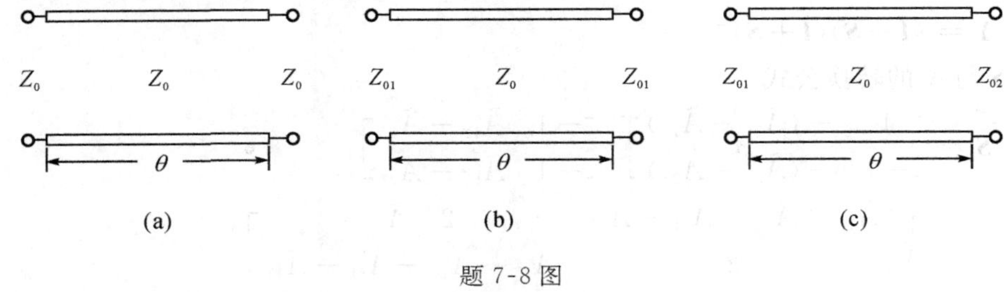

题 7-8 图

7-9　如题 7-9 图所示，一互易二端口网络从参考面 Ⅰ、Ⅱ 向负载方向视入的反射系数分别为 Γ_1 和 Γ_2，试证：

(1) $\Gamma_1 = S_{11} + \dfrac{S_{12}{}^2\Gamma_2}{1 - S_{22}\Gamma_2}$；

(2) 如果参考面 Ⅱ 为短路、开路和匹配，分别测得 Γ_1 为 Γ_{1s} 和 Γ_{1o} 和 Γ_{1m}，则

$$S_{11} = \Gamma_{1m}, \quad S_{22} = \frac{2\Gamma_{1m} - \Gamma_{1s} - \Gamma_{1o}}{\Gamma_{1s} - \Gamma_{1o}},$$

$$S_{11}S_{22} - S_{12}{}^2 = \frac{\Gamma_{1m}(\Gamma_{1s} + \Gamma_{1o}) - 2\Gamma_{1s}\Gamma_{1o}}{\Gamma_{1s} - \Gamma_{1o}}$$

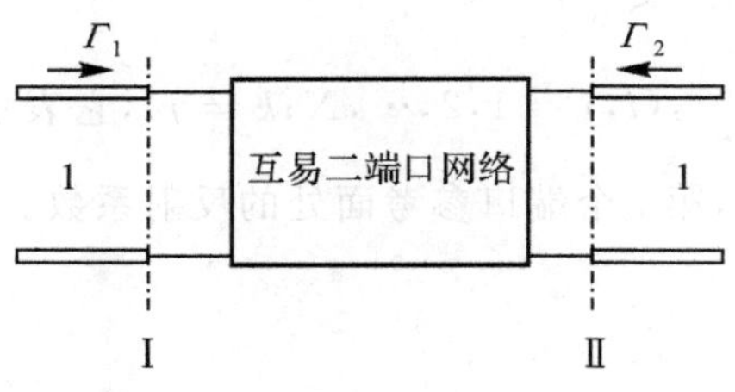

题 7-9 图

7-10　试求题 7-10 图所示网络的 **A** 矩阵，并确定不引起附加反射的条件。

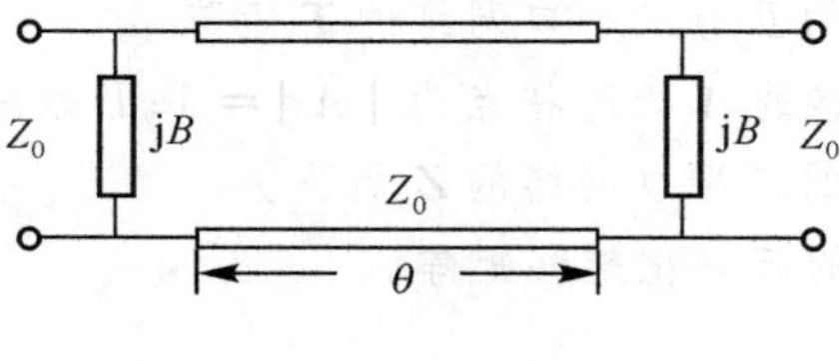

题 7-10 图

第 8 章　天线辐射与接收

在电磁场与微波系统中，天线是不可缺少的组成部分。在无线通信领域中，信息主要是通过空间的电磁波进行传递的，其中电磁波的产生和接受则必须通过天线来完成。那么天线是怎样发送和接受电磁波的呢？这就是本章要学习的内容。

通过前面章节的理论学习可知，传播着的时变电磁场即为电磁波。根据传播场的区域边界，可以把电磁波分为导行电磁波和辐射电磁波，前者在各类传输线中传播，后者则依靠天线在自由空间中辐射和接收。本章将从电磁辐射基本理论出发，介绍电基本振子和磁基本振子，引出天线的电参量，最后介绍接收天线的有关理论。

8.1　天线概述

8.1.1　天线的定义

通信的过程就是传递信息的过程。根据传递信息的途径不同，我们通常把通信系统分为两大类：一类是在封闭系统中用各种传输线来传递信息的有线通信，如固定电话网、计算机以太网等有线通信系统；另一类则是依靠电磁辐射通过无线电波来传递信息，如广播、电视、雷达、卫星、导航等无线通信系统。

在无线通信系统中，天线是一个重要的关键部分。所谓天线，就是用来辐射和接收无线电波的装置。如图 8-1-1 所示为一个无线通信系统，发射机通过发射天线把载有信息的导行电磁波转换成辐射电磁波，并向预定方向辐射，通过媒质传播到接收天线附近。接收天线把载有信息的辐射电磁波转换为导行电磁波，送入接收机，完成无线电波传输的全过程。由此可见，天线具有发射和接收两种工作状态。

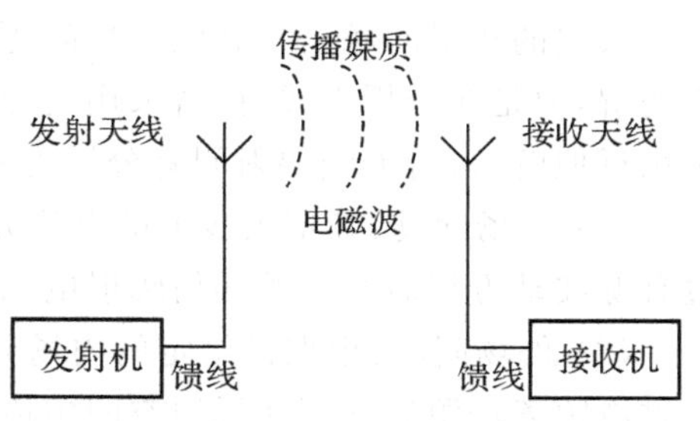

图 8-1-1　无线通信系统框图

8.1.2　天线的功能

从设计和评价天线的角度出发，天线应具有以下四种基本功能：

(1) 空间方向性：天线设备在完成能量转换的过程中，对空间确定方向的来波应有最大限度的接收，即具有方向性。

(2) 具有匹配功能：天线设备作为一个单口元件，在输入端面上体现为一个阻抗元件，这就要求天线与发射机、接收机匹配，使导行电磁波和辐射电磁波尽可能多地互相转换。

(3) 极化功能：天线应有适当的极化，发射或接收规定极化的电磁波。

(4) 足够宽的频带：无限通信要求天线具有一定的带宽，因此天线应在一定的频带下工作。

对通信手段和效率的不断追求赋予了天线功能更多的突破。除了完成高频能量的转换，人们还开发出能对信息进行加工和处理的天线，如单脉冲天线、自适应天线和智能天线等，以研究实现第三代(3G)移动通信系统。

8.1.3　天线的分类

天线的种类很多，可以按各种不同的角度进行分类。

(1) 按使用的波段分类：长波天线、中波天线、短波天线、超短波天线和微波天线。

(2) 按用途分类：通信天线、广播电视天线和雷达天线。

(3) 按结构分类：线状天线和面状天线。

线状天线是指线半径远小于线本身长度及波长，且载有高频电流的金属导线；或横向尺寸远小于波长及纵向尺寸，具有横向高频电场的金属面上线状的长槽，主要用于长波、中波和短波波段。面状天线是由尺寸大于波长的金属或介质面构成的，主要用于微波波段。超短波波段的天线两者兼有。

8.1.4　天线的研究方法

无论是理论上还是工程实际中，天线问题的核心是其方向性问题，即求取辐射电磁波在空间存在的规律，特别是求取其场量辐射的空间分布规律，这对于实现不同目的的无线通信是非常重要的。例如，移动通信的基站天线应具有辐射最强方向沿地表且水平全向或定向的辐射波分布；而对于点对点的无线通信，考虑发射功率的节省和减少连续波干扰，辐射波应具有“针状波束”的分布，即拥有一个功率分布较明确的辐射方向。

天线的辐射问题是宏观电磁场问题，其严格分析方法是求满足边界条件的麦克斯韦方程的解，但是在分析天线时，若采用这种方法将会导致数学上的繁杂困难。在实际问题中常采用近似解法，将天线辐射问题分解为两个独立问题：

(1) 内场问题：确定天线上的电流分布或是包围场源的体积表面上的电磁场分布，即通过有源波动方程研究场源如何辐射电磁波；

(2) 外场问题：根据已给定的内场分布求空间辐射场分布，即通过无源波动方程来研究电磁波脱离场源后如何在无源空间中传播。

求解天线外场问题常用线性叠加原理。对于线天线和面天线可以看成是微分场源连续存在的合成体，利用积分运算实现叠加，使问题得到统一简化。同时，基于电路理论中的互易定理，确定了同一天线发射与接收状态的关系，或发射天线与接收天线的关系，这样在分析并得出发射天线的参量结论后，无须再去专门分析接收天线的相应结果。

思考题

（1）什么是天线？天线有哪些功能？

（2）如何对天线进行分类？

（3）研究天线的关键问题是什么？

8.2　电磁辐射的基础理论

由上节的讨论我们知道，研究天线的重点是要求解波动方程，从而分析辐射电磁波在空间存在的规律。波动方程是矢量方程，有源分布时求解比较困难。在这一节中，为了分析电磁辐射，我们引入位函数作为求场矢量的辅助函数，先由场源求出位函数，再由位函数求出场矢量。

8.2.1　电标位 φ 与磁矢位 A 的引入

在均匀、线性、各向同性的介质中，麦克斯韦方程组的微分形式表示为

$$\nabla \times \boldsymbol{H} = \boldsymbol{J} + \frac{\partial \boldsymbol{D}}{\partial t} \tag{8-2-1a}$$

$$\nabla \times \boldsymbol{E} = -\frac{\partial \boldsymbol{B}}{\partial t} \tag{8-2-1b}$$

$$\nabla \cdot \boldsymbol{B} = 0 \tag{8-2-1c}$$

$$\nabla \cdot \boldsymbol{D} = \rho \tag{8-2-1d}$$

因为 $\nabla \cdot \boldsymbol{B} = 0$，根据矢量恒等式 $\nabla \cdot \nabla \times \boldsymbol{A} = 0$，可将 $\boldsymbol{B}$ 写成一个矢量的旋度形式，即

$$\boldsymbol{B} = \nabla \times \boldsymbol{A} \tag{8-2-2}$$

上式中的 $\boldsymbol{A}$ 是一个矢量，我们称为磁矢位。

将式(8-2-2) 代入式(8-2-1b)，整理移项后，可以得到

$$\nabla \times \left(\boldsymbol{E} + \frac{\partial \boldsymbol{A}}{\partial t}\right) = 0$$

根据矢量恒等式 $\nabla \times \nabla \varphi = 0$，可以将上式改写为

$$\boldsymbol{E} + \frac{\partial \boldsymbol{A}}{\partial t} = -\nabla \varphi \tag{8-2-3}$$

上式中的 φ 是一个标量，我们称为电标位。

定义了磁矢位和电标位后，可以用它们来表示 $\boldsymbol{B}$ 和 $\boldsymbol{E}$，即

$$\boldsymbol{B} = \nabla \times \boldsymbol{A} \tag{8-2-4a}$$

$$\boldsymbol{E} = -\nabla \varphi - \frac{\partial \boldsymbol{A}}{\partial t} \tag{8-2-4b}$$

从中我们可以看出，只要求出 $\boldsymbol{A}$ 和 φ，就可以通过式(8-2-4) 求出空间中时变场的 $\boldsymbol{B}$ 和 $\boldsymbol{E}$。

8.2.2　位函数的方程

1. 一般位函数的方程

要求解位函数，必须先导出位函数满足的方程。根据电磁场的基本方程 $\boldsymbol{B} = \mu \boldsymbol{H}$ 和 $\boldsymbol{D} = \varepsilon \boldsymbol{E}$，将式(8-2-4) 代入式(8-2-1a)，可得

$$\frac{1}{\mu}\nabla\times\nabla\times\boldsymbol{A}=\boldsymbol{J}-\varepsilon\frac{\partial}{\partial t}\left(\nabla\varphi+\frac{\partial\boldsymbol{A}}{\partial t}\right)$$

利用矢量恒等式 $\nabla\times\nabla\times\boldsymbol{A}=\nabla(\nabla\cdot\boldsymbol{A})-\nabla^2\boldsymbol{A}$ 将上式左边变换，可得

$$\nabla^2\boldsymbol{A}-\varepsilon\mu\frac{\partial^2\boldsymbol{A}}{\partial t^2}=-\mu\boldsymbol{J}+\nabla\left(\nabla\cdot\boldsymbol{A}+\varepsilon\mu\frac{\partial\varphi}{\partial t}\right)\tag{8-2-5}$$

根据洛伦兹条件 $\nabla\cdot\boldsymbol{A}=-\varepsilon\mu\frac{\partial\varphi}{\partial t}$，我们可以把上式简化为

$$\nabla^2\boldsymbol{A}-\varepsilon\mu\frac{\partial^2\boldsymbol{A}}{\partial t^2}=-\mu\boldsymbol{J}\tag{8-2-6a}$$

这就是均匀、线性、各向同性的介质中时变场的磁矢位 $\boldsymbol{A}$ 满足的微分方程。

将式(8-2-4)代入式(8-2-1d)中，整理得

$$\nabla^2\varphi+\frac{\partial}{\partial t}(\nabla\times\boldsymbol{A})=-\frac{\rho}{\varepsilon}$$

把洛伦兹条件代入上式，得

$$\nabla^2\varphi-\varepsilon\mu\frac{\partial^2\varphi}{\partial t^2}=-\frac{\rho}{\varepsilon}\tag{8-2-6b}$$

这就是均匀、线性、各向同性的介质中时变场的电标位 φ 满足的微分方程。

观察位函数 $\boldsymbol{A}$ 和 φ 的微分方程，发现式(8-2-6)具有波动方程的形式，可知位函数在空间也以波动形式传播。由于位函数与场矢量一一对应，因此位函数的波动性对应着场矢量的波动性。

在这里，也许有人会问，既然场矢量本身具有波动性，为什么不直接通过波动方程去求解场矢量呢?这是因为位函数比场矢量更易求解，而且求解出 $\boldsymbol{A}$ 后，就可以通过洛伦兹条件求出 φ，计算相对简便。但也要注意到，位函数不是具体的物理量，它仅仅是计算场矢量用到的辅助函数。

2. 时谐场的位函数方程

若场源是时谐变化的，则位函数 $\boldsymbol{A}$ 和 φ 也是时谐变化的，位函数及其方程都可以写成复数形式。由位函数的时域方程式(8-2-6)，可以直接写出时谐场位函数的复数方程，即

$$\nabla^2\boldsymbol{A}(\boldsymbol{r})+k^2\boldsymbol{A}(\boldsymbol{r})=-\mu\boldsymbol{J}(\boldsymbol{r})\tag{8-2-7a}$$

$$\nabla^2\varphi(\boldsymbol{r})+k^2\varphi(\boldsymbol{r})=-\frac{\rho(\boldsymbol{r})}{\varepsilon}\tag{8-2-7b}$$

式中的 k 为波数，其计算公式 $k^2=\omega^2\varepsilon\mu$。式(8-2-7)称为位函数的亥姆霍兹方程。

在时谐场中，洛伦兹条件的复数形式表示为

$$\nabla\cdot\boldsymbol{A}(\boldsymbol{r})=-\mathrm{j}\omega\varepsilon\mu\varphi(\boldsymbol{r})$$

则电磁场与位函数关系式的复数形式可表示为

$$\boldsymbol{B}(\boldsymbol{r})=\nabla\times\boldsymbol{A}(\boldsymbol{r})\tag{8-2-8a}$$

$$\boldsymbol{E}(\boldsymbol{r})=-\mathrm{j}\omega\boldsymbol{A}(\boldsymbol{r})-\nabla\varphi(\boldsymbol{r})=-\mathrm{j}\omega\boldsymbol{A}(\boldsymbol{r})+\nabla[\nabla\cdot\boldsymbol{A}(\boldsymbol{r})]/\mathrm{j}\omega\varepsilon\mu\tag{8-2-8b}$$

8.2.3 位函数的解

1. 电标位的解

在无界、均匀、线性、各向同性的介质空间中，电标位的求解的过程是先求解点电荷的位函数，然后应用叠加原理求出任意电荷分布产生的位函数。假设无界空间中仅在原点处有点电荷$q(t)$，显然这种电荷的分布具有球对称性。因此，空间的位函数分布也具有球对称性，$\varphi(r,t)$ 仅是球坐标 r 和时间 t 的函数。在球坐标下展开式(8-2-6b)，可以计算出位于原点的

时变点电荷 $q(t)$ 在离自身距离为 $r(r\neq 0)$ 的空间点产生的电标位：

$$\varphi(\boldsymbol{r},t)=q\left(t-\frac{r}{v}\right)\Big/4\pi\varepsilon r \tag{8-2-9}$$

这里仅给出结果，其中介质中的波速 $v=1/\sqrt{\varepsilon\mu}$。

若时变电荷分布在体积 V 中，则 V 中 r' 处的体积微元 $\mathrm{d}V'$ 中包含的电荷 $\rho(\boldsymbol{r}',t)\mathrm{d}V'$ 可以看作位于 r' 处的点电荷，它在空间任意 r 点($r\neq r'$)处产生的位函数 $\mathrm{d}\varphi(\boldsymbol{r},t)$ 为

$$\mathrm{d}\varphi(\boldsymbol{r},t)=\rho\left(\boldsymbol{r}',t-\frac{|\boldsymbol{r}-\boldsymbol{r}'|}{v}\right)\mathrm{d}V'/4\pi\varepsilon|\boldsymbol{r}-\boldsymbol{r}'|$$

由于 $\varphi(\boldsymbol{r},t)$ 满足的方程(8-2-6b)是线性方程，满足叠加原理。因此体积 V 中所有电荷在 r 点产生的位函数 $\varphi(\boldsymbol{r},t)$ 应等于所有体积微元 $\mathrm{d}v'$ 产生的位函数 $\mathrm{d}\varphi(r,t)$ 的叠加，即

$$\varphi(\boldsymbol{r},t)=\frac{1}{4\pi\varepsilon}\iiint_V\frac{\rho\left(\boldsymbol{r}',t-\dfrac{R}{v}\right)}{|\boldsymbol{r}-\boldsymbol{r}'|}\mathrm{d}V' \tag{8-2-10}$$

上式即无界、均匀、线性、各向同性的介质空间中电标位方程的解。$R=|\boldsymbol{r}-\boldsymbol{r}'|$ 表示源点到场点的距离。

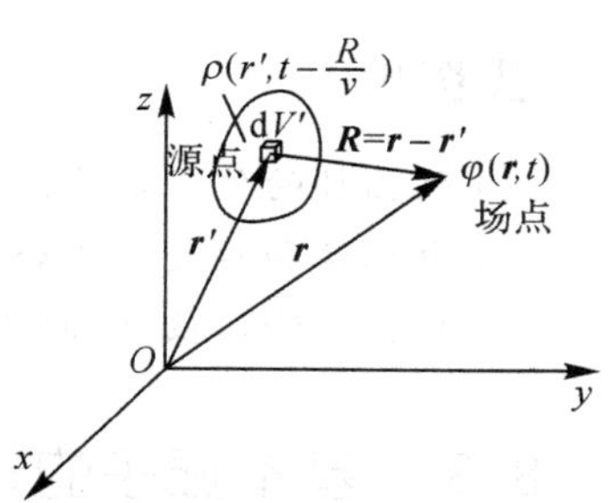

图 8-2-1　源点与场点以及产生的位函数

2. 磁矢位的解

参照电标位的方法，在球坐标下展开式(8-2-6a)，运用叠加原理，可以求得无界、均匀、线性、各向同性的介质空间中磁矢位方程式的解，这里给出结果如下：

$$\boldsymbol{A}(\boldsymbol{r},t)=\frac{\mu}{4\pi}\iiint_V\frac{\boldsymbol{J}\left(\boldsymbol{r}',t-\dfrac{R}{v}\right)}{|\boldsymbol{r}-\boldsymbol{r}'|}\mathrm{d}V' \tag{8-2-11}$$

3. 滞后位

根据电标位和磁矢位的定义，式(8-2-10)和式(8-2-11)的位函数解的形式中含有因子 $t-R/v$，因而也代表着一种向 $\boldsymbol{R}$ 正方向传播的波。由于这种波动是以有限速度 $v=1/\sqrt{\varepsilon\mu}$ 传播的，因此波的传播是有时延的，在传播方向上，空间各点的位函数在时间上逐渐滞后。从式(8-2-10)和式(8-2-11)中可见，场点 r 处在 t 时刻的位函数并不取决于 t 时刻的场源，而取决于前面 $t-R/v$ 时刻的场源。这说明 r 点的位函数随时间的变化滞后于场源随时间的变化，滞后时间为 R/v，这段时间就是电磁波以速率 v 传播 R 距离所需要的时间。我们把式(8-2-10)和式(8-2-11)表示的位函数都称为滞后位。

4. 时谐场滞后位函数的解

场源 $\rho(\boldsymbol{r},t)$ 和 $\boldsymbol{J}(\boldsymbol{r},t)$ 随时间做时谐变化，则位函数也是时谐函数，下面求滞后位函数的解。考虑电标滞后位 φ，设场源 $\rho(\boldsymbol{r},t)=\rho m(\boldsymbol{r})\cos(\omega t+\varphi)=\mathrm{Re}[\rho(\boldsymbol{r})\mathrm{e}^{\mathrm{j}\omega t}]$，其中，$\rho(\boldsymbol{r})=\rho m(\boldsymbol{r})\mathrm{e}^{\mathrm{j}\varphi}$ 是 $\rho(\boldsymbol{r},t)$ 的复数表达式。则

$$\begin{aligned}\rho\left(\boldsymbol{r}',t-\frac{|\boldsymbol{r}-\boldsymbol{r}'|}{v}\right)&=\rho m(\boldsymbol{r}')\cos\left[\omega\left(t-\frac{|\boldsymbol{r}-\boldsymbol{r}'|}{v}\right)+\varphi\right]\\&=\mathrm{Re}\left[\rho m(\boldsymbol{r}')\mathrm{e}^{\mathrm{j}\varphi}\mathrm{e}^{\mathrm{j}\omega\left(t-\frac{|r-r'|}{v}\right)}\right]\\&=\mathrm{Re}\left[\rho(\boldsymbol{r}')\mathrm{e}^{-\mathrm{j}k|r-r'|}\mathrm{e}^{\mathrm{j}\omega t}\right]\end{aligned} \tag{8-2-12}$$

式中：$\rho(\boldsymbol{r}')=\rho m(\boldsymbol{r}')\mathrm{e}^{\mathrm{j}\varphi}$；$k=\omega\sqrt{\varepsilon\mu}$。由式(8-2-12)可以看到，$\rho(\boldsymbol{r}')\mathrm{e}^{-\mathrm{j}k|r-r'|}$ 是 $\rho\left(\boldsymbol{r}',t-\dfrac{|\boldsymbol{r}-\boldsymbol{r}'|}{v}\right)$ 的复数表达式，可得

$$\varphi(\boldsymbol{r}) = \frac{1}{4\pi\varepsilon}\iiint_V \frac{\rho(\boldsymbol{r}')\mathrm{e}^{-\mathrm{j}k|\boldsymbol{r}-\boldsymbol{r}'|}}{|\boldsymbol{r}-\boldsymbol{r}'|}\mathrm{d}V' \tag{8-2-13}$$

这就是无界空间中时谐场的电标滞后位的解。相位因子 $\mathrm{e}^{-\mathrm{j}k|\boldsymbol{r}-\boldsymbol{r}'|}$ 表示波传播 $|\boldsymbol{r}-\boldsymbol{r}'|$ 的距离后，相位滞后了 $k|\boldsymbol{r}-\boldsymbol{r}'|$。

类似地，在无界空间中，时谐场的磁矢滞后位 $\boldsymbol{A}(\boldsymbol{r},t)$ 的复数表达式为

$$\boldsymbol{A}(\boldsymbol{r}) = \frac{\mu}{4\pi}\iiint_V \frac{\boldsymbol{J}(\boldsymbol{r}')\mathrm{e}^{-\mathrm{j}k|\boldsymbol{r}-\boldsymbol{r}'|}}{|\boldsymbol{r}-\boldsymbol{r}'|}\mathrm{d}V' \tag{8-2-14}$$

思考题

(1) 位函数的作用是什么？

(2) 电标位和磁矢位是如何引入的？

(3) 什么是滞后位？它的物理意义是什么？

8.3　基本振子的辐射

通过讨论电磁场的波动性，我们知道时变电荷、时变电流均能激励时变电磁场，时变电磁场可以脱离场源而存在，并以电磁波的形式向远处传播，这个过程叫做电磁波的辐射。时变电荷、时变电流被称为辐射源。根据上一节提出的叠加原理，可以把辐射电磁波的天线看作是无穷多个基本振子的集合，本节讨论基本振子的辐射场。

8.3.1　电基本振子

电基本振子是为分析线状天线而抽象出来的天线最小构成单元。它是一段具有微分长度($l \ll \lambda$)、截面尺寸远小于其长度($d \ll l$)并具有谐变电流的短导线，在其长度范围内可以认为其电流的幅值和相位都是恒定的。电基本振子也称为元电辐射体或电偶极子。

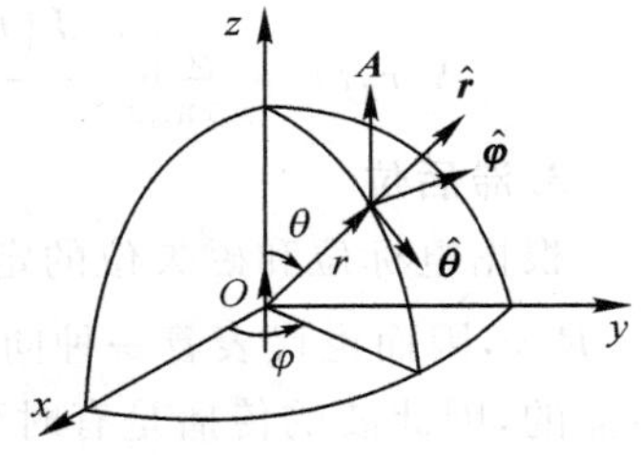

图 8-3-1　电基本振子

设在球坐标原点 O 沿着 z 轴放置的电基本振子(如图 8-3-1 所示)上电流分布为 $I\mathrm{e}^{\mathrm{j}\omega t}$，可以求解出它产生的磁矢位 $\boldsymbol{A}$，再由 $\boldsymbol{A}$ 求出 $\boldsymbol{B}$，进而求出 $\boldsymbol{E}$，得到空间任意点处的场强，其空间分布的场强的基本形式如下：

$$\begin{cases} E_r = \dfrac{Il}{4\pi}\cdot\dfrac{2}{\omega\varepsilon_0}\cos\theta\left(\dfrac{k}{r^2}-\mathrm{j}\,\dfrac{1}{r^3}\right)\cdot\mathrm{e}^{-\mathrm{j}kr} \\ E_\theta = \dfrac{Il}{4\pi}\cdot\dfrac{1}{\omega\varepsilon_0}\sin\theta\left(\mathrm{j}\,\dfrac{k^2}{r}+\dfrac{k}{r^2}-\mathrm{j}\,\dfrac{1}{r^3}\right)\cdot\mathrm{e}^{-\mathrm{j}kr} \\ E_\varphi = 0 \\ H_r = 0 \\ H_\theta = 0 \\ H_\varphi = \dfrac{Il}{4\pi}\cdot\sin\theta\left(\mathrm{j}\,\dfrac{k}{r}+\dfrac{1}{r^2}\right)\cdot\mathrm{e}^{-\mathrm{j}kr} \end{cases} \tag{8-3-1}$$

式(8-3-1)中电磁波的波数 $k=\omega\sqrt{\varepsilon\mu}$。上式可根据麦克斯韦方程严格推导，有兴趣的读者可参阅相关文献。

由式(8-3-1)可知，电基本振子的电场有 r 和 θ 两个方向分量，磁场只有 φ 方向分量，但是空间电磁场比较复杂，分量中都含有 r^{-1}，r^{-2} 和 r^{-3} 两项或三项。为了便于分析，以 kr 的大小为标准，将电基本振子周围空间分成三个区域：近区($kr \ll 1$)、远区($kr \gg 1$)和中间区。工程上很少研究中间区场，下面只讨论近区场和远区场。

1. 近区场

近区的条件是 $kr \ll 1$，即 $r \ll \lambda/2\pi$。由于 r 很小，因此只保留式(8-3-1)中 $1/r$ 的高次项，并且 $e^{-jkr} \approx 1$，可得近区场的表达式为

$$\begin{cases} E_r \approx -\mathrm{j}\dfrac{Il}{4\pi r^3}\cdot\dfrac{2}{\omega\varepsilon_0}\cos\theta \\ E_\theta \approx -\mathrm{j}\dfrac{Il}{4\pi r^3}\cdot\dfrac{1}{\omega\varepsilon_0}\sin\theta \\ H_\varphi \approx \dfrac{Il}{4\pi r^2}\sin\theta \end{cases} \tag{8-3-2}$$

近区场具有以下特点：

(1) 由于电场 E_θ 和 E_r 与静电场问题中的电偶极子的电场相似，磁场 H_φ 和恒定电流场问题中的电流元的磁场相似，因此近区场称为准静态场。

(2) 由于场强与 r 的高次方成反比，因此离天线较远时，近区场近似为零。

(3) 电场比磁场多一个因子 j，二者之间有 $\pi/2$ 的相位差，说明坡印廷矢量为虚数，电磁能量在源点和场点之间来回振荡，没有能量向外辐射，故近区场又称为感应场或束缚场。

这里有人也许会问，如果近区场真的没有向外辐射能量，那么天线是如何将能量辐射出去的呢?实际上，我们在式(8-3-2)中忽略了一些 $1/r$ 的低次项，而这些恰恰是近区场的辐射能量，只不过辐射场远小于束缚场。

2. 远区场

在实际工程中，天线的收发双方往往相距较远，满足远区场的条件 $kr \gg 1$，在这种情况下，式(8-3-2)中的 r^{-2} 和 r^{-3} 项与 r^{-1} 项相比，可以忽略不计，于是远区场的表达式为

$$\begin{cases} E_\theta \approx \mathrm{j}\dfrac{k^2 Il}{4\pi\omega\varepsilon_0 r}\sin\theta\cdot e^{-\mathrm{j}kr} = \mathrm{j}\dfrac{Il}{2\lambda r}\eta_0\sin\theta e^{-\mathrm{j}kr} \\ H_\varphi \approx \mathrm{j}\dfrac{kIl}{4\pi r}\sin\theta\cdot e^{-\mathrm{j}kr} = \mathrm{j}\dfrac{Il}{2\lambda r}\sin\theta e^{-\mathrm{j}kr} = \dfrac{E_\theta}{\eta_0} \end{cases} \tag{8-3-3}$$

式中：$\eta_0 = \sqrt{\mu_0/\varepsilon_0} = 120\pi\Omega$ 为自由空间波阻抗。

远区场具有以下特点：

(1) 辐射性。远区场中任意一点只有 E_θ 和 H_φ 两个分量，它们在方向上互相垂直，在时间上同相位，所以坡印廷矢量 $\boldsymbol{S} = \dfrac{1}{2}\boldsymbol{E}\times\boldsymbol{H}^*$ 是实数，且指向 $\boldsymbol{r}$ 方向。这说明电基本振子的远区场是一个沿着径向向外传播的辐射场。由式(8-3-3)和坡印廷矢量定义，辐射场的功率流密度大小为

$$S = \frac{|E_\theta|^2}{240\pi} \tag{8-3-4}$$

(2) 横向性。远区场电场只有纵向分量 E_θ，磁场只有横向分量 H_φ，二者都与电磁能量传播的 r 方向垂直，故远区场近似为 TEM 波。

(3) 滞后性。远区场的 $\boldsymbol{E}$ 和 $\boldsymbol{H}$ 都有相位因子 e^{-jkr}，说明二者的相位随 r 的增加不断滞后。相位滞后意味着时间滞后，即电基本振子辐射的电磁场要经过一段时间才能传播到远处。在 r 为常数的球面上，$\boldsymbol{E}$ 和 $\boldsymbol{H}$ 的相位处处相等，即其等相位面为球面，电基本振子辐射的是球面波。

(4) 振幅特性。$\boldsymbol{E}$ 和 $\boldsymbol{H}$ 的振幅与 $\boldsymbol{r}$ 的大小成反比，说明电磁波越传越弱，其振幅不断衰减；远区场的电场与磁场的幅度 $|\boldsymbol{E}|$ 和 $|\boldsymbol{H}|$ 之比 η_0 为自由空间的波阻抗，与空间位置无关，仅由媒质参数决定，因此电场与磁场的振幅之比是固定的。

⑤ 方向性。$\boldsymbol{E}$ 和 $\boldsymbol{H}$ 的振幅与球坐标中的 θ 角有关，说明在不同的方向上，辐射强度不相等，这说明电基本振子的辐射是有方向性的。一般将电场振幅在空间随方向的变化趋势用方向性图直观表示。

在天线理论中，辐射功率与辐射电阻是两个重要的概念。辐射体向空间辐射的总功率 P_r 为包围辐射体的任意闭合曲面上功率流的总和。取闭合面为球面，计算可得

$$P_r = \oiint_S \boldsymbol{S}_{av} \cdot d\boldsymbol{S} = 40\pi^2 I^2 \left(\frac{l}{\lambda}\right)^2 \tag{8-3-5}$$

由此可见，辐射功率与辐射体的结构、电尺寸和激励电流有关。辐射方向上若没有障碍物，辐射功率不会再返回，相当于被消耗掉了。参照电路理论，可以用一个等效电阻来消耗辐射功率，辐射电阻的定义如下：

$$R_r = \frac{2P}{I^2} = 80\pi^2 \left(\frac{l}{\lambda}\right)^2 \tag{8-3-6}$$

辐射电阻与辐射体结构与电尺寸有关，反映了辐射体辐射电磁波的能力。电基本振子的尺寸非常小，所以其辐射电阻 R_r 很小，可见它的辐射能力很弱。

8.3.2 磁基本振子

磁基本振子是一个半径为 b 的细小圆环，且圆环的周长满足 $2\pi b \ll \lambda$，如图 8-3-2 所示。假设其上有电流 $i(t) = I\cos\omega t$，由电磁场理论，其磁偶极矩矢量为

$$\boldsymbol{p}_m = \hat{z} I \pi b^2 = \hat{z} p_m \quad (\mathrm{A \cdot m^2}) \tag{8-3-7}$$

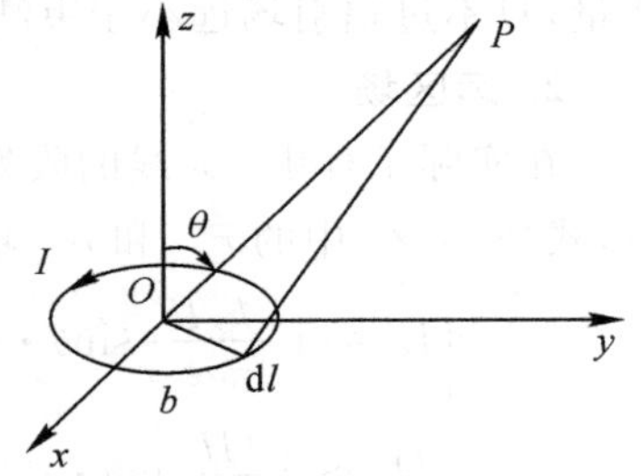

图 8-3-2 磁基本振子

根据电与磁的对偶性原理，只要将电基本振子的表达式(8-3-1)中的 $\boldsymbol{E}$ 换成 $\eta^2\boldsymbol{H}$，$\boldsymbol{H}$ 换成 $-\boldsymbol{E}$，并将电偶极矩 $p = Il/(j\omega)$ 换为磁偶极矩 p_m，就可以得到沿 z 轴放置的磁基本振子的场分布如下：

$$\begin{cases} E_\varphi = -j\dfrac{\omega\mu_0 p_m}{4\pi}\sin\theta\left(\dfrac{jk}{r} + \dfrac{1}{r^2}\right) \cdot e^{-jkr} \\ E_\theta = 0 \\ E_r = 0 \\ H_\varphi = 0 \\ H_\theta = j\dfrac{p_m}{2\pi}\sin\theta\left(j\dfrac{k^2}{r} + \dfrac{k}{r^2} - j\dfrac{1}{r^3}\right) \cdot e^{-jkr} \\ H_r = j\dfrac{p_m}{2\pi}\cos\theta\left(\dfrac{k}{r^2} - j\dfrac{1}{r^3}\right) \cdot e^{-jkr} \end{cases} \tag{8-3-8}$$

与电基本振子做相同的近似变换得到磁基本振子的远区场为

$$\begin{cases} E_\varphi = \dfrac{\omega\mu_0 p_{\mathrm{m}}}{2r\lambda}\sin\theta \cdot \mathrm{e}^{-\mathrm{j}kr} \\ H_\theta = -\dfrac{1}{\eta}\mathrm{j}\,\dfrac{\omega\mu_0 p_{\mathrm{m}}}{2r\pi}\sin\theta \cdot \mathrm{e}^{-\mathrm{j}kr} \end{cases} \tag{8-3-9}$$

通过上述理论可知，电基本振子的远区场 E_θ 和磁基本振子 E_φ 远场区的特性具有很多相似之处：① 具有相同的方向性函数 $|\sin\theta|$，② 在空间相互正交，相位相差 $\pi/2$。所以将电基本振子与磁基本振子组合后，可构成一个椭圆(或圆)极化波天线，具体将在后续章节中介绍。

思考题

(1) 研究基本振子的辐射有何意义？

(2) 电基本振子的近区场和远区场有什么区别？

(3) 怎样从电基本振子推广到磁基本振子？

8.4　天线的电参数

在无线通信系统中，对于不同要求的系统，需要有不同要求的天线。在设计各种天线时，首先要了解天线的性能指标，为此就必须熟悉天线的各种参数。本节我们来定义和讨论天线的电参数。天线的电参量又称为天线特性参量，它是评价天线技术性能，定量分析研究、选择及设计天线的依据。天线特性参量包括天线效率、方向图、主瓣宽度、旁瓣电平、方向系数、极化特性、频带宽度、输入阻抗和有效长度等。

8.4.1　天线效率

天线在通信的时候，并不一定能把输入天线的所有能量都以电磁波的形式辐射出去。因为制作天线的导体和介质不是理想介质，有功率损耗，这就意味着输入给天线的功率 P_{in} 包括辐射功率 P_{r} 和损耗功率两部分，为此引入天线效率参数。天线效率是指辐射功率 P_{r} 与天线输入功率 P_{in} 之比，即

$$\eta_{\mathrm{A}} = \frac{P_{\mathrm{r}}}{P_{\mathrm{in}}} = \frac{P_{\mathrm{r}}}{P_{\mathrm{r}} + P_{\mathrm{L}}} \tag{8-4-1}$$

式中：P_{L} 为损耗功率。

如果引入辐射电阻 R_{r} 和损耗电阻 R_{L}，则式(8-4-1)可写为

$$\eta_{\mathrm{A}} = \frac{P_{\mathrm{r}}}{P_{\mathrm{r}} + P_{\mathrm{L}}} = \frac{1}{1 + R_{\mathrm{L}}/R_{\mathrm{r}}} \tag{8-4-2}$$

可见，为了提高天线效率，应尽可能提高辐射电阻 R_{r}，减少损耗电阻 R_{L}。

8.4.2　天线方向性参数

天线的方向性直接反映了天线辐射场的幅值或辐射功率的空间分布，这是天线最重要的参数。

1. 方向性函数

天线的辐射强度与空间坐标之间的函数关系，称为方向性函数。方向性函数分为场强方向性函数 $f(\theta,\varphi)$ 和功率方向性函数 $P(\theta,\varphi)$，它们分别表示在以天线为中心、距天线 r 处的球面各点上辐射场的幅值或功率密度的相对比较。因此天线的场强方向性函数 $f(\theta,\varphi)$ 是天线辐射场表达式的幅值中与方向（仰俯角 θ、方位角 φ）有关的因子。

天线的功率方向性函数 $P(\theta,\varphi)$ 可由 r 方向的坡印廷矢量与方向的关系求得，即

$$\boldsymbol{S}_r = \frac{1}{2}\mathrm{Re}[\dot{\boldsymbol{E}}_T \times \overset{*}{\dot{\boldsymbol{H}}}_T] = \frac{1}{2}\mathrm{Re}[\dot{E}_\theta \overset{*}{\dot{H}}_\varphi - \dot{E}_\varphi \overset{*}{\dot{H}}_\theta]$$

$$= \frac{1}{2\eta}(|\dot{E}_\theta|^2 + |\dot{E}_\varphi|^2)$$

即天线的功率方向性函数正比于场强方向性函数的平方

$$P(\theta,\varphi) = |f(\theta,\varphi)|^2 \tag{8-4-3}$$

2. 方向性图

方向性函数的图像就是天线的方向性图，它形象地描述天线向空间不同方向上的辐射能力。通常采用与场矢量相平行的两个平面来表示方向性图。

（1）E 平面，即电场矢量所在的平面，对于沿 z 轴放置的电基本振子而言就是子午平面；

（2）H 平面，即磁场矢量所在的平面，对于沿 z 轴放置的电基本振子而言就是赤道平面。因此方向性图是立体图，下面通过一个例子来加深读者对方向性图的理解。

例 8-4-1 画出沿 z 轴放置的电基本振子的方向性图。

解 (1)E 平面方向性图

在给定 r 处，E_θ 的归一化场强值为

$$|E_\theta| = |\sin\theta| \tag{8-4-4}$$

则电基本振子的方向性函数 $f(\theta,\varphi) = \sin\theta$，其值与 φ 无关，画出 E 平面方向性图如图 8-4-1(a) 所示。

(2)H 平面方向性图

在给定 r 处，对于 $\theta = \pi/2$，$|E_\theta| = |\sin\theta| = 1$，也与 φ 无关。则 H 平面方向性图为一个圆，其圆心位于沿 a 方向的振子轴上，且半径为 1，如图 8-4-1(b) 所示。

电基本振子合成的三维极坐标方向性图如图 8-4-1(c) 所示。

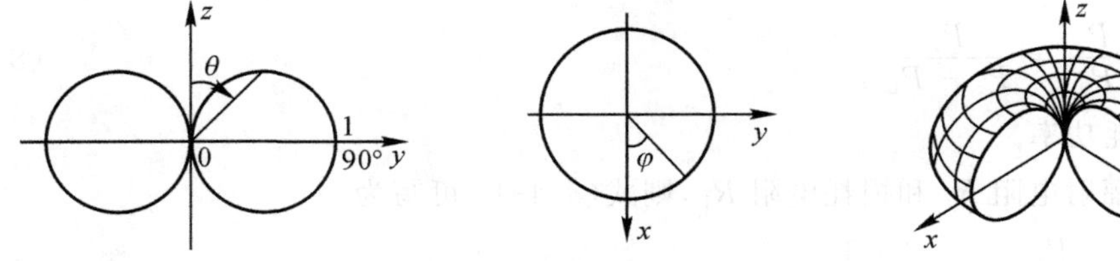

(a) 电基本振子 E 面方向性图　(b) 电基本振子 H 面方向性图　(c) 电基本振子立体方向性图

图 8-4-1　电基本振子方向图

绘制某一平面的方向图，可以采用极坐标也可以采用直角坐标。在工程上为了绘制方便，常采用两个主平面上的剖面图来描述天线的方向性。通常取 E 平面方向图和 H 平面方向图。这里 E 平面指由传播方向和电场矢量构成的并包含最大辐射方向的平面，例如由式

(8-4-3)所示；H 平面是指由传播方向和磁场矢量构成的并包含最大辐射方向的平面，例如由公式 $|E_\theta| = |\sin\theta| = 1$ 所示，这里 $\theta = \pi/2$。

3. 归一化方向性函数

为了对不同天线按同一尺寸进行方向性的比较，把天线的方向性函数归一化，即

$$F(\theta,\varphi) = \frac{f(\theta,\varphi)}{f_{max}(\theta,\varphi)} \tag{8-4-5}$$

利用归一化方向性函数 $F(\theta,\varphi)$，将天线的最大辐射方向场强规定为"1"，来比较其他方向场强相对值，可以很容易地看出随方向变化时，方向性图的尖锐程度。

4. 天线的方向性图特性参数

为了方便对于各种天线的方向性图进行特性的比较，为方向性图还规定了一些特性参数，以下一一介绍。

(1) 主瓣宽度

天线的方向性图通常是指零极点相间的圆滑曲线，我们把其相邻两零点间的曲线部分称为波瓣，如图 8-4-2 所示。把天线辐射最强方向即主向所在的波瓣称为主瓣，其界定了天线辐射最强的空间区域。主瓣宽度是衡量天线的最大辐射区域的尖锐程度的物理量；通常取主向向两侧辐射场强下降为主向时值的 $1/\sqrt{2}$ 的方向界定的夹角，记做 $2\theta_{0.5}$。由于它是主瓣半功率点间的夹角，因此有时称之为半功率波束宽度。主向两侧主瓣零辐射方向间的夹角定义为主瓣张角，记做 $2\theta_0$。

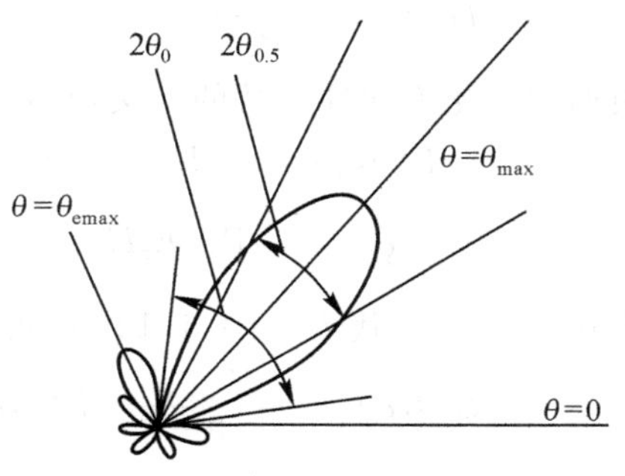

图 8-4-2　方向性图中的主瓣、副瓣

(2) 旁瓣电平

主瓣以外的其余波瓣统称为副瓣或旁瓣，把离主瓣最近且电平最高的第一旁瓣电平称为旁瓣电平。一般以分贝表示，记做 L_S。

$$L_s = 20\lg\frac{f_m(\theta,\varphi)}{f_e(\theta,\varphi)} = -20\lg F_e(\theta,\varphi) \tag{8-4-6}$$

旁瓣区是不需要辐射的区域，所以其电平应尽可能低。天线方向性图一般都有这样的规律：离主瓣越远的旁瓣电平越低。第一旁瓣电平的高低，某种意义上反映了天线方向性的优劣。

(3) 前后比

天线最大辐射方向(前向)电平与其相反方向(后向)电平之比，称为前后比，通常以分贝表示。

(4) 方向性系数

在很多情况下，我们需要的只是天线的主向辐射的能量，远远偏离主向的能量不仅白白耗费，而且会形成电波干扰。为了精确地比较不同天线的方向性，定义方向性系数来表示天线聚焦能量的能力。所谓方向性系数 D 是指离天线某一距离处，天线在主向的平均功率流密度 S_{max} 和天线辐射出去的功率被均匀分到空间各个方向(即理想无方向性天线)的平均功率流密度 S_{av} 之比，即

$$D = \frac{S_{max}}{S_{av}} = \frac{|E_{max}|^2}{|S_{av}|^2} \tag{8-4-7}$$

根据上述定义，我们可以导出方向系数的一般公式。假设实际天线的辐射功率为 P_r，它在最大辐射方向上 r 处产生的辐射功率流密度和场强分别为 S_{max} 和 E_{max}；又设有一个理想的无方向性的天线，其辐射功率为 P_r 不变，它在相同的距离上产生的辐射功率流密度和场强分别为 S_{av} 和 E_{av}，由此可以得出 P_r 和 S_{av} 的关系为

$$S_{av} = \frac{P_r}{4\pi r^2} \tag{8-4-8}$$

由式(8-3-4) 可得，$S_{av} = \dfrac{|E_{av}|^2}{240\pi}$，于是

$$|E_{av}|^2 = \frac{60P_r}{r^2} \tag{8-4-9}$$

由方向性系数的定义得

$$D = \frac{r^2 |E_{max}|^2}{60P_r} \tag{8-4-10}$$

根据归一化方向性函数的定义，它在任意方向上的场强与功率流密度分别可写为

$$|E(\theta,\varphi)| = |E_{max}||F(\theta,\varphi)| \tag{8-4-11}$$

$$S(\theta,\varphi) = \frac{1}{2}\mathrm{Re}(E_\theta H_\varphi^*) = \frac{|E(\theta,\varphi)|^2}{240\pi} \tag{8-4-12}$$

将式(8-4-11) 代入式(8-4-12) 可得功率流密度的表达式为

$$S(\theta,\varphi) = \frac{|E_{max}|^2}{240\pi}|F(\theta,\varphi)|^2 \tag{8-4-13}$$

对半径为 r 的球面进行面积分，可得辐射功率与归一化方向性函数的关系

$$P_r = \oint\!\!\oint_S S(\theta,\varphi)\mathrm{d}S = \frac{r^2 |E_{max}|^2}{240\pi}\int_0^{2\pi}\int_0^{\pi}|F(\theta,\varphi)|^2\sin\theta\mathrm{d}\theta\mathrm{d}\varphi \tag{8-4-14}$$

将上式代入式(8-4-10)，可以计算出天线的方向性系数与归一化方向性函数的一般关系式为

$$D = \frac{4\pi}{\int_0^{2\pi}\int_0^{\pi}|F(\theta,\varphi)|^2\sin\theta\mathrm{d}\theta\mathrm{d}\varphi} \tag{8-4-15}$$

对于无方向性的天线，$F=1$，$D=1$；对于有方向性的天线 $D>1$。D 越大，天线辐射的电磁场的能量就越集中，方向性就越好。

例 8-4-2 计算沿 z 轴放置的电基本振子的方向性系数。

解 电基本振子的归一化方向性函数为

$$F(\theta,\varphi) = \sin\theta \tag{8-4-16}$$

将其代入式(8-4-8) 可得

$$D = \frac{4\pi}{\int_0^{2\pi}\int_0^{\pi}\sin^2\theta\sin\theta\mathrm{d}\theta\mathrm{d}\varphi} = 1.5$$

(4) 增益系数

为了综合描述天线的方向性和效率，定义天线的增益系数。增益系数是综合衡量天线效率和方向特性的参数，它们的关系是

$$G = D\cdot\eta_A \tag{8-4-17}$$

方向性系数描述的是天线与理想的无方向性天线相比在最大辐射方向上辐射功率的聚

焦能力；而增益系数描述的是天线与理想的无方向性天线相比在最大辐射方向上将输入功率放大的倍数。二者也可以用分贝表示，即

$$D(\mathrm{d}B) = 10\ \lg D \tag{8-4-18a}$$

$$G(\mathrm{d}B) = 10\ \lg G \tag{8-4-18b}$$

8.4.3　极化特性

极化特性是指天线在最大辐射方向上电场矢量的方向随时间变化的规律。天线的电磁波极化是指在给定方向上天线辐射波电场的矢量方向。天线辐射波因在远区且只有横向场分量，可视为电磁波的电场和磁场都是在一个平面内的平面极化波。在工程上，定义辐射波主向的电场矢量方向为天线辐射波的极化方向。

若辐射波的电场矢量端点随时间变化的轨迹为直线，则称为线极化；轨迹为圆或者椭圆的称为圆极化和椭圆极化；对（椭）圆极化波来说，若旋向轨迹与波的传播方向符合右手螺旋关系，为右旋；若符合左手螺旋关系，为左旋。

在通信和雷达中，通常采用线天线；但如果通信的一方是剧烈摆动或高速运动着的，为了提高通信的可靠性，发射和接收都应该采用圆极化天线。更重要的一点是，收、发天线要主向对准，极化方向一致。

8.4.4　频带宽度

天线的电参数与天线的工作频率有关，当天线的工作频率偏离中心频率时，天线的技术指标将会变坏。我们把天线的电参数保持在规定技术要求范围之内的频率范围称为天线的工作频带宽度，简称为天线的带宽。

8.4.5　输入阻抗

发射天线是发射机末级的负载，天线的输入阻抗就是发射机末级的负载阻抗。天线的输入阻抗定义为天线输入电压与电流的比值，表示为

$$Z_{\text{in}} = \frac{U_{\text{in}}}{I_{\text{in}}} = R_{\text{in}} + \mathrm{j}X_{\text{in}}$$

式中：R_{in} 表示输入电阻；X_{in} 表示输入电抗。要使天线效率高，就必须使天线与馈线良好匹配，使天线的输入阻抗等于传输线的特性阻抗 Z_0。

天线的输入阻抗对频率的变化十分敏感，当天线工作频率偏离设计频率时，天线与传输线的匹配变坏，使天线效率降低。因此在实际使用中，往往要控制限定线上的电压驻波比。

8.4.6　有效长度

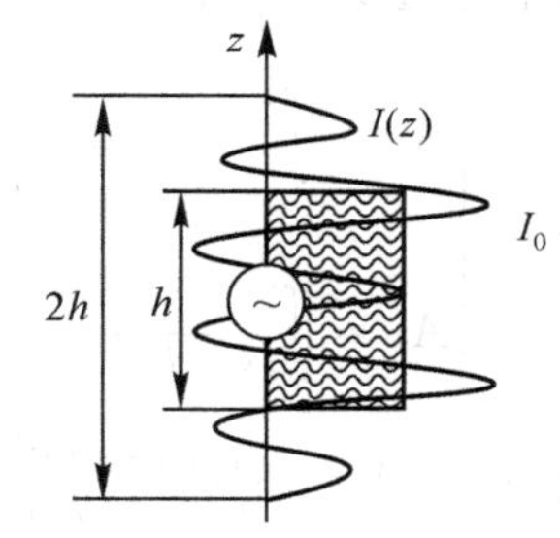

图 8-4-3　天线的有效长度

天线的有效长度是衡量天线辐射能力的重要指标。如图 8-4-3 所示，长度为 $2h$ 线状的天线振子，天线上的电流分布是不均匀的，设为 $I(z)$。现用电流大小为 $I(0)$，且电流均匀分布，长度为 h_e 的等效。当两者在最大辐射方向上的电场强度相等时，则称此 h_e 为天线的有效长度。在计算辐射场时，天线上的电流分布近似可以看成为正弦分布，即 $I(z) = I_m \sin k(l \pm z)$，那么长为 $2l$ 的

天线在最大辐射方向($\theta = 90°$)上的辐射场的电场为

$$E_{\max} = \frac{30k}{r}\int_{-l}^{l} I_{\mathrm{m}} \sin k(l \pm z)\,\mathrm{d}z$$

长为 h_{e} 的等效天线在最大辐射方向均匀分布($\theta = 90°$)上的辐射场为

$$E_{\max} = \frac{30kI_0 h_{\mathrm{e}}}{r}$$

比较上述两式可得有效长度为

$$h_{\mathrm{e}} = \frac{\int_{-l}^{l} I(z)\,\mathrm{d}z}{I_0} = \frac{1}{I_0}\int_{-l}^{l} I_{\mathrm{m}} \sin k(l \pm z)\,\mathrm{d}z = \frac{\lambda}{\pi}\tan\left(\frac{kl}{2}\right)$$

对于 $l = \frac{\lambda}{2}$ 的半波振子,$h_{\mathrm{e}} = \frac{\lambda}{\pi}$,由此可见有效长度是在保持实际天线最大辐射方向上的场强值不变的条件下,把天线上电流分布折算成均匀分布(如电基本振子那样)后天线的长度。通常把归于输入电流 I 的有效长度记为 h_{e},把归于波腹电流 I_{m} 的有效长度记为 h_{em}。显然,有效长度越长,天线的辐射能力越强。

例 8-4-3 一长度为 $2h(h \ll \lambda)$ 中心馈电的短振子,其电流分布为 $I(z) = I\left(1 - \frac{|z|}{h}\right)$,其中 I 等于波腹电流 I_{m}。求:

(1) 短振子的辐射场;(2) 辐射电阻及方向性系数;(3) 有效长度。

解 (1) 根据题意,如图 8-4-4 所示的短振子可以看成是由长度为 $\mathrm{d}z$ 的一系列电基本振子沿 z 轴排列组成的。对于其中的一个电基本振子,其辐射场为

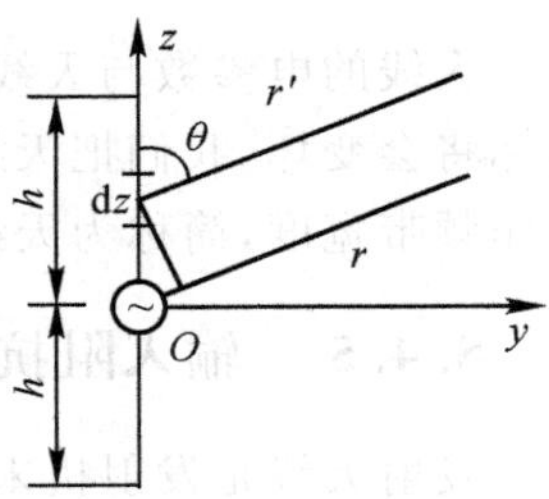

图 8-4-4 短振子的辐射

$$\mathrm{d}E_\theta = \mathrm{j}\,\frac{60\pi}{\lambda r'}\sin\theta \cdot \mathrm{e}^{-\mathrm{j}kr'} I(z)\,\mathrm{d}z$$

那么,整个短振子的辐射场为基本谐振子的辐射场的积分,即

$$E_\theta = \mathrm{j}\,\frac{60\pi}{\lambda}\sin\theta\int_{-h}^{h} I(z)\,\frac{\mathrm{e}^{-\mathrm{j}kr'}}{r'}\,\mathrm{d}z$$

考虑辐射场为远区,$r \gg h$,则在 yOz 平面内做下列近似:

$$r' \approx r - z\cos\theta$$

$$\frac{1}{r'} \approx \frac{1}{r}$$

$$k = 2\pi/\lambda$$

由上述近似可知 $E_\theta = \mathrm{j}30k\sin\theta\,\frac{\mathrm{e}^{-\mathrm{j}kr}}{r}\int_{-h}^{h} I\left(1 - \frac{|z|}{h}\right)\mathrm{e}^{\mathrm{j}kz\cos\theta}\,\mathrm{d}z$

$$令\begin{cases} A_1 = \int_{-h}^{h} \mathrm{e}^{\mathrm{j}kz\cos\theta}\,\mathrm{d}z = \dfrac{2\sin\theta(kh\cos\theta)}{k\cos\theta} \\ A_2 = \int_{-h}^{h} \dfrac{|z|}{h}\mathrm{e}^{\mathrm{j}kz\cos\theta}\,\mathrm{d}z = \dfrac{2\sin\theta(kh\cos\theta)}{k\cos\theta} + \dfrac{4\sin^2\left(\dfrac{kh\cos\theta}{2}\right)}{hk^2\cos^2\theta} \end{cases}$$

则 $A_1 + A_2 = \frac{1}{h}\left(\frac{2\sin(kh\cos\theta)}{k\cos\theta}\right)^2$

于是可得辐射场为

$$E_\theta = \mathrm{j}30I\,\frac{\mathrm{e}^{-\mathrm{j}kr}}{r}(kh\sin\theta) \tag{8-4-19a}$$

$$H_\varphi = \frac{E_\theta}{\eta} = \mathrm{j}\,\frac{khI}{4\pi r}\sin\theta\mathrm{e}^{-\mathrm{j}kr} \tag{8-4-19b}$$

(2) 将 E_θ 和 H_φ 代入辐射功率的公式 $P_\mathrm{r} = \frac{1}{2}\int_0^{2\pi}\int_0^{\pi} E_\theta H_\varphi^* \sin\theta \cdot \mathrm{d}\theta \cdot \mathrm{d}\varphi$，同时运用 $P_\mathrm{r} = \frac{1}{2}I^2 R_\mathrm{r}$，计算短振子的辐射电阻为

$$R_\mathrm{r} = 80\pi^2\left(\frac{h}{\lambda}\right)^2 \tag{8-4-20}$$

运用式(8-4-10)可得，并取式(8-4-19a)中的 $\theta = 90°$ 时，电场的最大值，则短振子方向性系数为

$$D = \frac{r^2\ |\ E_{\max}\ |^2}{60P_\mathrm{r}} = 1.5 \tag{8-4-21}$$

(3) 对于臂长 $h \ll \lambda$，电流周期变化短振子，其辐射电阻和方向性系数与电流均匀分布的辐射电阻和方向性系数相同，所以电流分布的微小差别不影响辐射特性。我们假设天线上为正弦电流分布，即谐变电流分布。根据有效长度的定义，计算得

$$h_\mathrm{e} = \frac{I}{I}\int_{-h}^{h}\left(1 - \frac{|\ z\ |}{h}\right)\mathrm{d}z = h \tag{8-4-22}$$

说明长度为 $2h$、电流不均匀分布的短振子在最大辐射方向上的场强与长度为 h、电流为均匀分布的振子在最大辐射方向上的场强相等，如图 8-4-5 所示。

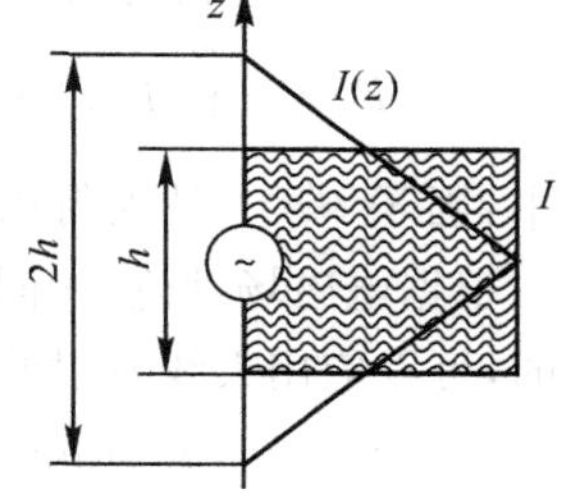

图 8-4-5　天线的有效长度

思考题

(1) 什么是天线的电参量？其有什么作用？

(2) 天线有哪些电参量？分别有什么物理含义？

(3) 方向性函数和方向性图有什么关系？

8.5　天线的接收理论

前面章节里我们分析了发射天线的发射过程。相对应的，接收天线的作用是把到达接收点的电磁波能量转换为导行电磁波或高频电流，并由馈线传送给接收机。因此接收天线是接收机的信源。接收天线完成的物理过程与发射天线刚好相反，是一个逆过程。

8.5.1　互易性原理

接收天线从空间检出所要的电磁波，并把其变为高频电流信号，最后交给接收装置。这种电磁波的接收过程也有一个选择所要信号及抑制干扰信号的过程。也就是说不是所有的来波都能激励起高频信号，只有平行于天线电场的分量才能在天线中激励起高频信号，这与天线的发射一样，可以证明同样的天线发射和接收的电磁波的特性是一样的。并且根据电磁场理论，相同结构的天线，在接受和发送电磁场时，其电磁参量的形式是相同的，这就是互易性原理。互易性原理是可以证明的，它说明了在一个线性媒质空间中，接收天线的电参量和

发射天线的电参量是相同的，因此，发射天线的电流分布 $I(z)$、方向性函数 $f(\theta,\varphi)$、方向图、主瓣宽度、旁瓣电平、方向性系数 $D(\theta,\varphi)$、增益 $G(\theta,\varphi)$、效率 η_A、输入阻抗 Z_{in}、极化特性等所有参量对于接收天线来说都是适用的。也就是说，对于相同结构的天线，在性能参量一定的情况下，既能用作发射天线又能用作接收天线。

接收天线与发射天线不同的是接收天线的负载不同，因此在设计接收天线时，还需要考虑接收天线的物理过程、能提供的最大功率、接收天线的温度噪声等，下面简要说明。

8.5.2 天线接收的物理过程及其等效电路

假设有一长直金属导体的接收天线处于外来电磁波 E_i 的场中，如图 8-5-1 所示 E_1 与 E_2 为入射电场的两个分量，考虑远区场情况，天线各点上的波是均匀平面波。由电磁场理论可知，只有与导体表面长度方向相切的电场分量 $E_z = E_2\sin\theta$ 才能在天线上产生感应电动势和感生电流。而与天线导体表面垂直的电场分量 E_1 则不能。因而感应电动势 $\mathrm{d}\mathscr{E} = -E_z \cdot \mathrm{d}z$。

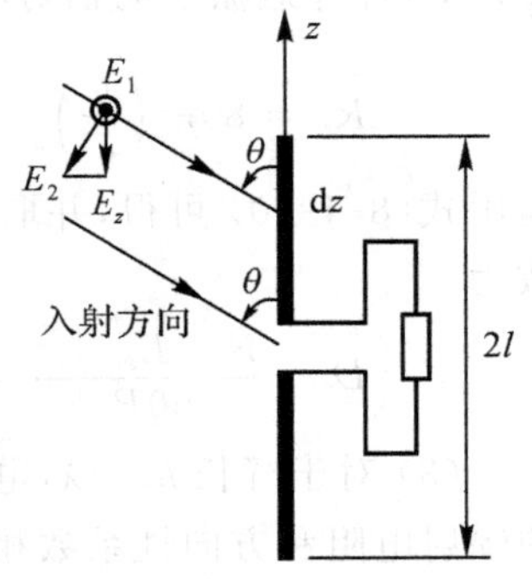

图 8-5-1 天线接收原理

设在入射场作用下，接收天线上的电流分布为 $I(z)$，并假设电流初相位为零，则接收天线从入射场中吸收的功率 $\mathrm{d}P = -I(z)\mathrm{d}\mathscr{E}$。

整个天线吸收的功率为

$$P = -\int_{-l}^{l} I(z) \cdot \mathrm{e}^{\mathrm{j}kz\cos\theta}\mathrm{d}\mathscr{E} = \int_{-l}^{l} E_z I(z) \cdot \mathrm{e}^{\mathrm{j}kz\cos\theta}\mathrm{d}z \tag{8-5-1}$$

式中：因子 $\mathrm{e}^{\mathrm{j}kz\cos\theta}$ 是入射场到达天线上各微元段的相移因子。

根据电磁场理论，相同的电磁结构天线，在接受和发送电磁场时，其电流分布的形式是相同的，可以应用天线发射的基本原理来描述天线的接收。因此，可假设接收天线的电流分布为

$$I(z) = I_m \sin k(l - |z|) \tag{8-5-2}$$

代入式(8-5-1) 可得，接收功率为

$$\begin{aligned} P &= \int_{-l}^{l} E_2 I_m \sin\theta \sin[k(l-|z|)] \cdot \mathrm{e}^{\mathrm{j}kz\cos\theta}\mathrm{d}z \\ &= 2\int_{0}^{l} E_2 I_m \sin\theta\sin[k(l-|z|)] \cdot \cos(kz\cos\theta)\mathrm{d}z \end{aligned} \tag{8-5-3}$$

式中 $E_2 = E_z/\sin\theta$，因此接收天线输入电动势为

$$\mathscr{E} = \frac{P}{I_{in}} = \frac{2E_2}{\sin kl}\sin\theta\int_0^l \sin[k(l-|z|)] \cdot \cos(kz\cos\theta)\mathrm{d}z \tag{8-5-4}$$

这里输入电流为 $I_{in} = I(0) = I_m\sin(kl)$，根据有效长度的定义，有

$$h_e = \frac{I_m}{I_m\sin(kl)}\int_{-l}^{l} \sin k(l-|z|)\mathrm{d}z = \frac{1-\cos kl}{k\sin kl} \tag{8-5-5}$$

将上式代入式(8-5-4) 可得天线感应电动势的表达式为

$$\mathscr{E} = E_2 h_e F(\theta) \tag{8-5-6}$$

当入射波方向与方位角 φ 有关时，上式中的 E_2 应写成 $E_i\cos\varphi$，于是上式变为

$$\mathscr{E} = E_i\cos\varphi h_e F(\theta) = E_i h_e F(\theta,\varphi) \tag{8-5-7}$$

其中 φ 是入射场 E_i 与单位矢量 $\hat{\boldsymbol{\theta}}$ 的夹角。$F(\theta,\varphi)$ 是接收天线的方向函数，也等于天线用作

发射时的方向函数。

在最大的接收方向，$F(\theta,\varphi)=1$，$\mathscr{E}=E_i h_e$。

接收天线的等效电路如图 8-5-2 所示。图中 Z_0 为包括辐射阻抗 Z_r 和损耗电阻 R_L 在内的接收天线输入阻抗，Z_L 是负载阻抗。可见天线发射状态时的输入阻抗相当于接收状态时接收电路的信源内阻抗。如果满足共轭阻抗匹配条件 $Z_L^*=Z_0$，即

$$Z_L^*=R_L+jX_L,\quad Z_0=R_L-jX_L=R_0-jX_0$$

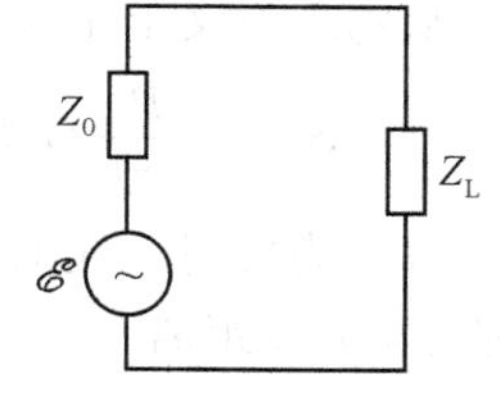

图 8-5-2　天线的等效电路

在这种情况下负载获得的功率为

$$P_L=\frac{1}{2}\left[\frac{\mathscr{E}}{2R_0}\right]^2\cdot R_0=\frac{E_i^2h_e^2F^2(\theta,\varphi)}{8R_0}\tag{8-5-8}$$

当天线以最大接收方向对准来波方向（即极化方向一致）进行接收时，接收天线传送到匹配负载的功率为

$$P_{L\max}=\frac{E_i^2h_e^2}{8R_0}\tag{8-5-9}$$

求解接收天线的问题，一般都不按照天线接收电磁波的物理过程的思路进行，而是借助于天线的互易定理，得到接收天线的基本结论。

8.5.3　有效接收面积

前面我们定义了天线的有效长度 h_e，它是由天线的发射状态定义的，它也是天线接收状态的重要参量，在计算接收天线效果（感应电动势、感应电流）时要经常使用到。现在我们再从能量角度定义天线的有效接收面积，以此衡量天线接收到来波的能力。

有效接收面积定义为：当天线以最大接收方向对准来波方向（即极化方向一致）进行接收时，接收天线传送到匹配负载的平均功率为 $P_{L\max}$，并假定此功率是由一块与来波方向所垂直的面积所截获，这个面积称为接收天线的有效接收面积，记为 A_e，即

$$A_e=\frac{P_{L\max}}{S_{av}}\tag{8-5-10}$$

根据式(8-3-4)及互易性原理，来波能流密度 S_{av} 为

$$S_{av}=\frac{1}{2}\cdot\frac{E_i^2}{\eta}\tag{8-5-11}$$

式中 η 为来波波阻抗。

把式(8-5-11)和式(8-5-9)代入式(8-5-10)，传送到匹配负载的有效接收面积为

$$A_e=\frac{240h_e^2\pi}{8R_0}=\frac{30(kh_e)^2}{R_0}\cdot\frac{\lambda^2}{4\pi}\tag{8-5-12}$$

上式中令 $D=\dfrac{30(kh_e)^2}{R_0}$，可以证明 D 就是天线的方向性系数，将 D 代入公式(8-5-12)可得

$$A_e=\frac{D\lambda^2}{4\pi}\tag{8-5-13}$$

可见，如果已知天线的方向性系数，就可算出天线的有效接收面积。

8.5.4　弗里斯(Friis)传输公式

根据天线在某方向的有效接收面积，可以计算天线在该方向上的匹配接收功率，由式

(8-5-10) 可得

$$P_{\mathrm{Lmax}} = S_{\mathrm{av}} A_{\mathrm{e}} \tag{8-5-14}$$

从物理意义上来说,任意方向来波能流密度 S_{av} 可写成

$$S_{\mathrm{av}} = \frac{P_{\mathrm{in}}}{4\pi r^2} G_1 F_1^2(\theta,\varphi) \tag{8-5-15}$$

其中:P_{in} 为发射天线的输入功率;G_1 和 $F_1(\theta,\varphi)$ 是发射天线的增益和归一化方向性函数;r 为收、发天线距离。

设接收天线的增益为 G_2,其任意方向的有效接收面积为

$$A_{\mathrm{e}} = \frac{G_2\lambda^2}{4\pi} F_2^2(\theta,\varphi) \tag{8-5-16}$$

将式(8-5-15)、式(8-5-16) 代入式(8-5-14) 可得

$$P_{\mathrm{Lmax}} = \frac{G_2\lambda^2}{4\pi} F_2^2(\theta,\varphi) \cdot \frac{P_{\mathrm{in}}}{4\pi r^2} G_1 F_1^2(\theta,\varphi) = \left(\frac{\lambda}{4\pi r}\right)^2 G_1 G_2 P_{\mathrm{in}} F_1^2(\theta,\varphi) F_2^2(\theta,\varphi) \tag{8-5-17}$$

若发射天线与接收天线主向对准,即 $F_1(\theta,\varphi) = F_2(\theta,\varphi) = 1$,则上式简化为

$$P_{\mathrm{Lmax}} = \left(\frac{\lambda}{4\pi r}\right)^2 G_1 G_2 P_{\mathrm{in}} \tag{8-5-18}$$

式(8-5-17) 及式(8-5-18) 称为弗里斯(Friis) 传输公式,这是进行无线电信系统总体设计的一个重要公式。当已确定一个无线电信系统发射机输出功率 P_{in} 时,可根据信号波长 λ、距离 r 和所要求方向上的接收点的匹配接收功率 P_{Lmax},来分配发射和接收天线的增益指标 G_1 和 G_2。

8.5.5 等效噪声温度

在卫星通信、射电天文和微波遥感等设备中,由于作用距离相当远,接收的信号电平很低,此时用方向性系数已经无法判别天线性能的优劣,必须以天线输送给接收机的信号功率与噪声功率之比即等效噪声温度来衡量天线的性能。

根据物理意义,可以把接收天线等效为一个温度为 T_{a} 的电阻,天线向与其匹配的接收机输送的噪声功率 P_{n} 就等于该电阻所输送的最大噪声功率,即

$$T_{\mathrm{a}} = \frac{P_{\mathrm{n}}}{K_{\mathrm{b}}\Delta f} \tag{8-5-19}$$

式中:$K_{\mathrm{b}} = 1.38 \times 10^{-23}$(J/K) 为波耳兹曼常数;$\Delta f$ 为与天线相连的接收机的带宽。

噪声源分布在天线周围的空间,天线的等效噪声温度为

$$T_{\mathrm{a}} = \frac{D}{4\pi}\int_0^{2\pi}\int_0^{\pi} T(\theta,\varphi) \mid F(\theta,\varphi) \mid^2 \sin\theta \mathrm{d}\theta \mathrm{d}\varphi \tag{8-5-20}$$

式中:$T(\theta,\varphi)$ 为噪声源的空间分布函数;$F(\theta,\varphi)$ 为天线的归一化方向性函数。

显然,天线送到接收机的噪声功率正比于 T_{a} 的值。T_{a} 取决于天线周围噪声源的强度和分布,与天线的方向性也有关系。为了减小通过天线而送入接收机的噪声,天线的最大辐射方向不能对准噪声源,并应尽量降低旁瓣电平。

8.5.6 接收天线的方向性

由以上分析可以证明我们前面提出的观点:收、发天线互易。但是从接收的角度来看,要

保证正常接收，必须使信号功率与噪声功率的比值达到一定的数值。因此，对接收天线的方向性我们提出了如下要求：

（1）当信号与干扰来自不同方向时，主瓣宽度应尽可能窄；当来波方向不稳定时，主瓣宽度要适当加宽。

（2）为避免噪声功率的影响，旁瓣电平尽可能低。

（3）采用零点自动形成技术，即在方向性图中设置一个或多个可控制的零点，以便对准干扰方向。

思考题

（1）接收天线和发射天线有什么联系？

（2）接收天线有哪些参量？

（3）对接收天线的方向性有何要求？

本章小结

1. 所谓天线，就是用来辐射和接收无线电波的装置。要使天线在通信中正常工作，天线应具有空间方向性，具有匹配、极化功能以及足够宽的频带。根据不同的角度，天线可分为不同的种类。

2. 研究天线的理论基础是电磁辐射原理，在均匀、线性、各向同性的介质中时变场的磁矢位 $\boldsymbol{A}$ 和电标位 φ 满足的微分方程分别为

$$\nabla^2 \boldsymbol{A} - \varepsilon\mu \frac{\partial^2 \boldsymbol{A}}{\partial t^2} = -\mu \boldsymbol{J}, \quad \nabla^2 \varphi - \varepsilon\mu \frac{\partial^2 \varphi}{\partial t^2} = -\frac{\rho}{\varepsilon}$$

在无界、均匀、线性、各向同性的介质空间中电标位方程和磁矢位方程的解分别为

$$\varphi(\boldsymbol{r},t) = \frac{1}{4\pi\varepsilon}\iiint_V \frac{\rho\left(\boldsymbol{r}',t-\dfrac{R}{v}\right)}{|\boldsymbol{r}-\boldsymbol{r}'|}\mathrm{d}V', \quad \boldsymbol{A}(\boldsymbol{r},t) = \frac{\mu}{4\pi}\iiint_V \frac{\boldsymbol{J}\left(\boldsymbol{r}',t-\dfrac{R}{v}\right)}{|\boldsymbol{r}-\boldsymbol{r}'|}\mathrm{d}V'$$

由电标位方程和磁矢位方程的解可知，场点 r 处在 t 时刻的位函数并不取决于 t 时刻的场源，而取决于前面 $t-R/v$ 时刻的场源。

3. 解电基本振子的辐射场的基本方法是首先计算电流元的矢量位，然后再计算空间中时变场的 $\boldsymbol{B}$ 和 $\boldsymbol{E}$。

电基本振子的场分为近区场和远区场。近区场和静态场类似；远区场表示为

$$\begin{cases} E_\theta \approx \mathrm{j}\dfrac{k^2 Il}{4\pi\omega\varepsilon_0 r}\sin\theta \cdot \mathrm{e}^{-\mathrm{j}kr} = \mathrm{j}\dfrac{Il}{2\lambda r}\eta_0 \sin\theta \cdot \mathrm{e}^{-\mathrm{j}kr} \\ H_\varphi \approx \mathrm{j}\dfrac{kIl}{4\pi r}\sin\theta \cdot \mathrm{e}^{-\mathrm{j}kr} = \mathrm{j}\dfrac{Il}{2\lambda r}\sin\theta \cdot \mathrm{e}^{-\mathrm{j}kr} = \dfrac{E_\theta}{\eta_0} \end{cases}$$

远区辐射场的功率流密度大小为 $S = \dfrac{|E_\theta|^2}{240\pi}$，辐射功率 $P_r = 40\pi^2 r^2 \left(\dfrac{l}{\lambda}\right)^2$，辐射电阻 $R_r = 80\pi^2 \left(\dfrac{l}{\lambda}\right)^2$。

磁基本振子是一个半径为 b 的细小圆环，且圆环的周长满足 $2\pi b \ll \lambda$，其辐射场的近场区和静态场类似，远场区的辐射场为

$$\begin{cases} E_{\varphi} = \dfrac{\omega\mu_0 p_m}{2r\lambda}\sin\theta \cdot \mathrm{e}^{-\mathrm{j}kr} \\ H_{\theta} = -\dfrac{1}{\eta}\mathrm{j}\dfrac{\omega\mu_0 p_m}{2r\pi}\sin\theta \cdot \mathrm{e}^{-\mathrm{j}kr} \end{cases}$$

4. 天线特性参量包括天线效率、方向图、主瓣宽度、旁瓣电平、方向系数、极化特性、频带宽度、输入阻抗和有效长度等。其中天线辐射的方向性、从天线输入端看进去的输入阻抗以及带宽是最主要的参数之一，天线的方向性可以由方向性函数 $F(\theta,\varphi)$、方向图、方向性系数 D 和增益表示，$D = \dfrac{4\pi}{\int_0^{2\pi}\int_0^{\pi} |F(\theta,\varphi)|^2 \sin\theta \mathrm{d}\theta \mathrm{d}\varphi}$，$F(\theta,\varphi)$ 为归一化方向性函数。辐射功率与归一化方向性函数的关系 $D = \dfrac{r^2 |E_{\max}|^2}{60P_{\mathrm{r}}}$。

天线的输入阻抗就是发射机末级的负载阻抗，定义为天线输入电压与电流的比值，表示为 $Z_{\mathrm{in}} = \dfrac{U_{\mathrm{in}}}{I_{\mathrm{in}}} = R_{\mathrm{in}} + \mathrm{j}X_{\mathrm{in}}$。

增益系数是综合衡量天线效率和方向特性的参数，它们的关系是 $G = D \cdot \eta_{\mathrm{A}}$。

5. 电磁场互易性原理是关于两组源相互作用的定理。在一定的介质条件下，两组源之间具有互易关系。互易性原理可以由麦克斯韦方程进行证明。在求解电磁场问题时，互易性原理是非常有用的，可以用来更方便地建立数学模型，检验结果。利用互易性原理可以证明，一个天线作为接收和发射时的方向性是相同的。

6）接收天线的特性包括天线的有效接收面积、方向性、阻抗、工作频带等，天线的接收方向性是指接收不同方向来波的性能，同样的天线用作接收和发射的方向性是相同的。

天线的有效接收面积可以由天线的方向性系数给出，即 $A_{\mathrm{e}} = \dfrac{D\lambda^2}{4\pi}$。根据天线在某方向的有效接收面积，可以计算天线在该方向上的匹配接收功率，即 $P_{\mathrm{Lmax}} = S_{\mathrm{av}}A_{\mathrm{e}}$，

若发射天线与接收天线主向对准，则最大接收功率为 $P_{\mathrm{Lmax}} = \left(\dfrac{\lambda}{4\pi r}\right)^2 G_1 G_2 P_{\mathrm{in}}$，$P_{\mathrm{in}}$ 为发射天线的输入功率。

习　题

8-1　简述天线的功能。它有哪些电参量？

8-2　天线的主向、主瓣、栅瓣和副瓣都是什么含义？

8-3　天线的辐射电阻是个什么样的概念？天线辐射电阻的大小说明什么？

8-4　天线的方向性系数是怎样定义的？方向性系数值的大小说明了什么？

8-5　举例说明不同目的的通信对天线方向性图的基本要求。

8-6　从接收角度讲，对天线的方向性有哪些要求？

8-7　一发射天线输入功率 100W，天线增益为 2dB，求距天线 15km 远处天线主向方向的辐射电场。

8-8　有一长度为 $\mathrm{d}l$ 的电基本振子，载有振幅为 I、沿 $+y$ 方向的时谐电流，试求其方向性函数，并画出在 xOy 面、xOz 面和 yOz 面的方向性图。

第 9 章　电磁波的应用

电磁波是在特定的媒质中电场和磁场随时间不断扰动的电磁波动，这种电磁波动在整个自然界无所不在、无时不在。电磁波应用的领域涵盖了人类生活的方方面面，总体上包括两个方面：一是以电磁波作为信息载体进行电磁波的应用，如通信、导航、电视、影像、遥感等；另一是以电磁波作为能量载体进行电磁波的应用，如微波加热、食品加工、医学疗伤、电磁对抗等。在电磁波的范畴中，微波的应用是最活跃、最广泛、最成熟的部分之一。本章仅讨论微波作为信息和能量载体的应用系统，主要讨论电磁波谱、微波作为信息载体的应用系统、雷达系统并对微波通信技术作一简要的阐述。

9.1　电磁波分类及其微波特点

9.1.1　电磁波谱

从麦克斯韦的本构方程中可见，电磁波的传播是受到空间媒质影响的，电磁波的波长不同，其传播特性有很大区别。例如，对于可见光来说，水是透明的，而对于 1 THz 的电磁波，水是不透明的，并有强烈的吸收。为了能全面更好地了解电磁波，人们按照电磁波频率的高低排列将电磁波分成无线电波、红外线、可见光、紫外线、X 射线和 γ 射线等，因此电磁波的研究也分为不同的学科，如微波、红外物理学、光学、紫外物理学和射线学等。无线电波是电磁波的一部分，其频率范围是从几十赫兹(甚至更低的频率) 到 300 GHz 左右；微波处于无线电波的高频段，其频率范围从 300 MHz 到 300 GHz，对应的波长从 1 m 到 1 mm 左右。如图 9-1-1 所示给出了频率高低排列的电磁波的排列，即电磁波谱。在电磁波谱中，比 γ 射线再

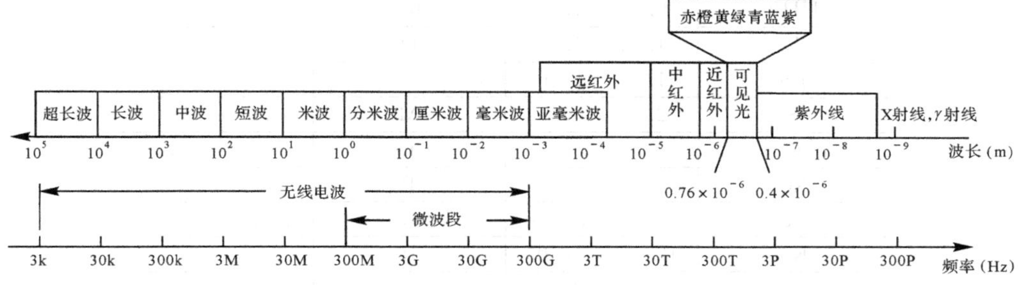

图 9-1-1　电磁波谱

高频率的波是高能物理研究的内容。

无线电波的波长范围不同，其应用领域也不相同。表 9-1-1 给出了无线电波的频段划分及其主要的应用。例如，在无线电波的低频段，标准调幅广播频段在 0.55 ～ 1.6 MHz，其波长较长，为了有效地辐射，天线的实际尺寸很大，所以调幅广播天线通常只能安装在地面上，无线电波是沿着地面传播的；对于长波来说，由于波长很长，除了高山都可以看成是平面；而对于分米和厘米波来说，即使是田野上的一棵树、水面上的一个波浪，也会对它们的传播有障碍，地面传播损耗很大。

表 9-1-1 无线电波的频段划分及其主要的应用

波段名称	波长范围	频段名称	频率范围	应用领域
极长波	$10^8 \sim 10^7$ m	极低频(ELF)	3 ～ 30Hz	地下通信、地下遥感、对潜通信等
超长波	$10^7 \sim 10^6$ m	超低频(SLF)	30 ～ 300Hz	地质探测、电离层研究、对潜通信等
特长波	$10^6 \sim 10^5$ m	特低频(ULF)	300 ～ 3000Hz	电离层结构研究、水下通信等
甚长波	$10^5 \sim 10^4$ m	甚低频(VLF)	3k ～ 30kHz	导航、声纳、时间与频率标准传递等
长波	$10^4 \sim 10^3$ m	低频(LF)	30k ～ 300kHz	无线电信标、导航等
中波	$10^3 \sim 10^2$ m	中频(MF)	300k ～ 3MHz	调幅广播、海岸警戒通信、测向等
短波	$10^2 \sim 10$m	高频(HF)	3M ～ 30MHz	电话、电报、传真、国际短波、业余无线电、民用频段、船一岸和船一空通信等
米波	10 ～ 1m	甚高频(VHF)	30M ～ 300MHz	电视、调频广播、空中交通管制、出租车移动通信、航空导航信标等
分米波	1m ～ 10cm	特高频(UHF)	300M ～ 3GHz	电视、卫星通信、移动通信、警戒雷达、飞机导航等
厘米波	10cm ～ 1cm	超高频(SHF)	3G ～ 30GHz	机载雷达、微波线路、卫星通信等
毫米波	1cm ～ 1mm	极高频(EHF)	30G ～ 300GHz	短路径通信、雷达、卫星遥感等
亚毫米波	1mm ～ 0.1mm	超极高频(SEHF)	300G ～ 3THz	短路径通信、卫星通信

9.1.2 微波的分类

微波是无线电波中波长最短的电磁波，其波长范围为 1m ～ 0.1mm，微波技术是研究这一波长范围的信息传递、处理系统的技术。根据波长的划分可以把微波划分成为分米波、厘米波、毫米波、亚毫米波，如图 9-1-1 所示。

国际上又将微波波段划分成更细的波段，其名称和频率范围如表 9-1-2 所示。

表 9-1-2 微波波段划分

波段	频率范围 /GHz	波段	频率范围 /GHz
UHF	0.30 ～ 1.12	Ka	26.50 ～ 40.00
L	1.12 ～ 1.70	Q	33.00 ～ 50.00
LS	1.70 ～ 2.60	U	40.00 ～ 60.00
S	2.60 ～ 3.95	M	50.00 ～ 75.00
C	3.95 ～ 5.85	E	60.00 ～ 90.00
XC	5.85 ～ 8.20	F	90.00 ～ 140.0
X	8.20 ～ 12.40	G	140.0 ～ 220.0
Ku	12.40 ～ 18.00	R	220.0 ～ 325.0
K	18.00 ～ 26.50		

9.1.3　微波的传输特性

与其他波段的无线电波比较，微波的传输具有以下几个特点：

（1）似光特性。当波长和物体的尺寸有相同量级时，微波的特点又与声波相近，会产生反射和绕射。随着波长的变短，当其波长远小于物体的尺寸时，微波的传输特性和几何光学的相似，其传播路径近于直线，这就是微波的似光特性。利用这个特点，在微波波段能制成高方向性的系统（如抛物面反射器）。

（2）高频特性。与其他无线电波相比较，微波的频率较高，相应的频带较宽，携带的信息容量也较大，从而使微波通信的应用较为广泛。另外随着频率的升高，物质对电磁波的作用也不同，甚至在通信中还会被雨水吸收，引起衰减。

（3）电离层穿透特性。由于大气中各种粒子对不同波长电磁辐射的吸收和反射，只有某些波段范围内的天体辐射才能到达地面，按所属范围可分为光学窗口和射电窗口。射电天文学正是通过这个波长从 1 毫米到 30 米左右大小的窗口来观测天体的无线电波，从而引发出研究天文现象的一门学科。

（4）短周期振荡特性。与无线电波的其他波段相比较，微波的振荡周期很短，低频范围内所使用的元器件对于微波已不再适用，因而必须研制适用于微波的元器件，例如微波放大器、速调管、行波管等，与传统意义上的电路放大器在原理上和结构上完全不同。目前更多的是基于半导体器件。

⑤ 微波的热效应。某些物质吸收微波后会产生热效应，由此可以利用微波作为加热和烘干的手段，其特点是加热速度快而均匀，从而在工农业、食品加工等方面得到了广泛的应用。

⑥ 微波的穿透性。微波可以深入物质内部，并与分子和原子产生相互作用，利用这一点可以探测物质的内部结构。

由于微波具有上述的传输特性，使其在通信、雷达、导航、遥感、天文、气象、工业、农业、医疗以及科学研究等方面有着广泛而特殊的应用，并已经成为无线电电子学的一门重要的分支。电磁波的应用范围很广，本章所举的例子只是给读者以感性认识，并将理论和实际进行联系。

思考题

（1）什么是电磁波谱？电磁波谱描述的电磁场的范围是怎样的？

（2）微波处在无线电波那个范围中，与其他无线电波比较，微波有什么主要传输特性？

（3）微波有那些分类？微波的应用领域有那些？

9.2　微波在无线通信技术中应用

无线通信已成为通信产业的最大组成部分之一，并且其发展的速度相当快。在 1990 年时，全世界只有 1000 万移动用户，主要使用模拟技术的第一代移动通信系统；到 2003 年大约有 7 亿用户，使用数字技术的第二代移动通信系统；到 2006 年移动用户已超过 15 亿，第三代移动通信技术已开始发展。移动通信的频率为 900 MHz 和 1800 MHz，这两个频率正好位于微波波段。

在无线通信系统中，射频前端在通信系统中担任着重要的角色。射频前端包括射频发射机和射频接收机，下面运用前面学过的知识简要介绍射频发射和射频接收。

9.2.1 射频前端发射机和接收机基本结构

在无线通信中，无论是语音和图像等信号，都是要利用电磁波进行远距离的数据传送。例如，在移动通信中，手机的信号传送就是利用微波进行的。射频前端的作用是将语音和图像等信号载波转变为微波信号，以达到远距离传输的目的。

如图 9-2-1 所示为基本的射频前端发射机结构图。

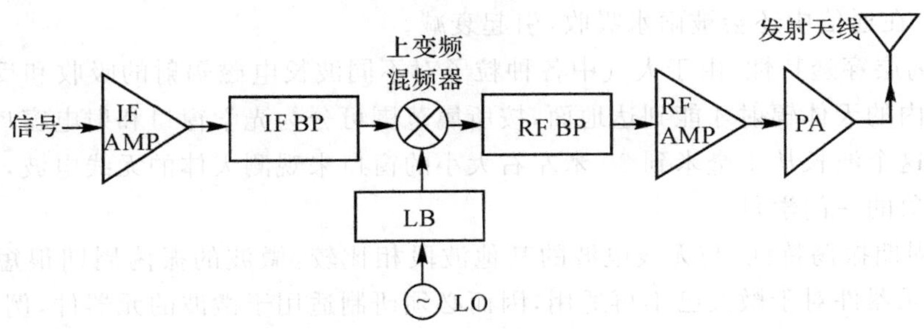

图 9-2-1 基本射频前端发射机结构图

射频前端发射机由以下几个部分组成：① 中频放大器(IF AMP)；② 中频滤波器(IF BP)；③ 上变频混频器；④ 射频滤波器(RF BP)；⑤ 射频驱动放大器(RF AMP)；⑥ 射频功率放大器(PA)；⑦ 载波振荡器(LO)；⑧ 载波滤波器(LB)；⑨ 发射天线。

其工作原理是信号通过中频放大器后，需要中频滤波器滤波，然后送到混频器上，上变频到载波频率，中频滤波器和射频滤波器的作用阻断混频前、后不需要的谐波频率，然后通过射频放大器，把混频的信号馈送到天线。

图 9-2-2 所示为射频前端接收机的基本电路结构。

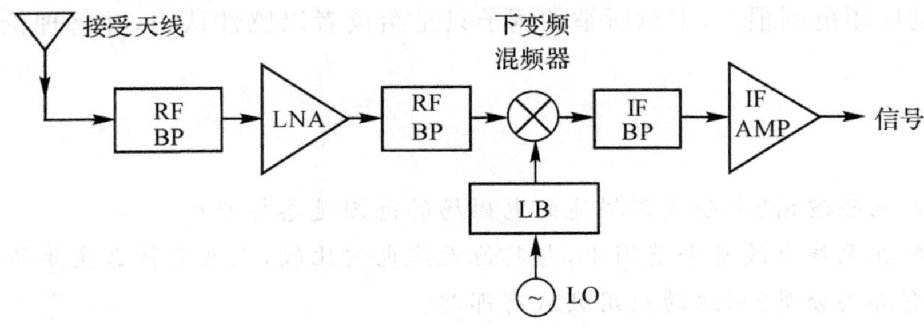

图 9-2-2 射频前端接收机结构图

射频前端接收机由下列微波元件组成：② 天线(Antenna)；② 射频接收滤波器(RF_BPF1)；③ 射频低噪声放大器(LNA)；④ 射频混频滤波器(RF_BPF2)；⑤ 下变频器(Down Mixer)；⑥ 中频带通滤波器(IF BP)；⑦ 本地振荡器(Local Oscillator)；⑧ 中频放大器(IF Amplifer)。

其工作原理是将发射端所发射的射频信号由天线接收后，经射频接收滤波器滤波后，由

LNA 进行功率放大，再通过射频混频滤波器滤波后，送入下变频器与 LO 混频，混频得到的信号由中频滤波器将所要的信号部分解调出，最后送入基带处理单元(Base-band Processing Unit，BPU)，得到所需要的信号。

由射频接收机和发送机可见，系统主要的元件是由滤波器、放大器、混频器等微波元件组成的。下面我们根据前面几章学过的知识来简要分析、介绍微波滤波器、微波放大器和微波混频器的设计原理和基本结构。

9.2.2　滤波器

微波滤波器是微波系统中应用较为广泛、非常重要的元件之一，它是微波放大器、振荡器、变频器、倍频器等电路的重要组成部分。掌握微波滤波器的原理与设计对于完成微波系统的分析、设计及应用都有重要意义。微波滤波器可看成是一个二端口网络，具有选频的功能，可以分离阻隔频率，使得信号在规定的频带内通过或被抑制。滤波器按其插入衰减的频率特征来分有四种类型：① 低通滤波器：使直流与某一上限频率 f_c(截止频率)之间的信号通过，而抑制频率在 f_c 以上的所有信号。② 高通滤波器：使下限频率 f_c 以上的所有信号通过，抑制频率在 f_c 以下的所有信号。③ 带通滤波器：使 f_1 至 f_2 频率范围内的信号通过，而抑制这个频率范围外的所有信号。④ 带阻滤波器：抑制 f_1 至 f_2 频率范围内的信号，而此频率范围外的信号可以通过。

微波滤波器的技术指标通常有以下几项。

(1) 截止频率 f_c：对于低通和高通滤波器而言，它一般指衰减加大到某一量级时的频率，如 3 dB 点，即通过滤波器的功率衰减 50% 时对应的频率，它处于通带和阻带过渡的区域，称为 3 dB 截止频率。

(2) 带宽 B_w：对于带通和带阻滤波器而言，它也指衰减加大到某一量级时的频率范围，带宽 $B_w = |f_2 - f_1|$。如 3 dB 通带带宽或 3 dB 阻带带宽为 $B_w^{3dB} = f_2^{3dB} - f_1^{3dB}$。

(3) 通带内最大衰减 δ_p：由于理想滤波器带内衰减为零不可能实现，一般可规定通带内最大的衰减不能超过 δ_p，它包括滤波器的吸收衰减及反射衰减，其数值越小性能越好。对于无耗滤波器，常用通带内最大驻波比表示。

(4) 一定带外频率 f_s 下的带外衰减 δ_s：由于理想滤波器带外衰减无穷大不可能实现，一般可以规定在某一带外频率 f_s 下，最小衰减不能小于要求值 δ_s。

(5) 波纹 α：指通带内信号的平坦程度，即通带内最大衰减与最小衰减之间的差别，一般用 dB 为单位。

(6) 形状系数：是描述滤波器频率响应曲线形状的一个参量，一般定义为

$$SF = \frac{B_w^{60dB}}{B_w^{3dB}} = \frac{f_2^{60dB} - f_1^{60dB}}{f_2^{3dB} - f_1^{3dB}}$$

除以上参数外，在实际应用中，视具体情况需要考虑其他的参量，如寄生通带、插入相移和时延频率品质因素等。

微波滤波器的种类非常多，根据其采用的传输线类型可分为波导类型、同轴线类型、带状线类型和微带线类型等，这里仅讨论微带线类型的微波滤波器。

实际的滤波器，可以采取在均匀传输线段中安置一些不连续结构的方法来构成。在分析和计算时，则可把这种滤波器等效为在一段长线上(它的特性阻抗与实际微波传输线的特性

阻抗或波型阻抗相等）并联或串联一系列的等效于集总参数的电抗性元件，即是说，用等效电路来进行分析。如图 9-2-3(a) 所示为一个微带低通滤波器的基本结构，如图 9-2-3(b) 所示为其等效电路。

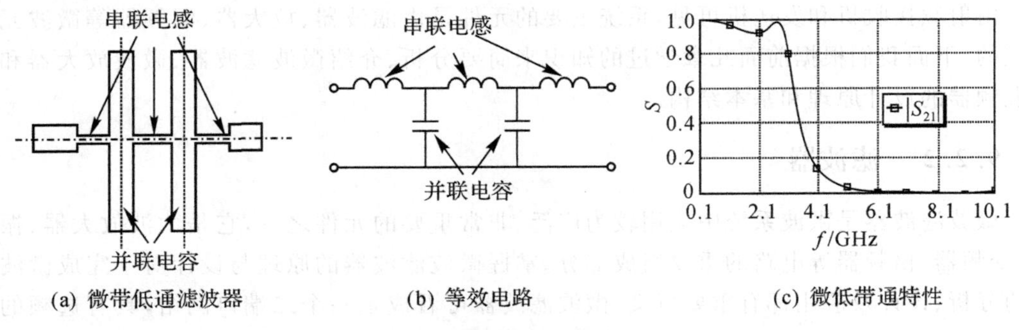

(a) 微带低通滤波器 (b) 等效电路 (c) 微低带通特性

图 9-2-3 微带低通滤波器

用微带结构实现原型电路中串联电感和并联电容的方法有 3 种：集总元件法、高低阻抗线法和开短路支线法，其原理大同小异，结果也大体相同，实际上仅是不同元件等效思路的反映。

(1) 集总元件法

集总元件法是用一块矩形金属带来实现并联电容，用一段细带线来实现串联电感。其原理在于矩形金属带与接地板之间形成一个平板电容器，而细带线本身就构成一个电感，因此它们都是集总参数，故称为集总元件。应用这种元件时，必须使元件的各向尺寸都比截止频率对应的导内波长小得多。

(2) 高低阻抗线法

可以用一段高阻抗微带线来实现串联电感，而用一段低阻抗微带线来实现并联电容。由此实现低通原型电路中的串联电感和并联电容。应用中需注意低阻抗线宽度须小于截止频率对应的导内波长的一半。

(3) 开短路支线法

这种方法是用并联于主线的终端开路支线来实现并联电容，而用细带线来实现串联电感。

截止频率较低的低通滤波器用集总元件法设计是恰当的，而截止频率较高时则适于采用开短路支线法。但不论采用何种方法，设计出的微带滤波器结构是相似的，并且都必须对微带线不连续性进行必要的修正。应用不同方法的区别仅在于电路中与原型元件等效的微带结构参数的求法和公式不同，关于这一点可参看相关参考文献。

作为实例，图 9-2-3 表示了一个电感输入的 5 节低通滤波器的微带线图，设计中采用的是开短路支线法。主要技术指标为：截止频率 $f_c = 5$ GHz；通带内最大衰减 $\delta_p = 0.1$dB；在 $f_s = 10$ GHz时带外衰减 $\delta_s = 30$dB；输入、输出微带线特性阻抗为50Ω；采用RT/Droid 5880基片材料。这里仅需了解其结构和特性，略去设计公式、设计过程、原型电路元件参数及微带结构参数，其特性如图 9-2-3(c) 所示。

微波低通滤波器可直接根据原型电路的连接关系，由微波结构实现元件的具体数值来得到，但是高通、带通、带阻滤波器却不能。设计这些滤波器一般采用频率变换的办法，将要求的滤波器的衰减特性，经过频率变换，变换为低通的衰减特性，由低通的衰减特性设计与之对应的低通原型电路，再将此低通原型电路，经频率变换，变换成实际滤波器的集总参数电路，最后用微波结构实现。但这样获得的低通原型电路实际上很难用微波结构实现。为了解决这一问题，通常把一般的 LC 梯形网络低通原型改造成只有一种电感元件或只有一种电容元件的低通原型，称为高通、带通、带阻滤波器原型电路，然后再用微波结构实现。

9.2.3　微波放大器

微波放大器在整个微波电子线路中具有十分突出的地位，是各种微波系统的核心。这里将主要讨论小信号、低噪声微波晶体管放大器。微波晶体管在小信号应用时是线性器件，可以把它看成是线性有源二端口网络，如图 9-2-4 所示。根据散射参数定义有

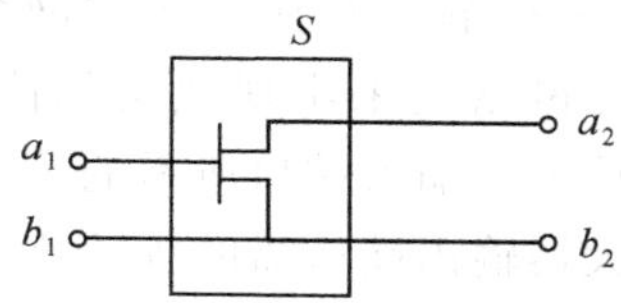

图 9-2-4　微波晶体管二端口网络参数

$$S_{11}=\left.\frac{b_1}{a_1}\right|_{a_2=0},\quad S_{12}=\left.\frac{b_1}{a_2}\right|_{a_1=0},\quad S_{21}=\left.\frac{b_2}{a_1}\right|_{a_2=0},\quad S_{22}=\left.\frac{b_2}{a_2}\right|_{a_1=0}$$

当晶体管输出口接有负载 Z_L 时，如图 9-2-5 所示。依据散射参量定义，信号源的反射系数为 $\Gamma_S=\frac{a_1}{b_1}$，负载的反射系数为 $\Gamma_L=\frac{a_2}{b_2}$，输入端口反射系数为 $\Gamma_1=S_{11}+\frac{S_{12}S_{21}\Gamma_L}{1-S_{22}\Gamma_L}$，输出端口反射系数为

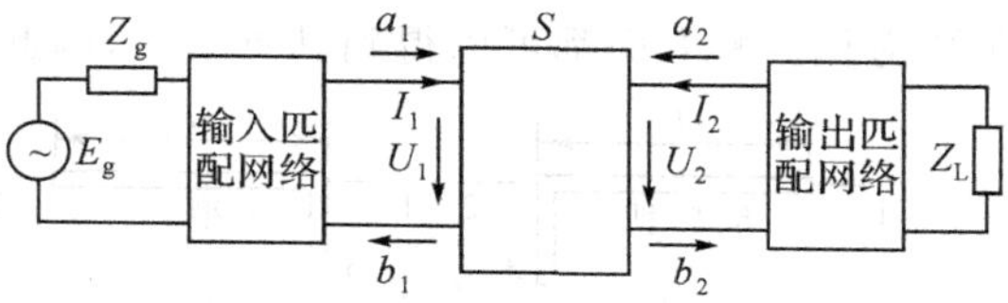

图 9-2-5　简化单极放大器网络

$$\Gamma_2=S_{22}+\frac{S_{12}S_{21}\Gamma_S}{1-S_{11}\Gamma_S}$$

放大器设计中的关键参数包括以下几个。

(1) 工作功率增益

定义工作功率增益为网络输出功率 P_{out} 和输入功率 P_{in} 之比。这里 $P_{in}=\frac{1}{2}\mathrm{Re}(I_1I_1^*Z_{in})$，$P_{out}=\frac{1}{2}\mathrm{Re}(I_2I_2^*Z_L)$，则工作功率增益为 $G_p=\frac{P_{out}}{P_{in}}$，用散射参数表示为

$$G_p=\frac{|S_{21}|(1-|\Gamma_L|^2)}{1-|S_{11}|^2+|\Gamma_L|^2(|S_{22}|^2-|S_{11}S_{22}-S_{12}S_{21}|^2)-2\mathrm{Re}\{\Gamma_L[S_{22}-S_{11}^*(S_{11}S_{22}-S_{12}S_{21})]\}}$$

(2) 转移功率增益

双端口网络的转移功率定义为网络输出功率与信号源输入的功率之比

$$G_p=\frac{|S_{21}|^2(1-|\Gamma_L|^2)(1-|\Gamma_S|^2)}{|(1-S_{11}\Gamma_S)(1-S_{22}\Gamma_L)-S_{12}S_{21}\Gamma_L\Gamma_S|^2}$$

(3) 噪声系数

放大器的噪声系数定义为

$$F=\frac{\text{输入信噪比}}{\text{输出信噪比}}=\frac{P_{si}/P_{ni}}{P_{so}/P_{no}}=\frac{P_{no}}{GP_{ni}}$$

式中：P_{si} 为信号输入功率；P_{ni} 为噪声输入功率；P_{so} 为信号输出功率；P_{no} 为噪声输出功率。

除以上参数外，在设计中还需考虑其他参数，如放大器的中心频率、带宽、输入和输出电

压驻波比、稳定性、交调失真、反馈等，这些参量也严重影响放大器的性能，关于微波晶体管的资料请参看有关文献[①]。

如图 9-2-6 所示为单端式微波晶体管放大器的原理电路。放大器件可为微波双极晶体管或微波场效应晶体管。在选定晶体管后，就要进行输入和输出匹配网络的设计。输入匹配网络用来实现把实际信号源阻抗变换为放大器输入端口所需的等效信号源阻抗，输出匹配网络用来实现把实际负载阻抗变换为放大器输出端所需的等效负载阻抗。

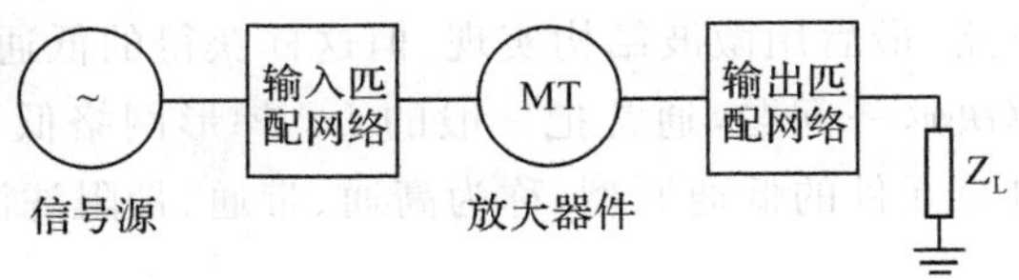

图 9-2-6　单端式微波晶体管放大器原理图

根据微波晶体管放大器的用途及对它提出的要求，小信号微波晶体管放大器可以实现两种类型的功能：一是实现最大功率增益；二是实现最小噪声系数。

根据微波晶体管放大器应用频段和要处理的信号电平的不同，匹配网络可以是集总参数的或分布参数的，而分布参数网络可以是同轴型、带线型、微带型等结构。由于微波晶体管尺寸小、阻抗低，用于波导的高阻抗场合，匹配很难解决。若把晶体管和微带电路结合起来，则在结构和匹配方面都可以得到满意结果，因此微波晶体管放大器在许多情况下都是采用

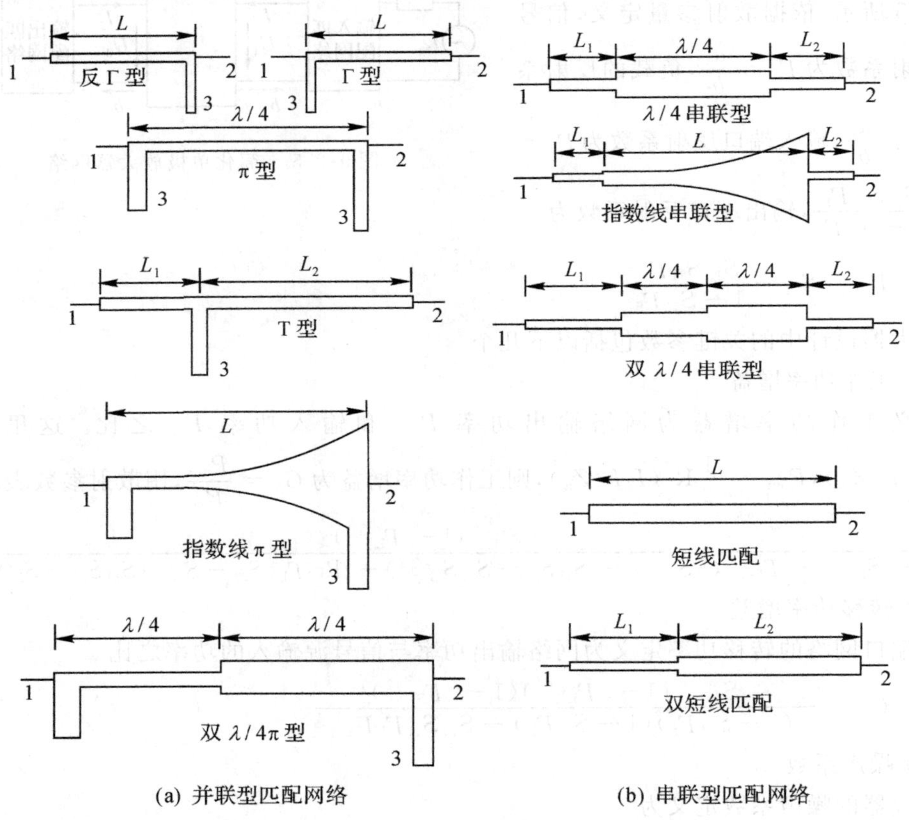

图 9-2-7　微带线匹配网络基本结构形式

① 薛正辉等．微波固体电路．北京：北京理工大学出版社，47～135。

微带电路结构，这种结构也是目前采用最广泛的。不论是输入匹配网络，还是输出匹配网络，按其电路结构型式可分为三种基本结构形式，即并联型网络、串联型网络和串—并联（或并—串联）型匹配网络。基本的并联型和串联型微带匹配网络的结构形式如图 9-2-7 所示。图中端口 1 和端口 2 分别为微带匹配网络的输入端口和输出端口。

对于并联型匹配网络而言，并联支节的终端 3，根据电纳补偿（或谐振）的要求和结构上的方便，可以是开路端口，也可以是短路端口；并联支节微带线的长度按电纳补偿（或谐振）的要求来决定；主线 L、L_1 和 L_2 的长度根据匹配网络两端，要求匹配的两导纳的电导匹配条件决定。

对于串联型匹配网络，四分之一波长阻抗变换器及指数线阻抗变换器只能将两个纯电阻加以匹配，所以在串联型匹配网络中需用相移线段 L_1 和 L_2 将端口的复数阻抗变换为纯电阻。

图 9-2-8 所示是一级共发射极微带型微波晶体管放大器的典型结构形式。其输入匹配网络采用了 Γ 型并联匹配网络，输出匹配网络采用反 Γ 型并联匹配网络，基极和集电极采用并联馈电方法供给直流电压，直流偏置电路采用了典型的四分之一波长高—低阻抗线引入，在理想情况下，偏置电路对微波电路的匹配不产生影响。图中 C_0 是微带隔直流电容。

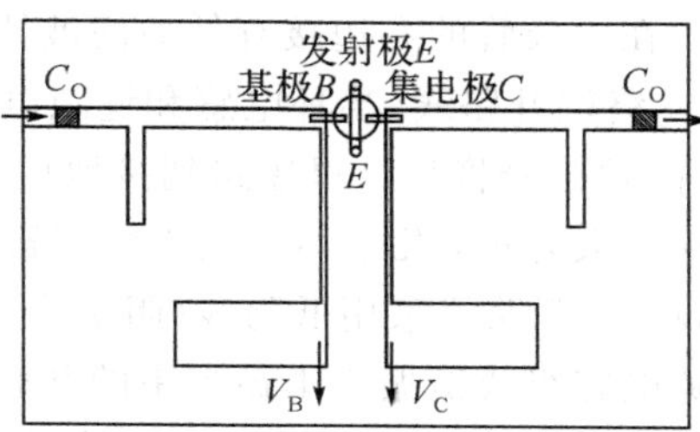

图 9-2-8　单级微带型放大器结构

9.2.4　混频器

微波混频器的作用是将信号与载波进行和频和差频，以便以微波的频率进行发送。如图 9-2-9 所示为单端混频的基本电路结构。

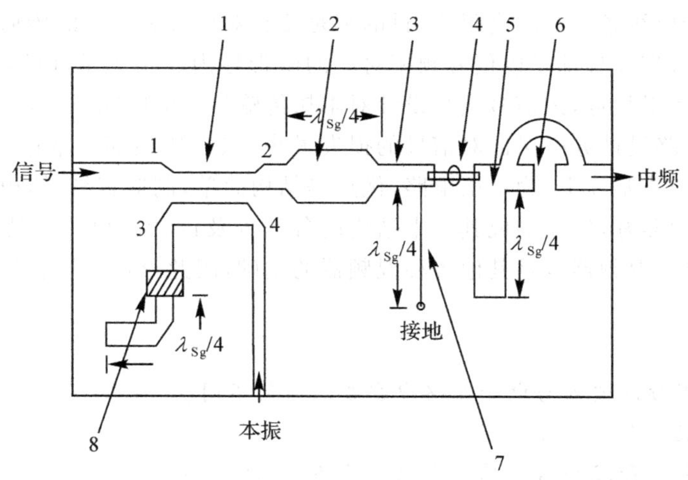

图 9-2-9　微波单端混频器的微带电路结构

1. 定向耦合器；2. 阻抗变换器；3. 相移线段；4. 混频二极管；5. 高频旁路；6. 半环电感及缝隙电容；7. 中频及直流通路；8. 匹配负载

单端混频器是最简单的混频器。这种混频器是由微带线定向耦合器、四分之一波长阻抗匹配电路、阻性混频二极管(通常采用梁式引线肖特基势垒二极管)、中频和直流通路及高频旁路等部分组成。信号从左边送入,经定向耦合器和阻抗变换器加到混频二极管上,本振功率从定向耦合器的另一端口输入到混频二极管上。

定向耦合器除保证信号和本振功率有效地加在二极管上之外,还可以保证信号口和本振口之间有适当的隔离度。其耦合度不宜取得过大和过小,耦合过松,使完成正常混频要求的本振功率过大;耦合过紧,由于定向耦合器 3 端口接有匹配负载,又使信号功率传到定向耦合器 3 端口被负载吸收过多,信号功率损耗加大。一般取耦合度为 10 dB。

在定向耦合器与混频二极管之间接有 $\lambda_{sg}/4$(λ_{sg} 为信号频率对应的微带导内波长) 阻抗变换器及相移线段。相移线段的作用是抵消二极管输入阻抗中的电抗成分,再经过 $\lambda_{sg}/4$ 阻抗变换器完成定向耦合器 2 端口与混频二极管之间的阻抗匹配,使信号和本振最有效地加到二极管上。

在二极管的右边接有低通滤波器,它的作用是滤除信号和本振及它们各次谐波等,它由 $\lambda_{sg}/4$ 终端开路线、半环电感和缝隙电容组成。$\lambda_{sg}/4$ 终端开路线对高频信号呈现短路输入阻抗,高频信号将从这里短路到接地板上而不会从中频端口输出,但这一开路线对中频信号则呈现较大容抗,几乎不影响中频传输。为了对偏离中心频率 f_s 的其他高频信号也提供低阻抗,$\lambda_{sg}/4$ 开路线采用低阻线(阻抗为 $5 \sim 10\Omega$),即微带线很宽。中频引出线上的半环电感和缝隙电容组成谐振于本振频率的并联谐振回路,以进一步加强对本振的抑制,不让它进入中频回路,但这一并联谐振回路对中频则近似短路,中频可以顺利通过。

为了能构成中频电流流动的通路,在二极管输入端还接有中频通路。为了减小本振功率,改善混频器的噪声性能,可以给二极管适当加一个较小的正向偏压,但从简化电路出发,往往工作于零偏,这时仍要保证给混频电流中的直流成分提供通路。图 9-2-9 中直流通路还兼作中频接地线。它是长度为 $\lambda_{sg}/4$ 奇数倍的终端短路微带线,对主传输通道提供近似开路阻抗,同时它设计成线条很窄的高阻线,目的都是使它对信号和本振的传输没有影响。

电路中设计微带线长都是以信号频率对应的微带导内波长为基准的,这一方面是由于信号和本振频率靠得很近,按信号波长设计对本振传输带来的影响不大,另一方面是由于信号功率比较弱,电路设计务必保证对信号的损失最小,只能牺牲部分本振功率。整个电路以微带形式光刻在介质基片上,为平面电路。优点是结构简单,制造容易,体积小,质量轻。尽管性能没有其他混频器好,然而构成其基本结构的各部分及设计思想对于其他混频器都具有参考意义,这种单端混频器也是其他各种混频器的基础,因此分析介绍它是必需的。

思考题

(1) 请比较射频滤波器与电子线路中滤波器有何不同。

(2) 请阐述混频器的意义。

(3) 射频放大器和混频器是属于有源器件还是无源器件?

9.3 微波通信技术

微波通信与其他无线电波的通信最大的区别在于,微波能够穿透电离层而进入宇宙空间,微波技术在地面微波接力通信和卫星通信具有很重要的应用。无线移动电话主要是通过地面接力通信实现的，而 GPS 定位系统主要是由卫星通信实现的，下面简要地讨论地面微波接力通信和卫星通信。

9.3.1　地面微波接力通信

微波接力通信也称微波中继通信。对于微波频段的电磁波来说，它在空间传播时是沿直线传播的。而地球是一个球体，地球的曲率半径使微波在地面上的直线传播距离仅限于数十公里的范围。为了增大通信距离，采用相隔 50 公里左右设一微波中继站，将受衰减了的信号放大，再一站一站地传送下去，从而实现远距离通信。如图 9-3-1 所示为一条微波中继线路，它包括位于终端的两个终端站、位于中间的若干个中继站，每个中继站均包括有接收设备和发射设备。

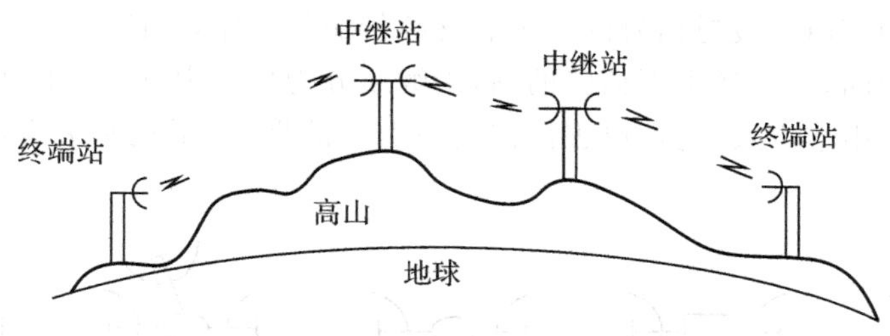

图 9-3-1　微波中继通信示意图

按传输信号的形式，微波中继通信可分为模拟中继通信和数字微波中继通信。按中继方式分可分为基带转换、中频转换和微波转接三种。所谓基带转换是在中继站，首先将接收到载频为 f_1 的微波信号经混频变成中频信号，然后经中放送到解调器，解调后还原出基带信号，然后又对发射机的载波信号进行调制，并经微波功率放大后，以载频为 f_1' 发射出去。所谓中频转换，是指中继站接收到的载频为 f_1 的微波信号经混频变为中频信号，然后经中放后直接变频到载频为 f_1' 的微波信号，最后经微波功率放大后发射出去，虽然它没有上下话路分离与信码再生的功能，只起到了增加通信距离作用，这样的中继方式，设备相对简单。所谓微波转接，是在中继站对接收到的微波信号放大、变频后再经微波功率放大后直接发射出去，这种转换方式的设备则更为简单。

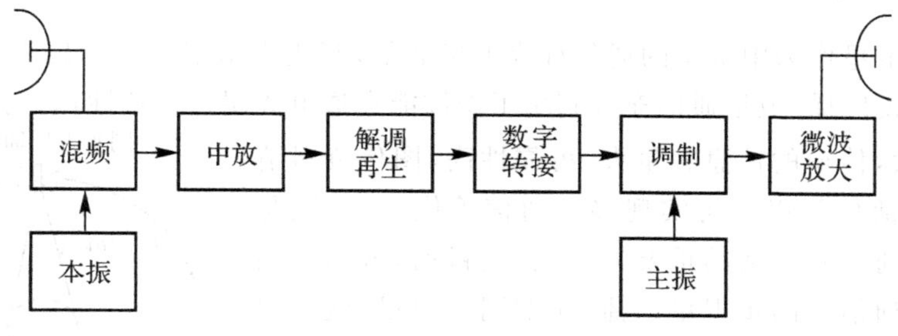

图 9-3-2　基带转接的原理框图

图 9-3-2 为中继通信示意图，在接收设备中，将接收到的信号变为中频信号（例如 70MHz 或 140MHz）进行放大，再送到发信设备将其变换到另一载波频率并放大到预定的电平，最后由天线往下个中继站或终端站发射，为避免收发间的互相干扰，接收和发射一般

采用不同的频率。

数字微波中继通信具有传输容量大、长途传输质量稳定、投资少、建设周期短、维护方便等特点，因此受到各国普遍的重视。

目前，新一代数字传输网采用同步数字体系，简称 SDH，它不仅用于光纤通信系统中，而且还使用于微波通信。SDH 数字微波中继通信系统一般由终端站、枢纽站、分路站以及若干个中继站组成，如图 9-3-3 所示。终端站处于线路传输两端或分支线路终端或分支线路终端站，它可以上下传送支路信号，其中配备 SDH 数字微波传输设备和复用设备；分路站处于线路的中间，除了在本站上、下波道的部分支路外，还可以在干线上进行两个方向信息的沟通，分路站还完成部分波道的信号再生，一般在分路站上配备 SDH 数字微波传输设备和 SDH 分插复用设备；枢纽站一般处于干线上，需完成数个方向上的通信任务，它要完成某些波道的转接、复接和分接，波道信号的再生后继续传输等工作，因此这一类站的设备最多；中继站是处于线路中间，不传送上下话路的站，中继站分为再生中继和非再生中继，在 SDH 系统中一般采用再生中继方式，它可以去掉传输中引入的噪声、干扰和失真，这也体现了数字通信的优越性。

图 9-3-3　SDH 数字微波中继通信系统框图

微波中继通信的特点是：① 通带宽，可传送多路电话、电视和数据通信。例如 4.6 GHz 频段，可以双向传输的话路数可达一万至几万条。② 传输质量好，工作稳定，比短波通信保密性好，既可用于长距离干线通信，也可用于省内短距离通信；③ 和有线通信相比，有较大的机动灵活性，能较快地建立通信联络；④ 与电缆通信相比，具有建设速度快、投资较省、节约大量有色金属等优点。

9.3.2　卫星通信

利用人造卫星作为中继站的通信称为卫星通信，利用人造卫星作为转发站的电视广播则称为卫星电视广播。卫星通信充分利用了微波能穿透电离层这一特性，它们具有通信距离远，服务区域大，传输的信息容量大、可靠性高，图像资料清晰、质量好，灵活性强以及可实现多址通信等优点。它既是国际又是国内通信和广播的重要方式之一。目前，普遍采用的是同步卫星通信和同步卫星广播。所谓同步卫星，就是卫星绕地球运转一周的时间与地球自转一周的时间是相同的（每转一周为 23 小时 56 分 4 秒），即两者的角速度是相同的。因此，从地球上任何一点看卫星都是静止不动的，故称之为同步卫星。它在地球赤道上空 35786km 处，如图 9-3-4 所示，只要三颗同步卫星在地球赤道上空等间隔地向地球发射宽

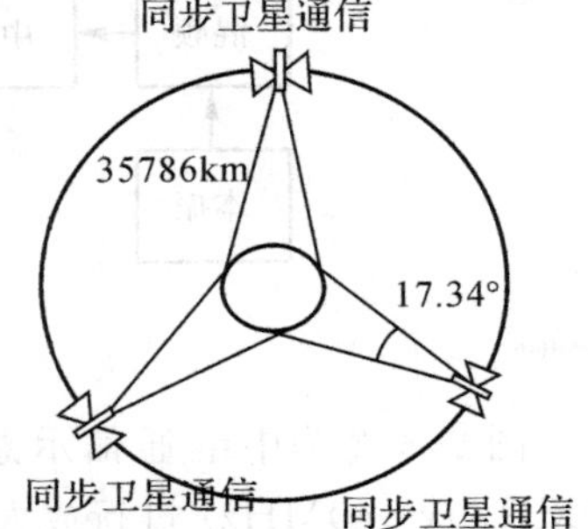

图 9-3-4　同步卫星实现全球通信

度为 17°～18°的波束，即可覆盖整个地球，从而实现全球通信和广播。

1. 卫星通信线路的组成

两个地球站通过通信卫星进行通信的卫星通信线路的组成如图 9-3-5 所示，是由发端地球站、上下行无线传输路径和收端地球站组成的。

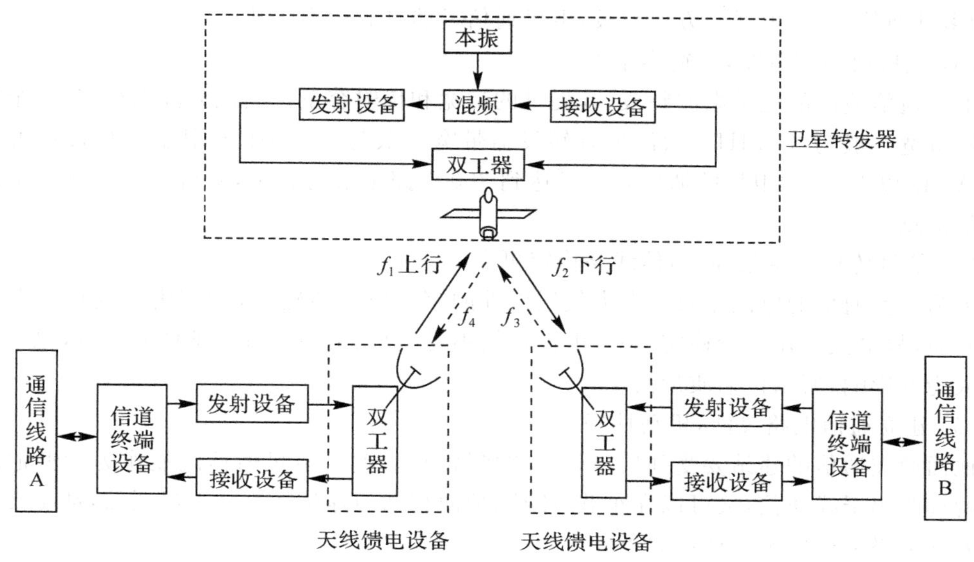

图 9-3-5　卫星通信线路组成

卫星通信的基本工作原理：由 A 端通信线路送来的电话信号，在发端的终端设备中进行多路复用，成为多路电话的基带信号，在发端设备的调制器中对中频载波（例如 70 MHz）进行调制，然后在发信设备的发信机中进行上变频，把 70 MHz 的已调波变换为微波频率的已调波（f_1），再经射频功率放大器，双工器与地球站的天线发向卫星。信号经过大气层与宇宙空间，会受到衰减和一定的噪声干扰，最终到达了卫星转发器。在卫星转发器的接收机中，首先将微波频率为 f_1 的上行信号进行低噪声放大，并变换成为另一个微波频率 f_2（一般下行微波射频比上行射频低）的已调波，再经卫星的发信机功率放大，并经双工器由卫星天线经宇宙空间和大气层回到发端地球站。

同样，收端地球站将收到的微弱信号用大口径的高增益天线和低噪声接收器进行射频放大，再将频率为 f_2 的已调波在收端接收设备中变为中频已调波，并在接收设备的解调器中解调，恢复成基带信号。最后利用信道终端设备进行分路，再经 B 端通信线路，送给收端用户。这就是卫星通信的单向通信过程。

由图 9-3-5 中 B 端地球站向 A 端传送信号时，与上述过程相同。不同的是 B 端的上行微波频率为 f_3，下行微波频率为 f_4，其目的是为了避免上、下行信号间的相互干扰。

2. 卫星线路的特点

卫星通信的优点有以下几个方面：

(1) 通信距离远，且资费与通信距离无关

由于利用了同步轨道卫星通信，地面上两点最大的通信距离可达到 18000 km 左右，其建设费用和运行费用不会因通信两点之间的距离和地貌而变化。就这点而论，卫星通信比地

面微波通信、电缆、光纤通信有明显优势。

(2) 覆盖面积大,可进行多址通信

由于通信的卫星在静止轨道上,三颗卫星可覆盖全球,因此在一颗卫星大面积覆盖的范围内,任何地方都可以设置地球站。这些地球站可公用一颗通信卫星来实现双方和多方通信,即多址通信。与其他通信方式比较,卫星通信显然具有很大优势。

(3) 卫星通信频带宽,传输容量大

卫星通信使用的也是微波频段,其提供的带宽和传输容量比其他频段大得多。一个中频转发器带宽一般为 36 MHz,微波射频转发器带宽一般为 500 MHz,卫星的总带宽可达到 3000 MHz 以上,一颗卫星的通信容量可达到 30000 路电话的容量,并可传输高分辨率照片和其他信息。

(4) 信号传输质量很高,通信线路稳定可靠

因为卫星通信的电波主要是在大气层以外的宇宙空间传输,这种宇宙空间可以看成是均匀介质,故电波传输比较稳定。而且电波传播不受地形、地貌等自然条件的影响,也不受自然或人为的影响,所以传输质量高。

(5) 建立通信电路灵活,机动性好

地面微波通信的建站要受到地势条件的严格限制。而且卫星通信既能作为大型地球站之间的远距离干线通信,又可以在车载、船载、地面移动地球站间进行卫星通信,甚至还可以为个人移动终端提供个人通信业务。

卫星通信的缺点有以下几个方面:

(1) 卫星的发射和控制技术比较复杂,难度较大,费用较高;

(2) 地球两极为通信盲区,而且地球的高纬线地区通信效果不好;

(3) 存在星蚀和日凌中断现象;

(4) 有较大的信号传输延时和回波干扰。

9.3.3 微波通信的无线信道特性和影响因子

1. 微波在自由空间信道的传播特性

假设接收和发射天线置于自由空间中,且发射天线和接收天线的增益分别为 G_1 和 G_2,发射天线的输入功率为 P_{in},并假设馈线与天线有良好的匹配,且与天线的最大辐射方向相对,极化最佳匹配,根据弗里斯(Friis) 传输公式,在距离发射天线 r 处接受天线所接收到的功率为

$$P_r = \left(\frac{\lambda}{4\pi r}\right)^2 G_1 G_2 P_{in} \tag{9-3-1}$$

将输入功率与接受到的功率之比定义为自由空间信道的基本传输损耗,则

$$L_{bf} = \frac{P_{in}}{P_r} = \left(\frac{4\pi r}{\lambda}\right)^2 \cdot \frac{1}{G_1 G_2} \tag{9-3-2}$$

将上式取对数可得

$$\zeta_{bf} = 10\lg(L_{bf}) = 10\lg\left(\frac{P_{in}}{P_r}\right) = 32.44 + 20\lg f + 20\lg r - 10\lg G_1 - 10\lg G_2 \tag{9-3-3}$$

式中:f 是用 MHz 表示的工作频率;r 是用 km 表示的发射天线和接收天线间的距离。

由上式可见,若不考虑天线因素,则自由空间信道的传输损耗与传输的距离有关,传播

距离越大，损耗越大；另外损耗还与电磁波的工作频率成正比，频率越大，传输线损耗越大。

2. 微波通信信道的影响因子

(1) 信道损耗

电波在实际的信道中传播时除了传输损耗外，还有能量的损耗。这种能量损耗可能是由于大气随电波的吸收或散射引起的，也可能是电波绕射引起的。在传播距离、工作频率、发射天线、输入功率和接收天线都相同的情况下，设接收点的实际场强为 E、功率为 P_r'，而自由空间的场强为 E_0、功率为 P_r，定义信道的衰减因子 A 如下：

$$A = 20\lg\left(\frac{E}{E_0}\right) = 10\lg\left(\frac{P_r'}{P_r}\right)(\text{dB})$$

因此，信道损耗为

$$\zeta_b = 10\lg\left(\frac{P_{in}}{P_r'}\right) = 10\lg\left(\frac{P_{in}}{P_r}\right) - 10\lg\left(\frac{P_r'}{P_r}\right) = \zeta_{bf} - A$$

若不考虑天线的影响，即令 $G_1 = G_2 = 1$，则实际的信道损耗为

$$\zeta_b = 32.44 + 20\lg f + 20\lg r - A(\text{dB})$$

式中：前三项为自由空间损耗 ζ_{bf}；A 为实际信道的损耗。不同的传播方式、传播媒质，信道的传输损耗是不同的。

(2) 电波衰落

电磁波在传播过程中，由于传播媒介及传播途径随时间的变化而引起的接收信号强弱变化的现象称为衰落。譬如在收话时，声音一会儿强，一会儿弱，这就是衰落现象。衰落按其变化速率可分为快、慢两类衰落。快衰落是由多径效应引起的，其变化速率一般在零点几秒到几十秒之间；慢衰落仅与气象条件有关(如温度、压力、湿度等)，也就是与昼夜、季节有密切的关系，它是衰落式的，且一般指的是一小时以上的变化规律。衰落还可以按其内在规律加以分类，可分为平坦衰落和选择性衰落两大类型。衰落对通信质量有极大的影响，在设计通信电路时，要考虑这一因素。

根据引起衰落的原因分类，衰落又可分为吸收型衰落和干涉型衰落。吸收型衰落主要是由于传输信道电参数的变化，使得信号在信道中的衰减发生相应的变化而引起的，如大气中的氧、水气以及由后者凝聚而成的云、雾、雨雪等对电波有吸收作用。干涉型衰落主要是由随机多径干涉现象引起的，在某些传输方式中，由于收、发两点存在若干条传播路径，典型的如短波电离层反射信道、不均匀媒质散射信道等，且在这些传播方式中，传播媒质具有随机性，因此使得达到接收点的多个路径信号的时延随机变化，致使合成信号幅度和相位都发生随机起伏。这种起伏的周期很短，信号电平变化很快，故称为快衰落(fast fading)。

(3) 信道传输失真与容许宽度

无线电波通过信道除产生传输损耗外，还会产生失真，包括振幅失真和相位失真。产生的原因有两个：1) 信道的色散效应；2) 随机多径传输效应。色散效应是由于不同频率的无线电波在信道中的传播速度有差别而引起的信号失真。载有信号的无线电波都占有一定的频带，当电波通过信道传播到达接收点时，由于各频率成分传播速度不同，因而不能保持原来信号中的相位关系，引起波形失真。至于色散相应引起信号畸变的程度，则要结合具体情况而定；多径传输也会引起信号畸变，这是因为无线电波传播时通过两个以上不同长度的路径达到接收点。接收天线检测到的信号是几个不同路径传来的电场强度之和。不同的传播路

径,它们的相位差也不相同,由此会引起合成场强的彼此相消或增强,显然若信号带宽过大,这种现象会引起较明显失真。所以,一般情况下,信号带宽不能超过最大的传输路径延时与最小的传输延时的差值 τ 的倒数,这里称 $1/\tau$ 为容许带宽,即

$$\Delta f = \frac{1}{\tau}$$

(4) 电波传播方向的变化对信道的影响

在实际研究中,电波传播方向的变化对信道的影响也是研究的一个重要内容。当电波在无限大均匀、线性信道内传播时,射线是直线传播的。然而电波传播实际所经历的空间场是复杂多样的;不同媒质分界处将使电波折射、反射;媒质中的不均匀体,如对流层中的湍流团将使电波产生散射;球形地面和障碍将使电波产生绕射;特别是某些传输信道的时变性,使射线轨迹随机变化,从而,达到接收天线处的射线入射角随机起伏,使接收信号产生严重的衰落。

思考题

(1) 微波通信有那几种方式?

(2) 地面微波接力通信会受到那些因素的影响?

(3) 卫星通信的基本组成是怎样的?卫星通信的优点有那些?

9.4 雷达系统

雷达(Radar,即 Radio Detecting and Ranging),意为无线电搜索和测距。雷达是微波的最早应用之一。它是运用各种无线电定位方法,探测、识别各种目标,测定目标坐标和其他情报的装置。雷达是 20 世纪人类在电子工程领域的一项重大发明,雷达的出现为人类在许多领域引入了现代科技的手段。1935 年 2 月 25 日,英国人为了防御敌机对本土的攻击,开始了第一次实用雷达实验。当时使用的媒体是由 BBC 广播站发射的 50 m 波长的常规无线电波,在一个事先装有接收设备的货车里,科研人员在显示器上看到了由飞机反射回来的无线电信号的回波,于是雷达产生了。在第二次世界大战中,微波研究的焦点集中在雷达上,并带动了微波元器件、高功率微波管、微波电路和微波测量技术的研究和发展。

9.4.1 雷达的组成

利用雷达波来侦测移动物体速度的原理,其理论基础皆源自于多普勒效应(Doppler),此原理源于 19 世纪一位奥地利物理学家所发现的物理现象,后来世人为了纪念他的贡献,就以他的名字为该原理命名。雷达的工作机理是电磁波在传播过程中遇到物体会产生反射,当电磁波垂直入射到接近理想的金属表面时所产生的反射最强烈,于是可根据物体上反射回来的回波获得被测物体的有关信息。因此,雷达必须具有产生和发射电磁波的装置(即发射机和天线),以及接收物体反射波(简称回波)并对其进行检测、显示的装置(即天线、接收机和显示设备)。由于无论发射与接收电磁波都需要天线,根据天线收发互易原理,一般收发共用一部天线,这样就需要使用收发开关实现收发天线的共用。另外,天线系统一般需要旋转扫描,故还需天线控制系统。雷达由天线系统、发射装置、接收装置、防干扰设备、显示器、

信号处理器、电源等组成。其中,天线是雷达实现大空域、多功能、多目标的技术关键之一,信号处理器是雷达具有多功能能力的核心组件之一,雷达系统的基本组成框图如图 9-4-1 所示。

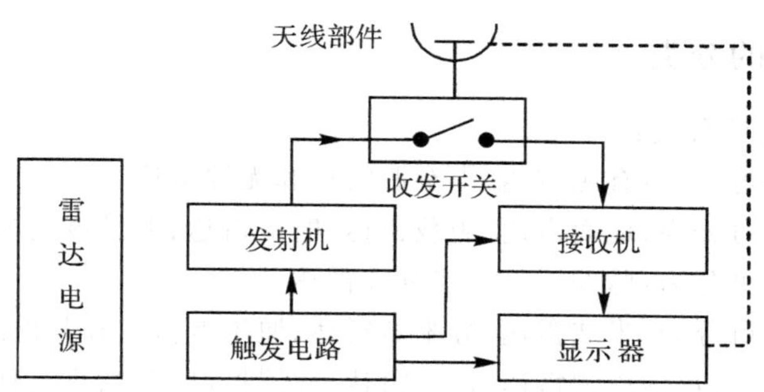

图 9-4-1　一般雷达基本组成框图

其各部分作用:

(1) 触发电路(trigger) 又称定时电路,或定时器。T 为脉冲周期。每隔一定时间(T) 产生一触发脉冲(定时脉冲),它是雷达整机的定时系统。

(2) 发射机(transmitter) 在触发脉冲作用下,产生一定宽度(τ)、一定幅度、足够功率的发射脉冲(射频脉冲)。

(3) 天线部件(scanner,antena,aerial) 实现收发信号,把天线角位置和目标信号送往显示器。其特点为收发公用、高度定向性。

(4) 接收机(receiver) 把微弱的信号进行变频、放大,检波成视频信号,送往显示器。

⑤ 收发开关(T-R switch, T-R cell) 收发转换,可以通过微波环行器来实现。

⑥ 显示器(display,indicator) 把接收机送来的视频脉冲进行放大、处理、显示,产生扫描及各种标志信号,完成对目标的测量。

⑦ 电源(power supply) 按一定的功率和频率要求提供各分机用电。

传统的雷达主要用于探测目标的距离、方位、速度等尺度信息,随着计算机技术、信号处理技术、电子技术、通信技术等相关技术的发展,现代雷达系统还能识别目标的类型、姿态、实时显示航迹甚至实时图像显示。所以,现代雷达系统一般由天馈子系统、射发子系统、信号处理子系统、控制子系统、显示子系统及中央处理子系统等组成,其原理框图如图 9-4-2 所示。

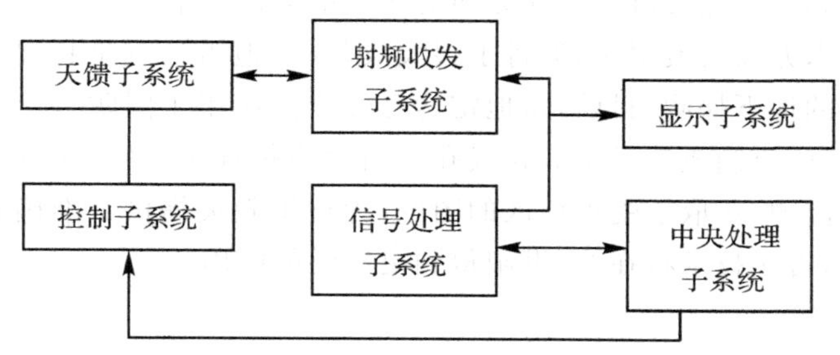

图 9-4-2　现代雷达系统的组成框图

大多数雷达工作于超短波或微波波段,因此在不同的雷达系统中,既有各种微波传输系统(包括矩形波导、阻抗匹配器、功率分配器等),又有线天线、阵列天线及面天线等天线系统。在这里就不一一罗列,而把重点放在介绍几种典型雷达系统的工作原理,以使读者对雷达系统有所了解。

9.4.2 雷达的分类

雷达可按多种方法分类:

(1) 按定位方法可分为:有源雷达、半有源雷达和无源雷达。

(2) 按装架地点可分为:地面雷达、舰载雷达、航空雷达、卫星雷达等。

(3) 按辐射种类可分为:脉冲雷达和连续波雷达。

(4) 按工作波长可分为:米波雷达、分米波雷达、厘米波雷达和其他波段雷达。

(5) 按用途可分为:目标探测雷达、侦察雷达、武器控制雷达、飞行保障雷达、气象雷达、导航雷达等。

9.4.3 雷达的应用

雷达被人们称为千里眼。在现代战争中,由于雷达技术的进步,使交战双方在相距几十公里,甚至上百公里,人还互相看不到,就已拉开了空战序幕,这就是现代空战利用雷达的一个特点 —— 超视距空战。

由于雷达自身的工作原理,造成了雷达在使用中存在有捕捉对象的盲区,这也就有了在战争中利用雷达盲区偷袭成功的战例。现代战争中,为了躲避雷达的监视,美国生产出了一种隐形轰炸机,它可以有效驱散雷达信号,使它对于常规的雷达系统保持隐形。正是由于这种矛与盾的关系,科学家在这个领域不断探索研制分辨能力更高的雷达。

随着雷达技术的不断改进,如今雷达被广泛用于民航管制、地形测量、气象、航海等众多领域。面对日益拥挤的天空,拥有精密的雷达监测系统至关重要。使用雷达设备可不受天气的影响,不分昼夜进行监测。民航管制员通过雷达直接获取飞机的位置、高度、航行轨迹等信息,及时调节飞行方位和高度。在雷达的使用科学原理中,雷达与目标之间有相对运动,回波信号的频率有多普勒频移,根据多普勒效应的原理可以求得其相对速度。这也是交通警察在公路上测量汽车速度的测速雷达工作的原理,即雷达把微波发射到一个移动的物体上时,将会反射回一个与目标速度成比例的雷达信号,内部的线路将该信号进行处理后得到一个频率的变化,通过 DSP(数字信号处理) 技术处理后便得到目标速度。不论驶近的车辆还是远离的车辆都会产生频率变化,因此,任何方向的车辆都会被测量到速度。

我国在雷达技术方面发展很快,取得了很大成就。探地雷达就是我国研制和发明的,它可适用于不同深度的地下探测。目前,探地雷达已经广泛应用于国防、城市建设、水利、考古等领域。中科院电子所研制成功了星载合成孔径雷达模拟样机,并对 1998 年长江中下游特大洪涝灾害进行了监测,获取了受灾地区的图像,为抗洪救灾提供了准确的灾情数据。随着高科技的不断发展,雷达技术将在 21 世纪得到更广泛的应用。

思考题

(1) 雷达一词是什么含义?雷达技术采用了哪个基本原理?

(2) 雷达有哪些基本的分类?

（3）试阐述雷达的基本组成。

（4）请举例说明雷达的一个具体的应用。

本章小结

1. 电磁波谱是按频率高低的电磁波排列，电磁波分成无线电波、红外线、可见光、紫外线、X 射线和 γ 射线等，无线电波是电磁波的一部分，其频率范围是从几十赫兹（甚至更低的频率）到 3000 GHz（3THz）左右；微波处于无线电波的高频段，其频率范围从 300 MHz 到 3000 GHz，对应的波长从 1 米到 0.1 毫米左右的电磁波。根据波长的划分，微波可以划分成为分米波、厘米波、毫米波、亚毫米波。

2. 微波的传输特性有似光特性、高频特性、电离层穿透特性、短周期振荡特性、微波的热效应。

3. 射频前端包括射频发射机和射频接收机，射频前端发射机由以下几个部分组成：① 中频放大器（IF AMP）；② 中频滤波器（IF BP）；③ 上变频混频器；④ 射频滤波器（RF BP）；⑤ 射频驱动放大器（RF AMP）；⑥ 射频功率放大器（PA）；⑦ 载波振荡器（LO）；⑧ 载波滤波器（LB）；⑨ 发射天线。射频前端接收机是由以下几个部分组成：① 天线（Antenna）；② 射频接收滤波器（RF_BPF1）；③ 射频低噪声放大器（LNA）；④ 射频混频滤波器（RF_BPF2）；⑤ 下变频器（Down Mixer）；⑥ 中频带通滤波器（IF BP）；⑦ 本地振荡器（Local Oscillator）；⑧ 中频放大器（IF Amplifer）。微波系统主要的元件是有滤波器、放大器、混频器。

4. 微波通信分为两种主要方式：地面微波接力通信和卫星通信。微波中继通信的特点是：① 通带宽；② 传输质量好，工作稳定；③ 机动灵活性；④ 建设速度快、投资较小。卫星通信充分利用了微波能穿透电离层这一特性，它具有通信距离远，服务区域大，传输的信息容量大、可靠性高，图像资料清晰、质量好，灵活性强以及可实现多址通信等优点。

5. 自由空间信道的基本传输损耗可用公式表示为

$$\zeta_{bf} = 10\lg(L_{bf}) = 10\lg\left(\frac{P_{in}}{P_r}\right) = 32.44 + 20\lg f + 20\lg r - 10\lg G_1 - 10\lg G_2$$

6. 微波通信信道的影响因子主要有信道损耗、电波衰落、信道传输失真与容许宽度以及电波传播方向的变化。

7. 雷达意为无线电搜索和测距。雷达由天线系统、发射装置、接收装置、防干扰设备、显示器、信号处理器、电源等组成。雷达有多种分类方式，如按定位方法可分为：有源雷达、半有源雷达和无源雷达。按装架地点可分为；地面雷达、舰载雷达、航空雷达、卫星雷达等。按辐射种类可分为：脉冲雷达和连续波雷达。按工作被长可分：米波雷达、分米波雷达、厘米波雷达和其他波段雷达。按用途可分为：目标探测雷达、侦察雷达、武器控制雷达、飞行保障雷达、气象雷达、导航雷达等。

习　题

9-1　电波的波段是如何划分的？其传播各波段有何特点？

9-2　何为微波？简述微波在我国各领域中的应用。

9-3　微波中继通信有哪几种方式？

9-4　阐述射频前端发射器和接收器的组成？

9-5　雷达的种类有哪些？简述雷达测速的基本原理。

9-6　微波放大器与普通晶体管放大器相比有何特点？

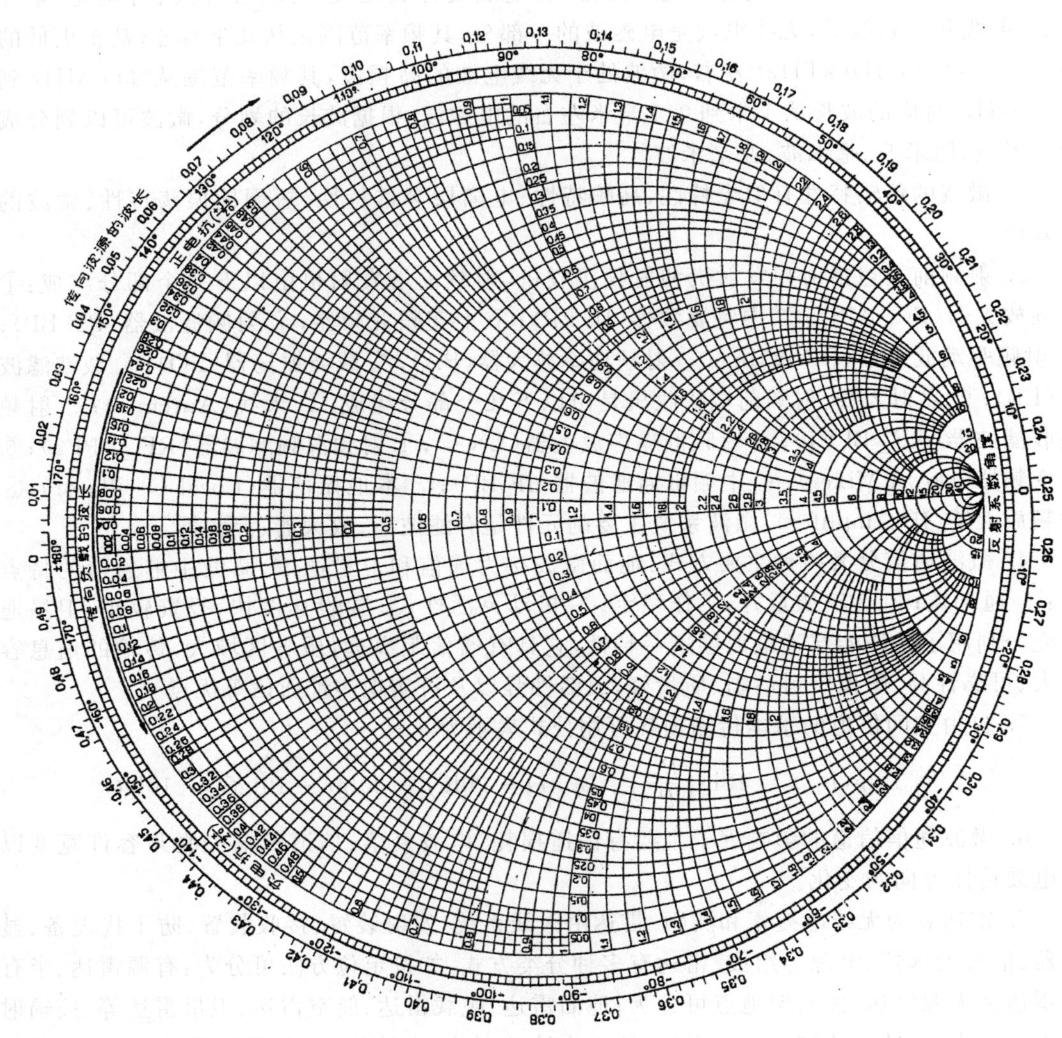

附图　史密斯(Smith)阻抗圆图

参考文献

[1]王家礼,朱满座等编著.电磁场与电磁波[M].西安:西安电子科技大学出版社,2004.

[2]Bhag Singh Guru, Hüseyin R Hiziro lu. Electromagnetic Field Theory Fundamentals [M]. Beijing:China Machine Press, 2002.

[3]陈抗生.电磁场与电磁波[M].北京:高等教育出版社,2003.

[4]李书芳,李莉等编.电磁场与电磁波[M].北京:科学出版社,2004.

[5]盛振华编著.电磁场微波技术与天线[M].西安:西安电子科技大学出版社,1995.

[6]赵凯华,陈熙谋.电磁学(上、下册)[M].北京:高等教育出版社,1985.

[7]马冰然编.电磁场与微波技术(上册)[M].广州:华南理工大学出版社,1999.

[8]李绪益编.电磁场与微波技术(下册)[M].广州:华南理工大学出版社,2000.

[9]J A 埃德米尼斯特尔著(美),雷银照,吴静等译.工程电磁场基础[M].北京:科学出版社,2002.

[10]沙湘月,伍瑞新编.电磁场理论与微波技术[M].南京:南京大学出版社,2004.

[11]王新稳,李萍编著.微波技术与天线[M].北京:电子工业出版社,2003.

[12]殷际杰编著.微波技术与天线——电磁波导行与辐射工程[M].北京:电子工业出版社,2004.

[13]李宗谦,佘京兆等.微波工程基础[M].北京:清华大学出版社,2004.

[14]林为干著.微波理论与技术[M].北京:科学出版社,1979.

[15]林为干著.电磁场工程[M].北京:人民邮电出版社,1982.

[16]廖承恩编著.微波技术基础[M].西安:西安电子科技大学出版社,1994.

[17]刘学观,郭辉萍编著.微波技术与天线[M].西安:西安电子科技大学出版社,2001.

[18]王玉仑,郭文彦.电磁场与电磁波[M].哈尔滨:哈尔滨工业大学出版社,1985.

[19]毕德显.电磁场理论[M].北京:电子工业出版社,1985.

[20]黎滨洪,金荣洪,张佩玉编著.电磁场与波[M].上海:上海交通大学出版社,1996.

[21]任伟,赵家升.电磁场与微波[M].北京:电子工业出版社,2005.

[22]楼仁海、符果行、肖书君编著.工程电磁场[M].北京:国防工业出版社,1991.

[23]冯恩信.电磁场与波[M].西安:西安交通大学出版社,1999.

[24]谢处方、饶克谨编.电磁场与电磁波[M].北京:高等教育出版社,1979.

[25]钟顺时、钮茂德.电磁场理论基础[M].西安:西安电子科技大学出版社,1995.

[26]卢荣章.电磁场与电磁波基础[M].北京:高等教育出版社,1985.

[27]孙学康张政.微波与卫星通信[M].北京:人民邮电出版社,2003.

[28]王 蕾、李国定、龚 克编著.电磁场理论基础[M].北京:清华大学出版社,2001.

[29]潘仲英编著.电磁波、天线与电波传播[M].北京:机械工业出版社,2003.

[30]焦其祥主编.电磁场与电磁波习题精解[M].北京:科学出版社,2004.

[31]马西奎,刘补生等编者.电磁场重点难点及典型题精解[M].西安:西安交通大学出版社,2002.

[32] Strantton J A. Electromagnetic Theory[M]. New York:MrGraw-Hill,1941.

[33] Shen L C, Kong J A. Applied Electromagnetism[M]. PWS Engineering, 1987.

[34] Kong J A. Electromagnetic Wave Theory[M]. Cambridge: EMW Publishing,2005.

[35] Reinhold Ludwig, Pavel Bretchko. RF Circuit Design Theory and Applications[M]. Beijing: Science Press and Pearson Education North Asia Limited, 2002.

[36] John D Kraus, Daniel A Fleisch. Electromagnetics with Applications (Fifth edition) [M]. Beijing: Tsinghua University Press and McGraw-Hill Companies Inc, 2001.

[37] Fawwaz T Ulaby. Fundamentals of Applied Electromagnetics[M]. Beijing: Science Press and Pearson Education North Asia Limited, 2002.

[38] Ramo S, Whinnery J R, Duzer van T. Fields and Waves in Communication Electronics[M]. New York: John Wiley & Sons, 1984.

[39] Kenneth R Demarest. Engineering Electromagnetics[M]. Beijing: Science Press and Pearson Education North Asia Limited, 2003.

[40] Howard Johnson, Martin Graham. High-speed Digital Design[M]. Beijing: Publishing House of Electronics Industry, 2003.